"十三五"普通高等教育本科规划教材

（第三版）

工程制图

主　编　于春艳　王红阁
副主编　郭全花　刘玉杰　邵文明
参　编　纪　花　赵晓东　孟繁宇　赵　家　黄　坤
　　　　金乌吉斯古楞
主　审　田福润

中国电力出版社
CHINA ELECTRIC POWER PRESS

内容提要

本书为“十三五”普通高等教育本科规划教材。全书共分18章，分为六大部分：①画法几何，包括投影法、点线面投影、立体及其表面交线等内容；②制图基础，包括制图的基本知识和技能、组合体、轴测图、机件表达方法等内容；③机械制图，包括标准件与常用件、零件图、装配图等内容；④土建制图，包括建筑工程图、结构工程图；⑤专业图，包括给水排水工程图、采暖工程图、通风与空调工程图、电气工程图、展开图、焊接图和钢结构等内容；⑥计算机绘图，包括AutoCAD 2014绘图软件基本命令的操作，利用AutoCAD 2014绘图软件绘制机械图、建筑图和专业图的基本方法等内容。教学时，可根据各专业的需要对内容做不同的取舍。

本书所涉及的国家标准全部采用最新标准，内容上以培养学生的绘图和读图能力为主。

为配合教学需要，另编有《工程制图习题集（第三版）》，与本书配套使用。

本书可作为普通高等院校非机类各专业教材，也可供相近的其他专业选用。

图书在版编目（CIP）数据

工程制图/于春艳，王红阁主编. —3版. —北京：中国电力出版社，2015.8（2016.8重印）
“十三五”普通高等教育本科规划教材
ISBN 978-7-5123-7081-4

Ⅰ.①工… Ⅱ.①于… ②王… Ⅲ.①工程制图-高等学校-教材 Ⅳ.①TB23

中国版本图书馆CIP数据核字（2015）第107246号

中国电力出版社出版、发行
（北京市东城区北京站西街19号 100005 http://www.cepp.sgcc.com.cn）
北京雁林吉兆印刷有限公司印刷
各地新华书店经售
*
2004年7月第一版
2015年8月第三版 2016年8月北京第十一次印刷
787毫米×1092毫米 16开本 23印张 564千字
定价 **46.00** 元

前　言

本书根据教育部工程图学教学指导委员会《普通高等院校工程图学课程教学基本要求》，结合应用型本科院校的人才培养目标和教学特点，在认真分析有关方面反馈意见的基础上，对上一版教材进行修订。与此同时修订了与其配套的《工程制图习题集（第二版）》。

本书继续保持第二版的特点，力求内容的稳定性和先进性。

本次修订更新的国家标准有：《技术制图　图纸幅面和格式》（GB/T 14689—2008）、《技术制图标题栏》（GB/T 10609.1—2008）、《产品几何技术规范（GPS）技术产品文件中表面结构的表示法》（GB/T 131—2006）、《建筑制图标准》（GB/T 50104—2010）、《房屋建筑制图统一标准》（GB/T 50001—2010）、《建筑结构制图标准》（GB/T 50105—2010）、《建筑给水排水制图标准》（GB/T 50106—2010）、《暖通空调制图标准》（GB/T 50114—2010）、《建筑电气制图标准》（GB/T 50786—2012）等。

由于计算机绘图在工程设计中得到了广泛的应用，掌握计算机绘图技术已成为工程技术人员必须具备的一项基本技能。本次修订，将 AutoCAD 版本升级为 2014 版，并将 AutoCAD 计算机绘图内容设为独立章节，强化了 AutoCAD 计算机绘图基本操作与工程实例训练。

本书可分为六大部分：①画法几何，包括投影法、点线面投影、立体及其表面交线等内容；②制图基础，包括制图的基本知识和技能、组合体、轴测图、机件表达方法等内容；③机械制图，包括标准件与常用件、零件图、装配图等内容；④土建制图，包括建筑工程图、结构工程图；⑤专业图，给水排水工程图、采暖工程图、通风与空调工程图、电气工程图、展开图、焊接图和钢结构等内容；⑥计算机绘图，包括 AutoCAD 2014 绘图软件的基本命令的操作，利用 AutoCAD 2014 绘图软件绘制机械图和建筑图的基本方法等内容。教学时，可根据各专业的需要对内容作不同的取舍。

全书语言精练，内容准确，例题典型，重点突出。本书从对人才的知识、素质、能力综合培养的要求出发，密切结合我国工程实际及绘图新技术，贯彻新标准，由浅入深，循序渐进，内容丰富，适用面广。本书可作为普通高等院校非机类各专业教材，也可供相近的其他专业选用。

本书由长春工程学院于春艳、河南城建学院王红阁主编，具体编写分工为：第一、十一、十七章，长春工程学院纪花；第二、三、五章，河南城建学院王红阁；第四、六、十六章，河南城建学院赵晓东；第七～九章，长春工程学院刘玉杰；第十、十三章，长春工程学院邵文明；第十二章，北京中电加美环保科技有限公司孟繁宇；第十四、十五章，长春工程学院于春艳；第十八章，河北建筑工程学院郭全花。长春光华学院赵家负责书中全部插图绘制。参加本次修订工作的还有吉林建筑大学城建学院黄坤、金乌吉斯古楞。

本书由长春工程学院田福润教授主审，审稿人对本书初稿进行了详尽的审阅和修改，提出许多宝贵意见，在此表示衷心感谢。

由于编者水平有限，书中难免存在缺点和错误，敬请读者批评指正。

编　者

2015 年 5 月

第一版前言

本教材是按照国家教委 1995 年印发的适用于非机类专业《画法几何及工程制图课程教学基本要求》，并经过大量的调查研究，在广泛征求非机类各专业对工程制图课程的意见和要求，综合一些学校教学改革的成果及各位编委在该专业多年的教学经验而编写完成的。本教材可作为房屋建筑设备工程本科各专业（如给水排水、供热通风、电气工程、环境工程等）的《工程制图》课程的教材，也可供相近的其他专业选用。另外，为方便教学，还编写了《工程制图习题集》，也由中国电力出版社同时出版，与本教材配套使用。

由于建筑设备工程各专业所使用的设备、配件、仪器等的图示方法，各种设备仪器的安装方式等均采用机械制图规定的方法表示，要求学生掌握机械制图的基本方法和投影作图规律，具备绘制和阅读机械图样的初步能力。另外，房屋建筑设备工程的安装离不开建筑物，房屋建筑设备工程各专业的专业图，是按照《建筑制图》有关国家标准绘制而成。因此，要求学生还必须学习和掌握房屋建筑图和各专业图的基本知识，具备绘制和阅读房屋建筑图和专业图的初步能力。计算机绘图在工程设计中得到了广泛的应用，掌握计算机绘图技术已成为工程技术人员必须具备的一项基本技能。本教材选用 AutoCAD 2000 绘图软件，将工程制图内容与计算机绘图融为一体，在掌握工程制图的基本方法、绘图步骤的同时，能够在计算机上正确画出零件图、装配图、房屋建筑图和各专业的专业图。

本教材在知识结构方面可分为六大部分：①画法几何，包括投影法、点线面投影、立体及其表面交线等内容；②制图基础，包括制图的基本知识和技能、组合体、轴测图、机件表达方法等内容；③机械制图，包括标准件与常用件、零件图、装配图等内容；④土建制图，包括建筑工程图、结构工程图；⑤专业图，给水排水工程图、采暖工程图、通风与空调工程图、电气工程图、展开图、焊接图和钢结构等内容；⑥计算机绘图，包括 AutoCAD 2000 绘图软件的基本命令的操作，利用 AutoCAD2000 绘图软件绘图软件绘制机械图和建筑图的基本方法等内容。教学时，可根据各专业的需要对内容作不同的取舍。

本教材主要采用的国家标准有：《机械制图》（GB 4457.4～4460—1984、GB/T 131—1993、GB/T 4459.11995），《技术制图》（GB/T 14689～14692—1993），《建筑制图标准》（GB/T 50104—2001）、《房屋建筑制图统一标准》（GB/T 50001—2001）、《总图制图标准》（GB/T 50103—2001）、《建筑结构制图标准》（GB/T 50105—2001）、《给水排水制图标准》（GB/T 50106—2001）、《暖通空调制图标准》（GB/T 50114—2001）、《电气简图用图形符号》（GB/T 4728）等。

本教材在编写工程中，注意语言精练，内容准确，例题典型，重点突出。从对人才的知识、素质、能力综合培养的要求出发，密切结合我国工程实际，努力反映近代绘图新技术，贯彻新标准，由浅入深，循序渐进，内容丰富，适用面广。

本教材由长春工程学院于春艳、平顶山工学院张国兴主编，本教材的编写分工是：第一、二、七章由平顶山工学院张国兴编写；第三、四、六章由平顶山工学院陶怡编写；第八、九章由平顶山工学院王红阁编写；第十、十一章由长春工程学院顾世权编写；第十二、十三、十四、十五章由长春工程学院于春艳编写；第五、十六、十七章由吉林市辐射化学工业公司何立新编写；书中计算机绘图内容全部由河北建筑工程学院郭全花编写。

本书由长春工程学院韦节廷教授主审，审稿人对本教材初稿进行了详尽的审阅和修改，提出许多宝贵意见，在此表示衷心感谢。

限于编者水平，书中难免存在缺点和不足之处，敬请读者批评指正。

编　者

2003 年 10 月

第二版前言

为贯彻落实教育部《关于进一步加强高等学校本科教学工作的若干意见》和《教育部关于以就业为导向深化高等职业教育改革的若干意见》的精神，加强教材建设，确保教材质量，中国电力教育协会组织制订了普通高等教育"十一五"教材规划。该规划强调适应不同层次、不同类型院校，满足学科发展和人才培养的需求，坚持专业基础课教材与教学急需的专业教材并重、新编与修订相结合。本书为修订教材。

本书为普通高等教育"十一五"规划教材，是参照国家教育部修订的适用于非机类专业《画法几何及工程制图课程教学基本要求》，并经过大量的调查研究，在广泛征求非机类各专业对工程制图课程的意见和要求，综合一些学校教学改革的成果及各位编委在该专业多年的教学经验而编写完成的。本书可作为房屋建筑设备工程本科各专业（如给水排水、供热通风、电气工程、环境工程等）的工程制图课程的教材，也可供相近的其他专业选用。另外，还编写了《工程制图习题集（第二版）》，也由中国电力出版社同时出版，与本书配套使用。

由于建筑设备工程各专业所使用的设备、配件、仪器等的图示方法，各种设备仪器的安装方式等均采用机械制图规定的方法表示，要求学生掌握机械制图的基本方法和投影作图规律，具备绘制和阅读机械图样的初步能力。另外，房屋建筑设备工程的安装离不开建筑物，房屋建筑设备工程各专业的专业图，是按照《建筑制图》有关国家标准绘制而成。因此，要求学生还必须学习和掌握房屋建筑图和各专业图的基本知识，具备绘制和阅读房屋建筑图和专业图的初步能力。计算机绘图在工程设计中得到了广泛的应用，掌握计算机绘图技术已成为工程技术人员必须具备的一项基本技能。本书选用 AutoCAD 2006 绘图软件，将工程制图内容与计算机绘图融为一体，在掌握工程制图的基本方法、绘图步骤的同时，能够在计算机上正确画出零件图、装配图、房屋建筑图和各专业的专业图。

本书在知识结构方面可分为六大部分：①画法几何，包括投影法、点线面投影、立体及其表面交线等内容；②制图基础，包括制图的基本知识和技能、组合体、轴测图、机件表达方法等内容；③机械制图，包括标准件与常用件、零件图、装配图等内容；④土建制图，包括建筑工程图、结构工程图；⑤专业图，给水排水工程图、采暖工程图、通风与空调工程图、电气工程图、展开图、焊接图和钢结构等内容；⑥计算机绘图，包括 AutoCAD 2006 绘图软件的基本命令的操作，利用 AutoCAD 2006 绘图软件绘制机械图和建筑图的基本方法等内容。教学时，可根据各专业的需要对内容作不同的取舍。

本书主要采用的国家标准有：《机械制图》(GB/T 14689～14691—1993、GB/T 4458.1～4458.4—2002、GB/T 4459.1～4459.4—2003)，《技术制图》(GB/T 14689～14692—

1993)，《建筑制图标准》(GB/T 50104—2001)、《房屋建筑制图统一标准》(GB/T 50001—2001)、《总图制图标准》(GB/T 50103—2001)、《建筑结构制图标准》(GB/T 50105—2001)、《给水排水制图标准》(GB/T 50106—2001)、《暖通空调制图标准》(GB/T 50114—2001)、《电气简图用图形符号》(GB/T 4728) 等。

本书在编写工程中，注意语言精练，内容准确，例题典型，重点突出。从对人才的知识、素质、能力综合培养的要求出发，密切结合我国工程实际，努力反映近代绘图新技术，贯彻新标准，由浅入深，循序渐进，内容丰富，适用面广。

本书由长春工程学院于春艳、平顶山工学院陶怡主编，本书的编写分工是：第一～三章由平顶山工学院陶怡编写；第四、六章由平顶山工学院张国兴编写；第七～九章由长春工程学院刘玉杰编写；第五、十、十一章由长春工程学院顾世权编写；第十二～十五章由长春工程学院于春艳编写；第十六、十七章由长春工程学院纪花编写；书中计算机绘图内容全部由河北建筑工程学院郭全花编写。

本书由长春工程学院韦节廷教授主审，审稿人对本书初稿进行了详尽的审阅和修改，提出许多宝贵意见，在此表示衷心感谢。

限于编者水平，书中难免存在缺点和不足之处，敬请读者批评指正。

编　者

2008 年 5 月

目　录

前言
第一版前言
第二版前言
绪论 …… 1
第一章　制图的基本知识 …… 3
　第一节　图纸幅面、比例、图线和字体的规定 …… 3
　第二节　绘图工具及其使用 …… 10
　第三节　几何作图 …… 12
　第四节　平面图形的分析及画法 …… 17
第二章　点、直线和平面的投影 …… 20
　第一节　投影的基本知识 …… 20
　第二节　点的投影 …… 21
　第三节　直线的投影 …… 23
　第四节　平面的投影 …… 30
　第五节　直线与平面、平面与平面的相对位置 …… 34
第三章　立体及其表面交线 …… 40
　第一节　立体的投影 …… 40
　第二节　平面与立体相交 …… 45
　第三节　两回转体表面相交 …… 50
第四章　组合体 …… 55
　第一节　组合体的视图 …… 55
　第二节　组合体的尺寸标注 …… 59
　第三节　读组合体视图 …… 61
第五章　轴测投影图 …… 64
　第一节　轴测图的基本概念 …… 64
　第二节　平面立体正等轴测图 …… 65
　第三节　曲面形体正等轴测图 …… 69
　第四节　斜轴测图 …… 73
第六章　机件表达 …… 76
　第一节　视图 …… 76
　第二节　剖视图 …… 79
　第三节　断面图 …… 86
　第四节　其他常用表达方法 …… 88

第七章　标准件和常用件 …………………………………………………… 90
第一节　螺纹及螺纹连接件 …………………………………………………… 90
第二节　键和销 ………………………………………………………………… 97
第三节　齿轮 …………………………………………………………………… 99
第四节　滚动轴承 ……………………………………………………………… 103
第五节　弹簧 …………………………………………………………………… 105

第八章　零件图 ……………………………………………………………… 107
第一节　零件图概述 …………………………………………………………… 107
第二节　读零件图 ……………………………………………………………… 120
第三节　零件测绘 ……………………………………………………………… 122

第九章　装配图 ……………………………………………………………… 128
第一节　装配图概述 …………………………………………………………… 128
第二节　由零件图画装配图 …………………………………………………… 132
第三节　读装配图 ……………………………………………………………… 137

第十章　建筑施工图 ………………………………………………………… 141
第一节　概述 …………………………………………………………………… 141
第二节　总平面图和施工总说明 ……………………………………………… 146
第三节　建筑平面图 …………………………………………………………… 150
第四节　建筑立面图 …………………………………………………………… 157
第五节　建筑剖面图 …………………………………………………………… 159
第六节　建筑详图 ……………………………………………………………… 161

第十一章　结构施工图 ……………………………………………………… 164
第一节　概述 …………………………………………………………………… 164
第二节　钢筋混凝土构件详图 ………………………………………………… 166
第三节　基础施工图 …………………………………………………………… 172

第十二章　给水排水工程图 ………………………………………………… 175
第一节　概述 …………………………………………………………………… 175
第二节　室内给水排水工程图 ………………………………………………… 178
第三节　给水排水工程图的识读 ……………………………………………… 184
第四节　室外给水排水工程图 ………………………………………………… 190

第十三章　采暖工程图 ……………………………………………………… 194
第一节　概述 …………………………………………………………………… 194
第二节　室内采暖工程图 ……………………………………………………… 197
第三节　室内采暖工程图的识读 ……………………………………………… 201
第四节　室外采暖工程图 ……………………………………………………… 206

第十四章　通风与空调工程图 ……………………………………………… 210
第一节　概述 …………………………………………………………………… 210
第二节　通风与空调工程图 …………………………………………………… 213
第三节　通风与空调工程图的识读 …………………………………………… 218

第十五章　电气工程图 …… 225
第一节　概述 …… 225
第二节　室内电气施工图 …… 230
第三节　建筑电气工程图的识读 …… 231

第十六章　展开图 …… 238
第一节　概述 …… 238
第二节　平面立体的展开 …… 239
第三节　圆柱面的展开 …… 242
第四节　圆锥的展开 …… 244
第五节　球面的近似展开 …… 245
第六节　变形接头的展开 …… 245

第十七章　焊接图与钢结构图 …… 247
第一节　常用焊缝形式及标注符号 …… 247
第二节　钢结构图 …… 251

第十八章　计算机绘图基础 …… 255
第一节　计算机绘图软件 AutoCAD 简介及基本操作 …… 255
第二节　设置绘图环境 …… 263
第三节　绘制二维图形 …… 273
第四节　编辑二维图形 …… 289
第五节　文字注释 …… 305
第六节　图块及其属性 …… 310
第七节　尺寸标注与编辑 …… 318
第八节　图形的布局与输出 …… 333

附录 …… 341
参考文献 …… 356

绪　论

按一定的投影方法，准确地表达物体的形状、大小及技术与施工要求的图形，称为工程图样。工程图样是表达和交流技术思想的重要工具，是机械制造、工程施工的最基本的技术文件；是用来进行设计、制造、检验、装配产品的重要技术文件；也是组织工业生产和工程施工、编制工程预算的主要依据。在使用机器、仪表和设备时，也常常通过阅读图样来了解它的结构和性能。所以工程图是工业生产与工程施工中不可缺少的技术资料。因此，它被称之为工程界共同的"技术语言"。每个工程技术人员都必须掌握这种技术语言，即具有绘制和阅读工程图样的能力。

一、本课程的地位、性质和任务

"工程制图"课程是工科院校各专业必修的一门技术基础课。它是研究用投影法绘制工程图样，解决空间几何问题的技术基础课。其主要目的是培养学生绘图、读图和图解空间几何问题的能力。它的主要任务有以下几方面：

（1）使学生掌握投影法的基本理论及其应用。

（2）培养学生对简单的空间几何问题的图解能力和基本形体的图示能力。

（3）培养对三维形状和相关位置的空间逻辑思维和形象思维能力。

（4）研究工程图样的图示理论和方法，培养绘制和阅读工程图样的能力。

（5）培养学生认真负责的态度和严谨细致的作风。

二、本课程的内容与要求

本课程的内容包括画法几何、制图基础、机械图、建筑图、专业图和计算机绘图基础六部分，具体内容与要求如下：

（1）画法几何是工程制图的理论基础，通过学习投影法，掌握表达空间几何形体（点、线、面、体）和图解空间几何问题的基本理论和方法。

（2）制图基础要求学生学会正确使用绘图工具和仪器的方法，贯彻国家标准中有关工程制图的基本规定，掌握工程形体的和机件的画法、读图方法和尺寸标注法。培养正确使用绘图工具、仪器和徒手绘图的能力。

（3）机械图要求学生能正确地阅读与绘制一般复杂程度的零件图和装配图。所绘图样能够做到投影正确，尺寸完整，字体工整，线型标准，图面整洁、美观，符合《技术制图》、《机械制图》等有关国家标准的规定。

（4）通过建筑图的学习，应了解《建筑制图》国家标准的有关规定，了解建筑施工图、结构施工图和设备施工图的表达内容和图示特点，能够查阅有关建筑制图国家标准的规定，具备初步绘制和阅读建筑图的能力。

（5）专业图部分要求学生了解有关专业的一些基本知识，专业图的表达内容和图示特点，掌握有关专业制图标准的规定，具备初步绘制和阅读专业图样的能力。

（6）计算机绘图是适应现代化建设的一种新的图学技术，也是本课程发展的一个重要方向。目前，计算机绘图在工程设计中得到了广泛的应用，掌握计算机图形技术已成为工程技术人员必须具备的一项基本技能。提高对计算机绘图软件 AutoCAD 2000 的学习，要求学生掌握二维图形的绘制与编辑命令，能够利用计算机绘制零件图、装配图和建筑图等。

本课程只能为学生的绘图和读图打下一定的基础，要达到合格的工科学生所必须具备的有关要求，还需在后续课程、生产实习、课程设计和毕业设计中继续培养和提高。

三、本课程的学习方法

(1)由于本课程是一门实践性较强的课程，所以必须切实加强实践性教学环节，认真地完成一定数量的习题和作业，包括上机操作的习题。通过习题和作业，理解和应用投影法的基本理论；贯彻制图标准的基本规定；熟悉初步的专业知识；训练手工绘图和计算机绘图的操作技能；培养对三维形状和相关位置的空间逻辑思维和形象思维能力；培养绘图和读图能力。

(2) 学习画法几何，应在理解几何形体的投影特性基础上，通过想象形体之间的相对位置和进行几何分析，通过形象思维和逻辑推理确定解决图示空间几何形体和图解空间几何问题的步骤，然后循序作图完成。

(3) 学习制图基础，应了解、熟悉和严格遵守制图标准的有关规定，踏实地进行制图技能的操作训练，养成正确使用制图工具、仪器，以及正确地循序制图和准确作图的习惯，在培养绘制和阅读工程图样的基本能力时，必须由浅入深地反复通过由物画图，由图想物，分析和想象空间形体与图纸上图形之间的对应关系，逐步提高对三维形状与相关位置的空间逻辑思维能力和形象思维能力，掌握正投影基本作图方法及其应用。

(4) 学习机械图，侧重于在初步工程意识指导下，综合运用基础理论，表达和识读工程实际中的零件、部件。掌握零件图和装配图中所表达的内容，熟悉《机械制图》国家标准中的一些基本的规定，学会查阅国家标准的基本方法。

(5) 在进入学习土木建筑专业图阶段后，应结合所学的一些初步专业知识，运用制图基础阶段所学的制图标准的基本规定和当前所学的专业制图标准的有关规定，读懂教材和习题上所列出的主要图样，在绘制专业图作业时，必须在读懂已有图样的基础上进行制图，继续进行制图技能的操作训练，严格遵守制图标准的各项规定，坚持培养认真负责的工作态度，从而达到培养绘制和阅读专业图样的初步能力。

(6) 学习计算机绘图基础时，必须重视上机操作实践和完成一定的习题，输出习题中所指定的图形，只有这样，才能培养学生具有利用计算机生成图形的初步能力。

(7) 在学习本课程的过程中，应逐步提高自学能力、分析问题和解决问题的能力，及时复习和进行阶段小结，学会通过自己阅读作业提示和查阅教材来解决习题和作业中的问题，作为培养今后查阅有关标准、规范、手册等资料来解决工程实际问题的能力的起步。要有意识地逐步将中学时期的学习方法转变为适应于高等工程教育的学习方法。

(8) 工程图样是指导施工和制造的主要依据。因此绘制工程图样时，一定要作到图形正确，表达清晰，图面整洁，能确切地表明机器、零件、建筑物、构筑物的形状、大小和技术要求。如有错误，则不但会给施工或制造带来困难，而且还会造成财产的损失。因此，在学习工程中，一定要严肃认真，耐心细致，具有刻苦钻研，一丝不苟的学习态度和工作作风。

第一章　制图的基本知识

图样是生产过程中的重要技术资料和主要依据。在画图和看图过程中，首先应对制图的基本知识有所了解。基本知识内容包括技术制图的基本规定；绘图工具的正确使用；几何图形的作图方法以及画图的基本技能等。

第一节　图纸幅面、比例、图线和字体的规定

作为指导生产的技术文件，工程图样必须有统一的标准。这些标准对科学地生产和图样的管理起着重要作用，在绘图时应熟悉并严格遵守国家标准的有关规定。

国家标准《技术制图》对图纸幅面、比例、图线和字体均有明确规定。

一、图纸幅面和格式（GB/T 14689—2008）

（1）绘制图样时，应优先采用表 1-1 中规定的基本幅面。必要时可使用加长幅面。加长幅面是使基本幅面的短边成整数倍增加。

表 1-1　　图纸幅面和边框尺寸

<table>
<tr><td>幅面代号</td><td>A0</td><td>A1</td><td>A2</td><td>A3</td><td>A4</td></tr>
<tr><td>$B \times L$</td><td>841×1189</td><td>594×841</td><td>420×594</td><td>297×420</td><td>210×297</td></tr>
<tr><td>e</td><td colspan="2">20</td><td colspan="3">10</td></tr>
<tr><td>c</td><td colspan="3">10</td><td colspan="2">5</td></tr>
<tr><td>a</td><td colspan="5">25</td></tr>
</table>

（2）画图时先定出图纸幅面，并用粗实线画出图框；图框有留装订边和不留装订边两种，其格式分别见图 1-1 和图 1-2，但同一产品的图样只能采用一种格式。尺寸见表 1-1 中的规定。

（3）每张图纸均要有标题栏。为使看图方向与标题栏方向一致，通常标题栏置于图纸的

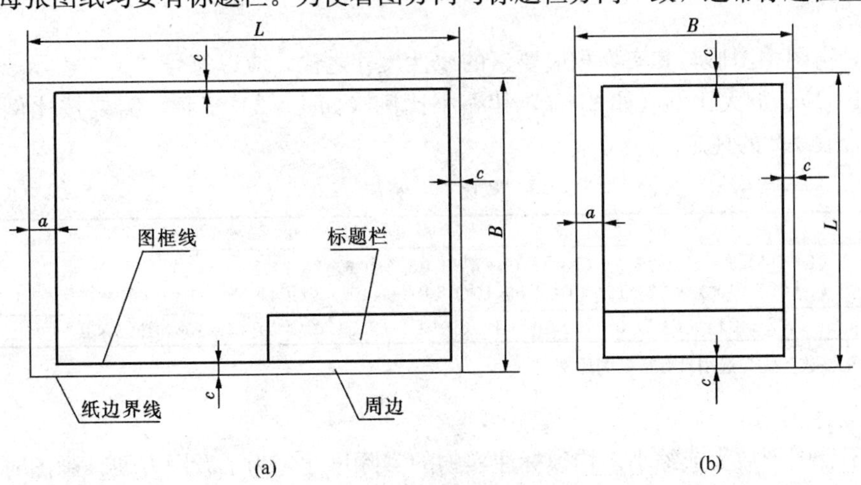

图 1-1　留装订边的图框格式

（a）横式幅面；（b）立式幅面

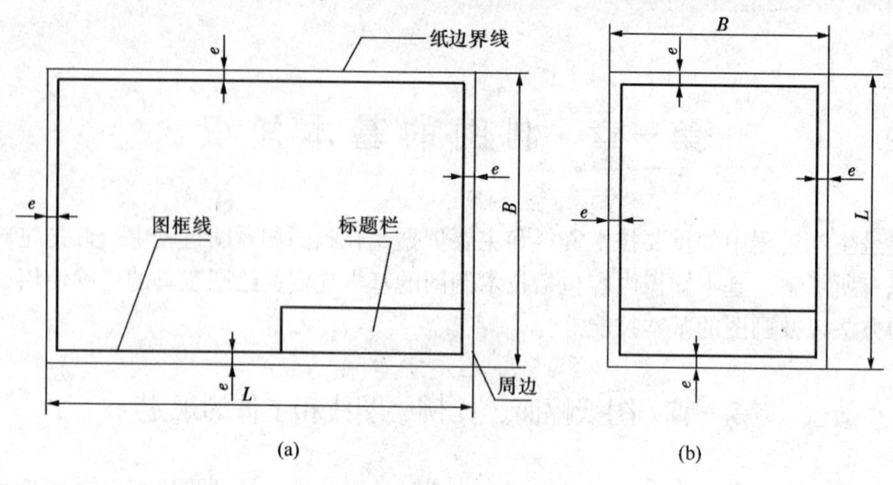

图 1-2 不留装订边的图框格式

(a) 横式幅面；(b) 立式幅面

右下角。

《技术制图标题栏》（GB 10609.1—2008）对标题栏的格式和尺寸均作了规定，其中涉及内容项目较多。建议制图作业的标题栏采用图 1-3 所示的格式。

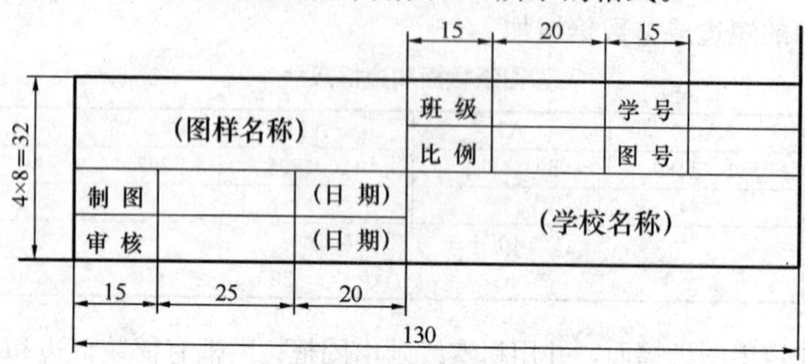

图 1-3 标题栏

二、比例（GB/T 14690—1993）

1. 比例

比例是指图中图形与其实物相应要素的线性尺寸之比，应以符号“∶”表示。比例有原值比例（1∶1）、放大比例（如 2∶1）和缩小比例（如 1∶2）三种，需要按比例绘制图样时，应符合表 1-2 的规定。

表 1-2 比 例

原值比例	1∶1
缩小比例	(1∶1.5) 1∶2 (1∶2.5) (1∶3) (1∶4) 1∶5 (1∶6) 1∶1×10^n (1∶1.5×10^n) 1∶2×10^n (1∶2.5×10^n) (1∶3×10^n) (1∶4×10^n) 1∶5×10^n (1∶6×10^n)
放大比例	2∶1 (2.5∶1) (4∶1) 5∶1 1×10^n∶1 2×10^n∶1 (2.5×10^n∶1) (4×10^n∶1) 5×10^n∶1

注 n 为正整数，优先选用没有括弧的比例。

2. 需注意问题

(1) 不管图形放大或缩小，均须标注实物的实际尺寸。为了看图方便，画图时尽量采用原值比例。

(2) 绘制同一实物的各个视图应采用相同的比例，一般标注在标题栏中的比例项内。必要时，可在视图名称的下方标注比例，如：

$$\frac{\mathrm{I}}{2:1}\qquad\frac{A-A}{1:2}$$

三、字体（GB/T 14691—1993）

在图样上除了应表达机件的形状外，还需要用文字和数字注明机件的大小、技术要求及其他说明。

1. 字体的书写要求

字体书写必须做到：

字体工整、笔画清楚、间隔均匀、排列整齐。

2. 字体的号数

字体的号数即字体的高度。字体的高度 h 系列为：1.8，2.5，3.5，5，7，10，14，20mm。汉字高度不应小于 3.5mm。

3. 字体的宽度

字体的宽度 b 一般为 $h/\sqrt{2}$，字母和数字分 A 型和 B 型，A 型字体笔划宽度为字高的 1/14，B 型字体笔划宽度为字高的 1/10。在同一图样中应采用同一形式的字体。

4. 字体的示例

(1) 汉字。汉字应写成长仿宋字体。长仿宋字体的高宽比约为 1∶0.7，见表 1-3。其书写要领是横平竖直、注意起落、结构均匀、填满方格。应将汉字的基本笔划练习好，汉字的基本笔划为点、横、竖、撇、捺、挑、点、折、勾，见表 1-4。

表 1-3　长仿宋字高宽关系　mm

字高	20	14	10	7	5	3.5
字宽	14	10	7	5	3.5	2.5

表 1-4　长仿宋字体基本笔画

名称	横	竖	撇	捺	挑	点	勾	折
形状	一	丨	ノ	㇏	㇀	丶	㇆ ㇗ ㇁	㇕
笔法								

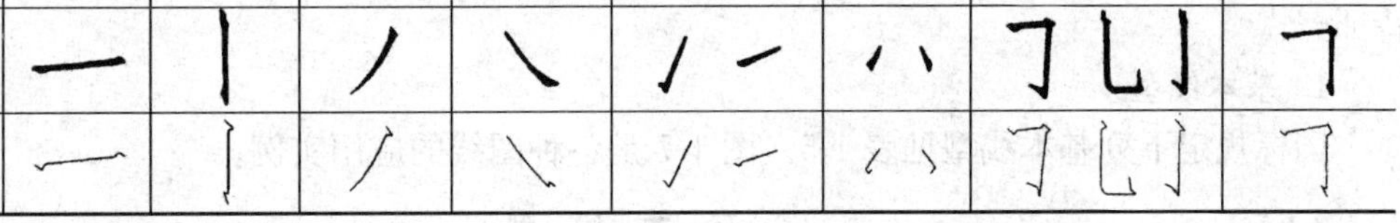

汉字示例见图 1-4。

10 号字

字体工整　笔画清楚　间隔均匀　排列整齐

7 号字

横平竖直注意起落结构均匀填满方格

5 号字

技术制图机械电子汽车航空船舶土木建筑矿山井坑港口纺织服装

图 1-4　长仿宋字体

（2）字母和数字。字母和数字可写成斜体或直体，一般采用斜体。斜体字的字头向右倾斜，与水平基准线呈75°角。

图样中常用的数字有阿拉伯数字和罗马数字两种，常用的字母有拉丁字母和希腊字母两种，字母和数字的示例如图1-5所示。综合应用示例如图1-6所示。

1 2 3 4 5 6 7 8 9 0

(a)

I II III IV V VI VII VIII IX X

(b)

ABCDEFGHIJKLM

(c)

abcdefghijklm

(d)

α β γ δ ε ζ η θ κ λ μ

(e)

图1-5 字母和数字的示例

（a）阿拉伯数字；（b）罗马数字；（c）大写拉丁字母；（d）小写拉丁字母；（e）希腊字母

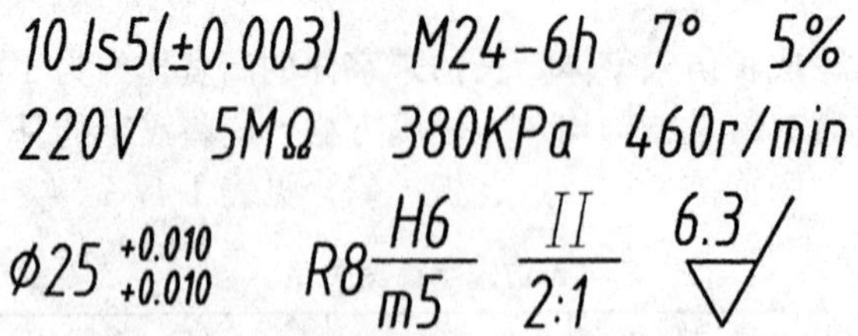

10Js5(±0.003) M24-6h 7° 5%

220V 5MΩ 380KPa 460r/min

$\phi25^{+0.010}_{+0.010}$ $R8\frac{H6}{m5}$ $\frac{II}{2:1}$ 6.3

图1-6 数字与字母组合

四、图线（GB/T 17450—1998）

图形都是由不同的图线组成的，不同形式的图线有不同的含义，用以识别图样的结构特征。

1. 基本线型

国标规定下列基本线型见表1-5。图1-7是各种图线的应用实例。

表1-5 基本线型

名称	线型	线宽	一般用途
粗实线		d	可见轮廓线、图框线
细实线		$0.25d$	尺寸线及尺寸界线、剖面线、引出线 重合断面的轮廓线、较小图形的中心线等
波浪线		$0.25d$	断裂处的边界线、视图和剖视图的分界线

续表

名 称	线 型	线宽	一 般 用 途
折断线	≈3～5 6～10	0.25d	断裂处的边界线
虚 线	≈1 3～6	0.5d	不可见轮廓线
细点画线	10～30 ≈3	0.25d	轴线、对称中心线、轨迹线
粗点画线		d	有特殊要求的线或表面的表示线
双点画线	10～30 ≈5	0.25d	相邻辅助零件的轮廓线、极限位置的轮廓线

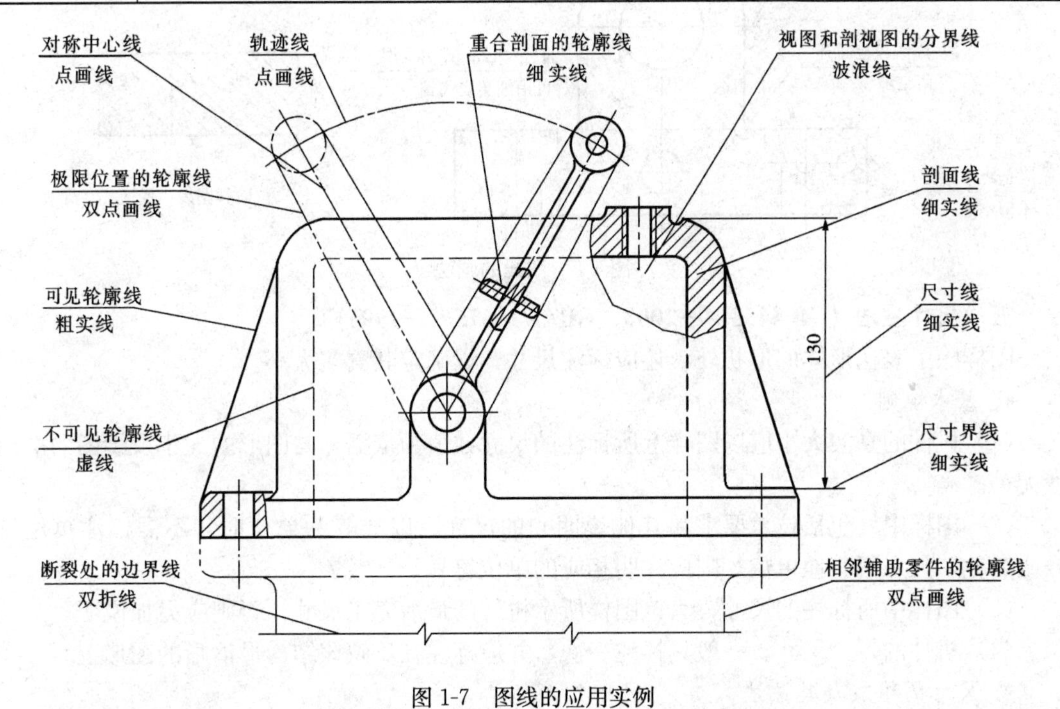

图 1-7 图线的应用实例

2. 图线的宽度

标准规定了九种图线宽度，所有线型的图线宽度 d 应按图样的类型和尺寸大小在下列数系中选择：0.13、0.18、0.25、0.35、0.5、0.7、1、1.4、2mm。常用的 d 值为 0.5～2mm。

3. 图线的画法

在图纸上的图线，应做到：清晰整齐、均匀一致、粗细分明、交接正确。如图 1-8 所示，具体画图时应注意：

（1）在同一张图样中，同类图线的宽度应一致。虚线、点画线、双点画线的线段长度和间隔应大致相等。

（2）两条平行线之间的最小间隙不得小于 0.7mm。

（3）绘制圆的中心线时，圆心应为线段的交点，而不得画成点或间隔。小圆（一般直径小于 12mm）的中心线、小图形的双点画线均可用细实线代替。

中心线的两端应超出所表示的相应轮廓线 3～5mm。

（4）当虚线是粗实线的延长线时，虚线应留有空隙。虚线与图线相交时，应在线段处相交。

（5）折断线的两端应超出图形轮廓线 2～5mm。

（6）当不同线型的图线重合时，应按实线、虚线、点画线的次序绘制。

（7）图线不得与文字、数字或符号重叠、混淆，不可避免时，应断开图线以保证文字等的清晰。

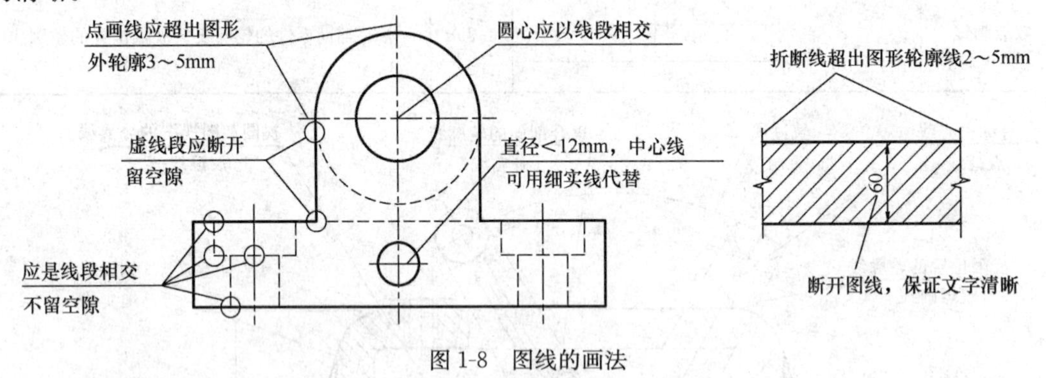

图 1-8 图线的画法

五、尺寸注法（GB 4458.4—2003、GB/T 16675.2—1996）

图样除了表达形体的形状外，还应标注尺寸，以确定其真实大小。

1. 基本规则

（1）机件的真实大小应以图样上所标注的尺寸数值为依据，与图形的大小及绘图的准确度无关。

（2）图样中（包括技术要求和其他说明）的尺寸，以 mm 为单位时，不需标注单位符号或名称。如采用其他单位，则应注明相应的单位符号。

（3）图样中所标注的尺寸，为该图样所示机件的最后完工尺寸，否则应另加说明。

（4）机件的每一尺寸，一般只标注一次，并应标注在反映该结构最清晰的图形上。

2. 尺寸的组成及其注法

每个完整的尺寸，一般由尺寸界线、尺寸线、尺寸线终端和尺寸数字组成，如图 1-9 所示。

（1）尺寸线。表示尺寸度量的方向。尺寸线必须用细实线单独绘制，应与被注长度平行。图样本身的任何图线均不得用作尺寸线，也不得与其他图线重合或画在其他图线的延长线上。

画在图样外围的尺寸线，与图样最外轮廓线的距离宜为 6～10mm；标注相互平行的尺寸时，应使小尺寸在里，大尺寸在外，且两平行排列的尺寸线之间的距离宜为 6～10mm，并保持一致，如图 1-10 所示。

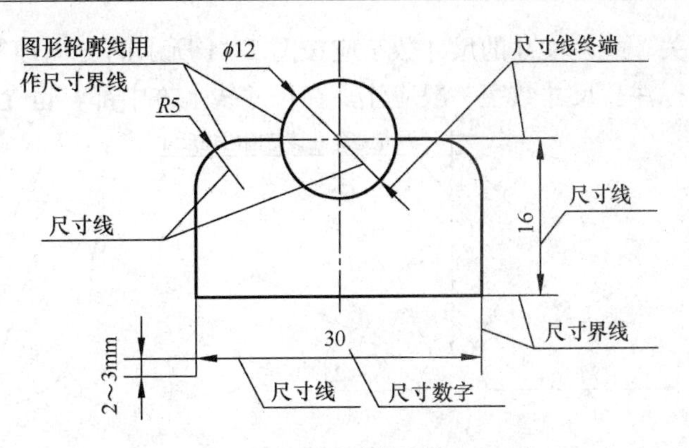

图 1-9 尺寸的组成

(2) 尺寸界线。表示尺寸度量的范围。尺寸界线应用细实线绘制，一般应与尺寸线垂直，必要时才允许倾斜，这种情况下尺寸界线与尺寸线尽可能画成 60°夹角，如图 1-11 所示。尺寸界线远离图形一端宜超出尺寸线 2～3mm。必要时，图形轮廓线、轴线或对称中心线可用作尺寸界线。

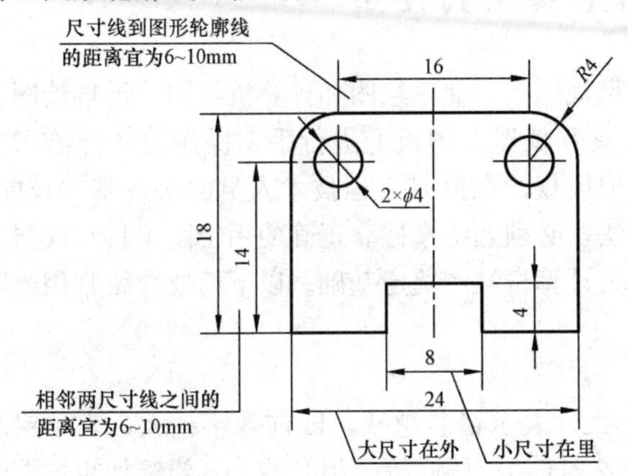

图 1-10 尺寸的排列与布置

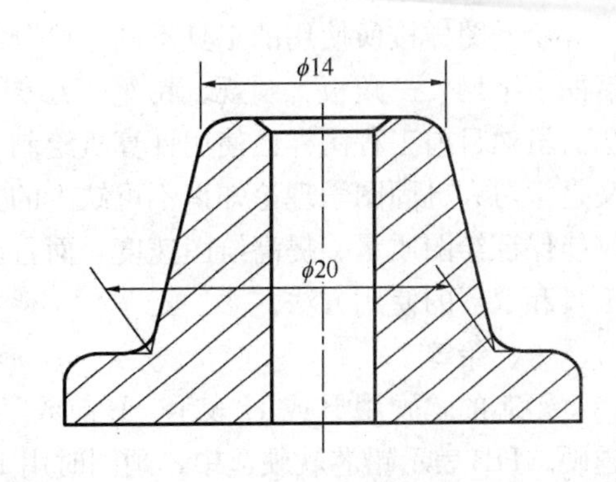

图 1-11 尺寸界线倾斜

(3) 尺寸线终端。尺寸线终端有箭头和斜线两种形式，如图 1-12 所示。机械图一般用箭头形式。箭头应与尺寸界线接触，不得超出，也不得分开。当尺寸线太短，没有足够的位置画箭头或注写数字时，允许将箭头画在尺寸线外边，也可用圆点或斜线代替箭头。此时最外边的尺寸数字可写在尺寸界线外侧，中间相邻的可上下错开或用引出线引出注写，如图 1-13 所示。

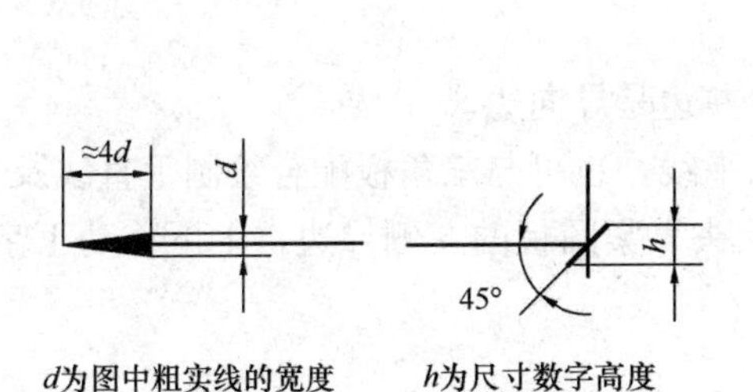

图 1-12 尺寸的终端形式

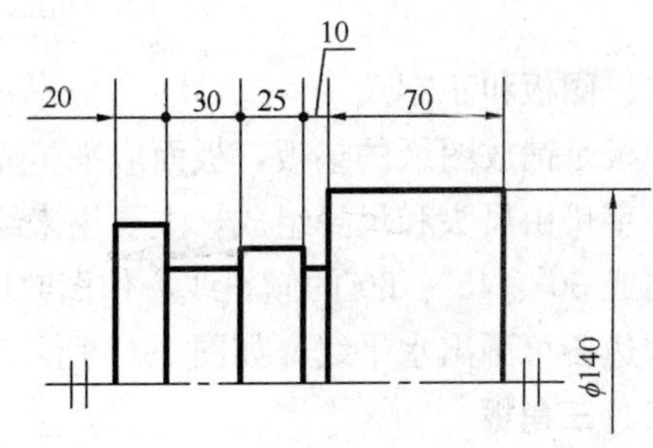

图 1-13 尺寸界线较密时的处理

(4) 尺寸数字。表示被注长度的实际大小，与画图采用的比例、图形的大小及准确度无关。线性尺寸的尺寸数字应按图 1-14 所示的方向填写，图示 30°范围内，应按图 1-15 所示标注。尺寸数字一般应注写在尺寸线上方中部，也允许注写在尺寸线中断处。

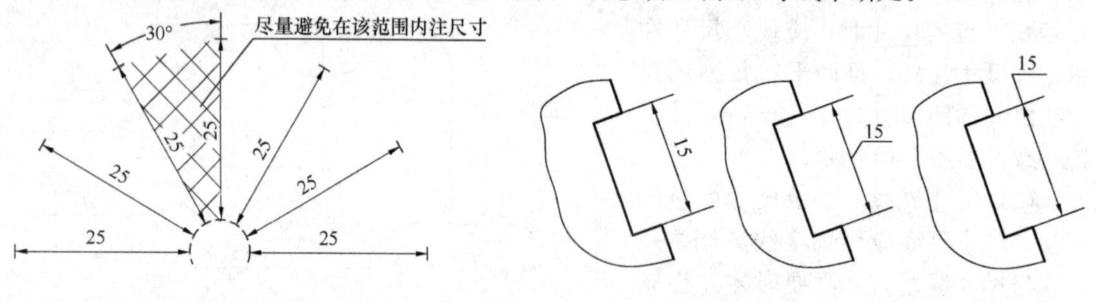

图 1-14　尺寸数字的注写方向　　图 1-15　30°范围内尺寸数字的注写

第二节　绘图工具及其使用

绘制图样按所使用的工具不同，可分为尺规绘图、徒手绘图和计算机绘图。尺规绘图是借助丁字尺、三角板、圆规、铅笔等绘图工具和仪器在图板上进行手工操作的一种绘图方法。虽然目前工程图样已使用计算机绘制，但尺规绘图既是工程技术人员的必备基本技能，又是学习和巩固图学理论知识不可缺少的方法，必须熟练掌握。正确使用绘图工具和仪器不仅能保证绘图质量、提高绘图速度，而且能为计算机绘图奠定基础。以下简要介绍常用绘图工具和仪器的使用方法。

一、铅笔

铅芯的软硬用 B 或 H 表示。B 前数字越大，表示铅芯越软，H 前数字越大，表示铅芯越硬。HB 表示铅芯软硬适中，画图时用 H 或 2H 铅笔画底稿，用 B 或 HB 铅笔加粗加深图线，用 HB 铅笔写字。铅笔修磨成圆锥形或矩形。如图 1-16 所示。

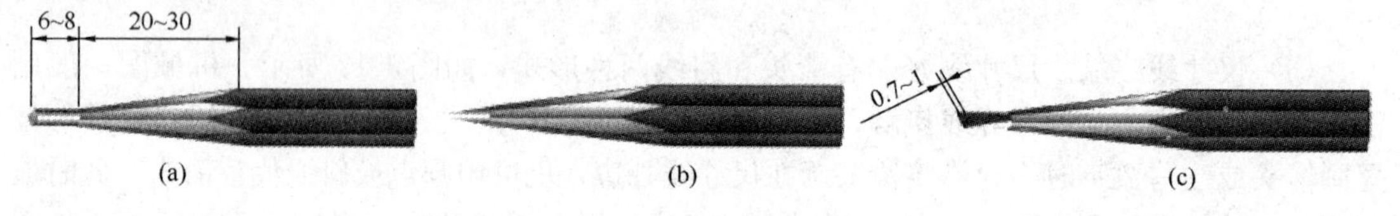

图 1-16　铅笔削法

（a）铅笔的削法；（b）圆锥形；（c）矩形

二、图板和丁字尺

图板是铺放图纸的垫板，板面应平整光洁，左边是导向边。

丁字尺由尺头和尺身组成，主要用来绘制水平线，也可与三角板配合绘制垂直线及与水平方向成 30°、45°、60°的倾斜线，作图时应使尺头靠紧图板的左侧导边，上下移动丁字尺，沿工作边便可画出水平线，如图 1-17 所示。

三、三角板

一副三角板由两块组成，其中一块为两个角均为 45°的直角三角板，另一块为一个角是 30°、另一个角是 60°的直角三角板，它与丁字尺配合可画垂直线及 15°倍角的斜线，如图 1-18所示。

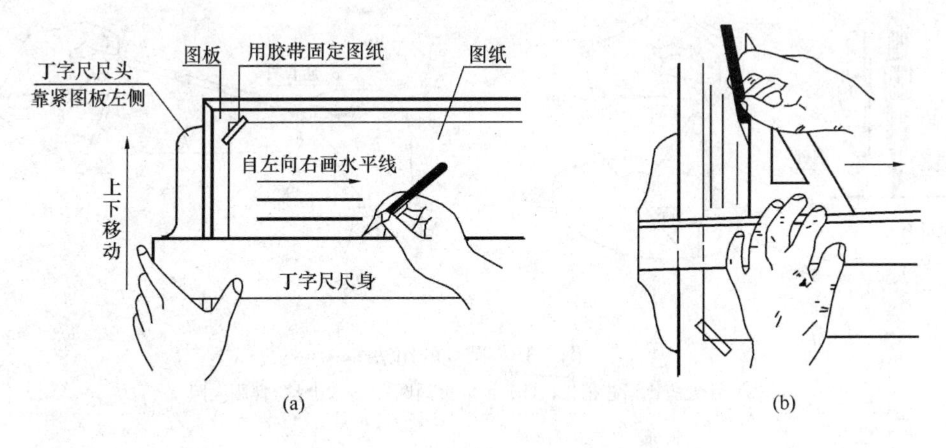

图 1-17　丁字尺的用法

(a) 上下移动丁字尺自左至右画水平线；(b) 自下至上画竖直线

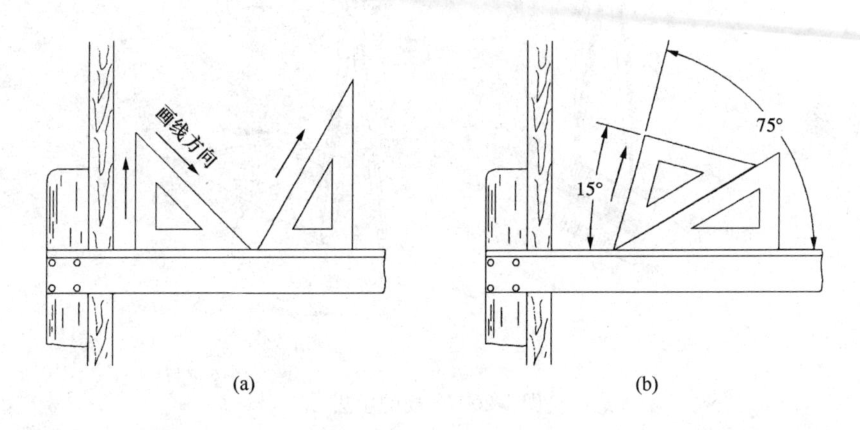

图 1-18　三角板的用法

四、圆规和分规

圆规用来画圆及圆弧。使用圆规时，应注意下列几点。

(1) 画粗实线圆时，为了与粗直线色泽一致，铅笔芯应比画粗直线的铅笔芯软一些，即一般用 2B，并磨成矩形截面［图 1-16 (a)］。铅芯端部截面应比画粗实线截面稍细。

画细线圆时，用 H 或 HB 的铅笔芯并磨成铲形，磨成圆锥形也可。

(2) 圆规针脚上的针，应用带有台阶的一端的小针尖，圆规两腿合拢时，针尖应调得比铅芯稍长一些，如图 1-19 (a) 所示。画圆时，应当着力均匀，匀速前进，并应使圆规稍向前进的方向倾斜，如图 1-19 (b) 所示。画大圆时要接上加长杆，使圆规两脚均垂直纸面，如图 1-19 (c) 所示 。

分规用来截取某一定长的线段或等分线段，其用法见图 1-20。

五、其他

除了上述工具外，绘图时还需准备削铅笔用的刀片、磨铅芯用的细砂纸、擦图用的橡皮、固定图纸用的透明胶带、扫除橡皮屑用的软毛刷，包含常用符号的模板及擦图片等。

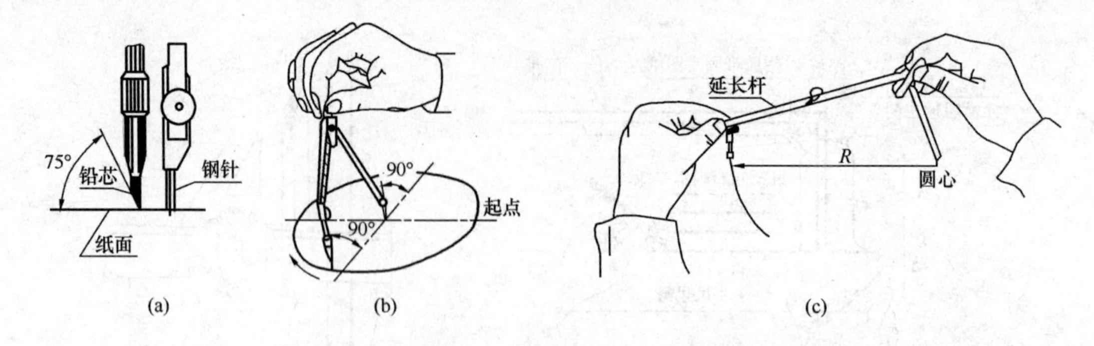

图 1-19 圆规的用法

（a）针尖应比铅芯稍长；（b）顺时针画圆；（c）用延长杆画大圆

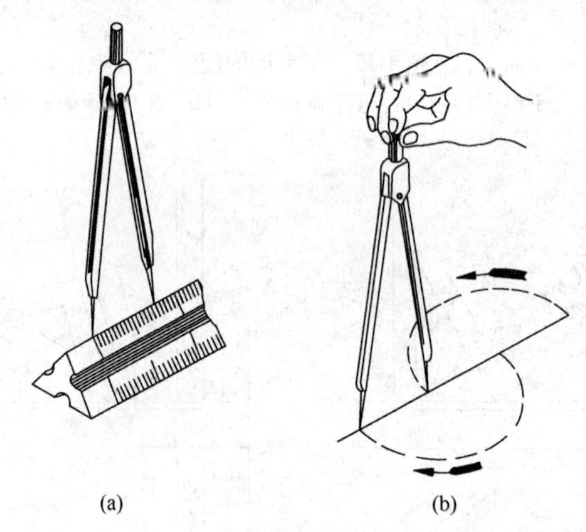

图 1-20 分规的用法

第三节 几 何 作 图

机器零件的轮廓形状是多种多样的，都是由直线、圆弧或其他曲线所组成的几何图形。因此，必须熟练掌握一些常用的几何图形的作图方法。

一、斜度和锥度的作图

1. 斜度

斜度是指直线或平面对另一直线或平面的倾斜程度，其大小一般是用两直线或平面间夹角的正切来表示，即 斜度 $= \tan\alpha = \dfrac{H}{L} = 1:n$，并在斜度 $1:n$ 前面注写斜度符号“∠”，符号斜线的方向应与斜度方向一致，如图 1-21 所示。

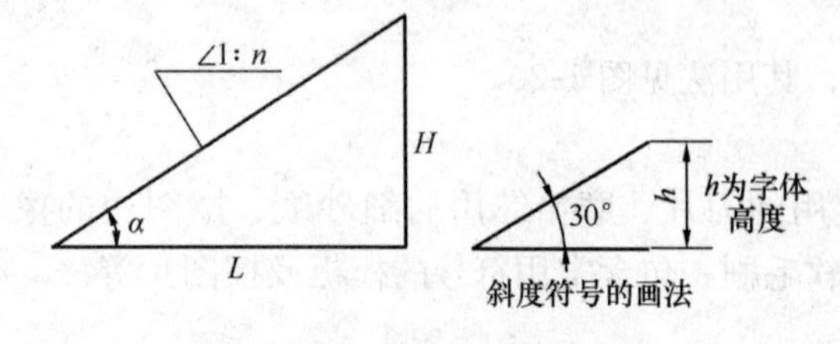

图 1-21 斜度与斜度符号

图 1-22 所示为过已知点作斜度的方法，其作图过程为：

（1）作两条相互垂直的直线 OA、OB，其中 $OA=80$。

（2）在 OA 上自 O 点起，任取 10 个单位长度，得到点 E；在 OB 上自 O 点起，截取 1 个单位长度，得到点 F；连接 EF 即为1∶10 的斜度，如图 1-22（b）所示。

（3）自 A 向上截取 $AC=8$，再过 C 作 EF 的平行线与 OB 相交，即完成作图，见图 1-22（c）。

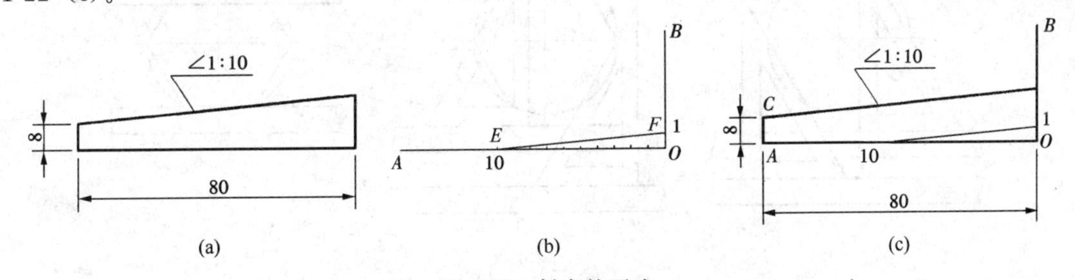

图 1-22　斜度的画法

（a）已知条件；（b）作图过程；（c）作图结果

2. 锥度

锥度是指正圆锥的底圆直径与高度的比，如果是锥台，则是底圆直径和顶圆直径的差与高度之比（图 1-25），即 锥度 $=\dfrac{D}{L}=\dfrac{D-d}{l}=1:n=2\tan\alpha$，并在锥度 $1:n$ 前面注写度符号“ ▷ ”，符号斜线的方向应与锥度方向一致，如图 1-23 所示。

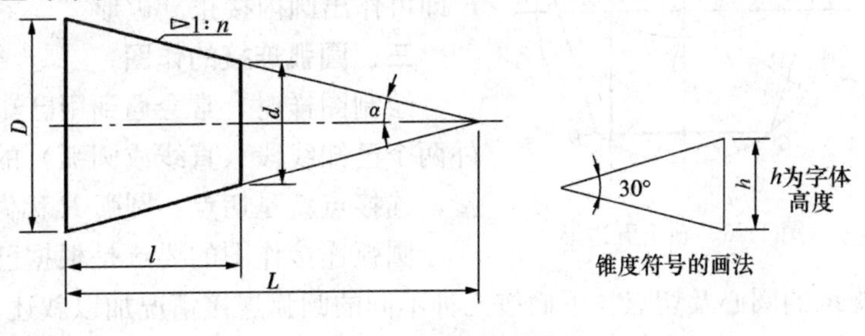

图 1-23　锥度和锥度符号

图 1-24 所示是按已知尺寸作锥度的方法，其作图过程为：

（1）作出水平中心线和 $\phi40$ 高 10 的圆柱。

（2）自 O 点起，量取 $OD=50$ 并过 D 点画竖直线，再从 O 点起任取 5 个单位长度，得点 C，在左端面上取直径为 1 单位长度，得上下点 B，连接 BC，即得 1∶5 的锥度，如图 1-24（b）所示。

（3）自端面 A、A 点作 BC 的平行线与过 D 点的竖直线相交，即完成作图，如图 1-24（c）所示。

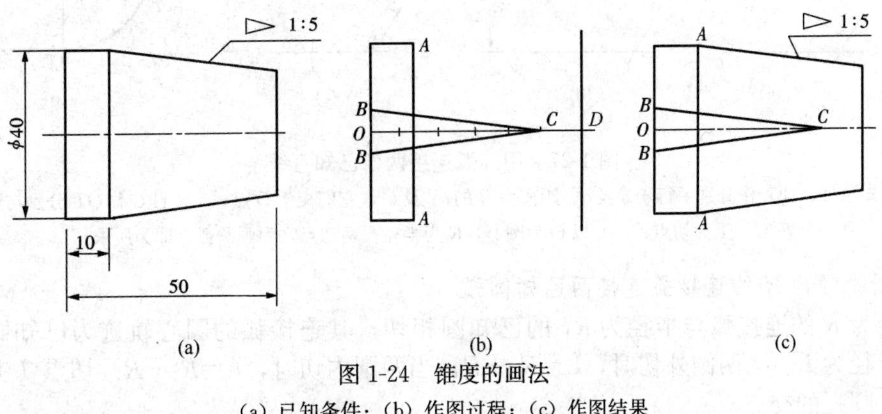

图 1-24　锥度的画法

（a）已知条件；（b）作图过程；（c）作图结果

二、正多边形的作图

（1）已知外接圆直径 D，用丁字尺和三角板画正六边形，如图 1-25 所示。

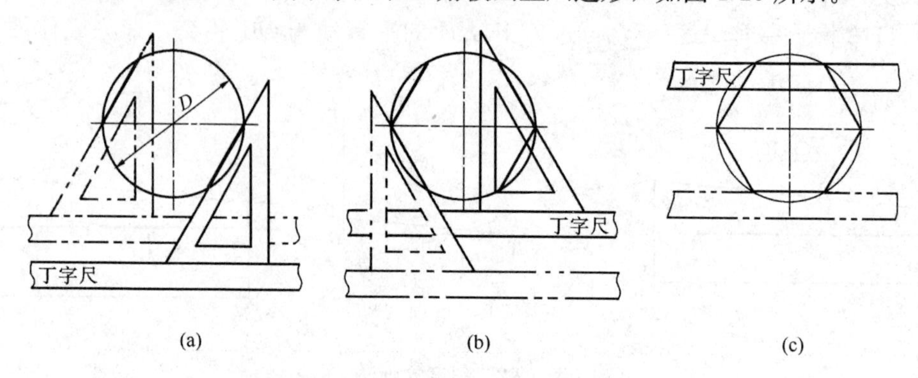

图 1-25 用丁字尺和三角板画正六边形

（2）已知外接圆直径 D，作正五边形，如图 1-26 所示，作图步骤如下：

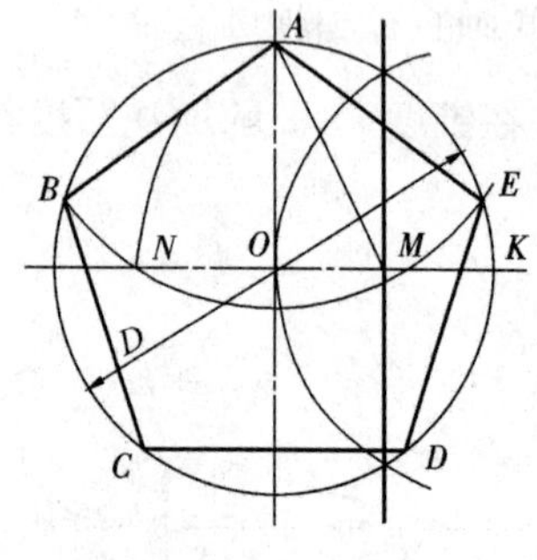

图 1-26 画正五边形

1）作水平半径 OK 的中点 M；

2）以 M 为圆心，MA 为半径作弧，交水平中心线于 N；

3）以 AN 为边长，五等分圆周连接各等分点 B、C、D、E 即可作出圆内接正五边形。

三、圆弧连接的作图

绘制图样时，常会遇到用已知半径为 R 的圆弧光滑连接另外两个已知线段（直线或圆弧）的作图，光滑连接就是相切连接，连接点就是切点，圆弧 R 称做连接圆弧。

圆弧连接作图的要点是根据已知条件、准确地定出连接圆弧 R 的圆心及切点。下面按三种不同的圆弧连接情况加以叙述。

1. 用半径为 R 的圆弧连接两条已知直线

与已知直线相切的圆，其圆心的轨迹是与该直线平行的直线，两线的距离等于半径 R，如图 1-27 所示。

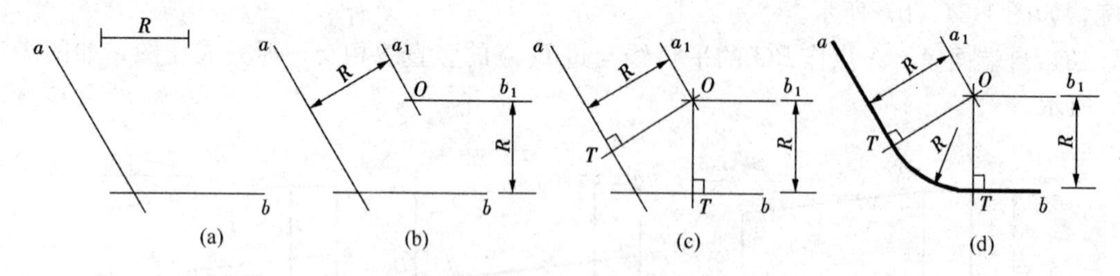

图 1-27 用圆弧连接两条已知直线

(a) 已知条件；(b) 作分别平行于 a 及 b、距离为 R 的 a_1 及 b_1，它们交于 O 点；(c) 自 O 作 OT 分别与两直线垂直，T 为切点；(d) 以 O 为圆心，R 为半径在两切点之间画圆弧，即为所求

2. 用半径为 R 的连接弧连接两已知圆弧

半径为 R 的连接弧与半径为 R_1 的已知圆相切，其连接弧的圆心轨迹为已知圆的同心圆，其半径为 L。当两圆外切时，$L=R_1+R$；当两圆内切时，$L=R_1-R$。切点 T 是两圆的连心线与圆弧的交点。

(1) 作半径为 R 的圆弧与已知半径为 R_1 的圆弧及半径为 R_2 的圆弧外切，如图 1-28 所示。

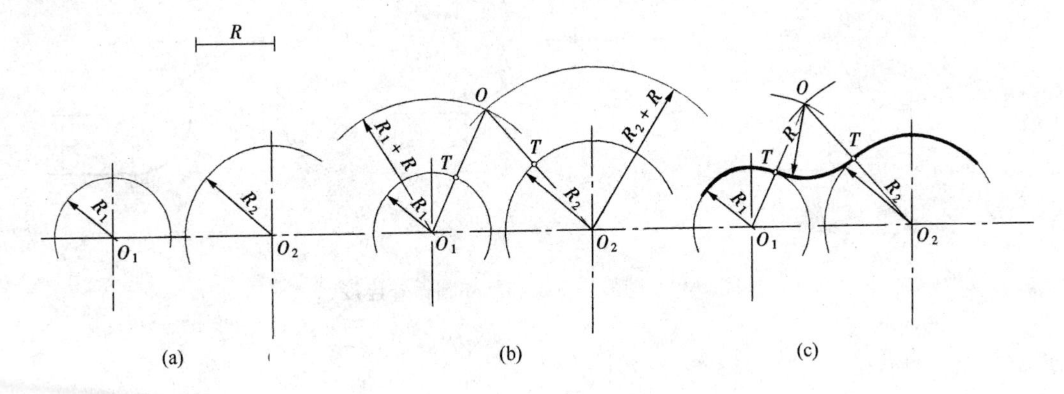

图 1-28　圆弧与两已知圆弧外连接

(a) 已知条件；(b) 分别以 $R+R_1$，$R+R_2$ 为半径画圆弧，交于点 O，连接 OO_1、OO_2 定出两个切点 T；(c) 以 O 为圆心，R 为半径，在两切点之间画圆弧，即为所求

(2) 作半径为 R 的圆弧与已知半径为 R_1、R_2 的圆弧内切连接，如图1-29所示。

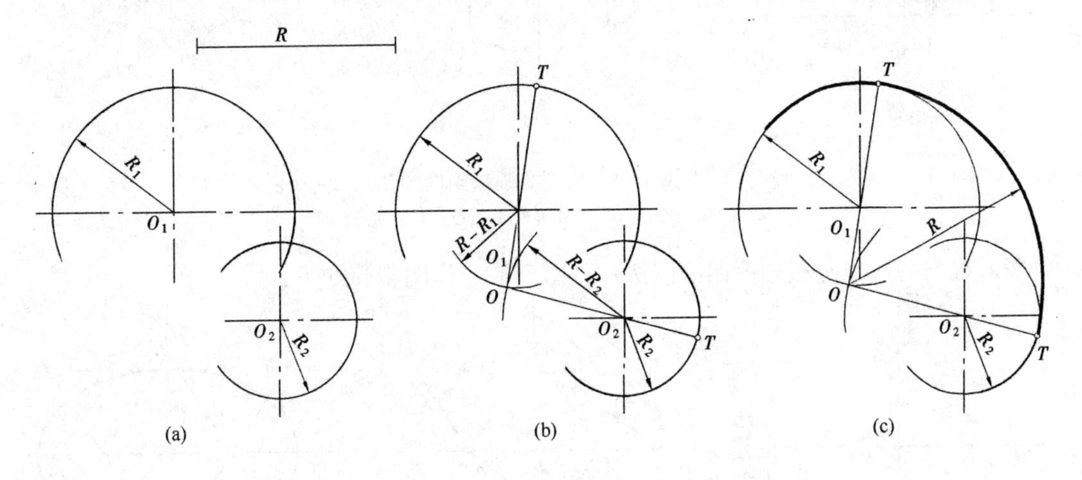

图 1-29　圆弧与两已知圆弧内连接

(a) 已知条件；(b) 分别以 $R-R_1$，$R-R_2$ 为半径画圆弧，交于点 O，连 OO_1，OO_2 并延长，定出两个切点 T；(c) 以 O 为圆心，R 为半径，在两切点之间画圆弧，即为所求

3. 用半径为 R 的圆弧连接一已知直线和一圆弧

这种连接是上述两种连接的结合，如图 1-30 所示。

四、椭圆的作图

椭圆是非圆曲线，常用同心圆法和四心圆法画椭圆。

(1) 椭圆的常用画法——同心圆法，见图 1-31。作图步骤如下：

1) 分别以椭圆长半轴 O_1 及短半轴 O_3 为半径画同心圆；

2) 由中心 O 引射线分别与两圆交于 l_1、l_2 两点；

3) 由 l_1 画竖直线，l_2 画水平线，它们的交点 5 即为椭圆上的点，其他各点作法相同；

4) 用曲线板光滑连接各点，即为所求椭圆。

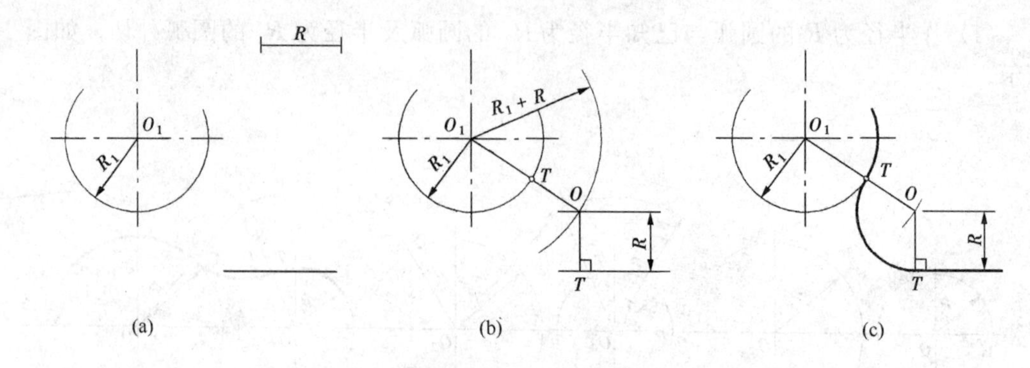

图 1-30　圆弧与直线和已知圆弧外连接

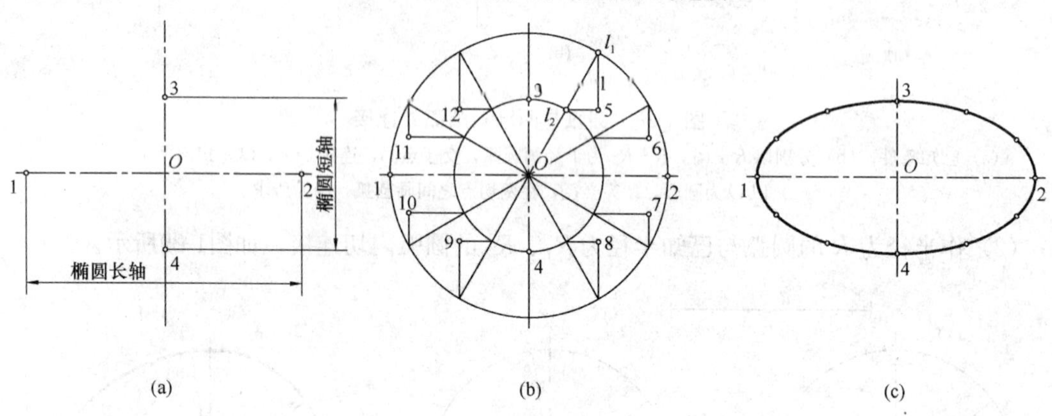

图 1-31　用同心圆法画椭圆

(a) 已知条件；(b) 求作椭圆上的点；(c) 光滑连接

（2）椭圆的近似画法——四心圆法，见图 1-32。作图步骤如下：

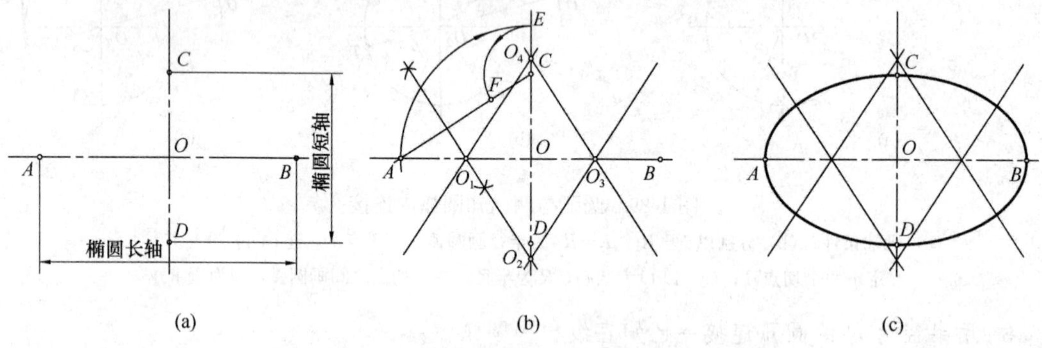

图 1-32　用四心法画椭圆

(a) 已知条件；(b) 求作各段圆弧的圆心；(c) 画出四段圆弧

1）确定椭圆长、短半轴长分别为 OA，OC；

2）连接 AC，以 O 为圆心，OA 为半径画弧，交 OC 延长线于点 E；再以 C 为圆心、CE 为半径画弧，交 AC 于点 F；作 AF 的中垂线与椭圆的长短轴交于 O_1、O_2 两点，即为两圆心，对称求出另两圆心 O_3、O_4。

3）分别以 O_2、O_4 为圆心，O_2C 为半径画弧，再分别以 O_1、O_3 为圆心，O_1A 为半径画弧，即为所求椭圆。

第四节　平面图形的分析及画法

一、平面图形的分析

平面图形是由若干段线段组成的，为了掌握平面图形的正确作图方法和步骤，画图前先要对平面图形进行分析，如图 1-33 所示。

1. 尺寸分析

平面图形的尺寸按其作用可分为定形尺寸和定位尺寸。

定形尺寸是确定平面图形各组成部分大小的尺寸，如图 1-33 中 33，$\phi48$，$2\times\phi14$，$R24$，$R14$，$R82$，$\phi56$ 等。

定位尺寸是确定平面图形各组成部分相对位置的尺寸，如图 1-33 中 92、50、30。

2. 线段分析

平面图形的线段，根据尺寸是否完整可分为两类。

已知线段　定形、定位尺寸全部注出的线段。如图 1-33 中的 $\phi48$、$\phi14$、$R14$ 等圆弧。

连接线段　只有定形尺寸，没有定位尺寸或缺少一个定位尺寸，必须依靠与两端相邻线段间的连接关系才能画出的线段。如图 1-33 所示 $R82$、$R24$、$R14$。

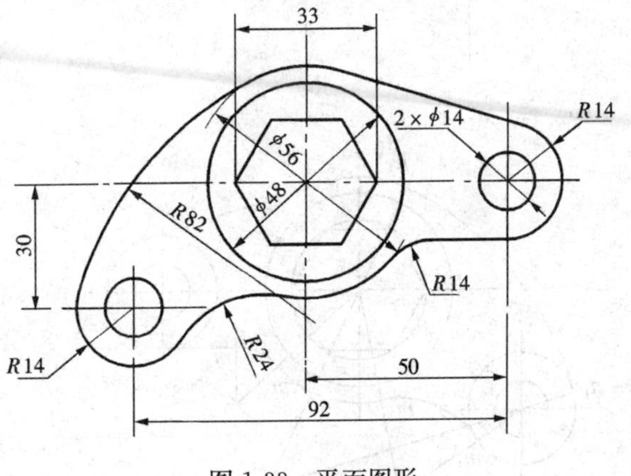

图 1-33　平面图形

二、作图的一般步骤

(1) 分析所画图形，以弄清哪些是已知线段，哪些是连接线段以及图形各部分的尺寸关系；

(2) 根据图形大小选择比例及图纸幅面；

(3) 固定图纸如图 1-34 所示；

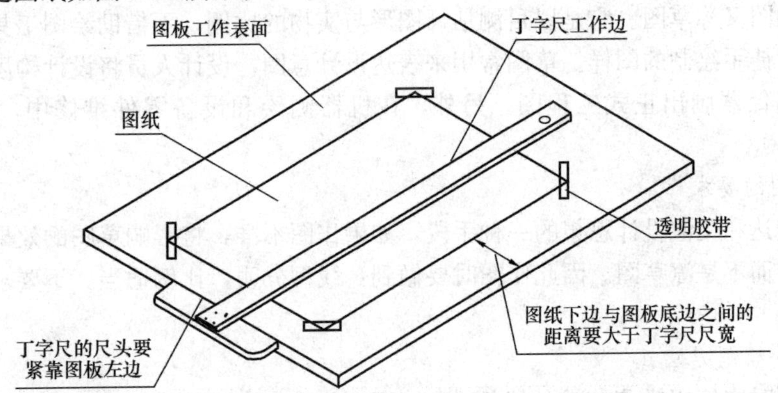

图 1-34　固定图纸

(4) 用较硬的铅笔画底稿，画底稿步骤见图 1-35 (a)、(b)、(c)；

（5）描深，见图 1-35（d）。

1）描深前应对底图进行一次检查和清理，擦去不需要的作图线；

2）先加深圆及圆弧，再用丁字尺和三角板按水平线、垂直线、斜线的顺序加深粗实线。

（6）标注尺寸，填写标题栏。

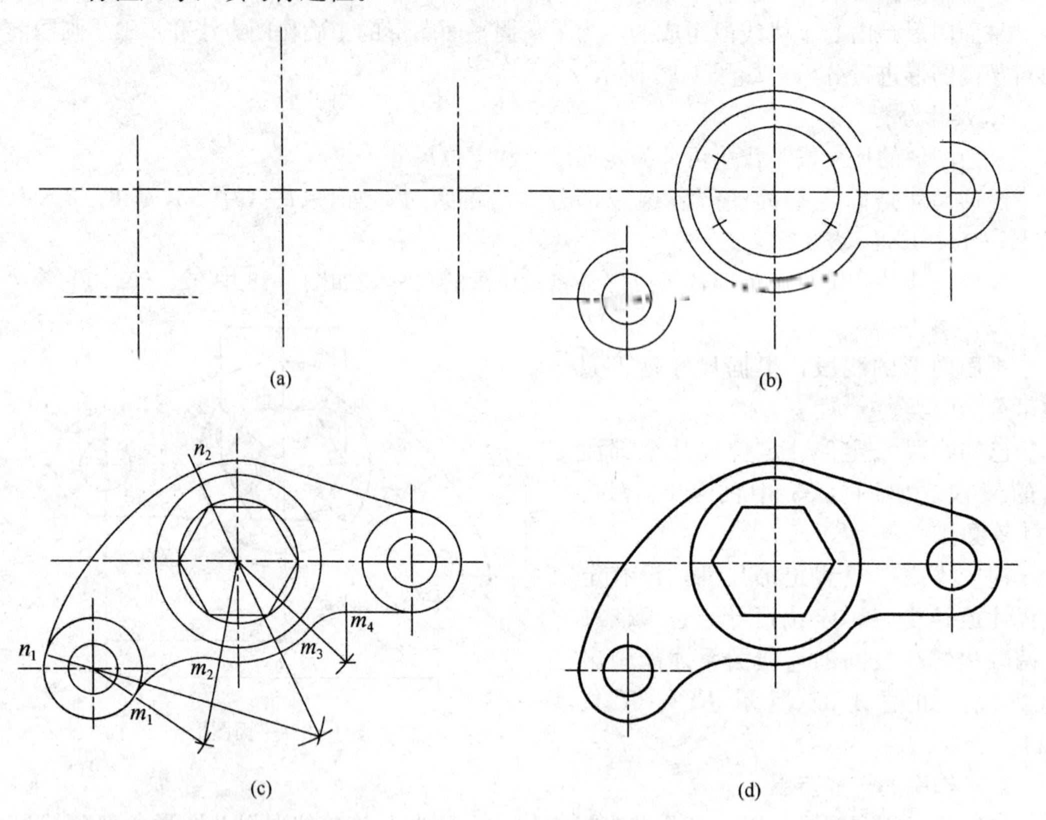

图 1-35 画图形

（a）布图，画基准线；（b）画已知线段；（c）画连接线段；（d）描深图线

三、徒手画图

徒手画的图又称草图。它是以目测估计图形与实物的比例，不借助绘图工具（或部分使用绘图仪器）徒手绘制的图样。草图常用来表达设计意图。设计人员将设计构思先用草图表示，然后再用仪器画出正式工程图。另外，在机器测绘和设备零件维修中，也常用徒手作图。

1. 画草图的要求

草图是表达和交流设计思想的一种手段，如果作图不准，将影响草图的效果。草图是徒手绘制的图，而不是潦草图。因此作图时要做到：线型分明，比例适当，不要求图形的几何精度。

2. 草图的绘制方法

绘制草图时应使用铅芯较软的铅笔（如 HB、B 或 2B）。铅笔的铅芯应磨削成圆锥形，粗细各一支，分别用于绘制粗、细线。

画草图时，可以用有方格的专用草图纸，或者在白纸下面垫一张有格子的纸，以便控制图线的平直和图形的大小。

（1）直线的画法。画直线时，可先标出直线的两端点，在两点之间先画一些短线，再连成一条直线。运笔时手腕要灵活，目光应注视线段的终点，不可只盯着笔尖。

画水平线应自左至右画出；垂直线自上而下画出：斜线斜度较大时可自左向右下或自右向左下画出，斜度较小时可自左向右上画出，也可转动图纸，使其处于水平或垂直位置画线，如图 1-36 所示。

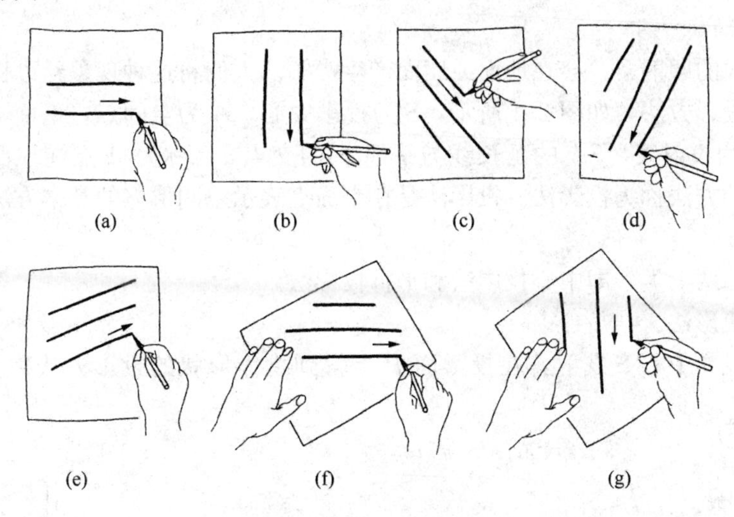

图 1-36　徒手画直线

（2）圆的画法。画圆时，应先画中心线。较小的圆在中心线上定出半径的四个端点，过这四个端点画圆，稍大的圆可以过圆心再作两条斜线，再在各线上定半径长度，然后过这八个点画圆，如图 1-37 所示。

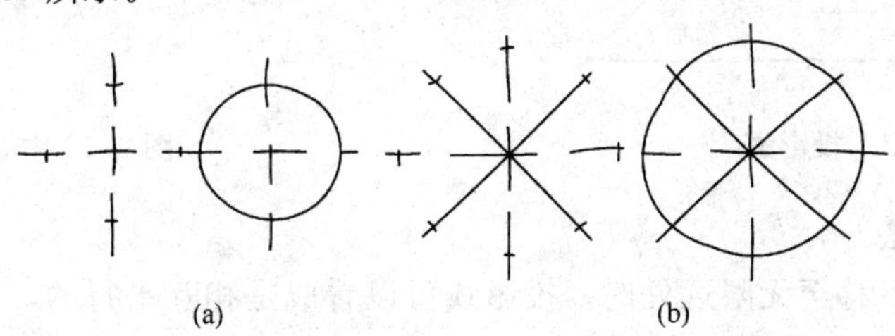

图 1-37　徒手画圆

（a）画小圆；（b）画稍大圆

（3）常见角度的画法。画线时，对于一些特殊角，可根据两直角边的近似比例关系，先定出两个端点，然后画线，如图 1-38 所示。

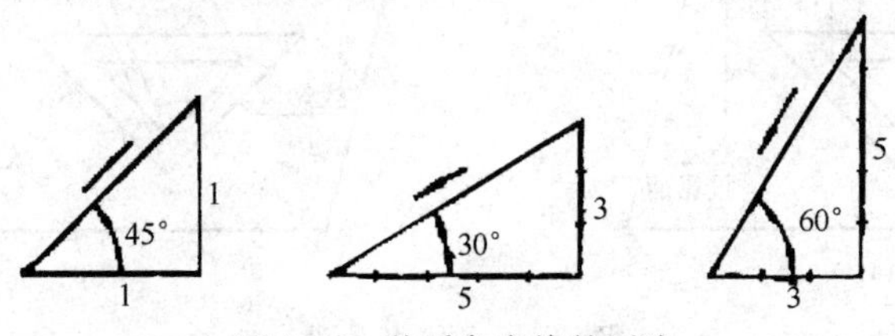

图 1-38　徒手角度线的画法

第二章　点、直线和平面的投影

第一节　投影的基本知识

物体在光线的照射下，会在地面或墙面产生影子。人们将这种现象经过科学的抽象和提炼，逐步形成投影方法，如图 2-1 所示，S 为投影中心，A 为空间点，平面 P 为投影面，S 与 A 点的连线为投射线，SA 的延长线与平面 P 的交点 a，称为 A 点在平面 P 上的投影，这种产生图像的方法称为投影法。投影法是在平面上表示空间形体的基本方法，它广泛应用于工程图样中。

投影法分为两大类，即中心投影法和平行投影法。

一、中心投影法

投射线从投影中心 S 发射，在投影面 P 上得到物体形状的投影方法称为中心投影法，如图 2-2 所示。

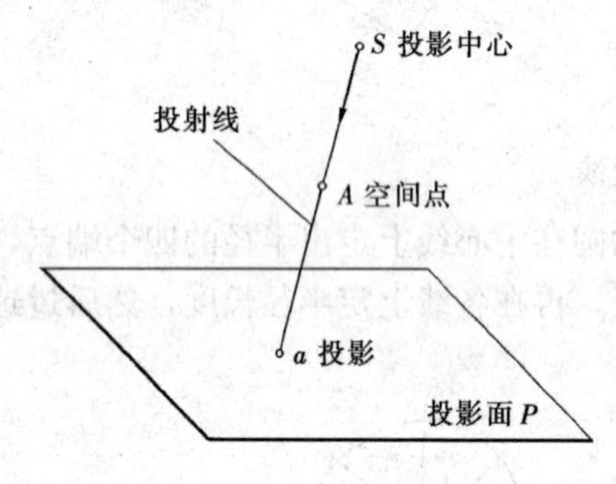

图 2-1　投影法

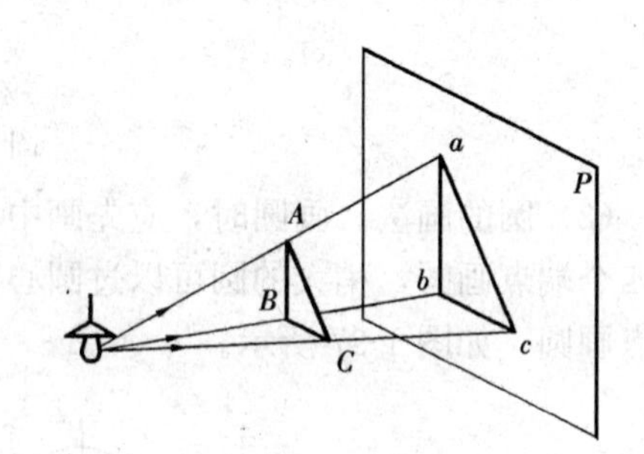

图 2-2　中心投影法

二、平行投影法

当将投影中心 S 移至无限远处时，投影线可以看成是相互平行的，用这种投影法得到的图形称为平行投影法，如图 2-3 所示。

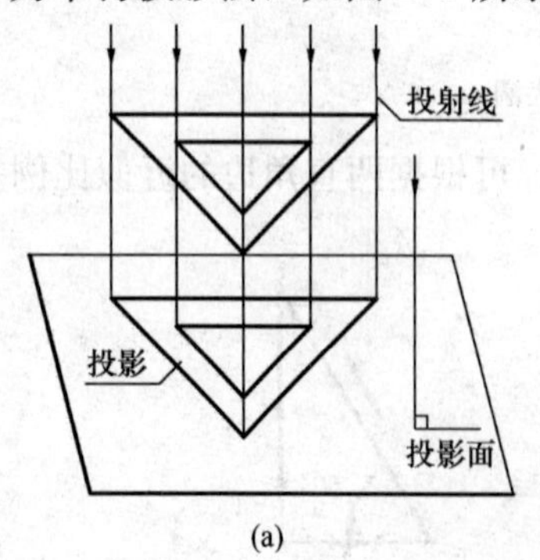

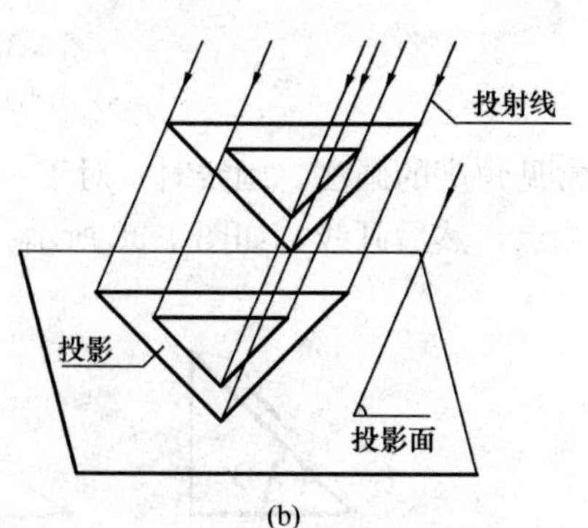

图 2-3　平行投影法

（a）正投影；（b）斜投影

根据投射线与投影面所成角度的不同，平行投影法又分为正投影法和斜投影法。当投射线与投影面垂直时称为正投影法［图 2-3（a)］；当投射线与投影面倾斜时称为斜投影法［图 2-3（b)］。

第二节　点 的 投 影

一切几何形体都可看成是点、线、面的组合。点是最基本的几何元素，所以我们首先研究点的投影性质。

一、点的三面投影

1. 三投影面体系的建立

三投影面体系由三个相互垂直的投影面组成的，三个投影面分别为：正立投影面用 V 表示；水平投影面用 H 表示；侧立投影面用 W 表示。两投影面的交线称投影轴，V 面与 H 面交于 OX 轴，H 面与 W 面交于 OY 轴，V 面与 W 面交于 OZ 轴，三轴交于原点 O。

2. 点的三面投影

将空间点 A 置于三投影面体系中，分别向三个投影面投射，可以得到 A 点在三个投影面上的投影。空间点 A 在 V 面的投影称 A 的正面投影，用 a' 表示，在 H 面的投影称 A 的水平面投影，用 a 表示，在 W 面的投影称 A 的侧面投影，用 a'' 表示（规定空间点用大写字母表示，其投影用相应的小写字母表示），如图 2-4（a）所示。

为了画图方便，将相互垂直的三个投影面摊平在同一个平面上，即 V 面不动，H 面以 OX 为轴向下转 90°，与 V 面重合，W 面以 OZ 为轴向右转 90°，与 V 面重合（投影面边框可省略）。点的三面投影展开后，如图 2-4（b)、(c）所示。

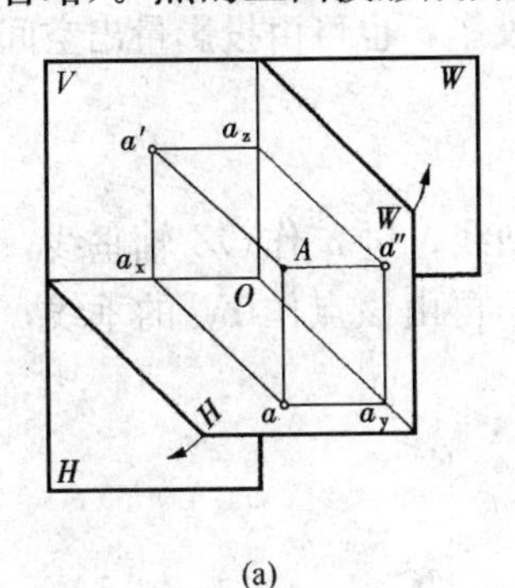

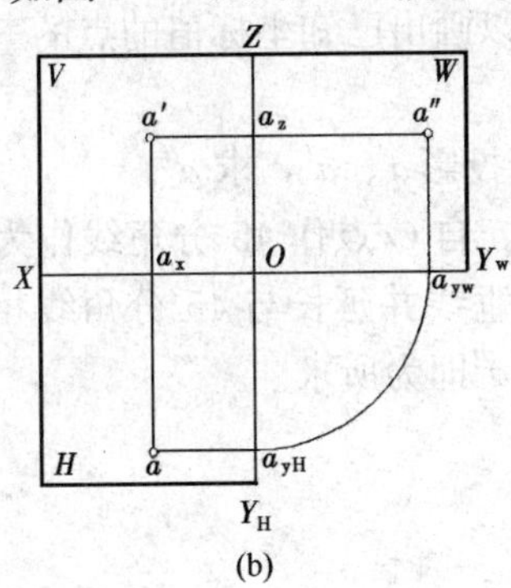

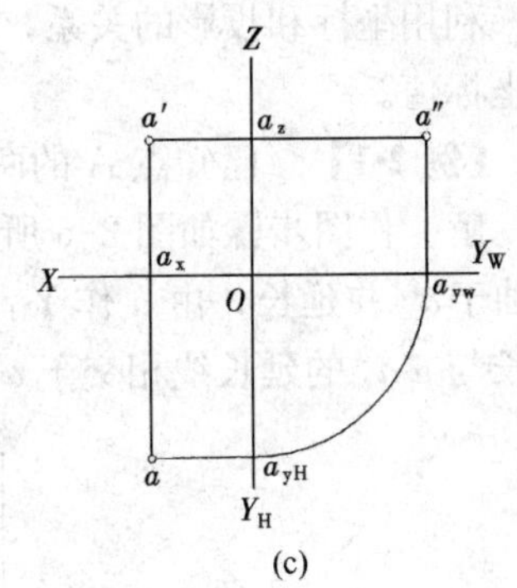

图 2-4　点的三面投影

从图 2-4 中可以看出点在三投影面体系中的投影有如下规律：

（1）点的投影连线垂直于相应的投影轴。

$a'a \perp OX$，即点的 V 面和 H 面投影连线垂直于 X 轴；

$a'a'' \perp OZ$，即点的 V 面和 W 面投影连线垂直于 Z 轴；

$aa_{yH} \perp OY_H$，$a''a_{yW} \perp OY_W$。

（2）点的投影到投影轴的距离，反映空间点到相应投影面的距离。

$aa_x = a''a_z = Aa'$（点 A 到 V 面的距离）；

$a'a_x = a''a_{yW} = Aa$（点 A 到 H 面的距离）；

$a'a_z = aa_{yH} = Aa''$（点 A 到 W 面的距离）。

二、点的坐标

三个投影轴可以作为一个空间坐标系的坐标轴。空间点的位置可用三个坐标值 x，y，z 表示，如图 2-5 所示。

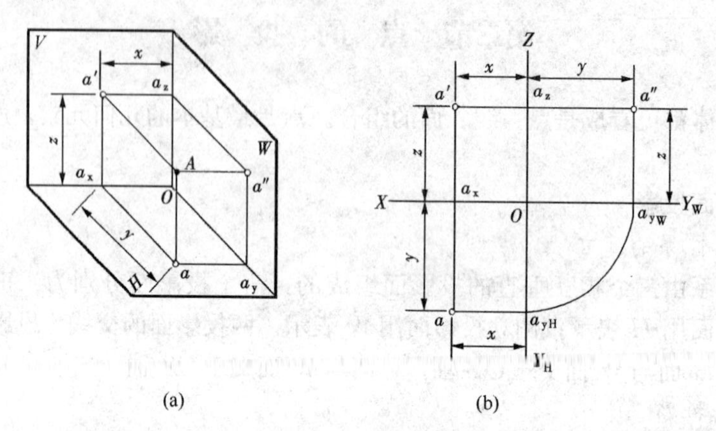

图 2-5 点的坐标

坐标值反映点到投影面的距离。图 2-5 为 A（x，y，z）的三投影图，从图 2-5 中可以看出：

$x = a'a_z = aa_{yH} =$ 空间点 A 到 W 面的距离；

$y = aa_x = a''a_z =$ 空间点 A 到 V 面的距离；

$z = a'a_x = a''a_{yW} =$ 空间点 A 到 H 面的距离。

利用坐标和投影的关系，可以画出已知坐标值的点的三面投影，也可由投影量出空间点的坐标值。

【例 2-1】 已知点 A 的两面投影 a、a'，求 a''。

解 作图步骤如图 2-6 所示。自 O 点作 45°分角线作为辅助线；过 a' 作 OZ 轴垂线，交 Z 轴于 a_z 并延长；由 a 作 Y_H 的垂线并延长与 45°分角线相交，再由该点作 Y_W 的垂线，并延长与 $a'a_z$ 的延长线相交于 a''，a''即为所求。

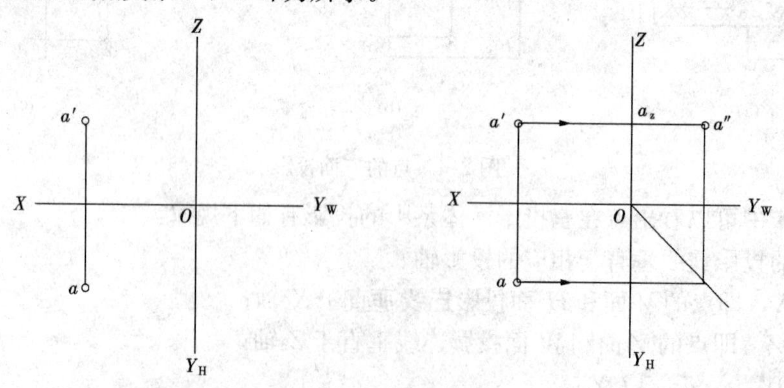

图 2-6 求点的第三面投影

【例 2-2】 已知点 A（15，10，20），求作点 A 的三面投影。

解　作图步骤如图 2-7 所示。

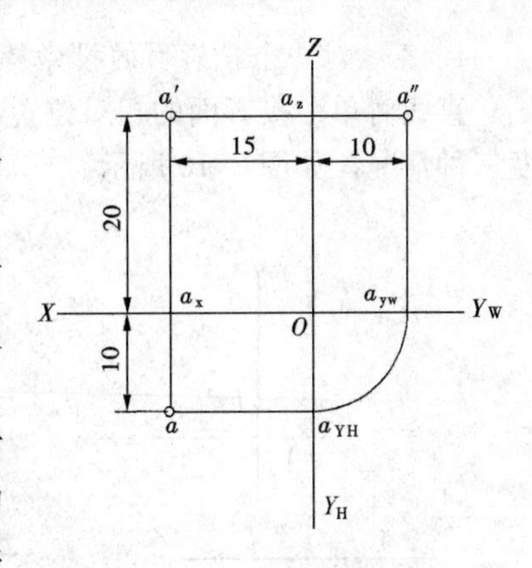

图 2-7　由点的坐标求三面投影

三、两点的相对位置

两点的相对位置是指空间两点之间上下，左右，前后的相对位置关系，如图 2-8 所示。

在判断两点的相对位置时，可根据正面投影或侧面投影判断上下；根据正面投影或水平投影判断左右；根据水平投影或侧面投影判断前后。

当空间两点处于同一投射线上时，它们在与该投射线垂直的投影面上的投影重合，这两点称为该投影面的重影点。如图 2-9 所示，C、D 两点的重影点中，距投影面较远的点 C 其投影为可见，距投影面较近的点 D 的投影为不可见，不可见投影点加括弧表示，即（d'）。

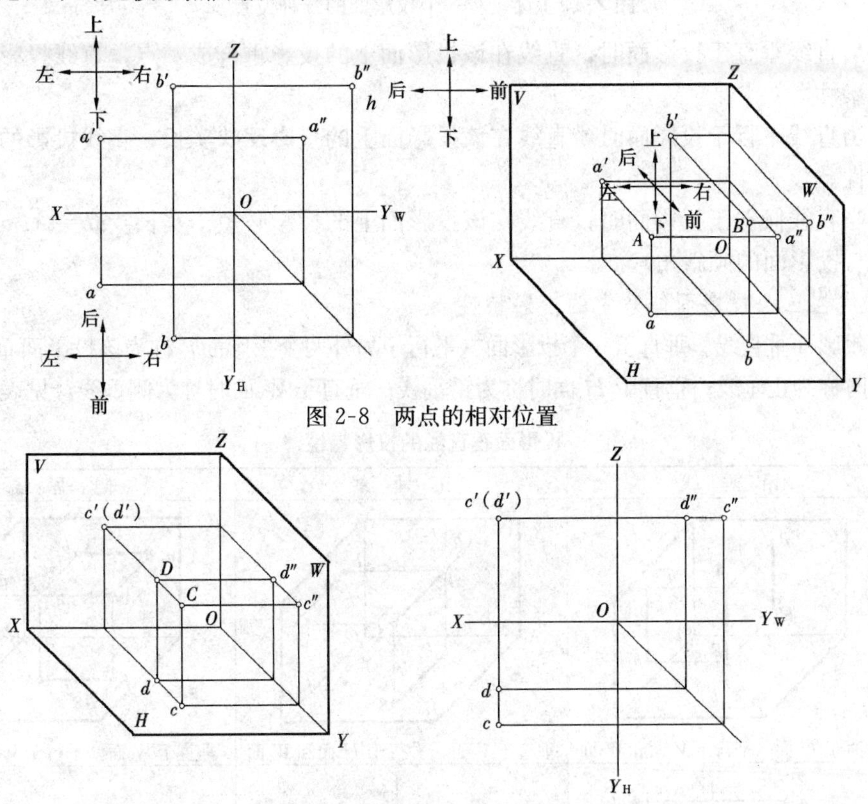

图 2-8　两点的相对位置

图 2-9　重影点

第三节　直 线 的 投 影

一、直线的投影特性

一条直线是由两点决定的，直线的投影可由该线上任意两点的投影所确定。如已知直线上两点（如两端点）的投影，将两点的同名投影用直线连接，就得到该直线的同名投影。

1. 直线对一个投影面的投影特性

直线对单一投影面的相对位置有垂直于投影面、平行于投影面和对投影面倾斜成某一角度三种情况，如图 2-10 所示。

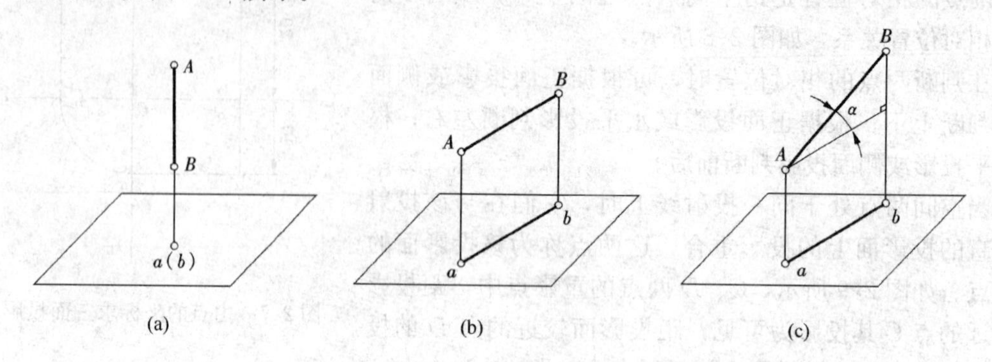

图 2-10 直线对一个投影面的三种位置

(1) 当直线垂直于投影面时，直线在该投影面上的投影重合成一点，直线投影的这种性质称为积聚性。

(2) 当直线平行于投影面时，直线在该投影面上的投影反映实长，直线投影的这种性质称为实形性。

(3) 当直线倾斜于投影面时，直线在该投影面上的投影必短于实长。$ab=AB\cos\alpha$（α 为直线 AB 与投影面的倾斜角）。

2. 直线在三个投影面体系中的投影特性

(1) 投影面垂直线。垂直于一个投影面（平行于另外两个投影面）称为该投影面垂直线。垂直于 V 面时称为正垂线；垂直于 H 面时称为铅垂线；垂直于 W 面时称为侧垂线，见表 2-1。

表 2-1 投影面垂直线的投影特性

名称	铅垂线	正垂线	侧垂线
立体图	垂直于 H 面，平行于 V 面和 W 面	垂直于 V 面，平行于 H 面和 W 面	垂直于 W 面，平行于 V 面和 H 面
投影图			
投影特性	1. 水平投影积聚成一点； 2. 其他两个投影反映实长，并均为铅直位置	1. 正面投影积聚成一点； 2. 其他两个投影反映实长。水平投影为铅直位置，侧面投影为水平位置	1. 侧面投影积聚成一点； 2. 其他两个投影反映实长，并均为水平位置

投影面垂直线的投影特性是：

1）在所垂直的投影面上，投影积聚成一点。

2）其他投影反映线段实长，且垂直于某一投影轴。

(2) 投影面平行线。平行于一投影面而与其余两投影面倾斜的直线称为投影面的平行线。平行于 V 面时称为正平线；平行于 H 面时称为水平线；平行于 W 面时称为侧平线，见表 2-2。

表 2-2　投影面平行线的投影特性

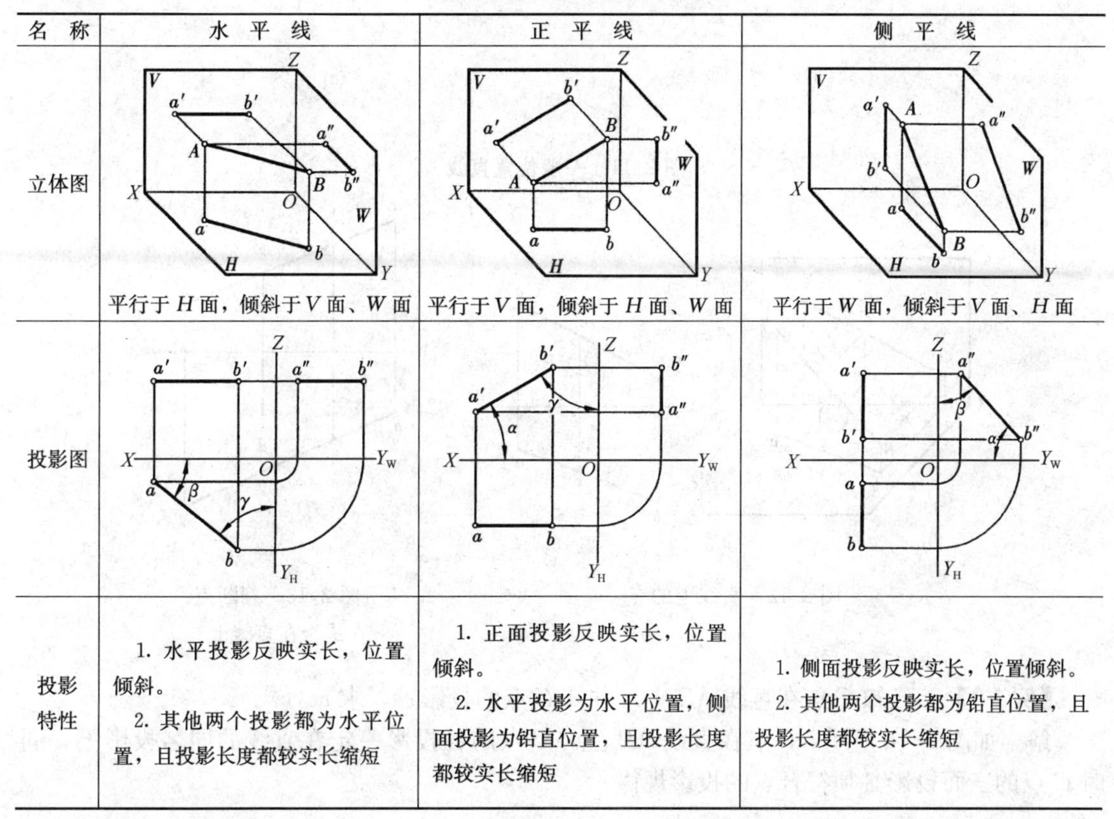

名称	水平线	正平线	侧平线
立体图	平行于 H 面，倾斜于 V 面、W 面	平行于 V 面，倾斜于 H 面、W 面	平行于 W 面，倾斜于 V 面、H 面
投影图			
投影特性	1. 水平投影反映实长，位置倾斜。 2. 其他两个投影都为水平位置，且投影长度都较实长缩短	1. 正面投影反映实长，位置倾斜。 2. 水平投影为水平位置，侧面投影为铅直位置，且投影长度都较实长缩短	1. 侧面投影反映实长，位置倾斜。 2. 其他两个投影都为铅直位置，且投影长度都较实长缩短

投影面平行线的投影特性是：

1）在所平行的那个投影面上的投影反映实长，并在此投影面上反映直线与另两投影面倾角的实形。

2）在另两个投影面上的投影是缩短了的线段，并且平行于投影轴。

(3) 一般位置直线。对三投影面都倾斜的直线称一般位置直线，如图2-11 所示。

一般位置直线的投影特性是：

1）三个投影都与投影轴倾斜，它们与投影轴的夹角不反映直线与投影面的倾角。

2）三个投影的长度都短于实长。

二、直线上的点

点在直线上，则点的投影在直线的同名投影上，并将线段的投影分割成和空间相同的比例。反之，若点的投影有一个不在直线的同名投影上，则该点必不在此直线上，如图2-12、图 2-13 所示。

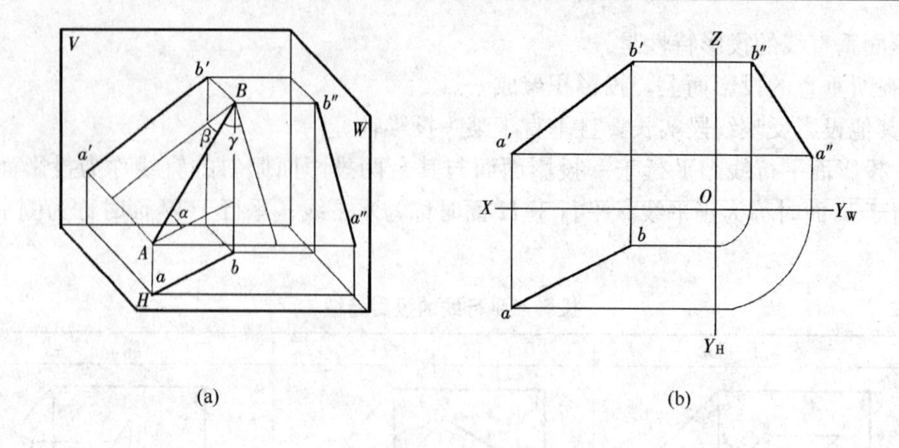

图 2-11　一般位置直线

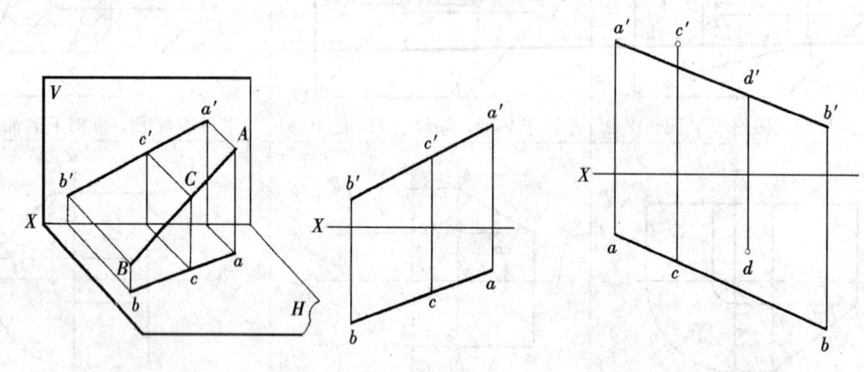

图 2-12　直线上的点

图 2-13　判断点是否在直线上

【例 2-3】　已知 C 点在直线 AB 上，并知 C 点的投影 c'，求 c、c''。

解　如图 2-14 所示。C 点在直线 AB 上，C 点的各投影一定在直线的同名投影上，同时 C 点的三面投影必须符合点的投影规律。

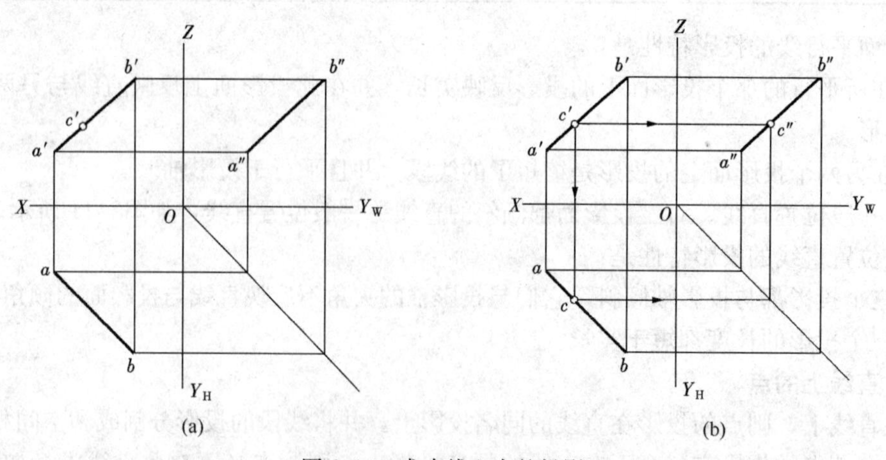

图 2-14　求直线上点的投影

（a）已知条件；（b）作图过程

三、两直线的相对位置

两条直线的相对位置有三种情况：平行、相交和交叉。下面分别讨论它们的投影特点。

（一）平行两直线

根据平行投影特性可知：空间两直线相互平行，则它们的同面投影也相互平行，且投影长度比等于空间长度比。

在图 2-15 中，直线 AB 和 CD 是一般位置直线，它们的水平投影和正面投影相互平行，即 $ab // cd$、$a'b' // c'd'$，可以判定它们在空间也相互平行，即 $AB // CD$。但也有例外，若两条直线均为某投影面的平行线时，若无直线所平行的投影面上的投影，仅根据另两投影的平行是不能确定它们在空间是否平行。如图 2-16 所示，侧平线 AB 和 CD，虽然 $ab // cd$、$a'b' // c'd'$，但不能确定 AB 和 CD 是否平行。还需要画出它们的侧面投影，才可以得出结论。当 $a''b'' // c''d''$时，$AB // CD$。

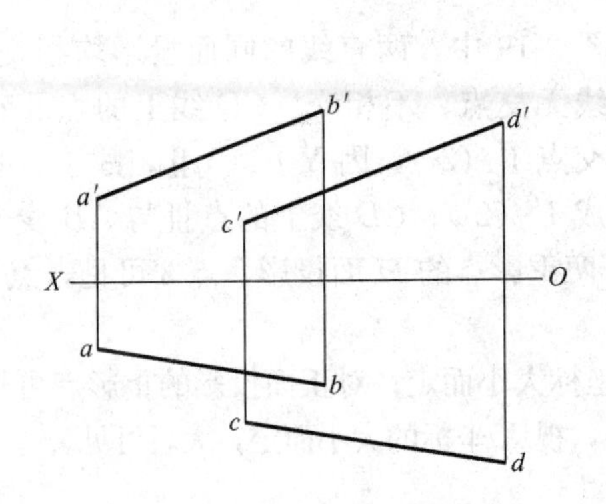

图 2-15　两一般位置直线平行

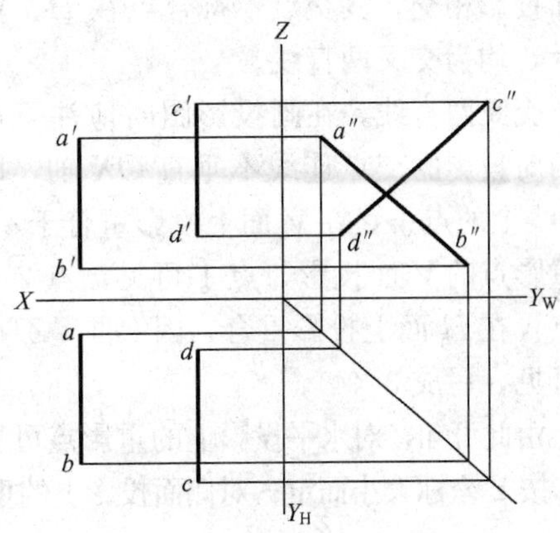

图 2-16　两侧平线不平行

（二）相交两直线

空间两直线相交，则它们的同面投影相交，且交点符合点的投影规律。

图 2-17 中，一般位置直线 AB 和 CD 相交于 K，因点 K 既属于 AB 又属于 CD，所以 k 既属于 ab 又属于 cd，即 k 为 ab 和 cd 的交点。同理，k'是 $a'b'$和 $c'd'$的交点，因为 k、k'为空间一点的两面投影，所以必有 $kk' \perp OX$ 轴。

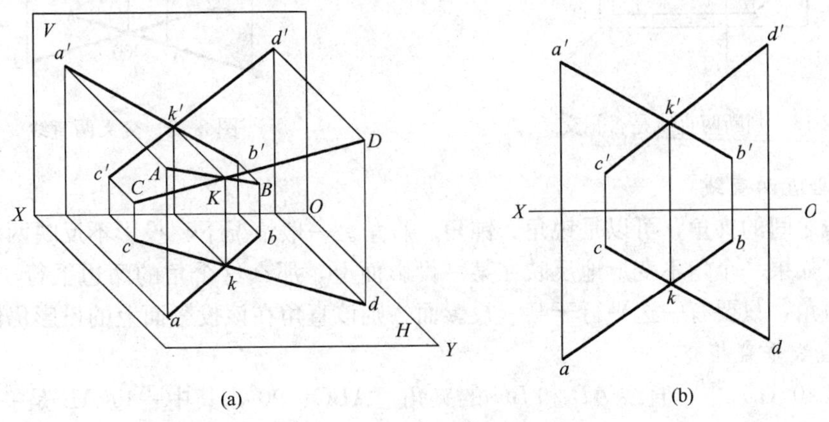

图 2-17　两一般位置直线相交

（a）立体图；（b）投影图

在投影图中判断两直线是否相交。对于一般位置直线，只要根据两对同面投影判断即可，如图 2-17（b）所示，可判断 AB 和 CD 相交。但是当两直线中有一条直线是投影面平行线时，应利用直线在所平行的投影面内的投影来判断。在图 2-18 中，直线 AB 和侧平线 CD 的水平投影、正面投影均相交，但不能确定它们在空间是否相交，还需画出它们的侧面投影 $a''b''$、$c''d''$ 才能得出结论。从图中可知，正面投影的交点和侧面投影交点的连线不垂直于 OZ 轴，也就是交点不符合点的投影规律，所以直线 AB 与侧平线 CD 不相交。也可用点在直线上的投影特点判断，若 K 在 CD 上，AB 与 CD 相交，否则 AB 与 CD 不相交。

（三）交叉两直线

空间两直线既不平行也不相交，称为交叉两直线。

两交叉直线的三对同面投影不可能对对平行，至少有一对相交；如果两对或两对以上的同面投影相交，其交点不符合点在 H、V、W 投影体系中的投影规律，如图 2-16、图 2-18 所示，均为交叉两直线。

交叉两直线，在画投影图时应注意可见性，在图 2-19 中，两直线的同面投影均相交，但两对投影的交点连线不垂直 OX 轴，即说明两直线无交点、不相交。CD 线上的点Ⅱ和 AB 线上的点Ⅰ，在 V 面上投影重合于 $a'b'$ 和 $c'd'$ 的交点 $1'$（$2'$），因 YⅠ＞YⅡ，故Ⅰ、Ⅱ两重影点的 V 面投影，点 $1'$ 可见，点 $2'$ 不可见，写成 $1'$（$2'$）；CD 线上的点Ⅲ与 AB 线上的点Ⅳ在 H 面上投影重合，因 ZⅢ＞ZⅣ，故Ⅲ、Ⅳ两重影点的 H 面投影，点 3 可见，点 4 不可见，写成 3（4）。

由此可知，对水平投影上的重影点可见性，按 Z 坐标大小而定；对正面投影的重影点可见性，按 Y 坐标大小而定；对侧面投影上的重影点可见性，视 X 坐标的大小而定，大者可见。

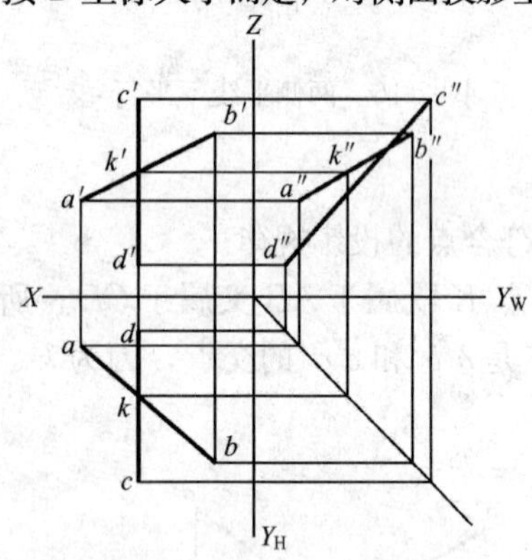

图 2-18 判断两直线是否相交

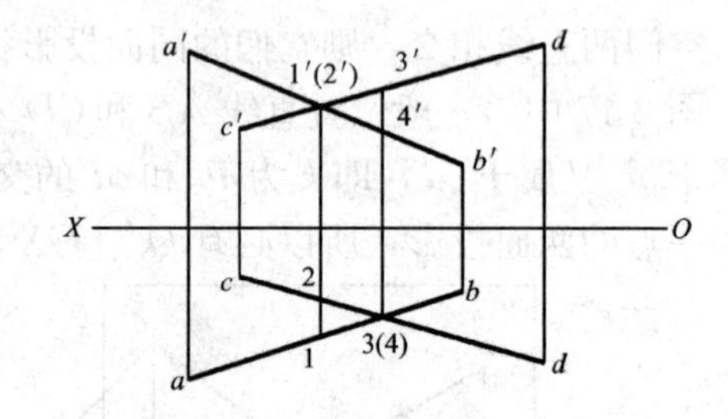

图 2-19 交叉两直线

（四）垂直两直线

两直线之间的夹角，可以是锐角、钝角、直角。一般情况下，投影不反映两直线夹角的真实大小，如果一个角不变形地反映在某一投影面上，那么这个角的两边平行于该投影面。但是对于直角，只要有一边平行于某一投影面，则该直角在该投影面上的投影仍然是直角。

1. 两直线垂直相交

在图 2-20（a）中，直线 AB 和 BC 的夹角 $\angle ABC=90°$，其中一边 AB 是一条水平线，则 $\angle ABC$ 在水平投影面的投影 $\angle abc$ 仍然是直角。

已知：$AB \perp CD$，$AB // H$

求证：$\angle abc=90°$

证明：因为 $AB /\!/ H$，而 $Bb \perp H$

所以 $AB \perp Bb$

又 $AB \perp BC$

所以 $AB \perp$ 平面 $CBbc$

又因为 $ab /\!/ AB$

所以 $ab \perp$ 平面 $CBbc$

故 $ab \perp bc$，$\angle abc=90°$

图 2-20（b）中，$a'b' /\!/ OX$，所以 AB 是一条水平线，$\angle abc=90°$，空间$\angle ABC=90°$。由此得出结论：两条互相垂直的直线，如果其中有一条是水平线，那么它们的水平投影必互相垂直。同理，两条互相垂直的直线，如果其中一条是正平线，那么它们的正面投影必相互垂直。

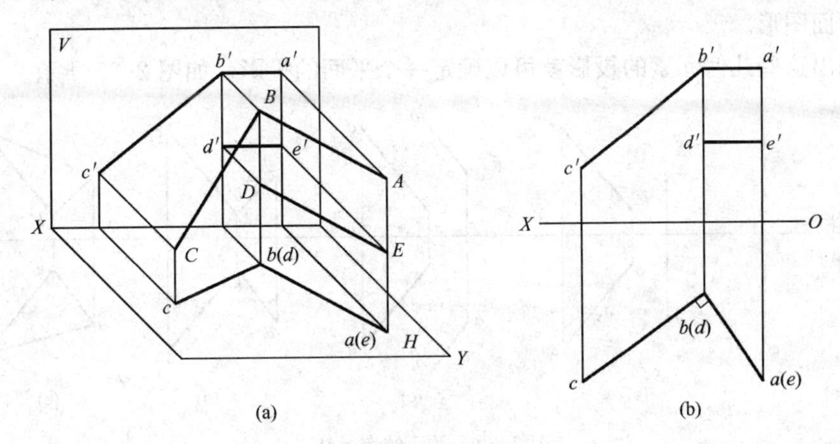

图 2-20　直角的投影

（a）立体图；（b）投影图

2. 两直线垂直交叉

在图 2-20（a）中，直线 DE 属于平面 $ABba$ 中的直线，$DE/\!/AB$，所以 $DE/\!/H$ 与 BC 垂直，$DE \perp$ 平面 $CBbc$，此时 $ed \perp cb$。图 2-20（b）中有交叉垂直两直线 ED 和 BC 的投影图。

因此，上述结论既适用于互相垂直的相交两直线，又适用于相互垂直的交叉两直线。

在图 2-21 中，相交两直线 AB 和 BC 及交叉两直线 EF 和 GH，由于它们的水平投影均垂直，而且其中 AB 和 EF 是水平线，所以它们在空间也是互相垂直的。

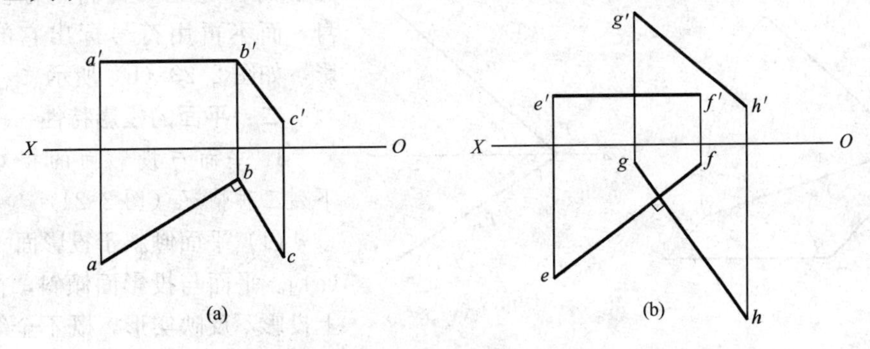

图 2-21　判断两直线是否垂直

（a）两直线垂直；（b）两直线垂直交叉

第四节　平面的投影

一、平面的表示法

平面可以用几何元素的投影和迹线表示。

1. 用几何元素表示平面

平面可以由下列各种条件确定：

(1) 不在同一直线上的三点；

(2) 一直线和直线外的一点；

(3) 平行两直线；

(4) 相交两直线；

(5) 平面图形。

分别画出这些几何元素的投影就可以确定一个平面的投影，如图 2-22 所示。

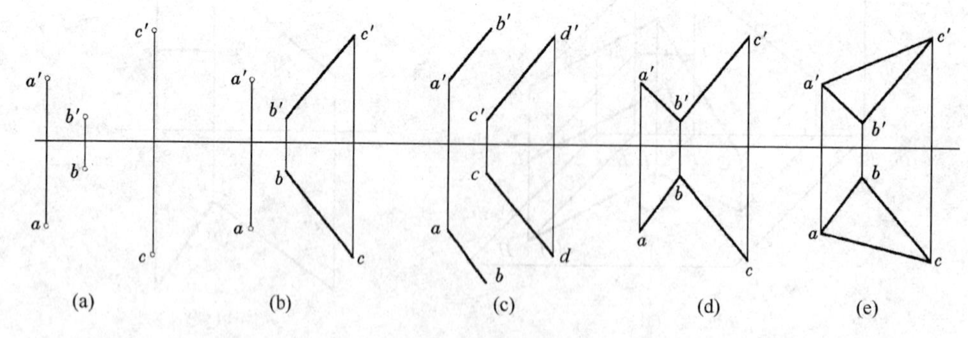

图 2-22　平面的表示法

(a) 不在同一直线上的三个点；(b) 一直线和线外一点；(c) 平行两直线；(d) 相交两直线；(e) 平面图形

2. 用迹线表示平面

平面与投影面的交线称为平面的迹线，如图 2-23 (a) 所示。平面 P 与 H 面的交线称为平面的水平迹线，用 P_H 标记；平面与 V 面的交线称为平面的正面迹线，用 P_V 标记。P_V 和 P_H 在 OX 轴上的交点 P_X，称为迹线的集合点。

因为 P_V 位于 V 面内，所以它的正面投影和它本身重合，它的水平投影和 OX 轴重合，为了简化起见，我们只标注迹线本身，而不再用符号标出它的各个投影，如图 2-23 (b) 所示。

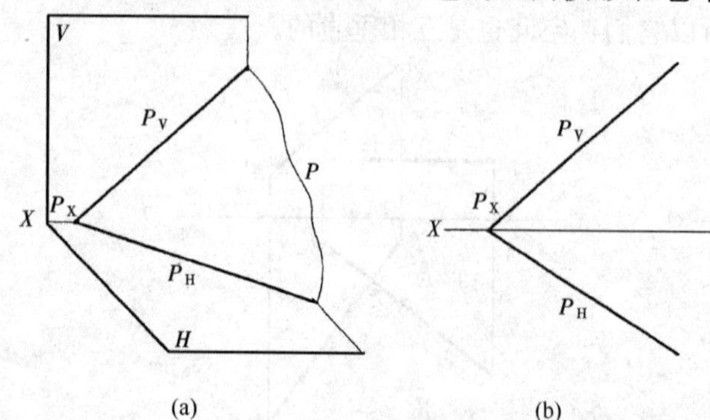

图 2-23　迹线表示平面

(a) 立体图；(b) 投影图

二、平面的投影特性

1. 平面与投影面的相对位置有下列三种情况（图 2-24）

(1) 平面倾斜于投影面［图 2-24 (a)］。平面与投影面倾斜，在投影面上投影不反映实形，既不全等也不相似，仅为边数相同的图形，这种情况称为类似性。

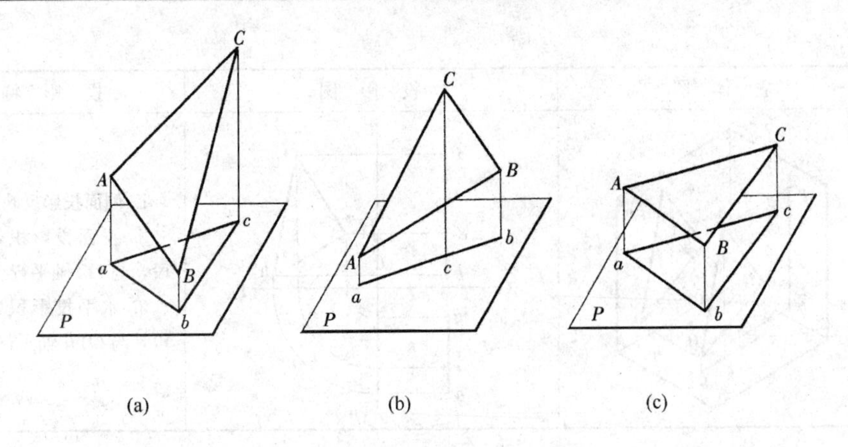

图 2-24　平面对一个投影面的三种位置

(a) 倾斜；(b) 垂直；(c) 平行

(2) 平面垂直于投影面［图 2-24 (b)］。平面上全部点和直线的投影都重叠在该投影面上的一条直线上，这种情况称为积聚性。

(3) 平面平行于投影面［图 2-24 (c)］。这时所得投影与空间平面全等，这种情况称为实形性。

2. 平面在三投影面体系中的投影

平面对于三投影面的位置也可分成三种：

(1) 投影面平行面。平行于一个投影面，同时垂直于另两投影面的平面。平行于 V 面称为正平面；平行于 H 面称为水平面；平行于 W 面称为侧平面，见表 2-3。

表 2-3　**投影面平行面的投影特性**

名称	立体图	投影图	投影特征
水平面	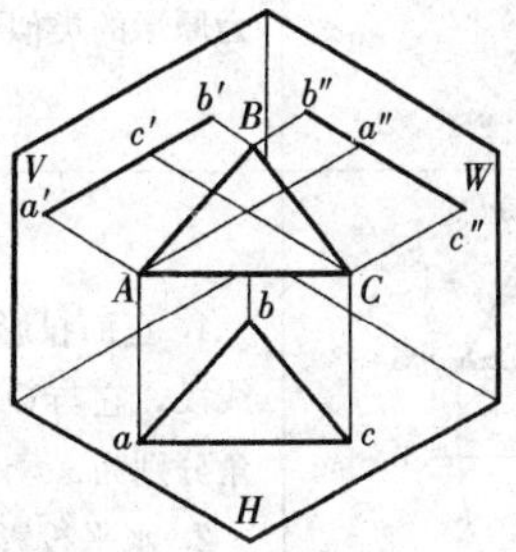	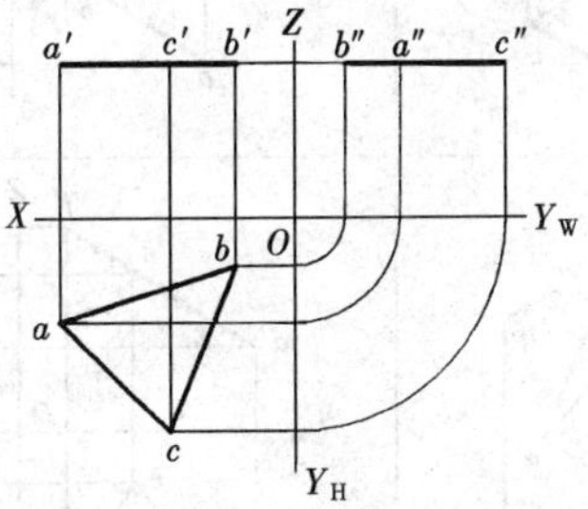	1. 水平投影反映实形。 2. 正面投影积聚成一直线段，与 OX 轴平行。 3. 侧面投影积聚成一直线段，与 OY_W 轴平行
正平面	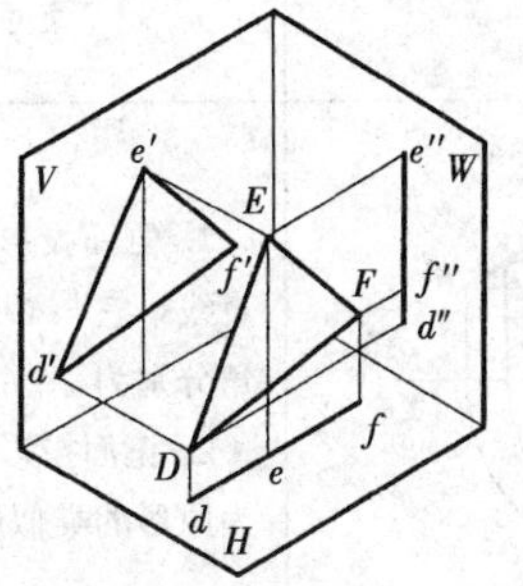	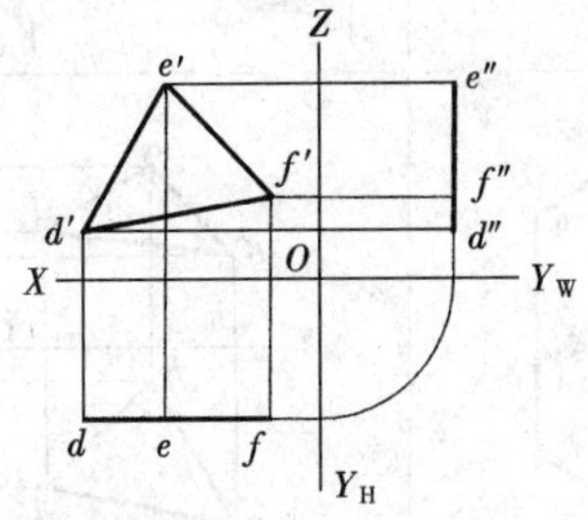	1. 正面投影反映实形。 2. 水平投影积聚成一直线段，与 OX 轴平行。 3. 侧面投影积聚成一直线段，与 OZ 轴平行

续表

名称	立体图	投影图	投影特征
侧平面			1. 侧面投影反映实形。 2. 正面投影积聚成一直线段，与 OZ 轴平行。 3. 水平投影积聚成一直线段，与 OY_H 轴平行

投影面平行面的投影特性：

1）在所平行的那个投影面上的投影反映实形。

2）在另两投影面上的投影积聚成分别与两投影轴平行的直线。

（2）投影面垂直面。投影面的垂直面是垂直于一个投影面而与另外两投影面倾斜的平面。垂直于 V 面时称为正垂面；垂直于 H 面时称为铅垂面；垂直于 W 面时称为侧垂面，见表 2-4。

表 2-4　　投影面垂直面的投影特性

名称	立体图	投影图	投影特征
铅垂面			1. 水平投影积聚成一直线段，它与 OX、OY 的夹角分别为 β、γ。 2. 正面投影和侧面投影为原形的类似形
正垂面			1. 正面投影积聚成一直线段，它与 OX、OZ 的夹角分别为 α、γ。 2. 水平投影和侧面投影为原形的类似形
侧垂面		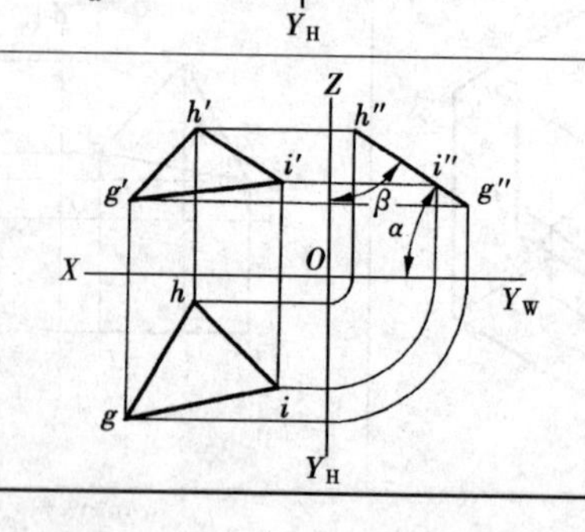	1. 侧面投影积聚成一条直线，它与 OY、OZ 的夹角分别为 α、β。 2. 正面投影和水平投影为原形的类似形

投影面垂直面的投影特性：

1）在所垂直的投影面上的投影，积聚成一直线。直线与两投影轴的夹角反映平面与另两投影面的倾角。

2）在另外两个投影面上的投影有类似性（投影与实形边数相等，面积小于实形）。

（3）一般位置平面。一般位置平面与三个投影面都是倾斜的，它在三个投影面上的投影都具有类似性，不反映平面对三个投影面的倾角，如图2-25所示。

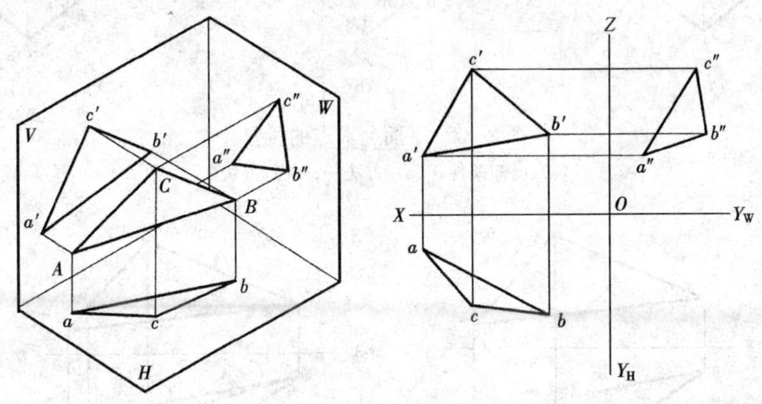

图 2-25　一般位置平面

三、平面上的直线和点

直线和点在平面上的几何条件是：

（1）若一直线通过平面上的两点，则此直线必在该平面内。

（2）若一直线通过平面上的一点，且平行于该平面上另一直线，则此直线必在该平面内。

（3）若点在平面内的任一直线上，则点在平面上，如图 2-26 所示。

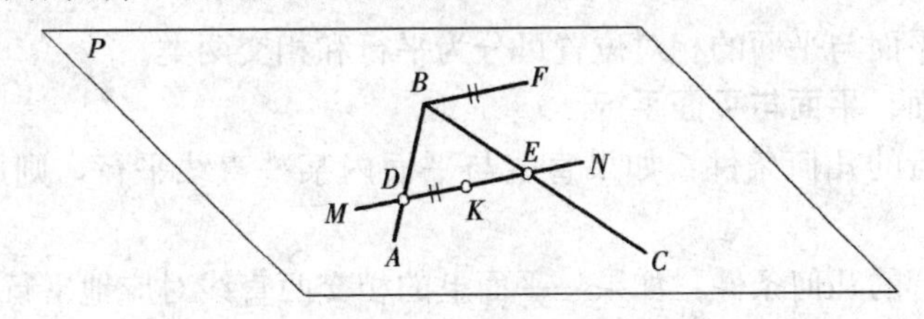

图 2-26　平面内的直线和点

【例 2-4】　已知 M 点在△ABC 上，并知 M 点的投影 m'，求 m、m''。

解　作图步骤如图2-27所示。过 m' 作直线 CD 的正面投影 $c'd'$，并求出其水平面投影 cd，在 cd 上求得 m。

【例 2-5】　已知△ABC，试在△ABC 上求一条水平线。

解　作图步骤如图 2-28 所示。在平面上过 A 点可以作无数条直线，其中必有一条水平线。该直线是平面上的特殊位置直线，不仅要符合平面上直线的投影特性，而且要符合投影面平行线的投影特性。过 a' 作 $a'd'$ // OX，交 $b'c'$ 于 d'，由 d' 求得 d，连 ad。$a'd'$、ad 即为所求。

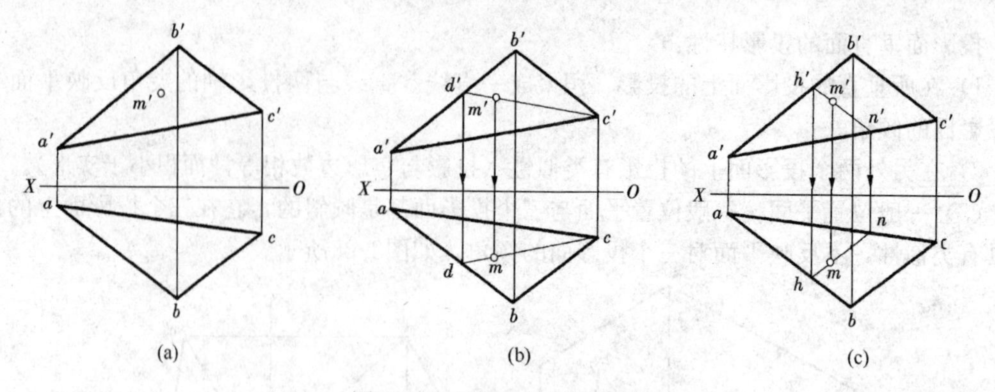

图 2-27　平面上求点的投影
（a）已知条件；（b）方法一；（c）方法二

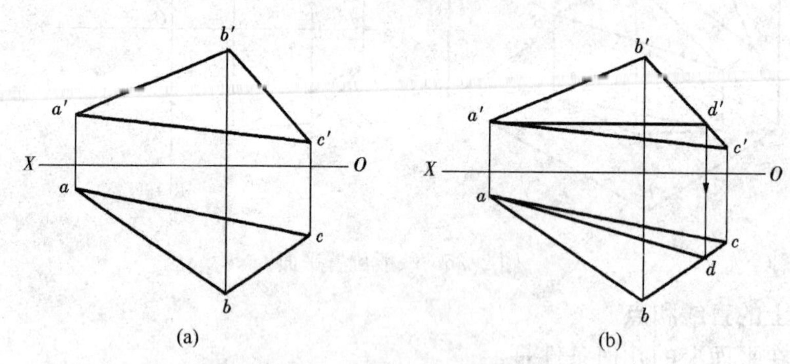

图 2-28　平面上的投影面平行线
（a）已知条件；（b）作图过程

第五节　直线与平面、平面与平面的相对位置

直线与平面、平面与平面的相对位置可分为平行和相交两类。

一、直线与平面、平面与平面平行

直线与平面平行的几何条件：如果直线与平面内某一直线平行，则此直线平行于该平面。见图 2-29。

平面与平面平行的几何条件：如果一平面上的相交两直线对应地平行于另一平面上的相交直线，则两平面相互平行。见图 2-30。

利用上述几何条件，可以作直线（或平面）平行于平面；作平面平行于直线；判断直线

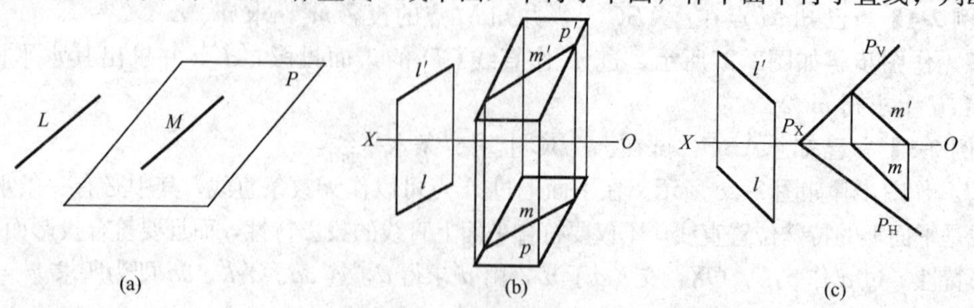

图 2-29　直线与平面平行
（a）直观图；（b）投影图；（c）迹线表示平面

（或平面）与平面是否平行。

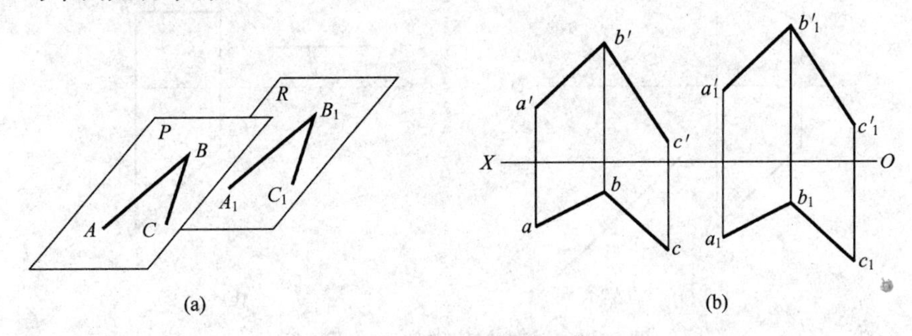

图 2-30　平面与平面平行

(a) 立体图；(b) 投影图

【例 2-6】　已知平面△ABC 及平面外一点 K，过点 K 求作一直线平行于△ABC 和 H 面。见图 2-31（a）。

分析：满足条件的直线必是水平线，此直线又要与平面△ABC 平行，这就必须平行于△ABC 内的一条水平线。只要过 K 点作一直线与平面内的水平线平行即可。

作图步骤见图 2-31（b）。

（1）在平面△ABC 内任作一水平线 AD，其正面投影为 $a'd'$，水平投影为 ad；

（2）过 k' 作 $k'm' /\!/ a'd' /\!/ OX$ 轴，过 k 作 $km /\!/ ad$，则直线 KM 即为所求。

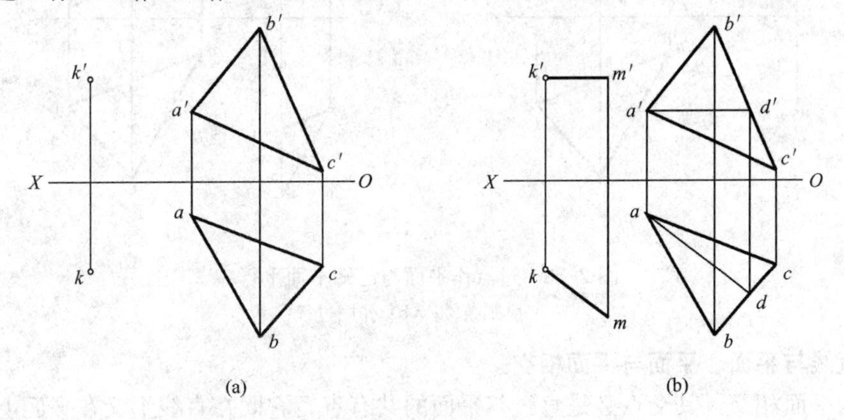

图 2-31　过点作水平线与平面平行

(a) 已知条件；(b) 作图过程

直线与平面平行，当平面处于特殊位置（平面是投影面垂直面或投影面平行面时），平面的某投影具有积聚性，则直线的投影与平面的同面积聚投影（或有积聚性的迹线）必然相互平行，图 2-32（a）所示为铅垂面 P 和直线 AB 平行，因为 $ab /\!/ P_H$，图 2-32（b）所示为水平面 R 和直线 AB 平行，因为 $a'b' /\!/ R_V$。

【例 2-7】　已知平面△ABC 和平面外一点 K，过 K 点作一平面与平面△ABC 平行。见图 2-33（a）。

分析：根据两平面平行的几何条件，若平面内有相交两直线与另一平面内对应的相交两直线平行，则两平面相互平行，因此只要过 K 点作出两条直线平行于△ABC 的两条边即可。

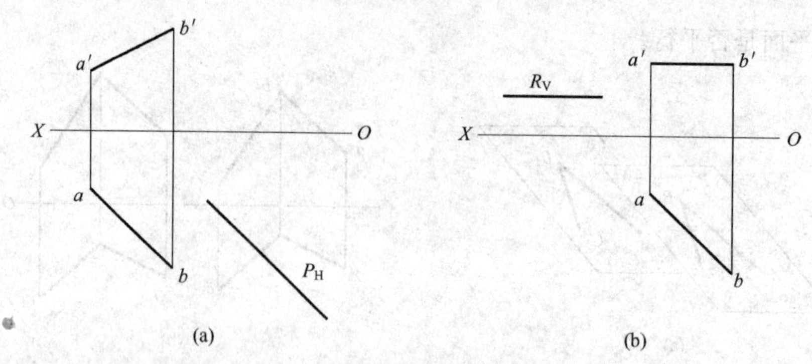

图 2-32 直线与特殊位置平面平行

（a）已知条件；（b）作图过程

作图步骤见图 2-33（b）。

（1）过 k 作 $km /\!/ ab$、$kn /\!/ ac$；

（2）过 k' 作 $k'm' /\!/ a'b'$、$k'n' /\!/ a'c'$，则由 KM 和 KN 相交两直线所确定的平面平行于平面△ABC。

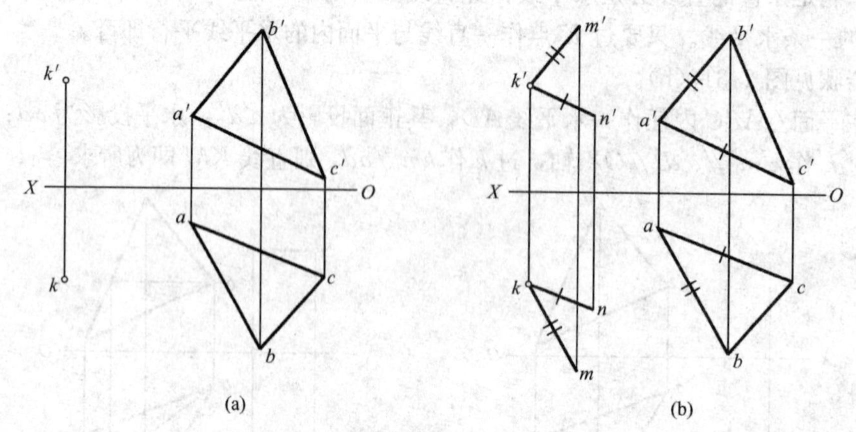

图 2-33 过点作平面与已知平面平行

（a）已知条件；（b）作图过程

二、直线与平面、平面与平面相交

直线与平面相交，其交点必是直线与平面的共有点，它既在直线上又在平面上；平面与平面相交，其交线必是两平面的共有线，它既在平面Ⅰ上又在平面Ⅱ上，因此可利用共有性求交点、交线。

本章我们只讨论特殊情况相交。特殊情况相交，是指参与相交的无论是直线还是平面，至少有一元素对投影面处于特殊位置，它在该投影面上的投影具有积聚性。

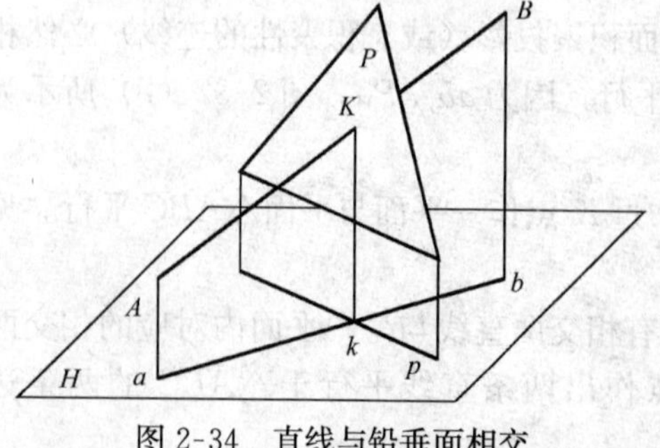

图 2-34 直线与铅垂面相交

（一）直线与平面相交

图 2-34 所示为直线 AB 与铅垂面 P 相交。平面 P 的水平投影具有积聚性，积聚投影与直线的同面投影的交点即为交点的投影，而交点的另一投影必在该直线的另一投影上。

直线与平面相交，直线部分被平面遮挡，就

有判断可见性的问题。在投影图上被平面挡住的线段画虚线，交点是可见与不可见的分界点。

直线的投影可见性，是对直线与平面某一投影的重影部分而言，不重影部分均为可见。当向 H 面投影时，直线位于平面上面的一段水平投影为可见；位于平面下面的一段，其水平投影与平面重影部分为不可见。当向 V 面投影时，直线位于平面前面的一段正面投影为可见；位于平面后面的一段，其正面投影与平面重影部分为不可见。判断水平投影重影部分的可见性，利用正面投影去分析它们的上下关系；判断正面投影重影部分的可见性，利用水平投影去分析它们的前后关系。图 2-34 中，因为平面 P 垂直于水平投影面，H 面投影不判断可见性。

【例 2-8】　求作直线 AB 与铅垂面 P 的交点，并判断可见性。见图 2-35（a）。

分析：因为平面 P 是铅垂面，其水平投影具有积聚性，所以交点 K 的水平投影 k 在 P_H 上，而交点 K 又在直线 AB 上，K 的水平投影 k 应在直线的同面投影上。因此直线 AB 的水平投影 ab 与平面的水平投影 P_H 的交点 k 便是交点 K 的水平投影。根据点在直线上的投影特点，可在 $a'b'$ 上求出 k'。

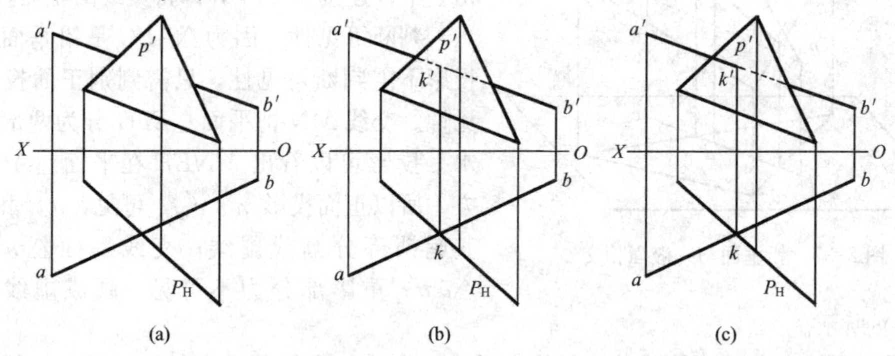

图 2-35　求作直线与铅垂面的交点

（a）已知条件；（b）求交点；（c）判别可见性

作图过程见图 2-35（b）、（c）。

（1）如图 2-35（b）所示，由 ab 与 P_H 的交点 k，向 OX 轴作垂线，与 $a'b'$ 交于 k'，则 k、k' 即为直线 AB 与铅垂面 P 的交点 K 的两面投影。

（2）判断可见性 如图 2-35（c）所示，从水平投影上可以看出，ak 在 P_H 面之前，所以其正面投影 $a'k'$ 为可见，$b'k'$ 与 p' 重影部分为不可见。因为平面 P 为铅垂面，所以直线的水平投影 ak 和 bk 均为可见。

【例 2-9】　求作铅垂线 MN 与△ABC 的交点，并判断可见性。见图 2-36（a）。

分析：直线 MN 是一条铅垂线，水平投影具有积聚性。因为交点具有共有性，所以交点的水平投影与铅垂线的水平投影重合。可用平面内取点求出交点的正面投影。作图步骤见图 2-36（b）、（c），这里不再赘述。

（二）平面与平面相交

图 2-37 中，△ABC 为铅垂面。求交线时，可用垂直面与一般位置直线相交求交点的方法，两次求得的交点连接起来即得交线，是前一问题的应用。

图 2-38（a）表示作铅垂面△ABC 和一般面△EFG 相交，交线 MN 水平投影与铅垂面

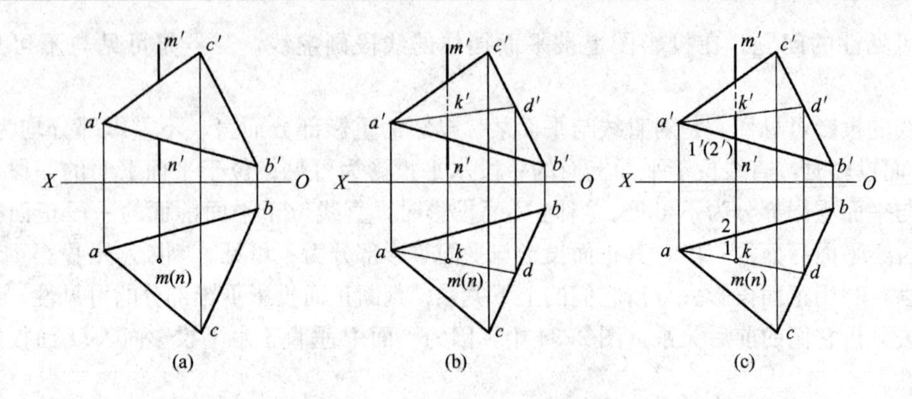

图 2-36　求作铅垂线与平面的交点

(a) 已知条件；(b) 求交点；(c) 判别可见性

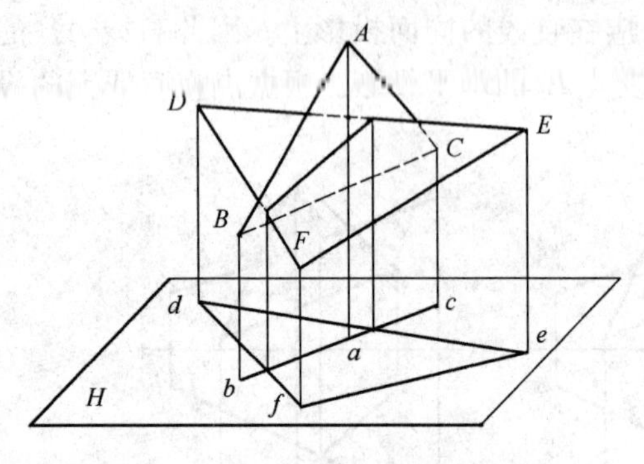

图 2-37　铅垂面与一般面相交

有积聚性投影重合。M 在 GF 上，N 在 GE 上。由 mn 分别向 OX 轴作垂线与 $g'f'$ 和 $g'e'$ 相交于 m'、n'；连接 m'、n'，即得交线的正面投影。

判断可见性，因为△ABC 是铅垂面，水平投影不需判断可见性，只需判别正面投影的可见性。交线 MN 把平面△EFG 分为两部分，从水平投影可以看出 $MNEF$ 在平面△ABC的前方，所以正面投影 $m'n'e'f'$ 可见，$a'c'$ 和 $b'c'$ 被其遮挡部分画成虚线；交线后面△$m'n'g'$ 与△$a'b'c'$重影部分为不可见，画成虚线，如图 2-38（b）所示。

如果相交的两个平面均与某一投影面垂直，交线一定是其垂直的投影面垂直线。如图 2-39（a）所示水平面△ABC 和正垂面 P 相交，它们的正面投影均具有积聚性，而交线具有共有性，所以△$a'b'c'$ 与 p' 的交点，即为交线的正面投影，故这两个平面的交线是一条正垂线。作图过程见图 2-39（b）。

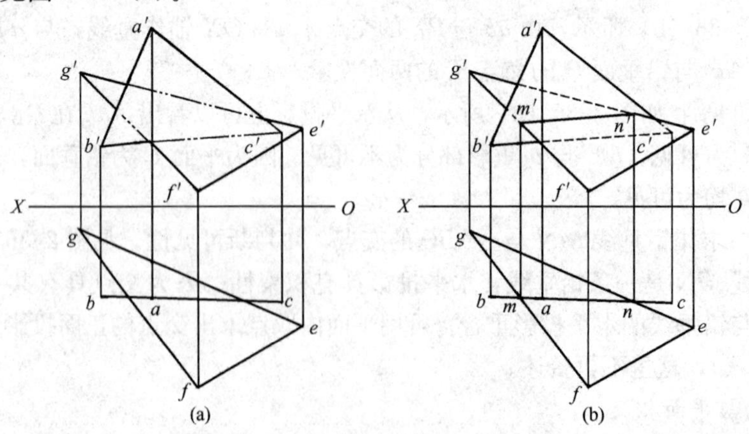

图 2-38　求铅垂面与一般面相交的交线

(a) 已知条件；(b) 作图过程

判断可见性，因为$\triangle ABC$是水平面，P是正垂面，所以V面投影不需判断可见性，判断H面投影可见性，交线MN把平面$\triangle ABC$和P各分为两部分，从正面投影可以看出，$MNAB$在平面P的下方，MNC在平面P的上方，所以mnc和P重影部分可见，其余部分为不可见。

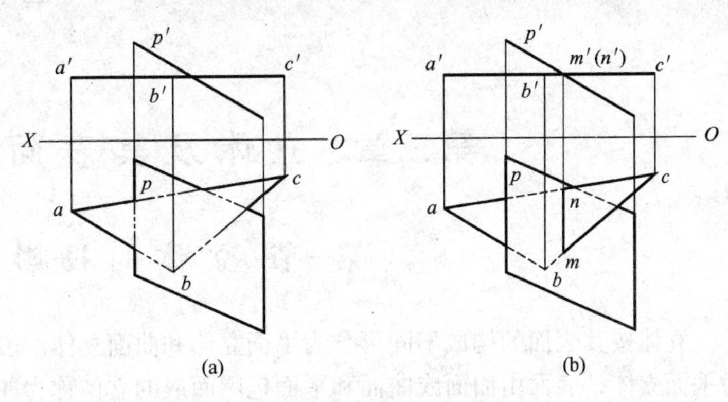

图 2-39　求作水平面与正垂面的交线

三、直线与平面垂直

直线与平面垂直的几何条件是：直线与平面内两相交直线垂直，则此直线与该平面垂直。

当平面为投影面垂直面时，如果直线与该平面垂直，则直线必平行于该平面所垂直的投影面，并且直线在该投影面上的投影，也必然垂直平面的有积聚性的投影。如图 2-40 所示，平面P是一铅垂面，KL垂直于平面P，故KL必定是一水平线，$kl \perp H_p$。

P面的水平投影具有积聚性。

【例 2-10】　如图 2-41 所示，求点D到正垂面$\triangle ABC$的距离。

解　求点到平面的距离，是从点向平面作垂线，点与垂足的距离就是点到平面的距离。

由d'作线$d'e' \perp a'b'c'$，交点为e'。由d作直线$/\!/ OX$轴，求出e，故$d'e'$即为点D到平面$\triangle ABC$的距离实长。

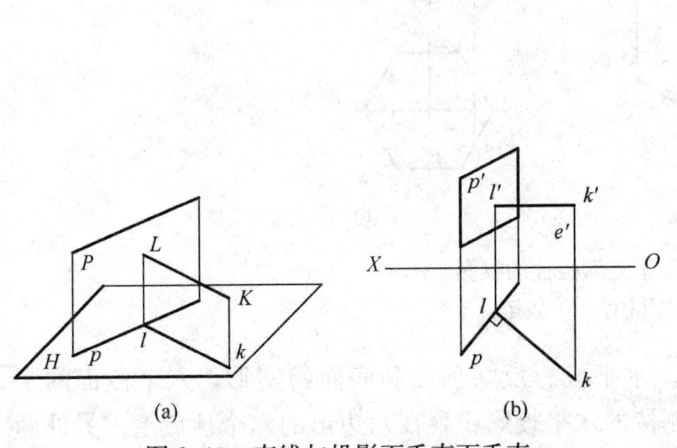

图 2-40　直线与投影面垂直面垂直
(a) 直观图；(b) 投影图

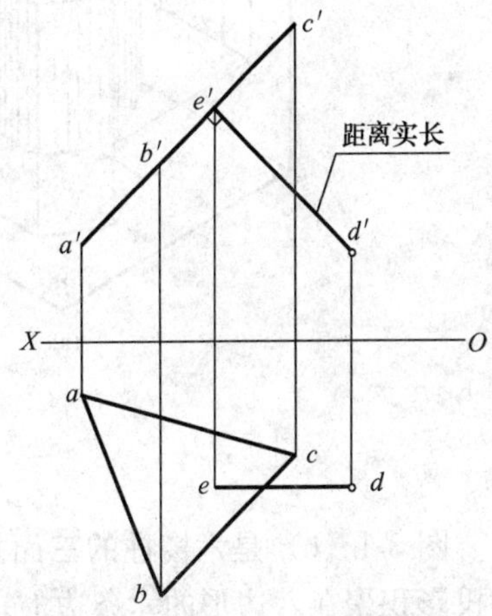

图 2-41　求点到平面的距离

第三章　立体及其表面交线

第一节　立体的投影

立体按其表面的构成不同可分为平面立体和曲面立体。表面由平面包围而成的立体，称为平面立体；表面由曲面或曲面和平面包围而成的立体称为曲面立体。

一、平面立体的投影

工程中常用的平面立体是棱柱和棱锥。

1. 棱柱

棱柱是由 个顶面，一个底面和几个棱面组成。棱面与棱面的交线称为棱线，棱柱的棱线是相互平行的。按棱柱棱线数目可分为三棱柱、四棱柱、五棱柱、六棱柱等。

（1）棱柱的投影。如图 3-1（a）所示，正六棱柱的顶面和底面都是水平面，它们的边分别是四条水平线和两条侧垂线。棱面是四个铅垂面和两个正平面，棱线是六条铅垂线。

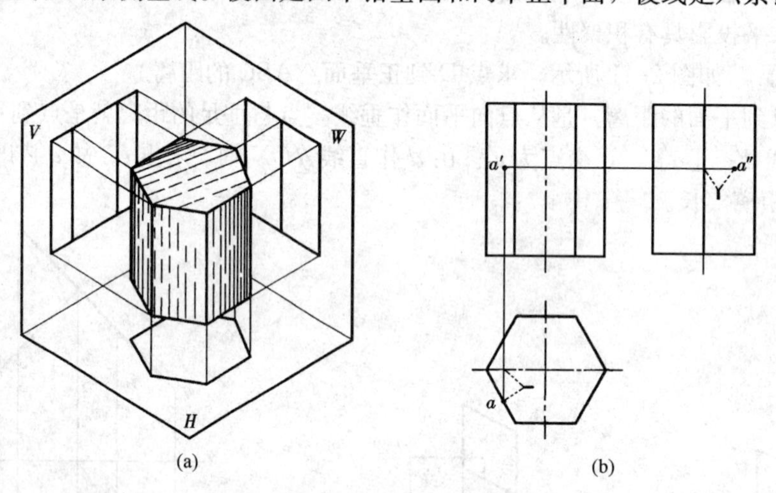

图 3-1　正立六棱柱的投影

（a）立体图；（b）投影图

图 3-1（b）是六棱柱的三面投影图。水平投影反映顶面和底面的实形，六个棱面的水平投影积聚在六边形的六条边上，六条侧棱的水平投影积聚在六边形的六个顶点上。另外两个投影图中，六棱柱顶面、底面积聚为直线段，四个铅垂棱面的投影为类似形，投影反映棱线的长度。前后棱面的正面投影反映其实形，侧面投影积聚为直线段。

（2）在棱柱表面上取点。因为棱柱表面都是平面，所以在棱柱表面上取点与在平面上取点的方法相同，但要首先确定点所在平面的投影位置。

如在图 3-1（b）中已知棱柱表面上一点 A 的正面投影 a'，求 a 和 a''。

因 a' 是可见的，所以点 A 一定在棱柱的左前棱面上，该棱面的水平投影积聚成一条线，它是六边形的一条边，a 就在此边上。再按投影关系，可得 A 点的侧面投影 a''。

2. 棱锥

棱锥有一个底面，且全部棱线交于锥顶。按棱锥棱线数的不同可分为三棱锥、四棱锥等。

（1）棱锥的投影。图 3-2（a）是一个正三棱锥的直观投影图。从图中可见，底面是水平面；左、右棱面是一般位置平面；后棱面是侧垂面。前棱线是侧平线，另两条棱线是一般位置直线。底面的正面投影和侧面投影有积聚性，水平投影反映三角形实形，投影不可见。三个棱面的水平投影都可见，左、右棱面的正面投影可见，后棱面的正面投影不可见，左侧棱面的侧面投影可见，右侧棱面的侧面投影不可见。后棱面的侧面投影有积聚性。根据以上分析，三棱锥的三面投影如图 3-2（b）所示。

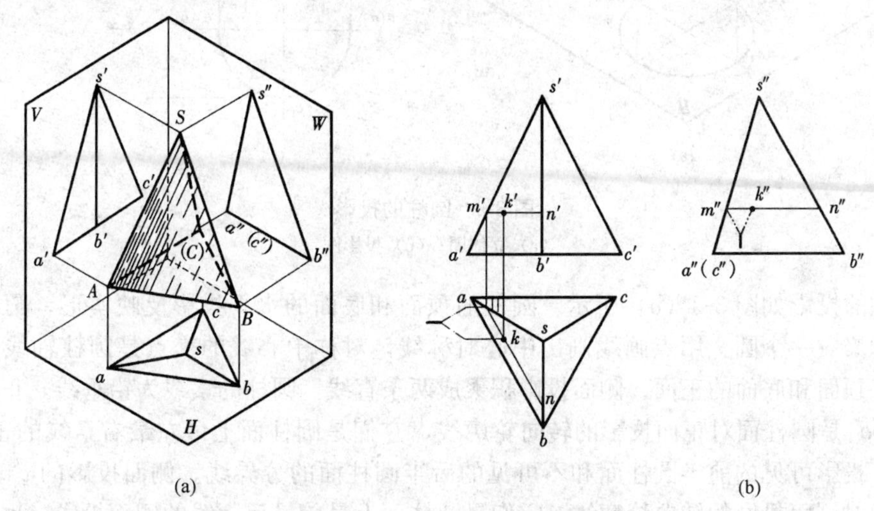

图 3-2　棱锥的投影

（a）立体图；（b）投影图

（2）在棱锥表面上取点。如图 3-2（b）所示，已知棱锥表面一点 K 的正面投影 k'，试求 K 点的水平和侧面投影。

由于 k' 可见，可以断定点 K 在 SAB 棱面上，在一般位置棱面上找点，应在此表面上过点的已知投影作一辅助直线，并作出辅助线的另外两个投影，然后在直线的投影上作出点的投影。

作图过程如图 3-2（b）所示。过 k' 在棱面 $s'a'b'$ 上作一水平线 $m'n'$（也可作其他形式辅助线）与 $s'a'$ 交于 m'，与 $s'b'$ 交于 n'。$m'n' // a'b'$，$mn // ab$。利用投影关系由 m' 在 sa 上求出 m，做 $mn // ab$，则 k 应在 mn 上。按投影关系求 k。同理可求出 k''。

二、曲面立体的投影

常见的曲面立体是回转体，工程中用的最多的是圆柱、圆锥和球。

1. 圆柱

圆柱是由圆柱面、顶面和底面组成。圆柱面可看成由直线绕与它相平行的轴线旋转而成。这条旋转的直线叫母线。圆柱面任一位置的母线称素线。

（1）圆柱的投影。如图 3-3（a）所示，这是一个轴线铅垂的圆柱体。圆柱面上的所有素线都是铅垂线，圆柱的顶面和底面是水平面。

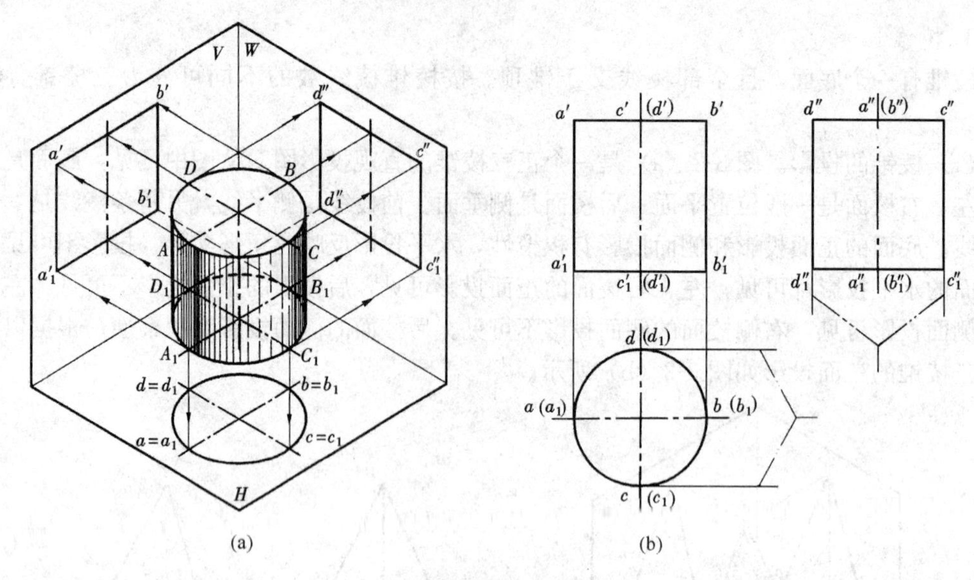

(a)　　(b)

图 3-3　圆柱的投影

(a) 立体图；(b) 投影图

圆柱的投影如图 3-3（b）所示。圆柱的顶面和底面的水平投影反映实形，圆柱面的水平投影积聚成一个圆。用点画线画出中心对称线，对称中心线的交点是圆柱轴线的水平投影。圆柱顶面和底面的正面、侧面投影积聚成两条直线，圆柱的素线为铅垂线。正面投影的 $a'a'_1$ 和 $b'b'_1$ 是圆柱面对正面投影的转向轮廓线，它们是圆柱面上最左最右素线的正面投影，也是正面投影可见的前半圆柱面和不可见的后半圆柱面的分界线。侧面投影的 $c''c''_1$ 和 $d''d''_1$ 是圆柱面对侧面投影的转向轮廓线，它们是圆柱面上最前最后素线的侧面投影，也是侧面投影可见的左半圆柱面和不可见的右半圆柱面的分界线。这样圆柱的正面和侧面投影分别为一矩形。圆柱轴线的投影用点画线画出。

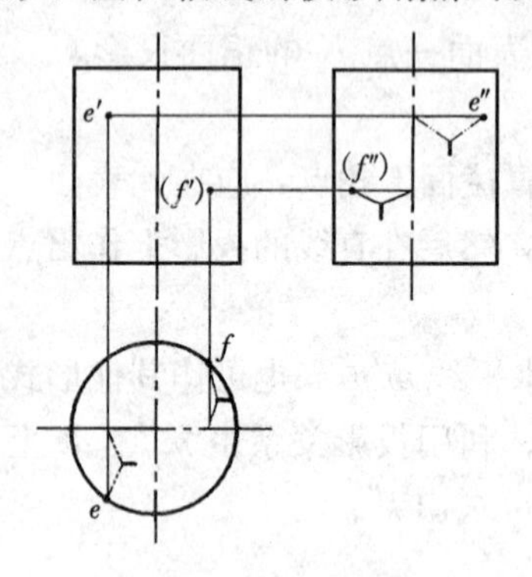

图 3-4　圆柱表面找点

（2）圆柱面上取点。如图 3-4 所示，已知圆柱面上的点 E 和 F 的正面投影 e' 和（f'）（f' 加括号表示不可见），求作它们的水平投影和侧面投影。

由于 e' 可见（f'）不可见，可知点 E 在前半个圆柱面上，而点 F 在后半个圆柱面上，则可由 e'、（f'）引铅垂投影连线，在圆柱面有积聚性的水平投影上作出 e 和 f。

再由 e'、（f'），由 e、f 按投影关系可作出 e'' 和 f''，因为点 E 在左半圆柱面上，点 F 在右半圆柱面上，故 e'' 可见，f'' 不可见，记为（f''）。

2. 圆锥

圆锥由圆锥面和底面围成的。圆锥面由直线绕与它相交的轴线旋转而成，这条旋转的直线称母线，圆锥面上任一位置的母线称素线。

（1）圆锥的投影。如图 3-5 所示，当圆锥轴线为铅垂线时，圆锥底面为水平面，圆锥底面的正面投影，侧面投影分别积聚成直线，水平投影反映实形。圆锥面的水平投影与底面水

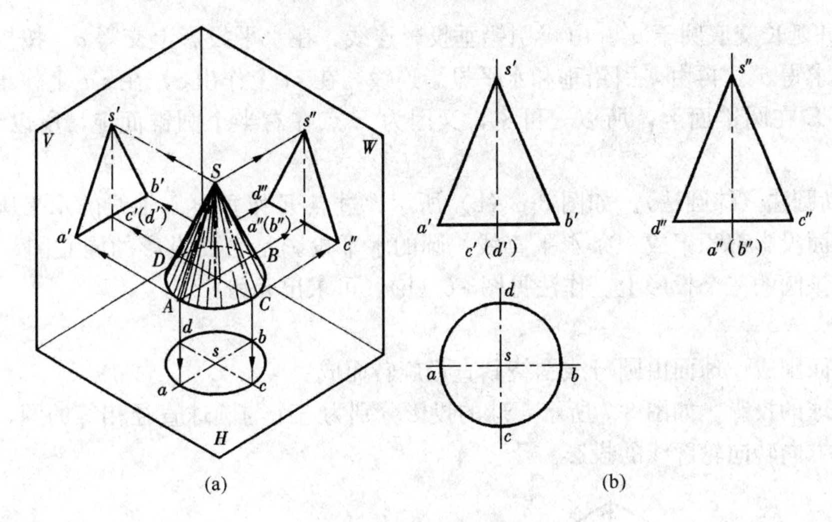

图 3-5 圆锥的投影

（a）直观图；（b）投影图

平投影相重合。用点画线画出轴线和中心线。正面投影的 $s'a'$ 和 $s'b'$ 是圆锥面对正面投影的转向轮廓线，它们是圆锥面上最左和最右素线的正面投影，也是正面投影可见的前半圆锥面与不可见的后半圆锥面的分界线。侧面投影的 $s''c''$ 和 $s''d''$ 是圆锥面对侧面投影的转向轮廓线，它们是圆锥面上最前最后素线的侧面投影，也是侧面投影可见的左半圆锥面与不可见的右半圆锥面的分界线。圆锥的正面和侧面投影分别为等腰三角形。

（2）锥面上取点。如图 3-6 所示，已知圆锥面上的一点 E 的正面投影 e'，求作它的水平投影 e 和侧面投影 e''。

由于圆锥面的三个投影都没有积聚性，需要在圆锥面上过点 E 作一条辅助线，并作出辅助线的三面投影，然后在辅助线的投影上确定点 E 的投影。为作图方便，应选取素线或垂直于轴线的圆作辅助线。现分述如下：

1）辅助直线法（素线法）。如图 3-6（a）所示，由于 e' 可见，所以在前半圆锥面上，连

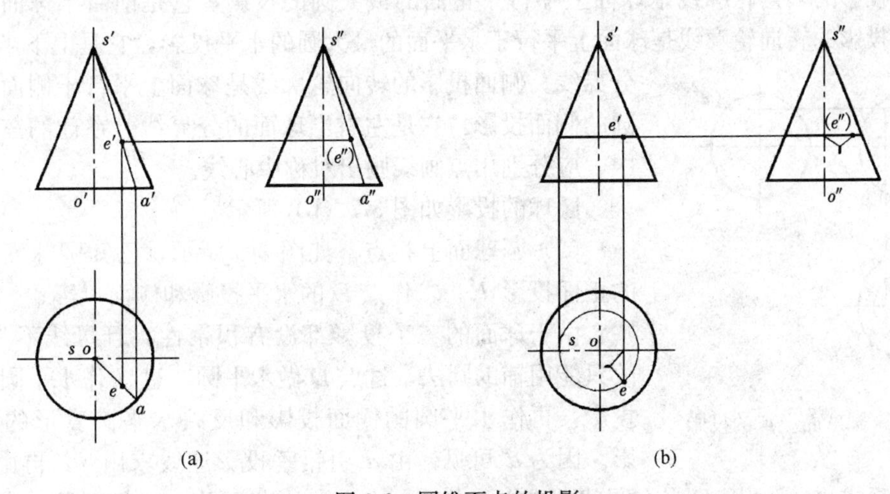

图 3-6 圆锥面点的投影

（a）素线法；（b）维圆法

接 s'、e'，并延长交底圆于 a'。由 a'引铅垂投影连线，在水平投影上交得 a。按投影关系在侧面投影上求得 a''。再由 e'引铅垂和水平投影连线，在 sa 上作出 e，在 $s''a''$上作出 e''。

因为点 E 在圆锥面上，所以 e 可见，又因为 E 点在右半个圆锥面上，所以 e''不可见，记为（e''）。

2）辅助圆法（纬圆法）。如图 3-6（b）所示，过点 E 作垂直于轴线的水平圆，此圆正面投影和侧面投影都积聚成一条水平直线。圆的水平投影是底面投影的同心圆。点 E 三个投影分别在该圆的三个投影上。作法见图3-6（b），可求出 e 和 e''。

3. 圆球

球由球面围成。球面由圆母线围绕其直径旋转而成。

（1）圆球的投影。如图 3-7 所示，球的投影分别为三个与圆球直径相等的圆，这三个圆是球面三个方向转向轮廓线的投影。

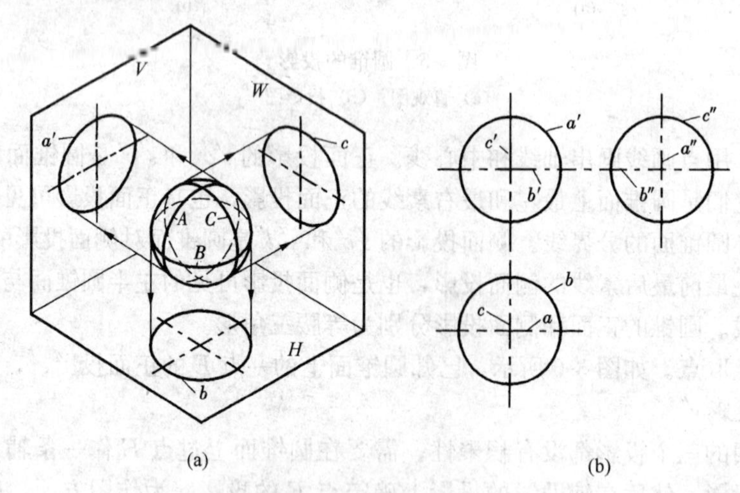

图 3-7 圆球的投影

(a) 立体图；(b) 投影图

正面投影的转向轮廓线是球面上平行于正面的最大圆的投影，它是前后半球面的分界线。水平投影的转向轮廓线是球面上平行于水平面的最大圆的水平投影，它是上下半球面的分界线。侧面投影的转向轮廓线是球面上平行于侧面的最大圆的侧面投影，它是左右半球面的分界线。在球的三面投影中，应分别用点画线画出对称中心线。

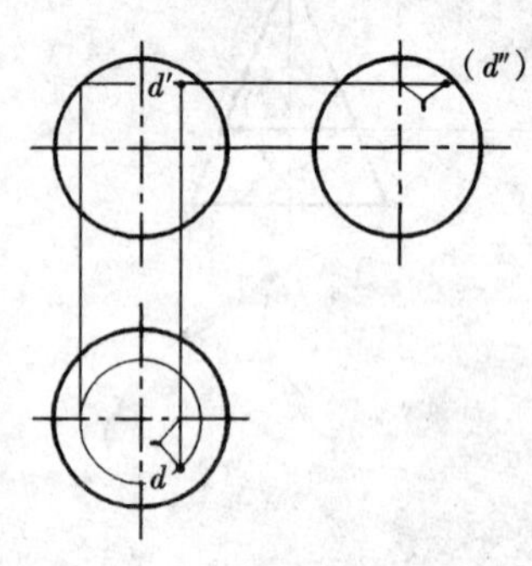

图 3-8 圆球面上点的投影

圆球的投影如图 3-7（b）所示。

（2）圆球面上找点。如图 3-8 所示，已知圆球面上点 D 的正面投影 d'，求作点 D 的水平投影和侧面投影。

由于球面的三个投影都没有积聚性，且母线不为直线，故只能用辅助圆法，过点 D 做水平圆。过 d'作水平圆的正面投影，再作水平圆的侧面投影和反映水平圆真形的水平投影。因为 d'可见，由 d'引铅垂投影连线求出 d，再由 d'、d 按投影关系求出 d''。因 D 点在圆球的上方、前方、右方，故 d 可见，d''不可见。

第二节 平面与立体相交

平面与立体表面的交线称为截交线。平面称为截平面，由截交线所围成的平面图形称为截断面。

一、平面与平面立体相交

平面立体的截交线是一个多边形，多边形的顶点是平面立体的棱线或底边与截平面的交点，多边形的边是截平面与平面立体表面的交线。

如图 3-9 所示，试求四棱锥被正垂面 P 截后的三面投影。

因截平面 P 与四棱锥四个棱面相交，所以截交线为四边形，它的四个顶点即为四棱锥的四条棱线与截平面 P 的交点。

因 P 平面是正垂面，所以截交线四边形的四个顶点 A、B、C、D 的正面投影 a'、(b')、c'、d' 重合在 P 平面有积聚性的投影上。由 a'、b'、c'、d' 按投影关系可求出 a、b、c、d 和 a''、b''、c''、d''。将各顶点的投影依次连接起来，即得截交线投影。

【例 3-1】 如图 3-10 所示，试求正四棱锥被正垂面 P，水平面 Q 截切后的三面投影。

解 四棱锥被两平面截切，可以逐个作出各个截平面与平面立体的截交线。截平面 P 为正垂面，它与四棱锥四个棱面的交线情况，与前面讲过的四棱锥被一个平面所截的情况相似；不再重复。截平面 Q 为水平面，与四棱锥底面平行，截交线同底面四边形的对应边相平行，利用平行线的投影特性很容易求得。其截交线正面投影和侧面投影都具有积聚性，水平投影则反映截交线的实形。应注意 P、Q 两平面相交处的交线，P 平面和 Q 平面截出的截交线都为五边形。

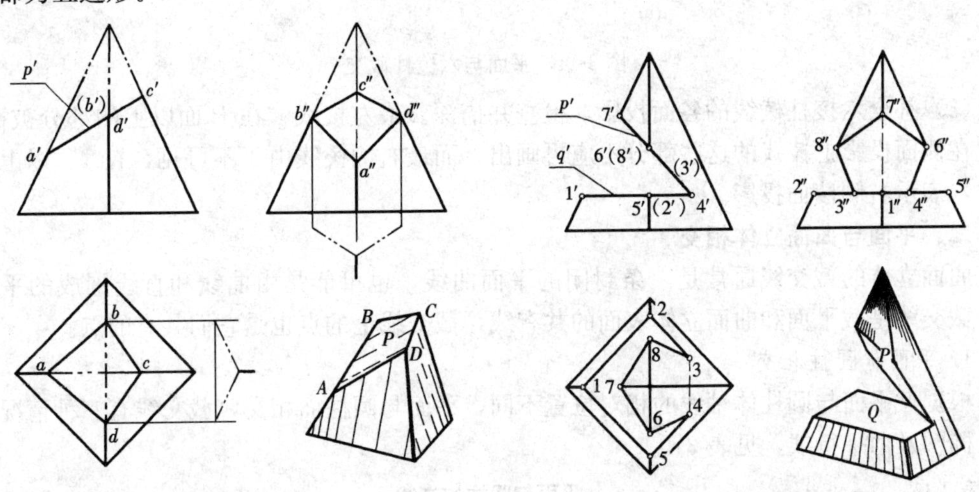

图 3-9 四棱锥被正垂面截切　　图 3-10 四棱锥被两平面截切

【例 3-2】 已知六棱柱被正垂面 P、侧平面 Q 所截切，求截交线的各投影（图 3-11）。

分析： 由已知的正面投影可知，六棱柱被正垂面 P 及侧平面 Q 同时截切，因此，要分别求出 P 平面及 Q 平面与六棱柱的截交线。P 平面与六棱柱的六个侧棱面及 Q 面相交，其截断面的空间形状为平面七边形；Q 平面与六棱柱的顶面、两个侧棱面及 P 面相交，其截断面的空间形状为平面四边形。由于 P、Q 两平面的正面投影都有积聚性，故上述交线的正

面投影分别重影在 P_V 及 Q_V 上。

其作图方法和步骤如下［见图 3-11（b）］。

（1）在正面投影上依次标出平面 P 与六棱柱的各棱面的交线 $1'2'$、$2'3'$、$3'4'$、$5'6'$、$6'7'$、$7'1'$。由于各棱面的水平投影都有积聚性，故 P 与六棱柱的截交线也积聚在棱面的水平投影上，可求出其水平投影 12、23、34、56、67、71。根据正面投影和水平投影，可求出各交线的侧面投影 $1''2''$、$2''3''$、$3''4''$、$5''6''$、$6''7''$、$7''1''$。P 平面与 Q 平面的交线为正垂线，其正面投影积聚为一个点即 P_V 与 Q_V 之交点，水平投影为 45。

（2）同理可求出 Q 平面与六棱柱的各投影的截交线。由于 Q 平面为侧平面，两个棱面为铅垂面，其交线为铅垂线，它们的水平投影分别积聚在 4、5；六棱柱的顶面为水平面，Q 平面与其交线为正垂线，其水平投影与 45 重合。据此 Q 与六棱柱交线的侧面投影如图 3-11（b）所示。

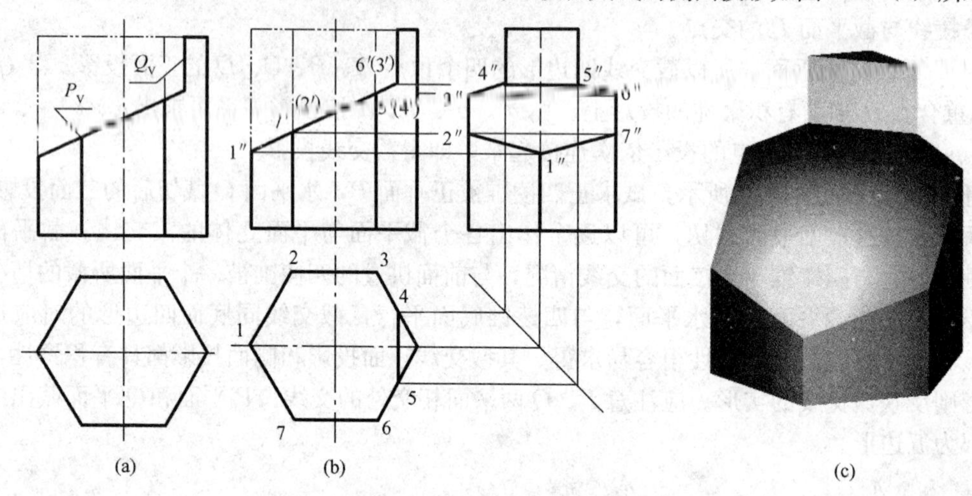

图 3-11　平面与六棱柱截交

（3）补全六棱柱棱线的各面投影，检查并描深。最左棱线，在 P 面以上的部分被截切，因此在侧面投影上棱线的这些部分不应再画出，而最右侧棱线由于不可见，在 1" 以上应画虚线，表示右侧棱面投影。

二、平面与曲面立体相交

曲面立体的截交线通常是一条封闭的平面曲线，也可能是由曲线和直线围成的平面图形。截交线是截平面和曲面立体表面的共有线，截交线上的点也是它们共有的点。

1. 平面与圆柱相交

根据截平面与圆柱体轴线的相对位置不同，平面与圆柱面相交，截交线有三种情况，即圆、椭圆及两平行线，见表 3-1。

表 3-1　　**平面与圆柱的交线**

立体图	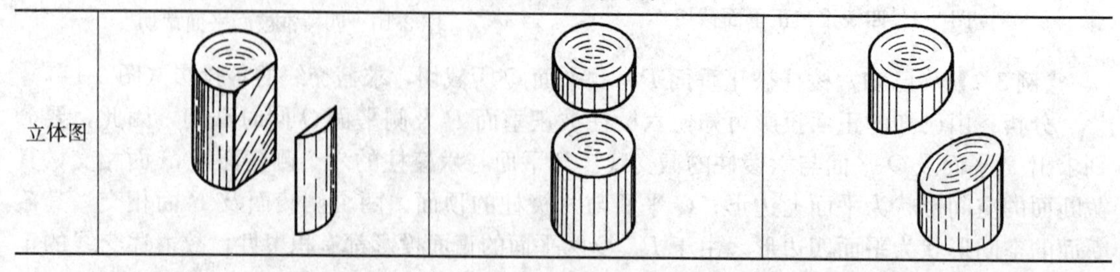		

续表

投影图	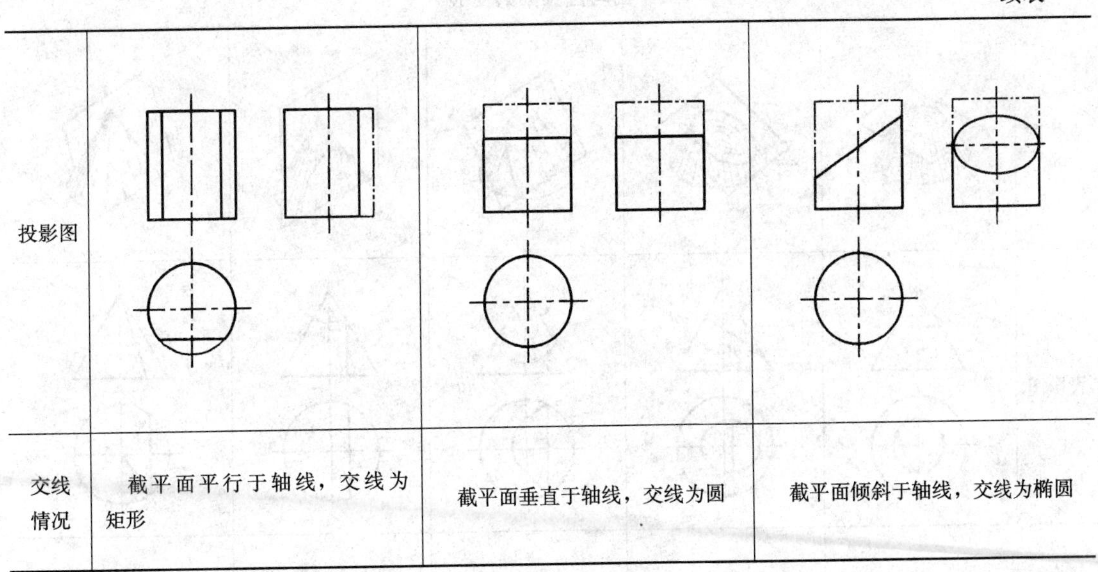		
交线情况	截平面平行于轴线，交线为矩形	截平面垂直于轴线，交线为圆	截平面倾斜于轴线，交线为椭圆

【例 3-3】 如图 3-12 所示，圆柱体被正垂面 P 所截，已知其正面投影和水平投影，求作侧面投影。

解 首先分析截交线情况。截平面 P 与圆柱轴线倾斜相交，所以截交线为一椭圆。因截平面 P 为一正垂面，截交线的正面投影积聚在 p' 上。同时，由于圆柱面的水平投影有积聚性，截交线的水平投影都积聚在圆上。由于平面 P 倾斜于 W 面，所以截交线的侧面投影为椭圆。

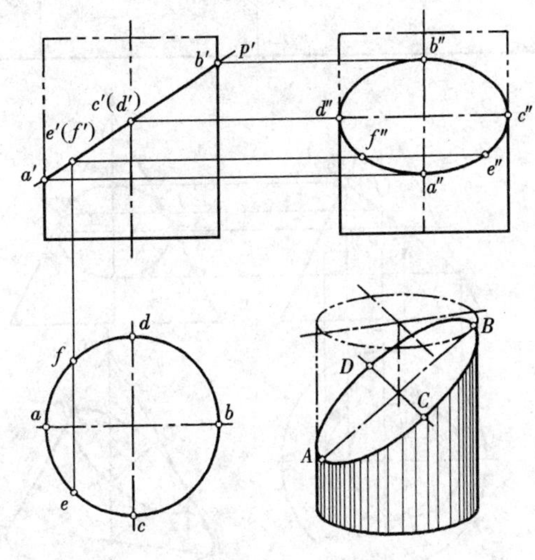

图 3-12 圆柱被正垂面截切

作图时可根据截交线的正面和水平投影，找出截交线上的一些特殊点，如最高点、最低点、最左点、最右点、最前点、最后点等，确定截交线的形状和范围。由图 3-12 可看出，椭圆长轴 AB 的两端点是截交线上最左、最右点，同时也是最低、最高点，短轴 CD 的两端点是截交线上最前、最后点。正面投影 c'、d' 重合，根据点的投影规律，可求出 a''，b''，c''，d''。

再求出一些中间点，如中间点 E、F，一般先确定出点 e'、f' 的位置，然后按圆柱面找点的方法求 e、f 和 e''、f''。适当的求出一些中间点，最后将侧面投影中所求的特殊点和中间点用光滑的线连接起来，即得到截交线的侧面投影。

注意：擦掉侧面投影中被截平面截去部分的投影。

2. 平面与圆锥相交

根据截平面与圆锥体轴线的相对位置不同，平面与圆锥面相交，其截交线有五种，即圆、椭圆、抛物线、双曲线及两相交直线，见表 3-2。

表 3-2　　平面与圆锥面的交线

立体图					
投影图					
交线情况	截平面垂直于轴线（$\theta=90^\circ$），交线为圆	截平面倾斜于轴线，且 $\theta>\alpha$，交线为椭圆	截平面倾斜于轴线，且 $\theta=\alpha$，交线为抛物线	截平面倾斜于轴线，且 $\theta<\alpha$，或平行与轴线（$\theta=0$），交线为双曲线	截平面通过锥顶，交线为通过锥顶的两条相交直线

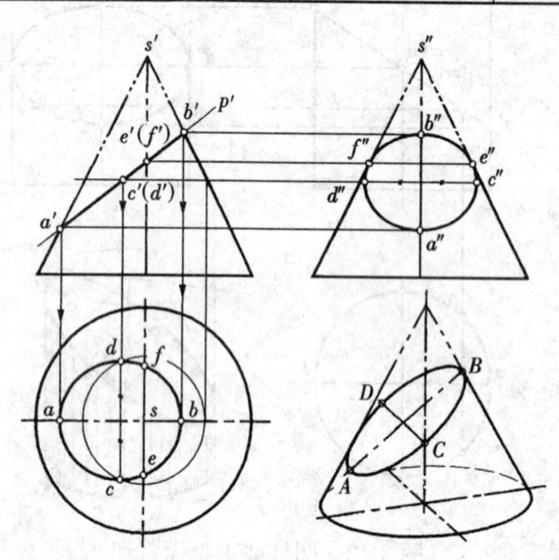

图 3-13　圆锥被正垂面截切

【例 3-4】 如图 3-13 所示，圆锥体被一正垂面 P 所截。已知正面投影，求作水平投影和侧面投影。

解　首先分析截交线情况，截平面 P 与圆锥轴线倾斜相交，而且夹角 $\theta>\alpha$，所以截交线是一椭圆。由于截平面 P 为一正垂面，所以截交线的正面投影积聚在 P' 平面上。截平面与 H、W 面都倾斜，所以截交线的水平投影和侧面投影仍为椭圆。

作图：先根据截交线的正面投影，找出截交线上的特殊点，由图 3-13 可看出，椭圆长轴 AB 的两端点是截交线上最左、最右点，同时也是最低、最高点，a'、b' 在正面投影转向轮廓线上，相应的水平投影为 a、b，侧面投影为 a''、b''。短轴 CD 的两端点是截交线上的最前、最后点。正面投影 c'、d' 重合，过 c'、d' 作一水平辅助圆，画出辅助圆水平投影，则 c、d 就位于此圆上。然后由 c'、d' 及 c、d 可求出 c''、d''。

再求出一些中间点，如 E、F。正面投影 e'、f' 在中心线上，侧面投影 e''、f'' 在侧面投影转向轮廓线上，由 e'、f' 和 e''、f'' 可求出 e、f。在投影中擦去被平面截去的投影。

3. 平面与圆球相交

平面与圆球相交，截交线的形状是圆。截平面平行于投影面时，截交线在其所平行的投影面上投影反映实形，另外两个投影为长度等于直径的直线段。截平面垂直于投影面时，截交线在其所垂直的投影面上的投影为直线，长度等于截交线圆的直径，另外两个投影为椭圆。截平面倾斜于投影面时，截交线三个投影均为椭圆。

【例 3-5】 如图 3-14 所示，球被正垂面所截。已知正面投影，补全水平投影。

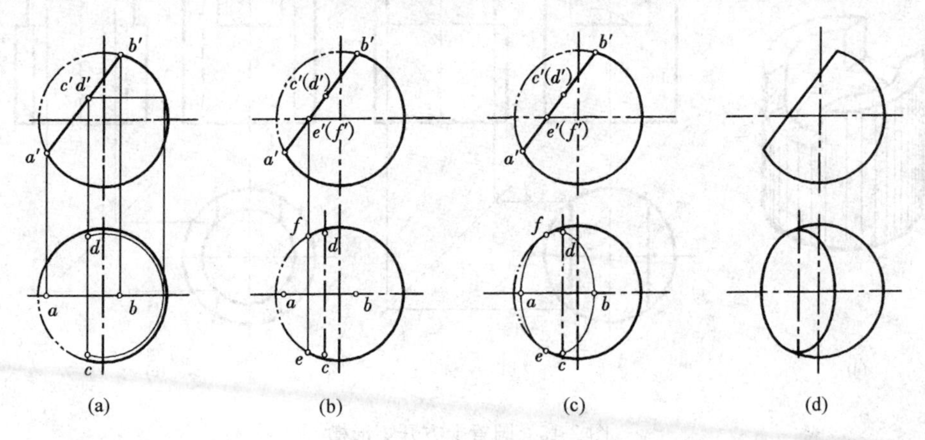

图 3-14　圆球被正垂面截切

解　首先分析截交线情况。截平面 P 是正垂面，截交线是圆。截交线圆的正面投影为直线，反映截交线圆直径的真长。截交线圆的水平投影为椭圆。

如图 3-14（a）所示，截交线圆上处于正平线位置的直径 AB 的正面投影 a'、b'与截交线圆的正面投影重合，于是可定出 a'、b'，由 a'、b'在球的前后对称面的水平投影上作出 a、b，取 $a'b'$的中点，就是截交线圆上处于正垂线位置的直径 CD 的投影 c'、d'过 CD 在球面上作出水平辅助圆，可由 c'、d'在辅助圆的水平投影上作出 c、d 即为截交线圆上的水平投影椭圆长轴的端点。

如图 3-14（b）所示，在截交线圆与球面的上下分界圆的正面投影相交处定出 e'、f'，由 e'、f'在球面水平投影的转向轮廓线上作出 e、f。将 a、e、c、b、d、f 连成截交线水平投影，如图 3-14（c）所示。擦去投影中被截平面截去的投影，完成全图，如图3-14（d）所示。

【例 3-6】 画出如图 3-15（a）所示立体的三面投影图。

分析：如图 3-15（a）所示，用垂直于轴线的水平面 P 和两个平行于轴线的侧平面 Q 切割圆筒，在圆筒的上部开出两个方槽，这两方槽前后、左右对称。水平面 P 和两个侧平面 Q 与圆筒内外表面都有交线，其中，平面 P 与圆筒的内外表面交线都为圆弧，平面 Q 与圆筒的交线都为直线。

切割体的作图方法一般是先画出完整圆柱体的三面投影图，然后作出切口方槽的投影。

其作图步骤如下：

1）作出开有方槽的实心圆柱的三面投影图，见图 3-15（b）。水平面 P 截交线的侧面投影积聚为一虚线，水平投影积聚在圆柱面的水平积聚投影上；侧平面 Q 截交线水平投影积聚，Q 面与圆柱面交线为圆柱面的素线，可由水平投影求得其侧面投影，如图 3-13（b）所示。整理轮廓线时应注意，圆柱面对 W 面的轮廓转向线，在方槽范围内的一段已被切去。

2）加上同心圆孔后完成方槽的投影，见图 3-15（c）。用同样的方法作圆柱孔内表面交线的侧面投影。由于内表面侧面投影不可见，其上交线应为虚线。圆孔将水平面 P 分割成两部分，其侧面投影虚线中间应断开。

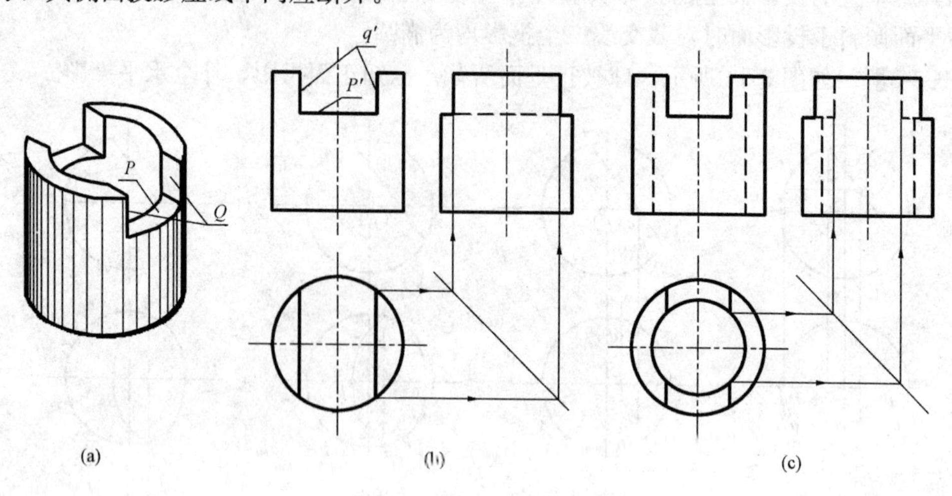

图 3-15 圆管上方开矩形槽

（a）直观图；（b）求作外圆柱面截交线；（c）求作内圆柱面截交线

第三节 两回转体表面相交

两回转体相交，最常见的是圆柱体与圆柱体相交，圆柱体与圆锥体相交。它们的相贯线通常是封闭的空间曲线。特殊情况下相贯线为平面曲线。

相贯线是两回转体表面的共有线，相贯线上的点是两相贯体表面共有的点。

利用积聚性的表面取点法和作辅助平面法，是求作相贯线的基本方法。下面以圆柱体与圆柱体正交，圆锥体与圆柱体正交的相贯线画法为例，分别加以介绍。

一、表面取点法

如图 3-16 所示，已知两圆柱的三面投影，求作它们的相贯线。

两圆柱的轴线垂直相交，前后左右均对称，小圆柱全部穿进大圆柱。因此，相贯线是一

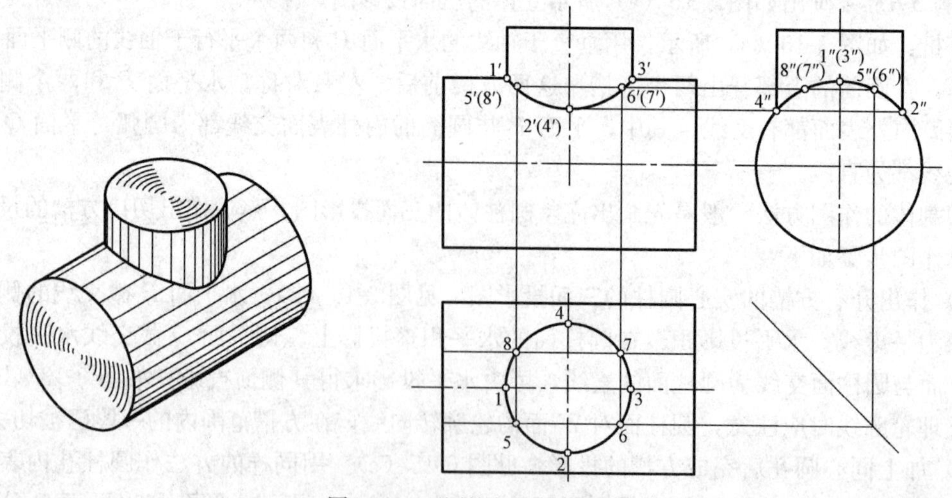

图 3-16 两圆柱相贯线的投影

条闭合的空间曲线，并且也前后左右对称。

由于小圆柱面的水平投影积聚为圆，相贯线的水平投影与圆重合；同理，大圆柱的侧面投影积聚为圆，相贯线的侧面投影重合在小圆柱穿入大圆柱的一段圆弧上。因此，只需求出相贯线的正面投影。可采取在圆柱面上取点的方法，作出相贯线上的特殊点和一般点的投影，连成相贯线的投影。

如图 3-16 所示，先作出一些特殊点（转向轮廓素线上的点，也是曲线的拐点），根据水平投影 1、2、3、4 及侧面投影 1″、2″、3″、4″可求出正面投影 1′、2′、3′、4′；再适当求出相贯线上的一些中间点，在水平投影上取 5、6、7、8 点，可求出 5″、6″、7″、8″点，然后利用投影规律由 5、6、7、8 和 5″、6″、7″、8″求出 5′、6′、7′、8′点；最后将正面投影所求各点光滑连接起来，即得相贯线正面投影。

1. 两圆柱相贯线的变化趋势及简化画法

相交的两圆柱因直径变化，其相贯线也发生相应变化。如图3-17（a）所示，相贯线投影具有以下变化规律。

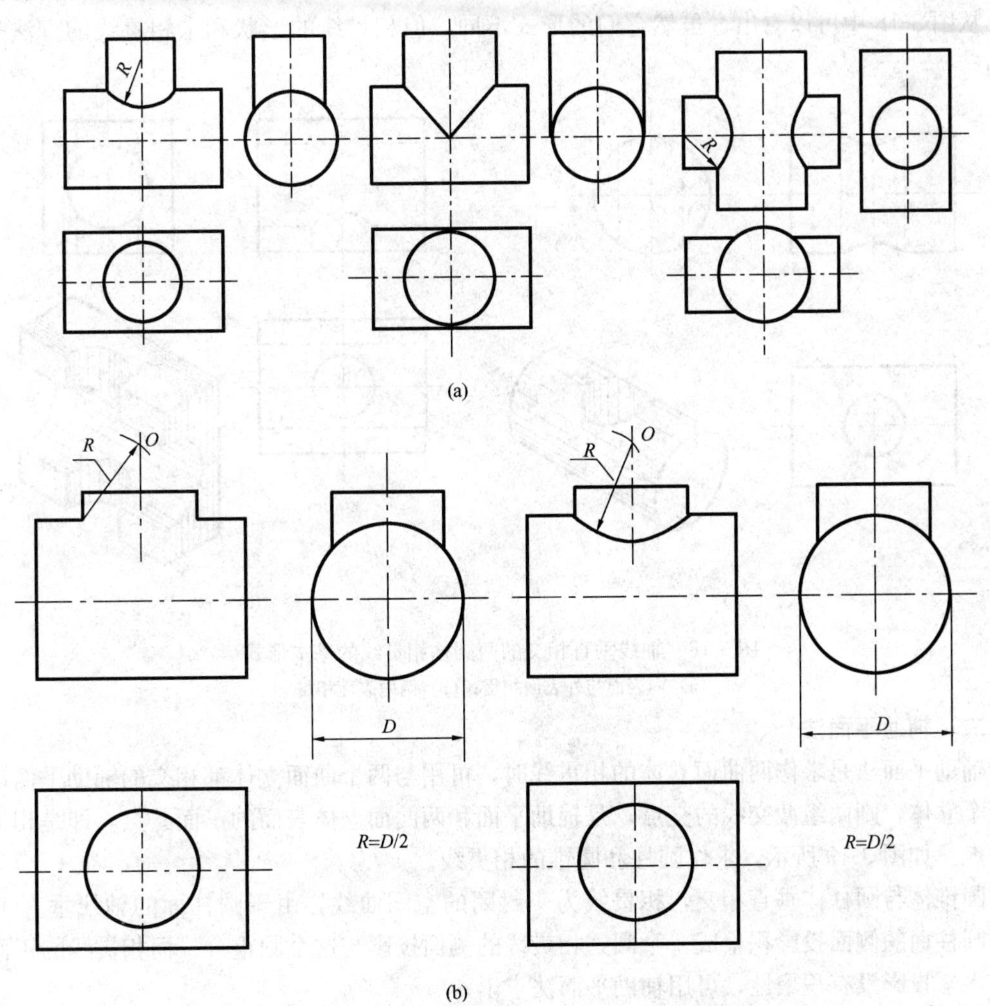

图 3-17　两正交圆柱相贯线的变化趋势及简化画法

（a）正交圆柱体相贯线的变化趋势；（b）正交圆柱体相贯线的简化画法

（1）直径不相等的两圆柱正交相贯，相贯线在平行于两圆柱轴线的投影面上的投影是平面曲线，曲线的弯曲趋势总是弯向大圆柱轴线投影方向。

（2）直径相等的两圆柱正交相贯时，相贯线是两条平面曲线——垂直于两相交轴线所确定的平面的椭圆。

当对相贯线形状的准确度要求不高，在不致引起误解时，允许采用简化画法，其条件为：①两圆柱轴线正交；②两圆柱直径不相等。

简化作图方法：以相贯两圆柱中较大圆柱的半径为半径，以圆弧代替相贯线，如图3-17（b）所示。

2. 两圆柱相交的三种形式

轴线垂直相交的圆柱是工程形体上最常见的，相贯线有以下三种基本形式。

（1）两外表面相贯（实实相贯），如图 3-16 所示；

（2）内表面与外表面相贯（虚实相贯），如图 3-18（a）所示；

（3）两内表面相贯（虚虚相贯），如图 3-18（b）所示。

从图 3-18 中可以看出，虽然它们的形式不同，但相贯线的形状和求相贯线的方法是一样的。

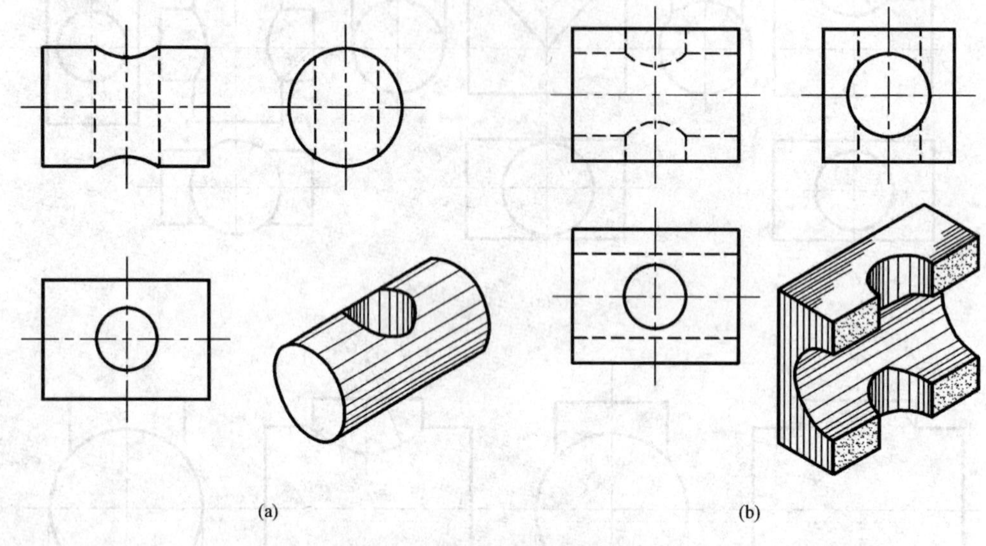

图 3-18　轴线垂直相交的两圆柱相贯线的基本形式

（a）内表面与外表面相贯；（b）两内表面相贯

二、辅助平面法

辅助平面法是求作两曲面立体的相贯线时，可用与两个曲面立体都相交的辅助平面切割这两个立体，则两组截交线的交点，是辅助平面和两曲面立体表面的三面共点，即是相贯线上的点。如图 3-19 所示，求作圆柱和圆锥的相贯线。

圆锥体与圆柱体垂直相交，相贯线为一封闭的空间曲线，由于圆柱面的轴线垂直于 W 面，圆柱面的侧面投影积聚成一个圆，相贯线的侧面投影与这个圆重合。而相贯线的正面投影和水平投影没有积聚性，可用辅助平面法求出。

为作图简化，辅助平面最好选择特殊位置平面。并使辅助平面与两曲面立体的截交线的投影最为简单，如截交线为直线或平行于投影面的圆。

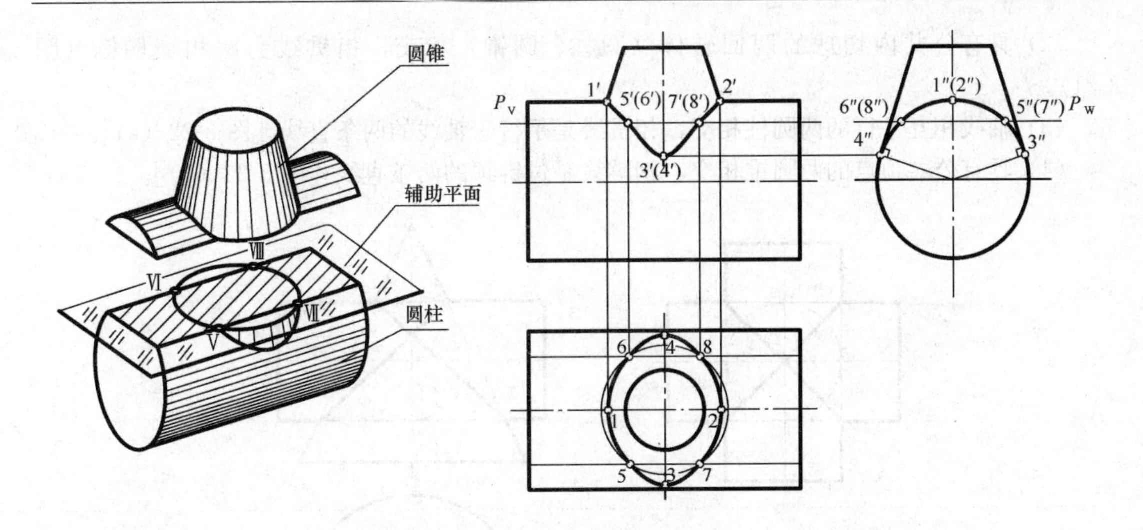

图 3-19　圆柱与圆锥正交相贯的投影

如图 3-19 先求特殊点。由正面投影和侧面投影可知，Ⅰ点和Ⅱ点是最高点，同时也是最左最右点。根据 1′、2′可求出水平投影 1、2。Ⅲ点和Ⅳ点为最低点，也是最前和最后点，根据 3″、4″可求 3′、4′和 3、4。

再求中间点。用辅助平面可求适量的中间点，作水平辅助面 P，它与圆锥面的截交线是圆，与圆柱面的截交线为两平行直线，两平行直线与圆交于四点，即求得相贯线上点的水平投影 5、6、7、8，再在正面投影求出 5′、6′、7′、8′，然后将这些特殊点和中间点的正面投影及水平投影光滑连接起来，即是相贯线的正面和水平面投影。

三、相贯线的特殊情况

两回转体相交时，在特殊情况下，相贯线可能是平面曲线或直线段。下面介绍几种相贯线的特殊情况。

(1) 两同轴回转体相交，相贯线是垂直于轴线的圆（图 3-20）。

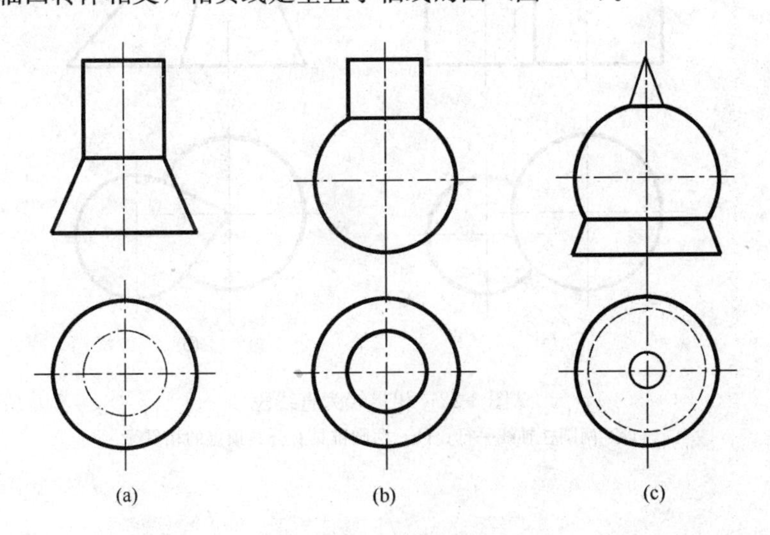

图 3-20　相贯线为圆

(a) 柱锥同轴；(b) 柱球同轴；(c) 锥球同轴

（2）具有公共内切球的两回转体（圆柱、圆锥）相交，相贯线为两相交椭圆（图3-21）。

（3）轴线相互平行的两圆柱相交，相贯线是平行于轴线的两条直线［图 3-22（a）］。

（4）具有公共顶点的两圆锥相交，相贯线是过锥顶的两条直线［图 3-22（b）］。

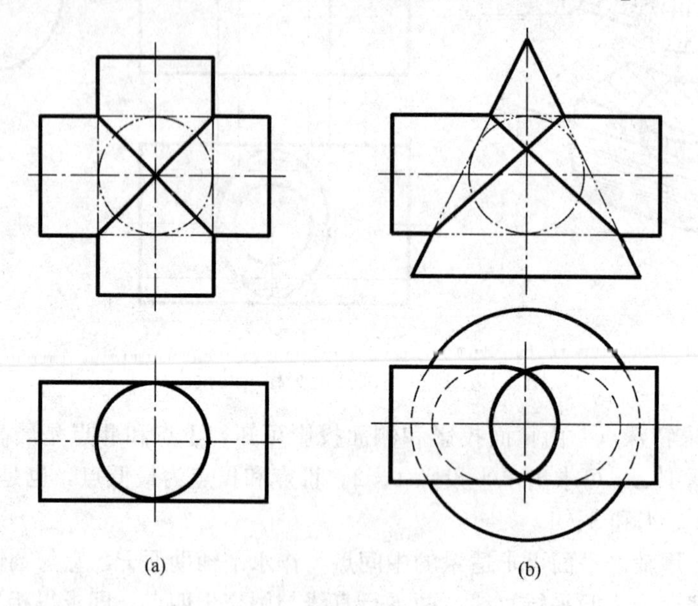

图 3-21　相贯线为两平面椭圆

（a）两圆柱轴线正交；（b）圆柱与圆锥轴线正交

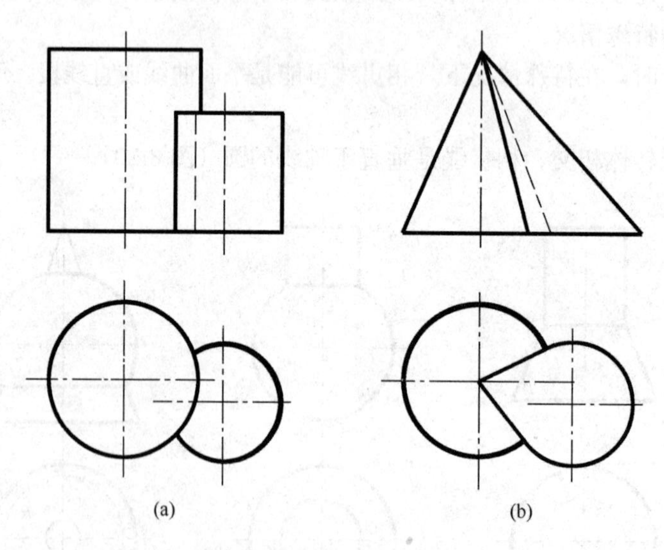

图 3-22　相贯线为直线段

（a）两圆柱轴线平行；（b）两圆锥具有公共顶点的相贯线

第四章　组　合　体

任何复杂的物体，从形体角度看，都可以看成是由一些基本形体（柱、锥、球等）组成的。由两个或两个以上的基本形体组成的物体称为组合体。

第一节　组合体的视图

一、三视图的形成及特性

如图 4-1（a）所示，将组合体置于三面投影体系中，分别向投影面投射。可见的轮廓线用粗实线画出，不可见的用虚线画出，这样就得到组合体的三视图。

物体的正面投影称为主视图，水平投影称为俯视图，侧面投影称为左视图。

如图 4-1（b）所示，由投影面展开的三视图可以看出：主视图反映上下、左右方位关系，俯视图反映前后、左右方位关系，左视图反映上下、前后方位关系，因此三视图的特性为：主视图、俯视图长对正；主视图、左视图高平齐；俯视图、左视图宽相等并且前后对应。

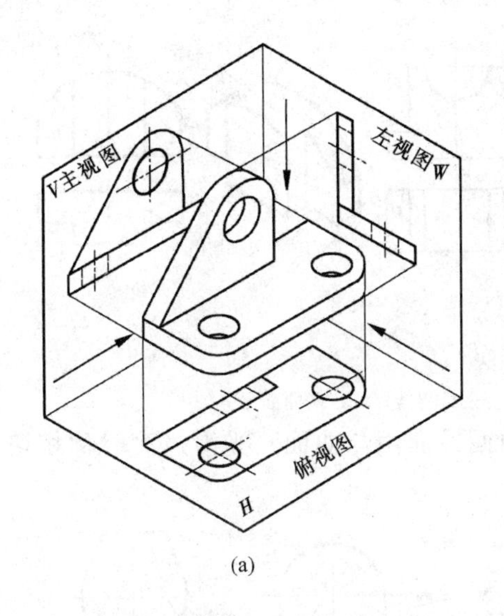

(a)

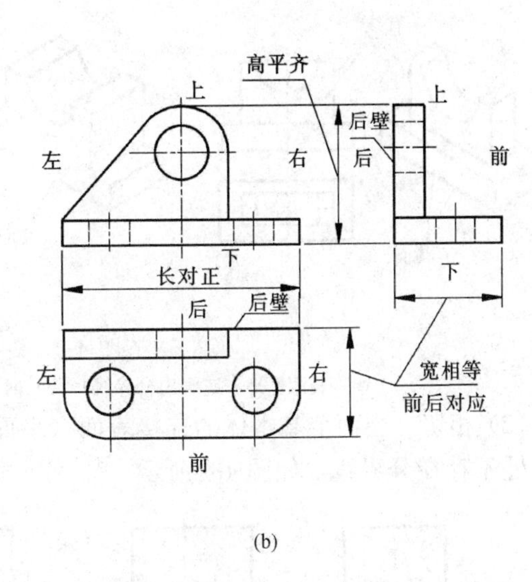

(b)

图 4-1　三视图的形成及其特性

二、组合体的形体分析

组合体的组合形式可分成叠加和切割两类。叠加包括叠合、相切和相交等情况。如图 4-2 (a)所示的轴承座，是由几个基本体叠加而成的。图 4-2（b）所示镶块，是一个长方体经过若干次切割后形成的。

将组合体分解为若干基本体，分析这些基本体的形状和它们的相对位置，并得出组合体的完整形状，这种方法称为形体分析法。

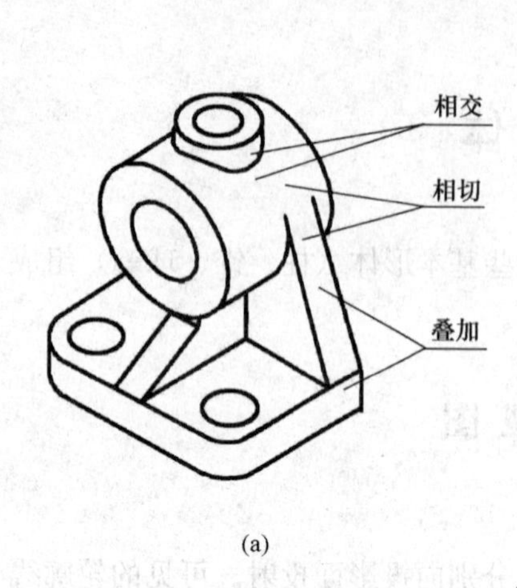

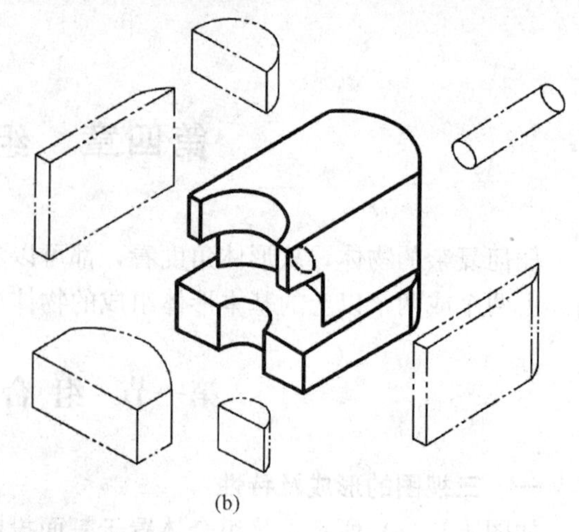

(a)　　(b)

图 4-2　组合体的组成方式

（a）轴承座；（b）镶块

三、组合体的组成形式

1. 叠加

（1）叠合　叠合是指组合体由基本体堆叠而成。当两个基本体表面不平齐时，视图中两个基本体之间有分界线，如图 4-3（a）所示；当两个基本体表面平齐时，它们之间没有分界线，在视图上不画出分界线，如图 4-3（b）、（c）所示。

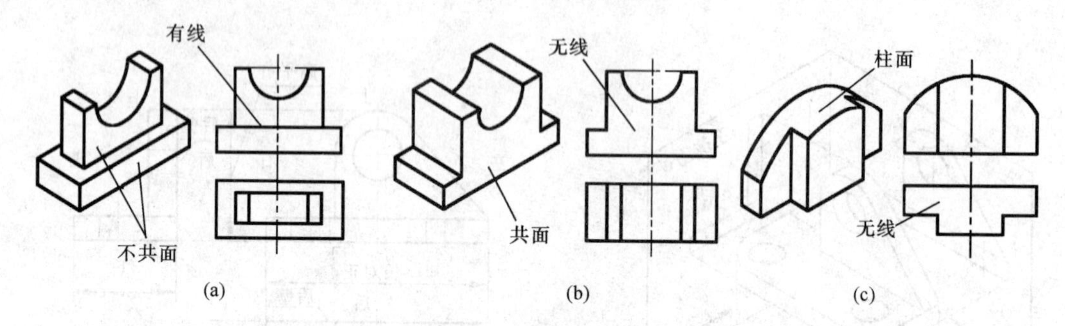

图 4-3　叠合的画法

（a）表面不平齐应画出分界线；（b）两平面平齐无分界线；（c）两曲面平齐

（2）相切　当两个基本体的连接表面（平面与曲面或曲面与曲面）光滑过渡时称相切。相切处不存在分界线，如图 4-4 所示。

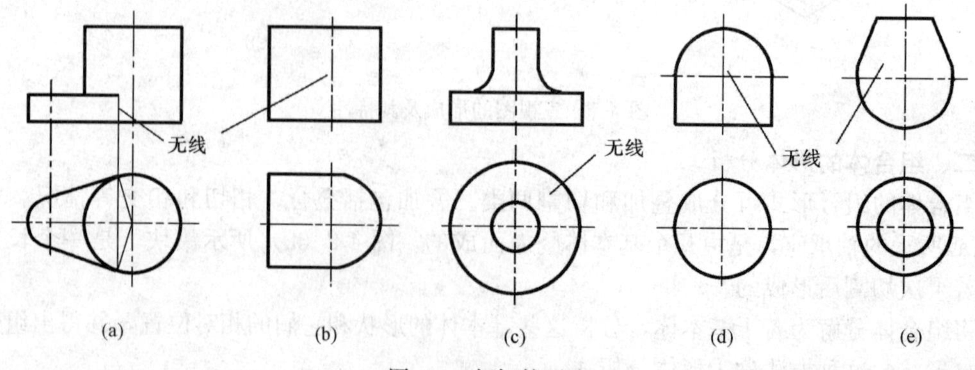

图 4-4　相切的画法

(3) 相交　当两基本体的表面相交时产生交线，画图时应画出交线的投影，如图 4-5 所示。

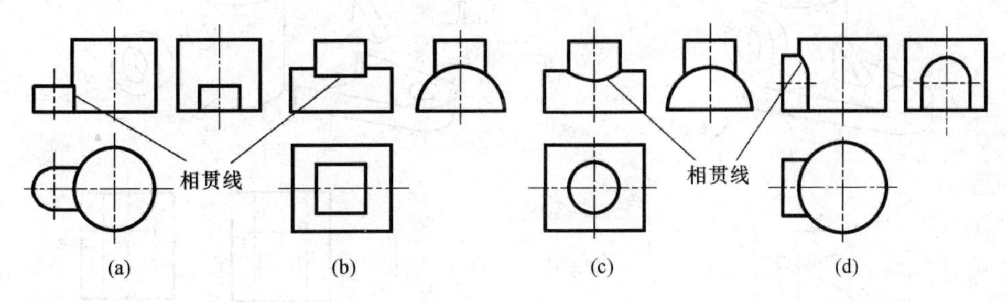

图 4-5　相交的画法

2. 切割

基本体被切割后，会产生一个新的形体，如图 4-6 所示。

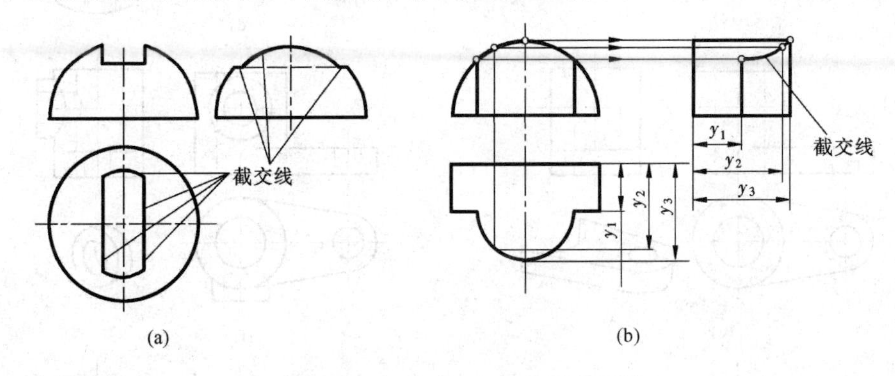

图 4-6　切割的画法

四、组合体视图的画法

画组合体三视图的基本方法是形体分析法，下面举例说明画组合体三视图的方法和步骤。

【例 4-1】　已知支座的轴测图，如图 4-7 (a) 所示，试画出三视图。

解　1. 形体分析

图 4-7 (a) 所示支座，是由直立大圆筒Ⅰ、底板Ⅱ、小圆筒Ⅲ及肋板Ⅳ等四个基本形体所组成，如图 4-7 (b) 所示。底板位于大筒的左侧，与大圆筒相切，底板的底面与大圆筒的底面共面。小圆筒位于大圆筒的前方偏上，与大圆筒正交相贯，同时它们的内孔也正交相贯。肋板位于底板的上面、大圆筒的左侧，底面与底板顶面叠合，右侧面与大圆筒相交。

2. 选择主视图

画三视图之前应首先选择主视图，即确定组合体安放位置和主视图的投射方向，然后确定相应的俯视图，左视图的投射方向。

3. 画图

画组合体视图时，首先选择适当的比例，按图纸幅面布置视图位置，确定各视图的轴线，对称中心线或其他定位线的位置，如图 4-7 (c) 所示。

画大圆筒的三视图，图 4-7 (d) 所示。

画底板的三视图，图 4-7 (e) 所示。

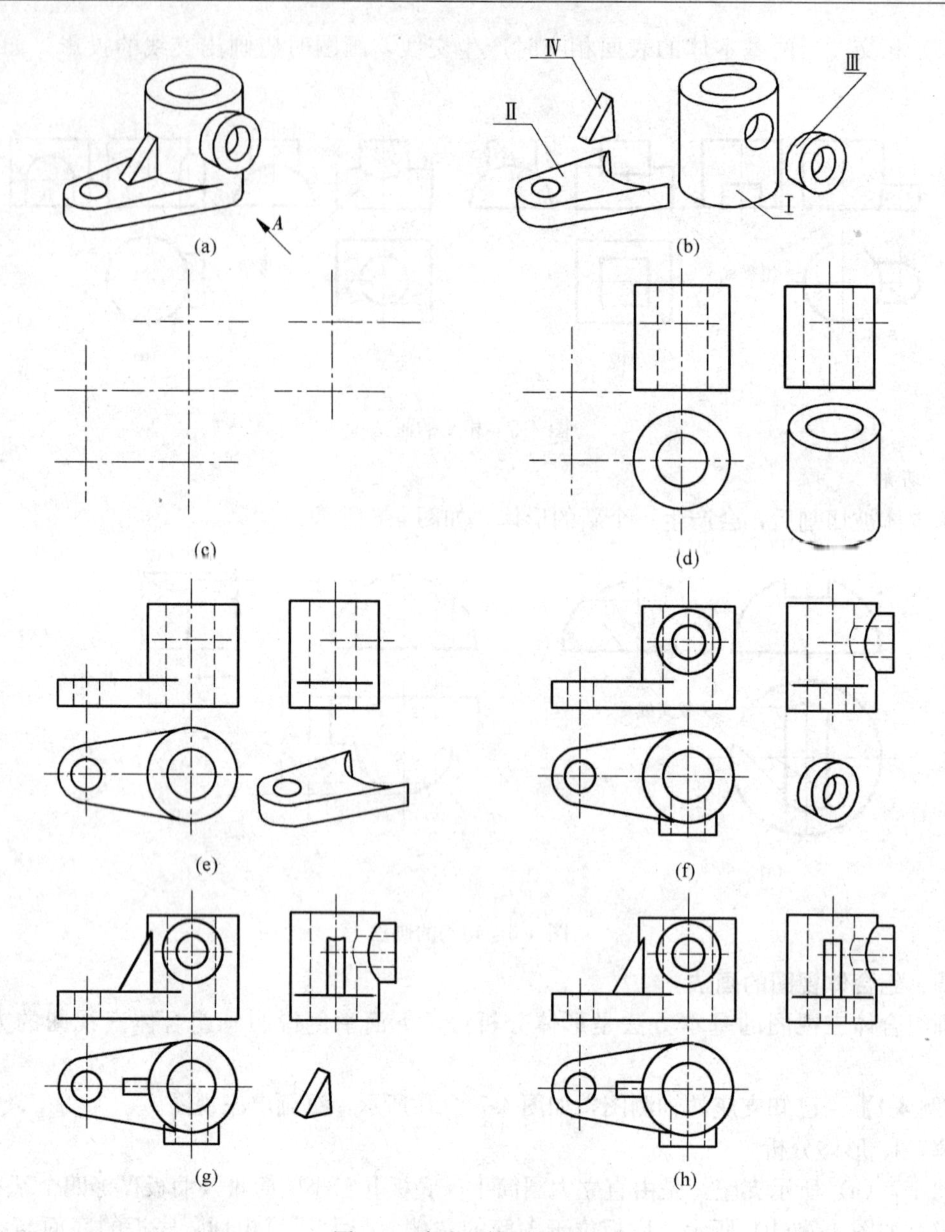

图 4-7　支座三视图的画法

画小圆筒的三视图，图 4-7（f）所示。

画肋板的三视图，图 4-7（g）所示。

最后校核、修正，加深图线，如图 4-7（h）所示。

4. 注意事项

（1）为了保持三视图之间的“长对正，高平齐，宽相等”的投影关系，并提高画图速度，应将各基本形体的三视图联系起来，同时作图。

（2）在画基本体的三视图时，一般应先画反映实形的视图，而对于切口、槽等被切割部分的表面，则应从有积聚性的投影画起。

（3）注意叠合、相切、相交、相贯时的画法。

第二节 组合体的尺寸标注

一、基本体的尺寸标注

1. 几何体的尺寸标注

标注几何体的尺寸，一般要注出长、宽、高三个方向的尺寸，常见的几种几何体的尺寸标注如图 4-8 所示。

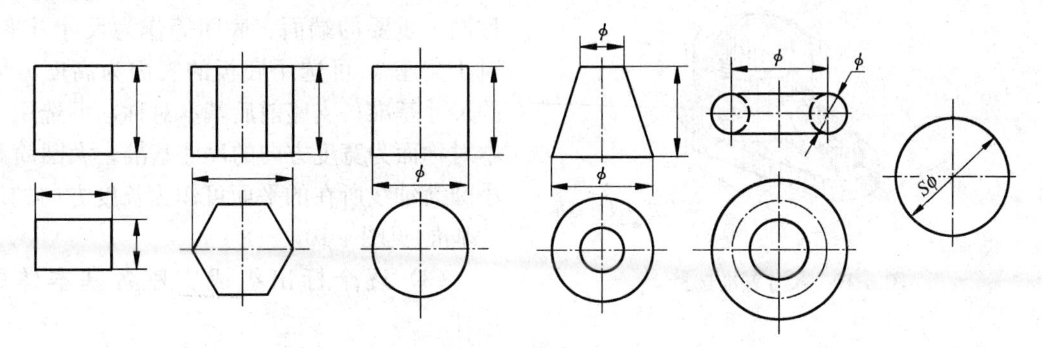

图 4-8 基本体的尺寸注法

对于回转体的直径尺寸，尽量注在不反映圆的视图上，便于看图，并可减少视图。如图 4-8 中的圆柱和圆台，可将俯视图省略，仅用一个视图表达即可。

2. 机件上常见底板的尺寸标注

机件上常见底板的尺寸标注，如图 4-9 所示。

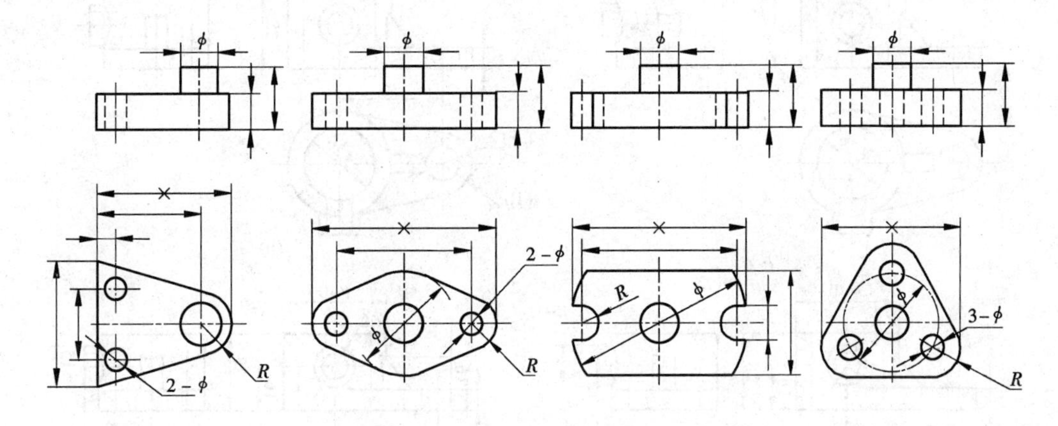

图 4-9 机件上常见底板的尺寸标注

二、组合体的尺寸标注

在第一章中已经介绍了国家标准关于正确标注尺寸的有关规定，本节主要介绍如何完整、清晰地标注组合体的尺寸。

1. 尺寸标注要完整

标注组合体尺寸的基本方法是形体分析法。

首先，逐个标出各个反映基本体形状和大小的定形尺寸，然后标注反映各基本体间相对位置的定位尺寸，最后标注组合体的整体尺寸（外形尺寸）。

【例 4-2】 已知支座的三视图，如图 4-7 所示，试标注其尺寸。

解 （1）形体分析。在标注组合体尺寸之前，首先要进行形体分析，明确组合体是由哪些基本体组成，以什么样的方式组合而成的，也就是要读懂三视图。想象出组合体的结构形状。支座的形体分析与在例 4-1 中分析相同，这里就不再重复。

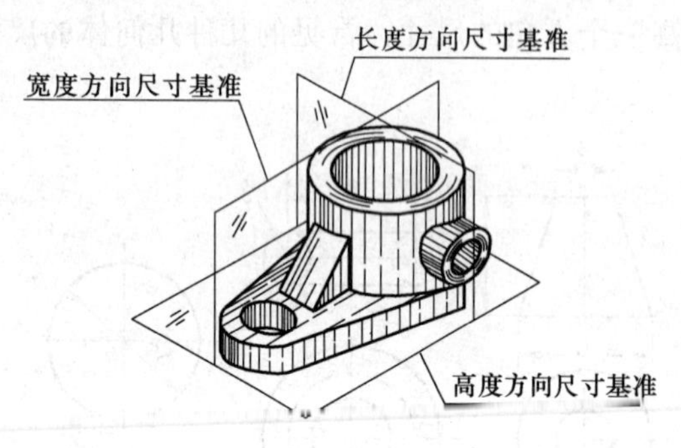

图 4-10 尺寸基准选择

（2）选择尺寸基准。在标注几何体的尺寸时，通常选取回转体的轴线、组合体的对称面、重要的端面、底面等作为尺寸基准。对于支座，可选用底板的底面为高度方向的尺寸基准；支座前后基本对称，可选用基本对称面为宽度方向的尺寸基准；大圆筒和小圆筒轴线所在的平面可作为长度方向的尺寸基准，见图 4-10。

（3）逐个标出组成支座各基本体的尺寸。

1）标注大圆筒尺寸，如图 4-11（a）所示；
2）标注底板的尺寸，如图 4-11（b）所示；
3）标注小圆筒尺寸，如图 4-11（c）所示；
4）标注肋板的尺寸，如图 4-11（d）所示。

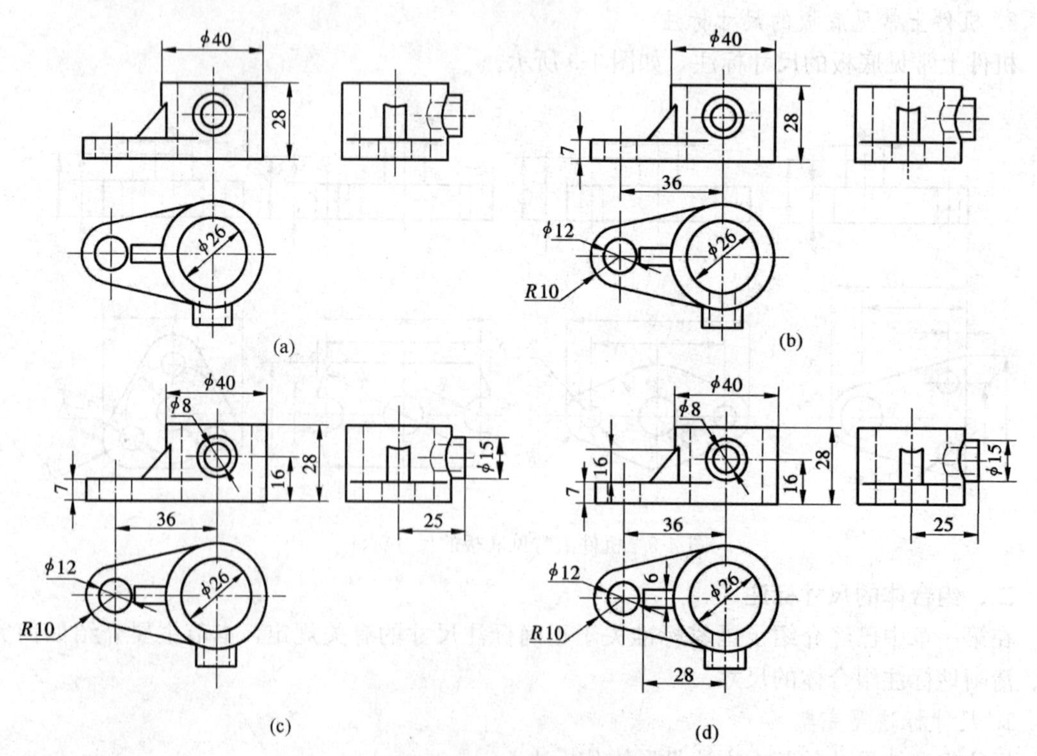

图 4-11 组合体尺寸标注

（4）标出组合体的整体尺寸，并进行必要的尺寸调整。一般应直接标出组合体长，宽，高三个方向的总体尺寸，但当在某个方向上组合体的一端或两端为回转体时，则应该标出回转体的定形尺寸和定位尺寸，如支座长度方向标出了定位尺寸 36 及定形尺寸 $R10$ 和 $\phi40$，通过计算可间接得到总体尺寸 66（36＋10＋40/2 ＝ 66），而不是直接注出尺寸 66。同理，支座宽度方向应标出 25 和 $\phi40$。高度方向大圆筒的高度尺寸 28，同时又是形体的总高尺寸。

(5) 检查、修改、完成尺寸的标注。尺寸标注完以后，要进行仔细的检查和修改，去除多余的重复尺寸，补上遗漏尺寸，改正不符合国家标准规定的尺寸标注之处，做到正确无误。

2. 尺寸标注要清晰

为了使尺寸更加清晰、易读，尺寸的布置还应注意：属于同一形体的尺寸应尽量集中，并标注在该结构的附近，一般来说，尺寸应该标注在图形外面，但如果因此产生很长的尺寸界线，甚至使尺寸线和尺寸界线相互交叉而不清晰时，则应直接标注在图形的内部。

第三节 读组合体视图

一、形体分析法读组合体视图

读组合体视图首先要用形体分析法阅读，这是最基本也是最重要的读图方法，现以图 4-12为例加以说明。

(1) 从主视图入手，把三个视图有联系地粗略看一遍，以对该组合体有一个概括的印象。

(2) 以特征明显、容易划分的视图为基础，结合其他视图把组合体视图分解为几部分，每一部分代表一个基本体。如图 4-12 (a) 所示，把组合体分成Ⅰ、Ⅱ、Ⅲ、Ⅳ四个部分。

(3) 先易后难的逐次找出每一个基本形体的三视图，从而想象出它们的形状如图 4-12 (b)、(c)、(d) 所示，Ⅰ是水平长方形板，上有两个阶梯孔，Ⅱ是竖立的长方形板，Ⅲ和Ⅳ是前后两个半圆形耳板，但前后孔略有不同。

(4) 分析各基本体之间的组合方式与相对位置。通过组合体的三视图的分析可确定，形体Ⅰ和Ⅱ是前面、后面对齐叠加；形体Ⅱ和Ⅲ是顶面、前面对齐叠加；形体Ⅱ和Ⅳ是顶面、后面对齐叠加。

(5) 综合想象组合体的形状。

综上分析，组合体整体形状如图 4-12 (e) 所示。

二、线面分析法读组合体视图

当组合体的某些表面相互交贯难以分清基本形体的投影范围，或某些表面复杂导致视图中出现斜线、特殊多边形线框、截交线和相贯线时，常采用线面分析法。现以图 4-13 的三视图为例来说明线面分析法。

(1) 从主视图入手，把三视图有联系的看一遍，使对该组合体有一概括的印象。

由本例三视图可知：组合体内部有一个阶梯孔，投影范围明确，但其他部分难以划分基本形体，因此下一步可用线面分析法深入阅读。

(2) 依次对应找出各组合体中尚未读懂的多边形线框的另两个投影，以判断这些线框所表示的表面的空间状况。

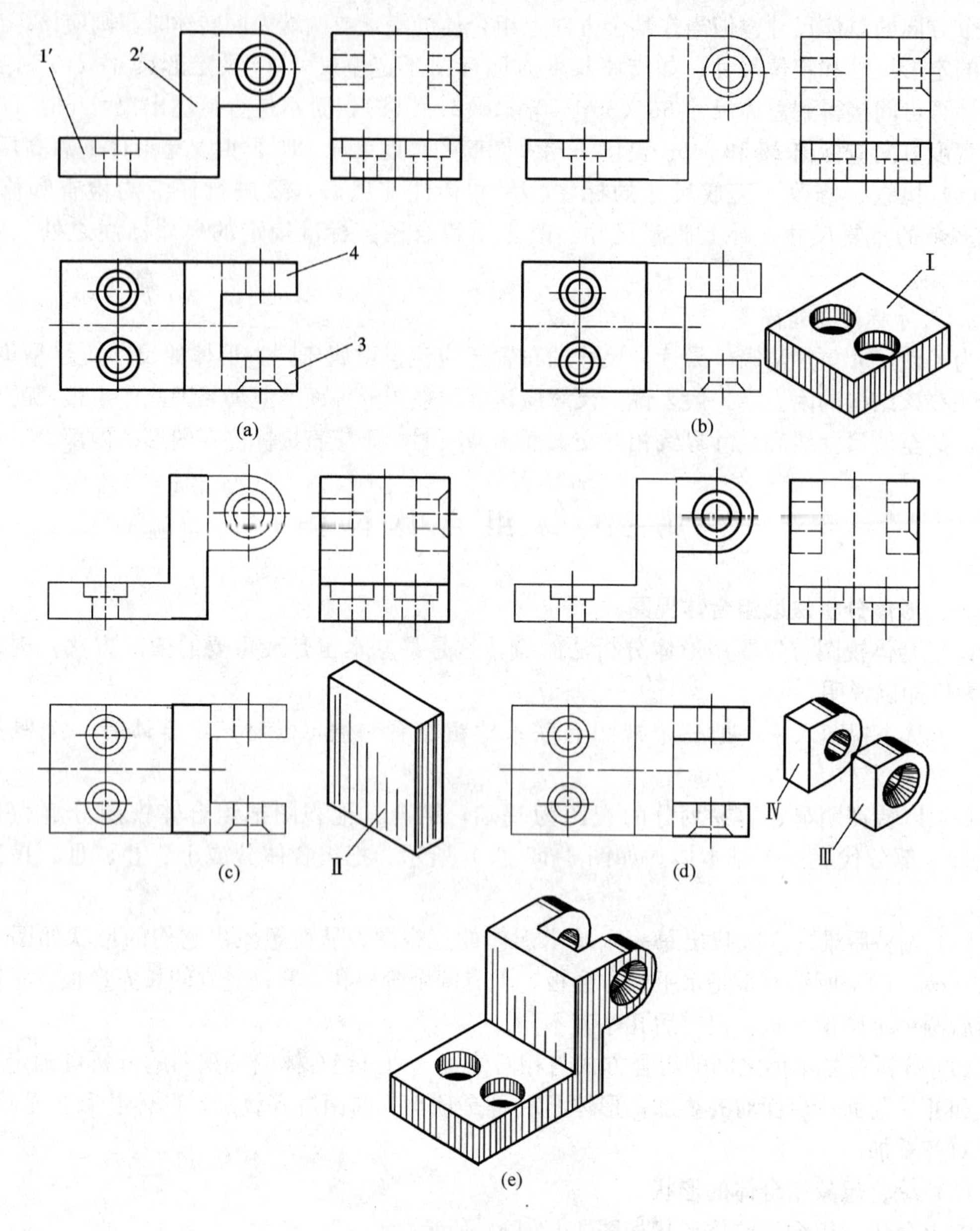

图 4-12　用形体分析法读图

若一多边形线框在另两视图中投影均为类似形，则该面为投影面一般位置面；若一多边形线框在另两视图中，一投影为积聚性斜线，另一投影为类似形，则该面为投影面垂直面；若一多边形线框在另两视图中，投影均为积聚性直线，且不是斜线，则该面为投影面平行面；此多边形线框即为其实形。

如主视图中多边形线框 a'，在俯视图中只能找到斜线 a 与之投影相对应，在左视图中则有类似形 a'' 与之相对应，则可确定 A 面为铅垂面。

又如俯视图中多边形线框 b，在主视图中只能找到斜线 b' 与之投影相对应，在左视图中则有类似形 b'' 与之相对应，则可确定 B 面为正垂面。

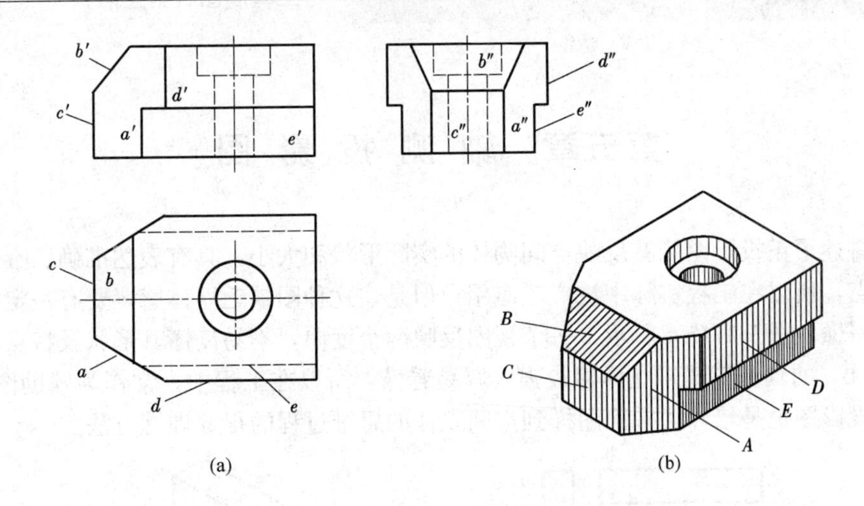

图 4-13 用线面分析法读图

依此类推，可逐步看懂组合体各表面形状。

(3) 比较相邻两线框的相对位置，逐步构思组合体。若一个线框表示的是一个表面，则两个封闭线框就表示两个表面。主视图中的两相邻线框应注意区分其在空间的前后关系；俯视图中的两相邻线框应注意区分其空间的上下关系；左视图两相邻线框应注意区分其在空间的左右关系；相邻两线框还可能是空与实的相间，一个代表空的，一个代表实的，如俯视图中大小两圆组成的线框表示一个水平面，但小圆线框内却是空的，是一个通孔，没有平面，应注意鉴别。

如主视图中的线框 d' 和 e' 必有前后之分，对照俯、左视图可知，D 面和 E 面均为正平面，D 面在前，E 面在后。

(4) 综合想象组合体的整体形状。综合分析，组合体的整体形状如图 4-13 (b) 所示，它可看作为一个长方体经过多次切割而成。

第五章　轴 测 投 影 图

前面讲述了正投影图能够反映空间物体的实际形状和大小，具有表达准确、唯一、作图简便的优点，所以在工程实际中被广泛应用。但是，这种图缺乏立体感，要有一定的读图知识才能看得懂。图 5-1（a）所示，每个视图反映两个度向，不易读懂其形状及特点，但如画成图 5-1（b）的轴测形式，立体感较强，容易看懂，所以在工程中，常作为辅助图样使用。学习轴测投影图也是培养从平面图样到空间立体的思维过程的很好训练方法。

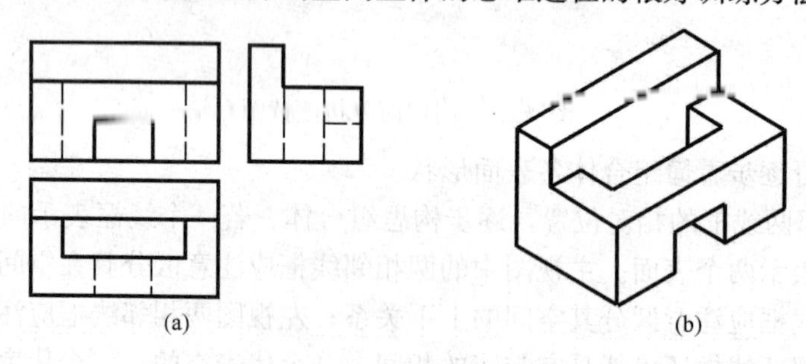

图 5-1　轴测投影
（a）正投影图；（b）轴测投影图

第一节　轴测图的基本概念

一、轴测投影图的形成

如图 5-2 所示，在形体上设立空间直角坐标系 OX、OY、OZ，将物体连同确定其空间位置的三根坐标轴 OX、OY、OZ 一起沿 S 方向（S 不平行任一坐标平面）平行投射在单一投影面 P 平面上，所得投影图称轴测投影图，简称为轴测图。当投射方向 S 与轴测投影面 P 垂直，将物体放斜，使物体上的三个坐标面和 P 面都斜交，这样所得的投影图称为正轴测投影图，如图 5-2（a）所示。若投射方向 S 与轴测投影面 P 倾斜时，这样所得的投影图称为斜轴测投影图，如图 5-2（b）所示。

二、轴测图的基本术语

（1）P 平面——轴测投影面。

（2）S 方向——轴测投射方向。

（3）OX、OY、OZ——坐标轴。

（4）$O'X'$、$O'Y'$、$O'Z'$——轴测轴。

（5）$\angle X'O'Y'$、$\angle Y'O'Z'$、$\angle X'O'Z'$——轴间角。

（6）轴测图上与轴测轴相平行的某线段长度与实际长度之比称为轴向伸缩系数。设 $O'A_1/OA=p$、$O'B_1/OB=q$、$O'C_1/OC=r$，则 p、q、r 分别为 $O'X'$、$O'Y'$、$O'Z'$ 轴的轴向伸缩系数。

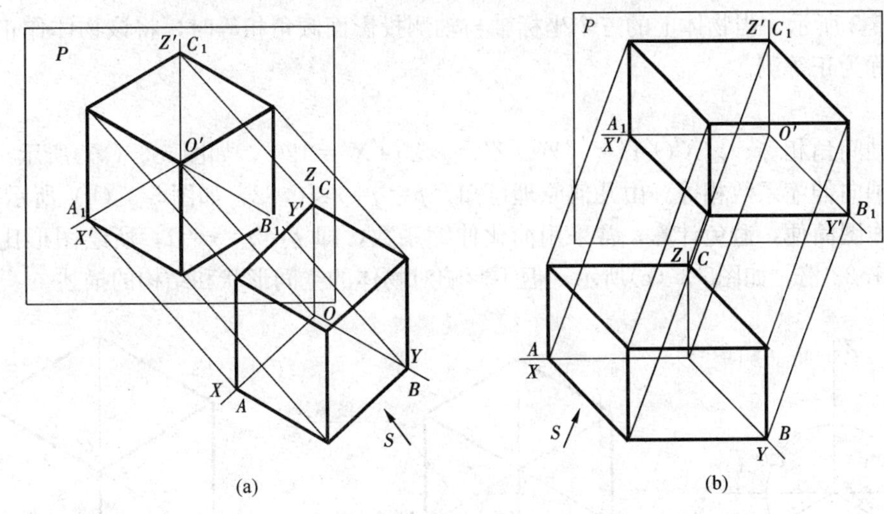

图 5-2 轴测图的产生

(a) 正轴测图；(b) 斜轴测图

三、轴测图的基本特性

1. 平行性

由于轴测图是采用平行投影法作图，故物体上平行的线段在轴测投影中仍平行；物体上平行坐标轴的线的轴测投影一定平行于相应的轴测轴。

2. 定比性

物体上平行坐标轴的线，与相应的轴测轴具有同样比例的轴向伸缩系数，不平行坐标轴的线则定比性不成立。

3. 度量性

凡物体上与坐标轴平行的直线尺寸，在轴侧图中均可沿轴测轴的方向度量。

四、轴测图的分类

根据投影方向与轴测投影面的相对位置，可将轴测投影分为两大类：

1. 正轴测

当投影方向垂直于轴测投影面时，所得图形称为正轴测图。正轴测图中，三个轴向伸缩系数均相等的称为正等测图；两个轴向伸缩系数相等的称为正二测图；三个轴向伸缩系数各不相等的称为正三测图。

2. 斜轴测

当投射方向倾斜于轴测投影面时，所得图形称为斜轴测图。斜轴测图中，三个轴向伸缩系数均相等的称为斜等测图；两个轴向伸缩系数相等的称为斜二测图；三个轴向伸缩系数各不相等的称为斜三测图。

工程中用的较多的是正等测和斜二测。本章只介绍这两种轴测图的画法。

第二节 平面立体正等轴测图

一、正等轴测图的形成及特点

1. 形成

如图 5-3 所示，当物体上的三个坐标轴与轴测投影面倾角相等时，将该物体作正投影所得轴测图称为正等测。

2. 特点

（1）轴间角相等。$\angle X'O'Y'=\angle Y'O'Z'=\angle Z'O'X'=120°$，如图 5-3（a）所示。

（2）轴向伸缩系数相等。由几何原理可知，$p=q=r\approx 0.82$，如图 5-3（b）所示。

为了作图简便，避免计算，常采用简化伸缩系数，即 $p=q=r=1$，所绘图形比实际投影放大约 1.22 倍，如图5-3（c)所示，但不影响对物体的空间形状和结构的描述。

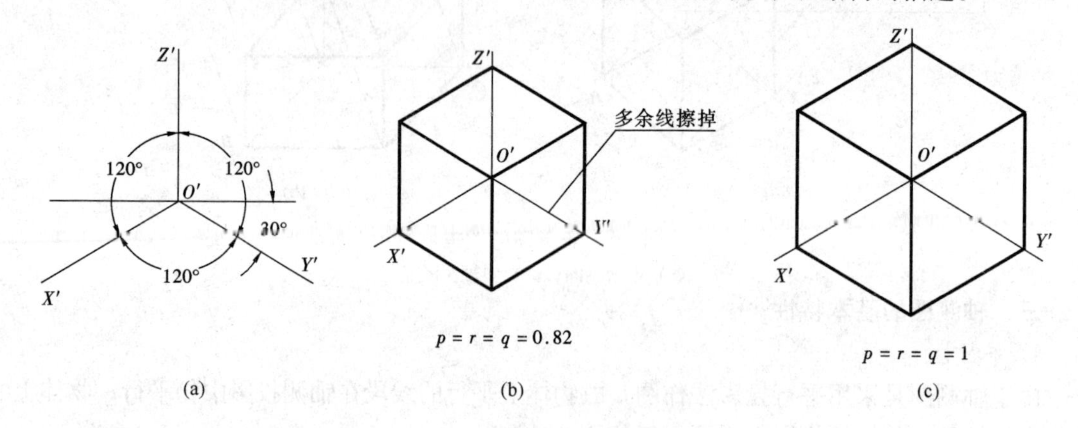

图 5-3 正轴测图的产生

（a）正轴测；（b）正方体正轴测图；（c）轴测图放大 1.22 倍

二、正等测图的作图方法

轴测图的作图方法较多，下面介绍几种常用的作图方法。

1. 拉伸法

【例 5-1】 完成图 5-4（a）所示形体的轴测投影图。

解 从图 5-4（a）中可以看出，其水平投影反映主要特征。对于这一类形体，适合用拉伸法求作，其作图步骤如下：

（1）以该形体的左、前、上角为轴测投影原点画出轴测轴 X' 和轴测轴 Y'，再根据平行性画顶面的轴测图，如图 5-4（b）所示；

（2）通过形体顶面各转折点向下画轴测轴 Z' 的平行线，并截取高度尺寸，如图 5-4（c）所示；

（3）根据平行原理作可见的下底投影，如图 5-4（d）所示。

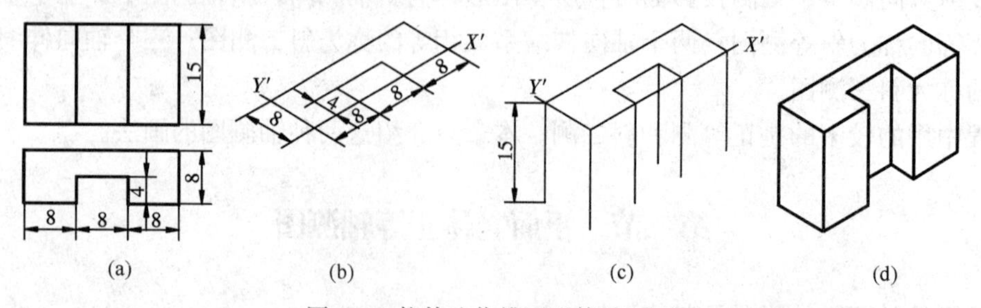

图 5-4 拉伸法作槽型形体轴测图

（a）投影图；（b）做顶面轴测图；（c）画高度线；（d）完成轴测图

轴测图中一般只画可见轮廓线，必要时才画不可见轮廓线。

2. 叠加法

【例 5-2】 完成图 5-5（a）所示形体的轴测投影图。

解 从图 5-5（a）投影图中可以看出，这是由两个四棱柱上下叠加而形成的形体，对于这类形体，适合用叠加法求作，其作图步骤如下：

（1）先完成底部四棱柱的轴测投影，并在其上确定上部四棱柱的位置，如图 5-5（b）所示；

（2）截取上部四棱柱高度尺寸，如图 5-5（c）所示；

（3）完成作图，如图 5-5（d）所示。

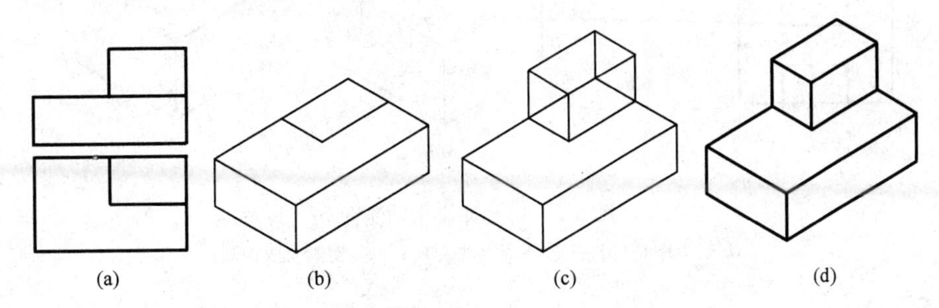

图 5-5 叠加法作轴测图
（a）投影图；（b）画出下面四棱柱并确定上面四棱柱的位置；
（c）截取高度尺寸画出上面四棱柱；（d）完成轴测图

3. 切割法

该方法适用于形体是由一个基本形体切割而成。

【例 5-3】 完成图 5-6 所示的形体的轴测投影图。

解 从图 5-6（a）投影图中可以看出，这是由一个长方体切去一个三棱柱和一个三棱锥所形成的形体，这种形体适合用切割法作图，其作图步骤如下：

（1）形体为由一基本形体切割而成，首先画出整体长方体轴测，并将各个投影贴画在对应的投影面上，如图 5-6（b）所示；

（2）切割掉三棱柱如图 5-6（c）所示；

（3）切割掉三棱锥，擦掉多余的作图线，完成作图。如图 5-6（d）所示。

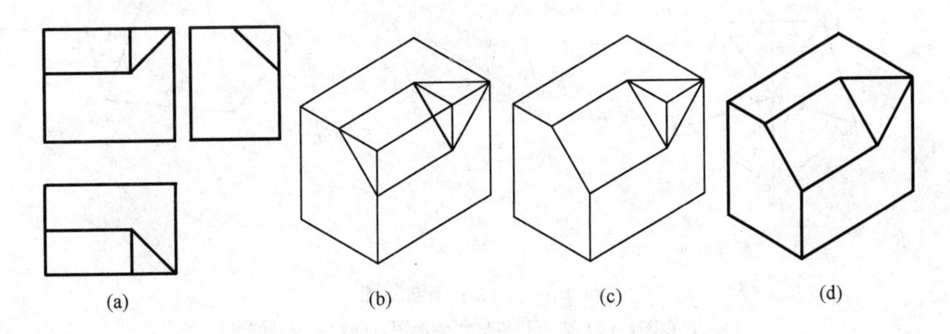

图 5-6 切割法作轴测图
（a）投影图；（b）画出各平面位置；（c）切割棱柱；（d）切割棱锥、完成轴测图

【例 5-4】 完成图 5-7（a）所示形体的轴测投影图。

解 作图方法步骤同［例 5-3］，只是侧投影不需再贴了。

根据构成棱柱体的特点，一个顶点至少三条棱线，缺少哪个轴线方向的棱线，就应补画哪个轴线方向的棱线，如图 5-7（b）所示，A 点有 X、Z 轴方向的棱线，缺 Y 方向的棱线，现补出 Y 轴方向的线如图 5-7 所示，同理切出其余顶点如图 5-7（c）所示。

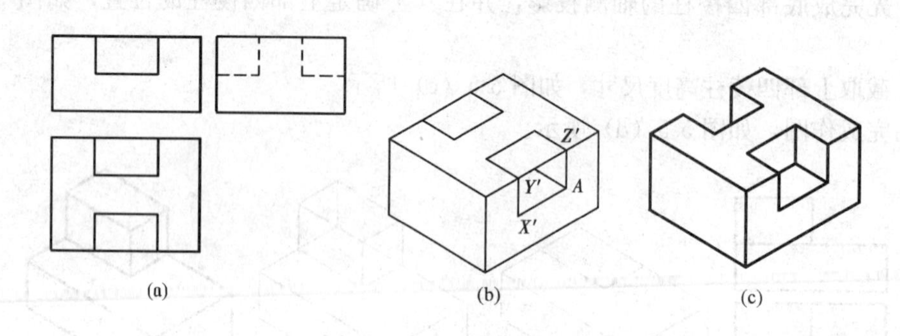

图 5-7 切割补线作轴测图

（a）投影图；（b）补画 A 点 Y 轴方向；（c）切割完成轴测图

4. 坐标法

绘制空间形体的轴测图的基本方法是坐标法。它根据形体表面上各顶点的坐标，分别画出这些顶点的轴测投影，然后顺序连接各顶点的轴测投影，就完成形体的轴测图。

【例 5-5】 完成图 5-8（a）所示形体的轴测投影图。

解 （1）五棱锥有 6 个顶点，可分别求出各个顶点轴测，再连线。首先求底面上平行 X 轴的 1、2、3、5 各点，再求 Y 轴上 4 点，如图 5-8（b）所示；

（2）确定 6 点，截取高度 $S6$ 为锥高，如图 5-8（b）所示；

（3）各顶点连线如图 5-8（c）所示。

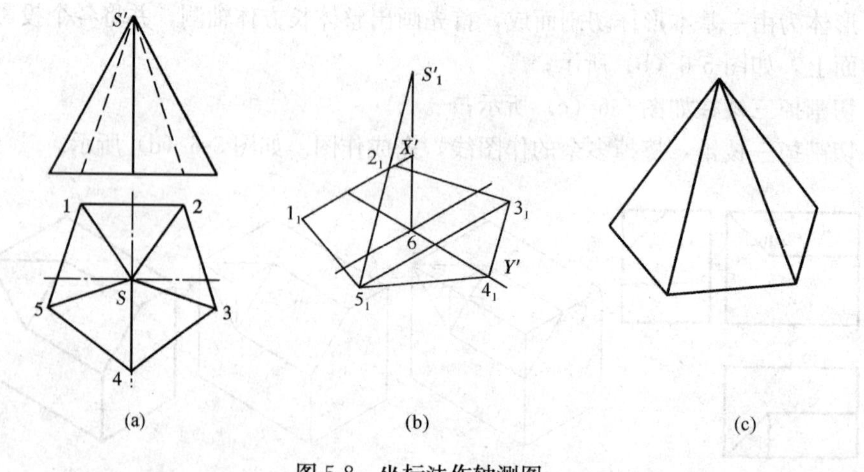

图 5-8 坐标法作轴测图

（a）投影图；（b）画五棱锥底面轴测图；（c）完成轴测图

第三节　曲面形体正等轴测图

一、平行坐标面的圆的正等轴测图

平行于坐标面上的圆是倾斜轴测投影面的，所以投影是椭圆，绘制椭圆的方法很多，现介绍一种四心法作椭圆。

【例 5-6】　求图 5-9（a）所示水平面上圆的轴测投影图。

解　（1）当水平面上圆倾斜 P 时投影是椭圆。

1）作水平圆的外切正方形如图 5-9（a）所示；

2）作正方形的正等轴测为菱形如图 5-9（b）所示；

3）过菱形各边中点 A、B、C、D 作边的垂线交点为圆心 1、2……。即相邻两边中垂线交点是圆心。（作为特例，当菱形锐角为 60°时，交点在两纯角上）。

4）以 4 为圆心，$4B$ 为半径，画大弧 BC。

5）以 $1A$ 为半径，即圆心到垂足是半径，以 1 为圆心，画弧 AB。

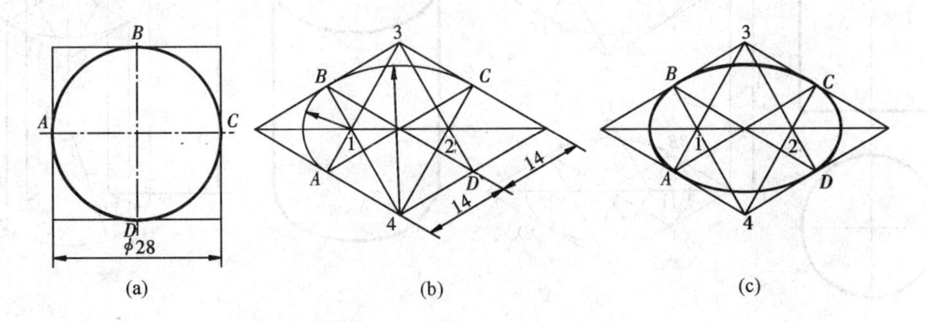

图 5-9　水平圆的正等轴测图

（a）投影图；（b）画出圆心位置、画弧；（c）完成轴测图

（2）同样再作出其余弧线完成椭圆如图 5-9（c）所示。

二、正方体上各面圆的正等轴测图

正方体上各面上圆的轴测投影均为椭圆，如图 5-10 所示。作图方法如图 5-11 所示，不

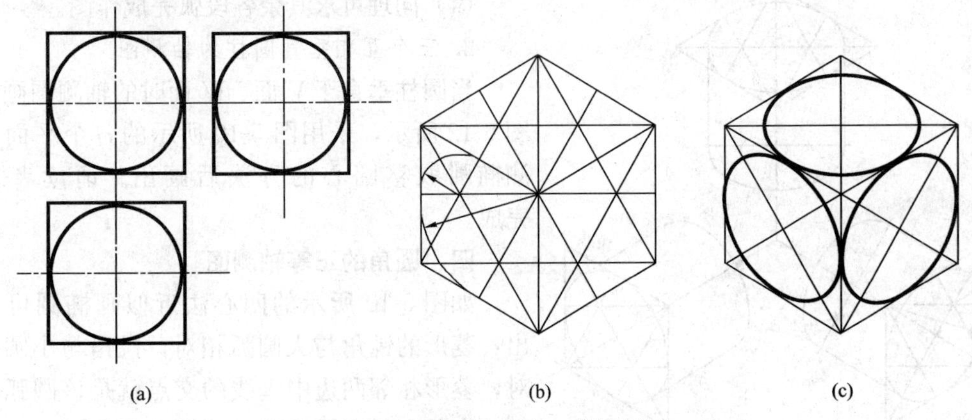

图 5-10　正方体上圆的正等轴测图

（a）投影图；（b）画出圆心位置、画弧；（c）完成轴测图

再重述。正方体平面上圆的轴测投影是作曲面体轴测的基础，必须很好掌握。

三、柱体的正等轴测图

1. 竖直圆柱的轴测图

图 5-11（a）所示投影图为竖直圆柱，轴测投影如图 5-11（c）所示。其作图步骤如下：

（1）作出圆柱上、下表面圆的轴测投影，如图 5-11（b）所示。

（2）作出外切轮廓线完成轴测，如图 5-11（c）所示。

从上述作图过程可知，最后需要擦掉多余线，为作图简便，可采用移圆心的方法，介绍如下：

（1）完成圆柱上部圆轴测投影如图 5-11（b）所示；

（2）将圆心 1、2、3 分别下移圆柱的高度得新圆心 11、22、33，如图 5-11（d）所示；

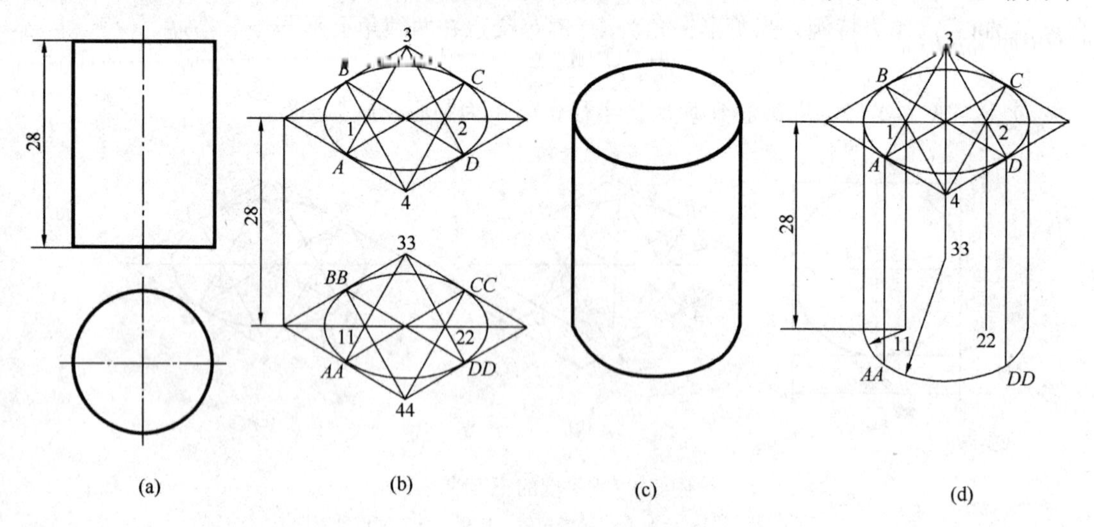

图 5-11 圆柱的正等轴测图

（3）以新点 33 为圆心，原半径 $3A$ 为半径作圆弧得 $\overset{\frown}{AADD}$；

（4）同理可求其余各段弧完成作图。

2. 三个互相垂直圆柱的轴测图

当圆柱垂直于 V 面、W 面时的轴测图画法如图 5-12 所示，采用图 5-10 所示的各个平面上轴测椭圆取移圆心的方法后画出。请读者自己完成。

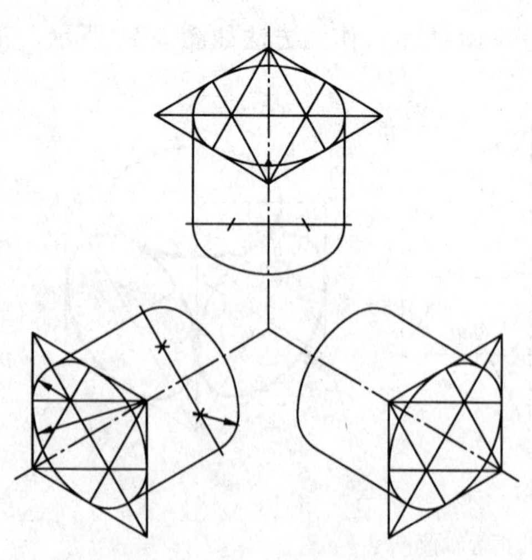

图 5-12 三个垂直圆柱的正等轴测图

四、圆角的正等轴测图

如图 5-10 所示的四心法近似画椭圆可以看出：菱形的钝角与大圆弧相对，锐角与小圆弧相对，菱形相邻两边中垂线的交点就是该圆弧的圆心。由此可得出圆角正等测图的近似画法。画圆角的正等测图时，只要在作圆角的边上量取圆角半径，自量得的点作边线的垂线，两垂线的交点即为圆心，圆心到垂足的距离即为半径，作图步骤如下：

（1）如图 5-13（a）所示底板的主、俯视图，由此作长方体的正等测图，如图 5-13（b）所示；

（2）沿角的两边量取圆角半径 R，得切点 1、2、3、4，分别作各切点所在边的垂线，得底板顶面圆角的圆心 O_1、O_2，如图 5-13（c）所示；

（3）用移心法，得底板下面圆角的圆心及切点，如图 5-13（d）所示；

（4）以 O_1、O_2、O_3、O_4 为圆心，画对应圆弧及右侧上下两圆弧的外公切线，如图 5-13（e）所示；

（5）擦去多余的作图线，加深完成带圆角的长方形底板的正等测图，如图 5-13（f）所示。

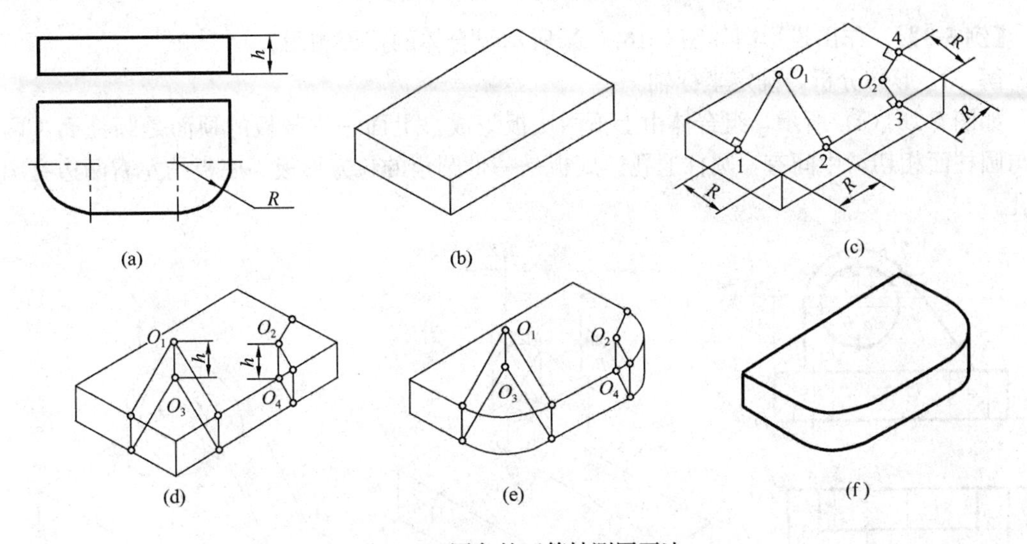

图 5-13　圆角的正等轴测图画法

同样方法可以完成其他类型半圆柱面、圆孔、半孔等圆柱体的轴测画法，不再详述。

【例 5-7】　作出图 5-14 所示轴套的正等测。

1. 形体分析，确定坐标轴

解　因为轴套的轴线是铅垂线，顶圆和底圆都是水平圆，于是取顶圆的圆心为原点，如图 5-14 所示。

2. 作图过程

（1）作轴测轴，画出顶面的近似椭圆，再将连接圆弧的圆心下移 h，作底面近似椭圆的可见部分，如图 5-15（a）所示。

（2）作与两个椭圆相切的圆柱面轴测投影的转向轮廓线及轴孔，如图 5-15（b）所示。

（3）由 2 定出 2_1；由 2_1 确定 1_1、3_1；由 1_1、3_1 定 4_1、5_1。再作平行于轴测轴的诸轮廓线，画出键槽，如图 5-15（c）所示。

（4）检查并加深可见轮廓线，即为该轴套的正等测图，如图 5-15（d）所示。

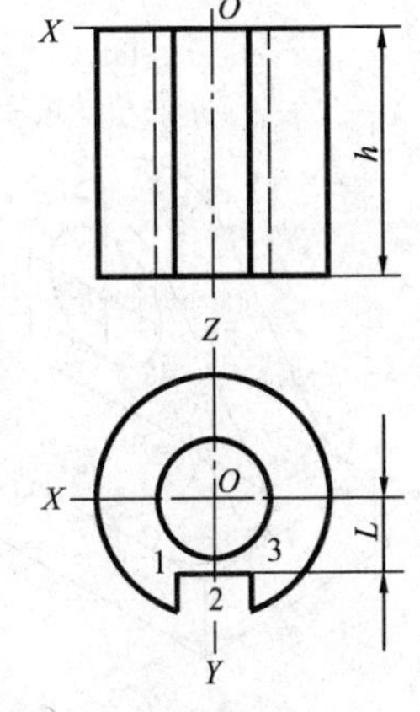

图 5-14　轴套的投影图

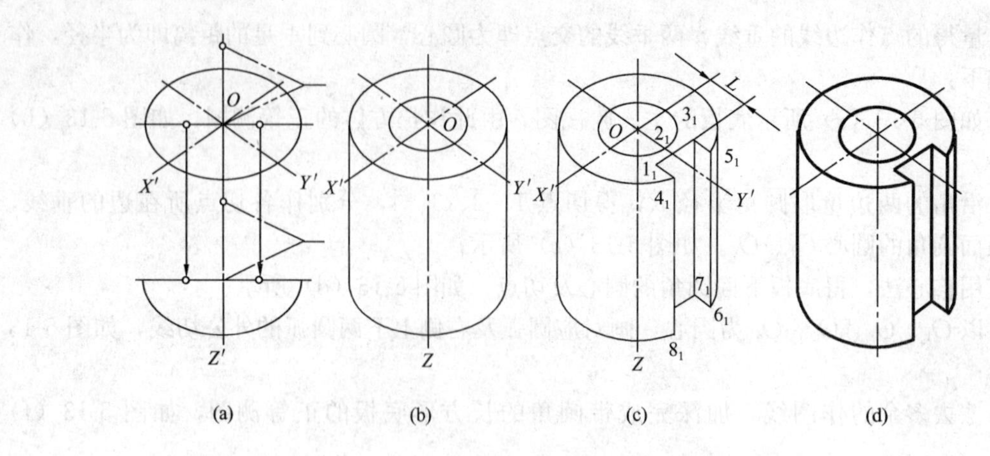

图 5-15 轴套正等测的作图步骤

【例 5-8】 作出投影图如图 5-16（a）所示组合体的正等测图。

解 1. 形体分析，确定坐标轴

如图 5-16（a）所示，组合体由上下两块板组成。上面一块竖板的顶面是圆柱面，两侧壁与圆柱面相切，中间有一圆柱通孔。底板是一带圆角的长方形板，底板的左右两边有圆柱通孔。

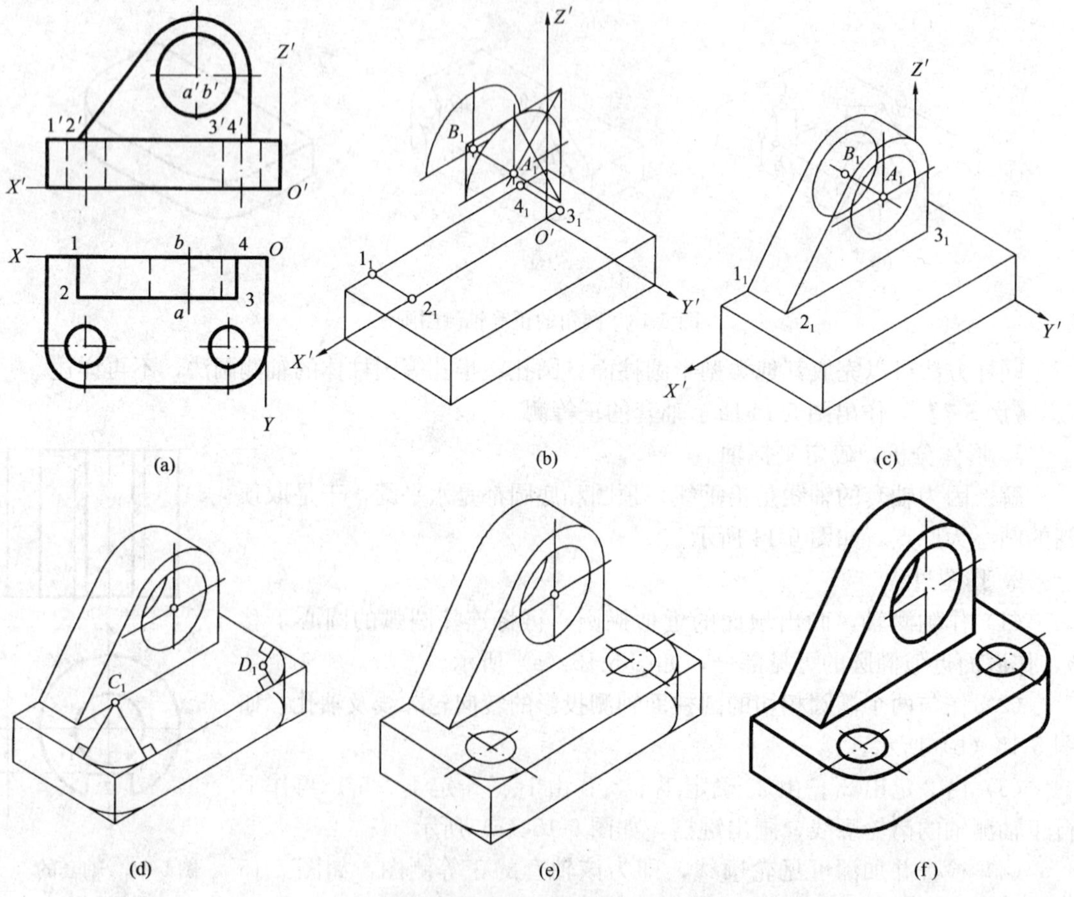

图 5-16 组合体的正等测图作图过程

2. 作图过程

(1) 作轴测轴，取底板底面的右后点为原点，确定如图 5-16 所示的轴测轴。画底板的轮廓；画竖板与底板的交线 $1_1 2_1 3_1 4_1$；确定竖板后孔口的圆心 B_1，由 B_1 确定前孔口的圆心 A_1，画出竖板圆柱面顶部的正等测椭圆，如图 5-16 (b) 所示。

(2) 由 1_1、2_1、3_1、4_1 诸点作椭圆的切线，再作右上方的公切线和竖板上的小圆孔，完成竖板的正等测，如图 5-16 (c) 所示。

(3) 从底板顶面上圆角的切点作切线的垂线，交得圆心 C_1、D_1，再分别在切点间作圆弧，得底板顶面圆角的正等测。同样的方法作底板底面圆角的正等测。然后作右边两圆弧的公切线，如图 5-16 (d) 所示。

(4) 确定底板顶面上两个圆孔的圆心，作出这两个孔的正等测近似椭圆，完成底板的正等测，如图 5-16 (e) 所示。

(5) 擦去作图线，加深，作图结果如图 5-16 (f) 所示。

第四节　斜　轴　测　图

一、正面斜轴测的形成及图示特点

1. 正面斜轴测的形成

当一坐标平面平行 P 时为斜轴测投影，当 P 平行 V 面时，投影为正面斜轴测；当 P 平行 H 面时，投影为水平斜轴测，如图 5-17 所示。

2. 图示特点

如图 5-18 所示，XOZ 面平行 P，投射方向 S 倾斜 P 时，投影称为正面斜轴测。

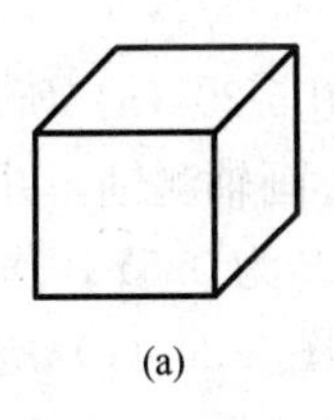

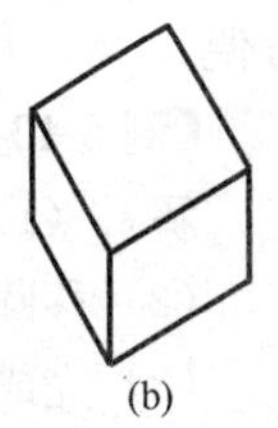

图 5-17　斜轴测图

(a) 正面斜轴测；(b) 水平斜轴测

因 OX、OZ 平行 P，投影为实长，OY 倾斜 P，因 S 方向不同，所以 OY 投影轴向伸缩系数和方向不定，通常采用如图 5-18 (a)、(b)、(c) 所示的投影坐标轴形式。当轴向变形系数 $p=r=1$，$q=0.5$ 时称为正面斜二测；当 $p=r=q=1$ 时，称为正面斜等测，如图 5-18 (d) 所示。

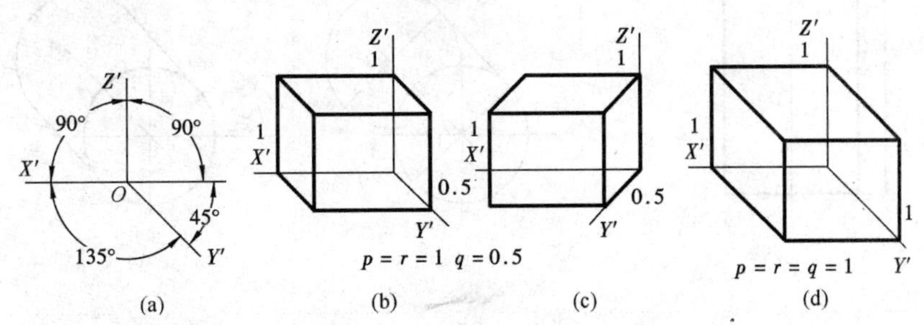

图 5-18　正面斜轴测形成及特点

(a) 斜轴测；(b)、(c) 斜二测；(d) 斜等测

二、斜轴测作图方法

正等测图的作图方法同样适用于斜轴测图。

【例 5-9】 完成图 5-19（a）所示的形体的斜二测图。

解 （1）确定轴测轴如图 5-19（b）所示；

（2）因正面斜轴测反映正面实形，所以画出实形如图 5-19（b）所示；

（3）拉伸法作出 Y 轴方向线，取 $q=0.5$，如图 5-19（c）所示；

（4）完成作图，如图 5-19（d）所示。

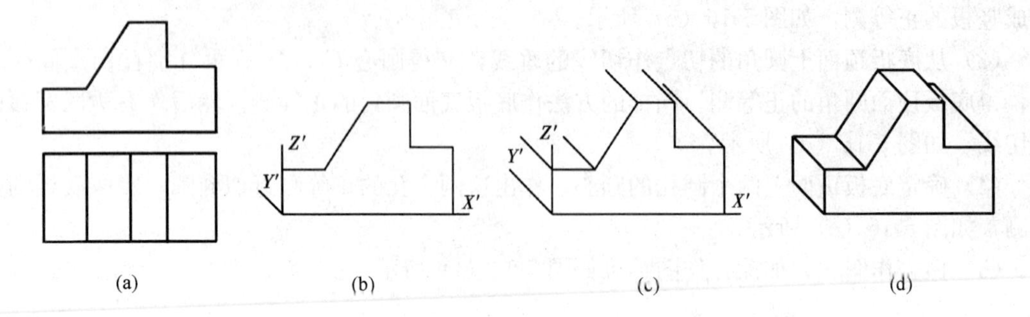

图 5-19 平面立体正面斜轴测图

（a）投影图；（b）画正立面轴测投影；（c）作 Y′轴轴测；（d）完成轴测图

三、曲面形体斜轴测图

因为正面斜轴测反映形体正面实形，所以用来画含有平行于 V 面的圆的曲面体非常方便。

【例 5-10】 求图 5-20（a）所示圆柱的轴测图。

解 （1）过圆心画轴测轴，并作实形图；

（2）移圆心 1 至 2 为 $0.5Y$，作后部圆如图 5-20（b）所示；

（3）完成作图如图 5-20（c）所示。

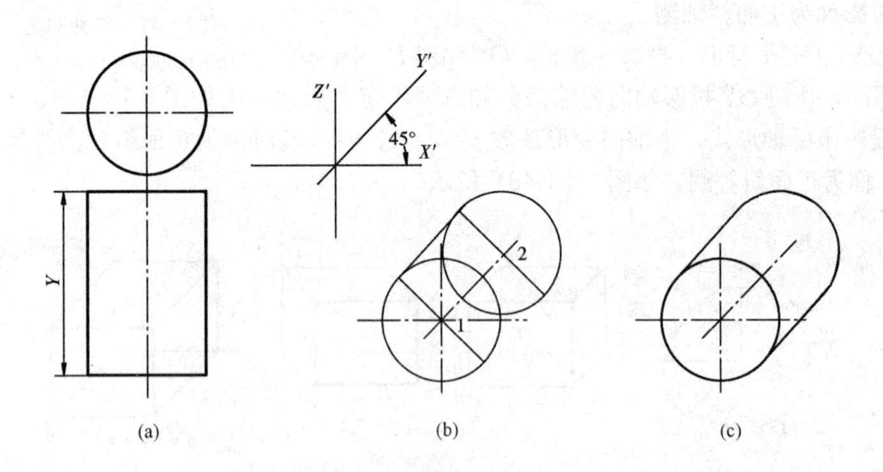

图 5-20 柱面立体正面斜轴测图

【例 5-11】 试采用正面斜二测画出图 5-21（a）所示形体的轴测图。

解 由图 5-21（a）中所示的形体投影图可知，该形体所有的圆和圆弧都平行于正面，故采用正面斜二测较为方便，作图过程如图 5-21（b）、（c）所示。

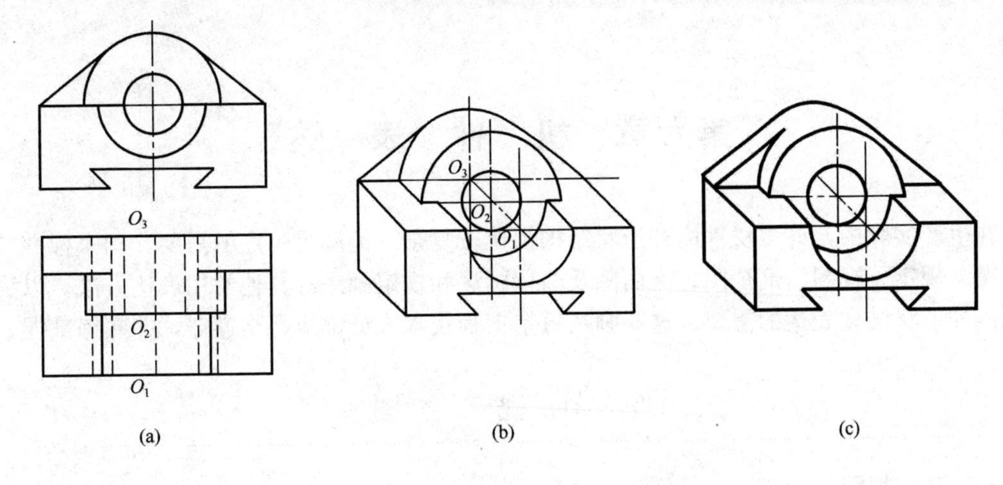

图 5-21　形体的正面斜二测图

第六章　机　件　表　达

在生产实际中，许多机件内外形状结构都比较复杂。为满足生产的需要，国家标准《技术制图》规定了视图、剖视图、剖面图及简化画法和规定画法等其他常用表达方法，以满足零件内外形状结构表达的需要。这些画法每个工程技术人员都应严格遵守，并熟练掌握。

第一节　视　　图

一、基本视图

1. 基本视图的概念

机件向基本投影面投影所得到的视图称为基本视图。

当机件形状和结构比较复杂，用两个或三个视图尚不能完整、清晰地表达时，常需用到更多的视图。根据国家标准规定，可在原有三个投影面的基础上，再增设三个投影面，组成一个六面体，这六个投影面称为基本投影面，如图 6-1（a）所示。机件向基本

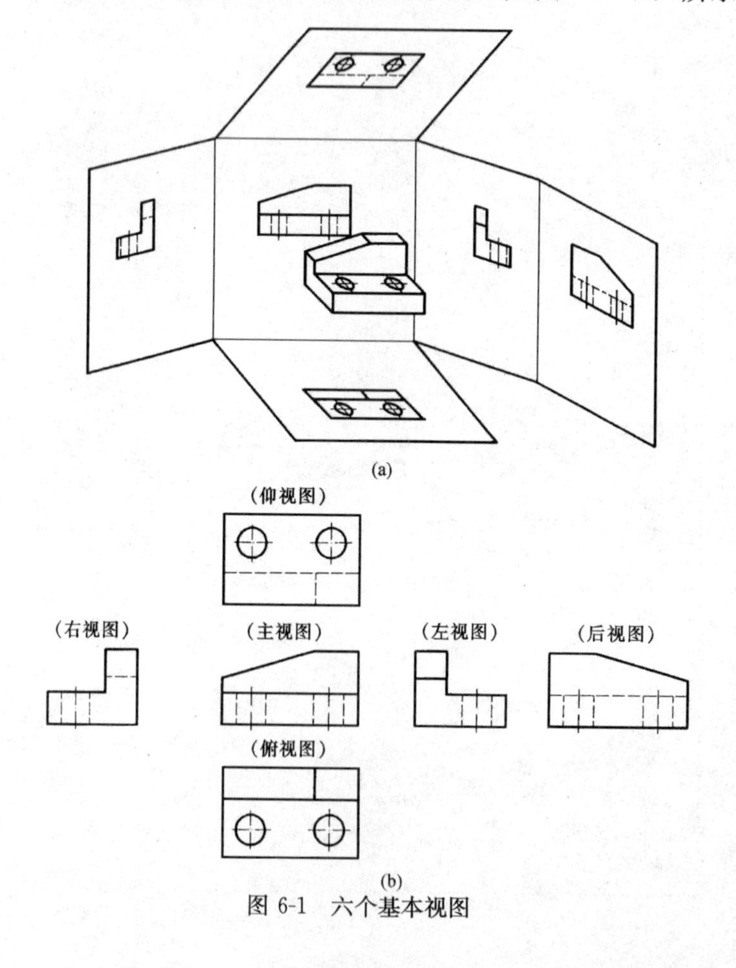

图 6-1　六个基本视图

投影面投影，得到六个基本视图，如图 6-1（b）所示。除前面曾经讲过的三个视图外，还有从右向左投影所得到的右视图，从下向上投影所得到的仰视图，从后向前投影得到的后视图。

2. 基本视图的标注

将图 6-1（a）中的投影面展开，使其与正立投影面在同一个平面，各基本视图的关系，如图 6-1（b）所示。在这六个基本视图中，各视图间保持了长对正，高平齐，宽相等的投影关系。

各视图在同一张图之内且按图 6-1（b）规定的位置配置时，每个视图不需要标注视图名称。

各视图如果不按 6-1（b）配置视图时，如图 6-2 所示，应在视图上方标注视图的名称。在相应的视图附近用箭头指明投影方向，并标注同样的字母。

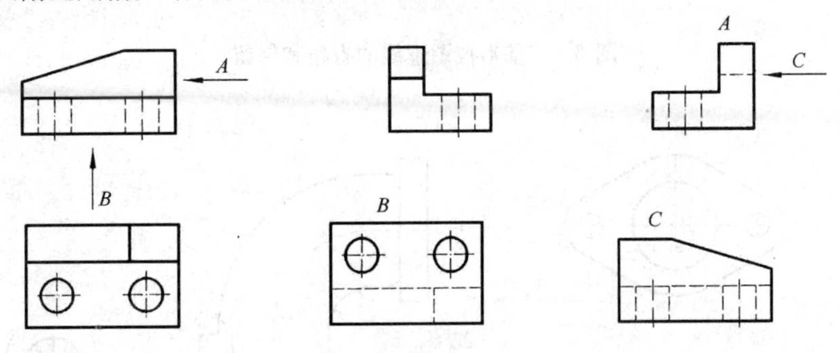

图 6-2 视图不按基本视图配置时的标注

基本视图选用的数量与机件的复杂程度和结构形式有关，而基本视图的选用次序，一般是先选用主视图，其次是左、俯视图，只有在三个视图不能完整、清晰表达机件的形状结构时，再考虑选择其他视图。

二、向视图

将形体对某一基本投影面投射所得到的视图称为向视图。向视图是可自由配置的基本视图。若六个基本视图不按上述位置配置时，也可用向视图自由配置。即在向视图的上方用大写拉丁字母标注，同时在相应视图的附近用箭头指明投射方向，并标注相同的字母。如图 6-2 所示。

图 6-3 所示为阀体零件，如采用主、俯、左视图，因其左右两侧面形状不同，左视图中会出现许多虚线，影响图形的清晰程度。本例通过增加右视图，使左、右视图均省略虚线。为表达阀体内腔结构和各处孔的情况，主视图仍需画出虚线。

三、局部视图

只将机件的某一部分向基本投影面投射，所得的视图称为局部视图。局部视图用于表达在其他视图中没有表达清楚的局部形状，如图 6-4 所示。局部视图可按基本视图的配置形式配置，此时可省略标注。如不按其基本视图配置，则用带字母的箭头指明投射方向，并在局部视图上方用相同字母注明视图的名称，如图 6-4 所示。局部视图的边界线用波浪线表示（图 6-4 中的 A 向视图）。但若表示的局部结构是完整的，且外形轮廓又是封闭的，则波浪线可省略不画，如图 6-4 中的 B 向视图。

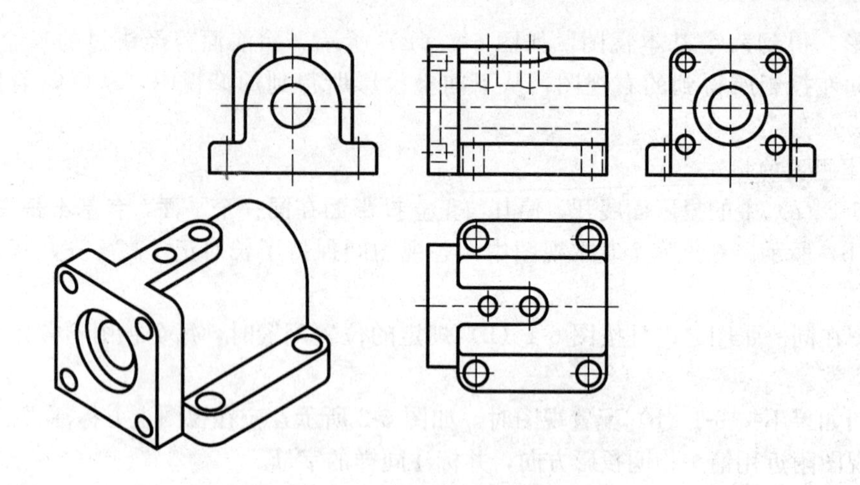

图 6-3 基本视图虚线的省略和保留

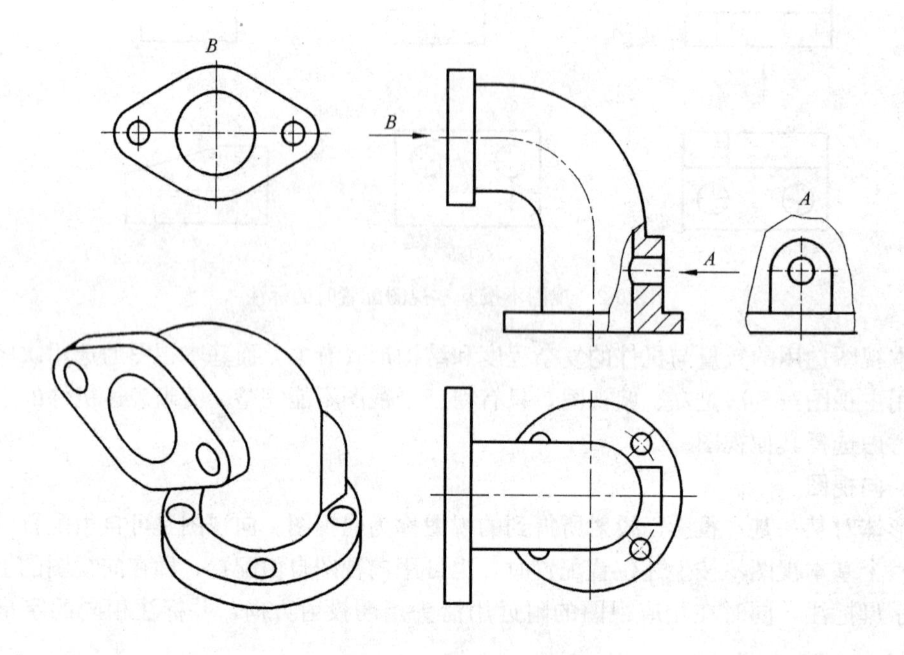

图 6-4 局部视图

四、斜视图

当机件的某部分为倾斜结构时，如图 6-5 中斜板部分，在基本视图上不能反映该部分的真实形状，这时可设立一个与倾斜部分平行的辅助投影面 P，且 P 平面垂直于 V 面，将倾斜部分向此投影面投射，则在辅助投影面上得到反映倾斜部分真实形状的图形称为斜视图，如图 6-5 所示。

画斜视图时，必须用大写字母及箭头指明投射方向，且在斜视图上方用相同字母注明视图的名称，如图 6-5（b）所示。斜视图通常只画出机件倾斜部分的局部形状，其余部分不必画出，可用波浪线表示其断裂边界。斜视图一般按投影关系配置，必要时允许将斜视图旋转配置，表示该视图名称的字母应靠近旋转符号的箭头端，如图 6-5（c）所示。

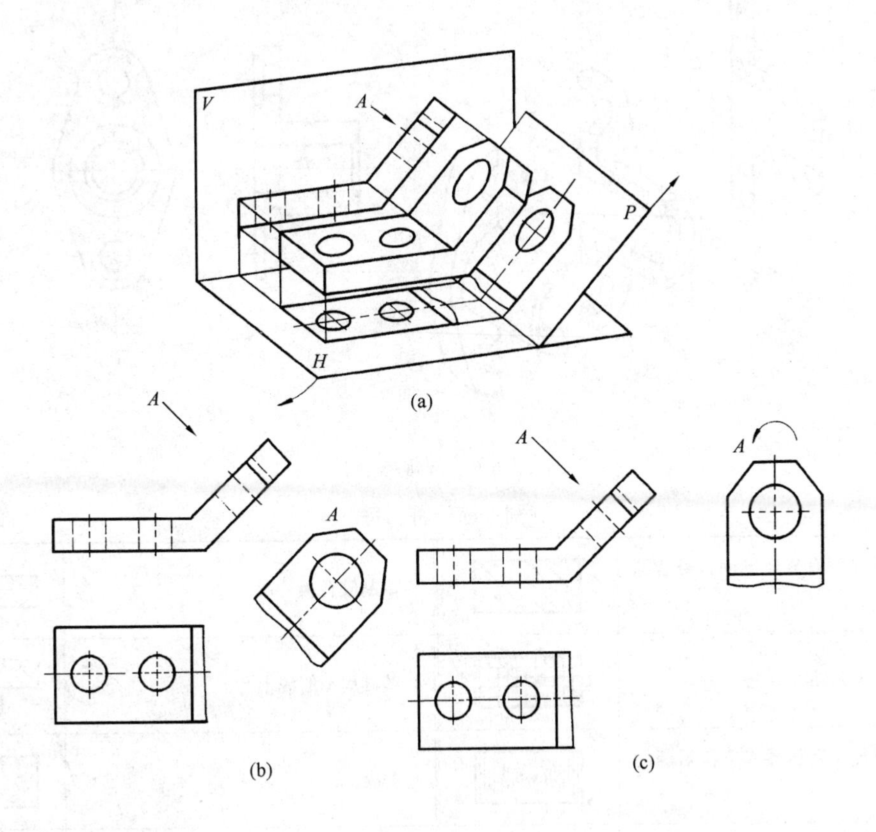

图 6-5　斜视图

第二节　剖　视　图

一、剖视图的概念和画法

当机件的内部结构复杂时，视图中虚线过多，既影响图形的清晰，又不便于标注尺寸。剖视图即假想用剖切面（平面或柱面）剖开机件，移去观察者和剖切面之间的部分，将其余部分向投影面投射，所得图形称为剖视图，简称剖视。

现以图 6-6 压盖剖视图为例，说明画剖视图的步骤：

(1) 确定剖切面的位置。选取平行于正面的对称面为剖切面。

(2) 画剖视图。如图 6-6（a）所示，将剖开的压盖移去前半部分，并将剖切面截切压盖所得断面以及压盖的后半部分向 V 面投射，画出如图 6-6（b）所示的剖视图。

(3) 画剖面符号。如图 6-6（b）所示，在剖切面截切压盖所得的断面上画剖面符号。假想剖切面与机件接触的部分，称为剖面。国标（GB4457.5—1984）中规定，在剖面图形上要画出剖面符号，不同的材料采用不同的剖面符号，各种材料的剖面符号见表 6-1。

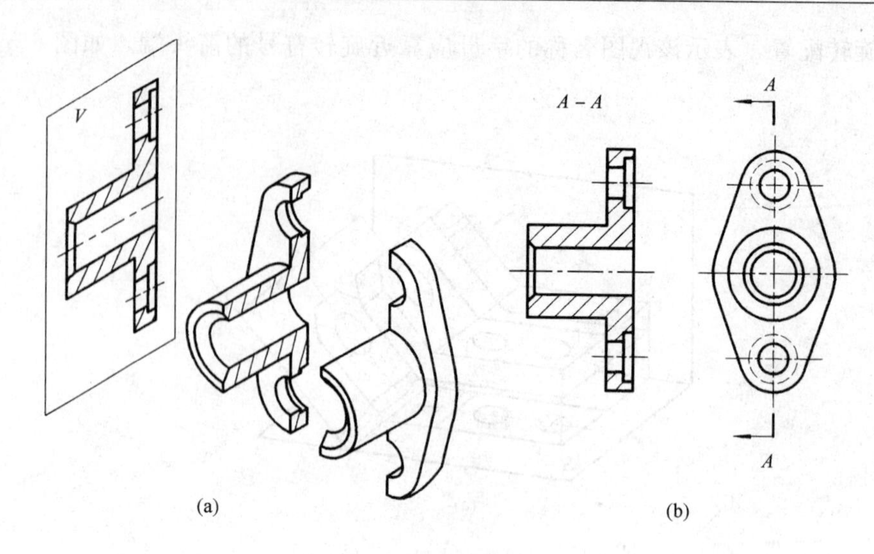

图 6-6 剖视概念

表 6-1 剖 面 符 号

材料	剖面符号	材料	剖面符号
金属材料（已有规定剖面符号者除外）		木制胶合板	
线圈、绕组元件		基础周围的泥土	
转子、电枢、变压器和电抗器等的迭钢片		混凝土	
非金属材料（已有规定剖面符号者除外）		钢筋混凝土	
型砂，填沙，粉末冶金，砂轮，陶瓷刀片，硬质合金刀片等		砖	
玻璃及供观察用的其他透明材料		格网（筛网，过滤网等）	
木材 纵剖面		液体	
木材 横剖面			

其中规定金属材料的剖面符号是与水平方向成45°且间隔均匀的细实线，左右倾斜均可，但同一金属零件在不同的视图中，剖面线的方向和间隔必须一致。当图形中的主要轮廓线与水平方向成45°时，该图形的剖面线应画成与水平方向成30°或60°的平行线，倾斜的方向仍与其他图形的剖面线一致。

（4）画剖切符号、投影方向，并标注字母和剖视图的名称。在剖视图的上方用字母标出剖视图的名称“×-×”，在相应的视图上用剖切符号（线宽为1d～1.5d的断开粗实线，尽可能不与图形的轮廓线相交）表示剖切位置。在剖切位置的起讫处用箭头画出投影方向，并标出同样的字母×，如图 6-6（b）所示。当剖视图按投影关系配置，中间又没有其他图形隔开时，可省略箭头；当单一剖切平面通过机件的对称面，且剖视图按投影关系配置，中间又没有其他图形隔开时，可省略标注［图 6-6（b）可省略标注］。

（5）剖视图是假想剖开机件后画出的，其他视图仍应完整地画出。

（6）在剖切面后面的可见部分需全部画出，不可见部分一般不应画出。

二、剖视图分类

根据剖切面剖开机件的方式不同，剖视图分为全剖视图、半剖视图、局部剖视图、斜剖视图、旋转剖视图和阶梯剖视图。

1. 全剖视图

用剖切面完全地剖开机件后得到的剖视图，称为全剖视图。

全剖视图用于表达内部结构复杂，外形相对简单的机件。

图 6-7（a）是泵盖的立体图，从图中可看出它的外形比较简单，内部结构比较复杂，前后对称，上下左右都不对称。假想用一个剖切平面沿泵盖的前后对称面将它完全剖开，移去前半部分，向正立投影面作投影，画出的剖视图就是泵盖的全剖视图，如图 6-7（b）所示。

由于剖切平面与泵盖的对称平面重合，且视图按投影关系配置，中间又没有其他图形隔开，因此，在图 6-7（b）中可以省略标注。

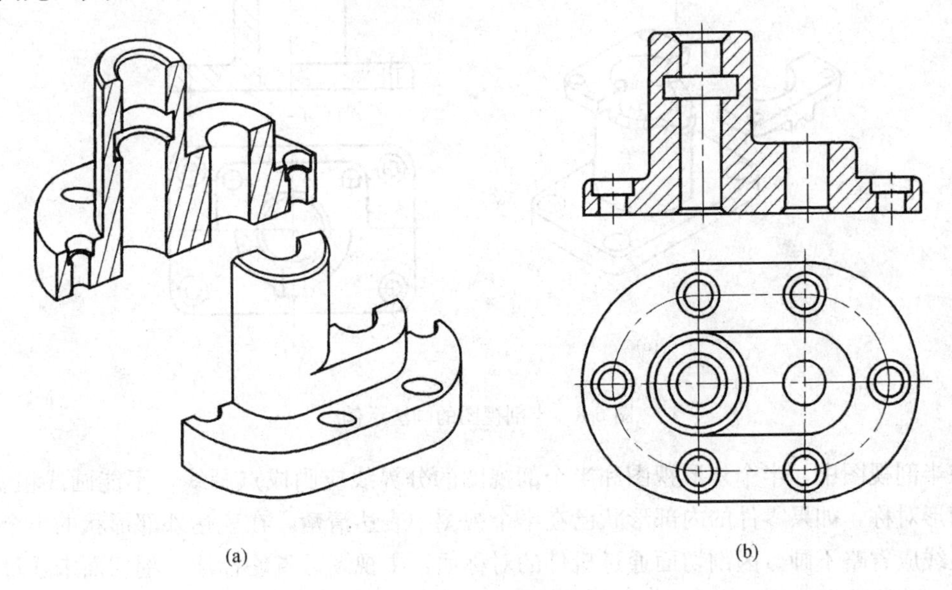

图 6-7 全剖视图

2. 半剖视图

当机件具有对称面时，在垂直于对称平面的投影面上所得到的图形，可以以对称中心线为界，一半画成剖视，另一半画成视图，这种剖视图称为半剖视图。半剖视图适用于内、外结构形状都复杂，而图形又对称的机件。图 6-8（a）是支架的两视图，从图 6-8（a）中可知，该零件的内、外形状都比较复杂，但前后和左右都对称。为了清楚地表达这个支架，可用图 6-8（b）、（c）所示的剖切方法，将主视图和俯视图都画成半剖视图［图 6-8（d）］。从图 6-8（d）中可见，如果主视图采用全剖视图，则顶板下的凸台就不能表达出来；如果俯视图采用全剖视图，则长方形顶板及其四个小孔也不能表达出来。

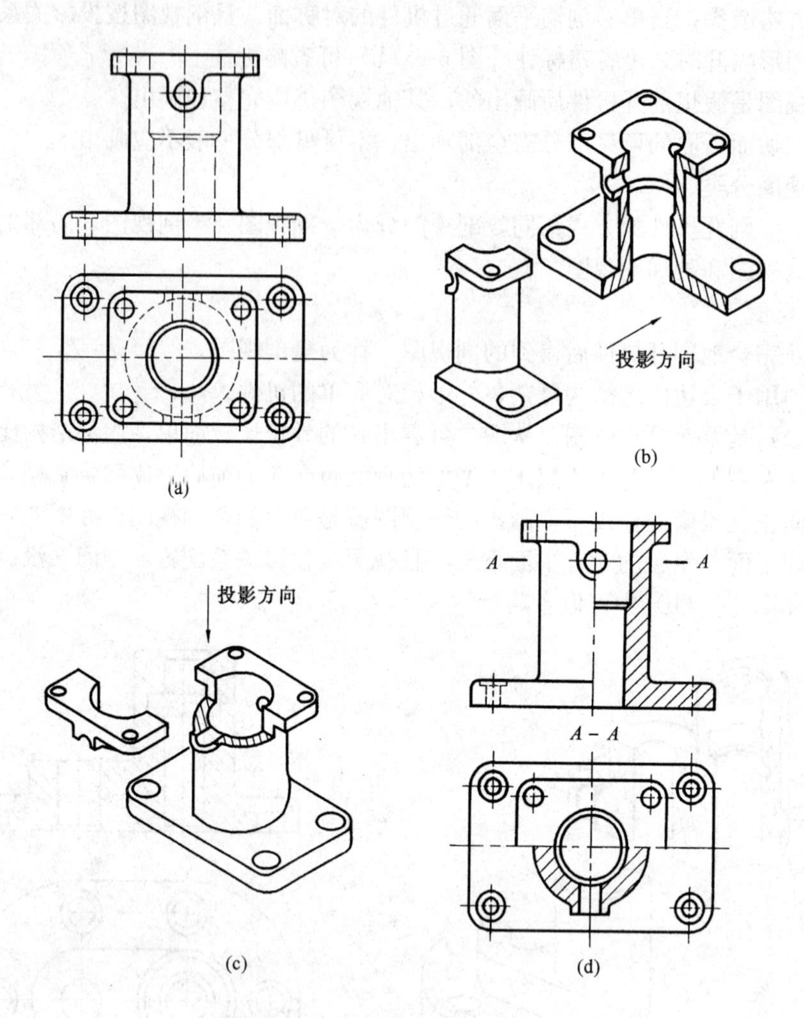

图 6-8 半剖视图的画法示例

在半剖视图中，半个外形视图和半个剖视图的分界线应画成点画线，不能画成粗实线。由于图形对称，如果零件的内部形状已在半个视图中表达清楚，在表达外部形状的半个视图中，虚线应省略不画。因剖切面通过机件的对称面，主视图可省略标注。剖切面未通过主要对称面，俯视图需要标注。

当机件的形状接近于对称，且不对称部分已另有图形表达清楚时，也可以画成半剖视。如图 6-9 所示带轮，由于带轮的上下不对称的局部只是在轴孔的键槽处，而轴孔的键槽已由 A 向局部视图表达清楚，所以也可将主视图画成半剖视图。

3. 局部剖视图

用剖切平面局部地剖开机件画出的视图，称为局部剖视图。局部剖视图用于表达内、外部结构形状都复杂，且机件在投影面上的投影不对称的机件。即在剖视图中既不宜采用全剖视图，也不宜采用半剖视图时，可采用局部剖视图表达。

图 6-10 为一箱体零件。根据对箱体零件的形体分析可以看出：顶部有一个矩形孔，底

部是一块具有四个安装孔的底板，左下面有一个圆柱孔。从箱体零件所表达的两个视图可以看出：上下、左右、前后都不对称，且外形较复杂，它的两视图既不宜用全剖视图表达，也不能用半剖视图表达。为了使箱体的内部和外部都能表示清楚，以局部剖视图来表达这个箱体零件为宜。如图 6-10 所示为箱体的局部剖视图。

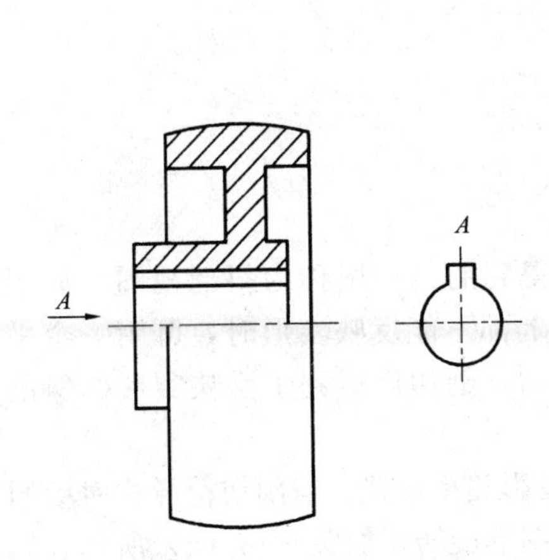

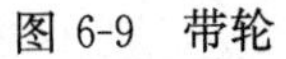
图 6-9　带轮

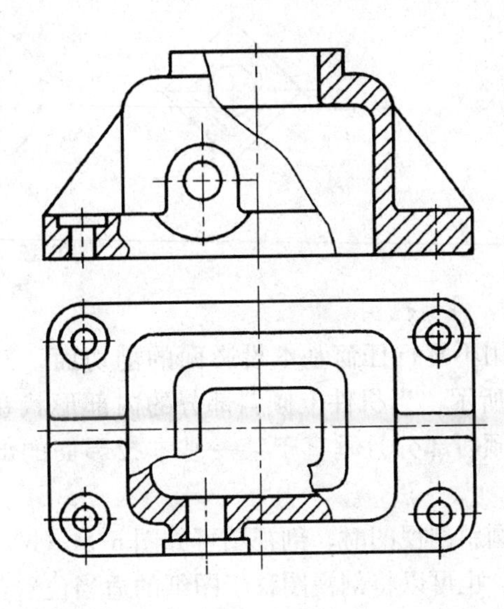

图 6-10　局部剖视图

当单一剖切平面的剖切位置明显时，可以省略局部剖视图的标注，如图 6-10 所示。

视图部分和剖视图部分用波浪线分界。波浪线可看作机件断裂面的投影，画波浪线不应超出机件的轮廓线，应画在机件的实体上，不可画在机件的中空处；波浪线不应与图样上其他图线重合，也不要画在其他图线的延长线上，如图 6-11 所示。

当被剖切结构为回转体时，允许将该结构的中心线作为局部剖视图与视图的分界线，如图 6-12 主视图中右边的局部剖视图。

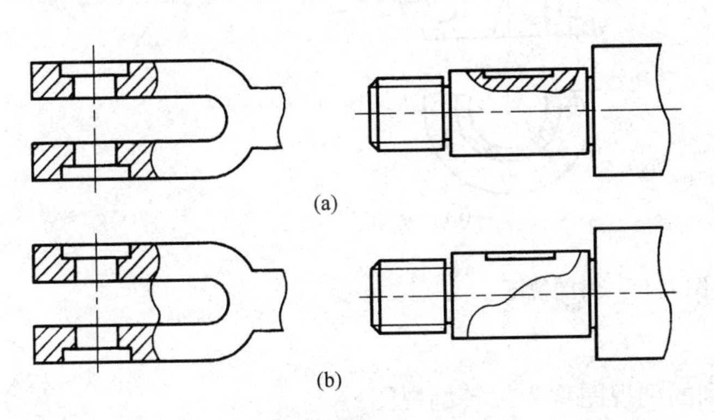

图 6-11　局部剖视图中波浪线的画法
(a) 正确；(b) 错误

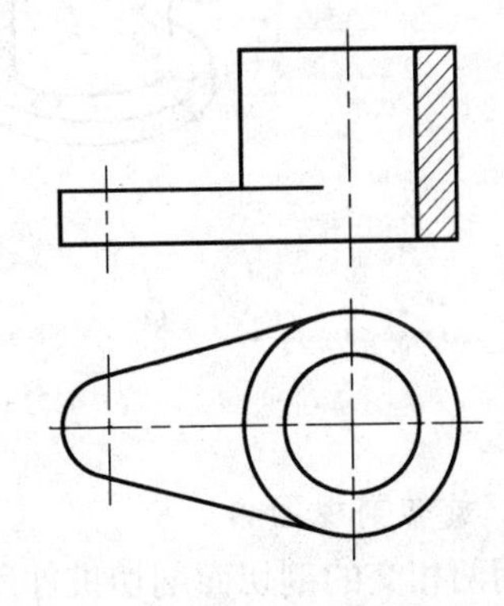

图 6-12　允许中心线作为局部剖视图分界线的情况

当机件上的轮廓线与对称中心线重合不宜画成半剖视图时，可采用局部剖视图表达，如图 6-13 所示。

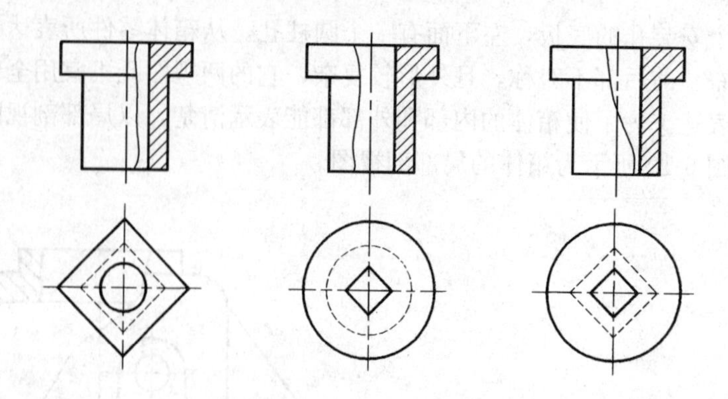

图 6-13 局部剖视图

4. 斜剖视图

用不平行任何基本投影面的剖切面，剖开机件所得到的剖视图称为斜剖视图，如图 6-14 所示，当机件上倾斜部分的内部形状在基本视图上都不能反映实形时，可用一个平行于倾斜部分且垂直于某一基本投影面的剖切平面剖切，剖切后得到了反映实形的斜剖视图。

画斜剖视图时，剖视图可如图 6-14（b）所示，按投影关系配置在与剖切符号相对应的位置，也可以将剖视图移于图纸的适当位置，还允许将图形旋转。如图 6-14（b）所示，斜剖视图需要标注。

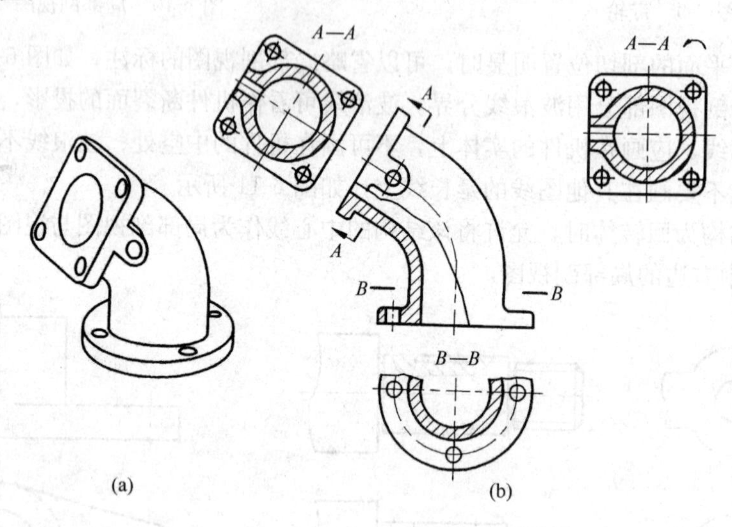

图 6-14 斜剖视图

5. 旋转剖视图

用两相交的剖切面剖切机件所得到的剖视图称为旋转剖视图。

当机件内部结构不在同一剖切平面内，但具有公共回转轴线时，适合采用旋转剖视图。

如图 6-15（a）所示。为了将泵盖的内部结构和各种孔的形状都表达清楚，采用了交线垂直于正面的两个剖切面剖开泵盖，将被倾斜剖切面剖开的结构及有关部分旋转到与基本投影面平行，然后再进行投影，便得到图中的“$A—A$”旋转全剖视图。

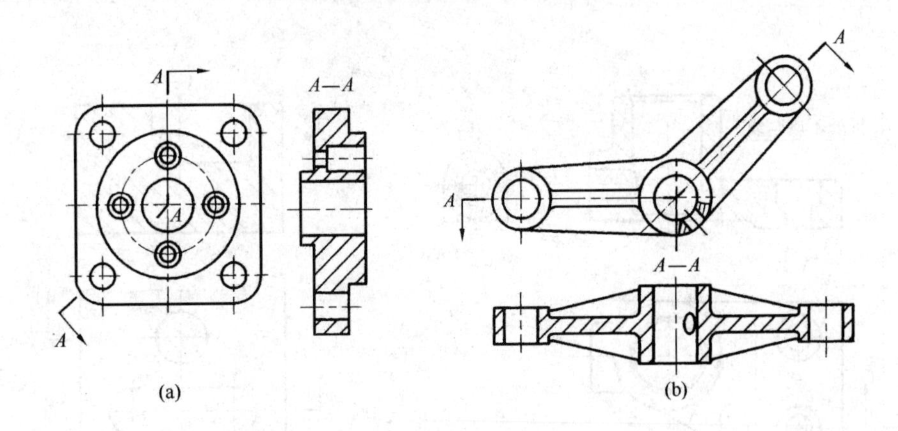

图 6-15 旋转剖视图

(a) 泵盖；(b) 摇杆

将剖切面剖开的结构旋转后进行投影，剖切面后的其他结构，一般仍按原来的位置投影，例如在图 6-15（b）中的油孔，就是仍按原来位置投影画出的。

画旋转剖时，应如图 6-15（a）所示，画出剖切符号，在剖切符号的起讫和转折处标注字母×，在剖切符号两端画表示剖切后的投影方向的箭头，并在剖视图上方用字母注明剖视图的名称×—×；但当转折处位置有限又不致引起误解时，也可如图 6-15（b）所示，允许省略标注转折处的字母。

6. 阶梯剖视图

用几个平行的剖切平面剖开机件所画出的剖视图，称为阶梯剖视图。

如图 6-16 所示，机件上有几个直径不等的孔，其轴线不在同一平面，所以要把这些孔的内部结构形状都表达出来，需要用两个相互平行的剖切面来剖切。

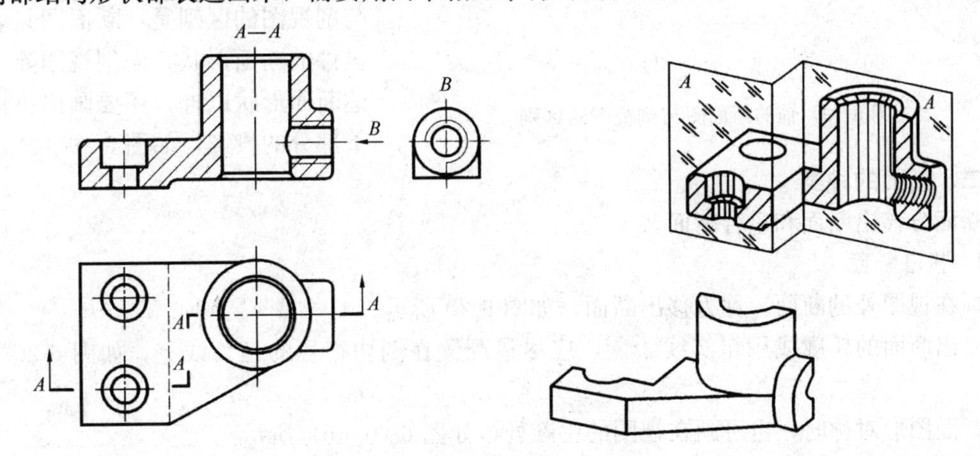

图 6-16 阶梯剖视图

用阶梯剖画出的剖视图，不应画出两个剖切面转折处的界线，如图 6-17 所示。同时剖切平面转折处也不应与图中的轮廓线重合，且在图形内不应出现不完整的要素，仅当两个要素在图形上具有公共对称中心线或轴线时，才允许以对称中心线或轴线为界线各画一半，如图 6-18 所示。

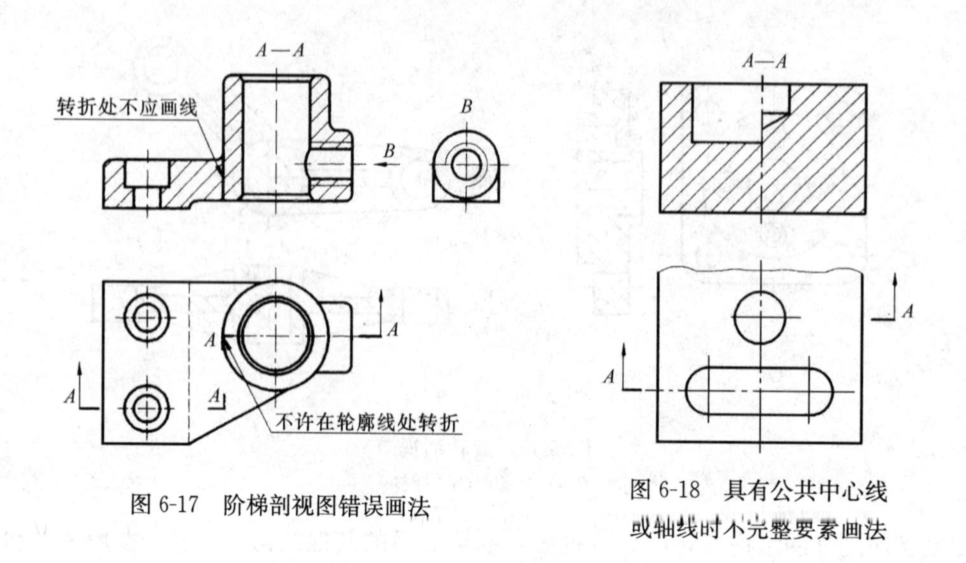

图 6-17 阶梯剖视图错误画法

图 6-18 具有公共中心线或轴线时不完整要素画法

第三节 断 面 图

一、基本概念

假想用剖切面将机件的某处切断，仅画出断面的图形，这个图形称为断面图。

如图 6-19（a）、（b）所示，假想在键槽处用一个垂直于轴的剖切面将轴切断，画出它的断面图，并在断面图上画出剖面符号。断面图与剖视图的区别是：断面图只表示机件的断面形状，而剖视图除了表达断面形状以外，还要画出机件留下部分的投影，如图 6-19（c）。

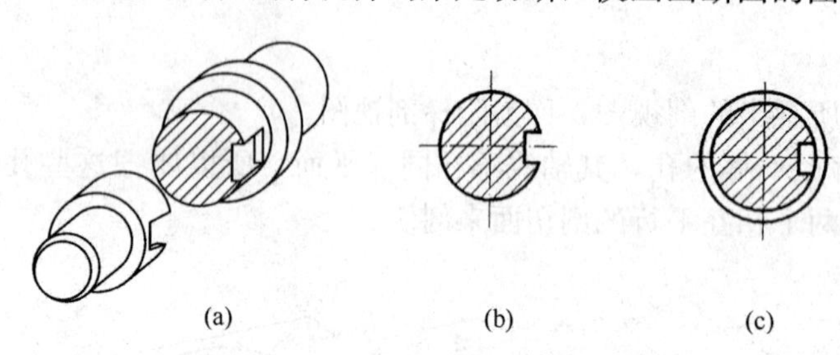

图 6-19 轴的断面图与剖视图的区别

二、断面的种类

断面分移出断面和重合断面。

1. 移出断面

画在视图外的断面，称为移出断面，如图 6-20 所示。

移出断面的轮廓线用粗实线绘制，应尽量配置在剖切符号的延长线上，如图 6-20（a）所示。

断面图形对称时，也可画在视图的中断处，如图 6-20（b）所示。

必要时可将移出断面配置在其他适当位置，如图 6-20（c）、（d）、（e）所示。在不引起误解时，允许将图形旋转，其标注形式见图 6-20（f）。

如图 6-20（g）所示，由两个或多个相交剖切面剖切得出的移出断面，中间应断开。

如图 6-20（e）所示，当剖切平面通过回转面形成的孔或凹坑的轴线时，则这些结构应按剖视绘制。

如图 6-20（f）所示，当剖切平面通过非圆孔，会导致出现完全分开的两个断面时，则

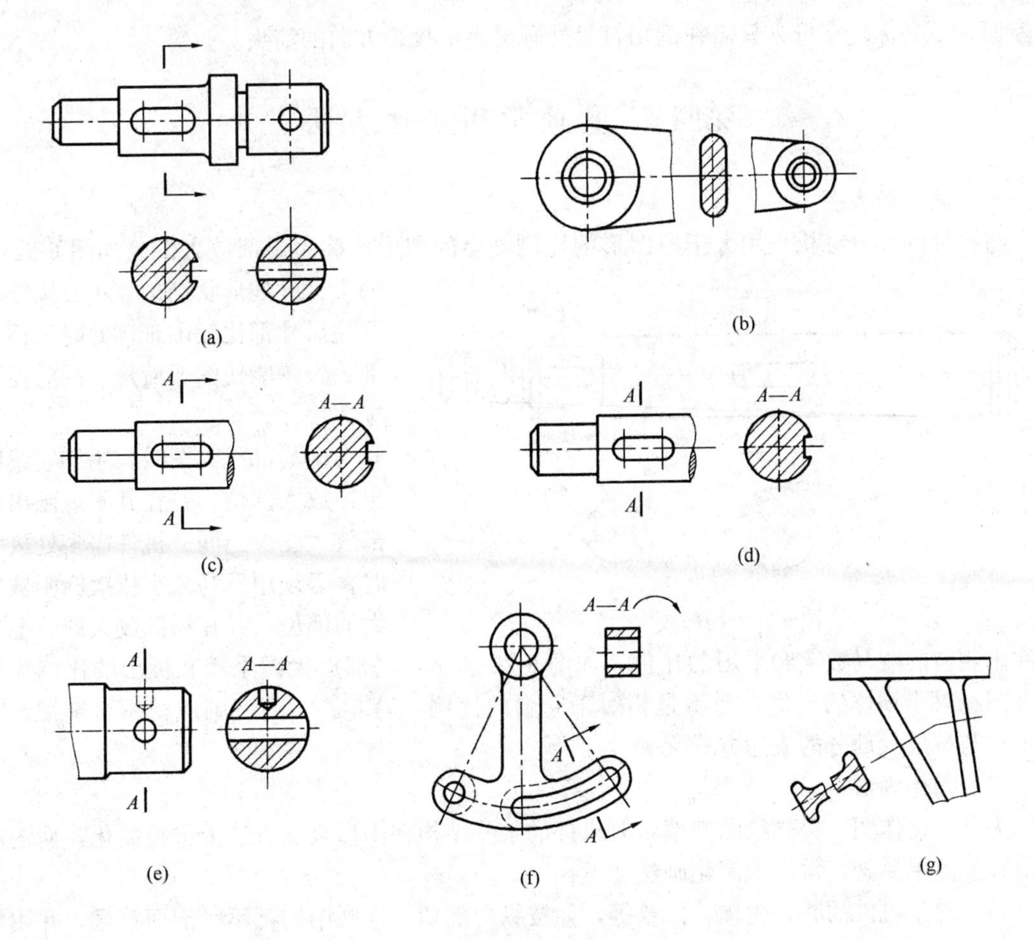

图 6-20 移出断面

这些结构应按剖视绘制。

如图 6-20（c）、（f）所示，移出断面一般应标注，标注方法与剖视图基本一致，用剖切符号表示剖切位置。用箭头表示投影方向，并注上字母，在断面图上方用同样的字母标出相应的名称“×—×”。如图 6-20（a）所示，配置在剖切符号延长线上的不对称移出断面，可省略字母。如图 6-20（d）、（e）所示，不配置在剖切符号延长线上的对称移出断面，以及按投影关系配置的不对称移出断面，可省略箭头。如图 6-20（a）、（b）、（g）所示，配置在剖切符号延长线上的对称移出断面和配置在视图中断处的移出断面，都不必标出。

2. 重合断面

画在视图内的断面称为重合断面，重合断面的轮廓线用细实线绘制。当视图中的轮廓线与重合断面图形重叠时，视图中的轮廓线仍应连续画出，不可间断。如图 6-21（a）、（b）。对称的重合断面，不必标注；不对称的重

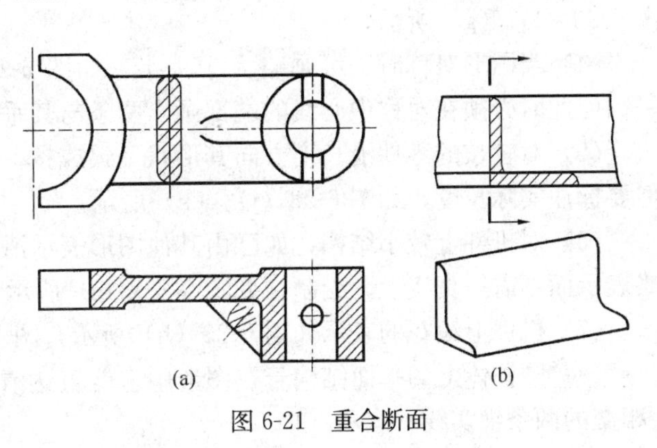

图 6-21 重合断面

合断面，不必标注字母，只需在剖切符号处画出表示投影方向的箭头。

第四节 其他常用表达方法

一、局部放大图

将机件的部分结构，用大于原图形的比例画出的图形，称为局部放大图。如图 6-22 中的Ⅰ、Ⅱ处形状结构较小，读图与标注尺寸都比较困难，此时采用局部放大图能使图形清楚，同时便于标注尺寸。

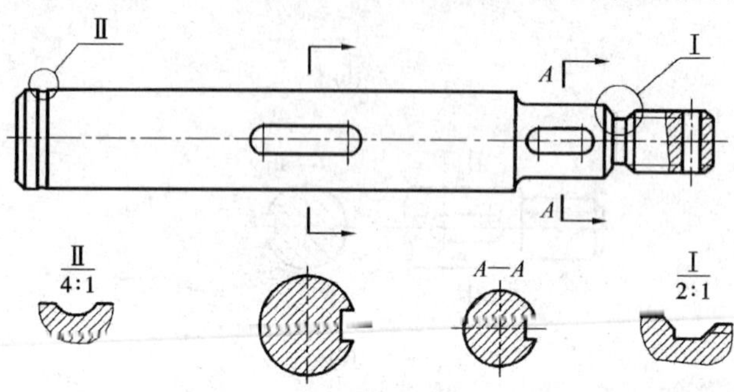

图 6-22 局部放大

画局部放大图时，用细实线圈出被放大部位，并在其附近画出局部放大图。当同一机件需多处放大时，必须用罗马数字依次标明被放大的部位，并在局部放大图的上方标注出相应的罗马数字和采用的比例，如图 6-22 所示。局部放大图采用和标出的比例应为放大图相对于物体的比例，而不是相对于原图的比例。局部放大图可画成视图、剖视、断面，它与被放大部分的表达方式无关。

二、简化画法

为了简化作图、提高绘图效率，对机件的某些结构在图形表达方法上进行简化，使图形既清晰又简单易画，常用的简化画法如下：

（1）对于机件的肋、轮辐、薄壁等，如按纵向剖切，这些结构都不画剖面符号，并用粗实线将它与其相邻接部分分开，如图 6-23（a）中的左视图上肋板的画法。如果按横向剖切，则这些结构仍应画出剖面符号，如图 6-23（a）中俯视图上肋板的画法。同理，图 6-23（b）所示轮辐按 B—B 取旋转剖时，轮辐同样不画剖面符号。

（2）当机件具有均匀分布的肋、轮辐、孔等结构不处于剖切平面时，其剖视图应按图 6-23（b）、（c）、（d）画出，允许将这些结构旋转到平行于某投影面作图。

（3）当机件具有若干相同结构（孔、齿、槽等），并按一定规律分布时，只需画出几个完整结构，其余用细实线连接或画出中心线表明位置，但在图中必须注明该结构的总数，如图 6-23（f）、（g）所示。

（4）当图形对称时，可画略大于一半，如图 6-23（d）所示；也可只画一半或四分之一，但此时必须在对称中心线的端部画出两条与其垂直的平行细实线，如图 6-23（e）所示。

（5）对较长的零件沿长度方向其形状一致或按一定规律变化时，可以断开后缩短表示，但要标注实际长度，如图 6-23（j）、（k）所示。

（6）对机件上较小结构，如已由其他图形表示清楚，且不影响读图时，可采用简化或省略表示而不需按真实投影绘制，如图 6-23（m）所示。

（7）机件上滚花的表示如图 6-23（h）所示，图上注明其具体要求。

（8）圆柱体上的平面结构若在图形中未能表达清楚，可按图 6-23（n）所示用平面符号（相交的两条细实线）表示。

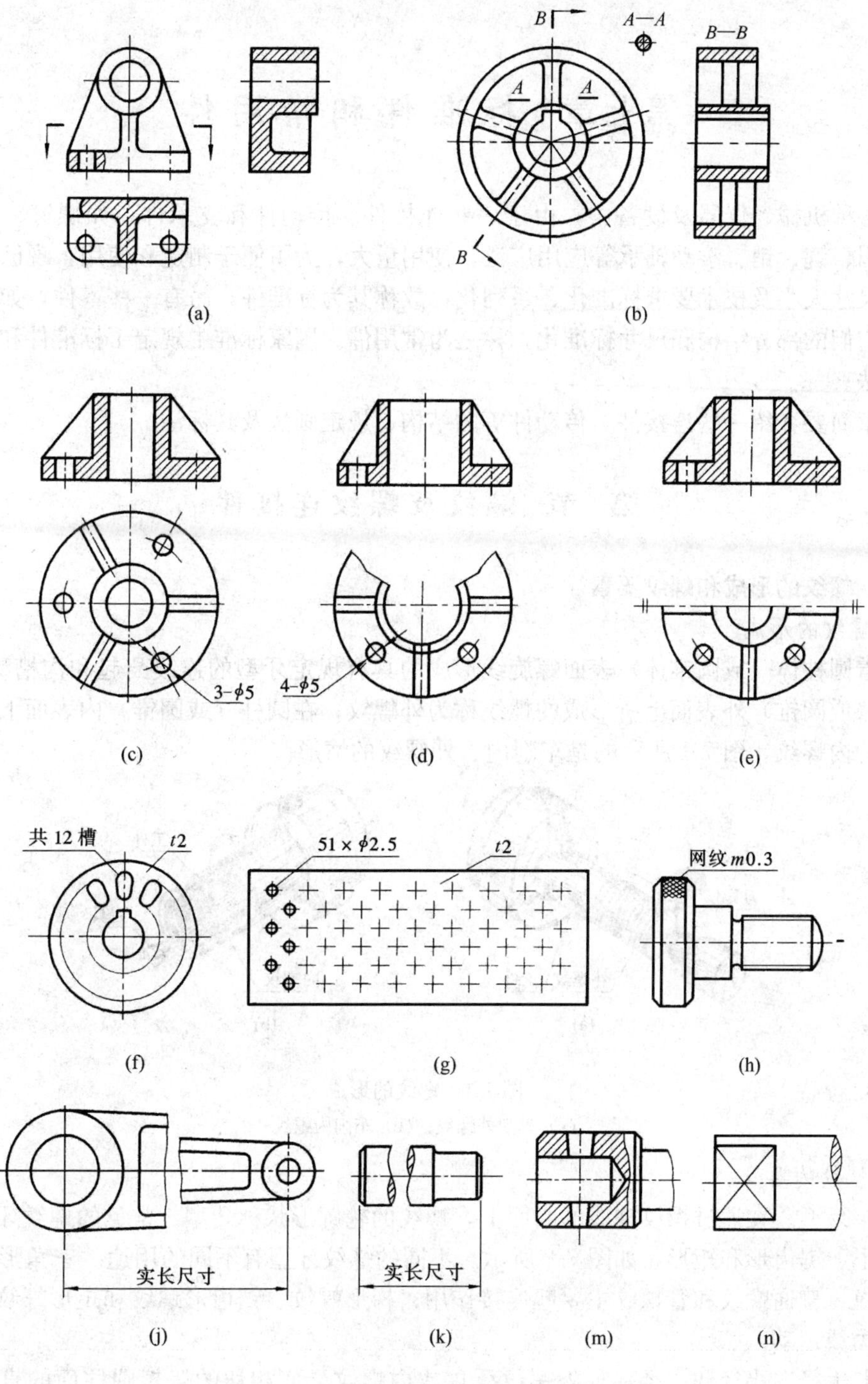

(a)
B
A—A
B—B
A
A
B
(b)
3-ϕ5
4-ϕ5
(c)
(d)
(e)
共 12 槽
t2
51 × ϕ2.5
t2
网纹 m0.3
(f)
(g)
(h)
实长尺寸
实长尺寸
(j)
(k)
(m)
(n)

图 6-23　简化画法

第七章　标准件和常用件

在各种机械、仪器及设备中，由于一些连接件、传动件和支承件，如螺钉、螺栓、螺母、垫圈、键、销、滚动轴承等应用广泛，使用量大，为了便于制造和使用，现已将其结构形式、尺寸大小及技术要求标准化、系列化，故称其为标准件；另有一些零件，如齿轮、弹簧等，它们的部分结构和尺寸标准化，称之为常用件。国家标准中规定了标准件和常用件的简化画法。

本章简要介绍一些连接件、传动件等的结构、规定画法及其标注。

第一节　螺纹及螺纹连接件

一、螺纹的形成和螺纹要素

1. 螺纹的形成

沿着圆柱体（或圆锥体）表面螺旋线形成的具有规定牙型的连续凸起和沟槽称为螺纹；在圆柱（或圆锥）外表面上所形成的螺纹称为外螺纹；在圆柱（或圆锥）内表面上所形成的螺纹称为内螺纹，图 7-1 所示的是车削内、外螺纹的情形。

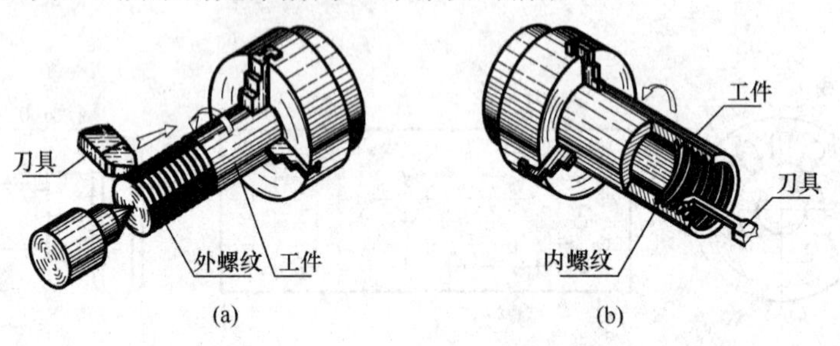

图 7-1　螺纹的形成

(a) 车削外螺纹；(b) 车削内螺纹

2. 螺纹的要素

(1) 牙型。在通过螺纹轴线的断面上，螺纹的轮廓形状称牙型。常见的螺纹牙型有三角形、梯形、锯齿形和矩形，如图 7-2 所示。不同的螺纹牙型有不同的用途。三角形螺纹又称普通螺纹，普通螺纹和管螺纹主要起连接作用；梯形螺纹、锯齿形螺纹和矩形螺纹主要用来传递动力或运动。

(2) 大径、小径和中径。与外螺纹牙顶或内螺纹牙底相切的假想圆柱面的直径称为大径，也称为公称直径，内外螺纹的大径分别以 D 和 d 表示；与外螺纹牙底或内螺纹牙顶相切的假想圆柱的直径称小径，内外螺纹的小径分别以 D_1 和 d_1 表示；中径为一假想圆柱的直径，该圆柱的母线通过牙型上沟槽和凸起宽度相等的地方，内外螺纹的中径分别用 D_2 和 d_2 表示，如图 7-3 所示。

(3) 线数（俗称头数）n。在同一回转面上加工螺纹的数量称为线数，用 n 表示。螺纹

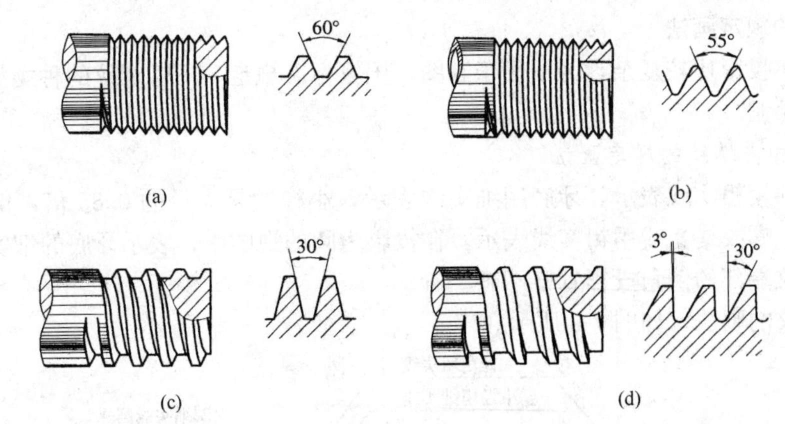

图 7-2 常用标准螺纹牙型
(a) 三角形螺纹；(b) 管螺纹；(c) 梯形螺纹；(d) 锯齿形螺纹

有单线和多线之分。沿一条螺旋线所形成的螺纹称为单线螺纹；沿两条或两条以上，在轴向等距分布的螺旋线所形成的螺纹称为双线或多线螺纹，如图 7-4 所示。

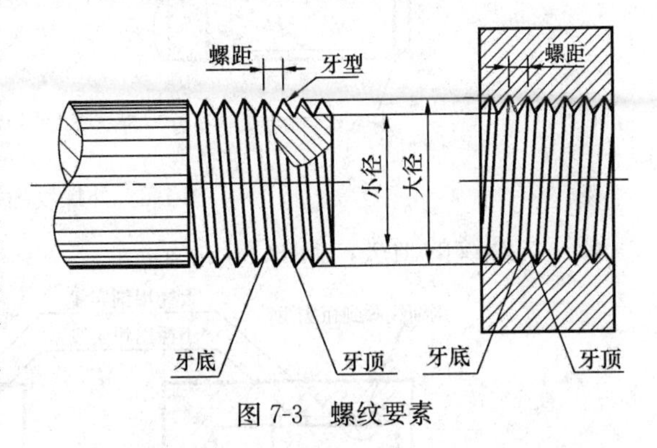

图 7-3 螺纹要素

(4) 螺距(P)、导程(L)。相邻两牙在中径线上对应两点间的轴向距离称为螺距，以 P 表示；在同一条螺旋线上相邻两牙在中径线上对应两点间的轴向距离，称为导程，以 L 表示。

螺距、导程和线数三者之间的关系为：$L=nP$，如图 7-4 所示。

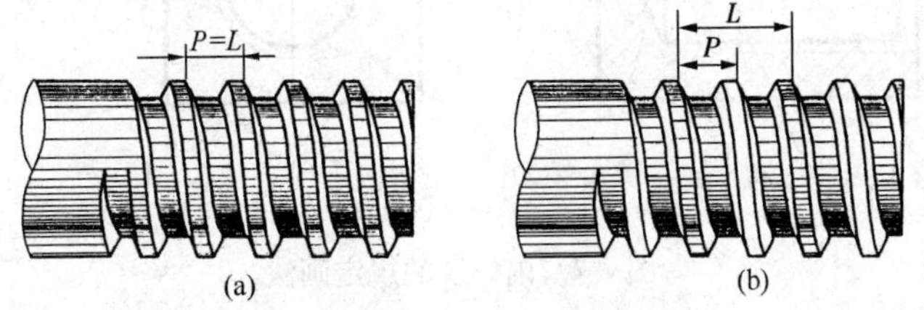

图 7-4 螺纹的线数、导程与螺距
(a) 单线螺纹；(b) 双线螺纹

(5) 旋向。螺纹的旋向分右旋和左旋，顺时针旋转时旋入的螺纹称为右旋螺纹；逆时针旋转时旋入的螺纹称为左旋螺纹，判断方法如图 7-5 所示。

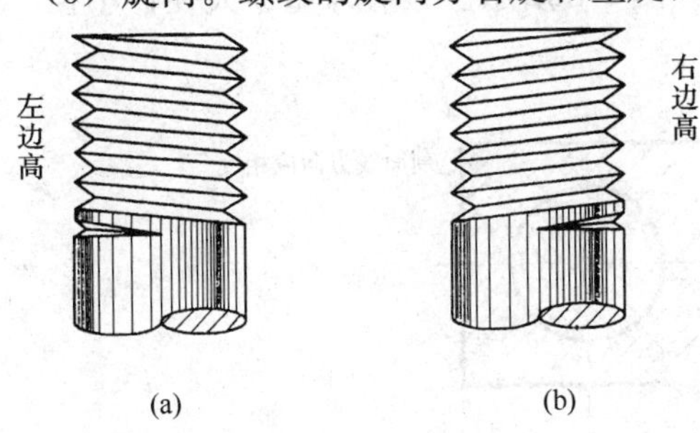

图 7-5 螺纹的旋向
(a) 左旋螺纹；(b) 右旋螺纹

常用的螺纹是右旋螺纹。在螺纹的要素中，牙型、大径和螺距是决定螺纹的最基本的要素，通常称为螺纹三要素。凡是这三项符合国家标准的称为标准螺纹；螺纹牙型符合标准，而大径或螺距不符合标准的称为特殊螺纹；若螺纹牙型也不符合标准的则称为非标准螺纹。

二、螺纹的规定画法

螺纹的真实投影比较复杂，为了便于制图，国家标准规定，不管螺纹的种类如何，螺纹均按规定画法绘制。

1. 外螺纹和内螺纹的规定画法

螺纹的牙顶用粗实线表示，牙底用细实线表示，小径约是大径的 0.85 倍，倒角或倒圆部分均应画出，螺纹终止线用粗实线表示。在投影为圆的视图中，表示牙底的细实线圆只画约 3/4 圈，螺纹端部的倒角投影省略不画。

（1）外螺纹的画法，如图 7-6 所示。

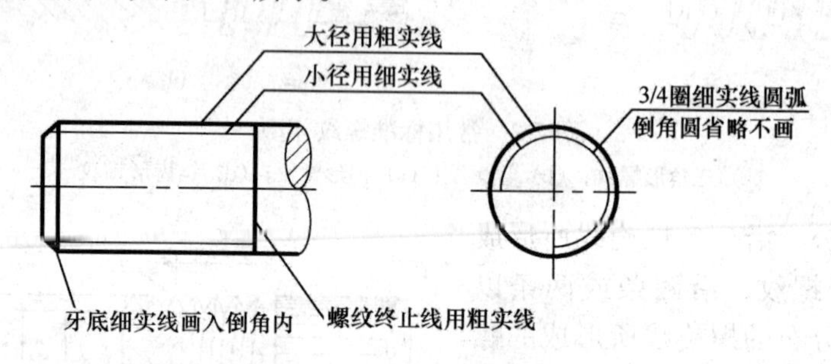

图 7-6　外螺纹的规定画法

（2）内螺纹的画法，如图 7-7 所示。

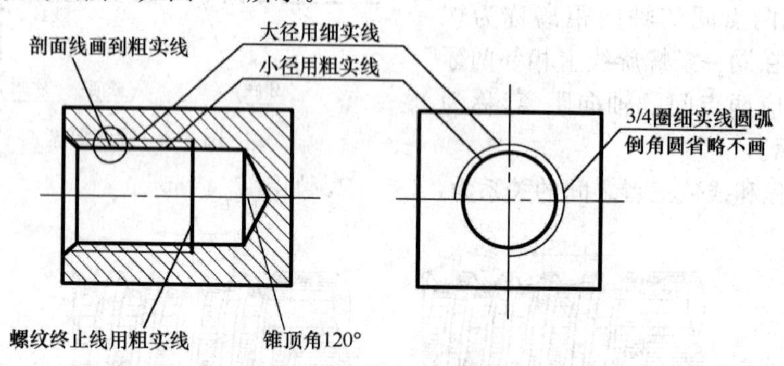

图 7-7　内螺纹的规定画法

2. 螺纹连接的规定画法

内外螺纹旋合在一起，称为螺纹连接。以剖视图表示内外螺纹连接时，旋合部分按外螺纹的画法绘制，其余部分仍按各自的画法表示，如图 7-8 所示。只有牙型、大径、小径、螺

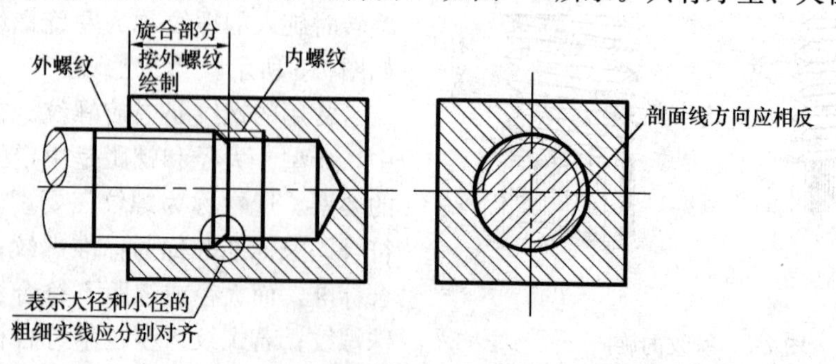

图 7-8　螺纹连接的画法（剖切旋合部分）

距及旋向都相同的螺纹才能旋合，所以绘图时应注意大、小径的粗细实线要分别对齐。

三、螺纹的规定标注

螺纹按其规定的画法画出后，图上并未表明牙型、公称直径、螺距、线数、旋向等要素，因此需要在图上注出标准螺纹的相应代号以区别不同类型和规格的螺纹。

1. 普通螺纹、梯形螺纹的标注

普通螺纹、梯形螺纹标注的顺序和格式是：

特征代号 公称直径（大径）×螺距或导程（螺距）旋向－公差带代号－旋合长度代号

2. 管螺纹的标注

管螺纹标注的顺序和格式是：

特征代号 公称直径－中径公差带等级－旋向

常用标准螺纹的规定标注及说明见表 7-1。

四、常用螺纹紧固件的规定画法和标注

常用的螺纹紧固件有：螺栓、双头螺柱、螺钉、螺母和垫圈等。由于这类零件都已标准化了，为了作图方便，常将螺纹紧固件部分尺寸，按其与螺纹大径（d）所成的比例近似画出。

表 7-1 常用标准螺纹的规定标注

螺纹种类	标注内容和方式	图例	说明
粗牙普通螺纹（单线）	粗牙普通螺纹标注方式 M10–5g6g–s 旋合长度代号 中径、顶径公差带代号 公称直径 特征代号 M10LH–7H–L 旋合长度代号 顶径公差带代号 旋向：左旋 公称直径 特征代号	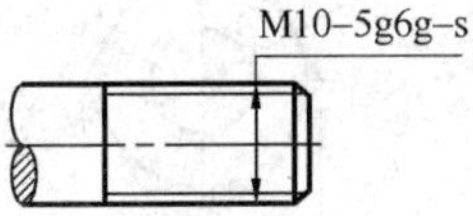 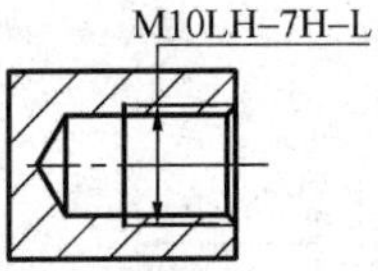 M10–5g6g–s M10LH–7H–L	（1）特征代号见下表： 普通螺纹 M 非密封管螺纹 G 梯形螺纹 Tr 锯齿形螺纹 B （2）公称直径为螺纹的大径。 （3）普通螺纹的螺距有粗牙和细牙之分，粗牙螺纹不标螺距，细牙螺纹必须标螺距，对单线螺纹标螺距，对多线螺纹标导程（螺距）。 （4）右旋螺纹的旋向不标，左旋螺纹标“LH”。 （5）螺纹公差带代号表示尺寸的允许变化范围，由公差等级数字和基本偏差代号组成。中径和顶径公差带代号相同时，只标注一个代号，有关公差带的概念见本书第八章。
细牙普通螺纹（单线）	细牙普通螺纹标注示例： M10×1.5－5g6g	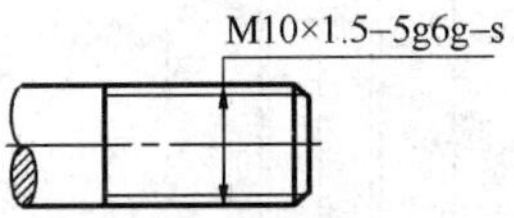 M10×1.5–5g6g–s	
非螺纹密封的管螺纹（单线）	管螺纹标注 （1）非螺纹密封的内管螺纹示例：G1/2 （2）非螺纹密封的外管螺纹示例： 公差等级为 A 级 G1/2A 公差等级为 B 级 G1/2B	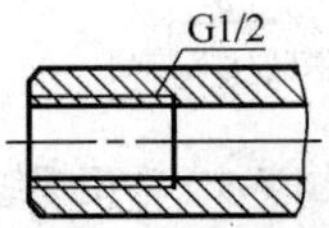 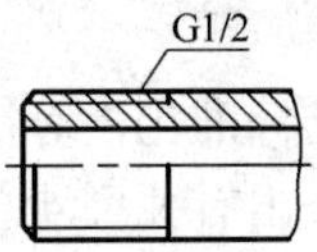 G1/2 G1/2	

续表

螺纹种类	标注内容和方式	图例	说明
梯形螺纹 （单线或 多线）	梯形螺纹标注 （1）单线梯形螺纹标注示例： Tr40×7−7e 公差带代号 螺距 公称直径 特征代号 （2）多线梯形螺纹标注示例： Tr40×14(P7)LH−7c 公差带代号 左旋 螺距 导程 公称直径 特征代号	Tr40×7−7e Tr40×14(P7)LH−7c	（6）旋合长度有短（S）、中（N）、长（L）三种情况，中等旋合长度可省略。 （7）管螺纹一律从大径处引线标注。 （8）G右边数字为尺寸代号，指管子的孔径，是近似尺寸，并且以英寸为单位，根据附表1-3查数值

1. 螺纹紧固件的画法

图7-9列出了常用螺纹紧固件的画法。

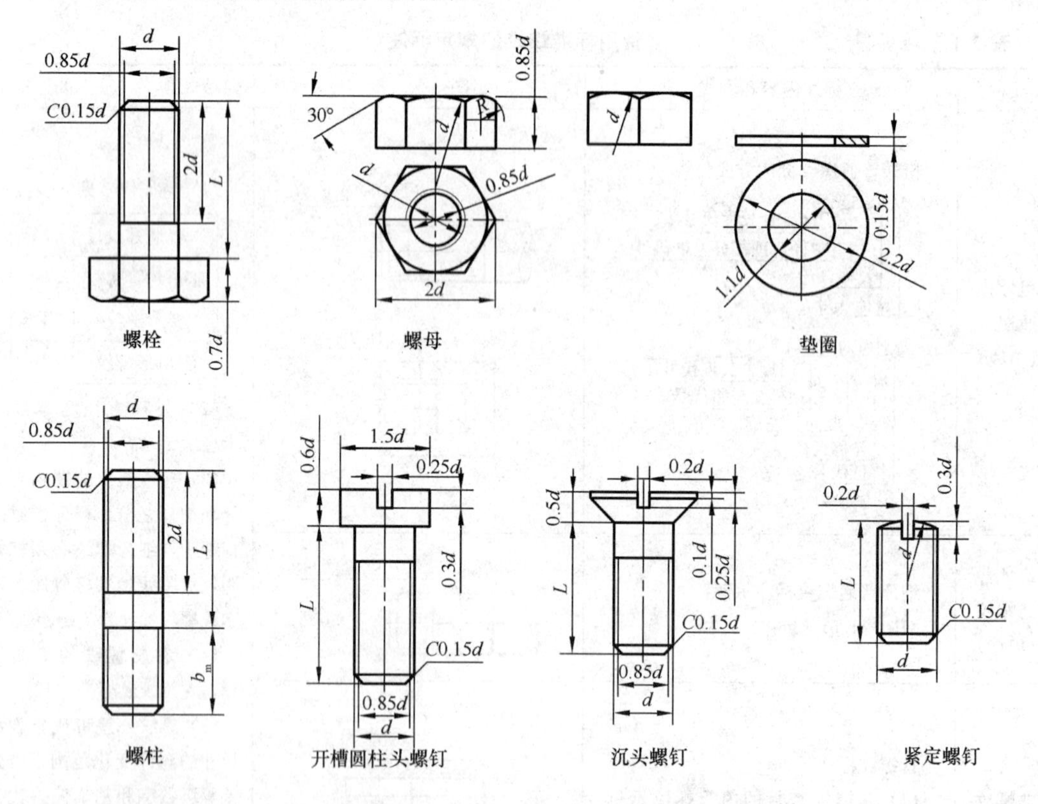

图7-9　常用螺纹紧固件的比例画法

2. 螺纹紧固件的标记

螺纹紧固件的结构、尺寸已标准化，对符合标准的螺纹紧固件，不需画零件图，根据规定标记可在相应的国家标准中查出有关尺寸。《紧固件标记方法》（GB/T 1237—2000）规定了螺纹紧固件的标记方法，常用的螺纹紧固件规定标记见表7-2。

表 7-2 常用螺纹紧固件的画法

名称	规定标记示例	名称	规定标记示例
螺栓 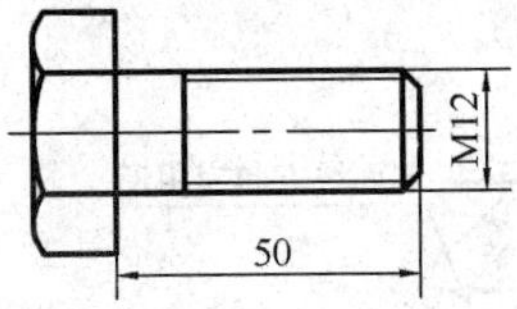 M12 50	螺栓 GB/T 5782—2000 M12×50	紧定螺钉 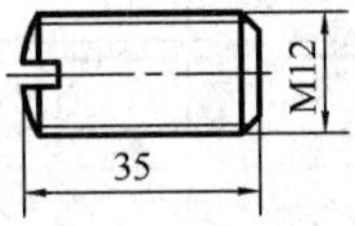 M12 35	螺钉 GB/T 73—1985 M12×35
双头螺柱 A 型 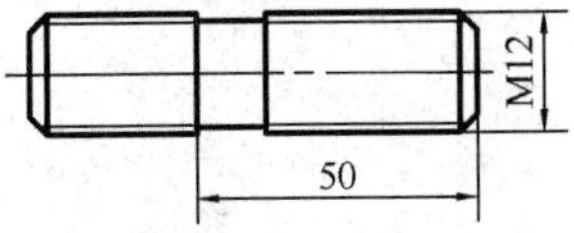 M12 50	螺柱 GB/T 897—1998 AM12×50	螺母 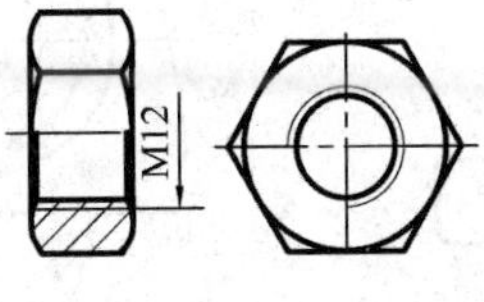 M12	螺母 GB/T 6170—2000 M12
开槽圆柱头螺钉 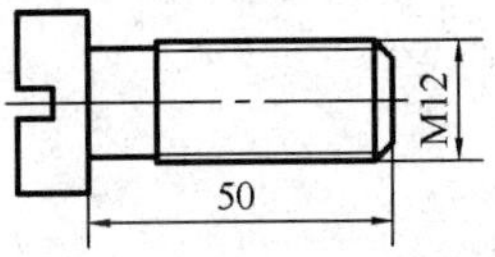 M12 50	螺钉 GB/T 65—1985 M12×50		
沉头螺钉 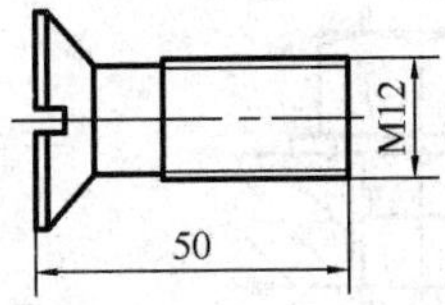 M12 50	螺钉 GB/T 68—2000 M12×50	垫圈 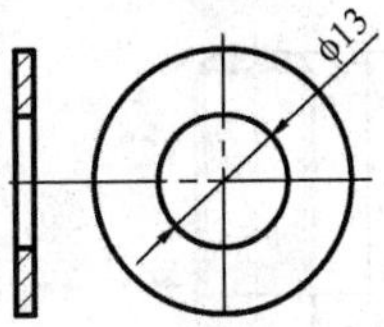 φ13	垫圈 GB/T 97.1—2002 12

3. 螺纹紧固件的连接画法

(1) 基本规定。在螺纹紧固件的连接画法中，应遵守一些基本规定：两零件的接触表面画一条线，不接触表面画两条线；相邻两零件的剖面线方向应相反，或方向相同而间隔不等。同一零件在各视图上的剖面线方向和间隔必须一致；若剖切面通过紧固件的轴线剖切时，按不剖绘制，仍画外形。

(2) 螺栓连接画法。螺栓连接由螺栓、垫圈、螺母组成，常用于连接两个不太厚的零件，被连接件上钻有略大于螺杆直径的通孔（1.1 倍）。图 7-10 是螺栓连接图。

螺栓长度（l）≈被连接零件的总厚度（$\delta_1+\delta_2$）＋垫圈厚度（h）＋螺母厚度（m）＋螺栓伸出螺母的长度（0.3～0.4）d

(3)螺柱连接画法。螺柱连接常用在被连接的两个零件中有一个较厚或不允许钻成通孔而不便用螺栓连接或因拆卸频繁不宜用螺钉等场合。

双头螺柱的比例画法如图 7-11 所示。

(4)螺钉连接画法。螺钉连接常用在受力不太大且不经常拆卸的地方，它不需用螺母，而是将螺钉直接拧入螺孔。图 7-12 所示为沉头螺钉和紧定螺钉的比例画法。

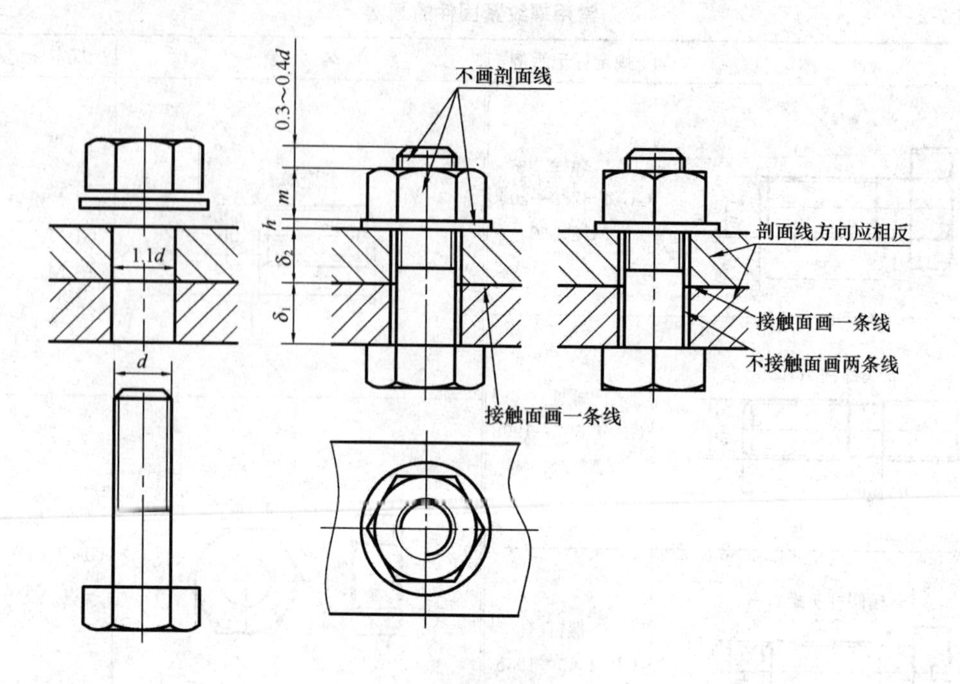

图 7-10　螺栓连接画法

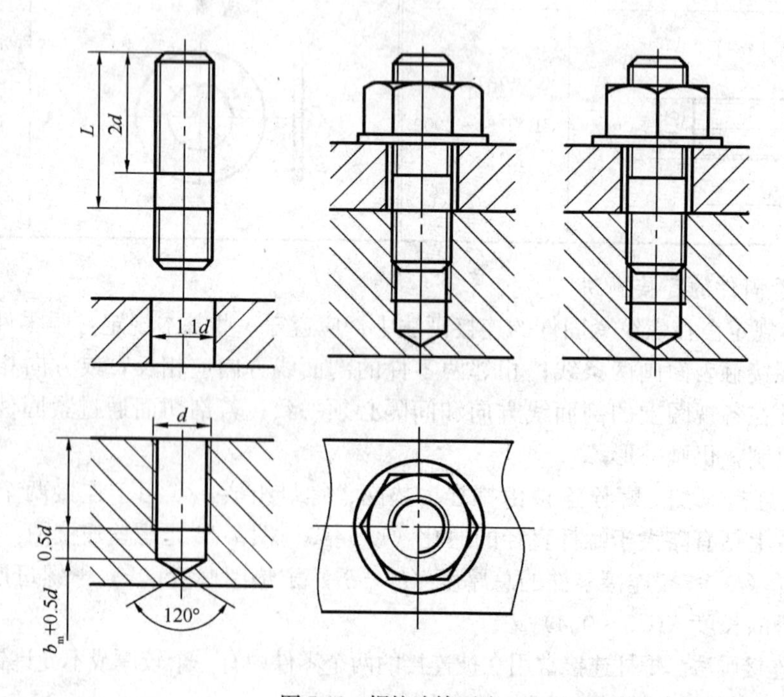

图 7-11　螺柱连接画法

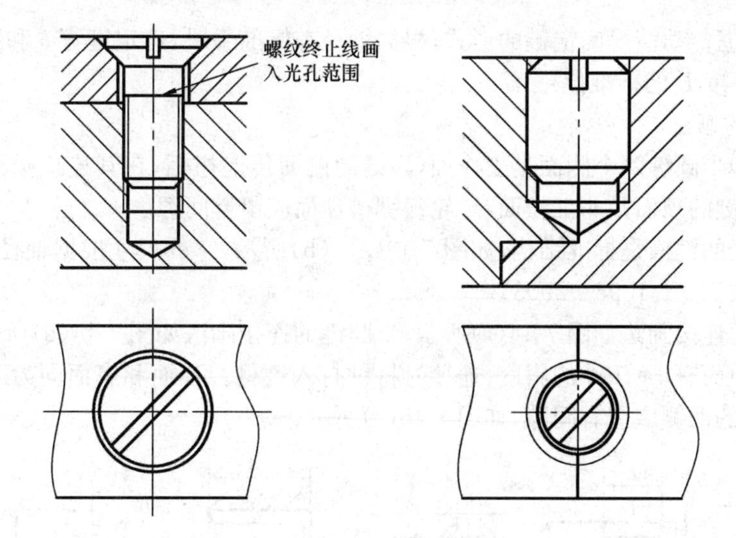

图 7-12 螺钉的连接画法

第二节 键 和 销

键和销都是标准件。它们的结构形式和尺寸，国家标准中都有规定，可查有关标准。

一、键连接

1. 键

键是用来连接轴与轴上的传动件(如齿轮、皮带轮等)，并通过它来传递扭矩的一种零件。

常用的键有普通平键、半圆键和钩头楔键。每一种形式的键，都有一个标准号和规定的标记，见表 7-3。

表 7-3 **常用键的标记**

名 称	图 例	标 记	含 义
普通平键		GB/T 1096—2003 键 $b \times h \times L$	A 型普通平键，键宽 $b=10$，有效长度 $L=36$
半圆键		GB/T 1099.1—2003 键 $b \times h \times d$	半圆键，键宽 $b=6$，直径 $d=22$
钩头楔键		GB/T 1565—2003 键 $b \times h \times L$	钩头楔键，键宽 $b=10$，有效长度 $L=40$

选用时，根据传动情况确定键的形式，根据轴径查标准手册，选定键宽 b 和键高 h，再根据轮毂长度选定长度 L 的标准值。

2．键连接的画法

普通平键和半圆键两个侧面是工作面，靠键的侧面传递扭矩，在其连接画法中，键与键槽侧面不留间隙；键的顶面是非工作面，与轮毂键槽顶面应留有间隙。

轴和轮毂上的键槽是标准结构，如图 7-13(a)、(b)所示，它的尺寸根据轴径查阅《平键、键槽的剖面尺寸》(GB/T 1095—2003)。

普通平键的连接画法如图 7-14(c)所示；半圆键的连接画法如图 7-14(d)所示。

钩头楔键顶面有 1∶100 的斜度，连接时将键打入键槽。顶面和底面同为工作面，与槽底没有间隙，而键的两侧应留有间隙，如图 7-15(c)所示。

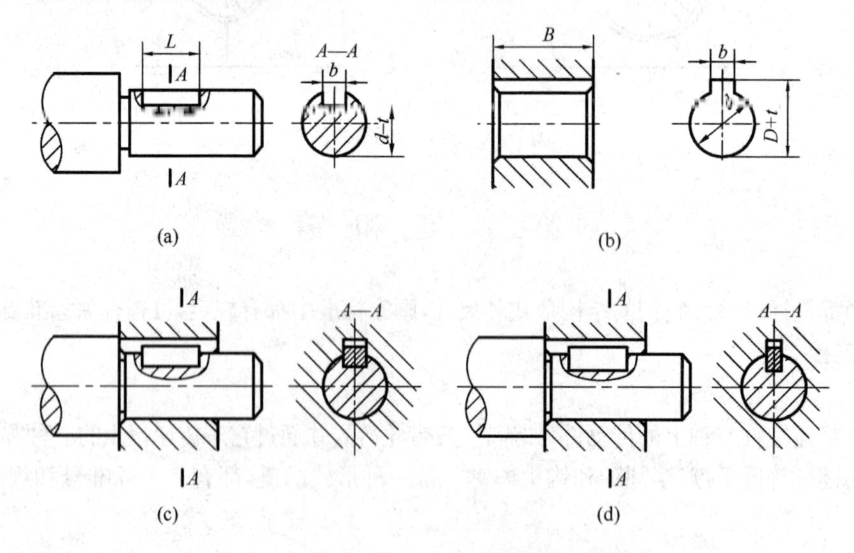

图 7-13　键的连接画法

二、销连接

销是标准件，通常用于零件之间的连接和定位。常用的销有圆柱销、圆锥销和开口销，它们的规定标记见表 7-4。

表 7-4　　　　常用销的标记

名　称	图　例	标　记	含　义
圆柱销		销 GB/T 119—2000 B6×32	圆柱销，B 型，公称直径 d=6，有效长度 l=30
圆锥销		销 GB/T 117—2000 A6×30	圆锥销，A 型，公称直径 d=6，有效长度 l=30

续表

名 称	图 例	标 记	含 义
开口销		销 GB/T 91—2000 5×32	开口销,公称直径 $d=5$,有效长度 $l=30$

用销连接和定位的两个零件上的销孔，是一起加工的。在零件图上应当注写“装配时作”或“与××件配作”。销连接画法如图 7-14 所示。

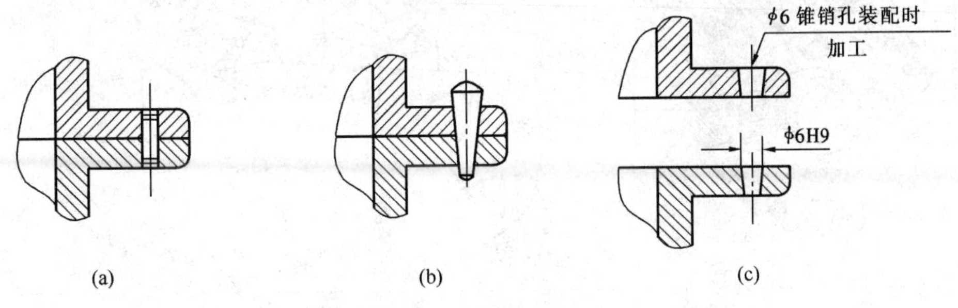

图 7-14 销连接的画法

(a) 圆柱销；(b) 圆锥销；(c) 销孔加工

第三节 齿 轮

齿轮是机械传动中应用最广泛的零件，用来传递运动和动力。一般利用一对齿轮将一根轴的转动传递到另一根轴。并可改变转速和旋转方向。

根据传动的情况，齿轮可分为以下三类。

圆柱齿轮——用于两轴平行时的传动，见图 7-15（a）；

圆锥齿轮——用于两轴相交时的传动，见图 7-15（b）；

蜗轮蜗杆——用于两轴交叉时的传动，见图 7-15（c）；

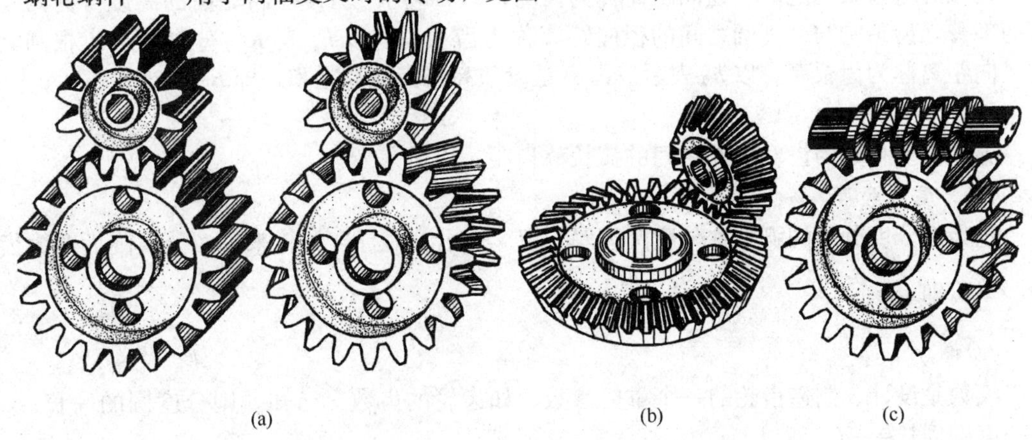

图 7-15 齿轮

(a) 圆柱齿轮；(b) 圆锥齿轮；(c) 蜗轮蜗杆

本书介绍直齿圆柱齿轮的基本知识和规定画法。

一、直齿圆柱齿轮的几何要素

齿轮各部分名称和代号见图 7-16。

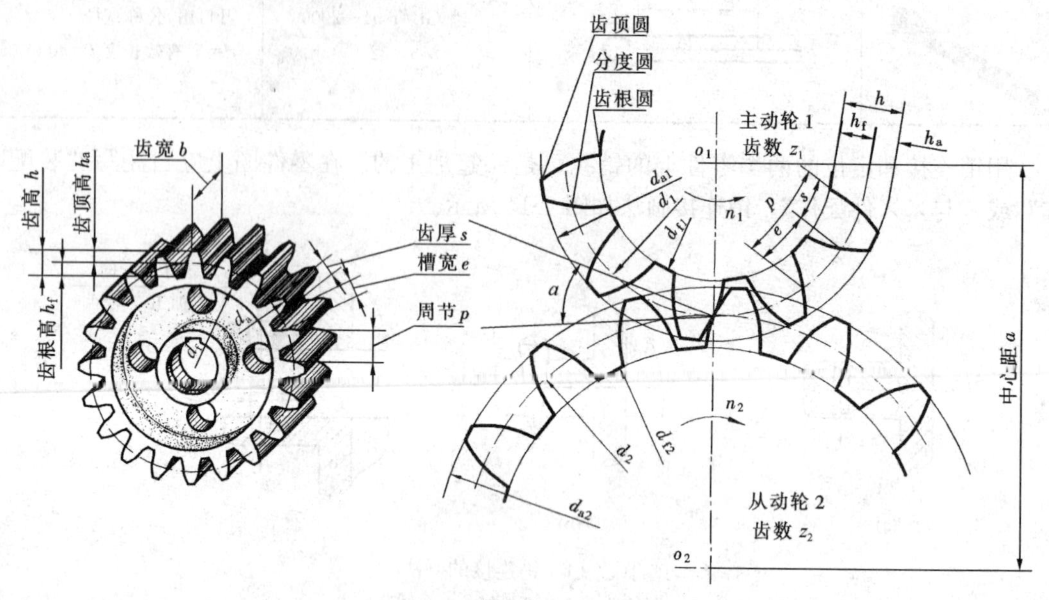

图 7-16 圆柱齿轮各部分名称和代号

1. 齿顶圆

通过齿轮轮齿顶部的圆称齿顶圆，其直径以 d_a 表示。

2. 齿根圆

通过轮齿根部的圆称齿根圆，其直径以 d_f 表示。

3. 分度圆

设计和加工计算时的基准圆，对标准齿轮来说是齿厚（某圆上齿部的弧长）与齿间（某圆上空槽的弧长）相等时所在位置的圆称分度圆，其直径以 d 表示。

4. 齿高

齿顶圆与齿根圆之间的径向距离称为齿高，以 h 表示。分度圆将轮齿的高度分为两个不等的部分，齿顶圆与分度圆之间的径向距离称为齿顶高，以 h_a 表示；分度圆与齿根圆之间的径向距离称为齿根高，以 h_f 表示。齿高是齿顶高与齿根高之和，即 $h=h_a+h_f$。

5. 齿距

分度圆上相邻两齿对应点之间的弧长称齿距，以 p 表示。

6. 分度圆齿厚

轮齿在分度圆上的弧长称分度圆齿厚，以 e 表示。对标准齿轮来说，分度圆齿厚为齿距的一半，即 $e=\frac{p}{2}$。

7. 模数

模数是设计、制造齿轮的一个重要参数。如齿轮的齿数 z 已知，则分度圆的周长$=zp$，而分度圆周长$=\pi d$，所以

$$\pi d=zp \qquad d=\frac{p}{\pi}z$$

令 $\frac{p}{\pi}=m$　　则　$d=mz$

m 称为齿轮的模数，它是齿距和 π 的比值，在齿数一定情况下，m 越大，其分度圆直径就越大，轮齿也越大，齿轮的承载能力也越大。为了便于设计和制造，国家标准对齿轮模数作了统一的规定，其值见表 7-5。

表 7-5　　标　准　模　数

第一系列	1，1.25，1.5，2，2.5，3，4，5，6，8，10，12，16，20，25，32，40，50
第二系列	1.75，2.25，2.75，(3.25)，3.5，(3.75)，4.5，5.5，(6.5)，7，9，(11)，14，18，22，28，36，45

注　选用模数时应优先选用第一系列；其次选用第二系列，括号内的模数尽可能不用。

8. 压力角

两相啮合的轮齿齿廓在接触点 p 处的公法线与分度圆公切线的夹角，称为压力角，用 α 表示。我国标准齿轮的压力角为 20°，只有模数和压力角相等的齿轮，才能正确啮合。标准直齿圆柱齿轮各部分的尺寸计算公式见表 7-6。

表 7-6　　标准直齿圆柱齿轮各部分的尺寸代号及计算公式

名　称	代　号	公　式	名　称	代　号	公　式
齿数	z		齿顶圆直径	d_a	$d_a=d+2h_a=m\ (z+2)$
模数	m		齿根圆直径	d_f	$d_f=d-2h_f=m\ (z-2.5)$
齿顶高	h_a	$h_a=m$	齿　距	p	$p=\pi m$
齿根高	h_f	$h_f=1.25m$	齿　厚	s	$s=p/2$
齿　高	h	$h=h_a+h_f=2.25m$	中心距	a	$a=(d_1+d_2)/2=m(z_1+z_2)/2$
分度圆直径	d	$d=mz$			

二、圆柱齿轮的规定画法

国家标准对齿轮的画法做了统一的规定。单个圆柱齿轮的画法如图 7-17 所示。

(1) 在视图中，齿顶圆和齿顶线用粗实线绘制；齿根圆和齿根线用细实线绘制，也可省略不画；分度圆和分度线用点画线绘制。

(2) 在剖视图中，轮齿部分按不剖绘制，齿根线用粗实线绘制。

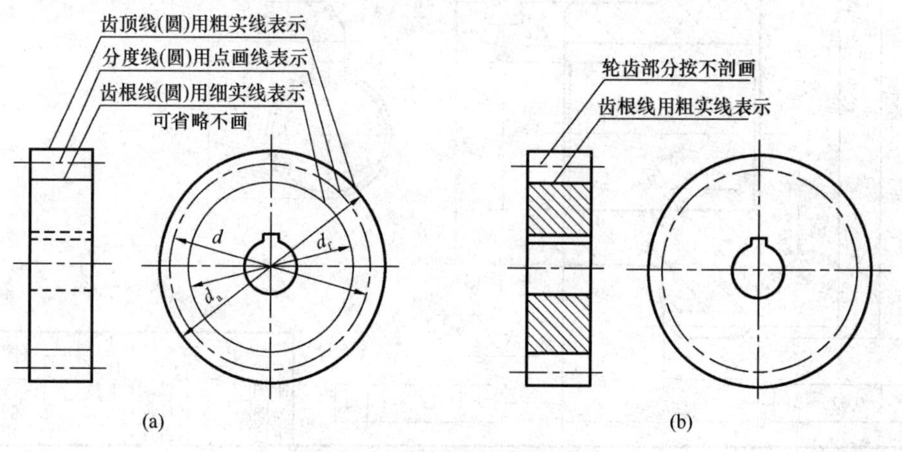

图 7-17　单个圆柱齿轮的画法

三、齿轮啮合画法

两标准齿轮相互啮合时，分度圆处于相切的位置。画齿轮啮合图时，必须注意啮合区的画法，如图 7-18 所示。

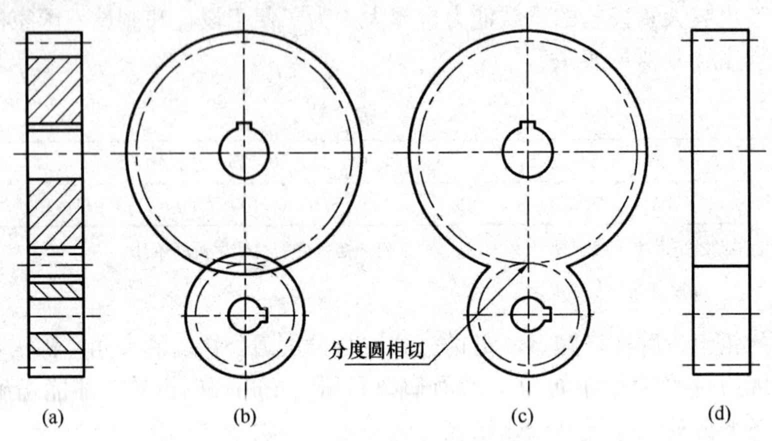

图 7-18 圆柱齿轮啮合画法

国家标准中对齿轮啮合画法规定如下：

（1）在垂直于轴线的投影面的视图中分度圆相切，齿顶圆在啮合区内均用粗实线画出或省略不画，齿根圆用细实线画出或省略不画，如图 7-18（b）、（c）所示。

（2）在平行于轴线投影面的视图中，啮合区内的齿顶线不需画出，而分度线用粗实线表示，如图 7-18（d）所示。

在平行于轴线的投影剖视图中，当剖切平面通过两啮合齿轮的轴线进行剖切时，啮合区内两分度线重合，用细点画线画出，一个齿轮的轮齿用粗实线绘制，另一个齿轮的轮齿被遮住的部分用虚线绘制，也可省略不画，如图 7-18（a）所示。

图 7-19 是齿轮的零件图。画齿轮零件图时，不仅要表示出齿轮的形状、尺寸和技术要

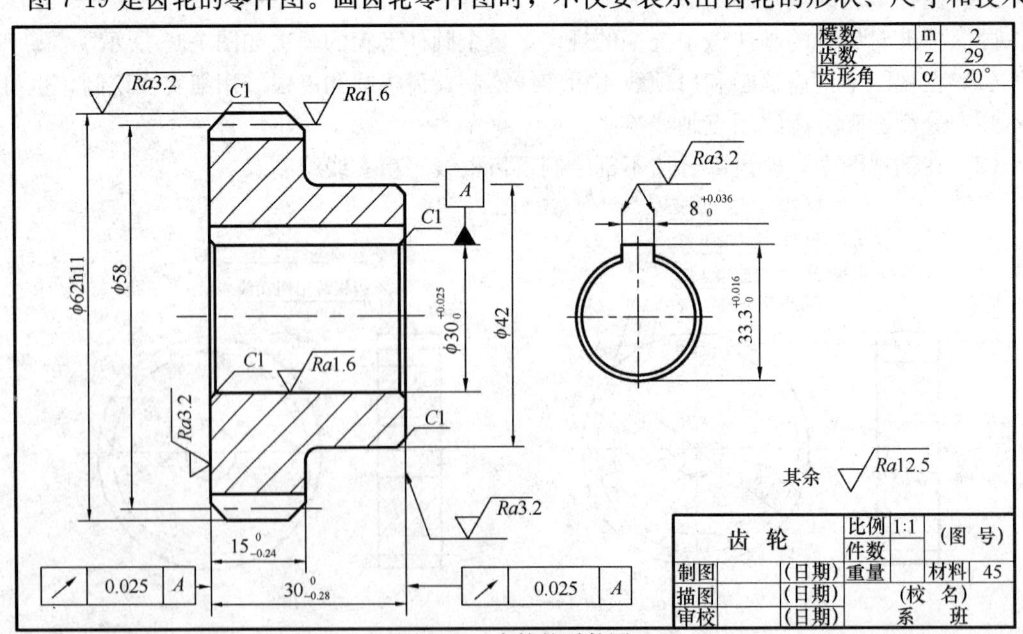

图 7-19 齿轮的零件图

求，而且要表示出制造齿轮所需要的基本参数。

第四节　滚　动　轴　承

滚动轴承是支承旋转轴的组件，运转时摩擦阻力小、机械效率高、结构紧凑、旋转精度高，是生产中应用极为广泛的一种标准件。

一、滚动轴承的结构、分类及其规定画法

1. 滚动轴承的结构

滚动轴承一般由外圈、内圈、一组滚动体和保持架组成，如图 7-20 所示。外圈的外表面与机座的孔相配合，而内圈的内孔与轴径相配合，滚动体排列在内、外圈之间，保持架用来把滚动体隔离开。

2. 滚动轴承的分类

轴承按其所能承受的负荷方向不同，分为：

(1) 向心轴承　主要用于承受径向负荷的滚动轴承，见图 7-20（a）。

(2) 推力轴承　主要用于承受轴向负荷的滚动轴承，见图 7-20（b）。

(3) 圆锥滚子轴承　既承受径向又承受轴向负荷的轴承，见图 7-20（c）。

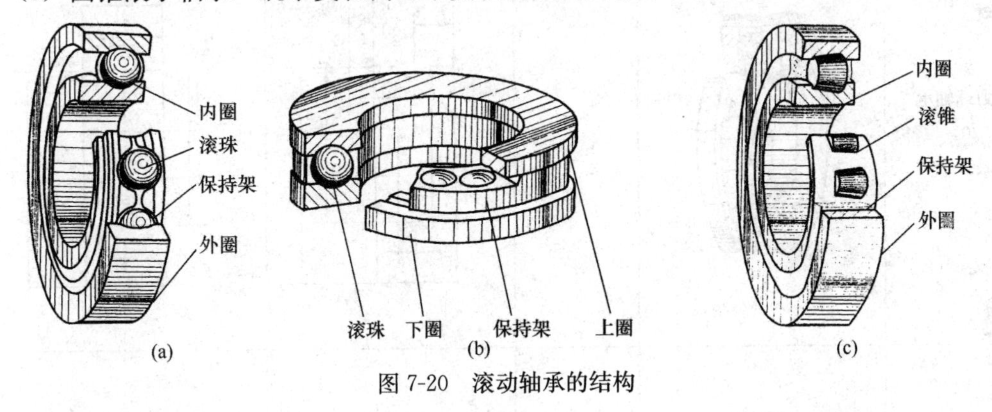

图 7-20　滚动轴承的结构

3. 滚动轴承的规定画法

滚动轴承是标准件，因此一般不需画零件图，只需根据需要确定型号即可。当在装配图中需要较详细地表示滚动轴承的主要结构时，可采用规定画法；在装配图中只需简单地表达滚动轴承的主要结构时，可采用简化画法。

画滚动轴承时，先根据轴承代号由国家标准手册查出滚动轴承外径 D，内径 d 及宽度 B 等尺寸，然后按表 7-7 中图形比例关系画出。

二、滚动轴承的代号

滚动轴承代号是用字母加数字来表示滚动轴承的结构、尺寸、公差、等级、技术性能等特征的产品符号，由国家标准规定。轴承代号主要由基本代号组成。基本代号表示轴承的基本类型、结构和尺寸，它由轴承类型代号、尺寸系列代号和内径代号构成。滚动轴承的类型号常用四位数字的代号表示，从右到左第一、二位数字表示轴承内径代号：如 00 表示 $d=10$mm，01 表示 $d=12$mm，02 表示 $d=15$mm，03 表示 $d=17$mm，从 04 始，以所示数乘以 5 得滚动轴承内径 $d=4\times5=20$mm，以此类推。右起第三位数字表示轴承的尺寸系列，如 2

为轻窄、3 为中窄、4 为重窄。右起第四位数字为轴承的类型代号，如 0 为深沟球轴承（可省略不写），7 为圆锥滚子轴承，8 为平底推力球轴承。

表 7-7 常用滚动轴承的画法

轴承名称和代号	立体图	主要数据	规定画法	特征画法
深沟球轴承 GB/T 276—2013 6000 型		D d B		
推力球轴承 GB/T 301—1995 51000 型		D d T		
圆锥滚子轴承 GB/T 297—1994 30000 型		D d B T C		

如：滚动轴承 208GB/T 276—1994，该标记表示轴承内径，$d=8\times5=40$mm，2 表示轻窄系列深沟球轴承。

又如：滚动轴承 7306GB/T 297—1994，该标记表示轴承内径 $d=6\times5=30$mm，3 表示中窄系列，7 表示圆锥滚子轴承。

常用的滚动轴承见附表。

第五节 弹 簧

一、弹簧的应用及分类

弹簧是应用广泛的储能零件，可用来减震、复位、夹紧、测力等。其主要特点是当外力去除后，能立即恢复原状。

弹簧的种类很多，常见的是圆柱螺旋弹簧(图 7-21)。根据受力情况，螺旋弹簧又可分为压力弹簧、拉力弹簧和扭力弹簧三种。

弹簧为常用件，其中弹簧中径和弹簧丝直径均已标准化。

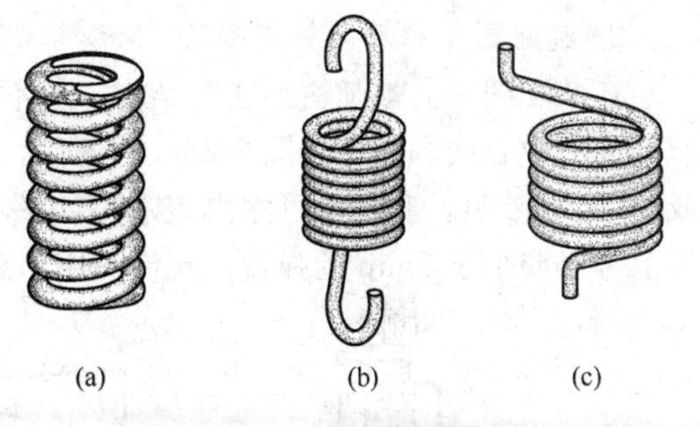

图 7-21 螺旋弹簧

(a) 压力弹簧；(b) 拉力弹簧；(c) 扭力弹簧

二、圆柱螺旋压缩弹簧各部分的名称和尺寸关系（见图 7-22）

簧丝直径 d 制造弹簧的钢丝直径；

弹簧外径 D 弹簧的最大直径；

弹簧内径 D_1 弹簧的最小直径，$D_1=D-2d$；

弹簧中径 D_2 弹簧的平均直径，$D_2=(D_1+D)/2=D-d=D_1+d$；

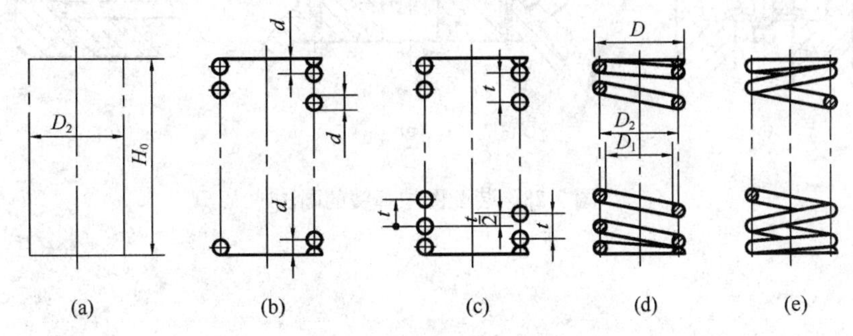

图 7-22 弹簧的画图步骤

弹簧节距 t 除支承圈外，相邻两圈对应点间的轴向距离；

有效圈数 n 除支承圈以外，保持弹簧等节距的圈数；

支承圈数 n_z 为使压缩弹簧支承平稳，制造时需将弹簧两端并紧磨平，这部分圈数仅起支承作用，故称支承圈。一般支承圈有 1.5 圈、2 圈、2.5 圈三种，其中较常见的是 2.5 圈；

总圈数 n_1 有效圈数和支承圈数的总和；

自由高度 H_0 弹簧在无外力作用下的高度，$H_0=nt+(n_z-0.5)d$；

$$L=n_1\sqrt{(\pi D_0)^2+t^2}$$

三、圆柱螺旋压缩弹簧的规定画法

螺旋弹簧的真实投影比较复杂，为了画图简便起见，国标中对它的画法作了如下规定：

1. 圆柱螺旋压缩弹簧的规定画法（如图 7-22 所示）

(1) 在平行于轴线的投影面上，圆柱螺旋弹簧各圈的轮廓线（即螺旋线）应画成直线；

（2）右旋弹簧必须画成右旋，左旋弹簧允许画成右旋或左旋，但一律要加注“左”字；

（3）螺旋压缩弹簧，如果要求两端并紧且磨平时，不论支承圈多少，均可按图 7-22 绘制；

（4）有效圈数在四圈以上的弹簧，允许两端只画 1～2 圈（不包括支承圈），中间各圈可省略不画，只画通过弹簧钢丝剖面中心的两条点画线，当中间各圈省略后，图形长度可适当缩短。

2. 装配图中弹簧的规定画法

在装配图中，被弹簧挡住的结构一般不画出，可见部分应从弹簧的外轮廓线或从弹簧钢丝剖面的中心线画起，如图 7-23（a）所示。当弹簧被剖切时，弹簧钢丝直径在图形上等于或小于 2mm 时，其剖面可涂黑表示，如图 7-23（b）所示。弹簧钢丝直径或型材厚度在图形上等于或小于 2mm 的弹簧，允许采用示意画法，如图 7-23（c）所示。

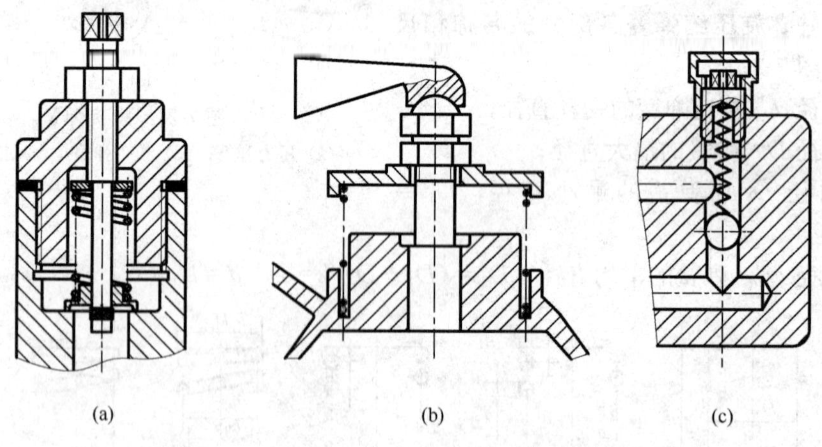

图 7-23　装配图中弹簧的画法

第八章 零 件 图

第一节 零件图概述

任何机器或部件都是由若干个零件装配而成，零件是组成机器或部件的基本单元，表示零件结构、大小及技术要求的图样称为零件图。

一、零件图的内容

零件图是制造和检验零件的主要依据，又是设计和生产过程中的重要技术资料。如图8-1所示，一张完整的零件图应包括以下四方面内容。

1. 一组图形

综合运用基本视图、剖视图、剖面图及其他表达方法，把零件的内、外形状和结构完整、正确、清晰地表达出来。

2. 完整的尺寸

正确、完整、清晰、合理地标注出制造和检验零件时所必需的全部尺寸。

3. 技术要求

用规定的符号或文字说明零件在制造、检验过程中应达到的要求。如表面粗糙度、尺寸公差、形位公差和热处理等要求。

4. 标题栏

用来表示零件的名称、材料、数量、比例、图号、设计单位等内容。

二、零件图的视图选择和尺寸标注

1. 零件图的视图选择

零件图的视图选择，应在深入细致地分析零件结构形状特点的基础上，选择适当的表达方法，完整、清晰地表达出零件的全部内外结构和形状。因此选择视图时，首先根据零件的结构特点选择主视图，然后适当选择其他视图，以补充主视图表达的不足，同时还要考虑易于看图和画图。

（1）主视图的选择。主视图是表达零件形状最重要的视图，主视图选择得合理与否直接关系到零件形状是否表达清楚，影响到画图、看图是否方便，以及其他视图的选择。因此，在表达零件时，应使主视图能反映出零件各组成部分的结构形状和相对位置。如图8-2所示支架主视图，反映支架零件上方圆筒、支撑板及底板上槽的形状特征。并能较清楚表达出各个组成部分之间的相对位置关系。

（2）其他视图的选择。一般情况下，仅有一个主视图不能把零件的形状和结构完全表达清楚，还需要选择其他视图，弥补主视图上未表达清楚的形状、结构。选择其他视图时，应以主视图为基础，根据零件的复杂程度和结构特点，把主视图上未表达清楚的形状、结构表达出来。其他视图的确定，应优先采用基本视图，并采取相应的剖视、剖面、局部视图、斜视图、局部放大等方法，使每一个视图都有一个表达重点，从而将该零件表达清楚，如图8-2所示。俯视图主要反映底板的形状特征和支撑部分的结构形式，左视图主要反映圆筒内

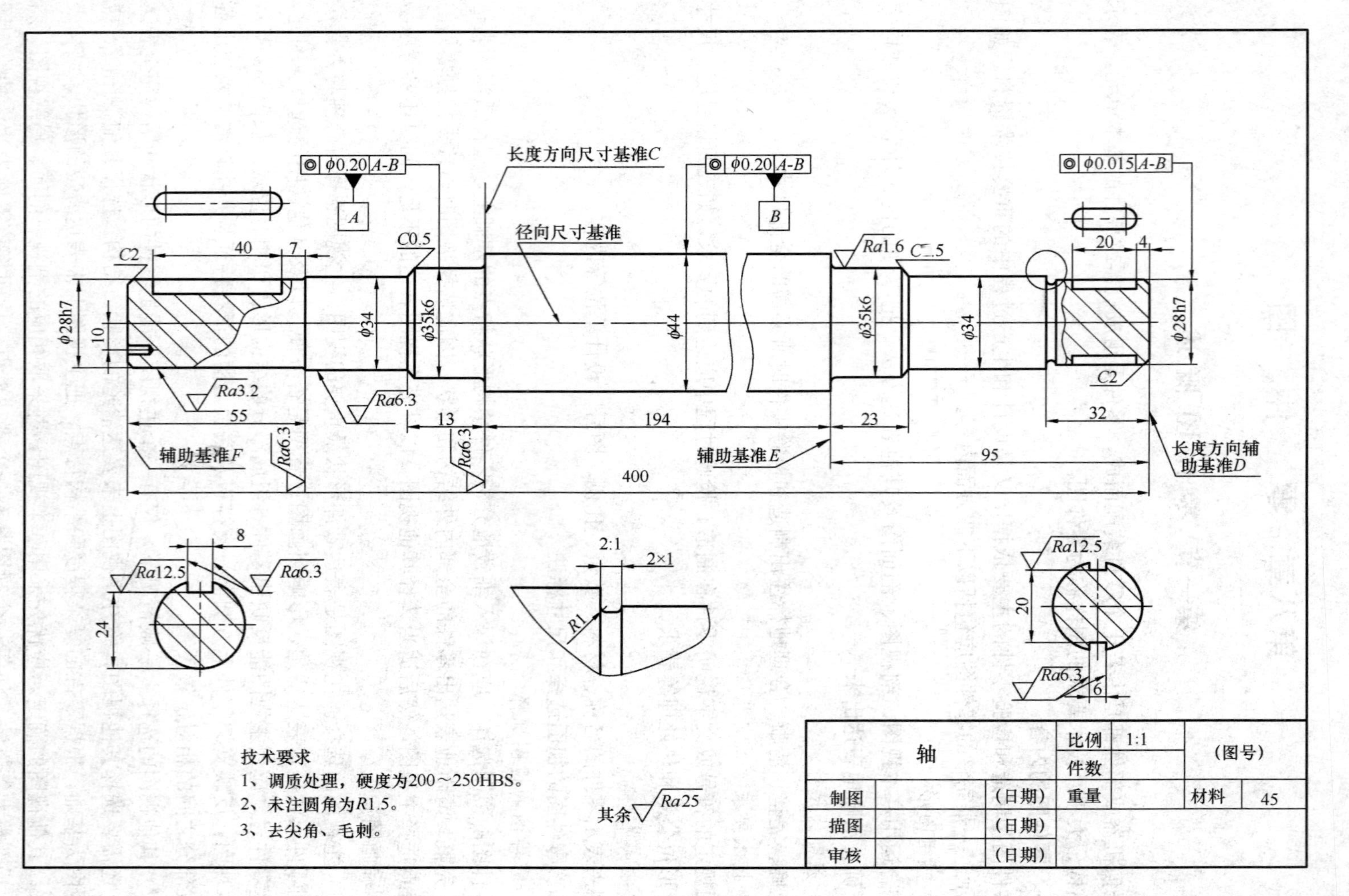
◎ φ0.20 A-B
A
长度方向尺寸基准C
◎ φ0.20 A-B
B
◎ φ0.015 A-B
径向尺寸基准
C2
40
7
C0.5
Ra1.6
20
4
φ28h7
10
φ34
φ35k6
φ44
φ35k6
φ34
φ28h7
C2
Ra3.2
Ra6.3
55
13
194
23
32
辅助基准F
Ra6.3
Ra6.3
辅助基准E
95
长度方向辅助基准D
400
8
Ra12.5
Ra6.3
24
2:1
2×1
R1
Ra12.5
20
Ra6.3
6
技术要求
1、调质处理，硬度为200～250HBS。
2、未注圆角为R1.5。
3、去尖角、毛刺。
其余 Ra25
轴
比例 1:1
件数
(图号)
制图 (日期)
重量
材料 45
描图 (日期)
审核 (日期)

图 8-1 轴零件图

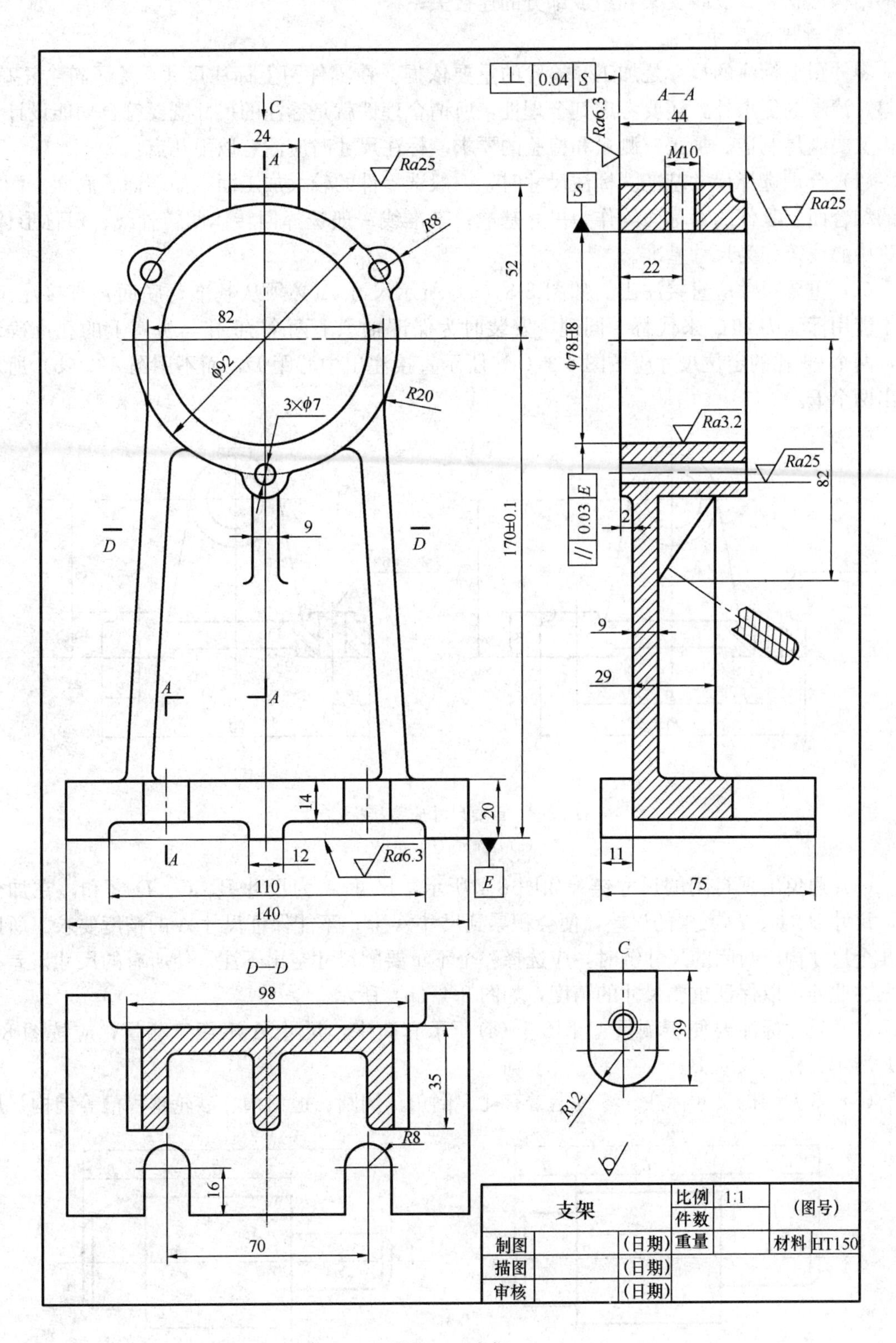
0.04
S
Ra6.3
A—A
44
C
24
A
Ra25
M10
S
Ra25
R8
52
22
82
φ78H8
φ92
R20
3×φ7
Ra3.2
Ra25
82
E
0.03
2
9
D
D
170±0.1
9
29
A
A
14
20
A
12
Ra6.3
11
110
E
75
140
C
D—D
98
39
35
R12
R8
16
70
支架
比例
1:1
(图号)
件数
制图
(日期)
重量
材料
HT150
描图
(日期)
审核
(日期)

图 8-2 支架

腔的结构形状，并反映支架和组成部分的连接关系。

2. 零件图的尺寸标注

零件图上标注的尺寸是加工和检验的重要依据。在零件图上标注尺寸，除了符合正确、完整、清晰的要求外，还要考虑其合理性，所谓合理性就是标注的尺寸既要符合功能设计要求，又要满足制造、加工、测量和检验的要求。标注尺寸时应注意以下几点：

(1) 合理选择尺寸基准。标注尺寸时，一般选零件的较大加工面，如端面、底面、两零件的结合面、零件的对称面等作为尺寸基准；基准线一般选择回转体回转轴线、对称形体、对称中心线等作为尺寸基准。

(2) 重要尺寸应直接注出。如图 8-3 (a) 所示尺寸 A 必须从基准（底面）直接注出，而不能用标注 B 和 C 来代替。同理，安装时为保证轴承上两个 $\phi6$ 孔与机座上的孔准确装配，两个 $\phi6$ 孔的定位尺寸应按图 8-3 (a) 所示直接注出中心距 D，而不用图 8-3 (b) 所示注出两个 E。

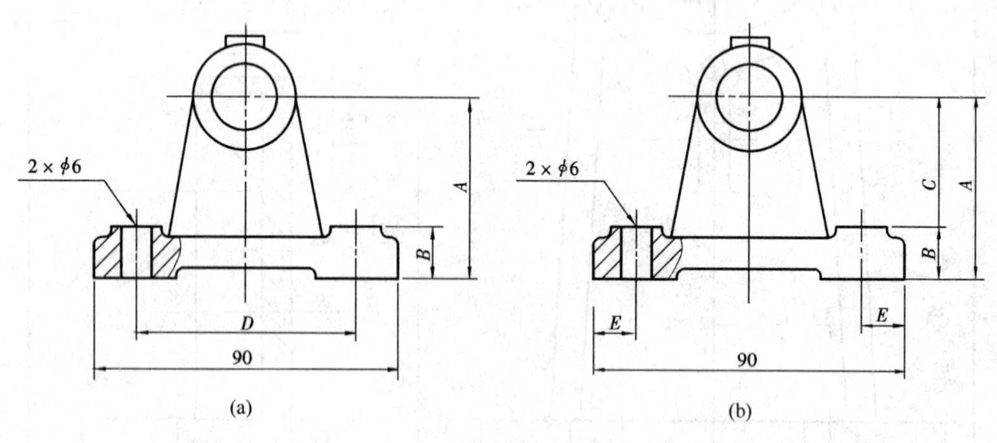

图 8-3 重要尺寸应直接标注

(a) 正确；(b) 错误

(3) 避免出现封闭的尺寸链。如图 8-4 所示，尺寸 A 为尺寸 B、C、D 之和，在加工时，尺寸 B、C、D 产生的误差，便会积累到尺寸 A 上，不能保证尺寸 A 的精度要求。所以当几个尺寸构成封闭的尺寸链时，应选择一个不重要的尺寸空出不注，使所有的尺寸误差都积累在此处，以保证重要尺寸的精度，如图 8-4 (b) 所示。

(4) 尺寸标注要便于测量 。图8-5 (a)所示套筒中，尺寸 A 不便于测量，应按图 8-5 (b) 所示，标注尺寸 B。

(5) 常见结构尺寸标注。零件上常有孔、倒角、倒圆、退刀槽、砂轮越程槽等结构，尺

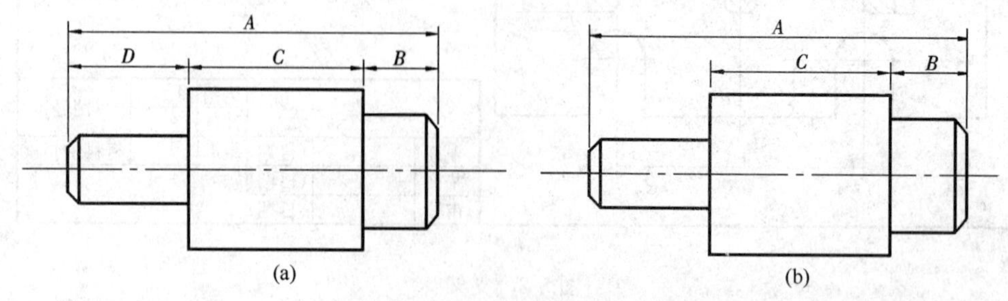

图 8-4 避免注成封闭的尺寸链

寸标注见表 8-1。

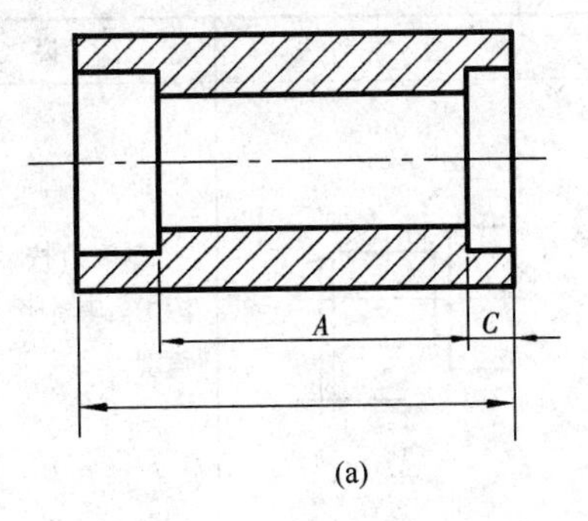

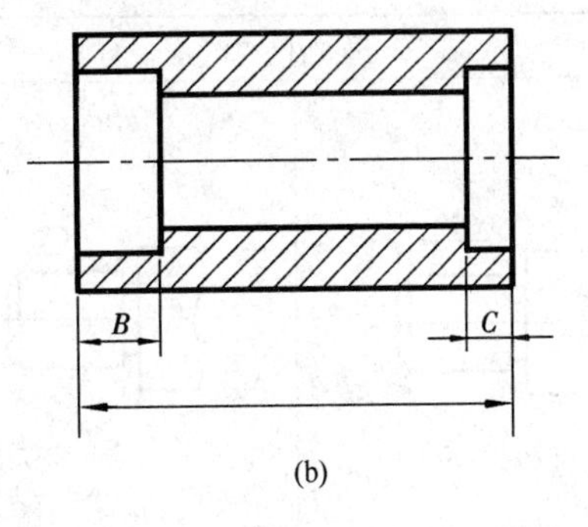

图 8-5 尺寸标注要便于测量

(a) 不合理；(b) 合理

表 8-1　　常见结构的尺寸标注方法

类型	旁注法		普通注法	说明
光孔	4×φ8↧10	4×φ8↧10	4×φ8 10	“↧”为深度符号，4 个均匀分布的 φ8 光孔，深度为 10mm
螺孔	4×M8-7H↧10 ↧12	4×M8-7H↧10 ↧12	4×M8-7H 10 12	4 个均匀分布的 M8 螺纹孔，钻光孔深度为 12mm，螺纹孔深为 10mm
沉孔	4×φ8 ⌵ φ13×90°	4×φ8 ⌵ φ13×90°	90° φ13 4×φ8	“⌵”为埋头孔符号，4 个均匀分布的 φ8 孔，沉孔直径为 φ13，锥角 90°
	4×φ8 ⌴ φ20	4×φ8 ⌴ φ20	φ20 4×φ8	“⌴”为锪平孔符号，4 个均匀分布的 φ8 孔，锪平孔 φ20，锪平孔在加工时，通常锪到不出现毛面为止，深度不需注出

续表

类型	旁注法		普通注法	说明
倒角	C2	C2	30° 2	45°倒角按“C 倒角宽度”标出，其余倒角标出宽度及角度
退刀槽及越程槽	2×1	2×ϕ8	5×2	标注形式一按“槽宽×槽深”或“槽宽×直径”标出，也可分别标出
符号比例画法	h 0.6h h 60° 深度	2h h 沉孔或锪平孔	90° h 埋头孔	h 为字体高度，符号的线宽为 $h/10$

三、零件图上技术要求的注写

零件图上除了表达形状结构的图形和表达大小的尺寸外，还必须标注和说明制造零件时应达到的一些技术要求。技术要求主要有表面粗糙度、尺寸公差、形状和位置公差。

1. 表面粗糙度

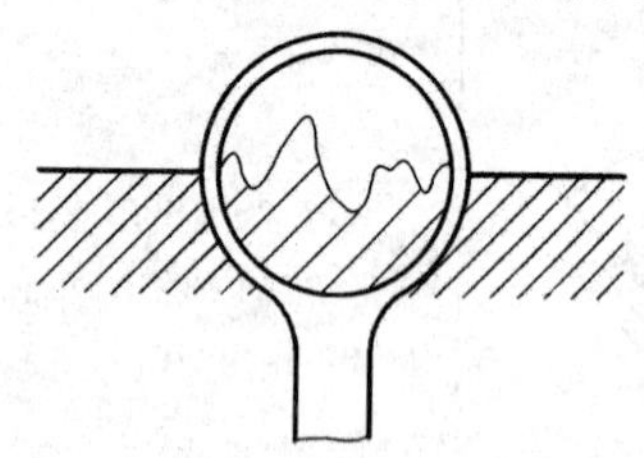

图 8-6 零件表面微观不平情况

（1）表面粗糙度概述。表面粗糙度是指零件表面不光滑程度。经过加工的零件表面看起来很光滑，但在放大镜（或显微镜）下观察，可以看到高、低不平的峰、谷情况，如图 8-6 所示。这是因为，在加工零件表面时，由于受刀具和工件之间的运动、摩擦、机床的振动、工件变形等因素的影响，零件表面不会是绝对光滑和平整的。将这种零件加工表面上具有较小间距的峰和谷所组成的微观几何形状特征称为表面粗糙度。

表面粗糙度是衡量零件质量的重要标志之一，它对零件的配合、耐磨性、抗腐蚀性、抗疲劳程度、密封性和外观都有影响。表面粗糙度等级越高，表面越平坦。

（2）表面粗糙度符号及其标注。

1）表面粗糙度符号、意义及其画法见表 8-2。

表 8-2　　表面粗糙度符号及意义

代　　号	意　　义	代　　号	意　　义
1.4h 60° 60° 3h	基本图形符号，h 为字体高度		用去除材料方法获得的表面，如车、磨、铣、刨、电火花等
	用非去除材料方法获得的表面，如锻、铸、冲压、热轧等	Ra3.2	用任何方法获得的表面，Ra 的上限值为 3.2μm
Ra3.2	用去除材料方法获得的表面，Ra 的上限值为 3.2μm	Ra3.2	用不去除材料的方法获得的表面，Ra 的上限值为 3.2μm

2）在图样上标注表面粗糙度的基本规则是：①标注表面粗糙度代号时，代号的尖端指向可见轮廓线、尺寸线、尺寸界线或它们的延长线上，必须从材料外指向零件表面；图 8-7 所示表面粗糙度符号的注写方向应与尺寸标注的注写和读取方向一致，必要时可用带黑点或箭头的指引线引出标注。②用细实线相连的不连续的同一表面只标注一次。当零件所有表面具有相同的粗糙度时，其代号可在图样的标题栏附近统一标注，如图 8-8（a）所示。③多个表面有共同表面粗糙度要求或图纸空间有限，可采用简化标注，即用带字母的完整符号，以等式的形式在标题栏附近注明，如图 8-8（b）所示。

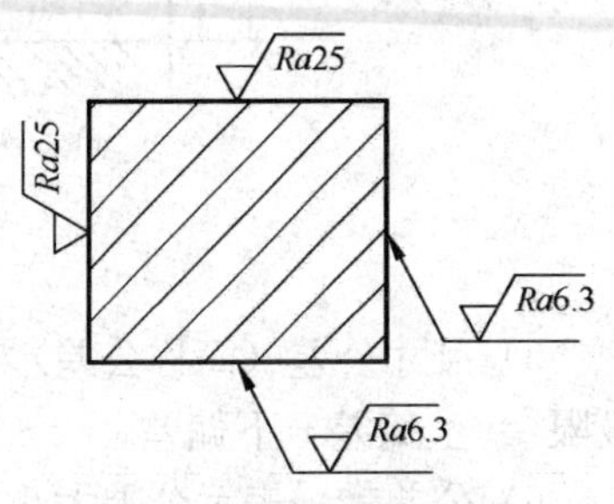

图 8-7　表面粗糙度的数字及符号方向的标注

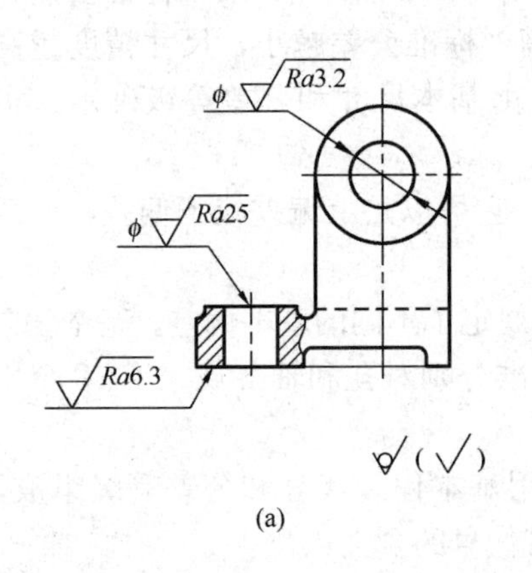

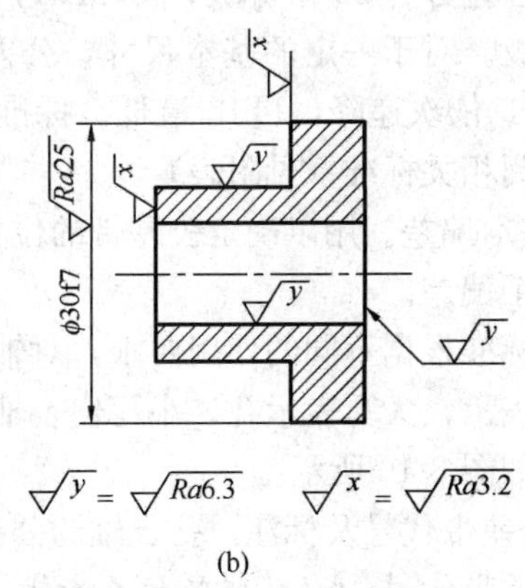

图 8-8　表面粗糙度的标注示例

2. 公差配合的概念及其标注

（1）公差的基本概念及术语。在零件的加工过程中，由于受机床、刀具、测量等因素的影响，很难把零件的尺寸加工得绝对准确。为了保证零件的互换性，应对零件的尺寸规定一个允许变动的范围。下面以图 8-9 为例说明尺寸公差的有关术语。

1）基本尺寸。根据零件的强度、结构及工艺要求确定的设计尺寸，如图中尺寸 $\phi36$。

2）极限尺寸。以基本尺寸为基准，允许零件尺寸变动的两个界限值。分最大极限尺寸和最小极限尺寸，如图 8-9 中 $\phi35.975$、$\phi35.959$ 所示。

3）实际尺寸。通过测量所获得的尺寸。

4）尺寸偏差（简称偏差）。极限尺寸减去基本尺寸所得的代数差。尺寸偏差有上偏差、下偏差。

上偏差＝最大极限尺寸－基本尺寸

下偏差＝最小极限尺寸－基本尺寸

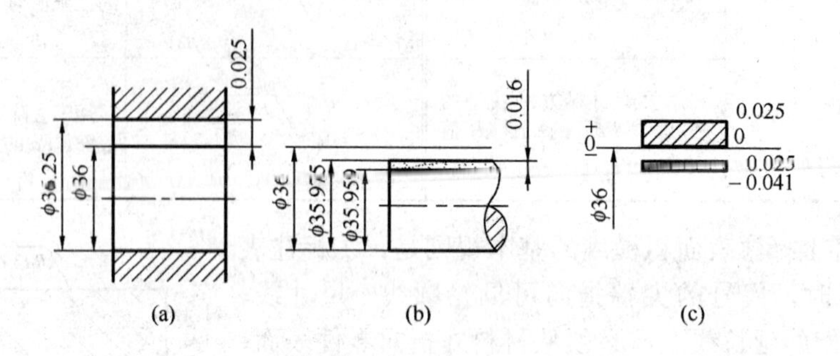

图 8-9 尺寸公差术语

5）尺寸公差（简称公差）。允许尺寸的变动量。尺寸公差 ＝ 最大极限尺寸－最小尺寸极限 ＝ 上偏差－下偏差

6）公差带。表示公差大小的由上、下偏差的两条直线所限定的区域为公差带，如图 8-9（c)所示。

7）标准公差及等级。由国家标准所列的，用以确定公差带大小的公差称为标准公差。常用标准公差分为 20 个等级，即 IT01，IT0，IT1，……IT18，IT 表示标准公差，数字表示精度等级。对于一定的基本尺寸，公差等级越高，标准公差越小，尺寸精度越高，其中 IT01 最高，依次递降，IT18 最低。标准公差数值由基本尺寸和公差等级确定，实际应用时，可查阅相关标准（见附表）。

8）基本偏差。用以确定公差带的位置的偏差，它可以是上偏差或下偏差，一般为靠近零线的那个偏差。

国家标准根据不同的使用要求，对轴和孔分别规定了不同的基本偏差。基本偏差代号用拉丁字母表示，大写表示孔，小写代表轴。国家标准分别对孔和轴各规定了 28 个不同的基本偏差，如图 8-10 所示。

9）公差带代号及标注。孔、轴的公差带代号用基本偏差代号和公差等级组成，如 H7 为孔的公差带代号；h7 为轴的公差带代号。公差带代号的含义：

$\phi36$	H	7
基本尺寸	基本偏差代号	公差等级代号

当孔或轴的基本尺寸和公差等级确定后，可在附表中查得偏差数值。如：$\phi30H6$，查表得出其上偏差为＋25μm，下偏差为＋0μm。

（2）配合的基本概念。基本尺寸相同的相互结合的孔和轴公差带之间的关系称为配合。根据孔、轴配合松紧程度的不同，可将配合分为间隙配合、过盈配合和过渡配合三类。

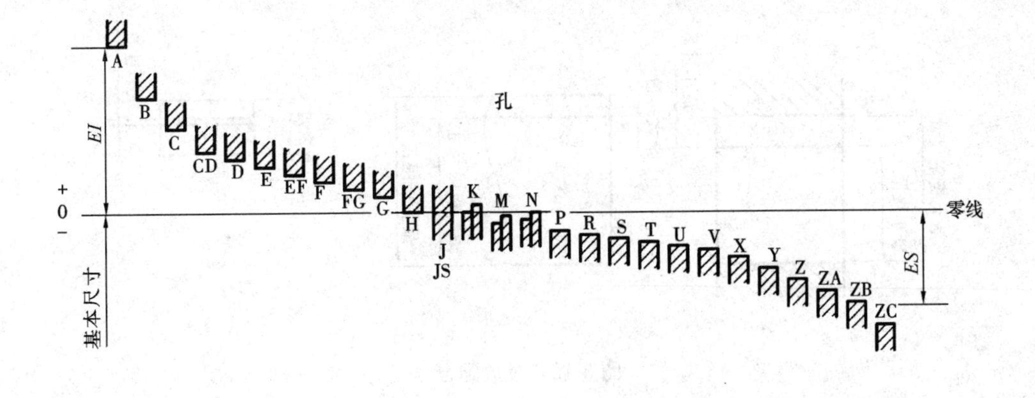

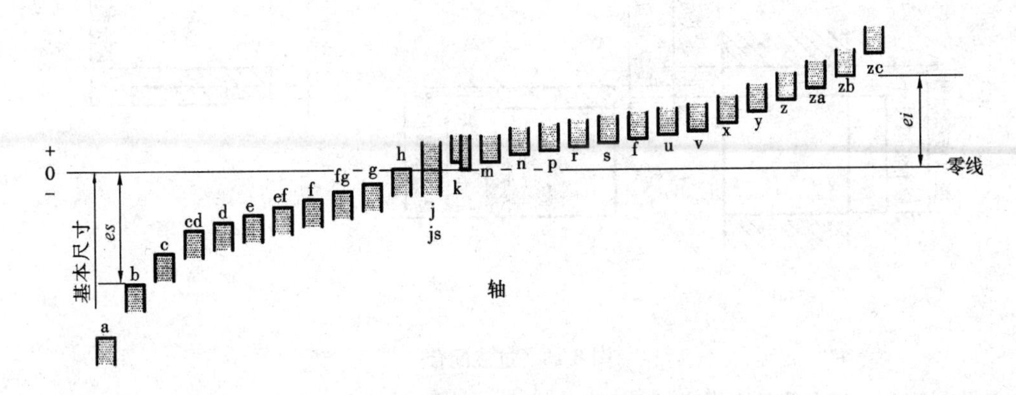

图 8-10 基本偏差系列

1）间隙配合。始终具有间隙（包括最小间隙等于零）的配合，孔的公差带在轴的公差带之上，如图 8-11 所示。

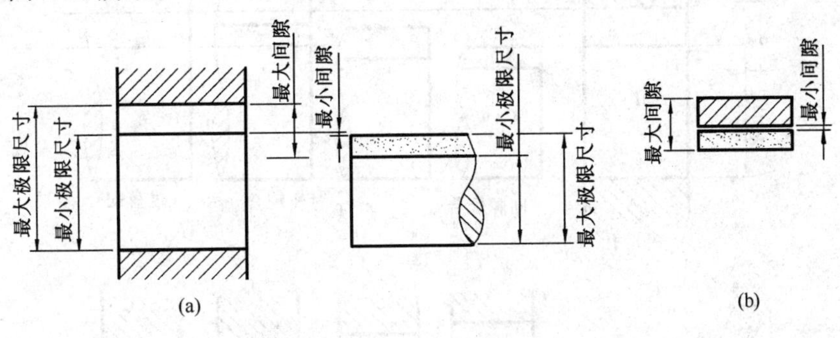

图 8-11 间隙配合

2）过盈配合。始终具有过盈（包括最小过盈等于零）的配合，孔的公差带在轴的公差带之下，如图 8-12 所示。

3）过渡配合。可能具有间隙或过盈的配合。此时，孔的公差带与轴的公差带相互交叠，如图 8-13 所示。

4）配合基准制。由标准公差和基本偏差可以组成大量的孔、轴公差带，并形成各种配合。为设计和制造方便以及减少选择配合的盲目性，国家标准中规定了两种配合制，即基孔制配合与基轴制配合。

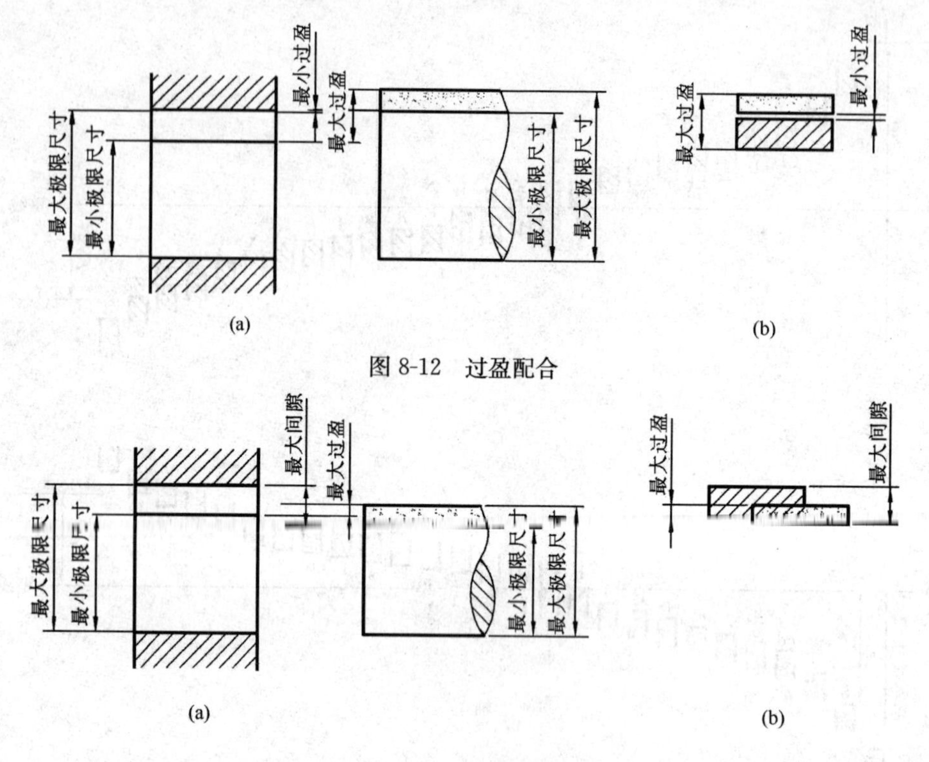

图 8-12　过盈配合

图 8-13　过渡配合

基孔制配合。基本偏差为一定的孔的公差带与不同基本偏差的轴的公差带形成各种配合的一种制度。国家标准规定基准孔的基本偏差代号是“H”，其下偏差为零，如图 8-14（a）所示。

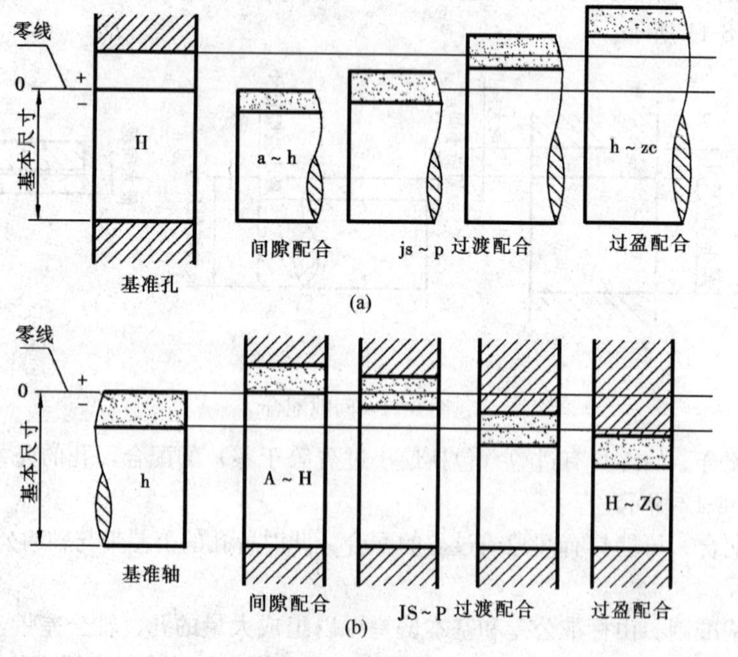

图 8-14　基准制

（a）基孔制；（b）基轴制

基轴制配合。基本偏差为一定的轴的公差带与不同基本偏差的孔的公差带形成各种配合的一种制度。国家标准规定基准轴的基本偏差代号是“h”，其上偏差为零，如图 8-14（b）所示。

考虑零件在加工制造过程中的方便、经济、合理等因素。一般优先采用基孔制。为了便于使用，国家标注规定了常用基孔制配合 59 种，基轴制配合 47 种，优先配合各 13 种，见附表。

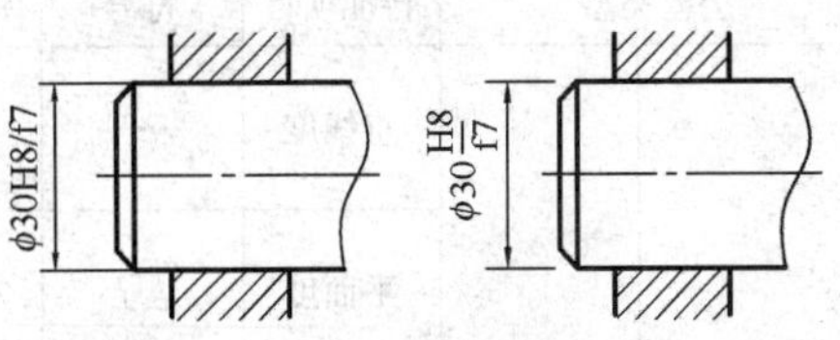

图 8-15 装配图上配合代号的注法

（3）公差与配合在图样上的标注。

1）在装配图上的标注。在装配图中标注时，配合代号由孔、轴公差带代号组合，写成分数形式来表示，见图 8-15。分子为孔的公差带代号，分母为轴的公差带代号。

$$\text{基本尺寸}\frac{\text{孔的公差带代号}}{\text{轴的公差带代号}}$$

2）在零件图上的标注。

在零件图上，尺寸公差的注法可用下列其中之一的形式，如图 8-16 所示。

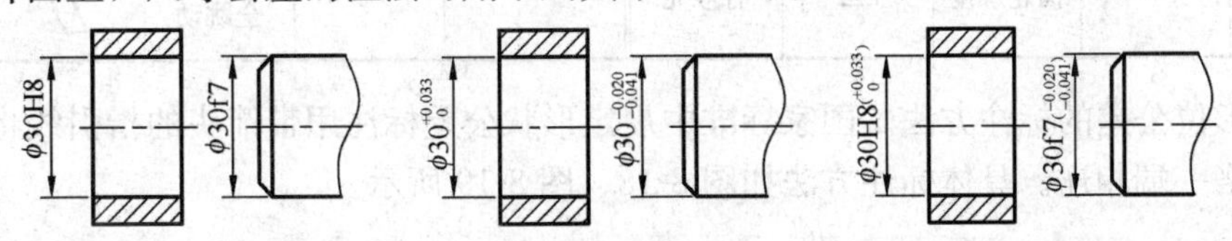

图 8-16 零件图上公差与配合的标注

3. 形状和位置公差

形状和位置公差是指零件要素（点、线、面）的实际形状、位置、方向等对于理想形状、位置、方向的允许变动量。经过加工的零件，除了会产生尺寸误差外，也会产生形状和位置误差。如图 8-17（a）所示的圆柱体，在零件加工时，即使尺寸合格，也有可能出现一端粗一端细或中间粗两端细等情况，其截面也有可能不圆，这种现象属于形状误差。再如图 8-17（b）所示的阶梯轴，加工后可能出现各轴段不同轴线的情况，这种现象属于位置误差。由于形状和位置误差过大，会影响机器的工作性能。因此，对精度要求高的零件，除了应保

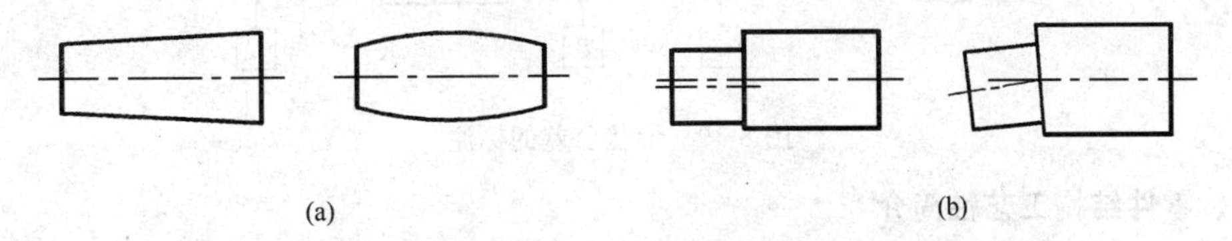

图 8-17 形状和位置公差

（a）形状误差；（b）位置误差

证尺寸公差外，还应控制其形状和位置公差。形状和位置公差的代号及其标注如下。

（1）形位公差的代号。国家标准 GB/T 1182—2008 规定用代号来标注形位公差。在实际生产中，当无法用代号标注形位公差时，允许在技术要求中用文字说明。

形位公差代号包括形位公差各项目的符号（见表 8-3）、形位公差框格及指引线、形位

公差数值和其他有关符号及基准符号（或代号），如图 8-18 所示。

表 8-3　　　　形位公差的项目和符号

公差类型		特征项目	符号	有或无基准	公差类型		特征项目	符号	有或无基准
形状公差	形状	直线度	—	无	位置公差	定向	平行度	//	无
		平面度	▱	无			垂直度	⊥	无
		圆度	○	无			倾斜度	∠	无
		圆柱度	⌭	无		定位	位置度	⌖	有或无
形状或位置公差	轮廓	线轮廓度	⌒	有或无			同轴（同心）度	◎	无
		面轮廓度	⌓	有或无			对称度	⌯	无
						跳动	圆跳动	↗	无
							全跳动	⌰	无

（2）形位公差的标注方法。国家标准中规定形状公差标注用带箭头的指引线将被测要素与公差框格一端相连。具体标注方法如图 8-18、图 8-19 所示。

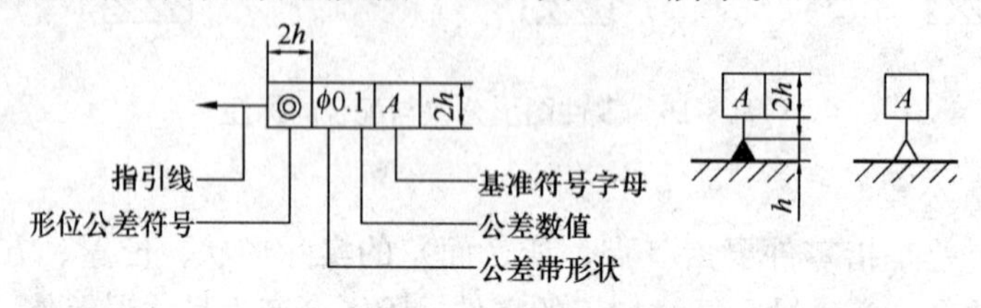

图 8-18　形位公差代号示例

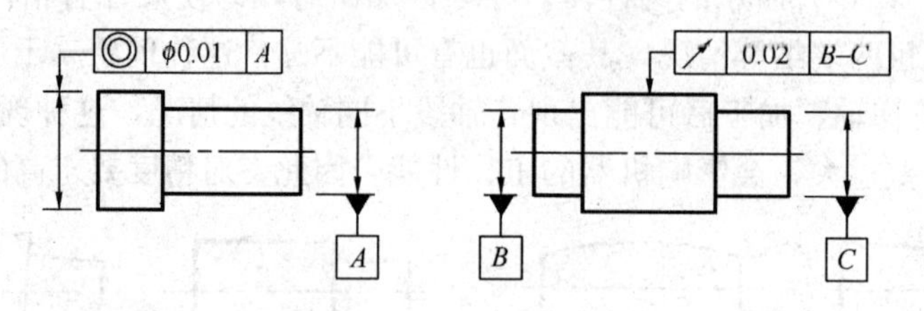

图 8-19　形状公差的标注

四、零件结构工艺性简介

零件的结构形状主要是根据它在机器中的作用而设计的，同时制造工艺对零件的结构也提出了相应的要求。因此在设计零件时，应使零件的结构既要满足使用上的要求，同时还要便于制造和装配，适应加工工艺的要求，以提高产品质量，降低成本。

1. 铸造零件的工艺结构

把熔化的金属液体浇注到与零件毛坯形状相同的型腔内，经冷却凝固形成铸件。结构形状较复杂的零件毛坯多为铸件。

（1）铸造圆角。铸件表面转折处的圆角过渡为铸造圆角。铸造圆角可防止铸件浇注时转角处的落砂现象，避免金属冷却时产生缩孔和裂纹，如图 8-20 所示。圆角大小视零件壁厚而定，一般取壁厚的 0.2～0.4。视图中一般不标注铸造圆角半径，而注写在尺寸要求中，如“未注明铸造圆角 $R2$”。

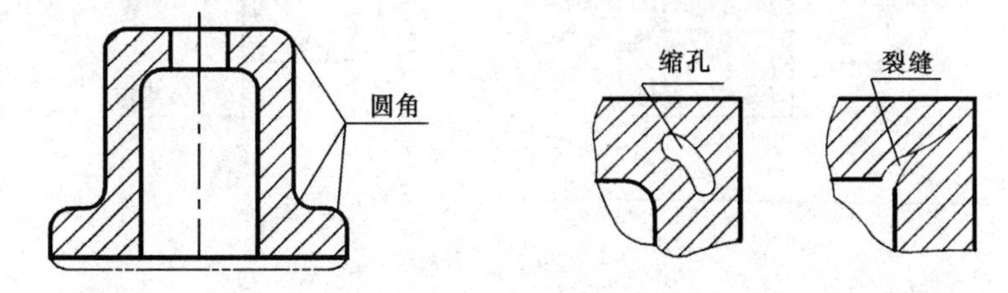

图 8-20 铸造圆角

(2) 拔模斜度。铸造零件毛坯时，为了便于取模，一般沿模型拔模方向做成约 1∶20 的斜度，称为拔模斜度，因此在铸件上也有相应的拔模斜度。一般这种斜度在图上不画，也不标出，如图 8-21 所示。

(3) 铸件壁厚。为保证铸件质量，铸造零件的壁厚应尽量均匀。当必须采用不同壁厚连接时，应采用逐渐过渡的方式，因为这样可避免或减少金属冷却速度不均匀时产生内应力，形成缩孔或裂纹现象，如图 8-22 所示。

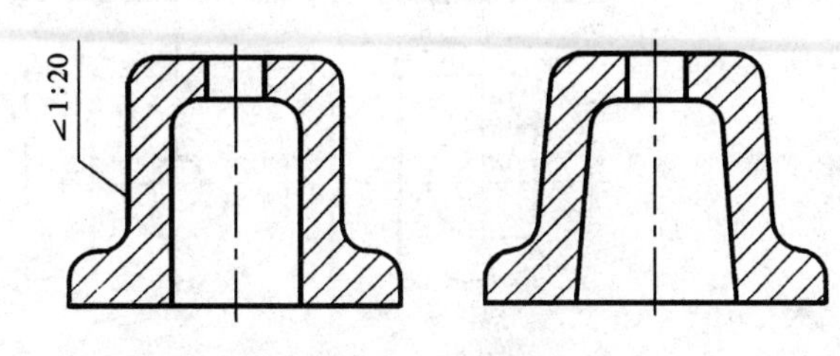

图 8-21 拔模斜度

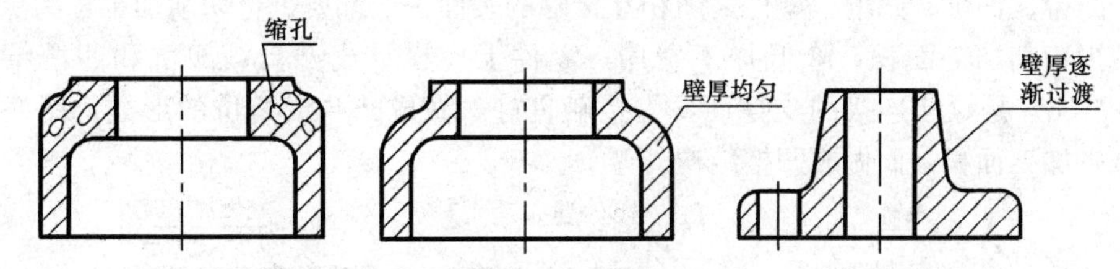

图 8-22 铸件壁厚

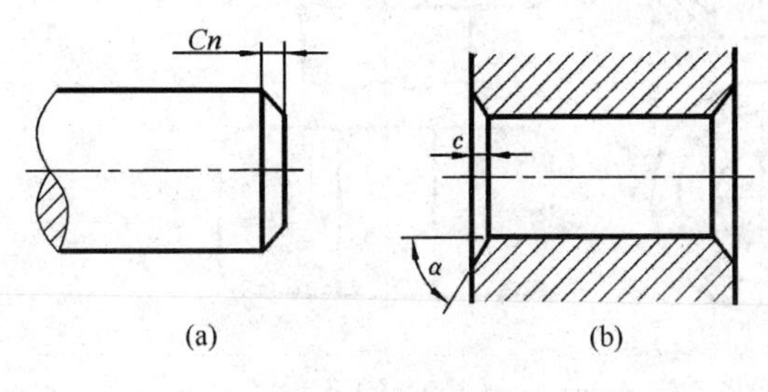

图 8-23 倒角

2. 机械加工常见工艺结构

(1) 倒角和圆角。为了便于装配及操作安全，在孔和轴的端部，一般都应加工成倒角，如图 8-23 所示为倒角的画法。

(2) 退刀槽和砂轮越程槽。在切削加工零件时，为了便于退出刀具及保证装配时相关零件的接触面靠紧，在被加工表面台阶处应预先加工出退刀槽或砂轮越程槽，如图 8-24 所示。

(3) 钻孔结构。用钻头钻孔时，钻头的轴线应与待钻物表面垂直，否则，钻头受力不均匀，会影响孔的加工精度；同时又有可能使钻头歪斜或折断，图 8-25 所示为三种钻孔端面的正确结构。

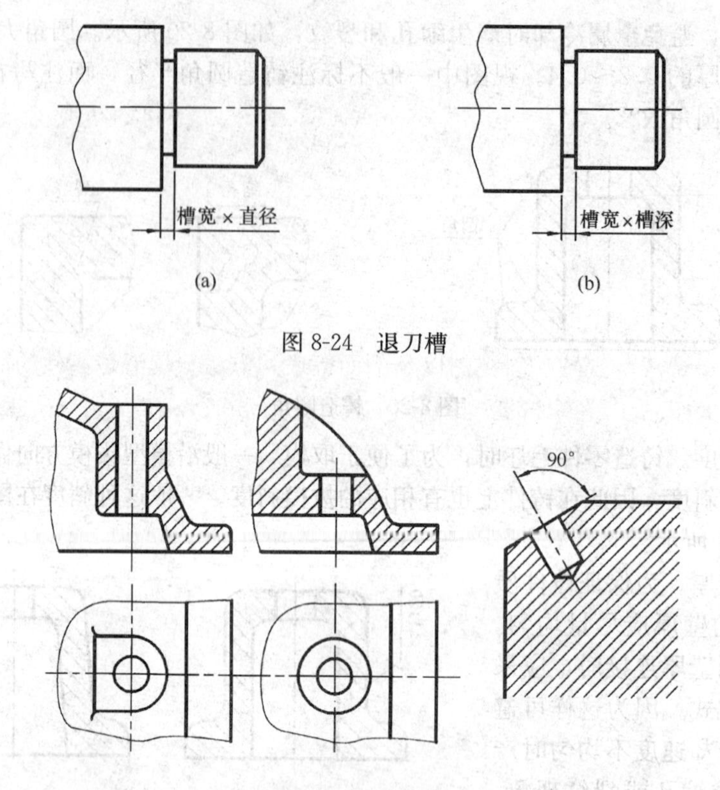

图 8-24 退刀槽

图 8-25 钻孔的端面

（4）凸台、凹坑、凹槽。零件之间相互接触的表面一般都要进行切削加工，为保证接触良好，减少切削加工面积，降低加工费用，零件上应设计出凸台、凹坑和凹槽结构，图 8-26（a）、（b）是螺栓连接的支撑面，为接触良好，做成凸台或凹坑的形式，图 8-26（c）是为了减少加工面积，而做成凹槽结构。

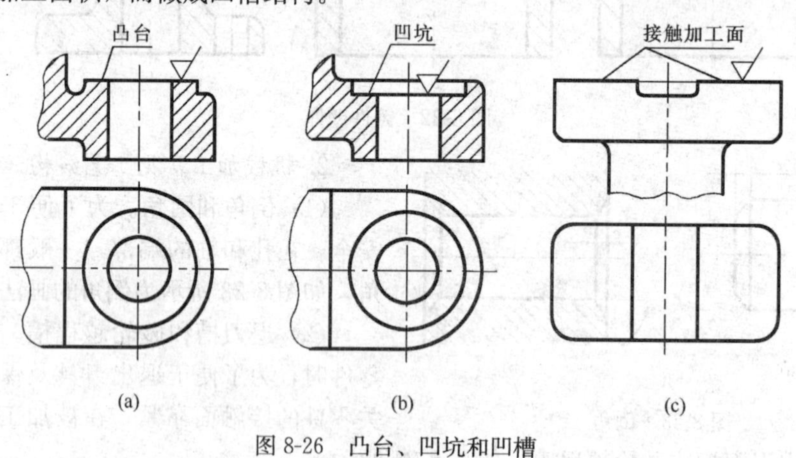

图 8-26 凸台、凹坑和凹槽

第二节 读 零 件 图

从事各种行业的技术人员，必须具备读零件图的能力。本节结合零件的结构分析、视图选择、尺寸标注和技术要求，举例说明阅读零件图的方法和步骤。

一、读零件图的方法和步骤

1. 读标题栏

了解零件的名称、材料、画图的比例，同时联系典型零件的画法，对该零件有一个初步认识。

2. 分析视图、想象形状

读懂零件的内、外形状和结构，想象出零件的形状，是读零件图的重点。前面章节中所讲的组合体的读图方法，仍然适用于读零件图。从基本视图入手，根据投影关系读懂零件大体的内外形状，结合局部视图、斜视图以及剖面等表达方法，读清楚零件的局部结构。从设计或加工方面的要求，了解零件的一些结构的作用。

3. 分析尺寸和技术要求

了解零件的定形、定位及总体尺寸，以及注写尺寸时所用的尺寸基准。还要看懂技术要求，如表面粗糙度、公差等内容。

4. 综合考虑

将读懂的零件的结构形状、尺寸标注和技术要求等内容综合起来，就能比较全面的读懂零件图。

二、读图举例

下面以图 8-27 为例说明看零件图的方法和步骤。

1. 读标题栏

由标题栏可知零件名称为泵体，属箱体类零件，选用的材料为 HT150，说明零件毛坯为铸体，其结构应满足铸造工艺的一些要求，比例为 1∶1。

2. 分析视图，想象形状

看图的顺序一般是先看整体后看细部，先看主要部分后看次要部分；先看容易的，后看复杂的。该零件图的主视图表达泵体主要部分泵腔的结构特点；俯视图表达了泵臂上有与单向阀体相接的两个螺孔，且分别位于泵体的右边和后边；左视图表达了两个安装板的形状及其位置。

根据图形可知泵体零件结构主要由两大部分组成：半圆柱形的外形和内有空腔的箱体；两块三角形安装板。通过述分析，综合起来就可以想象出泵体的完整形状，如图 8-28 所示泵体轴测图。

3. 分析尺寸和技术要求

分析尺寸指分析零件长、宽、高三个方向尺寸基准，了解各部分的定位尺寸和定形尺寸，分清楚哪些是主要尺寸。分析技术要求指分析零件的表面粗糙度、尺寸公差、形位公差及热处理等技术要求。从图 8-27 可知，泵体安装板的端面是长度方向的基准，泵体上端面是高度方向的基准，泵体的前后对称面是宽度方向的基准。进出油孔中心高 47±0.1，两安装板的中心距 60±0.2 是主要尺寸，在加工时必须保证这些要求。从图中技术要求可知，两螺孔端面处要求较高，其他尺寸、技术要求，可自行分析。最后，通过归纳总结，才能对零件有比较全面的认识。

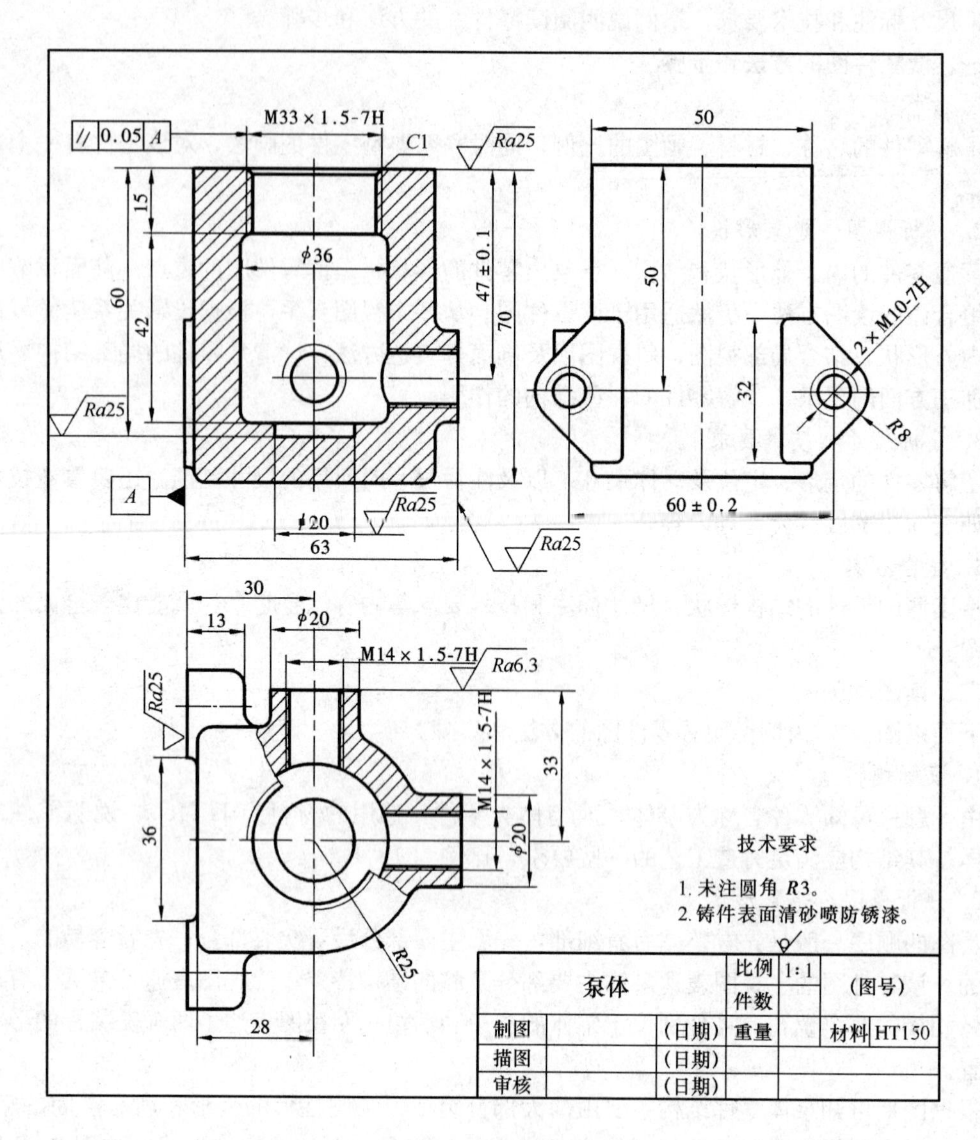

图 8-27 泵体零件图

第三节 零 件 测 绘

一、概述

零件测绘是根据已有零件画出零件图的过程，这一过程包括绘制零件草图、测量出零件的尺寸和确定技术要求，然后根据草图整理和绘制成零件图。零件测绘工作常常在现场进行，如测绘机器、讨论设计方案、技术交流、现场参观。由于受条件或时间限制，以草图来绘制，就会显得方便快捷。

二、零件测绘的种类

(1) 设计测绘——测绘为了设计。根据需要对原有设备的零件进行更新改造，这些测绘多是从设计新产品或更新原有产品的角度进行的。

(2) 机修测绘——测绘为了修配。零件损坏，又无图样和资料可查，需要对损坏零件进行测绘。

(3) 仿制测绘——测绘为了仿制。为了学习先进技术，取长补短，常需要对先进的产品进行测绘，以制造出更好的产品。

三、常用的测量工具及测量方法

测量尺寸是零件测绘过程中的一个必要的步骤。零件上全部尺寸的测量应集中进行，这样不但可以提高工作效率，还可以避免错误和遗漏。测量零件尺寸时，应根据零件尺寸的精确程度选用相应的量具。

1. 常用测量工具

在零件测绘中，常用的测量工具、量具有：直尺、内卡钳、外卡钳、游标卡尺、千分尺、角度规、螺纹规、圆角规等。

对于精度要求不高的尺寸，一般用直尺、内外卡钳等即可。对于精确度要求较高的尺寸，一般用游标卡尺、千分尺等测量工具。对于特殊结构，一般要用特殊工具如螺纹规、圆角规来测量。

2. 常用的测量方法

测量线性尺寸一般可用直尺或游标卡尺直接测量，有时也可用三角板与直尺配合进行，如图 8-29 所示。

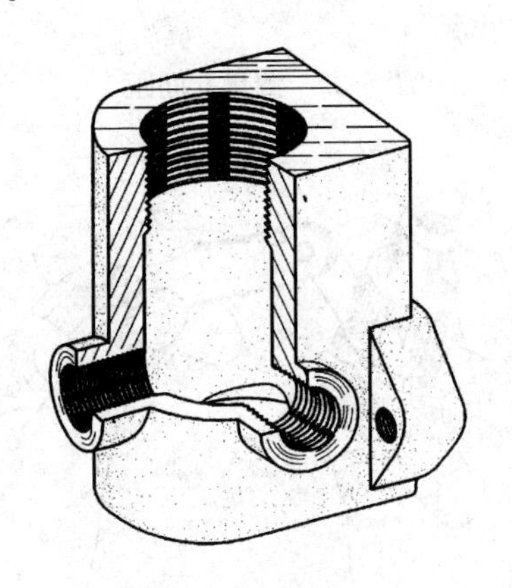

图 8-28 泵体轴测图

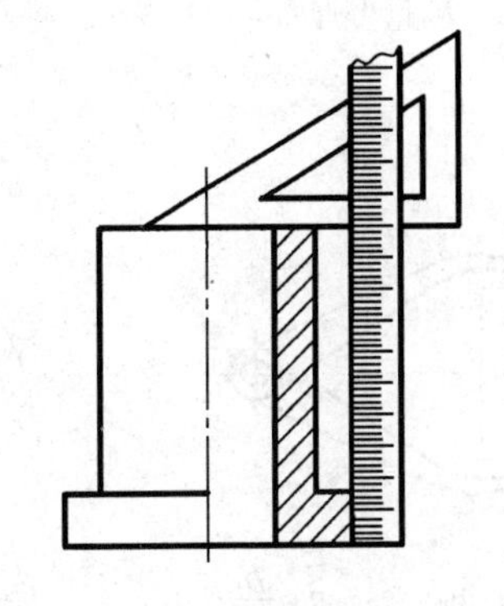

图 8-29 测量线性尺寸

测量回转体的直径。测量外径和内径分别用外卡钳和内卡钳。测量时要把内、外卡钳上下，前后移动，量得的最大值为其内径或外径。一般也可用游标卡尺和千分尺直接测量，如图 8-30 所示。

测量壁厚可用外卡钳直尺组合使用，如图 8-31 所示。

测量孔间距可用外卡钳，游标卡尺或直尺测量后，再进行计算，如图 8-32 所示。

测量轴孔中心高一般可用外卡钳及直尺或游标卡尺测量，如图 8-33 所示。

测量圆角可直接用半径规测量。一套半径规有多片，一组测量外圆，一组测量内圆。测量圆角时，只要在圆角规中找出与被测量部分完全吻合的一片，则片上的读数即为圆角半径的大小，如图 8-34 所示。铸造圆角一般目测估计其大小即可，若手头有工艺资料则应选取相应的数值而不必测量。

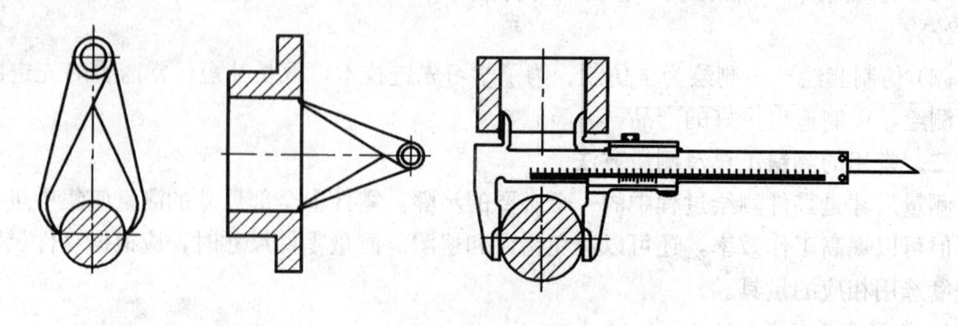

图 8-30 测量内外径

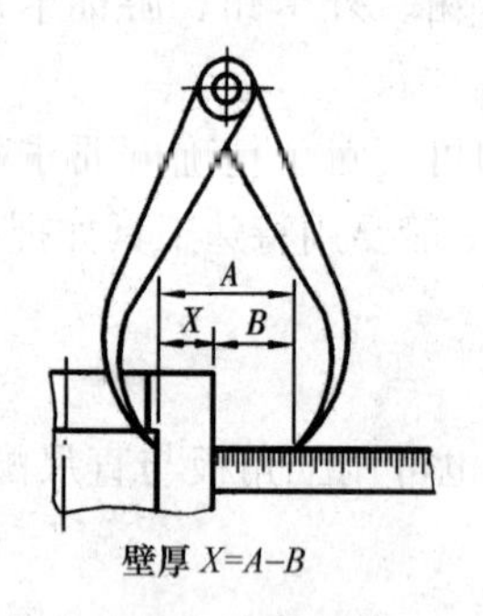

图 8-31 测量壁厚

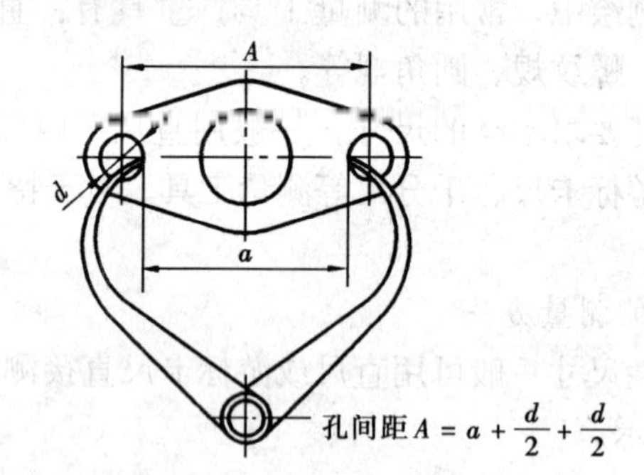

图 8-32 测量孔间距

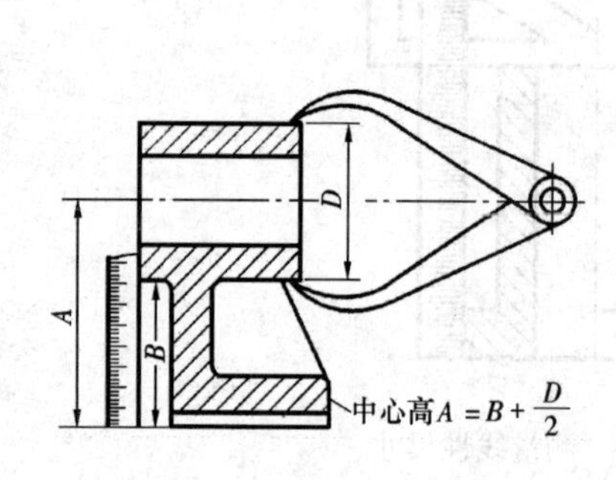

图 8-33 测量轴孔中心高

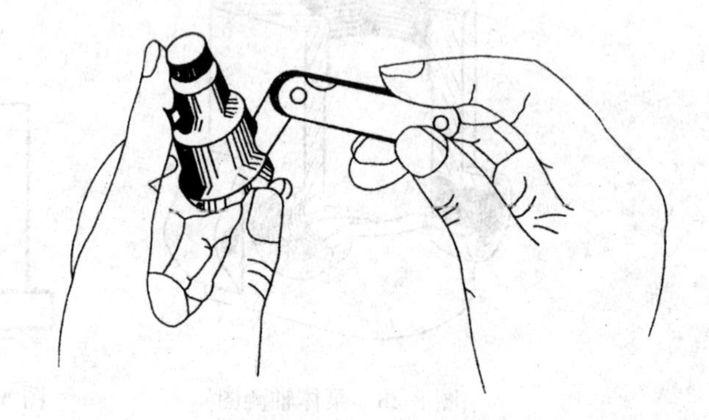

图 8-34 测量圆角

测量螺纹 测量螺纹要测出直径和螺距。对于外螺纹测大径和螺距，对于内螺纹测小径和螺距，然后查手册取标准值。螺距 t 的测量，可用螺纹规或直尺。螺纹规由一组钢片组成，每一钢片的螺距大小均不相同，测量时只要某一钢片上的牙型与被测量的螺纹牙型完全吻合，则钢片上的读数即为其螺距大小，如图 8-35 所示。

曲面轮廓 对精确度要求不高的曲面轮廓，可以用拓印法在纸上拓出它的轮廓形状，然后用几何作图的方法求出各连接圆弧的尺寸和中心位置，如图 8-36 所示。

齿轮的模数 对于标准齿轮，其轮齿的模数可以先用游标卡尺测得 d_a，再计算得到模数初始值[$m=d_a/(z+2)$]，然后查表取标准模数，如图 8-37 所示。

四、零件测绘步骤

1. 分析零件、确定表达方案

在零件测绘以前，必须对零件进行详细分析，分析的步骤及内容如下：

（1）了解该零件的名称、用途、材料。

（2）对该零件进行结构分析。分析零件结构时，应结合零件在机器上的安装、定位、运动方式进行。通过分析，还必须弄清楚零件上每一结构的功用，并确定为实现这一功能所采用的技术保证。

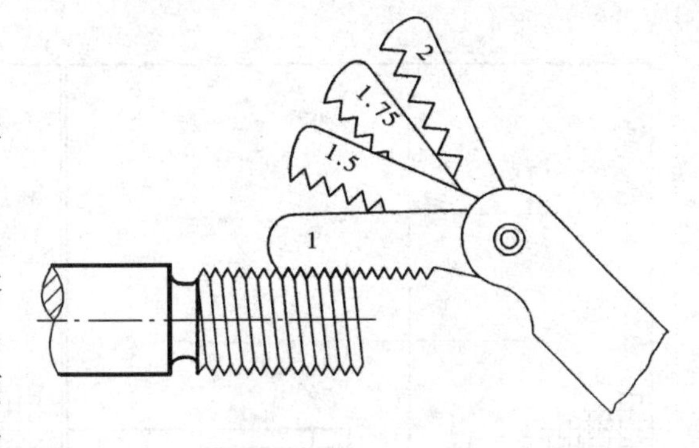

图 8-35 螺纹规测螺距

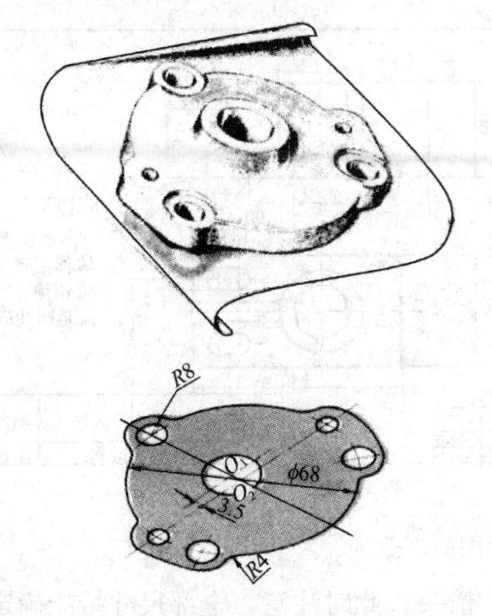

图 8-36 拓印法测曲面轮廓

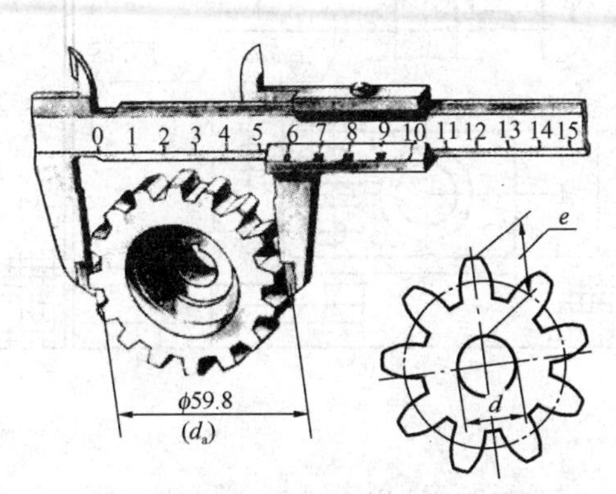

图 8-37 测量齿轮模数

（3）在通过上述分析的基础上，确定零件的表达方案，开始画零件草图。确定表达方案前，应根据零件的形状和结构特征分类，即轴套类、盘盖类、叉架类和箱体类四类型之一。然后根据每一类零件的结构特点选择适当的视图。主视图的选择一定要从投影方向和零件安放位置两方面考虑，再按零件的内外结构特点选用必要的其他视图，各视图的表达方法都应有一定的目的。视图表达方案要求正确、完整、清晰和简便。

2. 画零件草图

零件草图并不是“潦草的图”，它具有与零件工作图一样的全部内容，包括一组视图、完整的尺寸、技术要求和标题栏。它与手工尺规绘图的区别是：画图时目估比例，只用铅笔、橡皮，不使用尺规，徒手画出图形。它同样要求视图正确、表达清楚、线型分明、尺寸齐全、图面整齐、技术要求完全。画零件草图的步骤如下（见图 8-38）。

（1）在图纸上确定各个视图的位置，画出各视图的中心线、轴线、基准线。注意合理安排图幅，视图之间留有足够的余地以便标注尺寸，留出标题栏位置；

（2）从主视图开始，先画各视图的主要轮廓线，后画细部，并且详细画出零件的内、外部结构形状。画图时要注意各视图间要保证“长对正，高平齐，宽相等”的投影关系；

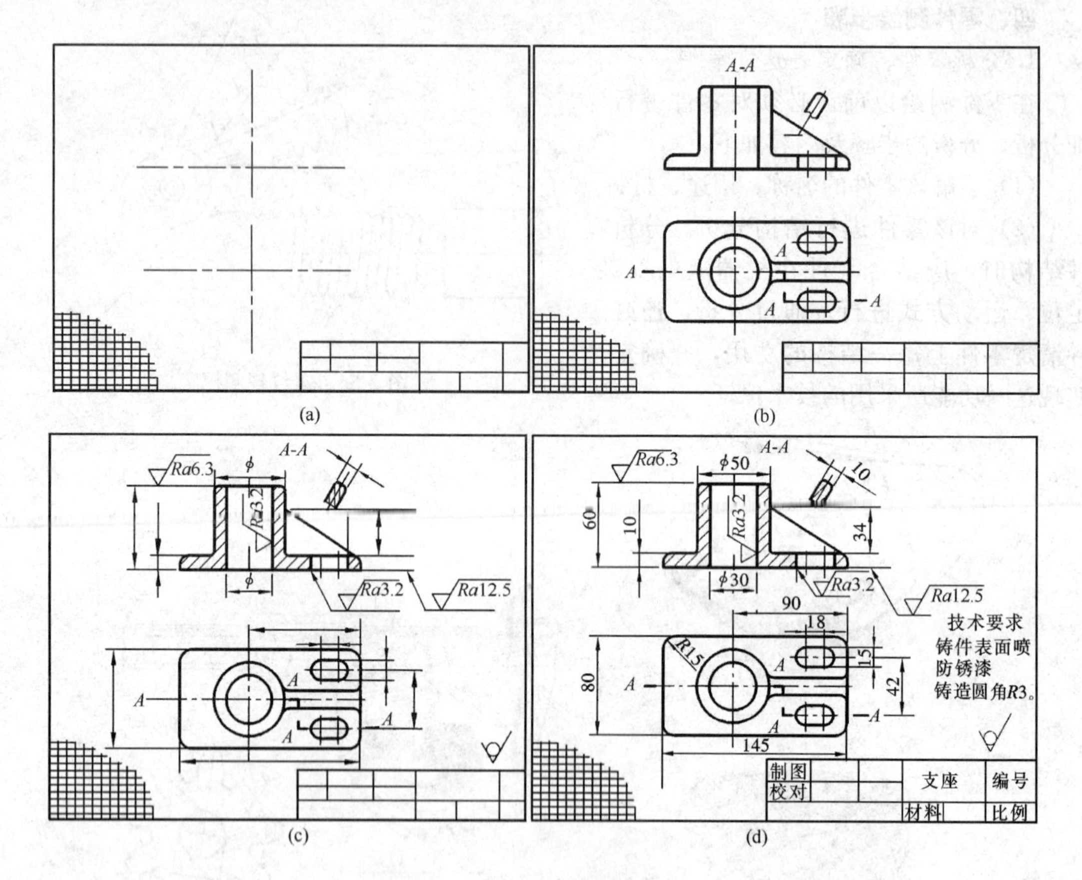

图 8-38　画零件草图的步骤

（3）选择基准，画出全部尺寸界线，尺寸线和箭头。此时注意，全部尺寸指能确定该零件形状、结构的所有定形尺寸、定位尺寸及总体尺寸。

（4）逐个量注尺寸，结合国家相关标准，确定数据。尺寸的标注与测量的结构有关：

a. 对于一般结构，即没有配合关系的结构，测量后采用“四舍五入”圆整的原则，圆整后的基本尺寸要符合国标规定；

b. 对于标准结构，如螺纹、倒角、倒圆、退刀槽、中心孔、键槽等，测最后应查表取标准值；

c. 对于配合结构，首先确定轴孔基本尺寸（基本尺寸相同），其次确定配合性质（根据拆卸时零件之间松紧程度，可初步判断出是有间隙的配合还是有过盈的配合），最后确定基准制（一般取基孔制，但也要看零件的作用来决定）及公差等级（在满足使用要求的前提下，尽量选择较低等级）。

此外，对于齿轮，应按齿轮的测量方法先确定其模数（模数查表取标准模数），然后按齿轮各部分计算公式计算各部分尺寸。

（5）确定技术要求。技术要求包括表面粗糙度、尺寸公差、形位公差及文字说明。零件各表面的粗糙度数值和其他技术要求，应根据零件的作用和装配要求来确定。通常可查阅有关手册或参考同类产品的图纸确定。

（6）仔细检查草图后，描深并画剖面线，填写标题栏。

3. 画零件工作图

由于零件测绘往往在现场，时间不长，有些问题虽已表达清楚，尚不一定最完善，同时，零件草图一般不直接用于指导生产，因此，需要根据草图做进一步完善，画出零件工作图。画零件图之前应对零件草图进行复检，检查草图表达是否完整、清晰、简便；尺寸标注是否正确、合理、完整；技术要求是否完整、合理等，从而对草图进行修改、调整和补充，然后选择适当的比例和图幅，按草图画零件图。

4. 测绘注意事项

(1) 测量尺寸时，应正确选择测量基准，以减少测量误差。零件上磨损部位的尺寸，应参考其配合零件的相关尺寸，或参考有关的技术资料予以确定。

(2) 零件间相配合结构的基本尺寸必须一致，并应精确测量，查阅有关手册，给出恰当的尺寸偏差。

(3) 零件上的非配合尺寸，如果测得为小数，则应圆整为整数标出。

(4) 零件上的截交线和相贯线，不能机械地照实物绘制。因为它们常常由于制造上的缺陷而被歪曲。画图时要分析弄清它们是怎样形成的，然后用学过的相应方法画出。

(5) 要重视零件上的一些细小结构，如倒角、圆角、凹坑、凸台和退刀槽、中心孔等。如是标准结构，在测得尺寸后，应参照相应的标准查出其标准值，注写在图纸上。

(6) 对于零件上的缺陷，如铸造缩孔、砂眼、加工的疵点、磨损等，不要在图上画出。

第九章 装 配 图

第一节 装 配 图 概 述

装配图是用来表达机器或部件的工作原理，各部件之间以及各零件之间装配关系的图样，图 9-1 所示是球阀的装配图。

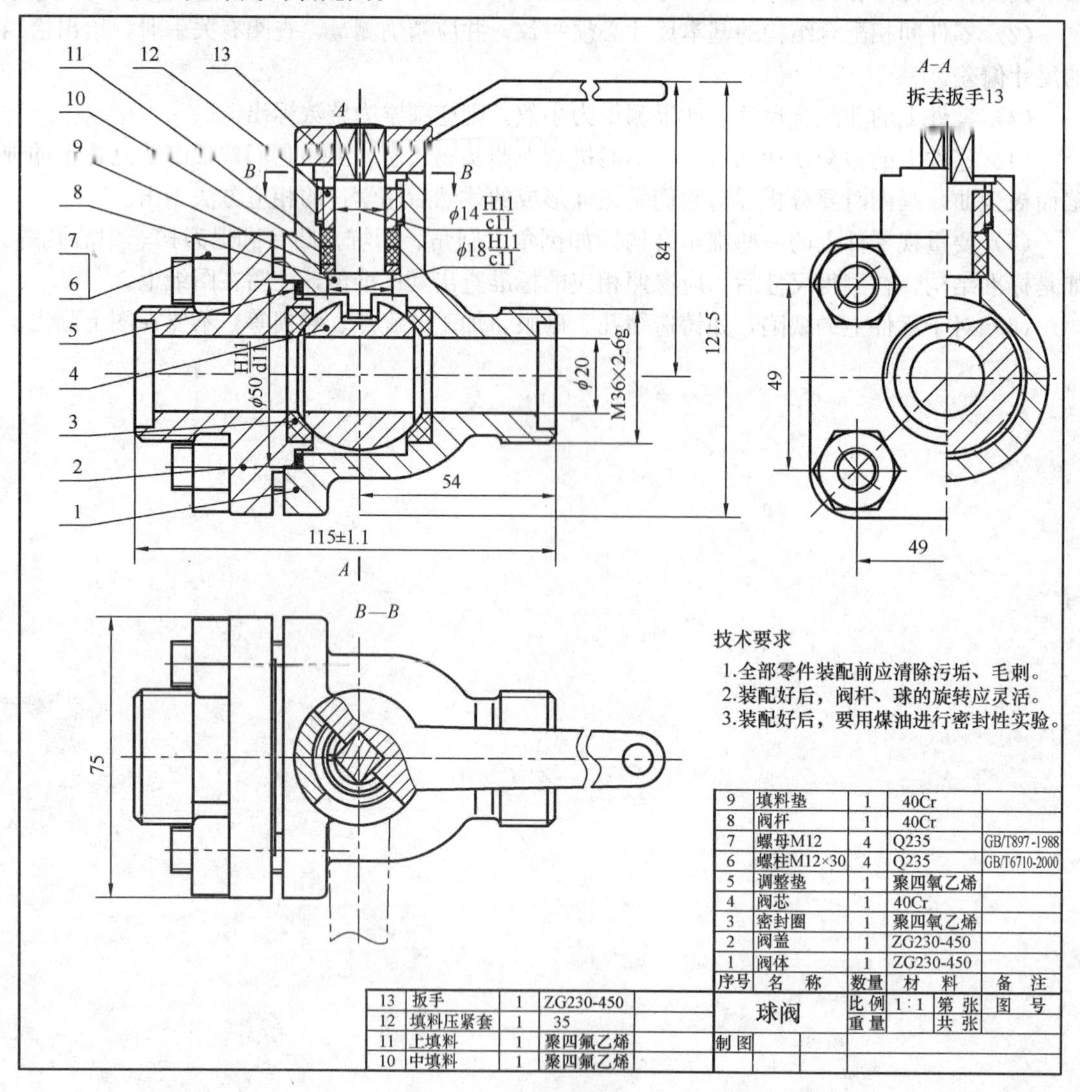

图 9-1 球阀的装配图

一、装配图的内容

一张完整的装配图应包括下列内容：

1. 一组图形

用以表达机器和部件的工作原理，各个零件的主要结构形状，各个零件间的相对位置和装配关系。

2. 必要的尺寸

装配图中应标注该装配体的规格尺寸、性能尺寸、配合尺寸、安装尺寸、总体尺寸和检验尺寸等必要的尺寸。

3. 技术要求

技术要求是用文字或规定的代号、符号说明在装配、调试、检验、搬运或使用时应达到的要求和注意事项。

4. 零部件序号、明细表和标题栏

用以说明机器或部件的名称、序号、数量、画图比例、设计审核签名，以及它所包含的零、部件的序号、名称、数量、材料等。

二、装配图的视图表达方法

装配图是将机器或部件作为一个整体置于投影体系内画出的一组图形，因此零件图中所采用的各种表达方法均适用画装配图。装配图表达的重点在于反映部件的工作原理，装配、连接关系和主要零件的结构特征，因此，装配图还有一些规定画法和特殊的表达方法。

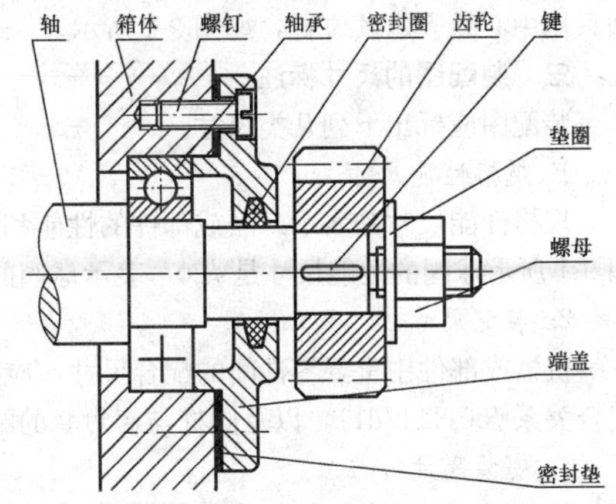

图 9-2 装配图的规定画法与简化画法

1. 规定画法

(1) 两相邻零件的接触表面和配合表面只画一条线；如图 9-2 所示箱体与轴承、轴承与端盖之间接触表面只画一条线；不接触表面和非配合表面即使间隙很小，也应画两条线，见图 9-2 中的轴与端盖、螺钉与端盖均画了两条线。

(2) 两相邻金属零件的剖面线方向应相反，或者方向一致但间隔不等。见图 9-2 端盖与箱体剖面线方向相反，端盖与轴承剖面线间隔不同。同一零件在各个视图中的剖面线方向和间隔必须一致。当零件厚度在 2mm 以内剖切时，允许以涂黑来代替剖面符号，见图 9-2 中密封垫。

(3) 紧固件和实心零件的画法。对于紧固件或实心杆件，如轴、螺栓、螺母、螺钉、螺柱、垫圈、键、销等作剖切，当剖切平面通过它们的基本轴线，这些零件按不剖绘制。如图 9-2 所示轴与紧固件均按不剖绘制，若需表达这些零件上的内部结构，如键槽、销孔等，可采用局部剖视图。

2. 特殊画法

(1) 拆卸画法或沿结合面剖切。在装配图中当有些零件被其他零件遮挡了，不能清晰反映其结构形状和主要装配关系，这时可以假想拆去遮挡它的零件，然后进行投射，这种画法叫拆卸画法，同时在画出的视图的上方应注明“拆去××零件”，如图 9-1 中 A—A 视图所示。

画装配图时，可沿几个零件之间的结合面进行剖切，结合面处不画剖面符号，如图 9-

15 齿轮油泵装配图中的左视图。

（2）假想画法。为了表达部件和相邻零件的位置关系和连接情况、运动零件的极限位置，可用双点划线简略画出其轮廓，见图 9-1 中 B—B 中扳手转至前方的位置。

（3）夸大画法。装配图中，对某些尺寸较小的零件或结构，按实际的尺寸和总体的比例无法清楚的表达，如薄垫片、细丝弹簧、微小间隙等结构，可用适当放大的比例画出，见图 9-2 中垫片。

（4）简化画法。在装配图中，常见工艺结构，如圆角、倒角和退刀槽等可不画出，如图 9-2 中螺母所示。对若干相同的零件组，如螺栓连接组件等，可详细地画出一组或几组，其余只用中心线表示其位置，如图 9-2 所示。

三、装配图的尺寸标注

装配图应标出下列几类尺寸。

1. 规格性能尺寸

规格性能尺寸是表示产品或部件的性能和规格的重要尺寸，是设计和使用的重要参数。图 9-1 所示球阀的性能尺寸是 $\phi20$，表示球阀的大小。

2. 装配尺寸

机器或部件中重要零件间的配合尺寸，应标注其配合关系。如图 9-1 所示阀盖与阀体的配合关系 $\phi50H11/d11$，以及阀杆与密封套的配合 $\phi14H11/c11$。

3. 安装尺寸

部件用于安装定位的尺寸，如图 9-1 所示球阀与管道的连接尺寸 M36×2，安装孔的定位尺寸 54，84。

4. 外形尺寸

用以表示装配体外形最大轮廓的尺寸称为外形尺寸，它是用来确定包装、运输、安装及厂房设计的依据，如图 9-1 所示球阀的总长 115±1.1，总宽 75 及总高 121.5。

5. 其他重要尺寸

如图 9-17 所示的两孔中心距 42+0.016，它是在设计中经过计算确定的，这种尺寸在拆画零件图时不能改变。

必须指出：不是每一张装配图都具有上述尺寸，有时某些尺寸兼有几种意义。装配图的尺寸应根据装配图的作用，反映设计的意图。

四、装配图中零、部件序号和明细栏

1. 序号的标注

为了便于看图及图样管理，在装配图中需对每个零件标注序号，并填写明细栏，标注序号应遵守下列几项规定。

（1）在所要标注的零件投影上画一黑点，然后引出指引线（细实线），在引出的一端用细实线画一段横线或一个圆，序号填写在横线上或圆内，序号字体比尺寸数字大两号。在不至于引起误解时，在引出线的一端也可以不画横线或圆，直接注写出序号，如图 9-3 所示。

（2）对于薄片类零件，其厚度在 2mm 以下是剖面涂黑，可以用箭头指向该零件，如图 9-4 所示。

（3）一组紧固件及装配关系清楚的零件组，可以采用公共指引线，如图 9-5 所示，它常用于螺栓，螺母和垫圈零件组。

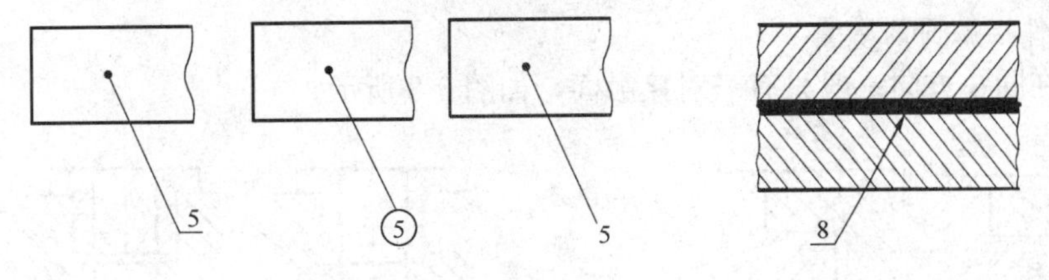

图 9-3 序号的一般注写形式　　图 9-4 薄片类零件的注写形式

(4) 相同的零件只编一个序号，其个数在明细栏中反映出来。

(5) 指引线不要彼此相交，在通过有剖面线的区域时，要尽量避免与剖面线平行，必要时可画成折线，但只允许弯折一次，如图 9-6 所示。

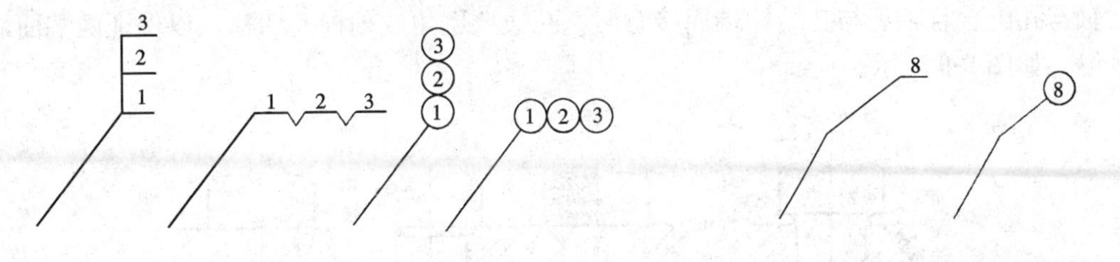

图 9-5 成组类零件的注写形式　　图 9-6 弯折指引线

(6) 编号应按水平或垂直方向整齐排列，并按顺时针或逆时针方向顺序编号。

2. 明细栏

明细栏画在标题栏上方，如图 9-7 所示外框为粗实线，内格为细实线，若地方不够，也可在标题栏的左方再画一排，明细栏中零件序号编写顺序是从下往上，以便增加零件时，也可继续向上填写。

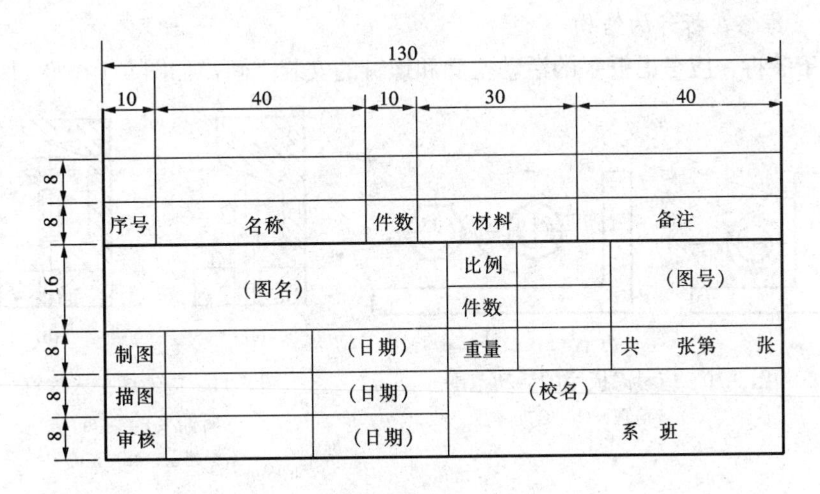

图 9-7 装配图的标题栏与明细栏

五、装配结构合理性简介

在设计和绘制装配图的过程中应考虑装配结构的合理性，以保证部件的性能要求及零件加工和装拆的方便。下面仅就常见的装配结构问题作一些介绍。

1. 两个零件接触面的数量

两个零件在同一方向一般只有一对接触面，如图 9-8 所示。

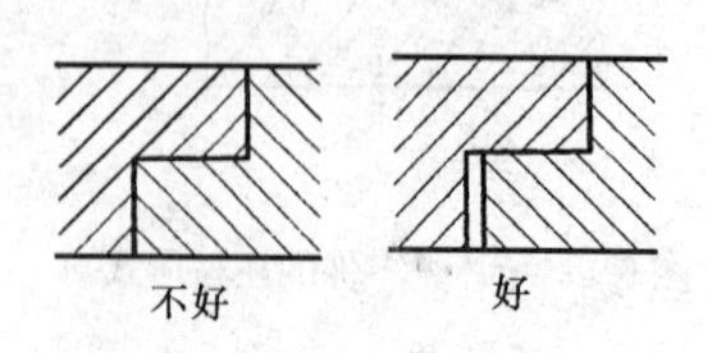

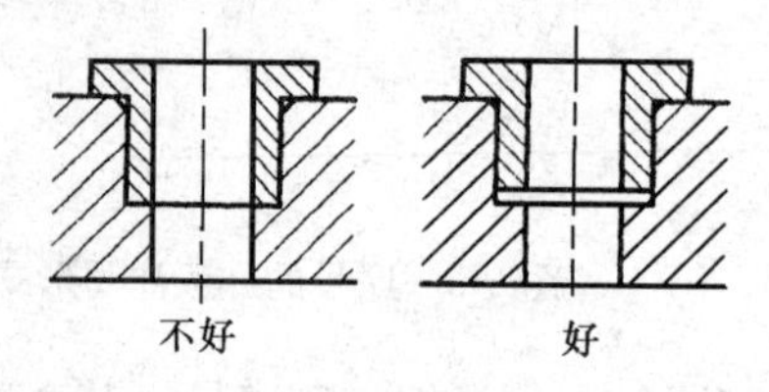

图 9-8 两零件接触面

2. 两零件接触处拐角的结构

轴与孔配合且轴肩与孔结构端面接触时，孔边要倒角或轴根要切槽，以保证两端面能紧密接触，如图 9-9 所示。

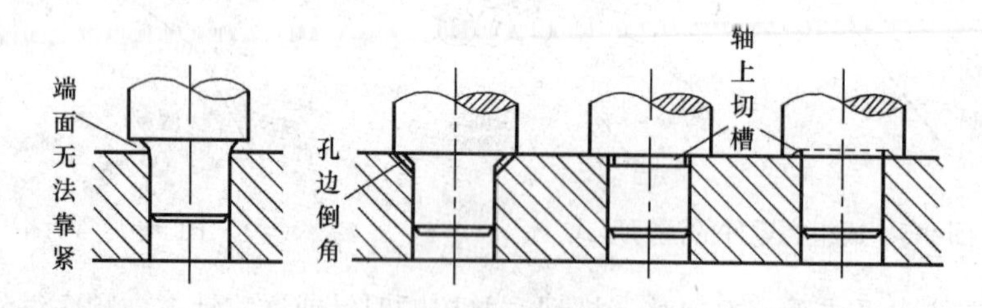

图 9-9 两零件接触面拐角处的结构

3. 零件在轴向的定位结构

为了防止轴向零件产生轴向移动，必须进行轴向定位。常用轴肩定位，用垫圈、螺母压紧，如图 9-2 所示。

4. 安装、维修、拆卸的结构

为了便于装拆，应考虑扳手的活动空间和螺钉的安装空间，如图 9-10、9-11 所示。

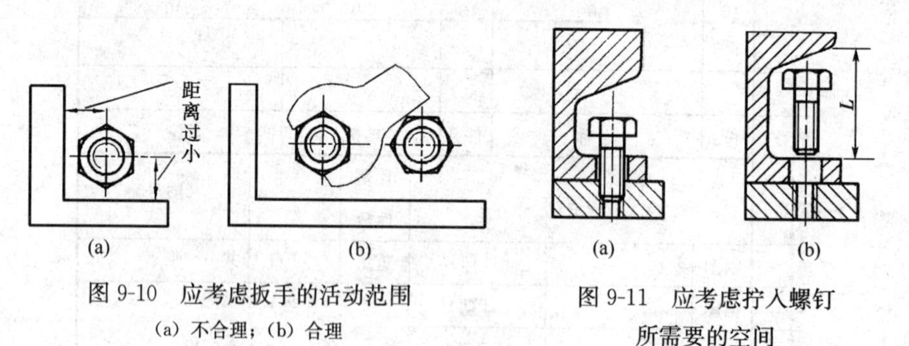

图 9-10 应考虑扳手的活动范围

(a) 不合理；(b) 合理

图 9-11 应考虑拧入螺钉所需要的空间

(a) 错误；(b) 正确

第二节 由零件图画装配图

部件由所属零件组成，根据各零件图和装配示意图可拼画出装配图。装配图的视图必须清楚地表达机器（或部件）的工作原理，各零件之间的相对位置和装配关系，以及尽可能表达出主要零件的基本形状。因此，在确定视图表达方案之前，要详细了解该机器或部件的工作情况和结构特征。在此基础上分析掌握各零件间的装配关系和它们相互间的作用，进而考虑选取何种表达方法。

下面以图 9-19 所示的齿轮油泵为例，讨论根据零件图绘制装配图的方法和步骤。本例中所有零件均由学生测绘所得，故不另附零件图。

一、了解零件的装配关系和工作原理

画装配图之前，必须对所表达的部件的功用、工作原理、结构特点、零件之间的装配关系及技术条件等进行分析、了解，以便考虑视图表达方案。

齿轮油泵是机器润滑系统的供油泵，用以输送润滑油。如图 9-12 所示，它由泵体、端盖、运动零件、密封件以及标准件等组成。

泵体空腔内容纳一对齿轮轴，其中一个是传动齿轮轴，该轴外伸，并装有齿轮，以承接外来的运动和动力，靠平键连接。另一个为齿轮轴。泵体与端盖用六角头螺栓连接，用圆柱销定位。传动齿轮轴与泵体相配处装有填料，用压紧螺母并通过填料压盖将其压紧。泵体与端盖之间有垫片，既防止漏油，还可调整间隙。

泵体是齿轮油泵中的主要零件之一，泵体两侧各有一个管螺纹的螺纹孔，一个吸油、一个压油。如图 9-13 所示，当传动轴旋转时，在吸油口处两啮合的齿轮逐渐脱开，齿间空腔逐渐增大，形成负压，于是油被吸入齿间，随着齿轮的旋转，油被带入压油处，该处两齿轮的轮齿逐渐啮合，齿间空腔由大变小，油压逐渐增大，将油由压油孔输入油管送往各润滑管路中。

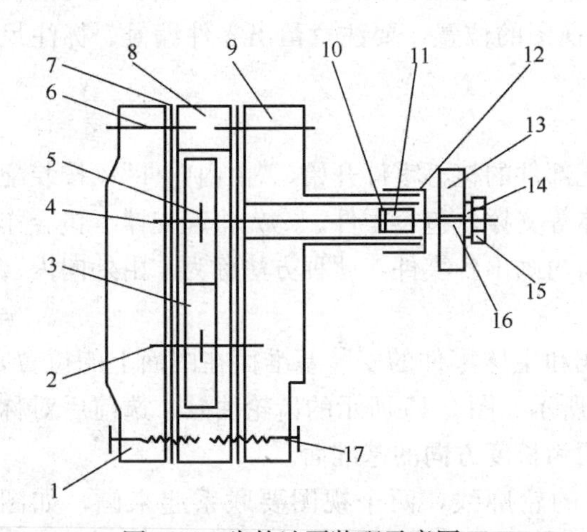

图 9-12 齿轮油泵装配示意图

1—左端盖；2—从动轴；3、13—齿轮；4—主动轴；5、6—圆柱销；7—垫片；8—泵体；9—右端盖；10—填料；11—填料压盖；12—大螺母；14—垫片；15—组合螺母；16—键；17—螺栓

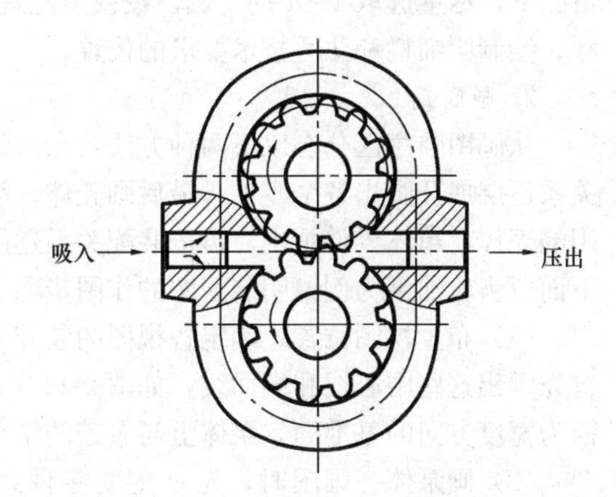

图 9-13 齿轮油泵的工作原理

二、确定表达方案

选择装配图的表达方案首先确定主视图，然后配合主视图选择其他视图。

1. 主视图的选择

一般将机器或部件按工作位置放置，当工作位置倾斜时，可将它摆正，使主要装配轴线、主要安装面处于特殊位置。

主视图应当选用最能反映零件间的装配关系和部件工作原理的视图，并能表达主要零件的形状。其投射方向也应考虑兼顾其他视图的补充表达。

如图 9-15 所示，齿轮油泵装配图主视图安放位置采用安装面水平放置，即两齿轮轴水平放置。投射方向垂直于两齿轮轴的轴线平面。主视图采用全剖视图，充分表达了各个零件的装配关系、相互作用和密封件的防外泄功能，突出反映了一对齿轮的平行传动工作原理。

2. 其他视图的配置

其他视图的配置要根据装配件结构的具体情况，选用一定的视图来对装配图的装配关系、工作原理或局部结构进行补充表达，并保证每个视图都有明确的表达内容。

齿轮油泵装配图除主视图外，增加了一个左视图。左视图采用沿左端盖 4 与泵体 1 结合面剖切后移去了垫片 7 的半剖视图，清楚地反映油泵的外部形状，齿轮的啮合情况以及吸、压油的工作原理。再以局部剖视反映吸、压油口的情况。

3. 表达方案的分析比较

表达方案一般不是唯一的，应对不同的方案进行分析、比较和调整，使最终选定的方案既能满足上述要求，又便于绘图和看图。

三、画装配图

确定表达方案后，即可开始画装配图，一般作图步骤如下。

1. 确定图纸幅面与画图比例

根据部件的特点、总体尺寸的大小和视图数量，决定图的比例以及图纸幅面。在可能的情况下，尽量选取 1∶1 的比例。按视图配置各视图的位置，要注意留出零件编号、标注尺寸、绘制明细栏和注写技术要求的位置。

2. 画底稿

从画图顺序区分有以下两种方法：①从装配部件的核心零件开始，“由内向外”，按装配关系逐层展开画出各个零件，最后画壳体、箱体等支撑、包容零件。②先将起支撑、包容作用的壳体、箱体零件画出，再按装配关系逐层向内画出各零件，此种方法称为“由外向内”。下面以齿轮油泵为例说明装配图的作图步骤。

（1）布置视图位置。确定各视图的装配干线和主体零件的安装基准面在图面上的位置，首先画出这些中心线和端面线，如图 9-14（a）所示。图 9-15 所示的齿轮油泵，选前后对称面为宽度方向的基准面，泵体上与泵盖的结合面为长度方向的基准面。

（2）画泵体。画图时，先画主要零件泵体的轮廓线，两个视图要联系起来画，如图 9-14（b)所示。注意不要急于将该零件的内部轮廓全部画出，而只需确定装入其内部的零件的安装基准线，因为被安装在内部的零件遮挡的部分不必画出，如主视图的主动轴、齿轮遮盖了泵体内型腔交线和出油口。

（3）根据齿轮、轴与泵体的相对位置，画出齿轮 5、主动轴 13、从动轴 3 的视图，如图 9-14（c）所示。

（4）画出其他零件，如图 9-14（d）所示。画各零件视图的过程中应按正确的顺序进行。

1）对于剖视图应从内向外画，对于外形视图应从外向内画；

2）对于某个零件的各个视图，最好几个视图结合起来画；

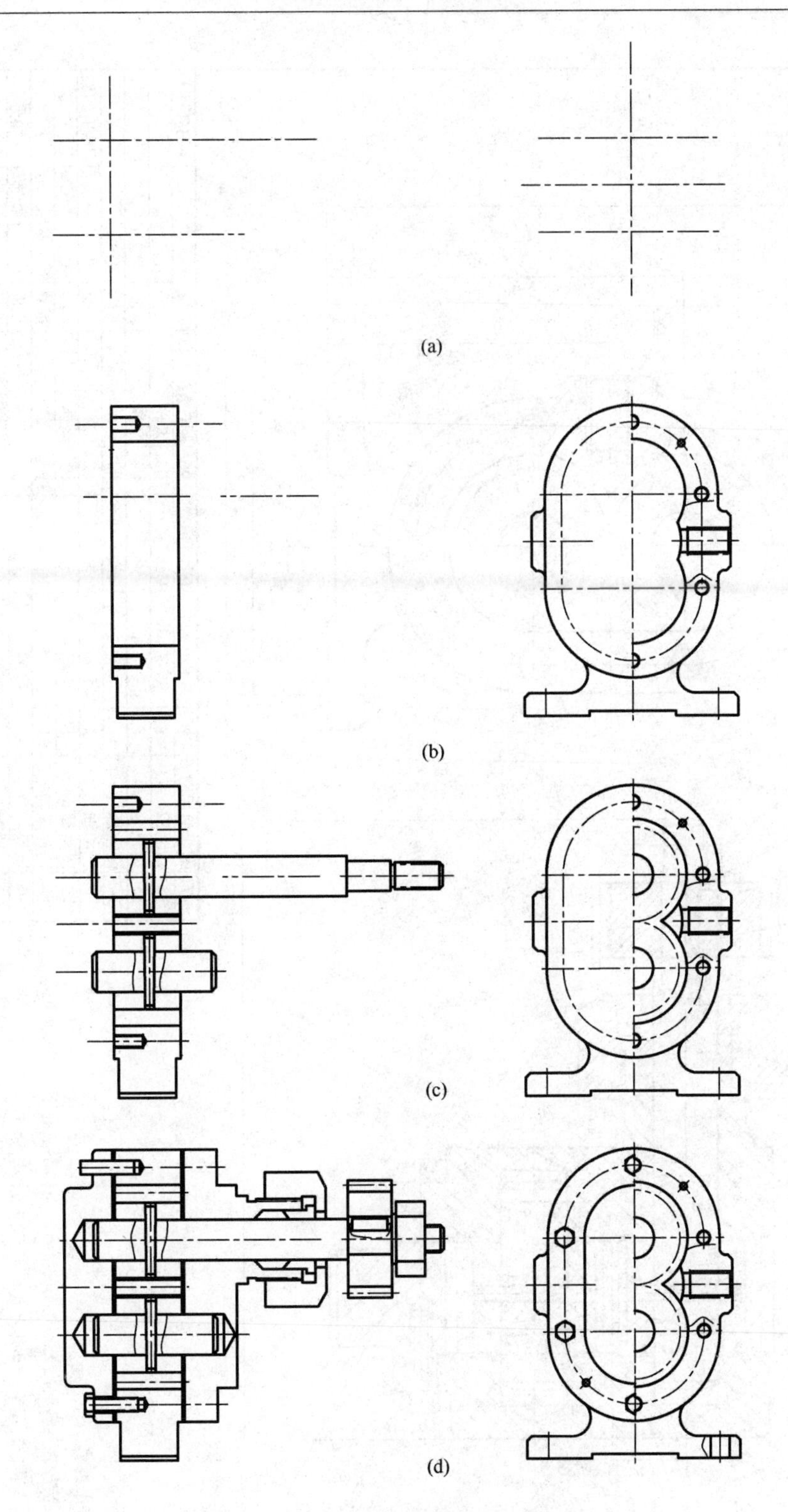

图 9-14 绘制齿轮油泵装配图

(a) 绘制基准线；(b) 绘制泵体；(c) 绘制轴、齿轮；(d) 绘制其他零件

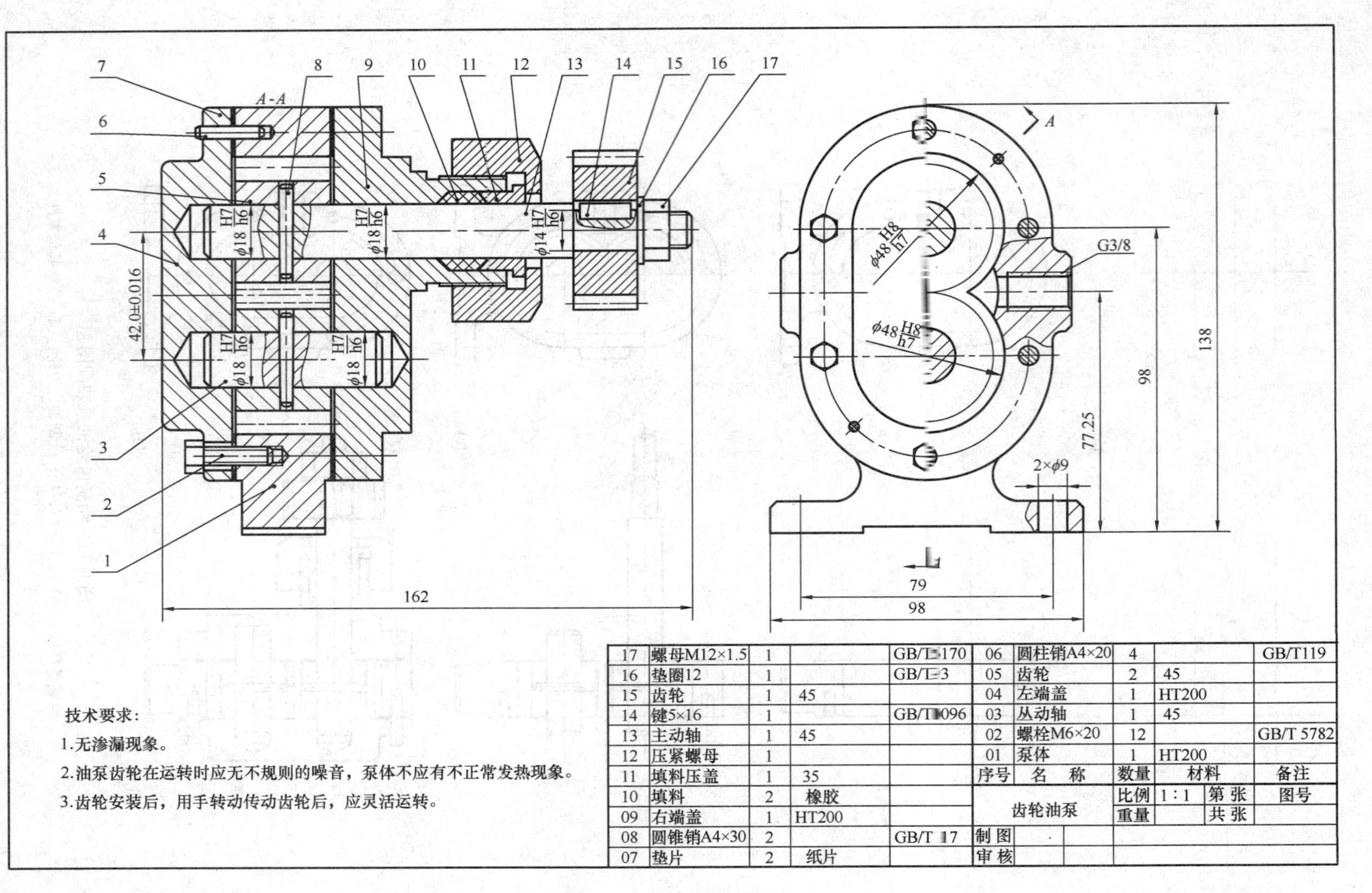

技术要求：

1.无渗漏现象。

2.油泵齿轮在运转时应无不规则的噪音，泵体不应有不正常发热现象。

3.齿轮安装后，用手转动传动齿轮后，应灵活运转。

序号	名称	数量	材料	备注	序号	名称	数量	材料	备注
17	螺母M12×1.5	1		GB/T [illegible]170	06	圆柱销A4×20	4		GB/T119
16	垫圈12	1		GB/T [illegible]3	05	齿轮	2	45	
15	齿轮	1	45		04	左端盖	1	HT200	
14	键5×16	1		GB/T [illegible]096	03	从动轴	1	45	
13	主动轴	1	45		02	螺栓M6×20	12		GB/T 5782
12	压紧螺母	1			01	泵体	1	HT200	
11	填料压盖	1	35		序号	名　称	数量	材料	备注
10	填料	2	橡胶		齿轮油泵		比例 1∶1	第 张	图号
09	右端盖	1	HT200				重量	共 张	
08	圆锥销A4×30	2		GB/T [illegible]17	制图				
07	垫片	2	纸片		审核				

图 9-15　齿轮油泵装配图

3）对零件间具有前后、上下和左右层次的部件：对主视图，在画图的过程中应遵循从前向后的顺序画；对俯视图应从上向下画；对左视图应从左向右画。

3. 检查加深图线，标注尺寸

完成各视图的底稿后，仔细检查有无遗漏，擦除废线；画剖面线、标注尺寸。画剖面线时要注意装配图中剖面线的规定画法。尺寸标注如图 9-15 所示。装配图标注五类尺寸：①规格性能尺寸，即进出口管螺纹尺寸 G3/8。②装配尺寸，即齿顶圆与泵体内腔的配合尺寸、左右端盖与轴的配合尺寸、齿轮与外伸轴的配合尺寸。③安装尺寸，即泵体底板上螺栓孔定形与定位尺寸。④外形尺寸，即齿轮油泵的总长、总高和总宽尺寸。⑤其他重要尺寸，如进出油口的管螺纹轴线到泵体安装底板底面的中心高尺寸、主动轴的轴线到泵体安装底板底面的中心高尺寸、两传动齿轮中心距尺寸。

4. 编序号，填写标题栏、明细栏、技术要求

完成装配图的全部内容，如图 9-15 所示。

第三节　读　装　配　图

在实际工作中，经常要读装配图。例如在装配机器时，要按照装配图来组装零件和部件；在设计过程中，要按照装配图来设计和绘制零件图；在技术交流时，则要参阅读装配图来了解零件、部件的具体结构等。

读装配图要达到以下目的。

（1）了解机器和部件的性能、功用和工作原理；

（2）弄清楚各个零件的作用和它们之间的相对位置、装配关系、连接和固定方式以及拆装顺序等；

（3）读懂各零件的主要结构形状。

现以图 9-16 的蝶阀为例，说明读装配图的方法和步骤。

一、概括了解

（1）通过标题栏了解部件的名称、大致用途及绘图比例。

（2）从明细栏及零件编号了解零件的名称、数量及有哪些标准件、常用件、哪些非标准件，大致确定装配体的复杂程度。

（3）分析视图的表达方案，了解各视图相互关系及表达意图。

图 9-16 的标题栏说明该部件是蝶阀，功用是控制流体的流通与截断。共有 13 个零件，其中 6、8、9、11 号零件为标准件，其余为非标准件，图样比例为 1∶1。

部件采用了三个基本视图，主视图两处作局部剖切，一处表达铆钉，阀门和阀杆间的连接关系，另一处表达阀体间的连接定位方式和阀体与阀盖的主要结构形状。左视图通过阀杆的轴线剖切，画成全剖视图，它清楚地表达了部件的装配关系；俯视图沿齿杆轴线剖切，画成全剖视图，其重点表达了工作原理；对齿杆作局部剖切，表示螺钉与齿杆间的装配关系。

二、分析工作原理

根据装配图和明细栏所提供的基本信息，分析装配关系和工作原理。如从蝶阀的名称可了解到部件的基本功用是控制流体的截断与流通，然后分析这些功能是通过哪些

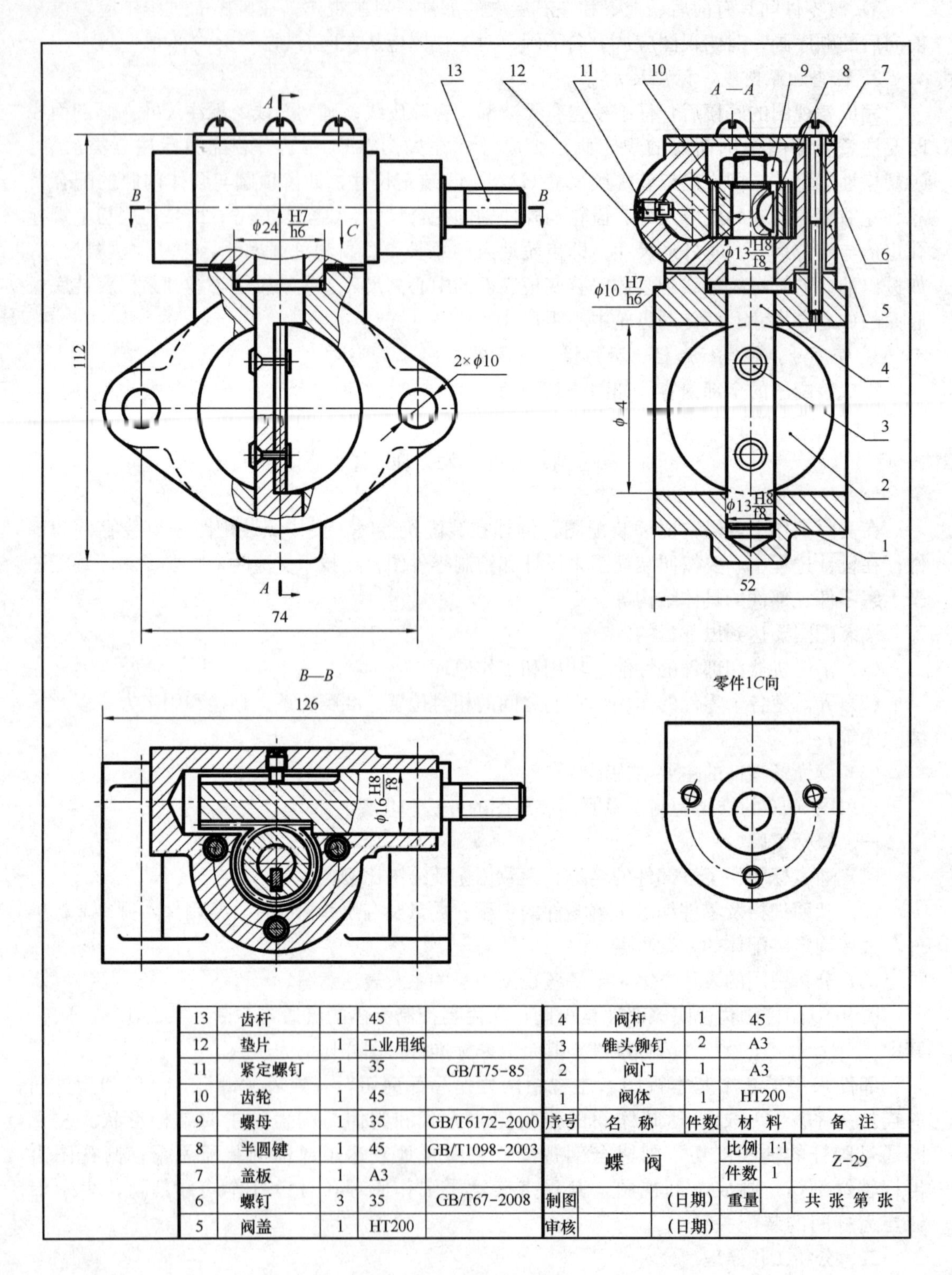

序号	名称	件数	材料	备注
13	齿杆	1	45	
12	垫片	1	工业用纸	
11	紧定螺钉	1	35	GB/T75-85
10	齿轮	1	45	
9	螺母	1	35	GB/T6172-2000
8	半圆键	1	45	GB/T1098-2003
7	盖板	1	A3	
6	螺钉	3	35	GB/T67-2008
5	阀盖	1	HT200	
4	阀杆	1	45	
3	锥头铆钉	2	A3	
2	阀门	1	A3	
1	阀体	1	HT200	

蝶阀		比例	1:1	Z-29
		件数	1	
制图	（日期）	重量		共 张 第 张
审核	（日期）			

图 9-16 蝶阀装配图

零件实现的。从配合尺寸了解配合的类型，从而确定零件间有无相对运动。从零件的基本功用了解其在部件中的作用。如齿轮的基本功用是传递动力，改变运动方向等。在此基础上分析出部件的工作原理。通过前面对各个零件结构形状和相对位置的概括了解，从图 9-16 中的主视图可知阀门处于开启状态，从阀体与阀杆间的配合尺寸 ϕ13H8/f8 以及阀杆与泵盖间的配合尺寸 ϕ13H8/f8，可以看出阀杆可以在泵体与泵盖内自由转动；齿轮通过半圆键与阀杆连接。从俯视图和左视图可以看出齿轮与齿杆啮合，拉动齿杆，通过齿轮与齿条机构的作用，带动阀杆与阀门的转动，阀门转过 90°即关闭管路，清楚地表达了蝶阀的工作原理。

三、分析零件间的装配关系

进一步分析装配干线中各零件的装配关系。如图 9-16 所示的蝶阀，从左视图和主视图可以看出 4 号零件阀杆下端插入 1 号零件阀体内；2 号零件阀门位于阀体流孔内，通过铆钉 3 固定在 4 号零件阀杆上；阀杆的上端从 5 号零件阀盖孔中穿出；阀盖通过下部凸台的侧面与垫片 12 相接触的密封面实现在泵体内的径向与轴向的定位；阀体通过台肩实现轴向定位，以便转动灵活；齿轮装在阀杆上，通过半圆键连接，轴向下部采用轴肩定位，则齿轮只能从上端装入，通过螺母与阀杆固定。从俯视图看：齿杆装在阀盖内，与齿轮啮合，螺钉 11 和齿杆上的槽限制齿杆在阀盖内转动，阀盖上部用盖板密封，用螺钉 6 固定，以防灰尘落入。从零件间的相互位置关系确定了蝶阀的装配干线各零件的装拆顺序。将各零件的编号按安装顺序表示为

1→4→2→3→13→5→12→11→10→9→7→6

四、分析零件，看懂零件的结构形状

要看懂零件的结构形状，首先要将零件分离出来，根据零件的序号在装配图中找到零件的位置，根据外形轮廓确定视图的范围，根据投影联系和剖面线的方向确定零件在装配图其他视图中的投影，正确分析局部的结构形状及其他零件间的关系，补充被其他零件遮挡的轮廓线，从而确定零件的主要结构形状。对于细小的难于确定的结构，可以从相邻零件的连接关系、定位方式等方面分析，从而确定出正确的形状。

以图 9-16 所示蝶阀装配图中的零件 1 阀体为例，介绍零件的分离与形状的确定方法。

首先根据零件 1 在明细栏中的序号，在左视图中找到零件的对应序号和指引线所指剖面线区域，确定阀体在装配图中的剖面线方向和间距及部分区域，通过 ϕ44 可了解中部无剖面线区域为阀体通孔的投影，从而将上部剖面线区域与下部联系起来。根据外形轮廓线确定视图的范围，进一步确定阀体在左视图中的投影；根据主、左视图高平齐和主、俯视图长对正的投影联系，以及剖面线信息确定阀体在装配图中的主视图和俯视图中的投影，补充被其他零件遮挡的轮廓线，从而确定阀体的主要结构形状。分离出的阀体视图如图 9-17 所示。

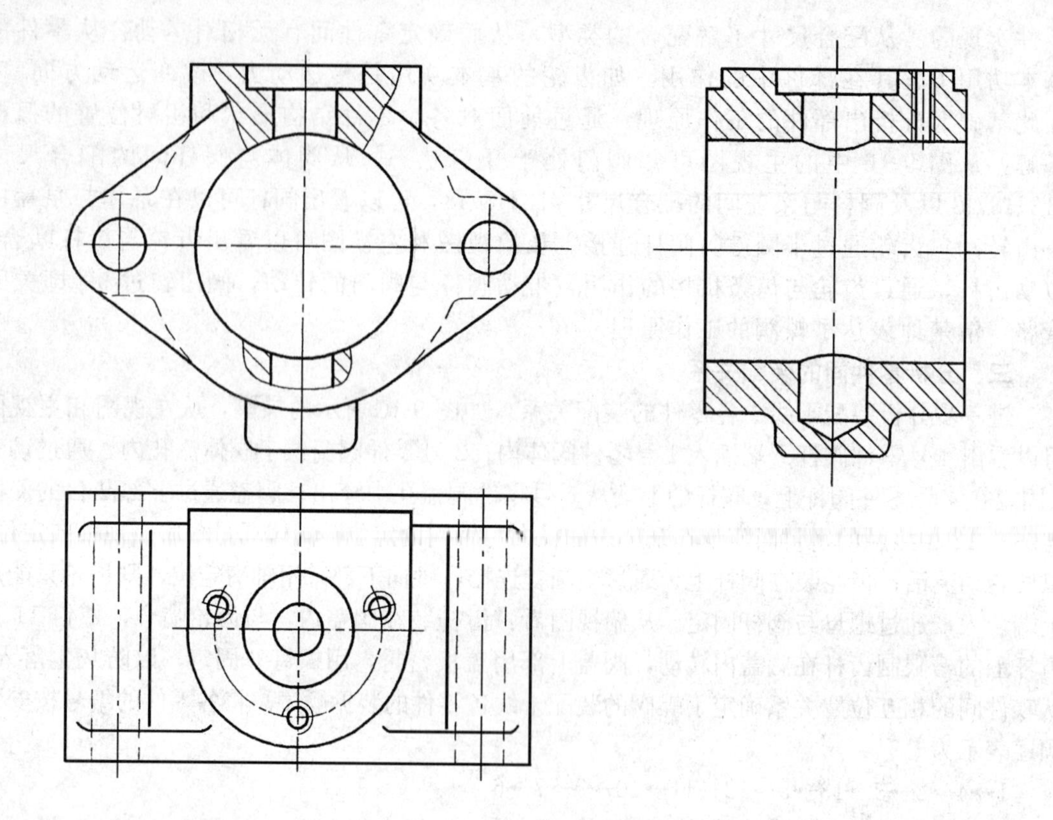

图 9-17 分离零件

第十章 建筑施工图

供人们生活、生产、工作、学习、娱乐的各类房屋一般称为建筑物，用来表达建筑物内外形状、大小尺寸、结构形式、构造作法、装饰材料、各类设备等内容，按照国家标准的规定，用正投影方法详细准确画出的图样，称为房屋建筑图。房屋建筑图是用来指导房屋建筑施工的依据，所以又称为施工图。

第一节 概 述

一、房屋的各组成部分及其作用

如图 10-1 所示为某住宅楼的剖视轴测图，各种不同功能的房屋建筑，一般都是主要由以下各部分组成：

（1）基础：房屋墙、柱等室内地面以下的承重部分，承受上部传来的荷载并传给地基，起支撑房屋的作用。

（2）墙或柱：承受上部墙体及楼板、梁等传来的荷载并传给基础。内墙兼有分隔作用，外墙兼有维护作用。

（3）楼（地）面：房屋中水平方向的承重构件，将荷载传给墙、柱等，同时起分层

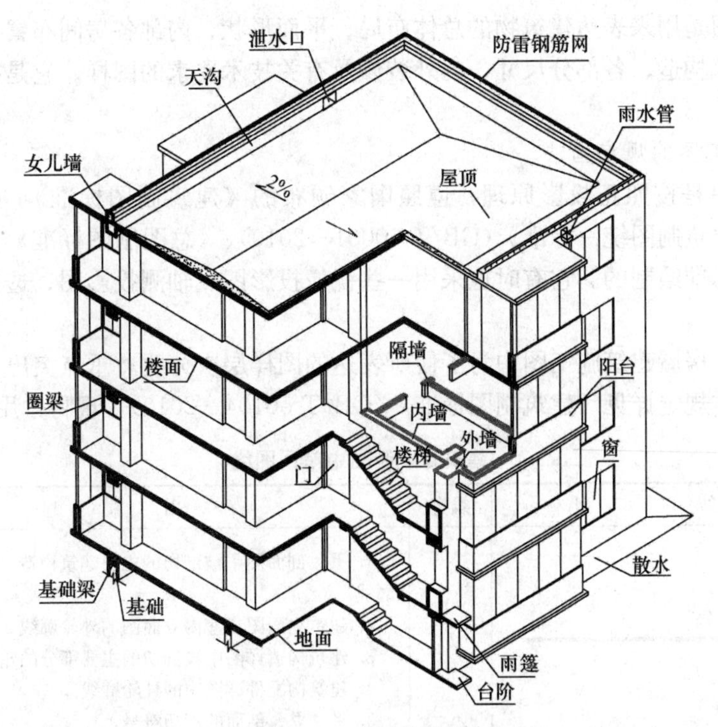

图 10-1 房屋的组成

作用。

（4）楼梯：房屋垂直方向的交通设施。

（5）屋顶：房屋顶部的承重结构，起着承重、维护、隔热（保温）作用。

（6）门窗：门主要供人们内外交通和分隔房间之用；窗则主要起采光、通风、分隔、围护的作用。对某些有特殊要求的房间，还要求门窗具有保温、隔热、隔声、防射线等能力。

另外，建筑物一般还有散水（明沟）、台阶、雨篷、阳台、女儿墙、雨水管、消防梯、水箱间、电梯间等其他构配件和设施。

二、房屋施工图的分类

房屋施工图是建造房屋的技术依据。为了方便工程技术人员设计和施工应用，按图纸的专业内容、作用不同，将完整的一套施工图进行如下分类：

1. 建筑施工图（简称建施）

建筑施工图包括总平面图、平面图、立面图、剖面图和构造详图等。本章主要讲述建筑施工图的绘制和阅读方法。

2. 结构施工图（简称结施）

结构施工图包括结构设计说明、基础图、结构平面布置图和结构构件详图，详见第十一章。

3. 设备施工图（简称设施）

设备施工图包括给水排水、采暖通风、电气等专业的平面布置图、系统图和详图，分别简称水施、暖施和电施。将在后面各章陆续讲述。

三、建筑施工图简述

1. 建筑施工图的作用

建筑施工图是用来表达建筑物的总体布局、平面形状、内部各房间布置、细部构造、材料及做法、外部构造、各部分尺寸、内外装修及有关技术要求的图样。它是指导施工和概预算的主要依据。

2. 建筑施工图的规定画法

建筑施工图是按照正投影原理，遵照国家颁布的《建筑制图标准》（GB/T 50104—2010）、《房屋建筑制图统一标准》（GB/T 50001—2010）、《总图制图标准》（GB/T 50103—2010）等国家标准绘制的。它有时也采用一些镜像投影图、轴测投影图、透视投影图等作为辅助用图。

（1）图线。房屋建筑施工图中为了使所表达的图样层次分明，重点突出，采用不同的线型和线宽，具体规定详见《建筑制图标准》（GB/T 50104—2010），现将常用图线列表 10-1。

表 10-1 建筑专业制图中常用图线

名称	线型	线宽	用途
粗实线	———	b	1. 平、剖面图中被剖切的主要建筑构造（包括构配件）的轮廓线 2. 建筑立面图或室内立面图的外轮廓线 3. 建筑构造详图中被剖切的主要部分的轮廓线 4. 建筑构配件详图中的外轮廓线 5. 平、立、剖面的剖切符号

续表

名称	线　　型	线宽	用　　途
中粗实线	————	0.7b	1. 平、剖面图中被剖切的次要建筑构造（包括构配件）的轮廓线 2. 建筑平、立、剖面图中建筑构配件的轮廓线 3. 建筑构造详图及建筑构配件详图中的一般轮廓线
中实线	————	0.5b	小于0.7b的图形线、尺寸线、尺寸界线、索引符号、标高符号、详图材料做法引出线、粉刷线、保温层线、地面、墙面的高差分界线等
细实线	————	0.25b	图例填充线、家具线、纹样线等
中粗虚线	- - - - - -	0.7b	1. 建筑构造详图及建筑构配件不可见的轮廓线 2. 平面图中的起重机（吊车）轮廓线 3. 拟建、扩建建筑物轮廓线
中虚线	- - - - - -	0.5b	投影线、小于0.5b的不可见轮廓线
细虚线	- - - - - -	0.25b	图例填充线、家具线等
粗点画线	—·—·—	b	起重机（吊车）轨道线
细点画线	—·—·—	0.25b	中心线、对称线、定位轴线
折断线	——∧——	0.25b	不需要画全的断开界线
波浪线	～～～	0.25b	不需要画全的断开界线、构造层次的断开线

注　室外地坪线线宽可用1.4b。

（2）比例。为了使比例统一，国标对建筑施工图的比例作了规定，摘录见表10-2。

表10-2　　**建筑制图可选比例**

图　　名	比　　例
建筑物或构筑物的平、立、剖面图	1∶50、1∶100、1∶150、1∶200、1∶300
建筑物或构筑物的局部放大图	1∶10、1∶20、1∶25、1∶30、1∶50
配件及构造详图	1∶1、1∶2、1∶5、1∶10、1∶15、1∶20、1∶25、1∶30、1∶50

（3）定位轴线。

1）定位轴线是确定结构构件位置的线，如墙、柱、梁或屋架等主要承重构件都需画出定位轴线。

2）定位轴线的画法。定位轴线用细点画线绘制，端部加绘直径为8～10mm的细实线圆（详图中圆的直径为10mm），如图10-2所示。

3）轴线编号。在平面图中定位轴线的编号宜标注在图样的下方与左侧。横向编号应用阿拉伯数字，从左至右顺序编写；竖向编号应用大写拉丁字母（I、O、Z除外），从下至上顺序编写。字母数量不够时，可增用双字母或单字母加数字注脚。对于次要构件可用附加定位轴线表示，详见图10-2。

（4）标高。标高是表示建筑物高度的一种尺寸形式。

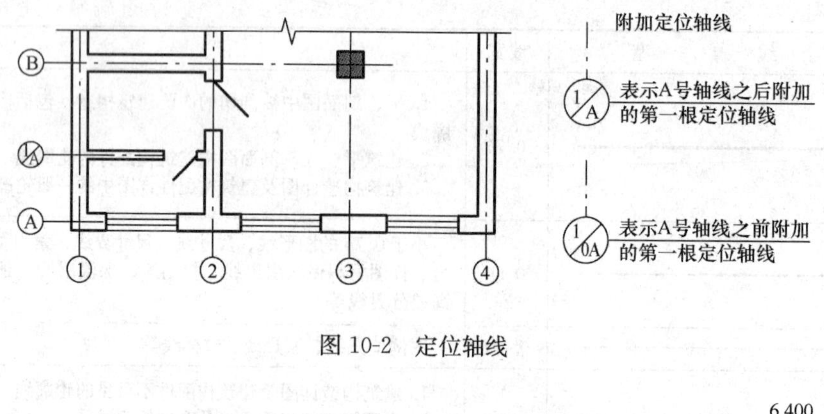

图 10-2　定位轴线

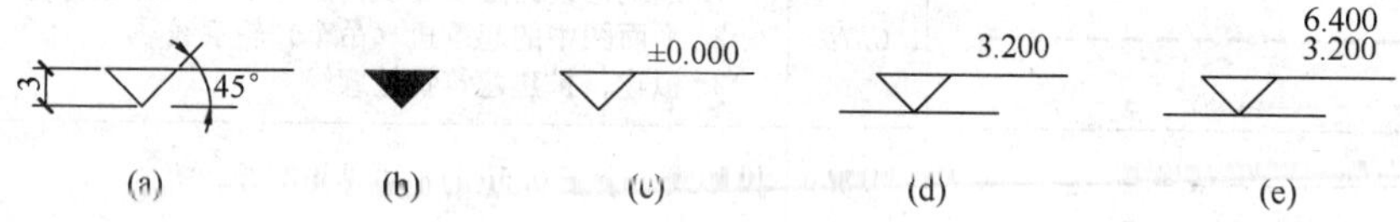

图 10-3　标高符号画法

（a）标高符号的画法；（b）总平面图上的室外标高；（c）平面图上的标高符号；（d）立面图与剖面图上的标高符号；（e）多层标注

1）标高符号的画法。标高符号用细实线按图 10-3 进行绘制，形状为直角等腰三角形。总平面图上的室外地坪的标高符号宜用涂黑的三角形表示。

2）绝对标高与相对标高。绝对标高是以我国青岛附近的黄海平均海平面为零点测出的高度尺寸；相对标高是以建筑物首层室内主要地面为零点确定的高度尺寸。

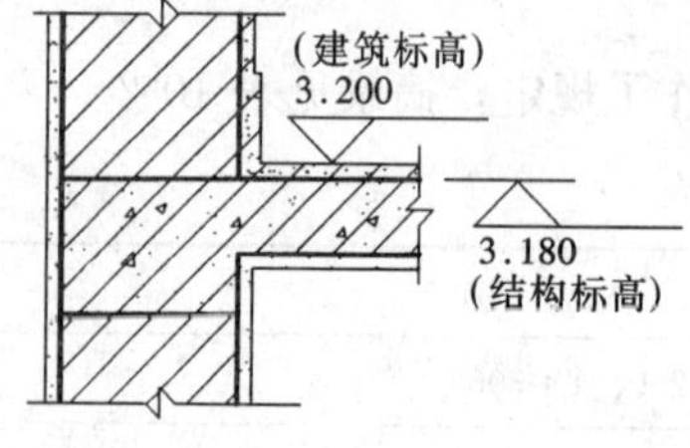

图 10-4　建筑标高与结构标高

3）建筑标高与结构标高。建筑标高是指包括抹灰粉刷层在内、装修完成后的标高；结构标高是指不包括抹灰粉刷层的构件毛面标高，如图 10-4 所示。

4）尺寸单位及标注形式。标高的尺寸单位为 m，标注到小数点后 3 位（总平面图中标注到小数点后两位）。标高符号的尖端应指至被注高度的位置，尖端宜向下，也可向上。零点标高记为“±0.000”，比零点低的加“－”表示，高的“＋”号省略。在图样的同一位置表示几个不同标高时，标高数字可按图 10-3（e）的形式注写。

（5）索引符号及详图符号。

1）索引符号。对于图中需另画详图表达的局部或构件部位，应以索引符号索引。索引符号由直径为 8～10mm 的圆和水平直径组成，均以细实线绘制，如图 10-5 所示。横线上部数字为详图的编号，下部数字为详图所在图纸的编号，如下部画一横线表示详图绘在本张图纸上。如详图采用标准图，应在水平直径的延长线上注明标准图集的编号。若索引符号用于索引剖视详图，应在被剖切的部位绘制剖切位置线，引出线所在的一侧为剖视方向，详见图 10-5。

2）详图符号。详图符号用来表示详图的编号和位置。详图符号用直径为 14mm 的粗实线圆表示。在圆内标注与索引符号相对应的详图编号。若详图从本页索引，可只注明详图的编号，若从其他图纸上引来尚需在圆内画一水平直径线，上部注明详图编号，下部注明被索引的图纸的编号，如图 10-6 所示。

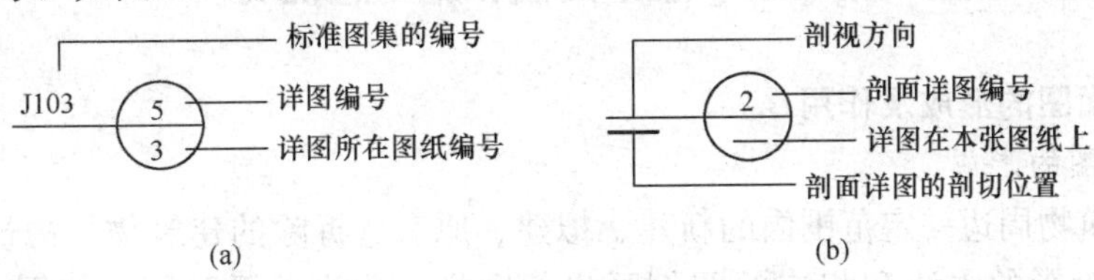

图 10-5 索引符号

(a) 直接索引；(b) 剖视索引

(6) 指北针。指北针用来确定建筑物的朝向，宜用直径为 24mm 的细实线圆加一涂黑指针表示，指针尖为北向，加注“北”或“*N*”字，尾部宽宜为直径的 1/8，如图 10-7 所示。

(7) 常用建筑材料图例，见表 10-3。

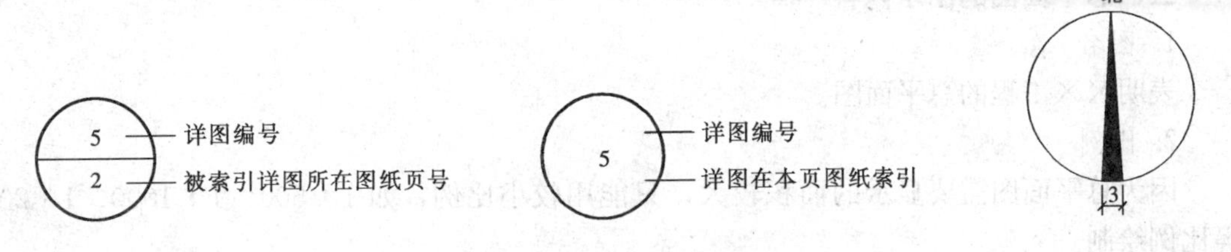

图 10-6 详图符号

图 10-7 指北针

表 10-3 常用建筑材料图例

名称	图例	说明	名称	图例	说明
自然土壤		徒手绘制	耐火砖	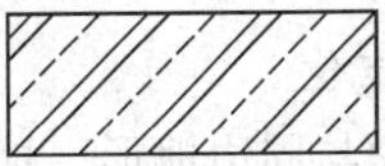	斜线为 45°细实线，用尺画
夯实土壤	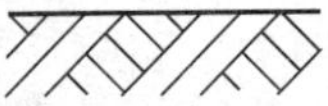	斜线为 45°细实线，用尺画	空心砖	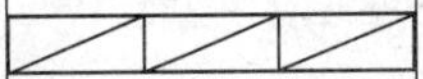	指非承重砖砌体
砂、灰土	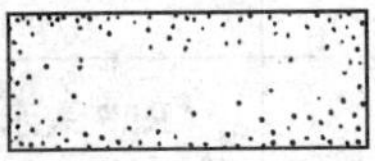	靠近轮廓线绘制较密不均匀的点	饰面砖	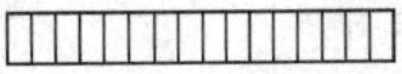	包括铺地砖、马赛克、陶瓷锦砖、人造理石等
普通砖	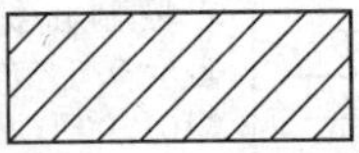	包括实心砖、多孔砖、砌块等砌体。斜线为 45°细实线，用尺画	金属	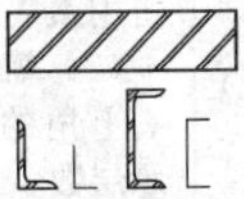	包括各种金属。斜线为45°细实线，用尺画（水工图中金属用普通砖的图例来表示）
混凝土	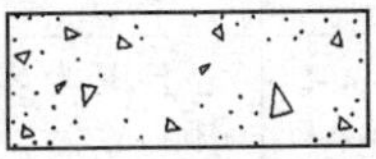	石子为封闭三角形。断面较小时可涂黑	多孔材料	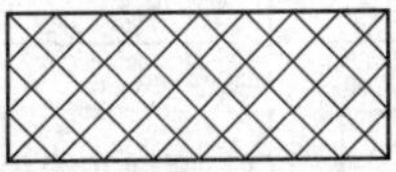	包括水泥珍珠岩、泡沫混凝土、蛭石制品等。斜线为 45°细实线，用尺画
钢筋混凝土	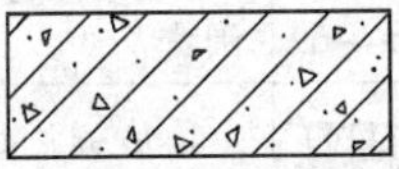	斜线为 45°细实线，用尺画	木材		上图为横断面（左上图为垫木、木砖或木龙骨）；下图为纵断面
防水材料		构造层次多或比例较大时采用上面图例	纤维材料		包括矿棉、岩棉麻丝、纤维板等

第二节 总平面图和施工总说明

一、总平面图的形成及作用

1. 总平面图的形成

将新建建筑物周边一定范围内的新建、拟建、原有、拆除的建筑物、构筑物及其地形、地物等用水平投影的方法和相应的图例画出的图样，称为总平面图，如图 10-8、图 10-9 所示。

2. 总平面图的作用

总平面图表明了新建建筑物的平面形状、位置、朝向、外部尺寸、层数、标高以及与周围环境的关系、施工定位尺寸，也是土方计算和水、暖、电等管线设计的依据。

二、常用图例

总平面图中常用一些图例表示建筑物及绿化等见表 10-4。

三、总平面图的图示内容

1. 图名

表明××工程的总平面图。

2. 比例

因为总平面图需要显示的面积较大，只能用较小比例，如 1∶500、1∶1000、1∶2000 等比例绘制。

3. 基地范围内的总体布局

如红线范围（由有关机构批准使用土地的地点及大小范围）、道路、绿化、新建建筑物形状、层数、原有建筑物和构筑物等、地形复杂时需要画出等高线。如图 10-8、图 10-9 所示。

4. 新建建筑物定位

确定新建建筑物与周边地形、地物间的位置关系是总平面所要表达的首要内容之一，可从以下三方面表示：

表 10-4 总平面图常用图例

名称	图例	备注	名称	图例	备注
新建建筑物	8 ▲	（1）用粗实线表示，可用▲表示出入口。 （2）需要时，在图形右上角的点数或数字表示层数	新建的道路	0.6 101.00 R9 150.00	“R9”表示道路转弯半径，“150.00”为路面中心控制点标高，“0.6”表示 0.6%的纵向坡度，“101.00”表示变坡点距离
原有建筑物		用细实线表示	围墙及大门		上图为实体性质的围墙， 下图为通透性质的围墙
计划扩建的预留地或建筑物		用中虚线表示	护坡		边坡较长时，可在一侧或两端局部表示

续表

名称	图例	备注	名称	图例	备注
拆除的建筑物		用细实线表示	原有道路		
铺砌场地			计划扩建道路		
坐标	X125.00 Y450.00	表示测量坐标	树木		左图表示针叶类树木 右图表示阔叶类树木
	A128.34 B258.25	表示建筑坐标	草坪		

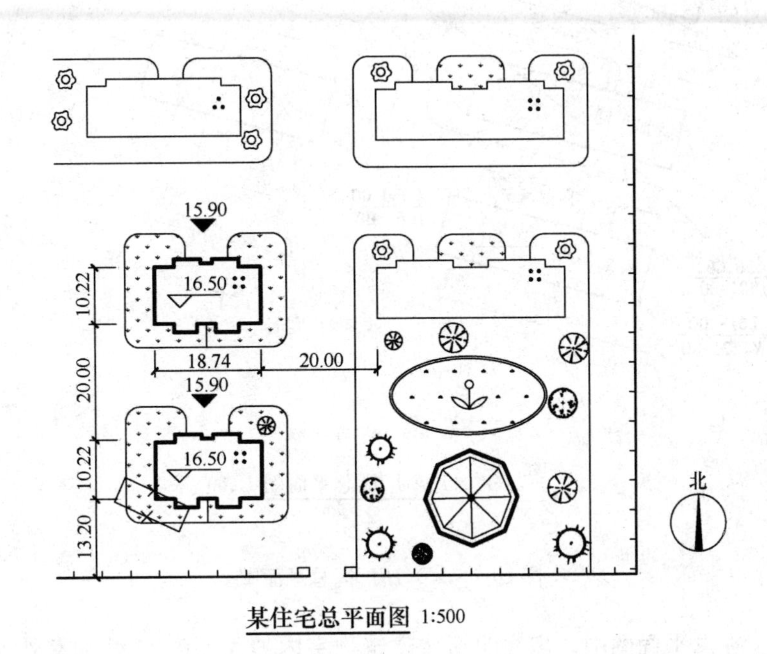

图 10-8 某住宅总平面图

(1) 定向。在总平面图中，首先应确定建筑物的朝向。朝向可用指北针（图 10-8）或风向频率玫瑰图（图 10-9）表示。风向频率玫瑰图（简称风玫瑰）是根据当地多年平均统计各个方向的风吹次数的百分数值按一定比例绘在十六罗盘方位线上连接而成，风向从外部吹向中心。粗实线为全年风向频率，虚线为夏季风向频率。

(2) 定位。

1) 确定新建建筑物的平面尺寸。以 m 为单位标注出新建建筑物的总长、总宽尺寸。

2) 确定新建建筑物的定位尺寸，通常有以下两种方法。

a. 按原有建筑物定位。当新建建筑物周围有其他参照物时，可确定新建建筑物与之相对位置关系而定位，如图 10-8 所示。

b. 按坐标定位。当新建建筑物地域较大或没有参照物时，可用坐标定位，如图 10-9 所示。

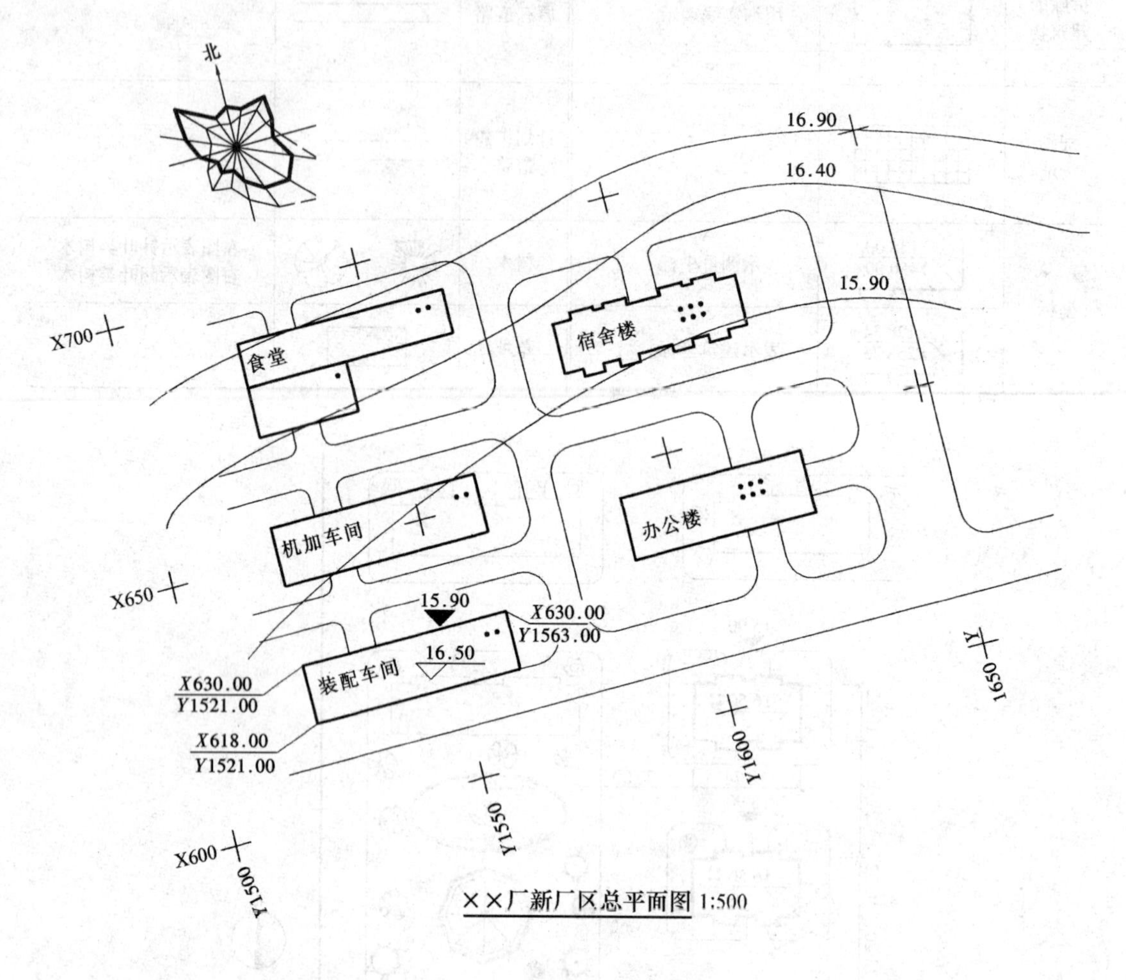

图 10-9 ××新厂区总平面图

（3）定高。在总平面图中，需注明新建建筑物室内地面±0.00 处和室外地面的绝对标高，如图 10-8、图 10-9 所示。

5. 补充图例或说明

有时需要单用一些补充图例或文字说明以表达图样中的内容。

四、总平面图的识读

图 10-8 为某单位住宅楼总平面图，比例 1：500。从图中可以看到，小区内新建两栋四层住宅，朝向坐北朝南，长 18.74m，宽 10.22m，根据原有建筑物来定位，东西方向距原有四层建筑物 22.00m，南北方向距南侧围墙 13.20m，室内±0.00 处地面相当于绝对标高的 16.50m，室外绝对标高为 15.90m，可知室内外高差 0.6m。西南侧有一需拆除建筑物，东、南两侧设有围墙，东侧有一栋四层建筑物，一座花坛和一座凉亭，北侧有三、四层建筑物两栋。建筑物周围都种有针叶类、阔叶类树木，绿化环境

很好。

图10-9为××厂新建厂区总平面图，比例1∶500。从图中可见，该厂区位于15.90m等高线以南，为一新建区域，新建建筑物有生产车间、食堂、办公楼及宿舍。由风玫瑰可知该厂区的常年主导风向为西北风和东南风，建筑物的朝向均偏东南方。通过标出两层装配车间三个角点的坐标进行定位，西南角点X618.00，Y1521.00；西北角点X630.00，Y1521.00；东北角点X630.00，Y1563.00，可知厂房尺寸为12.00m×42.00m。室内地面±0.00处绝对标高为16.30m，室外地面绝对标高为15.70m，室内外高差0.6m。该厂区主干道在东侧及南侧。

五、施工总说明

施工总说明一般包括设计依据、工程概况、结构形式、材料做法表、标准图集代号等。下面是某住宅施工总说明的部分内容。

某住宅施工总说明

一、设计依据

本住宅根据××单位委托，根据××批件设计。

二、放样

本住宅以原有建筑和道路为依据，按总平面图所示尺寸放样。

三、设计标高

本住宅室内地面标高±0.000为绝对标高16.500m。室内外高差为0.600m。

四、墙身

本工程外墙南侧厚370mm，另三侧厚490mm，内墙厚240mm，隔墙厚120mm。采用强度等级MU10的黏土砖和强度等级为M5的混合砂浆砌筑。

1. 外墙装饰

12mm厚1∶3水泥砂浆打底，8mm厚水泥浆粘贴面砖，水泥浆勾缝。

2. 内墙装饰粉刷

(1) 天棚，内墙面

10mm厚1∶0.3∶2.5水泥石灰砂浆打底，刮大白二度。

(2) 踢脚线

20mm厚120mm高1∶3水泥砂浆抹光。

(3) 地面、楼面、屋顶

按详图设计进行施工。地面有地漏的房间1%找坡，坡向地漏。

(4) 卫生间、厨房的地面、墙面装修做法同阳台。

3. 门窗

门窗按标准图集J××施工。

4. 注意事项

施工单位必须按图施工，按规范验收。若有不详、遗漏、与设计情况不符时，请施工单位与设计单位联系，妥善解决。

第三节 建筑平面图

一、建筑平面图的形成、作用及分类

1. 建筑平面图的形成

建筑平面图（屋顶平面图除外）是用一个假想的水平剖切平面，沿建筑物窗台以上部位剖开整幢房屋，移去剖切平面以上部分，将余下的向水平面作正投影所得到的水平剖视图，习惯上称为建筑平面图，简称平面图。如图 10-10、图 10-11、图 10-12 所示。

2. 建筑平面图的作用

建筑平面图主要用来表达建筑物的平面形状、房间布置、门窗洞口位置、各细部构造位置、设备、各部分尺寸等，是施工放线和施工预算的主要依据。

3. 建筑平面图的分类

一般建筑平面图与建筑物的层数有关。但若各层房间布置完全相同的多层或高层建筑物，可用底层平面图、标准层平面图、顶层平面图和屋顶平面图来表达。对于屋顶平面图，它是从房屋的上方向下所作的水平投影图，主要用来表达屋顶的形状、各突出屋面的构配件（如电梯机房、水箱、烟囱、通气孔等）、分水线、屋面排水方向和坡度、女儿墙、天沟、消防梯、避雷针等设施的平面布置。

二、建筑平面图中常用图例

在建筑平面图中，各建筑配件如门窗、楼梯、坐便器、通风道、烟道等一般都用图例表示，下面将《建筑制图标准》和《建筑给水排水制图标准》（GB/T 50106—2010）中一些常用的图例摘录为表 10-5。

三、建筑平面图的图示内容

建筑平面图应包含以下内容，如图 10-10～图 10-12 所示。

1. 图名、比例、定位轴线及编号

2. 建筑物的平面布置，包括墙、柱的断面，门窗的位置、类型及编号，各房间的名称等

按实际绘出外墙、内墙、隔墙和柱的位置，门窗的位置、类型及编号，各房间形状、大小和用途等。要求砌体墙涂红，钢筋混凝土涂黑。门的代号为 M，窗的代号为 C，代号后面是编号。同一编号表示同一类型的门窗，其构造和尺寸完全相同。

3. 其他构配件和固定设施的图例或轮廓形状

在平面图上应绘出楼（电）梯间、卫生器具、水池、橱柜、配电箱等。底层平面图还会有入口（台阶或坡道）、散水、明沟、雨水管、花坛等，楼层平面图则会有本层阳台、下一层的雨篷顶面和局部屋面等。

4. 各种有关的符号

在底层平面图上应画出指北针和剖切符号。在需要另画详图的局部或构件处，画出详图索引符号。

5. 平面尺寸和标高

建筑平面图上的尺寸分为外部尺寸和内部尺寸。

表 10-5 常用建筑构造及配件图例

名称	图例	名称	图例
单扇门	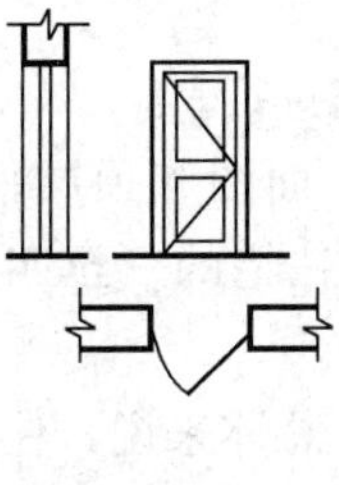	空门洞	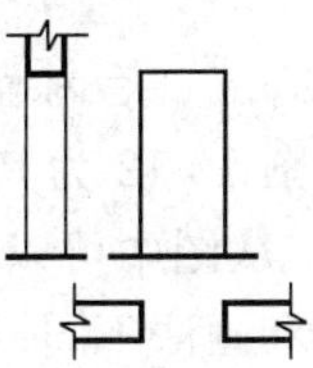
双扇门	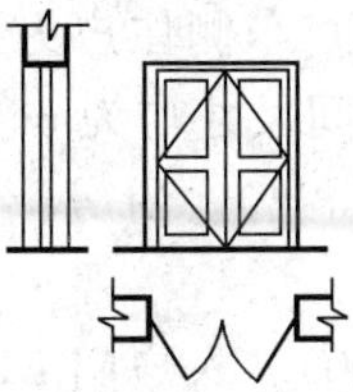	固定窗	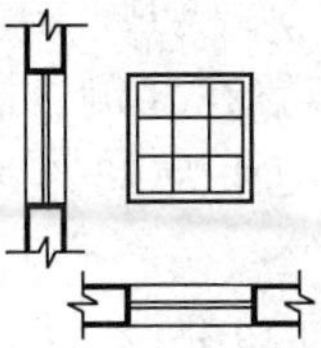
推拉门	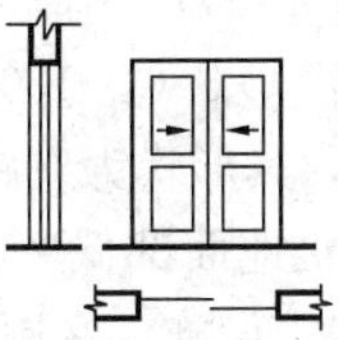	推拉窗	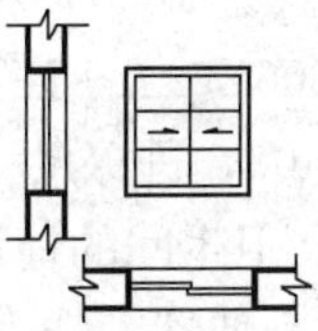
双面单扇门	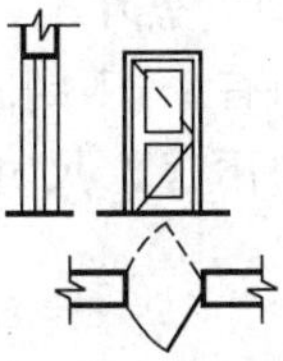	烟道	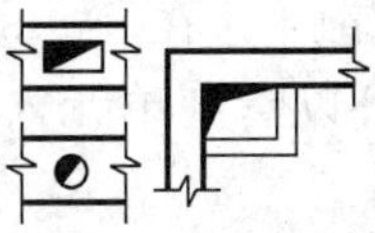
双面双扇门	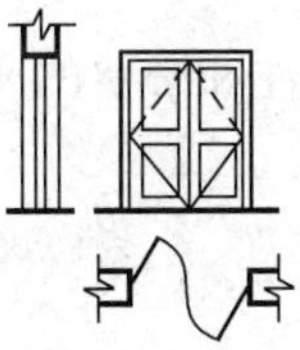	通风道	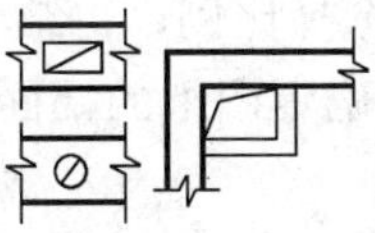

名称	图例	名称	图例
坡道	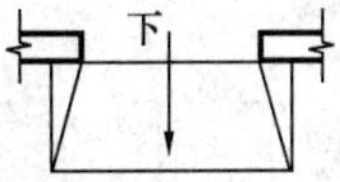 下	电梯	
孔洞		坑槽	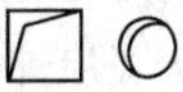
坐式大便器	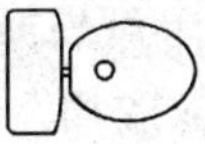	蹲式大便器	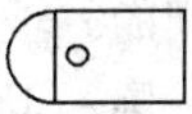
洗脸盆	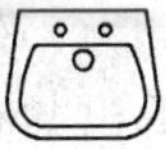	污水池	

名称	图例
楼梯	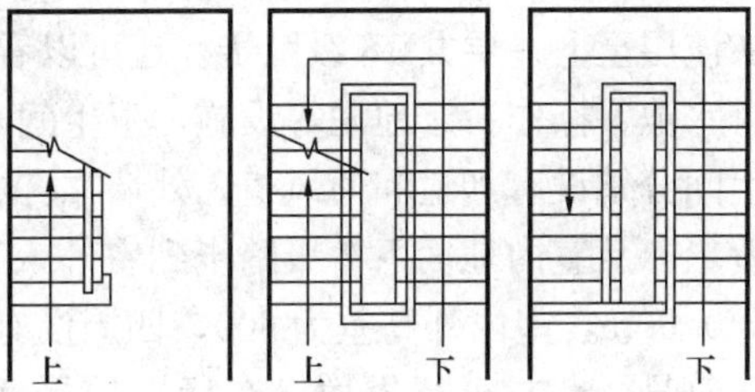 上 底层；上 下 中间层；下 顶层
墙预留槽和洞	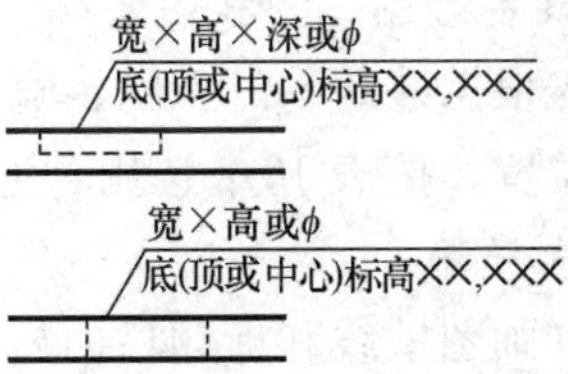 宽×高×深或ϕ 底(顶或中心)标高××,×××；宽×高或ϕ 底(顶或中心)标高××,×××

（1）外部尺寸。为了便于读图和施工，外部通常标注三道尺寸：最外面一道是总尺寸，表示房屋外墙轮廓的总长、总宽；中间一道是定位轴线间的尺寸，一般表明房间的开间、进深（相邻横向定位轴线间的距离称为开间，相邻纵向定位轴线间的距离称为进深）；最靠近图形的一道是细部尺寸，表示房屋外墙上门窗洞口等构配件的大小和位置。

室外台阶或坡道、花池、散水等附属部分的尺寸，应在其附近单独标注。

（2）内部尺寸。标注房间的净空尺寸，室内门窗洞口及固定设施的大小与位置尺寸、墙厚、柱断面的大小等。在建筑平面图中，宜注出室内外地面、楼地面、阳台、平台、台阶等处的完成面标高。若有坡度应注出坡比和坡向。

四、建筑平面图的识读

平面图的读图顺序按“先底层、后上层，先外墙、后内墙”的思路进行。

图10-10为某住宅底层平面图，图10-11和图10-12为其标准层平面图和顶层平面图。这些图都是按国家标准用1：100的比例绘制的。从图中可以看出，该住宅的一至四层的格局布置是完全相同的，主要是楼梯间的表达方式和画法不同。

从底层平面图左下角的指北针可看出，该住宅的朝向为坐北朝南。总体来说，住宅平面形状接近矩形，为一梯两户型，总长18.74m，总宽10.22m。单元入口M-1设在⑤～⑥轴线之间的Ⓓ轴线墙上。西侧住户为两室一厅、一厨一卫、南北两阳台；东侧住户为三室一厅、一厨一卫、南北两阳台，厨房、卫生间都布置在北侧。居室的开间尺寸均为3600，进深尺寸为4500，客厅的开间尺寸为3600，进深尺寸为6300（经计算得出），厨房、卫生间的开间尺寸为2100，进深尺寸为2700。

从各个平面图中还可以看出共有六种门，即单元门M-1（宽1300）、入户门M-2（宽1000）、卧室门M-3（宽900），厨房、卫生间门M-4（宽800），阳台拉门M-5（宽1400），楼梯间、即贮藏室门M-6；六种窗即卧室窗C-1（宽1800）和C-3（宽1500），南阳台封闭窗C-2和北阳台封闭窗C-5，卫生间窗C-4（宽900），二～四层楼梯间窗C-6（宽1300）。楼梯间设在Ⓑ、Ⓓ和⑤、⑥轴之间，开间尺寸为2400，进深尺寸为5100，其形式为双跑楼梯，从该层至上一层共18级踏步。还可以看到厨房、卫生间的地面比同层楼地面都低20，厨房有水池、操作台、地漏等设施，卫生间有浴缸、坐便器、洗手盆、地漏等设施，在厨房和卫生间分别设有烟道和通风道。外墙靠②、⑨轴线的阳台附近共有四处雨水管。从底层平面图看出，从室内地面下3级踏步到室外入口台阶，台阶尺寸为1900×1050。室外地坪标高为−0.60m，室内外高差为600，四周设有400宽散水，在⑦～⑧轴线之间有1—1剖面图的剖切符号，向左进行投射。在标准层平面图还可以看到单元入口上方的雨篷，尺寸和台阶相同。

五、建筑平面图的画图步骤

现以本节的底层平面图为例，说明绘制平面图的一般步骤。

1. 确定绘图比例和图幅

首先根据建筑物的长度、宽度和复杂程度选择比例，再结合尺寸标注和必要的文字说明所占的位置，按表10-2选用合适的比例，进而确定图纸的幅面。

2. 画底稿

（1）画图框线和标题栏。

（2）布置图面确定画图位置，画定位轴线，如图10-13所示。

（3）绘制墙（柱）轮廓线及门窗洞口线等，如图10-14所示。

（4）画出其他构配件，如台阶、楼梯、散水、卫生器具等构配件的轮廓线。

3. 加深图线

仔细检查，无误后，按照建筑平面图的线型和线宽要求加深图线，如图10-15所示。

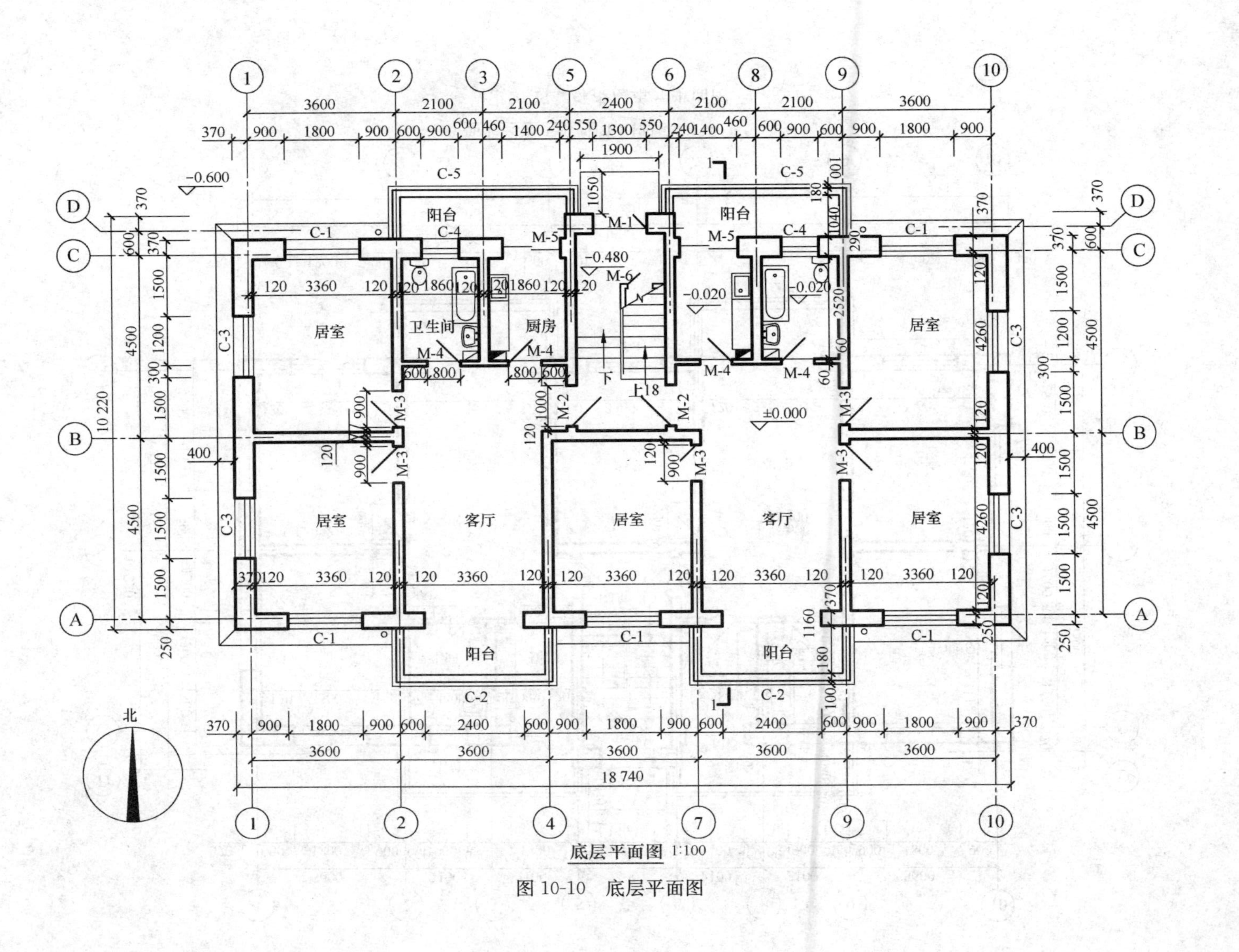

底层平面图 1:100

图 10-10　底层平面图

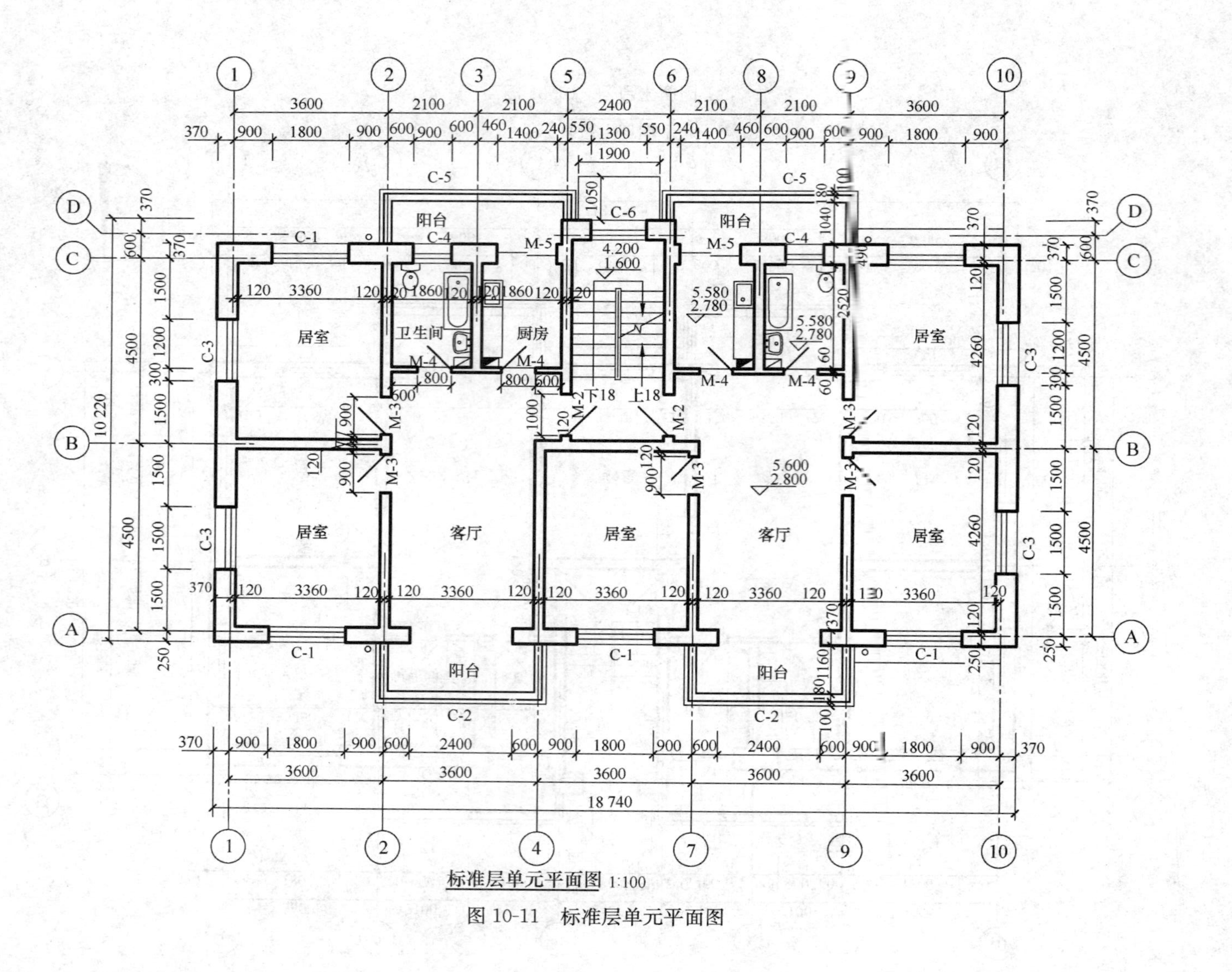

图 10-11 标准层单元平面图

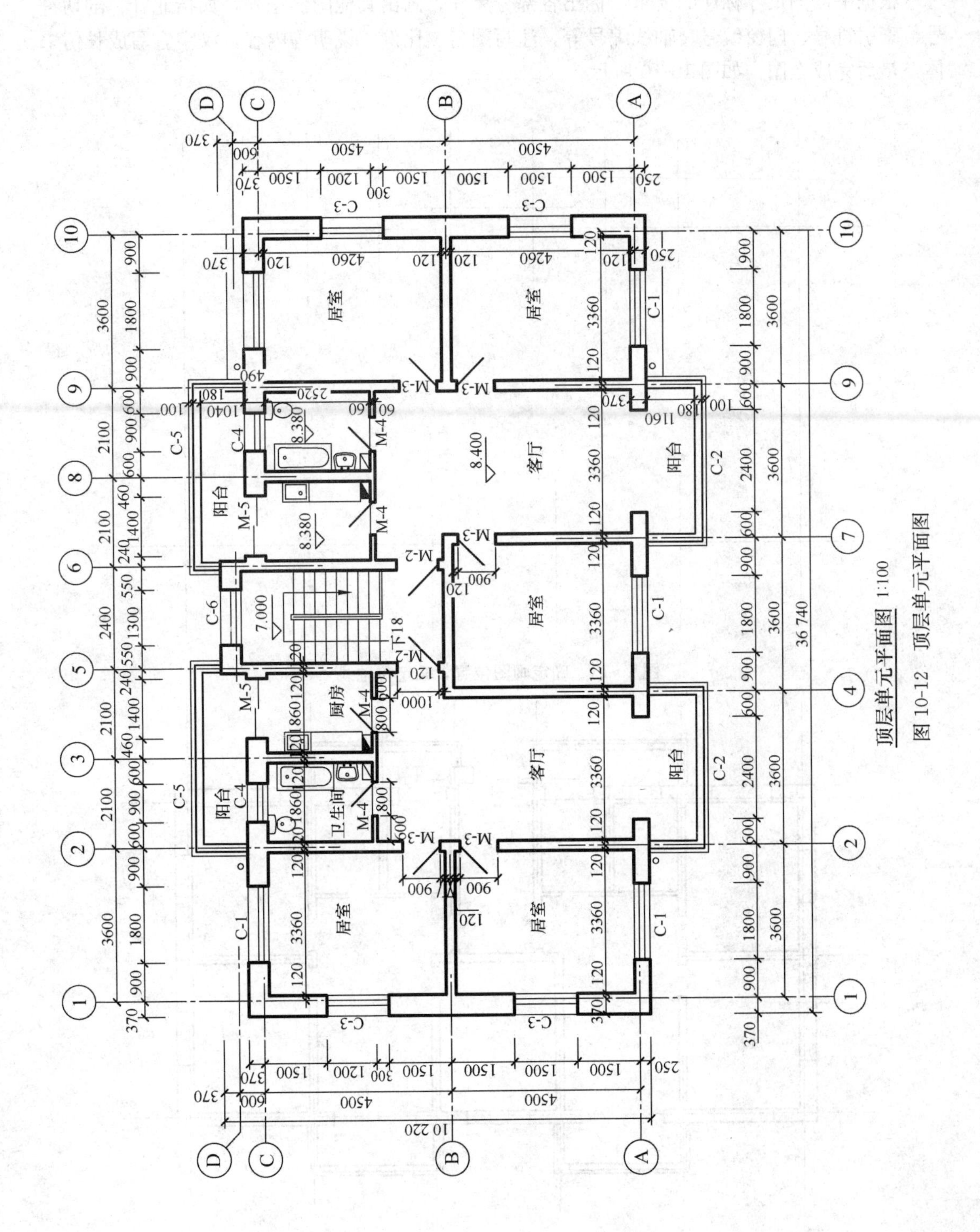

顶层单元平面图 1:100

图10-12　顶层单元平面图

4. 注写尺寸、画图例符号、写说明等，完成全图

根据平面图尺寸标注的要求，标出各部分尺寸，画出其他图例符号，如指北针、剖切符号、索引符号、门窗编号、轴线编号等，注写图名、比例、说明等内容，汉字宜写成长仿宋体，最后完成全图，如图 10-10 所示。

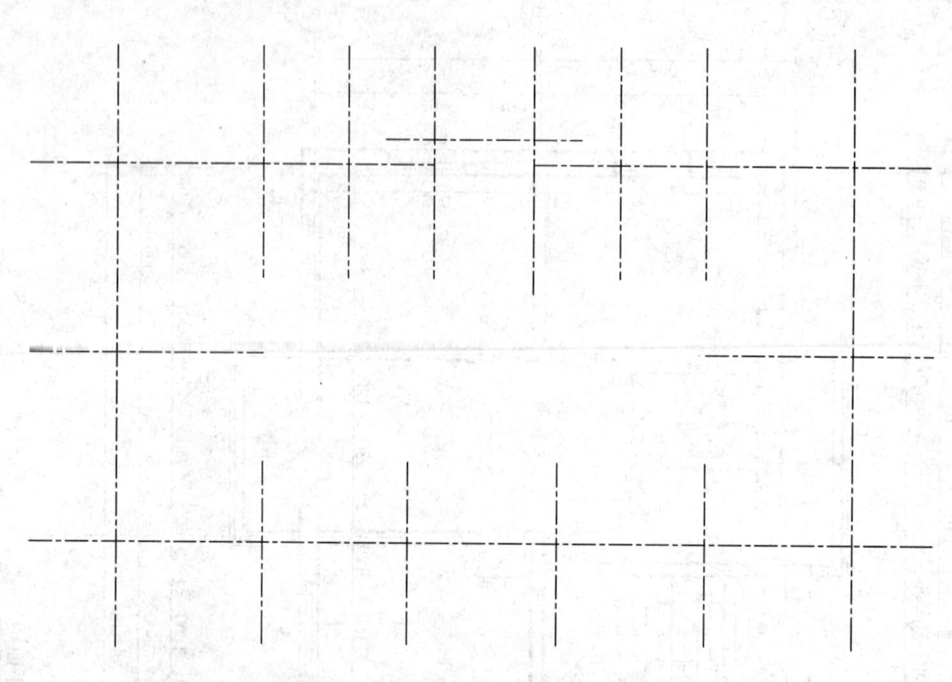

图 10-13　确定画图位置，画定位轴线

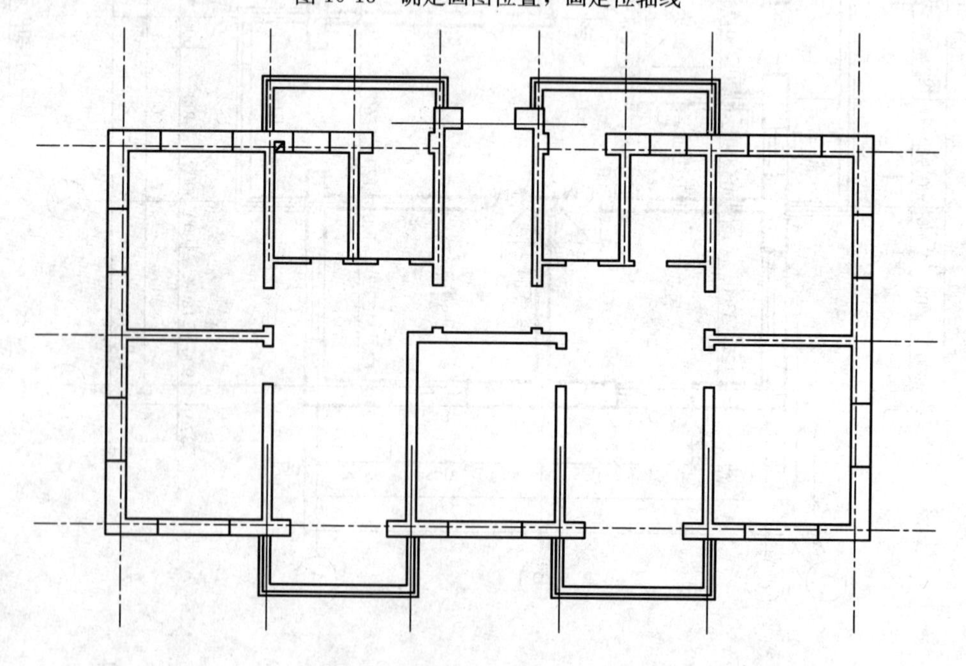

图 10-14　画出墙柱厚度、门窗洞口

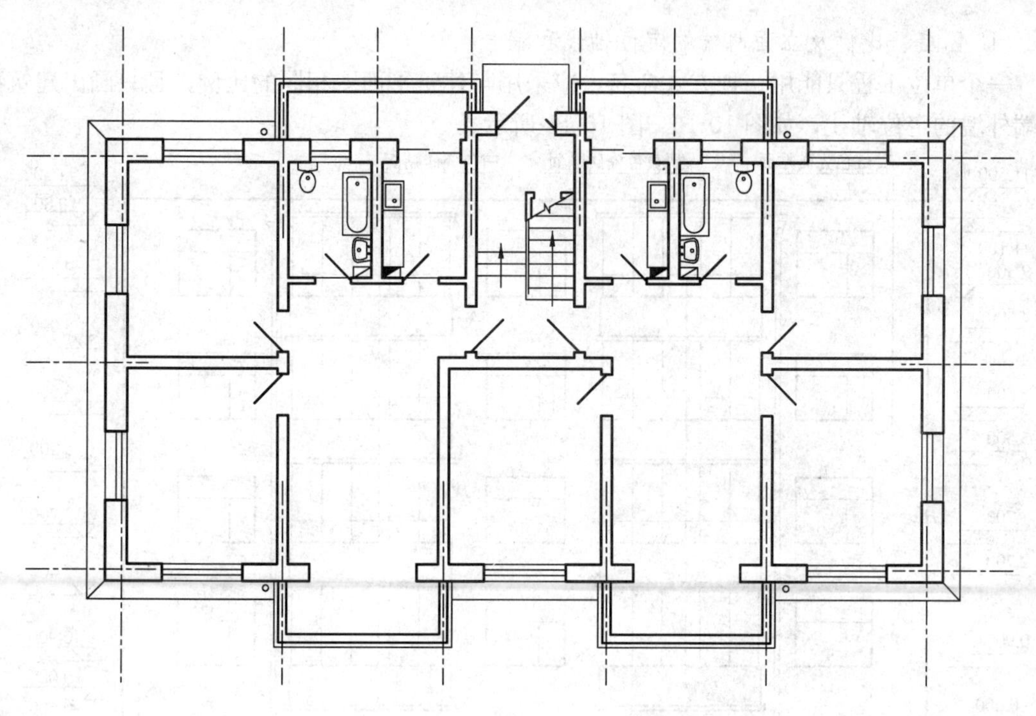

图 10-15 画出其他细部、加深图线

第四节 建筑立面图

一、建筑立面图的形成、命名及作用

1. 建筑立面图的形成

将建筑物的各个立面向与立面所平行的投影面作正投影，所得的投影图称为建筑立面图。立面图应画出按投影方向可见的建筑外轮廓线和墙面上各构配件可见轮廓的投影。由于比例较小，可将门窗、阳台、檐口、构造做法等在立面图上局部重点表示。对于折线或曲线型立面，可展开绘制，并在图名后加注“展开”二字。

2. 建筑立面图的命名

（1）按两端定位轴线编号命名。根据立面图两端定位轴线的编号进行命名，如图 10-16 所示，图名为⑲—①立面图。

（2）按建筑物的朝向命名。对于坐北朝南的建筑物，可根据建筑物的朝向对立面进行命名，如图 10-17 所示的立面，也可命名为北立面图，同理还有南立面图、东立面图、西立面图。

3. 建筑立面图的作用

一座建筑物是否美观主要取决于它在立面上的艺术处理。在设计阶段，立面图主要用来进行艺术处理和方案比较选择。在施工阶段，主要用来表达建筑物外形、外貌、立面材料及装饰做法。

二、建筑立面图的图示内容

建筑立面图应包含以下内容，如图 10-16、图 10-17 所示。

1. 图名、比例及立面两端的定位轴线和编号

一个单位工程只能用一种方式命名，应采用与建筑平面图相同的比例，且只画出建筑物两端外墙的定位轴线，如图 10-16、图 10-17 所示。

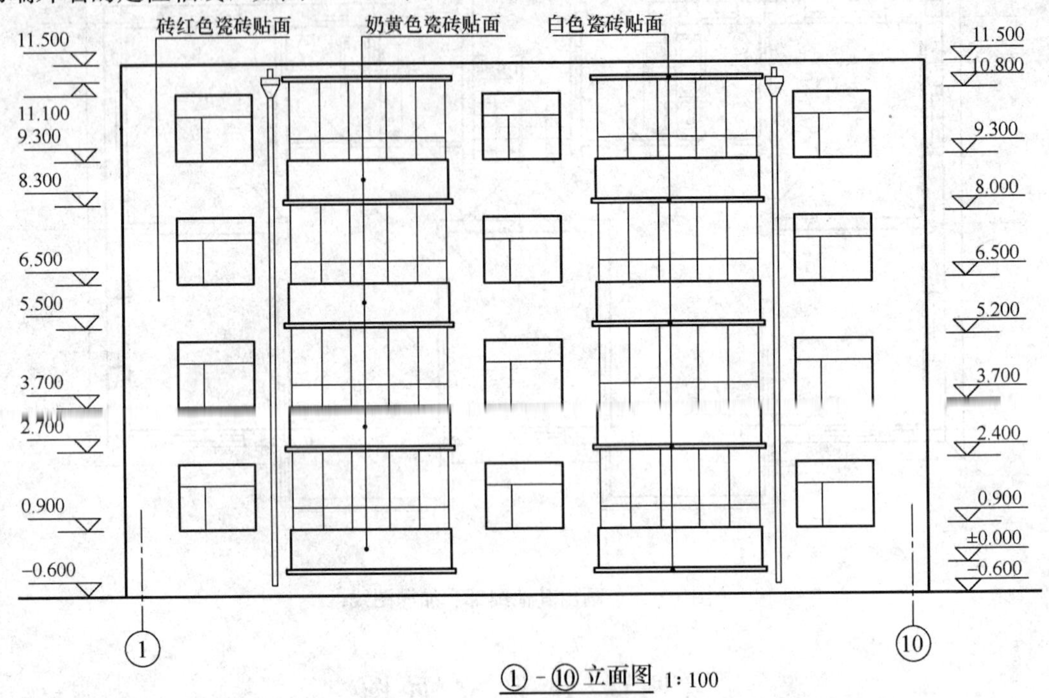

图 10-16 ①-⑩立面图

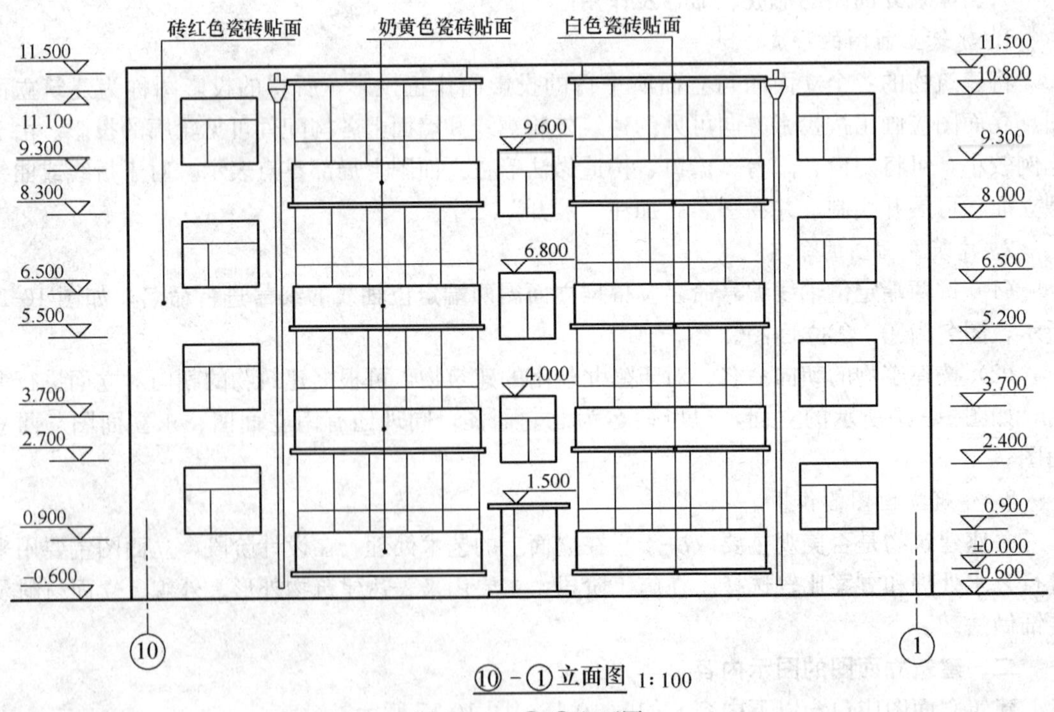

图 10-17 ⑩-①立面图

2. 室外地坪线、屋顶外形线及外墙面的体形轮廓线

3. 门窗形式、阳台、雨篷、台阶、勒脚、檐口等构配件的轮廓线及装饰分格线

相同的门窗、阳台、外檐装修、构造做法等可在局部重点表示，绘出其完整图形，其余部分只画轮廓线。

4. 尺寸标注及文字说明

立面图上宜标注室内外地坪、楼地面、地下层地面、阳台、平台、檐口、屋脊、女儿墙、台阶等处的高度尺寸和建筑标高，以及门窗洞的上下口、构件（如阳台、雨篷）下底面的结构标高和尺寸。除了标高，有时还补充一些局部的建筑构造或构配件尺寸。需对墙面的装饰材料、作法等作出文字说明。

三、建筑立面图的识读

图 10-16、图 10-17 为某住宅不同侧面的立面图，这些图都采用与平面图相同的比例 1：100绘制的，反映住宅相应立面的造型和外墙面的装修。从图中可以看出，该住宅为四层，总高 12.10m。整个立面简洁、大方，入口处单元门为三七对开防盗门，门口有一步台阶，上方设有雨篷，靠阳台角处共设有四处雨水管。所有窗采用塑钢窗，分格形式见图 10-16、图 10-17。整栋住宅外墙面全部采用砖红色瓷砖贴面，阳台栏板上部采用奶黄色瓷砖贴面，阳台栏板下部采用白色瓷砖贴面，使整个建筑色彩协调、明快。图中还标注了楼梯间窗和雨篷顶面的标高。

四、建筑立面图的画图步骤

立面图的画图步骤与平面图的顺次类同，一般画图步骤如下。

建筑立面图的画图步骤与平面图基本相同，同样应先选定比例和图幅，再经过画底稿、加深、标注尺寸等几个步骤，现说明如下：

（1）打底稿。

1）画出两端轴线及室外地坪线、屋顶外形线和外墙的体形轮廓线。

2）画各层门、窗洞口线。

3）画立面细部，如台阶、窗台、阳台、雨篷、檐口等其他细部构配件的轮廓线。

（2）检查无误后按立面图规定的线型加深图线。

（3）标注标高尺寸和局部构造尺寸，注写首尾轴线，书写图名、比例、文字说明、墙面装修材料及做法等，最后完成全图。

第五节 建筑剖面图

一、建筑剖面图的形成及作用

1. 建筑剖面图的形成

建筑剖面图是假想用一个垂直于横向或纵向轴线的剖切平面，将建筑物沿某部位剖开，移去观察者与剖切平面之间的部分，余下部分的作正投影所得的剖视图称建筑剖面图。

2. 建筑剖面图的作用

建筑剖面图主要用于表达建筑物的分层情况、层高、门窗洞口高度及各部分竖向尺寸，简要的结构形式和构造做法、材料等情况。

建筑剖面图与平面图、立面图相互配合，构成建筑物的主体情况，是建筑施工图的三大

基本图样之一。

3. 建筑剖面图的剖切布置

一般民用建筑物选用横向剖切，剖切位置选择在能反映建筑物全貌、构造特性以及有代表性的部位，并经常通过门窗洞和楼梯间剖切，剖面图的数量应根据房屋的复杂程度和施工需要而定，其剖切符号标注在底层平面图上。如图 10-18 所示 1—1 剖面图的剖切符号标注在图 10-10 底层平面图中。

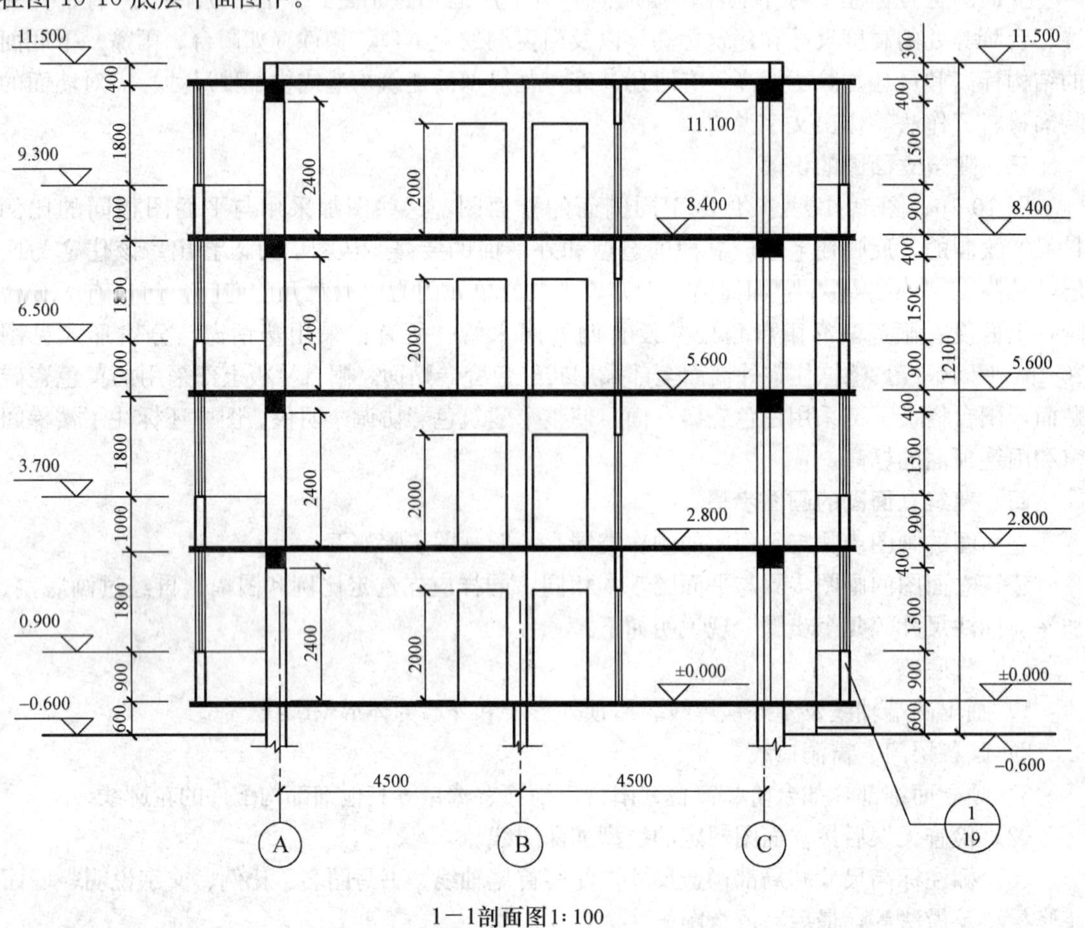

1—1剖面图1∶100

图 10-18　1—1 剖面图

二、建筑剖面图的图示内容

剖面图一般应包含以下内容，如图 10-18 所示。

1. 图名、比例、轴线及编号

建筑剖面图一般采用与平面图相同的比例。凡是被剖切到的墙、柱都应标出定位轴线及其编号，以便与平面图进行对照。

2. 剖切到的构配件

剖面图上要绘制剖切到的构配件以表明其竖向的结构形式及内部构造。例如室内外地面、楼地面及散水、屋顶及其檐口、剖到的内墙、外墙、柱及其构造、门、窗等，剖到的各种梁、板、雨篷、阳台、楼梯等。剖面图中一般不画基础部分。

3. 未剖切到但可见的构配件

剖面图中要绘制未剖切到的构配件的投影。例如看到的墙、柱、门、窗、梁、阳台、楼梯段、装饰线等。

4. 尺寸标注

(1) 标高尺寸。室内外地面、各层楼地面、台阶、楼梯平台、檐口、女儿墙顶等处标注建筑标高；门窗洞口等处标注结构标高。

(2) 竖向构造尺寸。通常标注外墙的洞口尺寸、层高尺寸、总高尺寸三道尺寸，内部标注门窗洞口、其他构配件高度尺寸。

(3) 轴线尺寸。

5. 其他图例、符号、文字说明

对于因比例较小不能表达的部分，可用图例表示。例如钢筋混凝土可涂黑。详图索引符号等。对于一些材料及作法，可用文字加以说明。

三、建筑剖面图的识读

对照图 10-10 底层平面图，可知 1—1 剖面图是在⑦～⑧轴线间剖切，向左投影所得的横剖面图，剖切到Ⓐ、Ⓑ轴线的纵墙及其墙上的门窗，图中表达了住宅地面至屋顶的结构形式和构造内容。反映了剖切到的南阳台、Ⓐ轴墙上的门洞口、厨房 M—4 的门、Ⓒ轴墙上 M—5 推拉门、北阳台的结构形式及散水、楼地面、屋顶、过梁、女儿墙的构造；同时表示了剖切后可见的居门室 M—3 及分户门 M—2 等构造。从图 10-18 中可看出，住宅共四层，各层楼地面的标高分别±0.000、2.800m、5.600m 及 11.100m，层高 2.800m，女儿墙顶面的标高为 11.500m，室外地面标高为－0.600m。阳台窗 C—2 和 C—5 高 1800，窗台高 900，门洞高 2400，居门室 M—3 和分户门 M—2 高 2000 等。此住宅垂直方向的承重构件为砖墙，水平方向的承重构件为钢筋混凝土梁和楼板（图 10-18 中涂黑断面），故为混合结构。在需另见详图的部位，画出了详图索引符号。

四、剖面图的画图步骤

剖面图的比例、图幅的选择与建筑平面图和立面图相同，其画图步骤如下：

(1) 打底稿。

1) 画定位轴线、室内外地坪线、楼面线、屋面、楼梯踏步的起止点、休息平台面等。

2) 画出剖切到的墙身、门窗洞口、楼板、屋面、平台板厚度等；再画楼梯、梁等。

3) 画出未剖切到的可见轮廓，如墙垛、梁、门窗、楼梯栏杆扶手、雨篷、檐口等。

(2) 检查无误后，按规定线型加深图线。

(3) 标注标高和构造尺寸，注写定位轴线编号，书写图名、比例、文字说明等，最后完成全图。

第六节　建 筑 详 图

一、概述

由于平面、立面、剖面图一般所用的绘图比例较小，建筑中许多细部构造和构配件很难表达清楚，需另绘较大比例的图样，将这部分节点的形状、大小、构造、材料、尺寸用较大比例全部详细表达出来，这种图样称之为建筑详图，也称为大样图或节点图。

建筑详图是平、立、剖面图的补充图样，其特点是比例大、图示清楚、尺寸标注齐全、文字说明详尽。

常用的详图有三种：楼梯详图、平面局部详图、外墙剖面详图。本书以外墙剖面详图为例说明详图的画法和识读方法。

二、外墙剖面详图

1. 形成

外墙剖面详图是将外墙沿某处剖开后投影所形成的。它主要表示外墙与地面、楼面、屋面的构造连接情况以及檐口、门窗顶、窗台、散水、明沟等处的构造情况，是施工的重要依据。

一般外墙剖面详图用 1∶20 的比例绘制，经常采用从剖面图上外墙部位索引过来的详图。如图 10-19 就是从图 10-18 处索引后折断表达的。

2. 图示内容

在多层房屋中，各层的构造情况基本相同，可只表示墙脚、中间部分和檐口三个节点，各节点在门窗洞口处断开，在各节点详图旁边注明详图符号和比例。其主要内容有：

(1) 墙脚。外墙墙脚主要表示一层窗台及以下部分，包括室外地坪、散水（或明沟）、防潮层、勒脚、底层室内地面、踢脚、窗台等部分的形状、尺寸、材料和构造作法。

(2) 中间部分。主要表示楼面、门窗过梁、圈梁、阳台等处的形状、尺寸、材料和构造作法。此外，还应表示出楼板与外墙的关系。

(3) 檐口。主要表示屋顶、檐口、女儿墙、屋顶圈梁的形状、尺寸、材料和构造作法。

3. 外墙剖面详图的识读

以图 10-19 所示内容为例，说明识读外墙剖面详图的方法、步骤。

图 10-19 是由 1—1 剖面图（图 10-18）索引，编号为 1 号的详图，该详图所示外墙轴线为Ⓒ，外墙厚 120＋370＝490mm，绘图比例 1∶20。

为了减少图形高度尺寸，外墙详图分别在两个窗洞中部以折断线断开，将墙身详图分为三个节点的组合，自下而上分别为墙角节点、阳台楼面节点和檐口节点。

(1) 墙脚节点。Ⓒ轴线外墙厚 490，轴线距内墙为 120。为迅速排出雨水以保护外墙墙基免受雨水侵蚀，沿建筑物外墙地面设有坡度为 3%、宽 400 的散水，散水与外墙面接触处缝隙用沥青油膏填实。由于外墙面贴面，所以不另做勒脚层。底层室内地面的详细构造用引出线分层说明。阳台窗台高 900，为防止窗台流下的雨水侵蚀墙面，窗台底面抹灰并设有滴水槽。所述构造做法如图10-19所示。

(2) 阳台、楼面节点。由节点详图可知，楼板为 100 厚现浇钢筋混凝土楼板，上下抹灰，天棚大白浆两度。阳台地面贴面砖，阳台由 120 厚普通黏土砖和 60 厚 XR 无机保温材料砌筑而成，内外贴面砖，具体构造做法见图 10-19。

(3) 檐口节点。该建筑不设挑檐，为女儿墙有组织排水作法，女儿墙厚 240、高 300，此处泛水的做法是将油毡卷起用镀锌贴片和水泥钉钉牢，用密封胶封严。屋顶基层为钢筋混凝土楼板，上设找平层（20 厚水泥砂浆）、隔气层（冷底子油两道）、保温层（水泥焦渣并进行 2%找坡）、找平层（20 厚 1∶3 水泥砂浆）、防水层（三毡四油）和保护层（绿豆砂）共六层来进行保温和防水处理。女儿墙上周边设有防雷电的钢筋网。具体构造做法如图10-19所示。

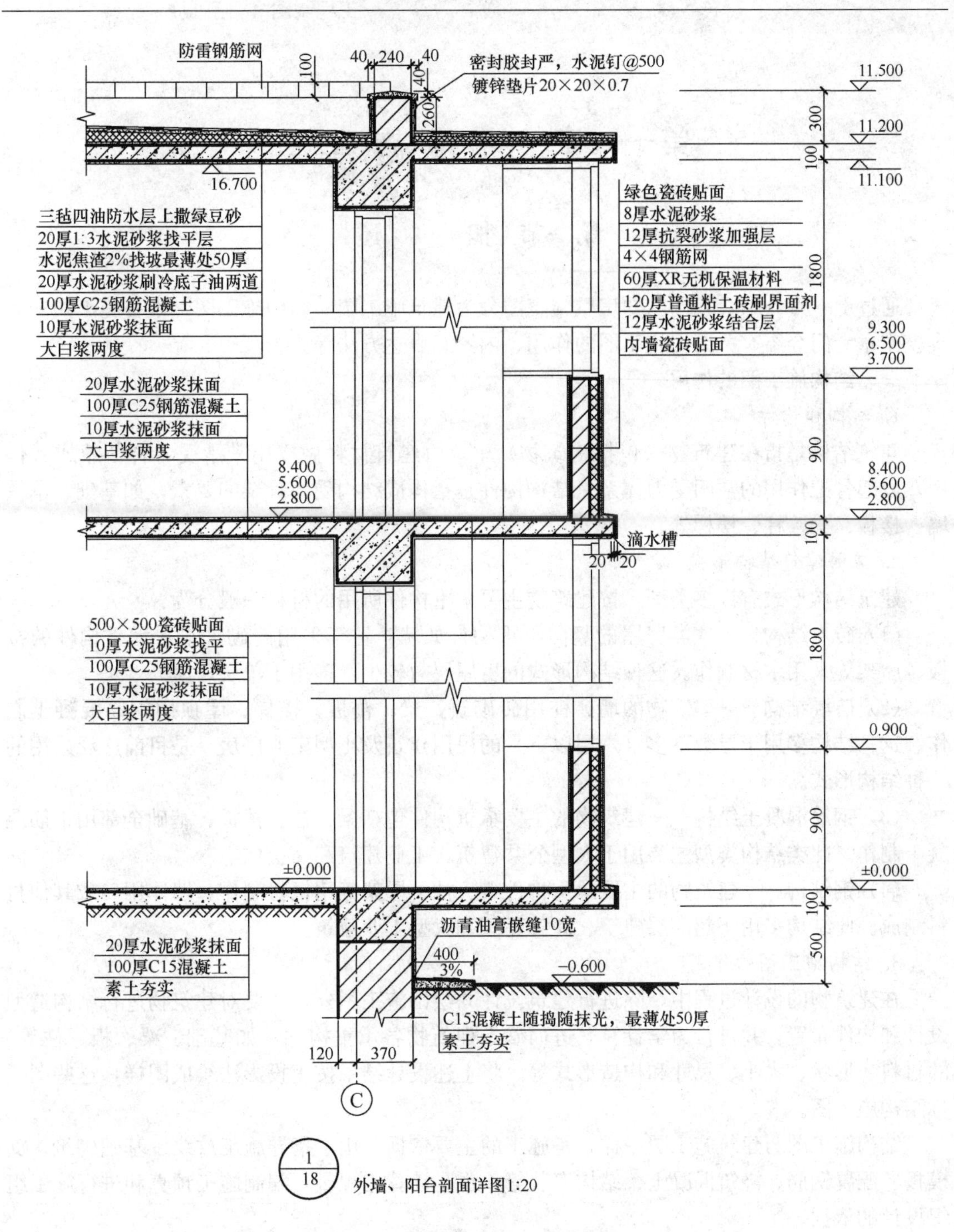

图 10-19 外墙、阳台剖面详图

第十一章 结构施工图

第一节 概 述

通过上一章介绍，我们已知房屋施工图分为建筑施工图、结构施工图、设备施工图三大类。本章专门介绍有关结构施工图的作用、内容、表达方法等。

一、结构施工图的作用

1. 结构和构件

建筑结构是指在建筑物（包括构筑物）中，由建筑材料做成用来承受各种荷载或者作用，以起骨架作用的空间受力体系。结构构件是指构成结构受力骨架的要素，如基础、承重墙、楼板、梁、柱、楼梯等。

2. 常用建筑结构形式

建筑结构形式有许多类型，按建筑物主要承重构件所用的材料一般分为：

（1）砖木结构——这类房屋的竖向承重构件如墙、柱等采用砖砌，水平承重构件的楼板、屋架等采用木材制作。这种结构形式的房屋层数较少，多用于单层房屋。

（2）砖混结构——建筑物的墙、柱用砖砌筑，梁、楼板、楼梯、屋顶用钢筋混凝土制作。这种结构多用于层数不多（六层以下）的民用建筑及小型工业厂房，是目前广泛采用的一种结构形式。

（3）钢筋混凝土结构——建筑物的主要承重构件包括梁、柱、楼板、基础全部用钢筋混凝土制作。此类结构类型主要用于大型公共建筑、工业建筑和高层住宅。

（4）钢结构——建筑物的主要承重构件梁、柱、屋架等用钢材制作，墙体用砖或其他材料制成。此结构多用于超高层建筑、高耸建筑和大型工业建筑。

3. 结构施工图的作用

在建筑物的设计过程中，除进行建筑设计并绘出施工图外，还要对建筑物进行结构造型设计和构件布置，并进行力学计算，进而确定建筑物各承重构件（如基础、梁、板、柱等）的材料、形状、大小、尺寸和构造形式等。将上述设计结果按正投影法绘成图样，这些图样称结构施工图。

结构施工图与建筑施工图一样，是施工的主要依据，用于指导施工放线、基础砌筑、支模板、配置钢筋、浇筑混凝土、结构安装等，也是计算工程量，编制施工预算和进行施工组织设计的依据。

二、结构施工图的内容

1. 结构设计说明

一般以文字说明并辅以图表等形式，包括结构施工图的设计依据，结构的选定形式，选用材料的类型、规格、强度等级，地质条件、抗震要求、施工方法及注意事项，选用标准图和通用图集代号及对施工的特殊要求等。

2. 结构平面布置图

通常包括基础平面布置图；楼层结构平面布置图；屋面结构平面布置图等。

3. 结构构件详图

通常包括基础、梁、板、柱等构件详图；楼梯结构详图；屋架结构详图等。

三、常用结构材料简介

1. 砖

砖的种类较多，常用的有用于砌筑墙体以黏土为主要材料烧结而成的实心砖，其规格为240mm×115mm×53mm，按其抗压强度大小（N/mm^2）分为MU30、MU25、MU20、MU15、MU10、MU7.5这6个强度等级。此外还有多孔砖、空心砖等。

2. 石材

目前常见的石材主要有大理石、花岗岩、水磨石、合成石四种，石材具有较高的抗压强度，且抗腐蚀性较好，是建筑、装饰、道路、桥梁建设的重要原料之一。

3. 木材

木材是传统的建筑材料，分针叶类和阔叶类两种，具有轻质高强、弹性好、抗冲击和易加工等特点，被广泛用于建筑室内装修与装饰、混凝土模板及木桩等。此外，下脚料可制成各种人造板材，如胶合板、纤维板、刨花板、复合板等。

4. 钢材

建筑用钢材一般分为钢结构用型钢和钢筋混凝土结构用径钢。钢材具有较高的抗拉、抗压强度；良好的塑性和韧性，抗冲击，可加工，广泛应用于建筑工程上。

(1) 型钢

轧钢厂按标准规格型号轧制而成。常用型钢类别及标注方法列表11-1。

(2) 径钢

一般把圆形钢材称为径钢，包括钢筋、钢丝、钢绞线等。钢筋通过热轧而成，其直径常为6～50mm；钢丝是热轧盘条通过冷拉、镀锌或退火等工艺制作而成，其直径一般为3～12mm；钢绞线是用配制好的钢丝在机器上按规定一次多根捻制而成。在《混凝土结构设计规范》（GB 50010—2010）中，按钢筋种类等级不同，分别给予不同编号，以便标注和识别，见表11-2。

表11-1　常用型钢的代号和标注方法

序号	名　称	截　面	标注	说　明
1	等边角钢	∟	∟ $b \times t$	b为肢宽，t为肢厚
2	不等边角钢	∟	∟ $B \times b \times t$	B为长肢宽，b为短肢宽，t为肢厚
3	工字钢	I	I N,Q I N	N为工字钢的型号，轻型工字钢加注Q字
4	槽钢	[	[N,Q [N	N为槽钢的型号，轻型槽钢加注Q字
5	扁钢	—	$-b \times t$	宽×厚
6	钢板	—	$\frac{-b \times t}{l}$	$\frac{宽×厚}{板长}$
7	圆钢	⊘	ϕd	—
8	钢管	○	$d \times t$	内径或外径×壁厚

表 11-2　　普通钢筋的种类、级别和代号

种类（热轧）	代号	直径 d（mm）	屈服强度标准值 f_{yk}（N/mm²）	备注
HPB300（热轧光圆钢筋）	Φ	6～22	300	Ⅰ级钢筋
HRB335（热轧带肋钢筋）	Φ	6～50	335	Ⅱ级钢筋
HRB400（热轧带肋钢筋）	Φ	6～50	400	Ⅲ级钢筋
HRB500（热轧带肋钢筋）	Φ	6～50	500	Ⅳ级钢筋

5．混凝土

混凝土是由水泥、砂、石子、水及其他外加剂按适当比例配制、搅拌，再经装模养护硬化而成的人工石材，其特点是抗压强度较高，抗拉强度较低，一般仅为抗压强度的 1/20～1/10。按混凝土的立方体抗压标准强度，混凝土的强度等级分为 C15、C20、C25、C30、C35、C40、C45、C50、C55、C60、C65、C70、C75、C80 共 14 个等级。数值越大，表示混凝土抗压强度越高。

不同工程部位采用强度等级不同的混凝土，一般 C15 以下用于垫层、基础或受力不大的结构；C20、C25 多用于梁、板、柱、楼梯、屋架等普通钢筋混凝土结构；C30、C35 主要用于框架结构的梁、板、柱等；C40 以上用于预应力钢筋混凝土及特种结构等。

第二节　钢筋混凝土构件详图

钢筋混凝土构件是指结构中经常采用的钢筋混凝土制成的梁、板、柱等构件。因施工方法不同分为预制构件（工厂或现场预制、现场安装）和现浇构件（现场支模浇筑）。另外，还有预应力构件，即在结构承载时将发生拉应力的部位，预先用某种方法对混凝土施加一定压应力的构件，此构件可以提高构件的抗拉和抗裂性能。

一、常用结构构件代号

在结构施工图中，为了方便阅读，简化标注，常用代号表示构件名称，代号后面用阿拉伯数字标注该构件的型号或编号。《建筑结构制图标准》（GB/T 50105—2010）中规定的常用构件代号见表 11-3。

表 11-3　　常用构件代号

序号	名称	代号	序号	名称	代号	序号	名称	代号
1	板	B	15	吊车梁	DL	29	基础	J
2	屋面板	WB	16	圈梁	QL	30	设备基础	SJ
3	空心板	KB	17	过梁	GL	31	桩	ZH
4	槽形板	CB	18	连系梁	LL	32	柱间支撑	ZC
5	折板	ZB	19	基础梁	JL	33	垂直支撑	CC
6	密肋板	MB	20	楼梯梁	TL	34	水平支撑	SC
7	楼梯板	TB	21	檩条	LT	35	梯	T
8	盖板或沟盖板	GB	22	屋架	WJ	36	雨篷	YP
9	挡雨板或檐口板	YB	23	托架	TJ	37	阳台	YT
10	吊车安全走道板	DB	24	天窗架	CJ	38	梁垫	LD
11	墙板	QB	25	框架	KJ	39	预埋件	M
12	天沟板	TGB	26	刚架	GJ	40	天窗端壁	TD
13	梁	L	27	支架	ZJ	41	钢筋网	W
14	屋面梁	WL	28	柱	Z	42	钢筋骨架	G

二、钢筋混凝土构件中的钢筋

1. 钢筋的种类、级别和代号

在《混凝土结构设计规范》（GB 50010—2010）中，按钢筋种类等级不同分别给予不同编号，以便标注和识别，详见表 11-2。

2. 钢筋的作用和分类

如图 11-1 所示，在钢筋混凝土构件中的钢筋，按其所起的作用可分为如下几类：

（1）受力筋。承受力学计算中拉、压应力的钢筋，在梁、板等构件中有时将部分受力筋弯起称弯起筋。

（2）箍筋。在梁、柱等构件中固定受力筋而形成骨架的钢筋。箍筋也承受部分剪力和拉力。

（3）架立筋。梁内固定箍筋的钢筋。

（4）分布筋。墙或板类构件中固定受力筋的钢筋，并起将荷载分布给受力筋和抵抗热胀冷缩所引起的温度变形的作用。

（5）构造筋。因构造要求或施工安装需要配置的钢筋，如板中支座处配置的构造钢筋和因吊装或与其他构件连接而配置的吊筋、拉接筋等。

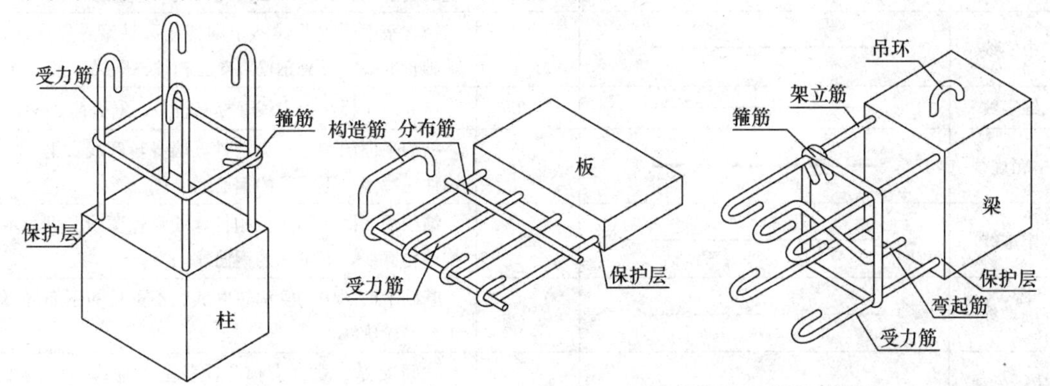

图 11-1　构件中的钢筋

3. 钢筋的弯钩

钢筋混凝土构件中为使钢筋和混凝土共同工作，必须具有足够的黏结力，而光圆钢筋机械啮合作用较差，为增强锚固作用，应在端部设半圆弯钩或直弯钩，如图 11-2（a）、（b）所示。箍筋常采用光圆钢筋，其两端在交接处也要做出弯钩，如图 11-2（c）所示，弯钩的长度一般分别在两端各伸长 50mm 左右。带肋钢筋与混凝土的黏结力强，两端不必加弯钩。

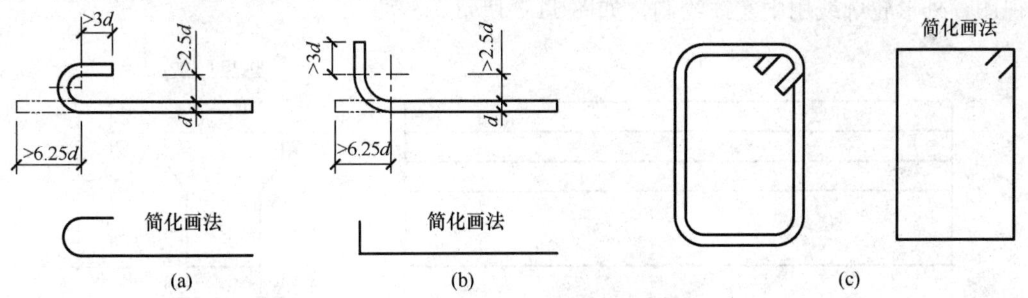

图 11-2　弯钩的形式及简化画法

（a）半圆弯钩；（b）直弯钩；（c）箍筋的弯钩

4. 钢筋的保护层

为了保护钢筋，防锈、防火、防腐蚀、保证黏结力，钢筋混凝土构件中的钢筋不能外露，在钢筋的外边缘与构件表面之间应留有一定厚度的混凝土作为保护层。一般梁和柱中最小保护层厚度为 25mm，板和墙中钢筋保护层厚度为 10～15mm。

三、钢筋混凝土构件的图示内容及图示方法

钢筋混凝土构件图通常由模板图、配筋图、预埋件详图和钢筋用量表组成。它们除了要符合投影原理外，还要根据国家颁布的建筑、结构制图标准的有关规定，采用表 11-4 所列的线型标准。

表 11-4　　常用结构施工图图线

名　称	线　　型	线宽	一　般　用　途
粗实线		b	螺栓，主钢筋线，结构平面图中的单线结构构件线，钢、木支撑及系杆线，图名下横线，剖切线
中粗实线		0.7b	结构平面图中及详图中剖到或可见墙身轮廓线，基础轮廓线，钢、木结构轮廓线，箍筋线
中实线		0.5b	结构平面图中及详图中剖到或可见墙身轮廓线，基础轮廓线，可见钢筋混凝土构件轮廓线，箍筋线
细实线		0.25b	尺寸线、标注引出线、标高符号、索引符号线等
中粗虚线		0.7b	结构平面图中不可见构件，墙身轮廓线及钢、木构件轮廓线，不可见的钢筋线
中虚线		0.5b	结构平面图中不可见构件，墙身轮廓线及钢、木构件轮廓线，不可见的钢筋线
细虚线		0.25b	基础平面图中的管沟轮廓线、不可见的钢筋混凝土构件轮廓线
粗点画线		0.25b	柱间支撑、垂直支撑、设备基础轴线图中的中心线
粗双点画法		0.25b	预应力钢筋线

1. 模板图

确定构件形状的图称模板图，模板图主要表达构件的外部形状和尺寸，同时表明预埋件的形状、位置、预留孔洞的形状、尺寸和位置，这些是构件模板制作安装的依据。简单构件可不单独绘模板图而应与配筋图合并绘制表示。模板图的图示方法就是按构件内外形状绘制的视图，外形轮廓线用中实线绘制，如图 11-3 所示。

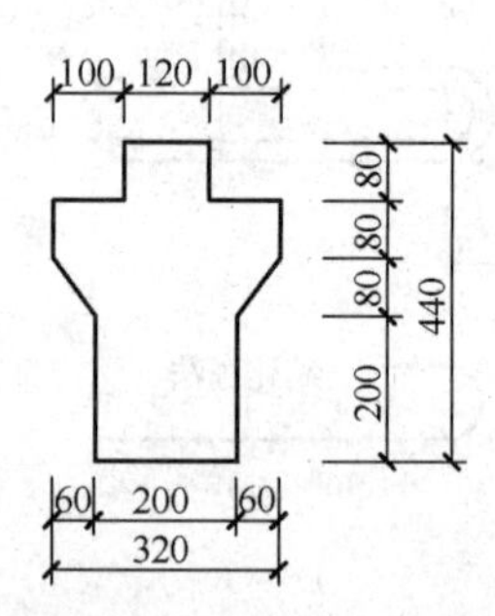

图 11-3　梁的模板图

2. 配筋图

（1）配筋图的图示方法。配筋图就是钢筋混凝土构件中的钢筋配置图，它应详尽地表达出所配置钢筋的级别、形状、尺寸、直径、数量及摆放位置。规定要用细实线画出构件的外形轮廓线；假想混凝土为透明体且不画材料符号，使包含其内的钢筋成为可见，用粗实线或直径小于 1mm 的黑圆点表示钢筋。一般比较细而长的构件如梁、柱等配筋，常用配筋绘制立面图并配以若干配筋断面图表达，如图 11-4 所示，而板只需绘制配筋平面图。

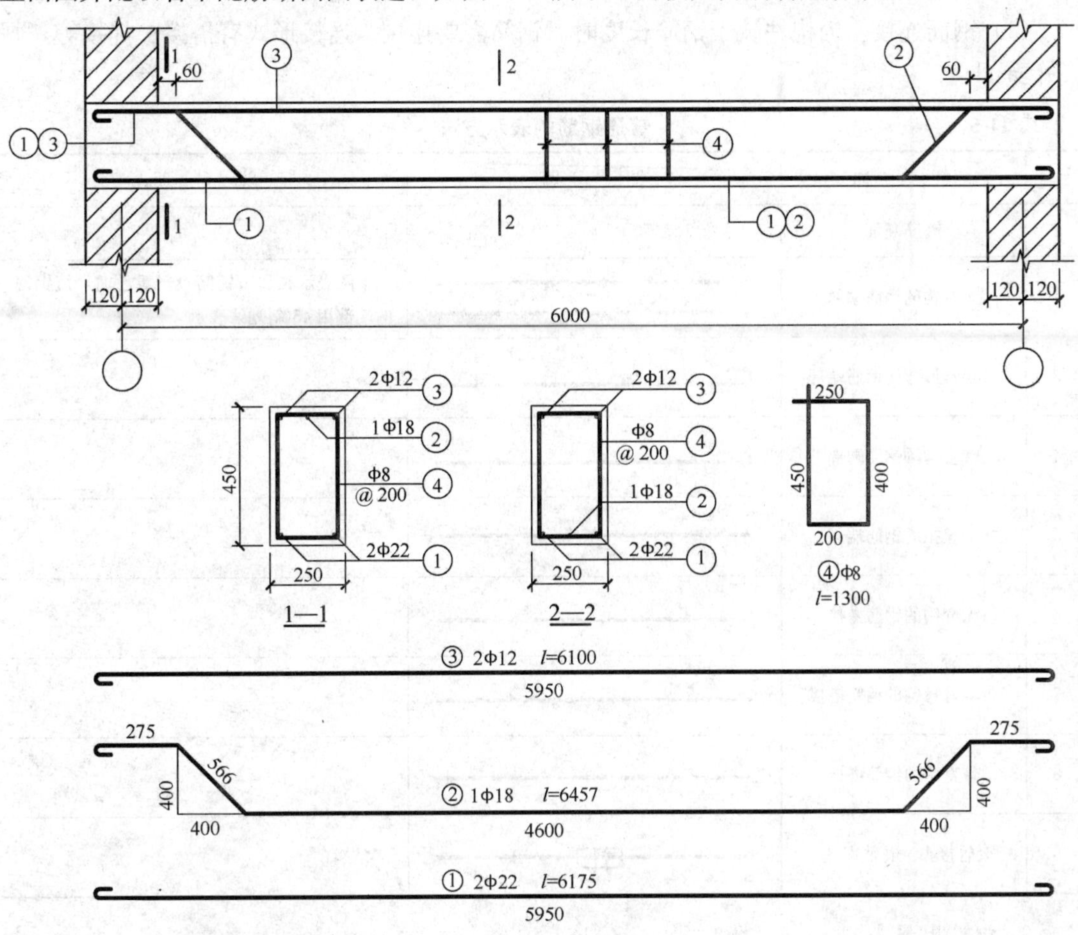

图 11-4　梁的配筋图

（2）钢筋编号。从图 11-4 中看出，构件中所配的钢筋的规格、形状、等级、直径等是不同的，为便于识读和施工，构件中的各种钢筋应编号，将种类、形状、直径、尺寸完全相同的钢筋编成一个号，否则有一项不同则另行编号。编号用阿拉伯数字注写在直径为 5～6mm 的细线圆圈内，并用引出线指到对应钢筋上。同时，在引出线上标注出相应钢筋的代号、直径、数量、间距等，如图 11-5 所示。箍筋一般不注明根数，而是用等间距代号@后面注明间距表示。

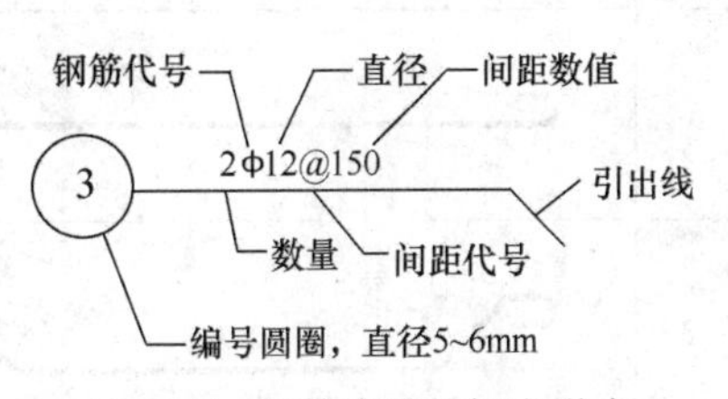

图 11-5　钢筋编号的标注形式

（3）钢筋详图。不能满足施工要求的配筋图，需另绘钢筋详图表示。一般钢筋详图用粗单线画在与立面图相对应的位置，从构件的最上部（或最左侧）的钢筋开始一次排列，并与立面图中的同号钢筋对齐。同一号钢筋只画一根，在用粗实线表示的钢筋线上标注出钢筋的编号、根数、级别、直径及下料长度 l。下料长度等于各段长度之和，如①号筋的下总长 l=梁长－两端保护层＋两个弯钩长＝6000－2×50＋2×6.25×22＝6175；②号筋的下料总长 l=中间直段长＋两弯起段长＋两端水平段长＋两个弯钩长＝4600＋2×566＋2×275＋2×6.25×18＝6507。

（4）钢筋连接。当构件长于钢筋长度时，钢筋需要连接，连接形式有搭接、焊接等，画法见表 11-5。

表 11-5　　普通钢筋的表示方法

序号	名称	图例	说明
1	钢筋断面	●	
2	无弯钩的钢筋端部		下图表示长、短钢筋投影重叠时，短钢筋的端部用 45°斜划线表示
3	带半月形弯钩钢筋端部		
4	带直钩的钢筋端部		
5	带丝扣的钢筋端部		
6	无弯钩的钢筋搭接		
7	带半月弯钩的钢筋搭接		
8	带直钩的钢筋搭接		
9	套管接头（花篮螺丝）		

3. 钢筋用量表

钢筋用量表是为了统计用料而设，也可另页绘制，一般包括钢筋的编号、简图、直径、数量、长度、总长、总重等，并根据需要增加若干项目，见表 11-6。

表 11-6　　钢筋用量表

编号	简图	直径	长度（cm）	根数	总长（m）	总量（kg）
1		ϕ22	3465	2	6.93	20.68
2		ϕ18	3770	1	3770	7.54

续表

编号	简图	直径	长度（cm）	根数	总长（m）	总量（kg）
3		ϕ10	3315	2	6.63	4.09
4		ϕ8	1400	17	23.90	10.00

四、钢筋混凝土现浇板

现浇板具有整体性较好，防渗性能好，且便于预留孔洞等优点，被广泛采用。

1. 模板图

板通常在施工现场浇筑，但因板的结构简单，一般不单独绘制模板图，而是与配筋图合并表示板的形状、尺寸及预留洞等要求。

2. 配筋图

在板的配筋图中，用细实线画出板的平面形状，中虚线画出板下支座的墙、梁、柱的位置，用粗实线画出板内受力筋的形状和配置情况，并注明其编号、尺寸、等级、直径、间距（或根数），每种规格只画一根表示即可，按其立面形状画在安放的位置上。对弯起钢筋，要注明弯起点到轴线的距离、弯筋伸入邻板的长度；对各种构造钢筋，应注明其伸入墙（或梁）边的距离，同时注明板面或梁底的结构标高。对于板厚或梁的断面形状，一般采用重合断面表示。

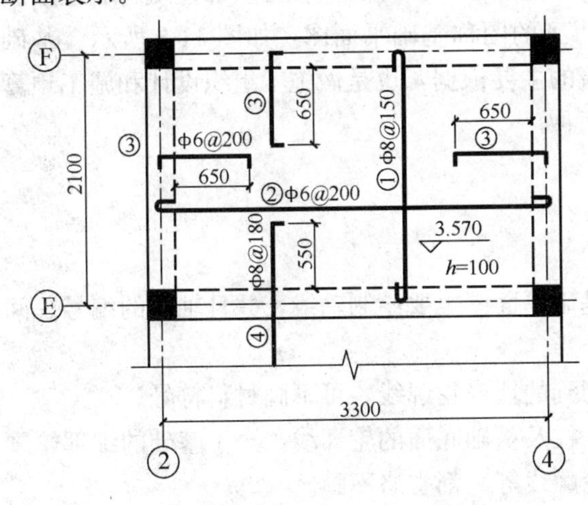

图 11-6 钢筋混凝土现浇板配筋图

对现浇板中弯钩朝向的规定：靠近板底部配置的钢筋，水平方向钢筋弯钩向上，竖直方向钢筋弯钩向左；靠近板顶部配置的钢筋，水平方向钢筋弯钩向下，竖直方向钢筋弯钩向右。

图 11-6 为钢筋混凝土现浇板的配筋图。由定位轴线编号和标高可知该板所处的位置，板厚 h=100。板内钢筋配置情况如下：

（1）受力筋。板底配有①号和②号两种受力筋，其中①号钢筋为直径 8 的 HPB300 钢筋，沿板的长度方向，每隔 150 布置一根，②号钢筋为直径 6 的 HPB300 钢筋，沿板的宽度方向，每隔 200 布置一根。

（2）构造筋。在板顶支座处应配置构造筋，其中沿②、④、Ⓕ轴线分别配置③号直径 6 的 HPB300 钢筋，每隔 200 布置一根，伸入墙或梁边的距离为 700，直弯钩的长度为板厚减去两个保护层。④号钢筋为Ⓔ轴支座处的构造筋，沿Ⓔ轴每隔 180 布置一根，前侧伸入相邻板，后侧伸入长度为 550。

第三节 基础施工图

基础是位于建筑物室内地面以下的承重构件，它承受上部墙、柱等传来的荷载，并传给基础下面的地基。上部建筑物的结构形式、荷载大小及地基的承载力决定了下部基础的形式。建筑物基础的形式很多，而且所用材料也不同，比较常用的是墙下条形基础和柱下独立基础，如图 11-7 所示。

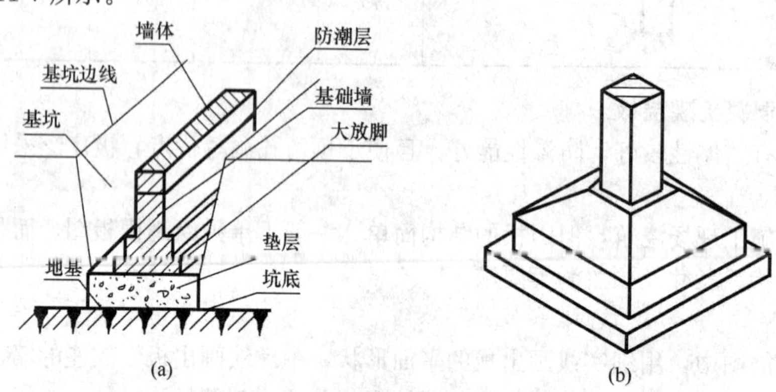

图 11-7 基础的形式

(a) 墙下条形基础；(b) 柱下独立基础

一、基础施工图的形成和作用

假想用一个水平的剖切平面，沿建筑物室内地面以下剖开后，移去上部建筑物和土层后(基坑没有回填之前)，向水平面作正投影所得到的图称基础平面图，如图 11-8 所示。基础施工图是进行施工放线、基槽开挖和基础砌筑的主要依据，也是做施工组织设计和施工预算的主要依据，主要有基础平面图和基础详图两种。

二、基础平面图

1. 基础平面图的图示内容

基础平面图的图示内容如图 11-8 所示。

(1) 定位轴线。它与建筑施工图一样，基础平面图也要绘制轴线，并且轴线的编号、间距尺寸应与建筑施工图中的底层平面图一致。

(2) 墙身剖切线。用中粗实线画出被剖切到的墙身轮廓线，可不画材料符号。

(3) 基础轮廓线。用中实线画出基础梁、柱及基础底面的轮廓线，至于基础的细部轮廓线（如条形基础的大放脚、独立基础的锥形轮廓线等）都省略不画。

(4) 其他构造部分。对于设有圈梁的基础，可用一条粗实线（画在墙厚中间）表示可见的基础圈梁（不可见用粗虚线表示）。剖到的钢筋混凝土柱，可用涂黑的材料符号表示。穿过基础的管道洞口，可用细虚线表示。基础中的地沟同样用细虚线表示。

(5) 断面详图位置符号。房屋各部分荷载的不同以及地基承载力的不同，基础受力情况不同，所以基础的构造、埋深等断面形状也不同。对每一种不同的基础，都要画出它的断面图，并在基础平面图上标注出基础断面详图的位置符号和编号，如图 11-8 所示。

(6) 基础平面图的尺寸标注。

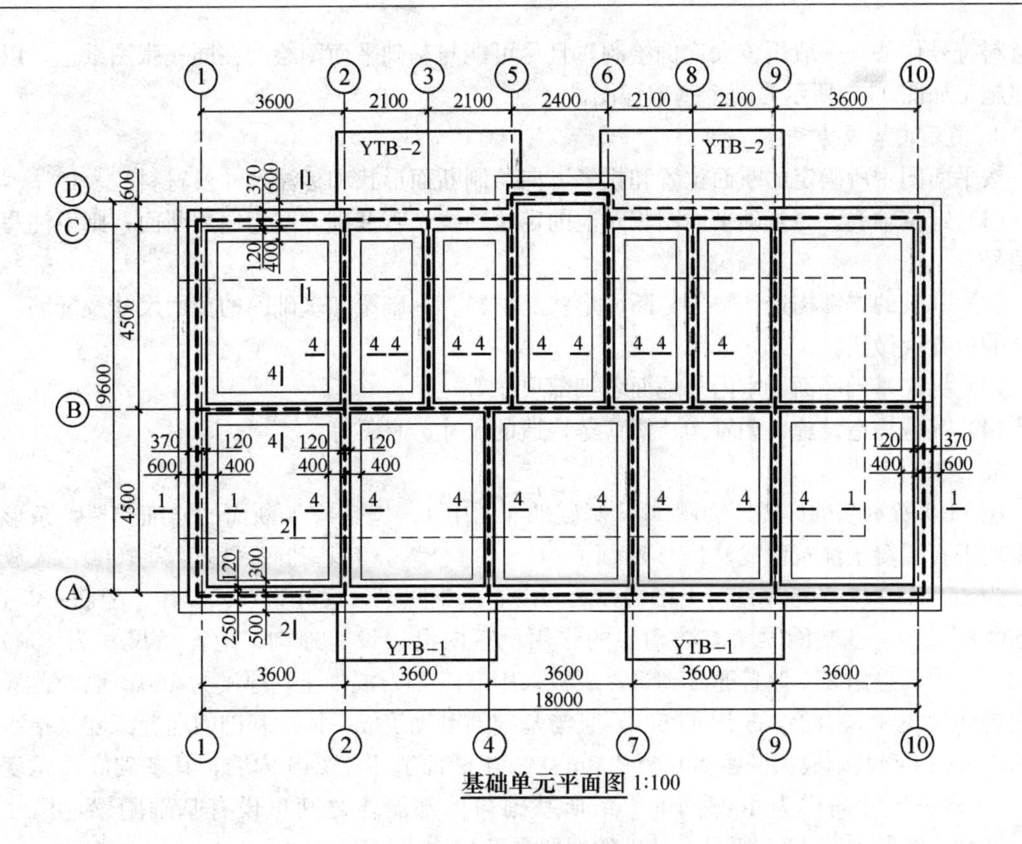

图 11-8 基础平面图

1）轴线尺寸。在基础平面图上，需标注定位轴线间尺寸（开间和进深）和最外两根轴线之间总尺寸。

2）墙体尺寸。基础平面图上要以轴线为基准标注出同首层平面图一致的上部砌体尺寸。

3）基础的大小尺寸和定位尺寸。大小尺寸是指基础墙断面尺寸、柱断面尺寸以及基础底面宽度尺寸；定位尺寸是指基础墙、柱以及基础底面与轴线的联系尺寸。

4）其他尺寸。若设有管沟洞口等，在基础平面图上也要注明位置及尺寸。

2. 基础平面图的识读

以图 11-8 所示内容为例，识读基础平面图。

(1) 图名、比例。由图 11-8 中知该住宅采用条形基础，绘图比例为 1∶100。

(2) 基础的形式。由图 11-8 中知有 1—1 到 4—4 共四种不同形式的基础，基础的底面宽度有 800 和 1000 两种，部分基础的详细构造做法另见基础详图（图 11-9）。

(3) 其他构造。图 11-8 中墙中粗虚线表示基础圈梁，细虚线表示基础设有管沟，YTB 表示阳台板。

三、基础详图

基础平面图只确定了基础最外轮廓线宽度尺寸，对于断面形状、尺寸和材料用断面详图表示。图 11-9 为基础详图实例。

1. 形成

假想用垂直剖切平面将基础剖开，并进行断面投影，称基础详图。为便于标注尺寸和表示材料符号作法，一般用较大比例绘制，且尽可能与基础平面图绘制在同一张图纸上，以便对照施工如图 11-9 所示为两个基础详图。

2. 图示内容及方法

按平面图中所确定的断面位置和投影方向绘制断面形状和标注尺寸及材料。

（1）定位轴线。与基础平面图相对应的定位轴线。若基础详图为通用断面，则不注写轴线编号。

（2）基础的详细构造：垫层、断面形状、材料、基础梁和基础圈的截面尺寸及配筋、防潮层的位置及做法。

（3）标注基础底面、室内外地面各细部尺寸等。

（4）其他构造设施，如管沟、洞口等构造的尺寸、材料等。

3. 基础详图的识读

图 11-9 所示基础详图即为图 11-8 基础平面图中 1—1 和 4—4 断面的详细构造，条形基础是用毛石混凝土浇筑而成。1—1 断面适用于 490 外墙，其基础底面宽度为 1000，大放脚尺寸为 400×100，条形基础与上部墙体之间设有基础圈梁，尺寸为490×240，配筋 4 Φ 10，箍筋Φ 8@200，基础圈梁兼有防潮层的作用。室内沿墙设有地沟，地沟净尺寸为 1000×1000，地沟墙采用 240 厚普通砖砌筑；底板采用 C15 细石混凝土，厚度为 100；地沟盖板内纵向钢筋为 3ϕ8，横向钢筋 ϕ8@1500，且与基础圈梁浇筑成一体。基础的埋置深度（指室内地面±0.000 到基础底面的距离）为 2.0m。4—4 断面适用于 240 内墙，其基础底面宽度为 800，大放脚尺寸同样为 400×100，条形基础与上部墙体之间也设有基础圈梁，尺寸为 240×240，配筋如图 11-9 所示，基础的埋置深度与外墙一致。

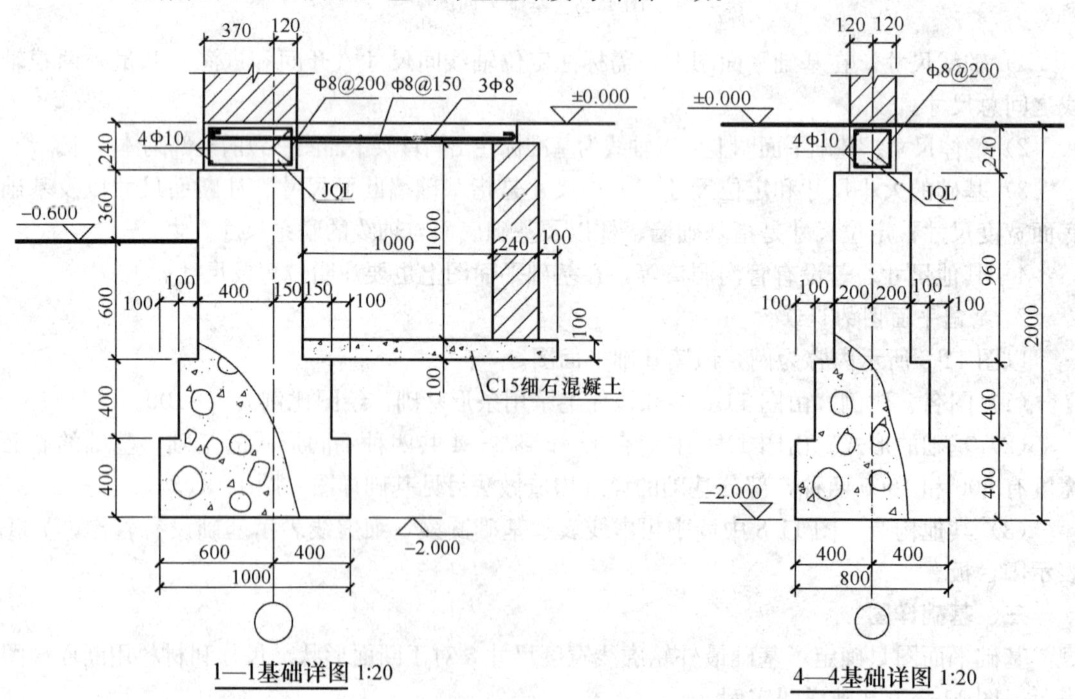

图 11-9　基础详图

第十二章　给水排水工程图

第一节　概　　述

给水排水工程一般指与市政人工水环境相关的各项水工程，按其工程的途径可分为给水工程和排水工程两个部分。给水工程是指水源取水、水质净化、净水输送、配水使用等工程。排水工程是使用后的污水的收集、污水输送、污水处理，处理后的污水排入自然水体的工程。给水排水工程图是表达给水排水工程设施的结构形状、大小、位置及有关设计施工要求等的图样。

一、给水排水工程图的组成及其分类

给水排水工程图可分为室内给水排水工程图和室外给水排水工程图两大类。室外给排水工程图表示的范围比较广，它表示一个区域或一个厂区的给水工程设施和排水工程设施，主要包括管道总平面布置图、流程示意图、纵断面图、工艺图和详图。室内给水排水工程图主要表示房屋中用水设备，卫生器具，给水排水管道及其附件的类型、大小与房屋的相对位置和安装方式的施工图，它一般由管道平面图、管道系统图、安装详图、图例和设计施工总说明等组成。

二、室内给水排水系统的组成

1. 室内给水系统

室内给水系统的任务是将水自室外给水管网引入室内，并在保证满足用户对水质、水量、水压等方面要求的情况下，把水输送到各个配水点，如配水龙头、生产用水设备、消防设备等。

一般室内给水系统由下列各部分组成（见图 12-1）。给水引入管自室外给水管网将水引

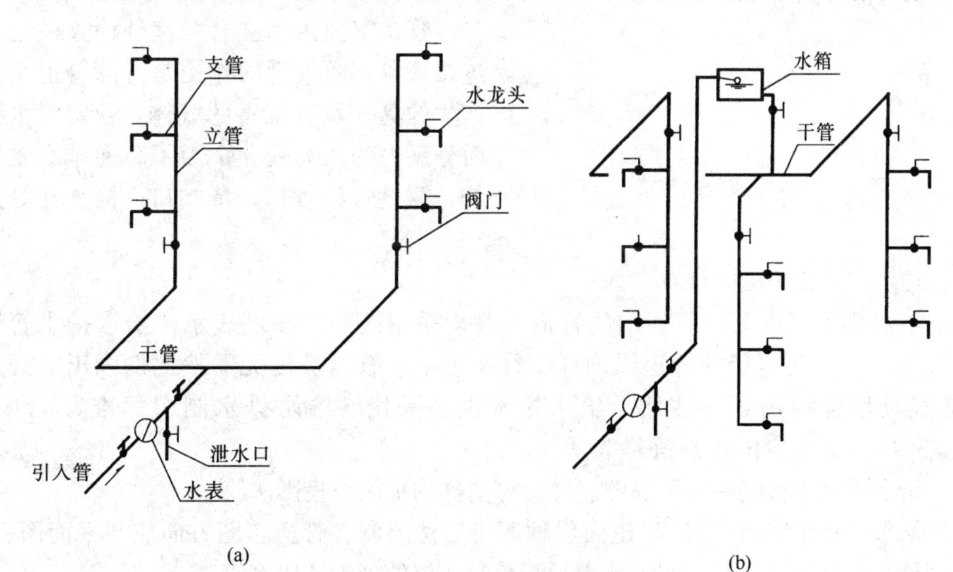

图 12-1　室内给排水系统的组成

（a）下行上给式给水系统；（b）上行下给式给水系统

至室内给水管网，在引入管上装有水表节点，水表节点包括水表、水表前后阀门和泄水口等装置，水表前后的阀门用以水表检修和拆换时关闭管路，泄水装置主要用于检修管路时，将系统内的水放空和检验水表的灵敏度。

给水管网是由水平干管、立管和支管等组成的管道系统。水平干管的作用是将水从引入管沿水平方向输送到房屋的各个立管；立管是将水从水平干管沿垂直方向输送到各楼层；支管将水从立管输送到各用水设备。根据干管敷设位置不同，室内给水系统一般分为下行上给式和上行下给式及中分式等。下行上给式如图 12-1（a）所示，干管敷设在首层地面下或地下室，一般用于室外给水管网的水压、水量能满足要求的建筑物。上行下给式如图 12-1（b）所示，给水干管敷设在顶层的顶棚上或阁楼中，用于室外水压不足，建筑物需设屋顶水箱和水泵联合工作的场合。

管道系统中的阀门是用来调节水量、水压、控制水流方向的；水箱的作用是增压、贮水。

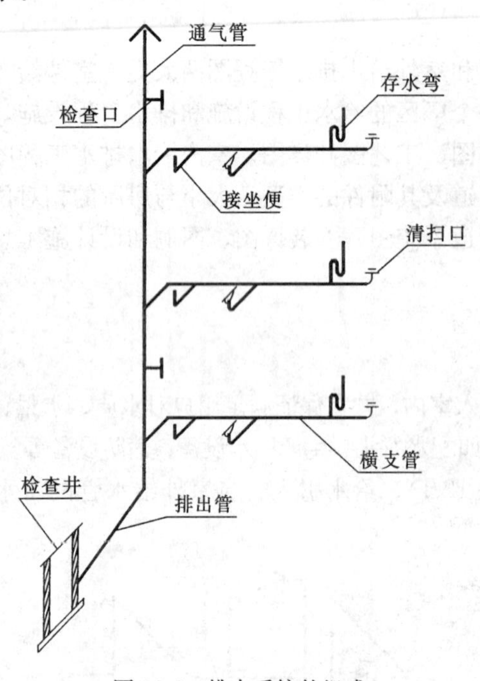

图 12-2　排水系统的组成

2. 室内排水系统

室内排水系统的任务是排除居住建筑、公共建筑和生产建筑内的污水。按所排除的污水性质不同，室内排水系统可分为生活污水管道、生产污（废）水管道、雨水管道。

室内生活排水系统一般由下列各部分组成（见图 12-2）。卫生设备（如洗脸盆、洗涤盆、大便器、地漏等）用来接纳生活污水并经存水弯或设备排出管排入横支管；横支管接纳各卫生设备排出的污水然后排至排水立管，横支管上应具有一定的坡度；排水立管接纳各横支管排放的污水，将其排入排出管；排出管是室内排水立管与室外检查井之间的连接管段；通气管的作用是排除管道系统中产生的臭气及有毒害的气体，稳定污水排放时管系内的压力变化；为了疏通排水管道系统，需设置检查口、清扫口、检查井等清通设备。

三、给水排水工程图的特点

（1）给水排水工程图中所表示的管道一般均采用统一的图例表示。给水排水管道一般用单线表示，不同直径的管道以同样的线宽表示，管道坡度无需按比例画出（画成水平），管径及坡度均用数字注明。给水排水设备采用《给水排水制图标准》（GB/T 50106—2010）中规定的图例符号表示。

（2）给水排水工程图中的平面图、详图等图样均采用正投影法绘制。

（3）给水排水系统图宜按 45°正面斜轴测投影法绘制。管道布图方向应与平面图一致，并同比例绘制。局部管道按比例不易表示清楚时，该处可不按比例绘制。

（4）为了表明管道与设备在房屋中的位置，画图时需将与给水排水系统有关的建筑图部分一并画出。系统中设备的安装和管道敷设等应与建筑施工图相互配合，尤其在预留孔洞、预埋件、管沟等方面对土建的要求须在图纸上明确表示和注明。

（5）给水排水工程中管道很多，常分成给水系统和排水系统。它们都按一定流向通过干管、立管、支管，最后与具体设备相连接。如室内给水系统的流程为：引入管→水表→干管→立管→支管→用水设备；室内排水系统的流程为：排水设备→横支管→立管→户外排出管→排水井。给水排水工程图中，常用J作为给水系统和给水管代号，用P作为排水系统和排水管代号。

四、给水排水工程图的一般规定

1. 绘图比例

总平面图常用的比例：1∶1000、1∶500、1∶300。

建筑给水排水平面图常用的比例：1∶200、1∶150、1∶100。

管道系统图宜采用与相应平面图相同的比例。

详图常用的比例：1∶50、1∶30、1∶20、1∶10、1∶5、1∶2、1∶1、2∶1等。

2. 图线及其应用

给水排水工程图中，采用的各种线型应符合《给水排水制图标准》（GB/T 50106—2010）中的规定，见表12-1。

表12-1　给水排水工程图中采用的线型及其含义

名称	线型	线宽	一般用途
粗实线	————	b	新设计的各种给水和其他重力流管线
粗虚线	— — — —	b	新设计的各种排水和其他重力流管线的不可见轮廓线
中粗实线	————	$0.7b$	新设计的各种给水和其他压力流管线；原有的各种排水和其他重力流管线
中粗虚线	— — — — —	$0.7b$	新设计的各种给水和其他压力流管线及原有的各种排水和其他重力流管线的不可见轮廓线
中实线	————	$0.5b$	给水排水设备、零（附）件的可见轮廓线；原有的各种给水和压力流管线
中虚线	- - - - - - - -	$0.5b$	给水排水设备、零（附）件的不可见轮廓线；原有的各种给水和压力流管线的不可见轮廓线
细实线	————	$0.25b$	建筑的可见轮廓线；制图中的各种标注线
细虚线	- - - - - - - - - - - -	$0.25b$	建筑的不可见轮廓线
折断线	——\/——	$0.25b$	断开界线

3. 图例符号

《给水排水制图标准》（GB/T 50106—2010）国家标准中，规定了给水排水工程图中常用的管道、设备、部件的图例符号，现摘录其中常用的图例示于表12-2中。

表 12-2 给水排水工程图中的常用图例

名称	图例	备注	名称	图例	备注
生活给水管	—J—		放水龙头		左侧为平面 右侧为系统
污水管	—W—		存水弯		左侧为S型 右侧为P型
多孔管			地漏		左侧为平面 右侧为系统
弯折管	高 低		清扫口		左侧为平面 右侧为系统
管道立管	XL-1 平面 XL-1 系统	X：管道类别 L：立管 1：编号	浴盆		
立管检查口			立式洗脸盆		
通气帽			污水池		
闸阀			坐式大便器		
截止阀			浴盆排水件		左侧为平面 右侧为系统
止回阀			消火栓		左侧为平面 右侧为系统

4. 图样名称

每个图样均应在图样下方标注出图名，图名下应绘制一条中粗横线，长度应与图名长度相等，绘图比例应注写在图名右侧，比例的字高宜比图名的字高小一号或二号。

第二节 室内给水排水工程图

一、给水排水平面图

室内给水排水平面图主要反映一幢建筑物内卫生器具、管道及其附件的类型、大小，在房屋中的位置等情况。一般把室内给水排水管道用不同的线型合画在一张图上，但当给水管道较复杂时，也可分别画出给水、排水平面图。

1. 给水排水平面图的表达方法

（1）给水排水平面图是在管道系统之上水平剖切后，按正投影法在绘制的水平投影图。

（2）给水排水平面图的数量。多层房屋的管道平面图原则上应分层绘制。底层由于室内管道需与室外管道相连接，必须单独画出一个完整的平面图，楼层平面图只抄绘与卫生设备和管道布置有关部分的平面图。如各楼层的卫生设备和管道布置完全相同时，只需画出相同楼层的一个平面图，但在图中必须注明各楼层的层次和标高。设有屋顶水箱的楼层可单独画出屋顶给水排水平面图，但当管道布置不太复杂时，也可在最高层给水排水平面图中用虚线画出水箱的平面位置。绘制多个平面图时应按建筑层次由低层至高层、由下而上的顺序布置。

(3) 抄绘建筑平面图的内容。在给水排水平面图中所画的建筑平面图，仅作为管道系统各组成部分的平面布置的定位基准，因此，一般只要抄绘房屋的墙身、柱、门窗洞、楼梯等主要构配件，至于房屋的细部、门窗代号等均可略去。在给水排水平面图中，所有的墙、柱、门窗等都用细实线表示。为使土建施工与管道设备的安装一致，在各层管道平面图上，均需标明定位轴线，并在底层平面图的定位轴线间标注尺寸；同时，还应标注出各层平面图上的有关标高。

(4) 卫生设备和器具的画法。各类卫生设备和器具均按表 12-2 的图例绘制。对常用的定型产品，如洗脸盆、大便器、小便器、地漏等，只表示出它们的类型和位置，按规定图例画出，施工时可外购，并按《给水排水国家标准图集》安装。对于非标准设计的设施和器具，如厨房中的水池（洗涤池）、盥洗室中的盥洗槽、厕所中的大小便槽等，在建筑施工图中应另有详图，也不必详细画出其形状，如在施工或安装时有所需要，可标注出它们的定位尺寸。

(5) 给水排水管道的画法。给水排水管道应包括干管、立管、支管，不论直径大小，也不论管道是否可见，一律按表 12-1 所规定的图例符号表示。为了便于读图，在底层给水排水平面图中各种管道要按系统编号，系统的划分视具体情况而定，一般给水管以每一引入管为一个系统，污水、废水管以每一个承接排水管的检查井为一个系统。

给水排水管道的管径尺寸应以 mm 为单位，公称直径以"*DN*"表示，如 *DN*15、*DN*50 等。单根管道，管径应按图 12-3 (a) 标注。多根管道时，管径按图 12-3 (b) 标注。管道的长度是在施工安装时，根据设备间的距离，直接测量截割的，所以在图中不必标注管长。

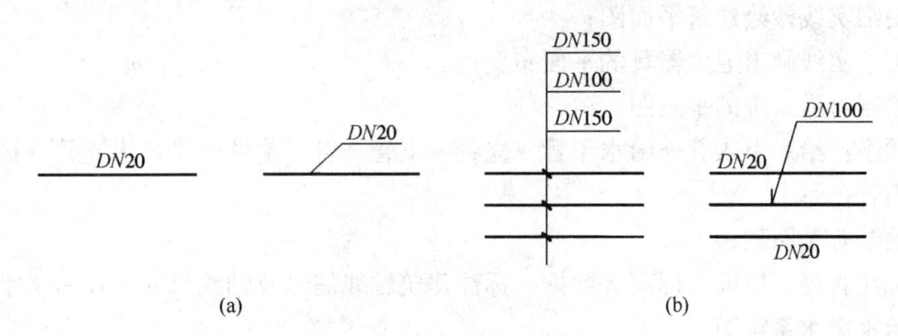

图 12-3　管径表示法

(a) 单管管径表示法；(b) 多管管径表示法

标高应以 m 为单位，室内工程应标注相对标高；室外工程宜标注绝对标高，当无绝对标高资料时，可标注相对标高，但应与建筑总图标注一致。标高尺寸一般注写到小数点后第二位。图中应标注管道起讫点、转角点、连接点、变坡点、变尺寸（管径）及交叉点的标高。管道标高应按图 12-4 的方式标注。

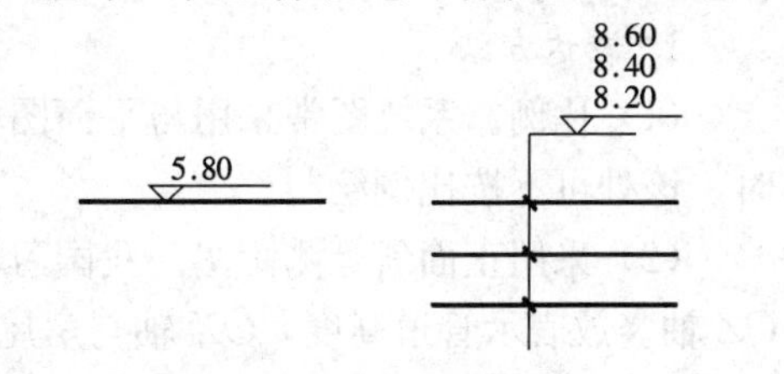

图 12-4　平面图中管道标高标注法

(6) 管道的类别代号和管道系统编号。当建筑物的给水引入管或排水排出管的数量超过 1 根时，宜进行编号，编号方式如图 12-5（a）所示。图中“J”为管道类别代号，以汉语拼音的开头字母表示，如给水管道为“J”、排除废水的排水管道为“P”、排除污水的管道为“W”等。“1”为同类管道的管道编号，用阿拉伯数字顺序编号。

上述给水排水进出口编号表示法，也常用作管道系统编号的表示法。

建筑物内穿越楼层的立管，其数量超过一根时，宜进行编号，编号的形式如图 12-5（b）所示。图中“JL”为管道类别代号，“J”为给水管道；L 表示立管。1 为立管编号。

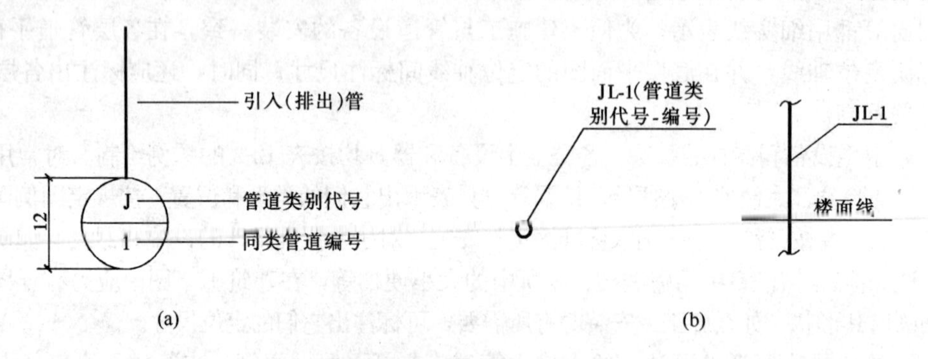

图 12-5　管道编号表示法

（a）给水排水进出口管编号表示法；（b）立管编号表示法

（7）为方便读图，在底层平面图上，还应画出相应的图例符号、注写施工说明等。

2. 给水排水平面图的绘图步骤

绘制给水排水平面图，一般是先画底层给水排水平面图，再画各楼层和屋顶的给水排水平面图。每一楼层管道平面图的绘图步骤如下：

（1）用细实线抄绘建筑平面图；

（2）用中实线画出卫生器具的平面布置；

（3）绘制管道系统的平画图

绘制顺序：给水引入管→给水干管→立管→支管→管道附件→排横水支管→排水立管→干管→排出管；

（4）绘制有关图例；

（5）标注管径、坡度、标高等数据，标注建筑轴线编号及轴线尺寸、注写文字说明。

二、给水排水系统图

在给水排水系统图中，把系统中所有的管道及其附件用轴测投影的方法画出，可清楚地表示出管道的空间走向、用水设备与管道及其附件的连接形式等。配合平面图共同表达给水系统全貌。

1. 表达方法

（1）比例。系统图常采用与平面图相同的比例绘制。当局部管道按正常比例表达不清楚时，该处可不按比例绘制。

（2）采用正面斜等测画图。我国习惯上采用正面斜等测来绘制系统图，绘图时，通常将 *OZ* 轴竖放表示管道高度，*OX* 轴与房屋横向一致，*OY* 轴作为房屋的纵向并画成 45°斜线方向，其轴间角和轴向伸缩系数如图 12-6 所示。由于采用与给水排水平面图相同的比例，沿

坐标轴 X、Y 方向敷设的管道，可以从给水排水平面图中直接量取尺寸，平行于 OZ 方向的管道可根据楼层的标高尺寸、卫生器具及附件的习惯安装高度确定。凡不平行坐标轴方向的管道，则可通过作平行于坐标轴的辅助线，从而确定管道的两端点而连成。如图 12-7 表示了从立管画向左 0.3m、向前 0.42m 的水平管的绘制方法。

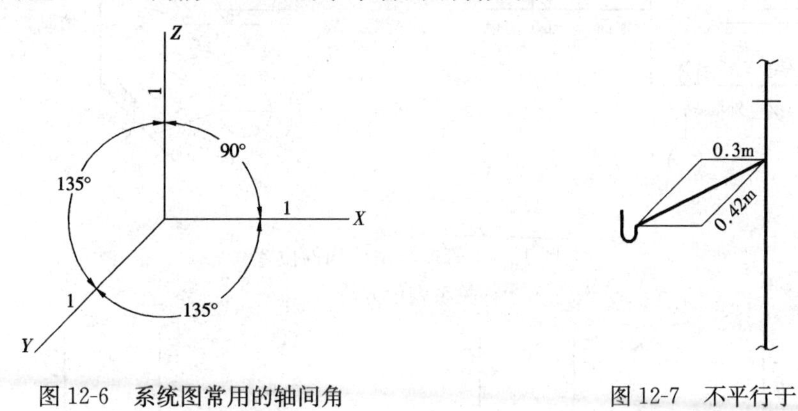

图 12-6　系统图常用的轴间角和轴向伸缩系数图

图 12-7　不平行于坐标轴的管道画法

（3）图线、图例与省略画法。给水排水系统图中的管道，都用粗实线表示，不必如平面图那样，用不同线型的粗线来表示不同类型的管道，其他的图例和线宽仍按原规定，在系统图中不必画出管件的接头形式。

为了使图面清晰，节省作图时间，当各层的管道及其附件的布置相同时，可将其中一层完整画出，其他各层管网沿支管折断（画出折断符号），并注明“同某层”。

由于所有卫生设备或配水器具已在给水排水平面图中表达清楚，在排水管道系统图中就没有必要画出。只需用相应图例画出卫生设备上的存水弯、地漏或检查口等。排水横管虽有坡度，但由于比例较小，故可画成水平管道。

（4）管道系统的划分。一般按管道平面图中进出口编号所分成的系统，分别绘制出各管道系统的系统图，这样，可避免过多的管道重叠和交叉。为了与平面图呼应，每个管道系统图应编号，且编号应与底层给水排水平面图中管道进出口的编号一致。

（5）房屋构件的位置。应用细实线绘出楼层（含夹层、跃层、同层升高或降低等）地面线。层高相同的楼层地面线应等距离绘制，并应在楼层地面线左端标注楼层层数和相对楼层地面标高。

不同类别管道的引入管或排出管，穿越建筑物外墙处，应标注所穿建筑外墙的轴线号，并应标注出引入管或排出管的编号，见图 12-8。

对于水箱等大型设备，为了便于与各种管道连接，可用细实线画出其主要外形轮廓的轴测图。

（6）系统图中管道交叉、重叠时的图示法。当管道在系统图中交叉时，应在鉴别其可见性后，在交叉处将可见的管道画成延续，而将不可见的管道画成断开，如图 12-9（a）所示。当在同一系统中管道因互相重叠和交叉而影响该系统清晰时，可将一部分管道平移至空白位置画出，称为移出画法，如图 12-9（b）在“a”点处将管道断开，在断开处画上断裂符号，并注明连接处的相应连接编号“a”。移出画法也可以采用细虚线连接画法绘制，如图 12-9（c）所示。

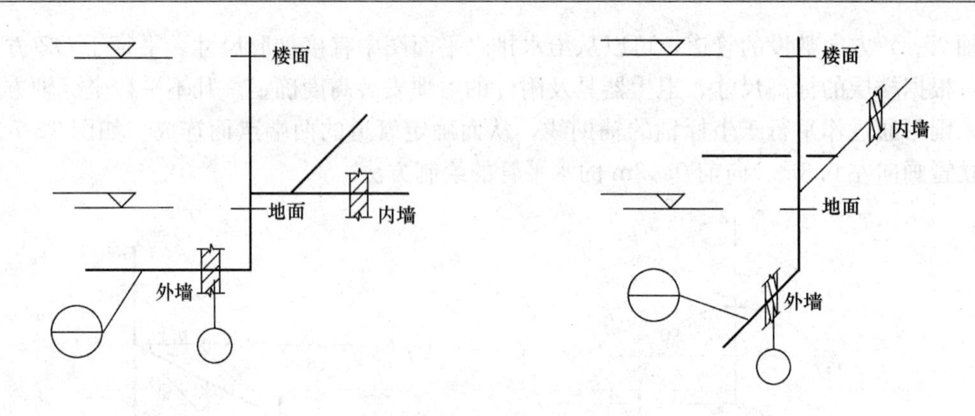

图 12-8 管道与房屋构件位置关系表示方法

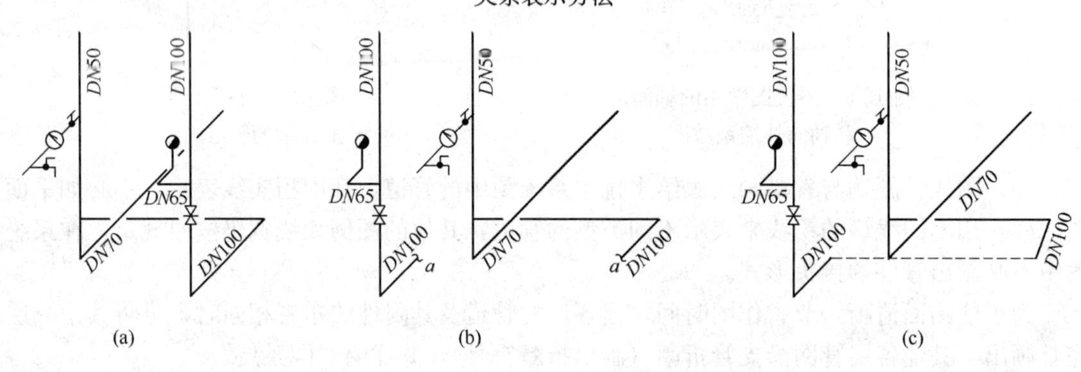

图 12-9 系统图中管道重叠处的移出画法

（7）管径、坡度及标高的标注。管道的管径一般标注在该管段旁边，标注空间不够时，可用指引线引出标注。管道各管段的直径要逐段注出，当连续几段的管径都相同时，可以仅标注它的始段和末段，中间段可以省略不注。

凡有坡度的横管（主要是排水管），都要在管道旁边或引出线上标注坡度，如 $\underline{i=0.020}$，数字下面的单面箭头表示坡向（指向下坡方向）。当排水横管采用标准坡度时，则在图中可省略不注，在设计施工总说明中写明。

管道系统图中标注的标高是相对标高，即以底层居室内主要地面为±0.00。在给水系统图中，标高以管中心为准，一般要注出引入管、横管、阀门、放水龙头、卫生器具的连接支管等的标高，如图 12-10 所示。在排水系统图中，横管的标高以管底为准，一般应标注立管上的通气帽、检查口、排出管的起点标高。其他卫生器具的安装高度和管件的尺寸，由施工人员决定，图中不必标注。此外，还要标注各层楼地面及屋面等的标高。

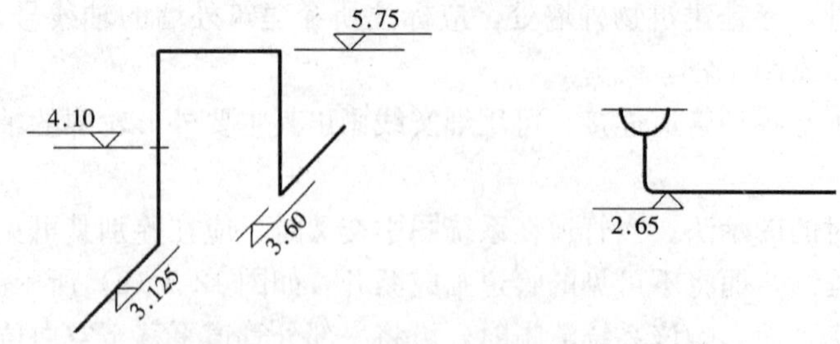

图 12-10 轴测图中管道标高标注法

2. 绘图步骤

为了便于读图，可把各系统图的立管所穿过的地面画在同一水平线上；管道系统图的长度尺寸可由平面图中量取，高度则应根据房屋的层高、卫生器具的安装高度等决定。

(1) 先画各系统的立管。

(2) 定出各层的楼地面及屋面。

(3) 在给水系统图中，先从立管往管道进口方向转折画出引入管，然后在立管上引出横支管和分支管，从各支管画到放水龙头以及洗脸盆、大便器的冲洗水箱的进水口等；在排水、污水系统图中，先从立管或竖管（如污水系统在底层另有一根不通过立管的竖管，与另设的排出管相连，排除底层大便器的污水，则按竖管与立管的相对位置先补画这条竖管）往管道出口方向转折画出排出管，然后在立管或竖管上画出承接支管、存水弯等。

(4) 画出穿墙的位置。

(5) 标注管径、坡度、标高等数据及有关说明。

三、管道上的构配件详图

在给水排水工程图中，管道平面图和管道系统图只能表示出管道和卫生器具的布置情况，对各种卫生器具的安装和管道的连接，还需要绘制施工用的安装详图。

详图采用的比例较大，在《给水排水制图标准》中规定，绘图比例宜选用 1∶50、1∶30、1∶20、1∶10、1∶5、1∶2、1∶1、2∶1 等。安装详图必须按施工安装的需要表达的详尽、具体、明确，一般都采用正投影绘制。给水排水设备用中实线画出其外形，管道用双线表示，安装尺寸应注写完整和清晰，主要材料和有关说明都要表达清楚。

常用的卫生设备多已标准化、定型化了，所以它们的安装详图可套用《全国通用给水排水标准图集 90S342 卫生设备安装》中的图样，不必另行绘制。在设计和绘制管道平面图和管道系统图时，各种卫生器具进出水管的平面布置和安装高度，必须与安装详图一致。

图 12-11 是 PVC-U 塑料管穿地下室的外墙时，设置刚性防水套管的安装详图。为了防

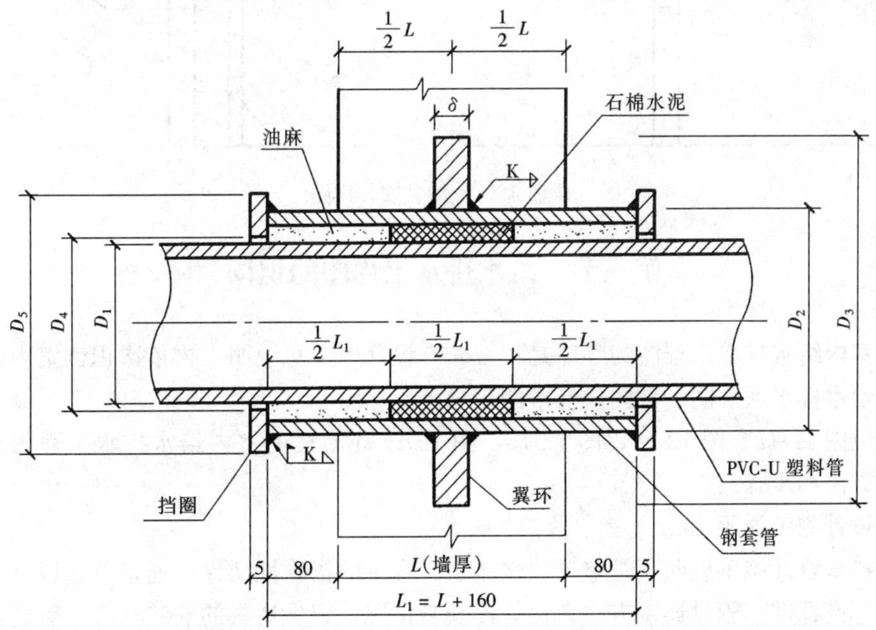

图 12-11　管道穿壁处的刚性防水套管的安装详图

止地下水在管道穿墙处发生渗漏现象，在管道穿越的外墙处设有比穿越管径大的钢管，在钢管外焊有防水翼环，与混凝土外墙浇注在一起，在穿越管与钢管之间填充防水材料及膨胀水泥砂浆，使管道与墙体严密接触，达到防水目的。因为管道和套管都是回转体，所以采用一个剖视图，剖切位置通过穿墙管的轴线。

图12-12为洗脸盆安装详图，从图中可知，洗脸盆上台面的安装高度为770mm，冷热水龙头之间的距离可在140～162mm之间调整。洗脸盆由埋入墙体内的横梁支撑，两个横梁在安装时，埋入墙体的深度为120mm，横梁与墙体之间用水泥捻实。冷、热水管均为在墙体内暗装，管径为DN15mm。冷热水管的出口高度均为450mm。冷水管敷设在出口的下方100mm，热水管敷设在出口的上方75mm。洗脸盆下面接一S形存水弯，在存水弯下方接出的排水支管管径DN32mm，支管中心距墙70mm。

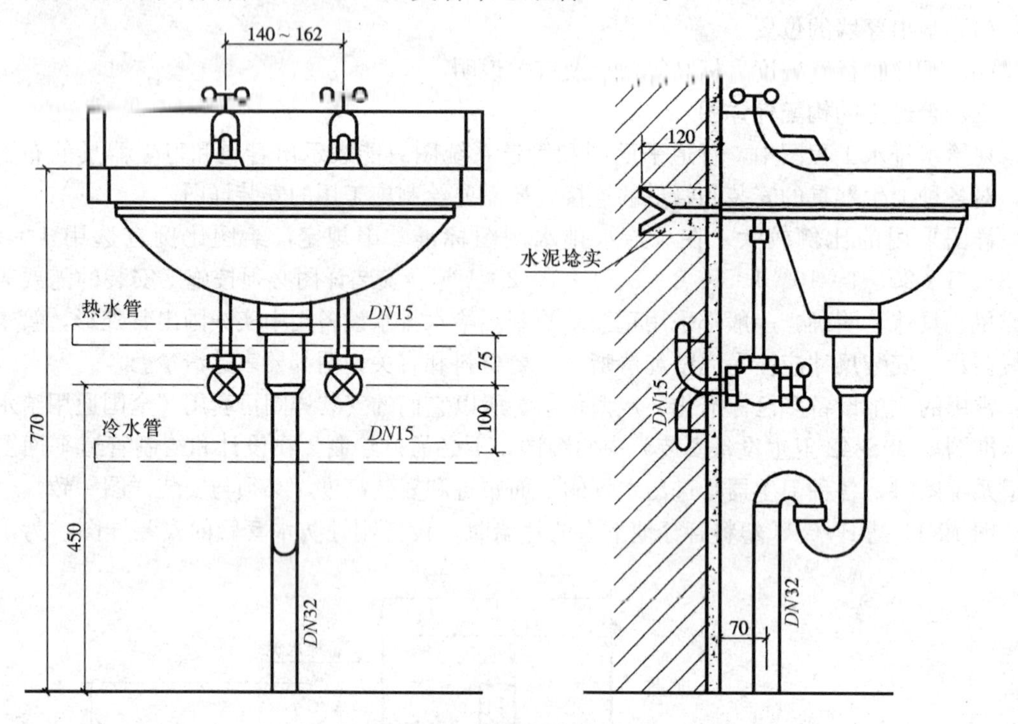

图12-12 洗脸盆安装详图

第三节 给水排水工程图的识读

识读室内给水排水工程图的顺序是：首先看设计施工总说明，再依次识读室内给水排水平面图、给水排水系统图、详图或标准图。

下面以图12-13、图12-14、图12-15、图12-16住宅楼的室内给水排水工程图为例，说明读图的方法和步骤。

一、设计施工说明

给水排水设计施工说明，是整个给水排水工程中的指导性文件，通常阐述以下内容：尺寸单位及标高标准；管材连接方式；消火栓安装情况；卫生器具的安装标准；管道支架及吊架的作法；管道的保温与防腐处理；试压要求及其他未说明的各项施工要求应遵守什么规范的有关规定等。

本例设计施工说明如下：

给水排水工程图设计施工总说明

1. 本设计图中尺寸单位：除标高以 m 计外，其他均以 mm 计，管径为公称直径，±0.00 相对于绝对标高值见土建施工图。

2. 明设的生活给水系统采用 PP-C 给水用塑料管材与管件，热熔连接（阀门与配水龙头为螺纹连接），暗装、埋地部分的给水管材采用给水铸铁管，石棉水泥捻口。

3. 管道系统需由经过专业培训的人员施工。具体要求详见《建筑给水，供热水，采暖用 PP-C 管道设计与施工验收规程》。

4. 消防系统采用镀锌钢管，丝扣及法兰连接；管道系统全部采用 WBLX 把手型对夹式碟阀；室内消火栓采用钢制产品，暗装，箱内配 DN65mm 单出口室内消火栓一个，QZ19 型直流水枪一支，DN65mm15m 长纶编衬胶水带一条；消火栓口距地面 1.10m。

5. 施工时，管道中严禁带进杂物。系统使用前应反复冲洗，以出水中不含杂质，水质清澈为合格。给水系统安装完毕后，应进行 1.00MPa 的水压试验，以不渗不漏，10 分钟不降压为合格。

6. 排水系统立管采用 UPVC 螺旋消音管材与中心导流型三通组装，排水横支管采用 UPVC 普通管材，螺母挤压密封接头排水管件组装，排水横管坡度：

$DN=100$，$i \geqslant 0.012$；$DN=70$，$i \geqslant 0.015$；$DN=50$，$i \geqslant 0.025$

7. 防腐作法：暗装的镀锌钢管刷锌黄酚醛防锈漆两遍，明设管道再刷银粉两遍，埋地部分的管道刷石油热沥青两遍防腐。

8. 管道穿楼面、屋面的作法见 96S341-13 页，其他未说明事项按《建筑排水用硬聚氯乙烯螺旋管管道工程设计，施工及验收规程》和《采暖与卫生工程施工及验收规范》中有关规定执行。

二、识读给水排水平面图

图 12-13 所示为某住宅楼的底层给水排水平面图。图 12-14 是二～四层给水排水平面图。

读图时，一般从底层平面图开始，逐层识读给水排水平面图。

1. 用水房间、用水设备、卫生设施的平面布置和数量

对照图 12-13 底层给水排水平面图、图 12-14 二～四层给水排水平面图可以看出，该住宅楼一共四层，楼层布局为一梯两户，共有 8 户。每户均有厨房和卫生间两个用水房间，在厨房内有一个洗涤池，装有配水龙头一个；卫生间内有洗脸盆、浴盆、座式大便器各一个，此外卫生间内还设有地漏和清扫口等卫生设施。住宅楼梯间地面标高为－0.48m，底层厨房、卫生间地面标高为－0.02m。从图 12-14 二～四层给水排水平面图中可知，二、三、四层的厨房、卫生间的地面标高分别为 2.78、5.58、8.38m。

2. 给水管道进户点

如图 12-13 所示，底层给水排水平面图中两个给水入口$\frac{J}{1}$、$\frac{J}{2}$均在住户厨房北侧外墙引

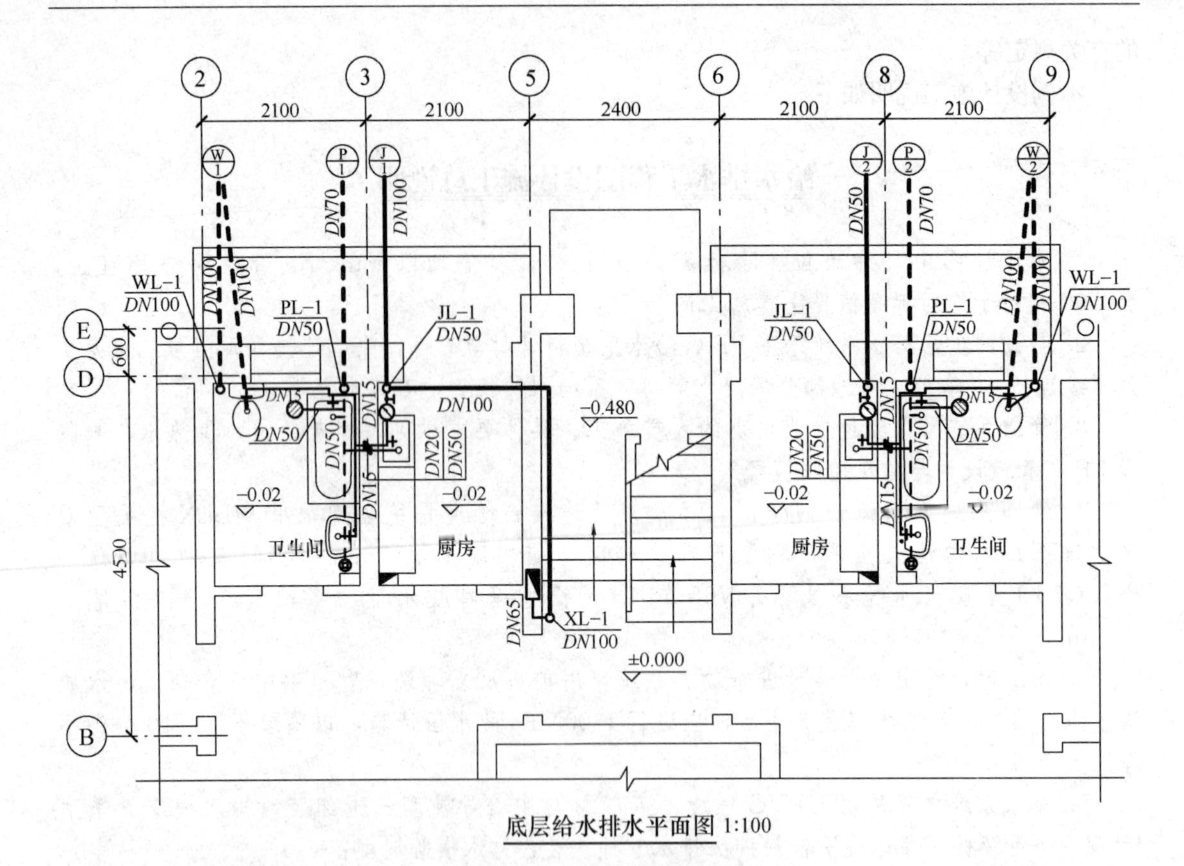

图 12-13　底层给水排水平面图

入，管径为分别为 $DN100$mm、$DN50$mm。引入管进入室内后在厨房的洗涤池处立起，分别接给水立管 JL-1、JL-2，两立管管径均为 $DN50$mm。在$\frac{J}{1}$的给水系统上还接出一根消防立管，立管编号为 XL-1，管径为 $DN100$mm。

3. 给水管线的布置

从图 12-13 底层给水排水平面图中可以看出，在$\frac{J}{1}$给水系统上，接有 2 根立管 JL-1 和 XL-1。立管 JL-1 为西边住户给水立管，每个住户均从立管上接出一水平支管，管径为 $DN20$mm，该水平支管上依次安装有截止阀、水表及洗涤池用配水龙头，然后向西接一水平支管，支管穿过③轴墙进入卫生间后，分为两个支路，其一向南接洗脸盆供水，管径 $DN15$mm；另一根支管向北接浴盆供水，再转向西继续接到座式大便器的水箱供水，管径 $DN15$mm。立管 XL-1 为消防立管，在消防立管上接出的水平支管与室内消火栓连接，管径为 $DN65$mm。

$\frac{J}{2}$给水系统上只有 1 根立管 JL-2，其管线的布置与 JL-1 基本相同，读者自行分析。

4. 排水方式和排水出户点

(1) 污水系统$\frac{W}{1}$、$\frac{W}{2}$。污水系统$\frac{W}{1}$，在底层给水排水平面图中，显示了污水系统$\frac{W}{1}$有两根排出管，在底层西边住户的卫生间穿墙出户，一根排出管与该住户大便器的排污口相连通，直接排除该住户大便器所排出的污水；另一根排出管则与立管 WL-1 相接，排除汇总在立管 WL-1 中的污水。在图 12-14 二～四层给水排水平面图中可以看到，西边各层住户的卫

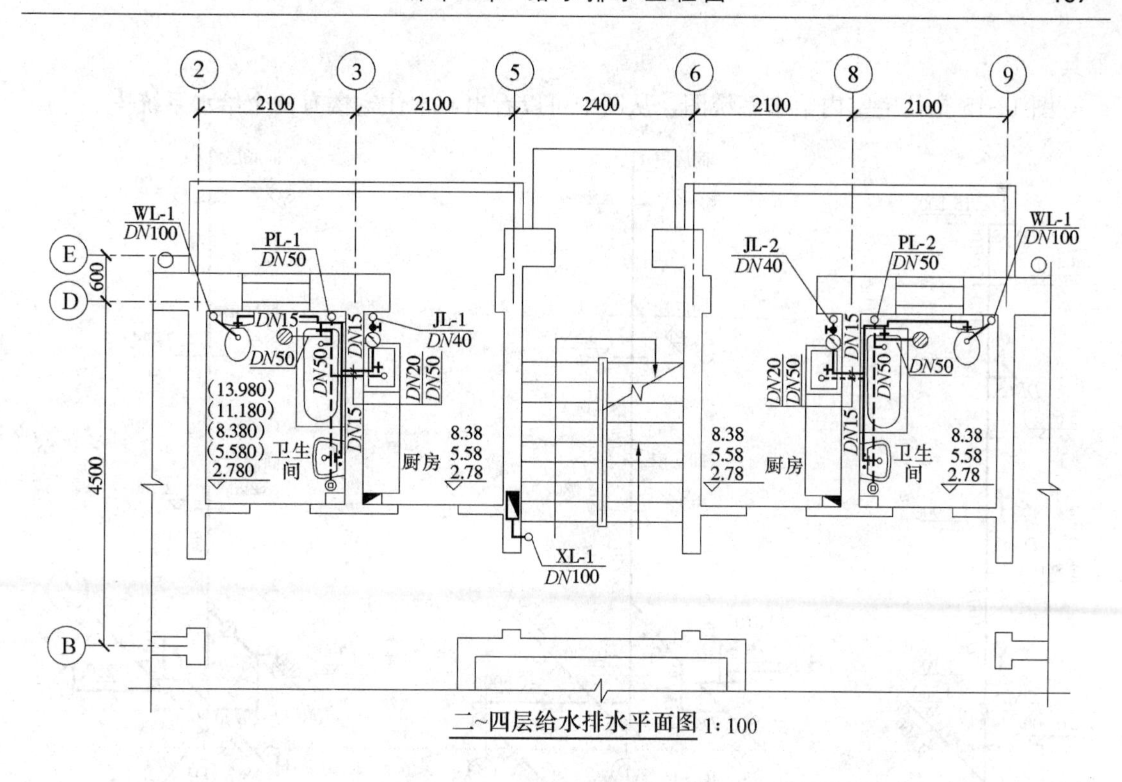

图 12-14　标准层给水排水平面图

生间均有立管 WL-1，该立管在二、三、四层都各接有一根支管，分别与该层住户的大便器的排污口相连通，排除这三户的大便器所排出的污水。

污水系统$\frac{W}{2}$与$\frac{W}{1}$基本相同，同样方法可以看出污水系统$\frac{W}{2}$的整个管路概况，它排除东边四住户大便器所排出的全部生活污水。

（2）排水系统$\frac{P}{1}$、$\frac{P}{2}$。排水系统$\frac{P}{1}$，如图 12-13 所示，底层给水排水平面图中排水系统$\frac{P}{1}$的排出管，在底层西边住户的厨房穿墙出户，只有立管 PL-1 与它相接，该排出管排出汇总在立管 PL-1 中的生活废水。立管 PL-1 通过排水横支管，顺次与卫生间的地漏、浴盆、厨房中的洗涤池、卫生间的洗脸盆的排水口相接。在图 12-14 二～四层给水排水平图中可以看到，在西边住户的厨房中，均有立管 PL-1，与地漏、浴盆、洗涤池、洗脸盆的排水口相接。所以排水系统$\frac{P}{1}$排除西边四户的全部生活废水。

排水系统$\frac{P}{2}$与$\frac{P}{1}$基本相同，同样方法可以看出排水系统$\frac{P}{2}$的整个管路概况，它排除东边四住户的全部生活废水。

三、识读给水排水系统图

在给水排水平面图中，只反映住宅楼内用水设备、排水设施的平面布置、数量及管网的布置和走向等。对于用水设备、排水设施、管道的规格、标高等情况，还需配合给水排水系统图来加以说明。

在识读给水排水系统图时，通常是先看房屋的给水排水进出口的编号，了解共有几个管道系统，对照给水排水平面图，逐个看懂各个管道系统图。

1. 给水系统

识读给水系统图，一般从引入管开始，依次看水平干管、立管、支管、放水龙头和卫生器具。

图 12-15 是住宅室内给水系统图，从图中可以看出，本住宅楼有两个给水系统(J/1)、(J/2)。

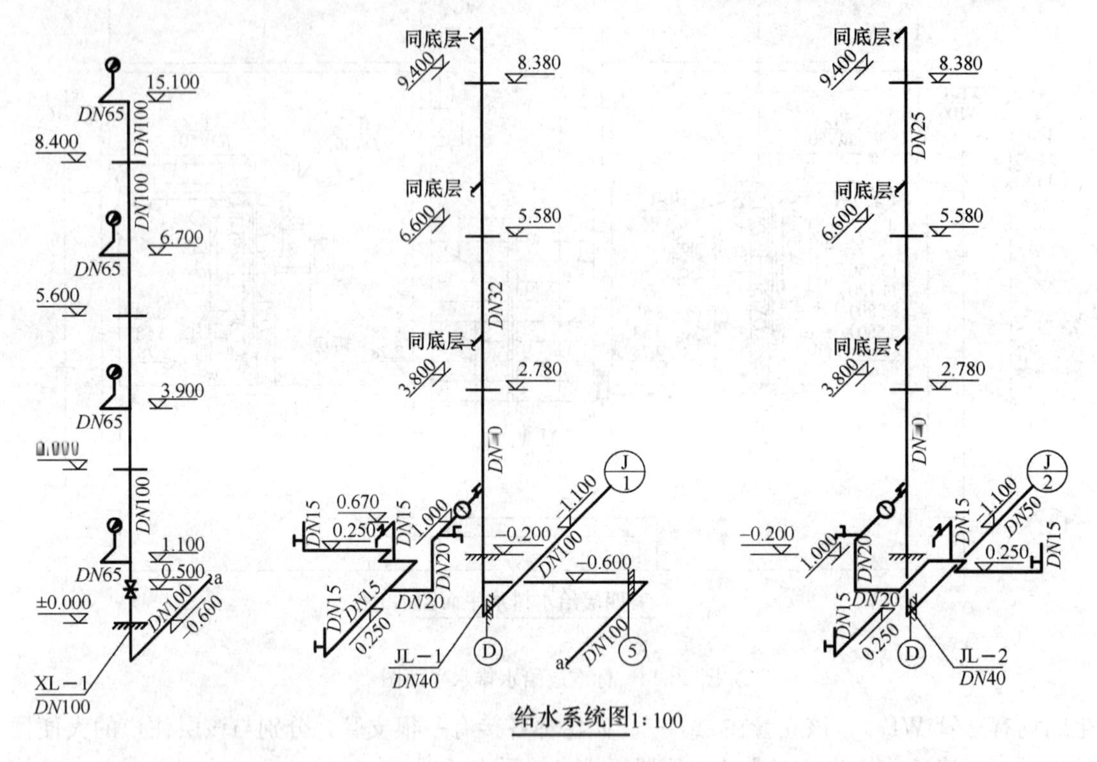

图 12-15　给水管道系统图

（1）给水系统(J/1)。给水引入管（*DN*100）从户外相对标高－1.10m 处穿墙入户后，向上转折接给水立管 JL-1（*DN*40），穿标高为－0.02m 的地面，进入西边底层住户的厨房。在标高 1.00m 处接有 *DN*20 水平文管，支管向南，接阀门、水表、洗涤池的配水龙头后，再向南，然后向下，在标高 0.25m 处折向西，穿墙进入卫生间。分别向南和向北接直径为 *DN*15 分支管两根。向南分支管接洗脸盆的给水口后，即以阀门堵住；向北的分支管敷设至外墙，折向西，分别接浴盆的放水龙头，大便器水箱的给水口。给水立管 JL-1 在标高 1.00m 处接支管后，继续上行，管径为 *DN*40，穿过二～四层楼板至顶层。在图 12-14 二～四层给水排水平面图中，显示了立管 JL-1 为二～四层住户的厨房和卫生间配水情况，与底层完全相同，为了图面清晰简洁，绘图时，采用省略画法。如图 12-15 所示，分别在标高 3.80、6.60、9.40 接水平支管，且在水平支管处画有折断线，用文字说明省略部分与底层相同。立管 JL-1 在接二层支管后管径由 *DN*40 减为 *DN*32。

给水系统(J/1)在引入管进入室内立起后，于标高－0.60m 处向东接出水平消防干管（*DN*100），穿过⑤轴墙后向南与消防立管连接。在消防立管 0.50m 处设一蝶阀，供检修时使用。每层室内消火栓栓口到楼面的距离为 1.10m。由于消防立管及消火栓与给水立管JL-1及上面布置的配水设备在图面上重叠，使这部分内容不易表达清楚，因而在“*a*”点处将管道断开，把消防立管及消火栓移置到图面左侧空白处。

（2）给水系统(J/2)。给水系统 (J/2) 上只有 1 根立管 JL-2，其上管道的布置与用水设备的配

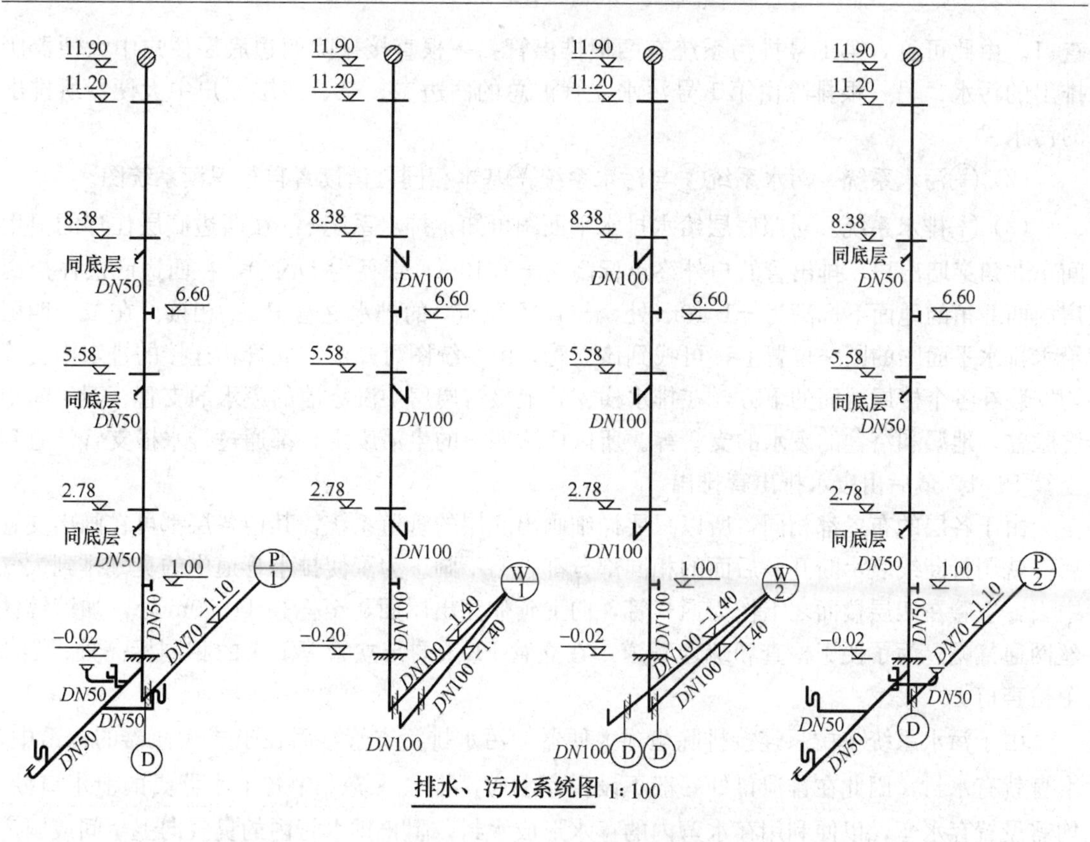

图 12-16　排水和污水管道系统图

置与 JL-1 基本相同请读者自行识读。

2. 排水系统和污水系统

识读排水系统和污水系统，一般先在底层给水排水平面图中找出排出管以及与它相连的立管或竖管的位置，以此作为联系，依次按水池、地漏、卫生器具、连接管、横支管、立管、排出管这样的顺序进行识读。图 12-16 的排水系统图表明，污水分 4 路通过排出管$\frac{W}{1}$、$\frac{W}{2}$和$\frac{P}{1}$、$\frac{P}{2}$排出室外。

(1) $\frac{W}{1}$污水系统。对照底层给水排水平面图可知，第 1 号污水排出管接有两根 *DN*100 的管道，户外终点标高均为－1.40m。其中的一根排出管穿墙入西边底层住户卫生间的地下后，便折向上，成为与该户大便器相接的排污竖管，画到管口为止，这根排出管只单独排出西边底层住户大便器的污水。另一根排出管则在穿墙入西边底层住户卫生间的地下后，在卫生间大便器旁的墙角处，向上接管径为 *DN*100 的污水立管 WL-1。在二～四层给水排水平面图的同一位置上都可找到该立管，结合各楼层给水排水平面图识读图 12-16 可知，西边二、三、四层住户的大便器的污水，都经过各层楼板下面的 *DN*100 污水支管，排入立管 WL-1，污水支管在系统图中只需画到接大便器的管口为止。通常都将污水立管在接了顶层大便器的支管后，作为通气管，再向上延伸，穿出四层楼板和屋面板，顶端开口，成为通气孔，上加通气帽。如图 12-16 所示，在标高为 11.90m 的立管顶端处，装有镀锌铁丝球通气帽，将污水管中的臭气排到大气中去。为了疏通管道，一般在管道系统中设检查口，如图 12-16 的立管在标高 1.00m、6.60 处各装一个检查口。由此可见，第 1 号排污系统有两根排出管：一根直接排除西边底层住户中大便器所排出的污水；另一根排除由第 1 号污水立管汇总的西边二、三、四层三户中大便器所排出的污水。

（2）$\frac{W}{2}$污水系统。污水系统$\frac{W}{2}$与污水系统$\frac{W}{1}$基本相同，请读者自行识读系统图。

（3）$\frac{P}{1}$排水系统。对照底层给水排水平面图可知，排水系统 $\frac{P}{1}$ 在西边底层住户的卫生间东北角穿墙出户，排出管的户外终点标高为－1.10m，管径为 $DN70$，在西边底层住户厨房内西北角的地面下标高为－1.10m 处，与管径 $DN50$ 的排水立管 PL-1 相接。在二～四层给水排水平面图的同一位置上，可找到该立管，由系统图可知，与立管相连接的排水横支管均安装在各个楼层地面的下方，在排水横支管上接有厨房中洗涤池的废水的支管、卫生间中洗脸盆、地漏和浴盆的废水的支管等。所以西边四户的生活废水，都通过排水横支管汇总到立管 PL-1，最后由废水排出管排出。

由于各层的布置都相同，所以只要详细画出底层的管道系统，其他各层都可在画出支管后，就用折断线表示断开，后面的相同部分都省略不画。为了使排水管道中的臭气排到大气中去，立管在四层楼面之上作为通气管，向上延伸穿出屋面，至标高 11.90m 处，加镀锌铁丝网通气帽。为了便于检查和疏通管道，在立管 PL-1 的与立管 WL-1 的相同标高处设置 2 个检查口。

由于污水系统$\frac{W}{1}$中只连接排除坐式大便器的污水排污支管，而在坐式大便器的构造中，本身就有水封，因此在排泄口处一般不设置存水弯，排水系统$\frac{P}{1}$中各卫生器具的泄水口处，均需设置存水弯，以便利用存水弯内的存水形成水封，阻止排水管内的臭气向卫生间或厨房外溢，也可防止虫类通过排水管侵入室内。排水系统的系统图中的管道，都应画到水池和卫生器具的泄口为止。

（4）$\frac{P}{2}$排水系统。第 2 号生活废水排水系统$\frac{P}{2}$情况，基本上与第 1 号排水系统$\frac{P}{1}$相同，请读者自行识读。

第四节　室外给水排水工程图

室外给水排水工程图主要是表明室外给水排水管道、工程设施及其与区域性的给水排水管网、设施的连接和构造情况。室外给水排水工程图一般包括室外给水排水平面图、流程图、纵断面图、工艺图及详图。对于规模不大的一般工程，则只需平面图即可表达清楚。

一、室外给水排水平面图的内容

图 12-17 是某科研所办公楼附近局部的室外给水排水总平面图，表示了办公楼附近的给水、污水、雨水等管道的布置，及其与新建办公楼室内给水排水管道的连接。

1. 室外给水排水总平面图的图示特点和内容

（1）比例。室外给水排水平面图的比例，一般采用与建筑总平面图相同的比例，常用 1∶1000、1∶500、1∶300 等。图 12-17 所示的室外给水排水总平面图是采用 1∶500 的比例绘制的。

（2）建筑物及其附属设施。在室外给水排水总平面图中，主要反映室外管道的布置，所在平面图中原有的房屋、道路围墙等附属设施，均按建筑总平面图的图例，用细实线绘制其

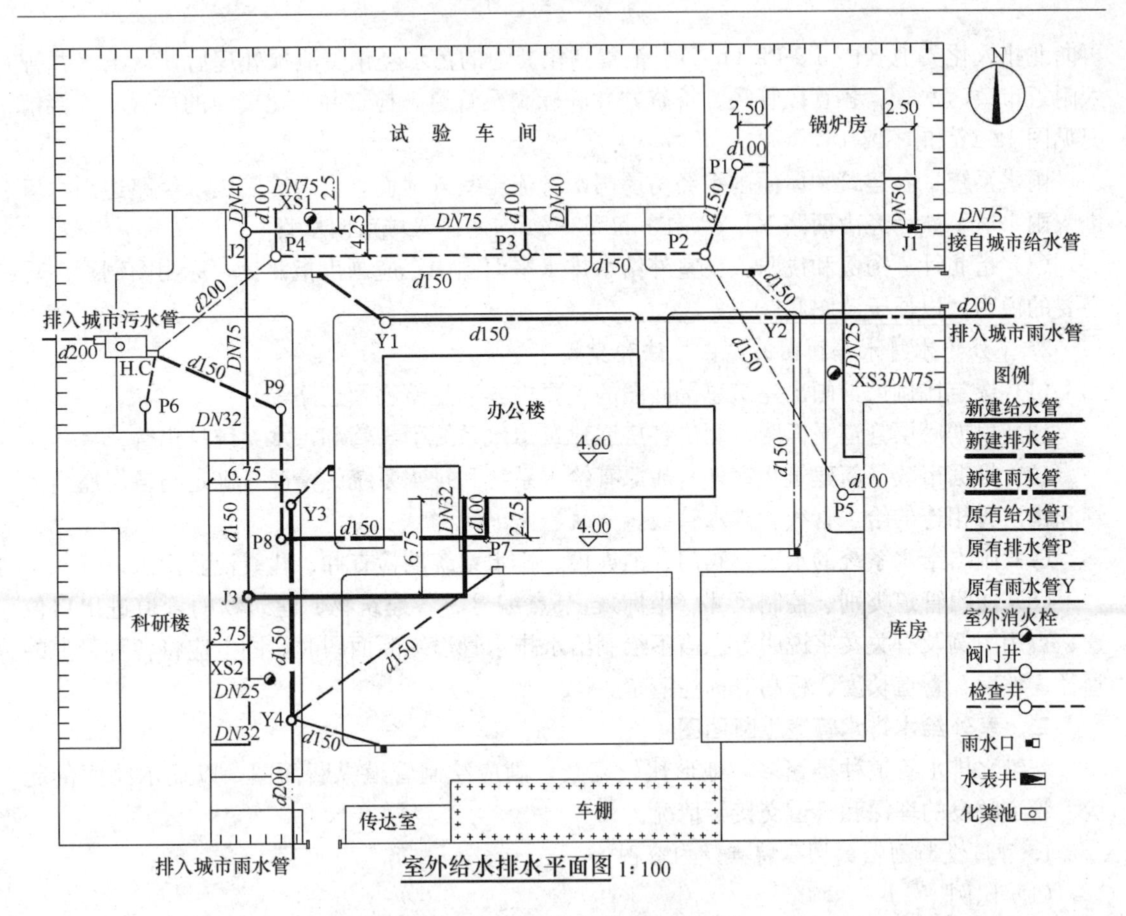

图12-17　室外给水排水总平面图

轮廓，新建建筑物则用中实线画出。

(3) 管道及设备。在室外给水排水总平面图中，管道以不同的线型予以区分，如图12-17所示，给水管用粗实线表示；污水管用粗虚线表示；雨水管用粗点画线表示。各种附属设备，如检查井、雨水口、化粪池等用图例符号表示。管径都标注在相应管道的旁边，给水管一般采用铸铁管，以公称直径 *DN* 表示；雨水管、污水管一般采用混凝土管，以内径 *d* 表示。室外给水排水总平面图上的室外管道标高应标注绝对标高。

在图12-17中可以看出，新旧给水系统、排水系统和雨水排放系统的布置和连接情况。

给水系统：原有给水管道是从东面市政给水管网引入，管径为 *DN*75。其上设一水表井 *J*1，内装水表及控制阀门。给水管一直向西再折向南，沿途分设支管分别接入锅炉房(*DN*50)、库房（*DN*25)、试验车间（*DN*40-2）科研楼（*DN*32-2)，并分别在试验车间(XS1*DN*75)、科研楼（XS2*DN*75）和库房（XS3*DN*75)，附近设置了三个室外消火栓。新建给水管道则是由科研楼东侧的原有给水管阀门井J3（预留口）接出，向东再向北引入新建办公楼，管径为 *DN*32，管中心标高 3.10m。

排水系统：根据市政排水管网提供的条件采用分流制，分为污水和雨水两个系统分别排放。其中，污水系统原有污水管道是分两路汇集至化粪池的进水井。北路：连接锅炉房、库房和试验车间的污水排出管，由东向西接入化粪池（P5-P1-P2-P3-P4-H.C)。南路：连接科研楼污水排出管向北排入化粪池（P6-H.C)。新建污水管道由是办公楼污水排出管由南向西再向北排入化粪池（P7-P8-P9-H.C）。汇集到化粪池的污水经化粪池预处理后，从出水井排入附近市政污水管。各管段管径、检查井井底标高及管道、检查井、化粪池的位置和连接情况见图12-17和图12-18。

雨水系统：各建筑物屋面雨水经房屋雨水管流至室外地面，汇合庭院雨水经路边雨水口进入雨水道，然后经由两路Y1-Y2向东和Y3-Y4向南排入城市雨水管。

（4）指北针、图例和说明。在室外给水排水平面图中，应画出指北针，标明图例，书写必要的说明，以便于读图和施工。

2．室外给水排水平面图的绘图方法和步骤

（1）选定比例尺，画出建筑总平面图的主要内容（建筑物及道路等）。

（2）根据底层管道平面图，画出各房屋建筑给水系统引入管和污水系统排出管。

（3）根据市政（新建筑物室外）或原有给水系统和排水系统的情况，确定与各房屋引入管和排出管相连的给水管线和排水管线。

（4）画出给水系统的水表、阀门、消火栓，排水系统的检查井、化粪池及雨水口等。

（5）注明管道类别、控制尺寸（坐标）、节点编号、各建筑物、建筑物的管道进出口位置、自用图例及有关文字说明等。当不绘制给水排水管道纵断面图时，图上应将各种管道的管径、坡度、管道长度、标高等标注清楚。

二、室外给水排水管道纵断面图

若给水排水管道种类繁多，地形比较复杂，则应绘制管道纵断面图，以显示路面的起伏、管道敷设的埋深和管道交接等情况。

1．管道纵断面图的图示特点及内容图

（1）比例

由于管道的长度比直径方向大得多，为了表明地面起伏情况，在纵断面图中，通常采用横竖两种不同的比例，竖向比例常用1∶200、1∶100，纵向比例常用1∶1000、1∶500等。

（2）断面轮廓线的线型

管道纵断面图是沿干管轴线铅垂剖切后画出的断面图，一般压力管宜用粗实线单线绘制，重力管宜用粗实线双线绘制（如图12-18所示的污水管）；地面、检查井、其他管道的横断面（不按比例，用小圆圈表示）等，用中实线绘制。

（3）所表达干管的有关情况和设计数据，以及在该干管附近的管道、设施和建筑物

如图12-18所示，所需表达的污水干管纵断面、剖切到的检查井、地面，以及其他管道的横断面，都用断面图的形式表示。图中还在其管道的横断面处，标注了管道类型的代号、定位尺寸和标高。在断面图的下方，用表格分项列出该干管的各项设计数据，如设计地面标高、干管内底标高、管径、坡度、水平距离、检查井编号、管道基础等。

2．管道纵剖面图的绘图方法和步骤

（1）确定纵向、横向比例。

（2）布置图面。

（3）根据节点间距，按横向比例绘制垂直分格线，再按纵向比例，根据地面标高、管道标高等绘出其纵断面图。

（4）绘制数据表格，标注数字。

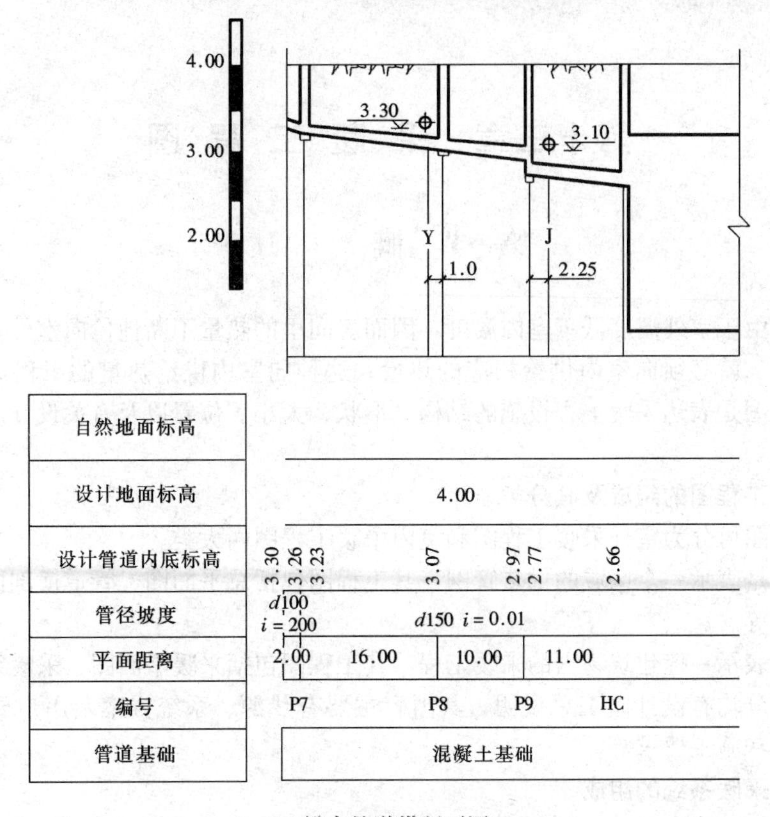

图 12-18 排水管道纵断面图

第十三章 采 暖 工 程 图

第一节 概 述

在冬季，由于室外温度低于室内温度，因而房间里的热量不断地传向室外，为使室内保持所需的温度，就必须向室内供给相应的热量。这种向室内供给热量的工程，称为采暖系统。采暖工程图是表达采暖工程设施的结构、形状、大小、位置以及有关设计施工要求等的图样。

一、采暖工程图的组成及其分类

采暖工程图可分为室外采暖工程图和室内采暖工程图两大类。

室外部分是表示一个区域的供热管网，其工程图包括总平面图、管道横剖面图、管道纵剖面图和详图等。

室内部分表示一幢建筑物内的采暖工程，其工程图包括采暖平面图、采暖系统图和详图等。以上两部分均有设计施工总说明，其内容主要有热源、系统方案及用户要求等设计依据，以及材料和施工要求等。

二、室内采暖系统的组成

采暖系统分类方法很多，通常有下列几种。按采暖的范围可分为：局部采暖系统、集中采暖系统和区域采暖系统。按采暖所用的热媒不同可分为：热水采暖系统、蒸汽采暖系统、热风采暖和烟风采暖。在热水采暖系统中，按循环动力不同，可分为自然循环系统和机械循环系统两种；按供热干管敷设的位置不同，可分为上行下给、下行上给、中行上给下给系统；按立管的数量，可分为双管式及单管式系统。

目前应用最广的是以热水和蒸汽作为热媒的集中采暖系统。这种系统首先在锅炉房利用燃料燃烧产生的热量，将热媒加热成热水或蒸汽，再通过输热管道将热媒输送至用户。

图 13-1 是机械循环上行下给双管式热水供暖系统示意图。热水供暖系统中全部充满水，依靠电动离心式循环水泵所产生的动力促使热水在管道系统内循环流动。从循环水泵出来的水，被注入热水锅炉，水在炉锅中被加热（一般从锅炉出来的水温 90℃左右），经供热总立管、供热干管、供热立管、供热支管，输送到建筑物内各采暖房间的散热器中散热，使室温升高。热水在散热器中放热冷却（一般从散热器出来的水温为 70℃左右），又经回水支管、回水立管、回水干管，被循环水泵抽回再注入锅炉。热水在系统的循环过程中，不断地从锅炉中吸收热量，又不断地在散热器中将热量放出，以维持室内所要求的温度，达到供暖之目的。

在图 13-1 所示的采暖系统中，有两根立管（供热立管、回水立管），立管上连接的散热器均为并联，故称双管并联系统；且供热干管位于顶层采暖房间的上部，回水干管位于底层采暖房间的下部，故又称"上供下回"。在该系统中，供热干管沿水流方向有向上的坡度，并在供热干管的最高点设置集气罐，以便顺利排除系统中的空气；为了防止采暖系统的管道

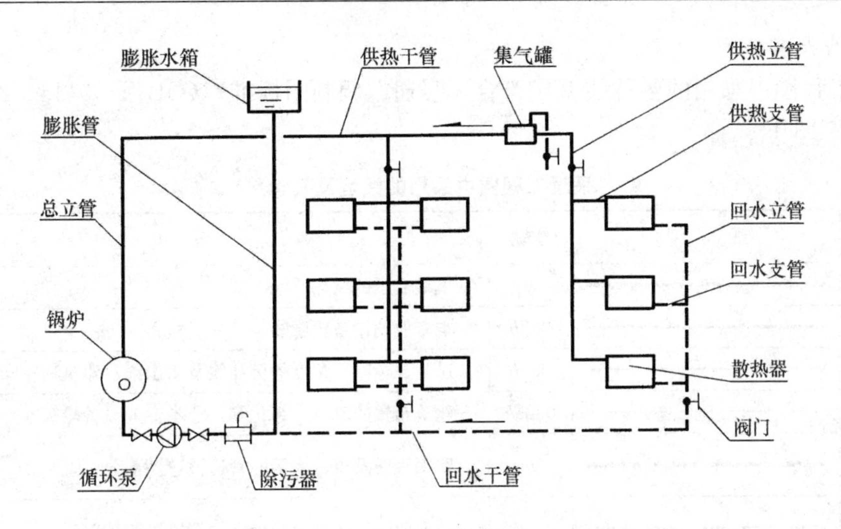

图 13-1 机械循环上行下给双管式热水供暖系统示意图

因水被加热体积膨胀而胀裂，在管道系统的最高位置，安装一个开口的膨胀水箱，水箱下面用膨胀管与靠近循环水泵吸入口的回水干管连接。在循环水泵的吸入口前，还安装有除污器，以防止积存在系统中的杂物进入水泵。

三、采暖工程图的特点

(1) 采暖工程中所表示的管道和设备，一般均采用统一的图例表示。采暖管道一般采用单线表示，根据管道的作用不同而采用不同的线型，管道坡度无需按比例画出（画成水平），管径及坡度均用数字注明。采暖设备采用《暖通空调制图标准》(GB/T 50114—2010) 中的规定图例符号表示。

(2) 采暖工程图中的平面图、详图等图样均采用正投影法绘制。

(3) 采暖管道的敷设与设备安装离不开房屋建筑，画图时应用细实线绘出建筑轮廓线和与采暖系统有关的门、窗、梁、柱、平台等建筑构配件，并应标明相应定位轴线编号、房间名称、平面标高。

(4) 采暖系统的管道纵横交错，在平面图上难以表明它们空间的走向。为了看清管道的空间连接情况和相互位置，通常采用轴测投影法绘制管道系统图。采暖系统图可按正等轴测或正面斜轴测的投影规则绘制，管道布置方向应与平面图一致，并按相同比例绘制。局部管道按比例绘制不易表达清楚时，该处可不按比例绘制。

(5) 采暖管道中的热水或蒸汽都有一个来源，按一定的方向在管道中流动。如热水供暖系统，在锅炉将冷水加热，经供热总立管、供热干管将热水分配到各立管、支管，最后进入散热器。热水在散热器放热后，冷却的水经回水支管、立管、干管重新回到锅炉加热。掌握这一循环过程，在识读采暖工程图时就能很容易读懂图纸。

四、采暖工程图的一般规定

1. 绘图比例

总平面图常用的比例为：1∶2000、1∶1000、1∶500。

平面图常用的比例为：1∶200、1∶150、1∶100、1∶50。

管道系统图宜采用与相应平面图相同的比例。

详图常用的比例为：1∶20、1∶10、1∶5、1∶2、1∶1 等。

2. 图线及其应用

采暖工程图中采用的各种线型应符合《暖通空调制图标准》（GB/T 50114—2010）中的规定，见表13-1。

表13-1 采暖工程图中采用的线型及其含义

名称	线型	线宽	一般用途
粗实线		b	单线表示的供热管线
中粗实线		$0.7b$	本专业的设备轮廓线
中实线		$0.5b$	尺寸、标高、角度等标注线及引出线；建筑物轮廓
细实线		$0.25b$	建筑布置的家具、绿化等，非本专业设备轮廓
粗虚线		b	回水管线及单根表示的管道被遮挡部分
中粗虚线		$0.7b$	本专业的设备及双线表示的管道被遮挡部分
中虚线		$0.5b$	地下管沟；示意性连线
细虚线		$0.25b$	非本专业虚线表示的设备轮廓
单点长划线		$0.25b$	轴线、中心线
双点长划线		$0.25b$	假想或工艺设备轮廓线
折断线		$0.25b$	断开界线

3. 图例符号

《暖通空调制图标准》（GB/T 50114—2010）国家标准中，规定了采暖工程图中常用的设备、部件的图例符号，现摘录其中的常用图例示于表13-2。

表13-2 采暖工程图常用的图例

名称	图例	名称	图例
阀门（通用）、截止阀		集气罐、排气装置	
止回阀		自动排气阀	
闸阀		变径管、异径管	
蝶阀		固定支架	
手动调节阀		坡度及坡向	i=0.003 或 i=0.003

续表

名 称	图 例	名 称	图 例
方形补偿器		散热器及 手动放气阀	
套管补偿器		疏水器	
波纹管补偿器		水泵	
活接头或 法兰连接		除污器	

第二节 室内采暖工程图

一、采暖平面图

采暖平面图主要反映供热管道、散热设备及其附件的平面布置情况，以及与建筑物之间的位置关系。

1. 采暖平面图的表达方法

（1）采暖平面图是在管道系统之上，作水平剖切后的水平投影图。

（2）平面图的数量。在多层建筑中，若为上供下回的采暖系统，则须绘出一层平面图和顶层平面图；对中间楼层，当散热器和采暖管道系统的布置及相应位置相同时，可绘一个楼层即标准层采暖平面图。当各层的建筑结构和管道布置不相同时，应分层表示。

一张图幅内绘有多层平面图时，宜按建筑层次由低至高，由下而上顺序排列。

（3）在采暖平面图中所画的建筑平面图，仅作为管道系统各组成部分的平面布置的定位基准，因此，一般只抄绘房屋的墙身、柱、门窗洞、楼梯等主要构配件，至于房屋的细部、门窗代号等均可略去。在采暖平面图中，所有的墙、柱、门窗等都用细实线表示。为使土建施工与管道设备的安装一致，在各层管道平面图上，均需标明定位轴线，并在底层平面图的定位轴线间标注尺寸；同时，还应标注出各层平面图上的有关标高。

（4）采暖管道的画法。绘制采暖平面图时，各种管道无论是否可见，一律按《暖通空调制图标准》（GB/T 50114—2010）中规定的线型画出。供热干管用粗实线绘制，供热立管、支管用中粗实线绘制，回水干管用粗虚线绘制，回水立管、支管用中粗虚线绘制。在底层平面图上应画出供热入口、回水出口的位置，总立管、干管、立管、支管的位置及连接情况。在标准层采暖平面图中主要反映立管与支管间的连接情况。

1）管道转向、分支的表示方法见图 13-2。

2）管道交叉的表示方法见图 13-3。

图 13-2　管道转向、分支表示法

(a) 管道转向的画法；(b) 管道分支的画法

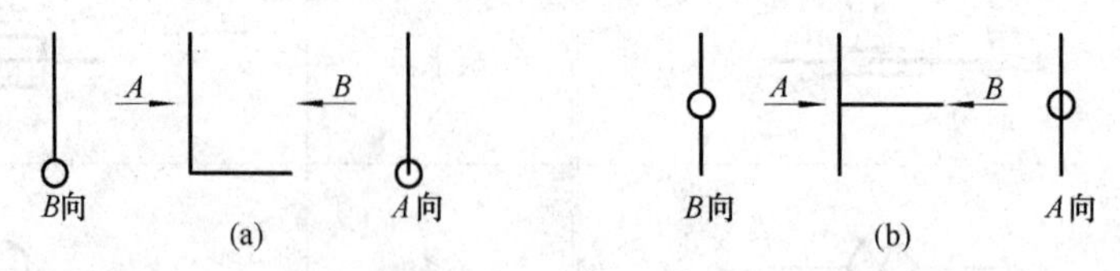

图 13-3　管道相交、交叉表示法

(a) 管道相交的画法；(b) 管道交叉的画法

3）管道在本图中断，转至其他图上时的表示方法见图 13-4。管道由其他图上引来时的表示方法见图 13-5。

图 13-4　管道中断的表示法　　　　图 13-5　管道引来的表示法

(5) 散热器、集气罐、疏水器、补偿器等设备均为工业产品，不必详细画出，一般用中实线按表 13-2 图例表示。平面图上应画出散热器的位置及与管道的连接情况，管道上的阀门、集气罐、变径接头等设备的安装位置，画出地沟、管道支架的位置。

(6) 尺寸标注。房屋的平面尺寸一般只需在底层平面图中标注出轴线间尺寸，另外要标注室外地坪的标高和各层地面标高。管道及设备一般都是沿墙设置的，不必标注定位尺寸。必要时，以墙面或柱面为基准标出。采暖入口的定位尺寸应标注管道中心至相邻墙面或轴线的距离。

平面图上应注明各管段管径、坡度、立管编号、散热器的规格和数量。见图 13-6。

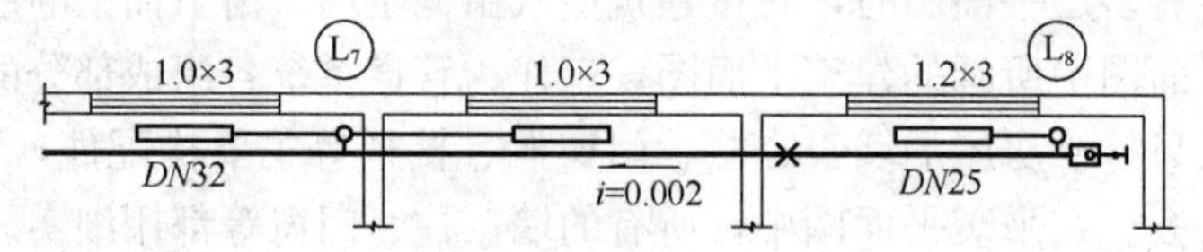

图 13-6　平面图中管径、坡度及散热器的标注方法

低压流体输送管道应标注工程通径，工程通径的标记由字母“*DN*”和数字组成，数字的单位为毫米。如 *DN*15、*DN*50 等；无缝钢管应以外径和壁厚表示，如 *D*114×5。

坡度宜用单面箭头加数字表示，数字表示坡度的大小，箭头表示低的方向。

散热器的规格及数量的标注方法：

1）柱式散热器只标注数量；

2）光管散热器应标注管径、长度、排数。如：*D*108×3000×4 表示光管直径 108mm，管长 3000mm，共 4 排。

3）串片式散热器应注长度、排数。如 1.0×3 表示串片长 1.000m，共 3 排。

4）散热器的规格、数量应标注在本组散热器所靠外墙的外侧，远离外墙布置的散热器直接标注在散热器的上方（横向放置）或右侧（竖向放置）。

（7）立管编号、采暖入口编号。采暖立管和采暖入口的编号均用中粗实线绘制，应标注在它近旁的外墙外侧。采暖立管编号的表示法见图 13-7，在不至于引起误解的情况下，也可只标注序号，但应与建筑轴线编号有明显区别。采暖入口编号的表示法见图 13-8。

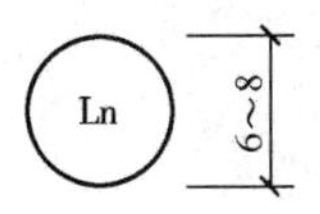

L—采暖立管代号
n—编号，以阿拉伯数字表示

图 13-7　采暖立管编号表示法

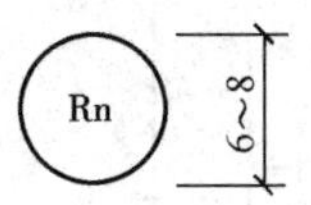

R—采暖入口代号
n—编号，以阿拉伯数字表示

图 13-8　采暖入口编号表示法

2. 采暖平面图的绘图方法和步骤

（1）用细实线抄绘建筑平面图。

（2）用中实线画出采暖设备的平面布置。

（3）画出由干管、立管、支管组成的管道系统的平面布置。

（4）标注轴线间尺寸、标高、管径、坡度、散热器规格数量，注写立管编号以及有关图例、文字说明等。

二、采暖系统图

采暖系统图是把采暖系统中的管道及其设备用轴测投影的方法绘制的立体图。主要表明采暖系统中管道及设备的空间布置与走向。

1. 采暖系统图的表达方法

（1）轴向选择与绘图比例。采用正面斜轴测投影时，*OX* 轴处于水平，*OY* 轴与水平线夹角选用 45°或 30°，*OZ* 轴竖直放置。三个轴向变形系数均为 1。采暖系统图是依据采暖平面图绘制的，所以系统图一般采用与平面图相同的比例，*OX* 轴与房屋横向一致，*OY* 轴作为房屋纵向并画成 45°斜线方向，*OZ* 轴竖放表达管道高度方向尺寸。

（2）管道系统。采暖系统图用单线绘制，供暖管道用粗实线，回水管道用粗虚线，采暖设备及部件以图例的形式用中实线绘制，见表 13-2。绘制管道系统时，当空间交叉的管道在图中相交时，应在相交处将被遮挡的管线断开。当管道过于集中，无法画清楚时，可将某些管段断开，引出绘制，相应断开处采用相同的小写拉丁字母注明，见图 13-9。具有坡度的水平横管无需按比例画出其坡度，而仍以水平线画出，但应注出其坡度或另加说明。

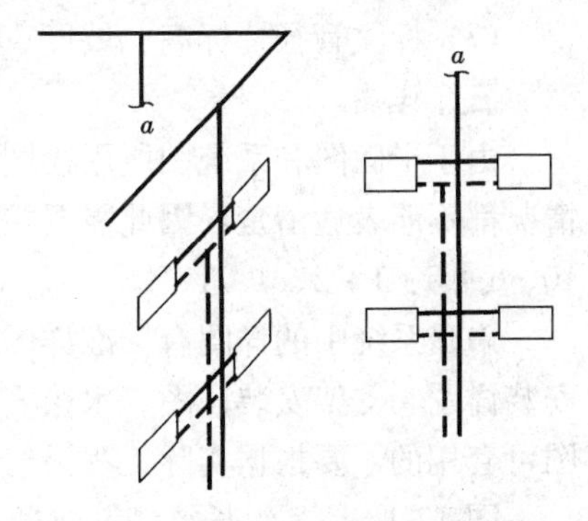

图 13-9　系统图中重叠、密集处的引出画法

（3）房屋构件的位置。为了反映管道和房屋的联系，系统图中应画出被管道穿越的墙、地面、楼面的位置，一般用细实线画出地面和楼面，墙面用细实线画出并画上轴测图中的材料图例线。如图 13-10 所示。

（4）尺寸标注。管道系统中所有的管段均需标注管径，水平干管均需注出其坡度，应注明管道和设备的标高、散热器的规格和数量及注写立管编号；此外，还需注明室外地坪的标高、室内地面标高、各层楼面的标高。

管道管径的标注方法见图 13-11，水平管道的管径应注于管道的上方；斜管道的管径应注于管道的斜上方；竖管道的管径应注于管道的左侧；管道的变径处；当无法按上述位置标注管径时，可用引出线将管段管径引至适当位置标注；同一种管径的管道较多时，可不在图上标注，在施工设计总说明中注明。

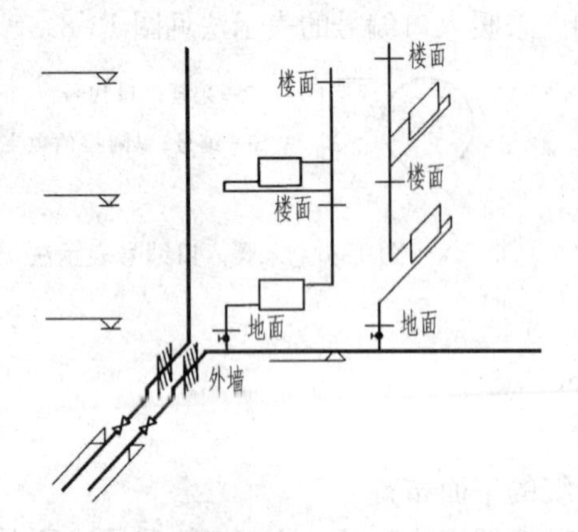

图 13-10 穿越建筑结构的表示法

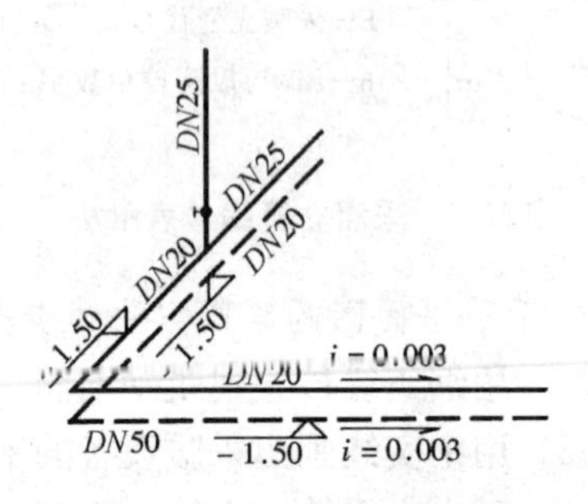

图 13-11 管道管径、标高尺寸的标注位置

2. 采暖系统图的绘图方法和步骤

（1）选择轴测类型，确定轴测轴方向。

（2）按比例画出建筑物楼层地面线。

（3）根据平面图上管道的位置画出水平干管和立管。

（4）根据平面图上散热器安装位置及设计高度尺寸画出各层散热器及散热器支管。

（5）按设计位置画出管道系统中的控制阀门、集气罐、补偿器、变径接头、疏水器、固定支架等。

（6）画出管道穿越建筑物构件的位置，特别是供热干管与回水干管穿越外墙和立管穿越楼板的位置。

（7）标注管径、标高、坡度、散热器规格数量、其他有关尺寸以及立管编号等。

三、详图

由于平面图和系统图所用绘图比例小，管道及设备等均用图例表示，它们的构造及安装情况都不能表达清楚，因此需要按大比例画出构造安装详图，详图比例一般用 1∶20、1∶10、1∶5、1∶2、1∶1 等。

采暖系统中的详图有标准详图和非标准详图，对于标准详图可查阅标准图集，如集气罐安装详图、支架安装详图、水箱安装详图等。对于平面图、系统图表示不清楚而又无标准详图可套用的，要根据实际工程另绘详图。

图 13-12 是一组长翼型散热器安装详图。图 13-12（a）为散热器连接图，该图是室内窗台下散热器组安装的通用图，由图中可以看出，散热器采用半暗装方式，墙槽深 120mm，散热器组距墙槽表面 40mm，上下表面距墙槽上沿及楼板表面分别为 100mm 和 150mm。散热器组用托钩固定在墙槽内。管道为明设，与散热器连接的上下支管各安一个检修用的活接

头，而且两个支管段都有 $i=0.01$ 的坡度。图 13-12（b）为托钩详图，在托钩详图中标注了托钩的全部构造尺寸。图 13-12（c）为散热器托钩位置图，示意画出了由四片散热器构成的散热器组和由五片散热器构成的散热器组托钩安装的数量与布置位置。

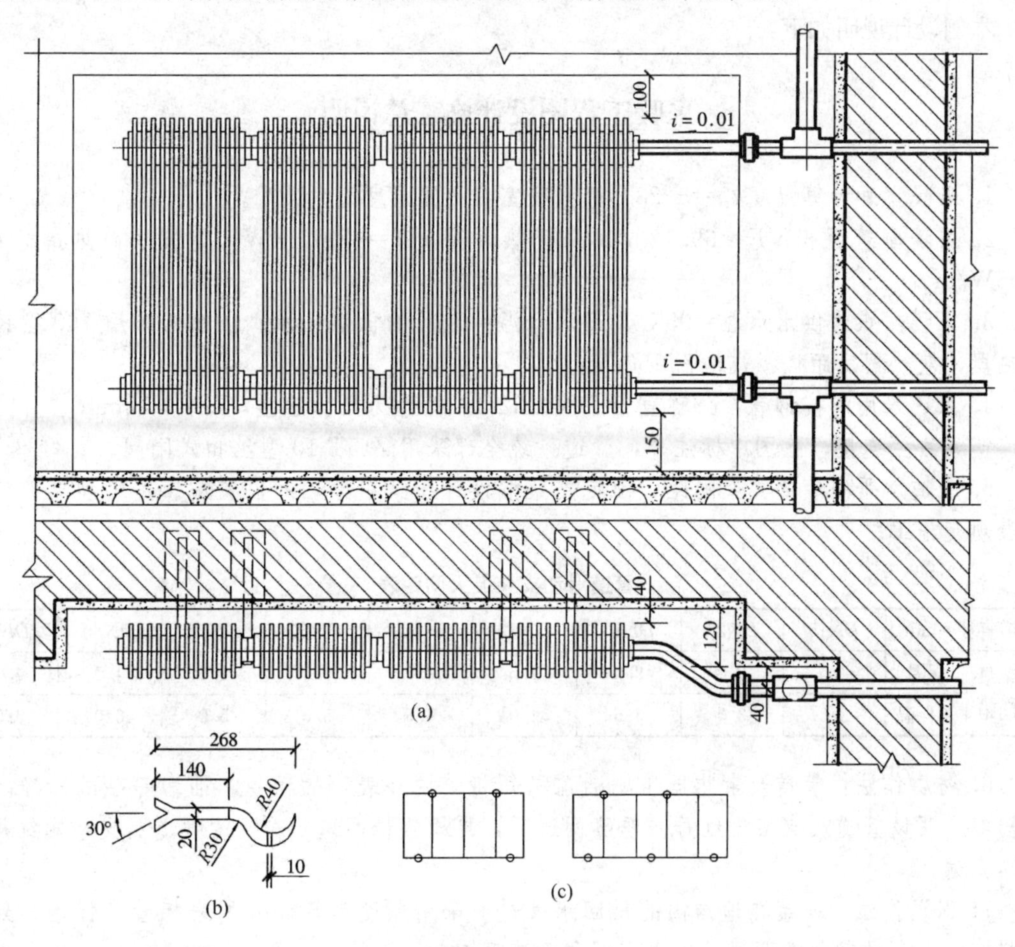

散热器安装详图1:10

图 13-12　散热器安装详图
（a）散热器连接；（b）托钩；（c）散热器主托钩位置

第三节　室内采暖工程图的识读

识读室内采暖工程图的顺序是：首先看设计施工说明，再依次识读室内采暖平面图，采暖系统图，详图或标准图及通用图。

图 13-13～图 13-16 为某四层住宅楼的室内采暖工程图，下面以该住宅采暖工程图为例，说明室内采暖工程图的识读方法和步骤。

一、设计施工说明

采暖工程图的设计施工说明是整个采暖工程中的指导性文件，通常阐述以下内容：采暖室内外计算温度；采暖建筑面积，采暖热负荷，建筑平面热指标；建筑物采暖入口数，各入口的热负荷，压力损失；热媒种类，来源，入口装置形式及安装方法；采用何种散热器，管道材质及连接方式；采暖系统防腐、保温作法；散热器组装后试压及系统试压的要求。其他未说明的各项施工要求应遵守什么规范及有关规定等。

本例设计说明如下：

采暖工程图设计施工总说明

1. 采暖室外计算温度 $t_w=-23$℃；采暖室内计算温度 $t_n=18$℃。

2. 采暖建筑面积：$F=69.12\text{m}^2$；采暖热负荷：$Q=67910.4\text{W}$；建筑平面热指标 $q=65.5\text{W/m}^2$。

3. 采暖热媒为供水水温=95℃，回水水温=70℃的低温热水。散热器采用 760 型铸铁散热器，散热器底距楼板或地面 150mm。

4. 系统采用焊接钢管，公称直径 $DN\leqslant32$mm 管件为丝扣连接，$DN>32$mm 管件为焊接连接或法兰连接，除图中标注外，管道系统全部采用 Z15T-10 型丝扣式闸阀。

5. 管道水平安装的支架间距：固定支架按设计图纸中标注的位置施工。滑动支架应按下表规定施工。

管道滑动支架最大间距表

管道直径（mm）		DN15	DN20	DN25	DN32	DN40	DN50	DN70	DN80	≥DN100
支架最大间距	保温	1.5	2.0	2.0	2.5	3.0	3.0	4.0	4.0	4.0
	不保温	2.5	3.0	3.5	4.0	4.5	5.0	5.0	6.0	6.0

6. 防腐作法：管道及散热器组刷油前必须将其内外表面的铁锈、油污等杂物除净。散热器组、明设管道及支架刷红丹防锈漆两遍后，再刷银粉两遍。暗设的管道及支架刷红丹防锈漆两遍。

7. 保温作法：安装在地沟内的供回水管道，采用厚度为 50mm 的岩棉管壳保温，外缠塑料布一层，玻璃丝布两层后，再刷调和面漆两遍。

8. 散热器组装完毕后，应进行单组水压试验，以不小于 0.4MPa，2～3min 不渗不漏为合格。采暖系统安装完毕后，再进行 1.20 倍数系统工作压力的水压试验，且不小于 0.40MPa，10min 不渗漏，压力降不超过 10%为合格。

9. 其他未说明事项按《采暖与卫生工程施工及验收》（GBJ 242—82）中有关规定执行。

二、室内采暖平面图

识读采暖平面图时，先弄清热入口、供热总立管、供热干管、立管、回水干管、散热器的平面布置位置，弄清该采暖管道系统属何种布置形式。然后按热介质流向。以热入口→供热总立管→供热干管→各立管→回水干管→回水出口的顺序进行识读。识读时，应结合采暖系统图对照识读，以弄清各部分的布置尺寸、构造尺寸及其相互关系。

（1）底层采暖平面图。图 13-13 为住宅底层采暖平面图，从图中可以看到以下内容：采暖热入口在①轴与Ⓐ轴交点的右侧穿Ⓐ轴墙引入室内。然后与建筑物内供热总立管相接。图中粗虚线表示回水干管，回水干管起始端在住宅的西北角的居室内，管径为 DN25，回水干管上设有 4 个变径接头，其中有两个变径接头分别设置在北侧外墙②轴和⑨轴处，另外两个

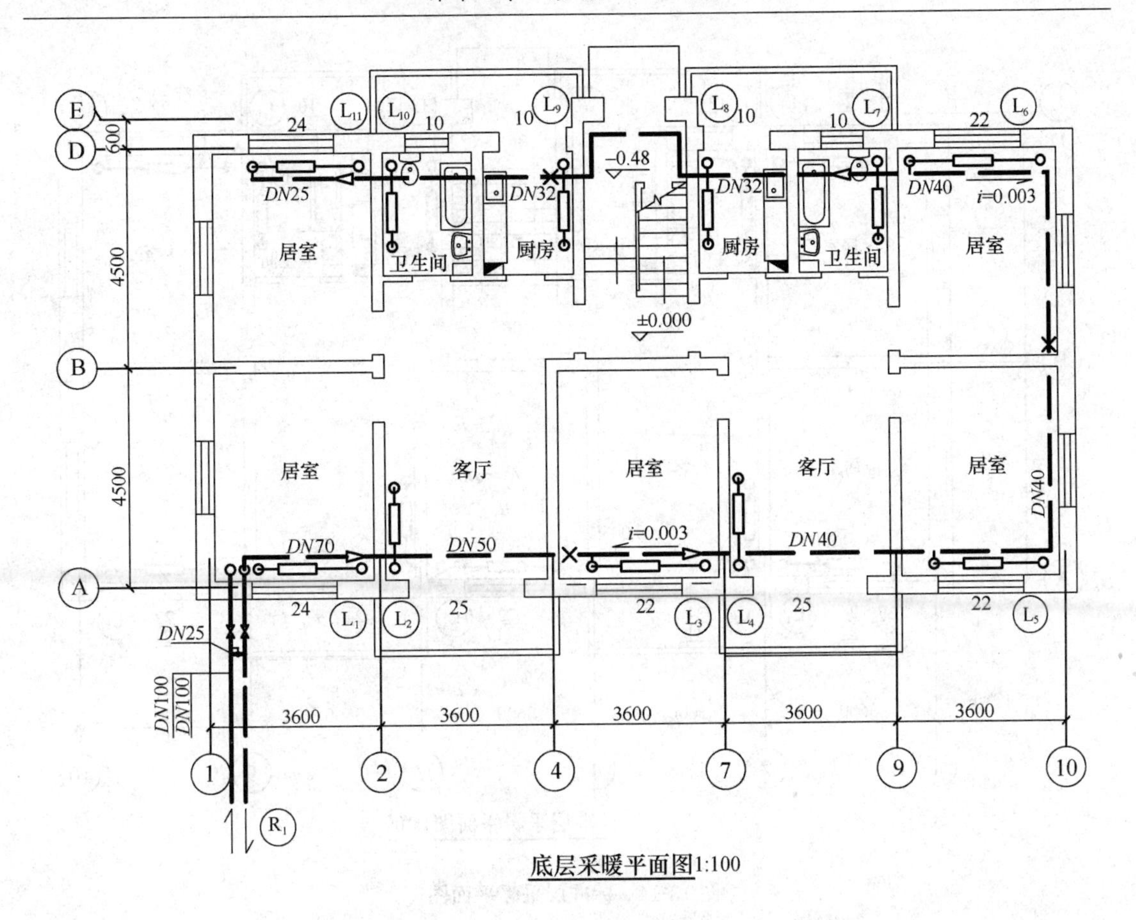

图 13-13 底层采暖平面图

变径接头设在南侧外墙⑦和②轴处，回水干管的管径随着流量的变化，沿程逐渐增加，在靠近出口处管径为 $DN50$；根据坡度标注符号可知，回水干管均有 $i=0.003$ 的坡度且坡向回水干管出口。从图中还可以看出，回水干管上共有 3 个固定支架；在楼梯间内设有方形补偿器，在回水干管出口处装有闸阀。在采暖引入管与回水排出管之间设置的阀门为建筑物内采暖系统检修调试用。

各居室散热器组均布置在外墙内侧的窗下，厨房、卫生间和客厅内的散热器组沿内墙竖向布置。每组散热器的片数都标注在建筑物外墙外侧靠近每组散热器安装位置处，散热器与供热立管的连接均为单侧连接。每根供热立管均标有编号，共有 11 根供热立管，由于采暖供热总立管只有 1 根，所以没有对其进行编号。

(2) 从图 13-14 标准层采暖平面图中可以看到，其建筑结构与底层基本相同，散热器的布置位置、散热器与供热立管的连接方式、供热立管编号均与底层采暖平面图完全相同，二、三层各组散热器的片数均标注在建筑物外墙外侧靠近每组散热器安装位置处。

在标准层采暖平面图中不反映供热干管和回水干管，故在标准层采暖平面图中只画出散热器、散热器连接支管、立管等的位置。

(3) 图 13-15 为顶层采暖平面图，从图中可以看出，采暖供热总立管从底层经二、三层引入后，在顶层屋面板下分两个支路沿外墙敷设，第一支路，从供热总立管沿南侧外墙向东敷设至东侧外墙里侧，然后折向北至北侧外墙里侧又折向西至⑨轴，呈“⊐”形布置，在

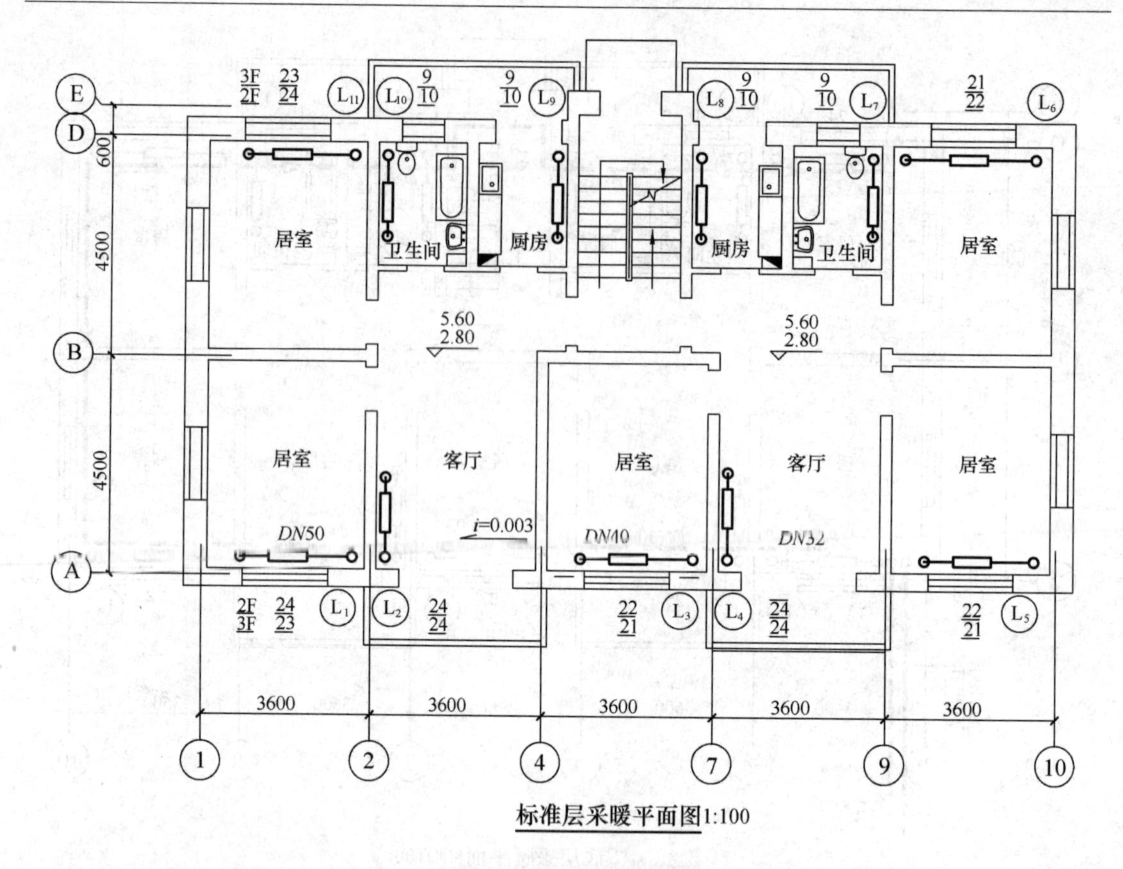

图 13-14 标准层采暖平面图

该供热干管的末端配有集气罐，管道具有 $i=0.003$ 的坡度且坡度坡向供热总立管。在该供热干管上设有 2 个变径接头，各管道的管径图中均已注明。此外，该供热干管上配有 2 个固定支架。另一分支路从供水总立管沿西侧外墙敷设至北侧外墙里侧，然后折向东敷设至⑨轴。呈“「”布置，其上配有集气罐、补偿器、变径接头、固定支架等设备，见图 13-15。该供热干管的坡度 $i=0.003$，坡向供热总立管。

供水干管距外墙饰面之间的距离，在采暖平面图中仅为示意性绘出，其距离与楼层数、管径有关，见国家标准图集。供热干管与立管的连接，在平面图和系统图中也为示意地表示，其作法见国家标准图集。

顶层散热器的布置位置、散热器与供热立管的连接方式、供热立管编号均与底层采暖平面图相同。

通过上述识读过程，可以知道，该住宅楼所采用的采暖方式为上行下给单管并联式供暖系统。

三、采暖系统图

通过识读采暖平面图，我们对建筑物内供热管网的布置及走向、采暖设备的平面布置、数量等有了比较清楚的了解，但还不能形成清晰完整的空间立体概念，对于采暖管道及设备的高度情况还需配合采暖系统图来加以说明，见图 13-16。

图 13-16 是住宅的采暖系统图，结合图 13-13～图 13-15 采暖平面图可以看出，室外引入管（采暖热入口）由本住宅①轴线右侧，标高为－1.50m 处穿墙进入室内，然后竖起，

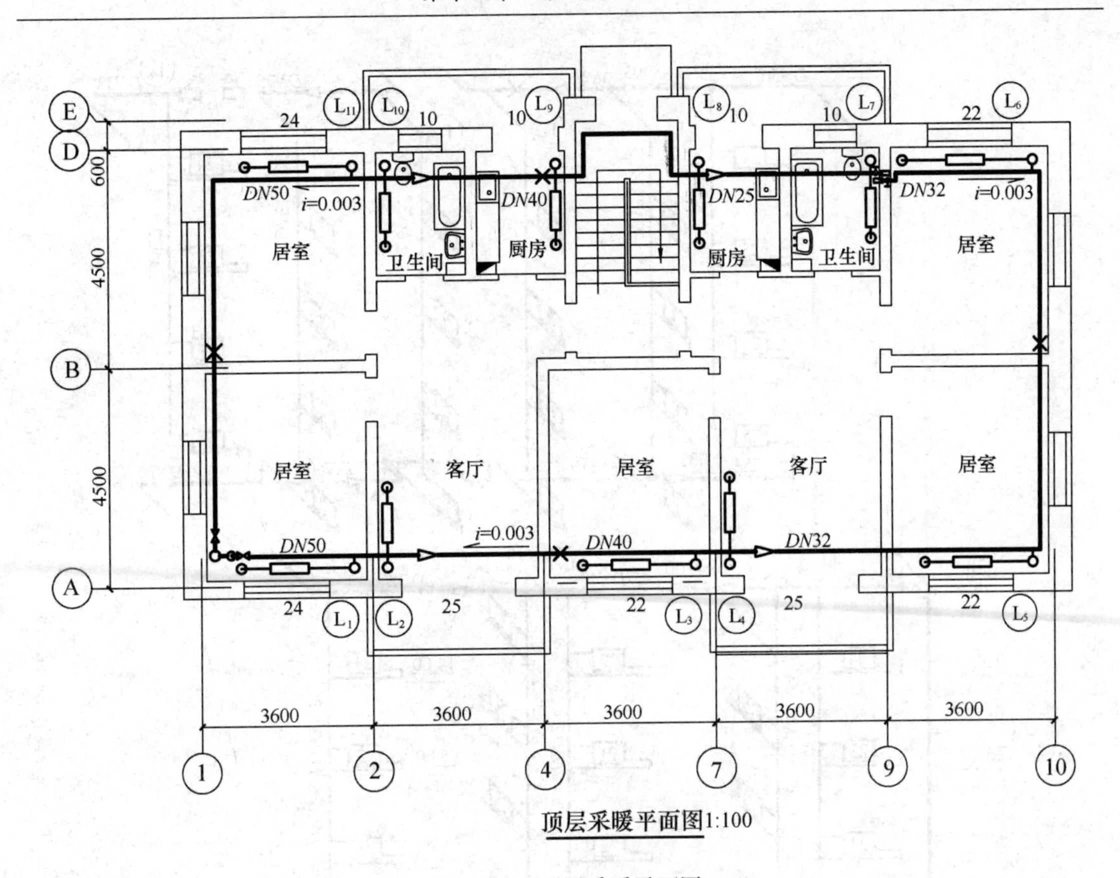

图 13-15 顶层采暖平面图

穿越二、三层楼板到达四层顶棚下标高 10.50m 处，其管径为 *DN*70。在此处，总立管分别向东、向北各接一供热干管，管径均为 *DN*50。

首先看由西向东敷设的干管，供水干管始端装一截止阀，以便调节流量。供热干管由西往东沿Ⓐ轴墙内侧敷设，至⑩轴墙处折向北沿⑩轴墙敷设，至Ⓓ轴墙又折向西沿Ⓓ轴墙敷设至⑨轴墙止（见顶层采暖平面图），供热干管管径依次为 *DN*50、*DN*40、*DN*32，其中 *DN*32 为供热干管末端的管径。供热干管的坡度为 0.003，坡度坡向供热总立管。供热干管的末端且最高位置装一自动排气罐，以排除系统中的空气。

供热干管上从①轴到⑩轴之间的管段和从Ⓐ轴到Ⓓ轴之间的管段的中间部位各设一固定支架，其作用是：均匀分配补偿器间管道的热变形，保证补偿器均匀工作，防止管道因受过大的热应力而引起管道破坏与过大的变形。

在该供水干管上依次连接 6 根立管，管径均为 *DN*32，与其相接的散热器支管的管径为 *DN*25。立管上下端均设有截止阀。在立管中，热水依次流经顶层、三层、二层、底层散热器到回水干管。与各立管连接的散热器均为单侧连接。回水干管从Ⓓ轴与①轴相交的墙角处起，在散热器下面自西往东沿Ⓓ轴墙在地沟内暗敷，至⑩轴墙处折向南沿⑩轴墙敷设，至Ⓐ轴后又转向西沿Ⓐ轴墙敷设，至回水排出管止。

在回水干管上装有方形补偿器、变径接头、固定支架等设备，在图中均以用图例表明其安装位置。另外，回水干管具有 0.003 的坡度，坡度坡向回水排出管。

由南向北敷设的供热干管上各环路的识读方法与上述相同。在该干管上装有方形补偿

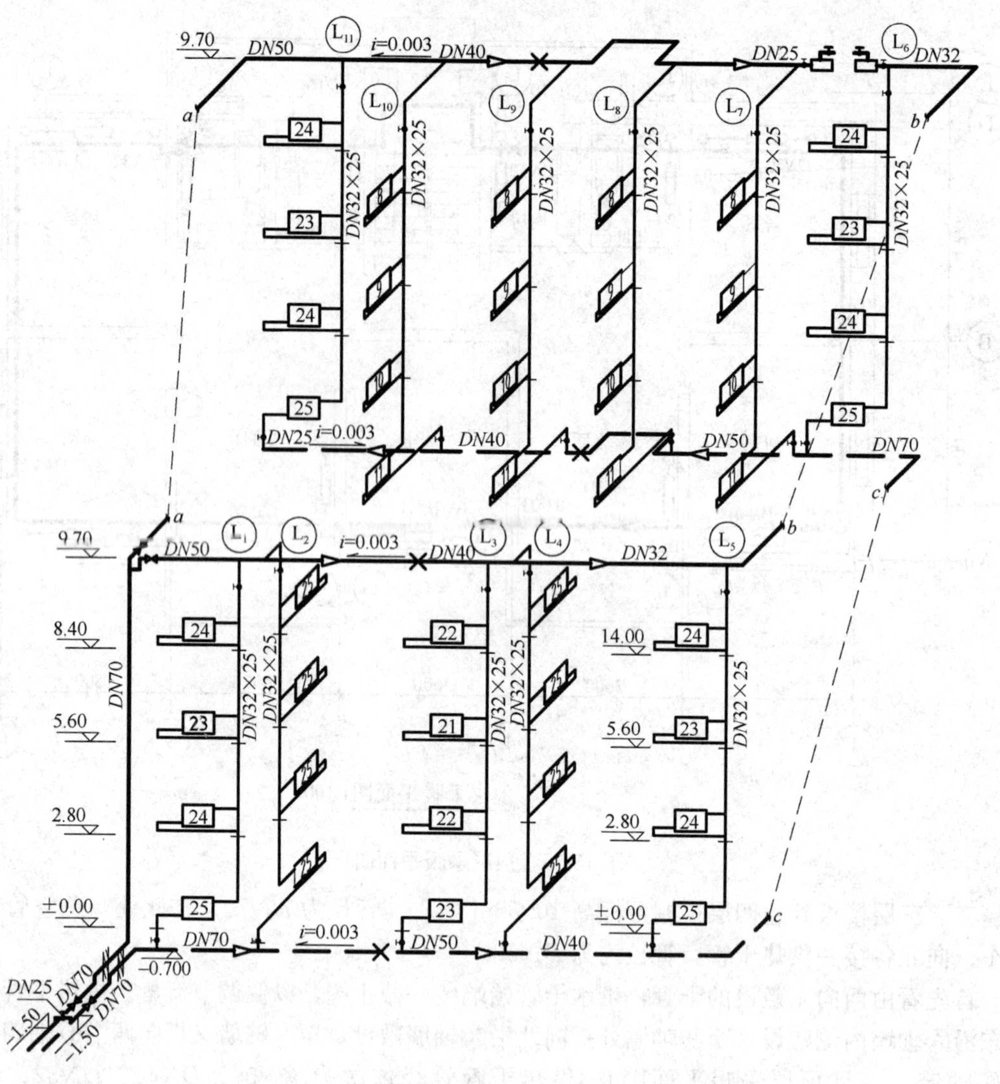

图 13-16　采暖系统图

器，其作用是解决由于管道热胀冷缩而产生变形，致使管道弯曲和破裂的问题。

图中还注明了散热器的片数、各管段的管径和标高、楼层标高等。

图中建筑物南侧立管 $L_1 \sim L_5$ 与建筑物北侧立管 $L_6 \sim L_{11}$ 部分投影重叠，故采用移出画法，并用虚线连接符号示意连接关系。

第四节　室外采暖工程图

室外供热管网工程图由采暖平面图、纵断面图、横断面图、节点详图以及材料设备表、设计施工说明等组成。本节简介其平面图、纵断面图的图示内容及绘制方法。

一、室外采暖平面图

图 13-17 为某建筑小区供热管网平面图，图中主要表示建筑小区内供热管网、检查井、

补偿器井的平面布置情况。

1. 室外采暖平面图的图示特点和内容

（1）比例。室外采暖平面图的比例，一般采用与建筑总平面图相同的比例，常用1∶500、1∶1000、1∶2000的比例绘制。图13-17所示的室外采暖平面图的绘图比例为1∶500。

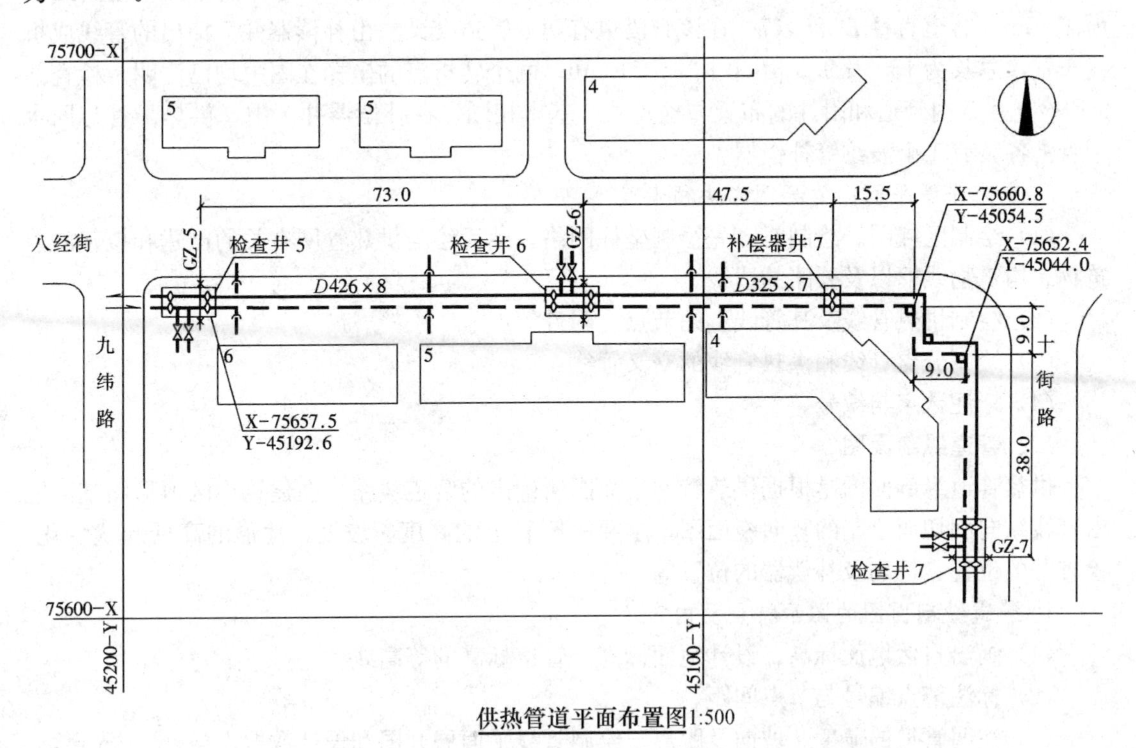

图 13-17　室外采暖平面图

（2）施工坐标方格网。一般情况下，东西方向用“Y”坐标表示，南北方向用“X”坐标表示。方格网的坐标值以“m”为单位，一般每相距50m或100m画分一方格。图13-17是以100m划分的。

（3）建筑物及其附属设施。在室外采暖平面图中，应按建筑总平面图的图例，用细实线绘出房屋、道路、围墙等建筑设施的轮廓线。

（4）管道及设备。在室外采暖平面图中，热水或蒸汽管道用粗实线表示，回水或凝结水管道用粗虚线表示。各种附属设备，如检查井、波纹管补偿器、固定支架、阀门等用图例符号表示。管径都标注在相应管道的旁边，并注明各管道间的距离。室外供热平面图上的室外管道标高应标注绝对标高。

从图13-17可以看出，供热管道布置在坐标45000-Y（图中未画出）至45200-Y、75600-X至75700-X区域内，较长线路是沿八经街南侧东西方向布置的，较短线路是沿十街路西侧南北方向布置的。小区供热入口在八经街与九纬路相交路口的东南角，在此处设有检查井5，施工坐标为$\frac{\text{X-75657.5}}{\text{Y-45192.6}}$。从检查井5接出两根管道，一根是热源输送热介质来的管道，另一根是使用后的热介质回至热源的管道。干管上向南接出装有阀门的支管。分支管南侧干管上装有GZ-5号固定支架。分支管西侧和GZ-5号固定支架东侧各装一波纹管补偿器，以补偿管道的热变形。

供热干管从检查井5起，由西往东经检查井6、补偿器井7直埋铺设至八经街与十街路交汇处，然后折向南，再折向东，再向南至检查井7。在检查井5与检查井6之间距离为73.0m，管道直径为$D426\times8$，在该管段有两处管道交叉。检查井6与补偿器井7之间距离为47.5m，管道直径$D325\times7$，在该管段也有两处管道交叉。由补偿器井7接出的管线成折线布置，总长为15.5＋9.0＋9.0＋38＝71.5m，两个转折点的坐标在图中均已注明。检查井6和检查井7内管道和附件的布置与检查井5基本相同，在补偿器井7中，供热干管与回水干管上各装有1个波纹管补偿器。

2. 室外采暖平面图的绘图方法和步骤

（1）绘制区域图。绘制时，先绘制坐标网络，然后绘与供热管网有关的已建和拟建的建筑物、构筑物线框以及公路的边线。

（2）绘制供热管线及其管线上的节点、附件等。

（3）绘制分支管线和供热管线的交叉管线。

（4）标注数字与编号。

二、管道纵剖面图

供热管道纵剖面图是根据供热管网平面图所确定的管道线路，在建筑小区地形图基础上沿管线纵向剖切而绘制的竖向断面图，主要表明管道的高度、坡度，地形的高低起伏变化，检查井的位置、标高及补偿器的位置等。

1. 管道纵剖面图的图示特点及内容

（1）画出自然地面标高、设计地面标高、管道标高的等高线。

（2）标注节点编号与节点间距。

（3）注明管道的坡度、坡向及距离。绘制管线平面展开图和设计数据表格。

（4）纵断面图中的管线用粗实线绘制；被剖切的节点的轮廓线用中实线绘制；其余均采用细实线绘制。

（5）由于管道的长度比直径方向尺寸大很多，为了表明管道断面的情况，在纵剖面图中，通常采用横竖两种不同的比例，一般选用的比例相差10倍，即高度所采用的比例比长度所选用的比例大10倍。

图13-18所示为采暖管道纵剖面图。管道剖面图采用特殊的表达方法，图中上部绘出的是管道剖面图，中部绘出的是线路平面简图，下部为资料表，在资料表中标出了各节点编号和距离、节点距热源出口距离、地面标高、管底标高、检查室底标高、管道的直径、长度、坡度、固定支座推力等参数。另外还标注了供热管网中与其交叉管路的管径、标高等参数。

2. 管道纵剖面图的绘图方法和步骤

（1）确定纵向、横向比例。

（2）布置图面。

（3）根据节点间距，按横向比例绘制垂直分格线，再按纵向比例，根据地面标高、管道标高等绘出其纵断面图。

（4）绘制数据表格，标注数字。

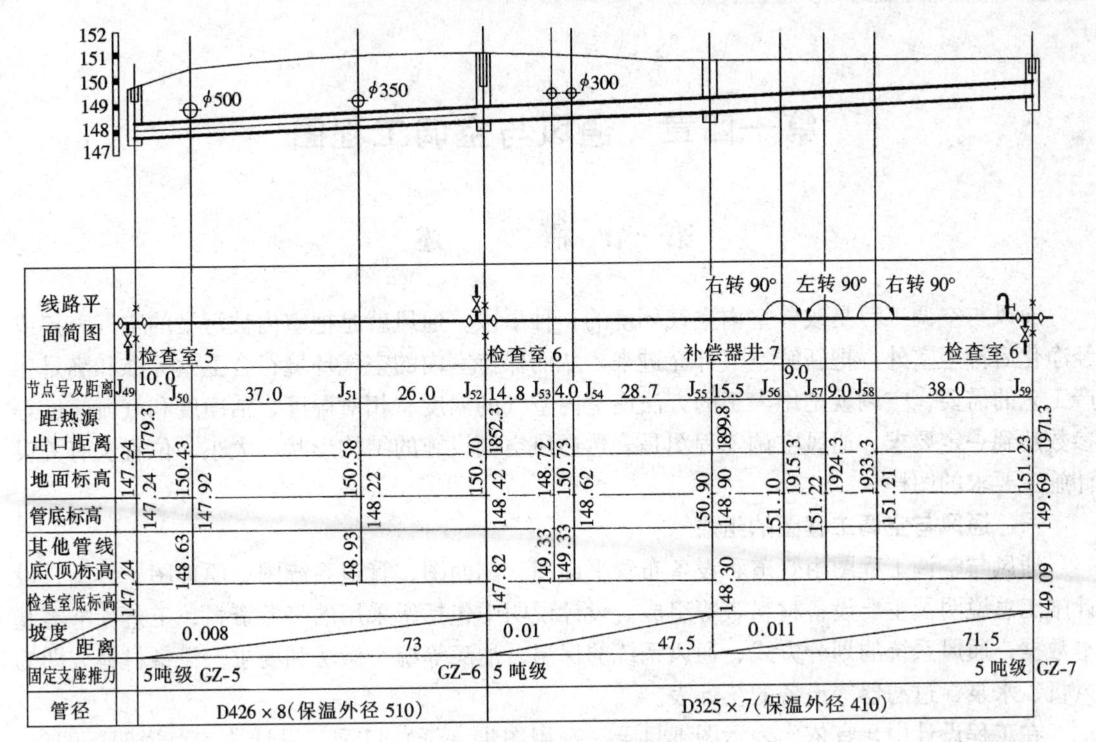

供热管道纵断面图

图 13-18　供热管道纵剖面图

第十四章　通风与空调工程图

第一节　概　　述

通风与空调工程是改善室内空气环境的一种手段。通风就是把室内被污染的空气直接或经净化后排至室外，把新鲜空气补充进来，从而保持室内的空气环境符合卫生标准和满足生产工艺的需要。空调就是用人工的方法使室内空气的温度、相对湿度、洁净度和气流速度等参数达到一定要求。通风空调工程图是表达通风空调设施的结构形状、大小、位置及有关设计施工要求的图样。

一、通风与空调工程图的组成

通风与空调工程图由管道和设备布置平面图、剖面图、管道系统图、原理图、详图、设计施工总说明及主要设备材料表等组成。设计说明中包括所采用的气象资料、工艺标准等基本数据；通风系统的划分方式、通风系统的保温、油漆等统一做法和要求。设备材料表即为风机、水泵、过滤器等设备的统计表。

在工程设计中，宜依次表示图纸目录、选用图集（纸）目录、设计施工总说明、图例、设备及主要材料表、总平面图、工艺图、系统图、平面图、剖面图、详图等。如单独成图时，其图纸编号也应按所述顺序排列。

二、通风与空调系统的组成

通风系统可分为送风系统与排风系统。送风系统由吸入外部空气的设备（进风口的百叶窗、进风室等）、空气处理设备（将空气过滤、加热或冷却、加湿等）、通风机、通风管道、风量调节装置和空气分布器等组成，如图 14-1 所示。

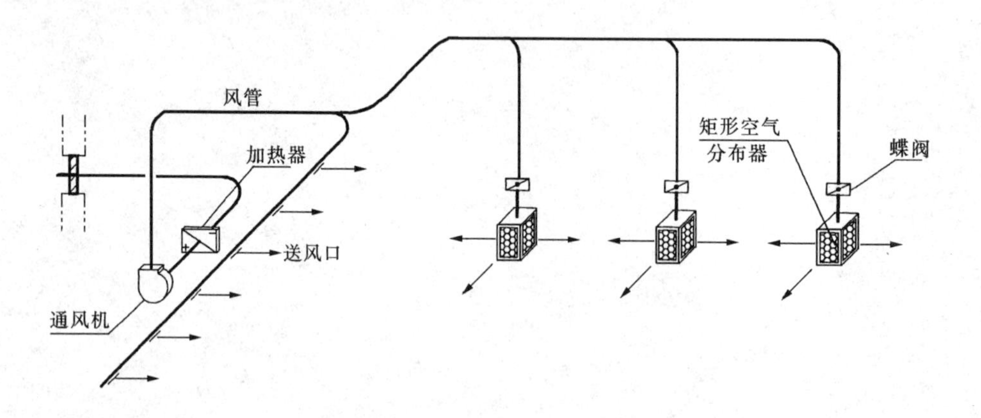

图 14-1　送风系统示意图

排风系统由吸气罩、排风管道、风量调节装置、通风机、除尘器和排风帽等组成，如图 14-2 所示。

空调系统分全空气系统、空气—水系统、制冷剂系统等。对于全空气空调系统由处理空

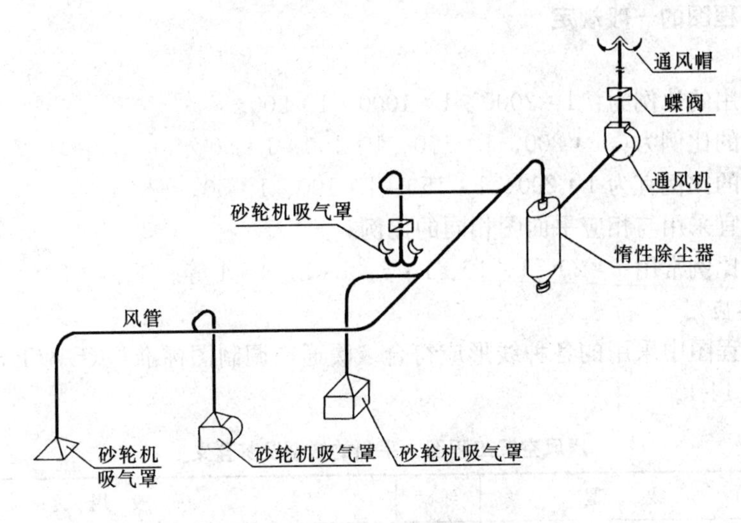

图 14-2　排风系统示意图

气、输送空气、在室内分配空气以及运行调节等四个基本部分组成。图 14-3 为全面机械通风空调系统示意图。该送风系统由新风口将室外新鲜空气送入空气处理室，空气在空气处理室内经过滤、加热、加湿等处理，由风机将处理后的空气送入风管，然后经送风口输送到各空调房间；同时，将室内的浊气由风机经回风口吸入空气处理室，经处理后一并送入送风管，输送到空调房间。

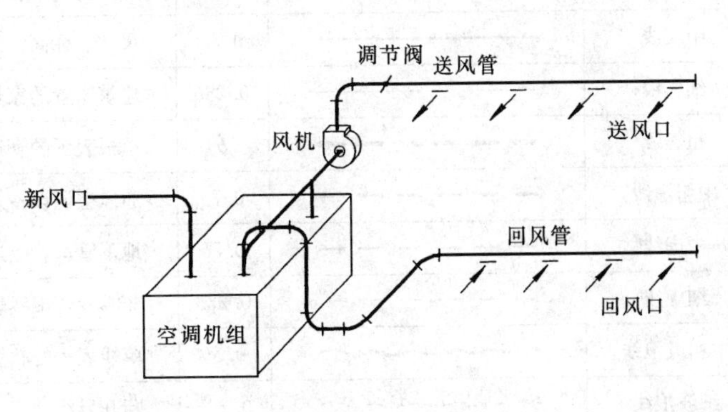

图 14-3　空调系统示意图

三、通风工程图的特点

（1）通风空调平面图、剖面图中风管一般采用双线绘制。通风空调系统图中风管一般采用单线绘制，在平面图、剖面图和系统图中均需注明风管的断面尺寸。通风空调设备、部件一般均采用图例符号表示。

（2）管道和设备布置平面图、剖面图及详图均采用正投影法绘制。

（3）管道系统图采用轴测投影法绘制，宜采用与相应平面图相同的比例，按正等轴测或正面斜轴测的投影规则绘制。在不致引起误解时，管道系统图可不按轴测投影法绘制。通风与空调系统图一般用单线绘制。

（4）通风空调工程按空气流动方向可分为送风系统、排风系统和空调系统。送风系统流程为：进风口→进风管道→空气处理室→通风机→主干风管→分支风管→送风口；排风系统流程为：排气（尘）罩类→吸气管道→排风机→排风立管→风帽；全空气空调系统流程为：新风口→新风管道→空气处理设备→送风机→送风干管→送风支管→送风口→空调房间→回风口→回风机→回风管道（同时接排风管道、排风口）→一、二次回风管道→空气处理设备等。掌握这一循环过程，在识读通风空调工程图时就能很快熟悉图纸。

四、通风工程图的一般规定

1. 绘图比例

总平面图常用的比例为：1∶2000、1∶1000、1∶500。

平面图常用的比例为：1∶200、1∶150、1∶100、1∶50。

剖面图选用的比例宜为1∶200、1∶150、1∶100、1∶50。

管道系统图宜采用与相应平面图相同的比例。

绘制详图的比例常用1∶20、1∶10、1∶5、1∶2、1∶1等。

2. 图线及其应用

通风空调工程图中采用的各种线形应符合《暖通空调制图标准》（GB/T 50114—2010）中的规定。见表14-1。

表14-1 通风空调工程图中采用的线型及其含义

名称	线型	线宽	一般用途
粗实线		b	单线表示的管道
中粗实线		0.7b	通风空调设备轮廓、双线表示的管道轮廓
中实线		0.5b	尺寸、标高、角度等标注线及引出线；建筑物轮廓
细实线		0.25b	建筑布置的家具、绿化等，非本专业设备轮廓
粗虚线		b	单根表示的管道被遮挡部分
中粗虚线		0.7b	通风空调设备及双线表示的管道被遮挡的轮廓
中虚线		0.5b	地下管沟、改造前风管的轮廓线；示意性连线
细虚线		0.25b	非本专业虚线表示的设备轮廓
中粗波浪线		0.5b	单线表示的软管
细波浪线		0.25b	断开界线
单点长画线		0.25b	轴线、中心线
双点长画线		0.25b	假想或工艺设备轮廓线
折断线		0.25b	断开界线

3. 图例符号

《暖通空调制图标准》（GB/T 50114—2010）国家标准中，规定了通风空调工程中常用的设备、部件的图例符号，现摘录其中的常用图例示于表14-2。

表14-2 通风空调工程中的常用图例

名称	图例	名称	图例
矩形风管	***×**** 宽×高（mm）	风管向上	双线图 单线图
圆形风管	ϕ*** ϕ直径（mm）	风管向下	双线图 单线图

续表

名 称	图 例	名 称	图 例
风管上升摇手弯		止回风阀	双线图 单线图
风管下降摇手弯		防火阀	双线图 单线图
风管软接头	双线图 单线图	方形风口	
消声器		条缝形风口	
消声弯头	双线图 单线图	矩形风口	
轴流式管道风机	双线图 单线图	圆形风口	
对开多叶调节阀	双线图 单线图	侧面风口	
碟阀	双线图 单线图	气流方向	通用 送风 回风

第二节 通风与空调工程图

一、管道和设备布置平面图

管道和设备布置平面图主要表明通风与空调系统管道及设备、部件等的平面布置及连接形式；管道上送风口或排风口的分布及空气流动方向；通风空调设备、管道与建筑结构的定位尺寸；风管的断面或直径尺寸；管道和设备部件的编号；送风系统、排风系统、空调系统的编号等。

1. 管道和设备布置平面图的表达方法

（1）管道和设备布置平面图应按假想除去上层楼板后俯视投影绘制，其相应的垂直剖面图应在平面图中标明剖切符号（见图 14-4）。

（2）管道和设备布置平面图的数量。管道和设备布置平面图有各层各系统平面图、空调机房平面图、制冷机房平面图等。

一张图幅内绘有多层平面图时，宜按建筑层次由低至高，由下而上顺序排列。

（3）抄画建筑平面图的内容。在管道和设备布置平面图中，应用细实线绘出建筑轮廓线和与通风空调有关的梁、柱、平台、门、窗等建筑构配件，并注明相应定位轴线编号、房间名称、平面标高等。

（4）通风空调设备、管道的画法。通风空调工程中风道、阀门及附件均按表 14-2 的图例绘制，用中实线画出其平面图形的外轮廓。以双线绘出风道、异径管、三通、四通、弯管、检查孔、测量孔、调节阀、防火阀、送风口、排风口的位置；注明风道及风口尺寸、空气处理设备轮廓尺寸；注明各设备、部件的名称、型号、规格；还应标出通风空调设备、管道定位（中心、外轮廓、地脚螺栓孔中心）线与建筑定位（墙边、柱边、柱中）线间的定位尺寸。

风道的断面尺寸应以 mm 为单位，圆形风管的截面尺寸应以直径符号“ϕ”后跟以数值表示。矩形风管（风道）的截面定型尺寸应以“$A\times B$”表示。“A”为该视图投影面的边长尺寸，“B”为另一边尺寸。

风道的标高尺寸应以 m 为单位，平面图中无坡度要求的风道标高可以标注在风道截面尺寸后的括号内，如“ϕ32（2.50）”、“200×200（3.10）”。必要时，应在标高数字前加“底”或“顶”的字样，矩形风管所注标高未予说明时，表示管底标高；圆形风管所注标高未予说明时，表示管中心标高。如在剖面图中已标注了标高尺寸，则一般在平面图中也可省略标注。

图 14-4 为某研究所通风系统平面图的一部分，图中注明了各房间的名称、地面标高；

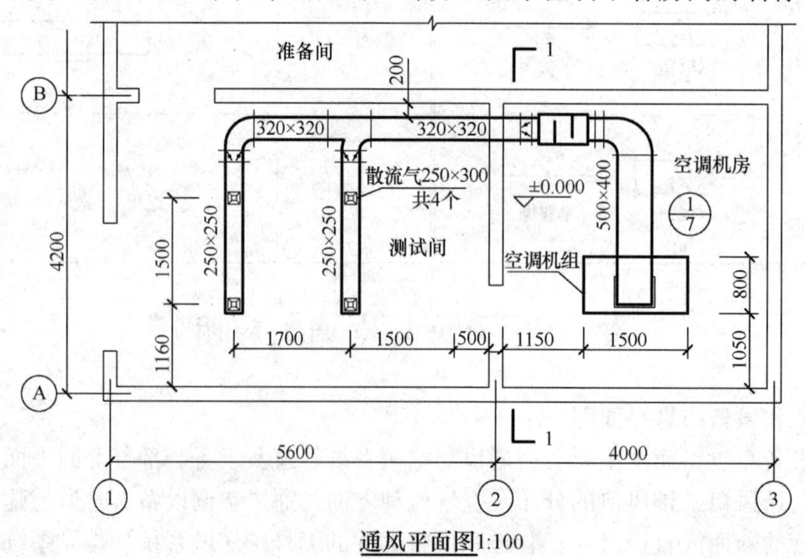

图 14-4　局部排风平面图

标注出所有的通风管道的断面尺寸（如 250×250、320×320 等）和定位尺寸（如 1500、1160、200、1700、1500 等），采用国家标准规定的图例符号表示出对开多叶调节阀、消声器的安装位置，以及散流器的规格尺寸和数量（散流器 250×300 共 4 个）；还注明了空调机组的轮廓尺寸（1500、800）和定位尺寸（1150、1050 等）。另外，在空调机房处有详图索引符号，表示另有空调机房详图详细地表达空调机房的尺寸、构造及作法。

风口、散流器的规格、数量及风量的表示方法如图 14-5 所示。

图 14-5 风口、散流器的表示方法

（5）管道和设备布置平面图中需另绘详图时，应在平面图上标注索引符号。索引符号的画法如图 14-6 所示。右图为引用标准图或通用图时的画法。

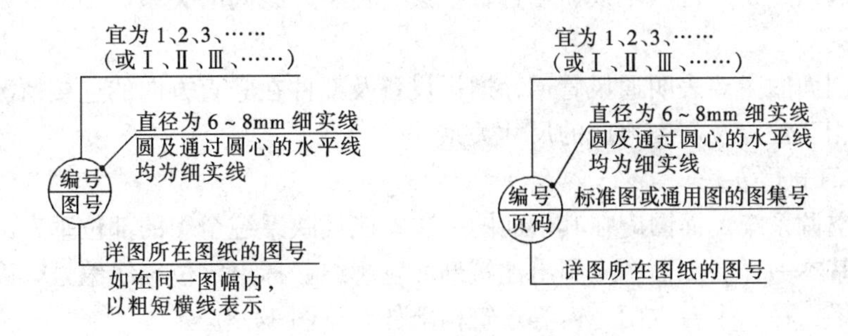

图 14-6 索引符号的画法

（6）管道的类别代号和管道系统编号。一个工程中有两个或两个以上的不同系统时，应进行系统编号。通风空调系统编号、入口编号由系统代号和顺序号组成。系统代号由大写拉丁字母表示，见表 14-3，顺序号由阿拉伯数字表示。当一个系统出现分支时，可采用图14-7 的画法。

表 14-3 系统代号

序号	字母代号	系统名称	序号	字母代号	系统名称
1	N	供暖系统	9	X	新风系统
2	L	制冷系统	10	H	回风系统
3	R	热力系统	11	P	排风系统
4	K	空调系统	12	JS	加压送风系统
5	T	通风系统	13	PY	排烟系统
6	J	净化系统	14	P（Y）	排风兼排烟系统
7	C	除尘系统	15	RS	人防送风系统
8	S	送风系统	16	RP	人防排风系统

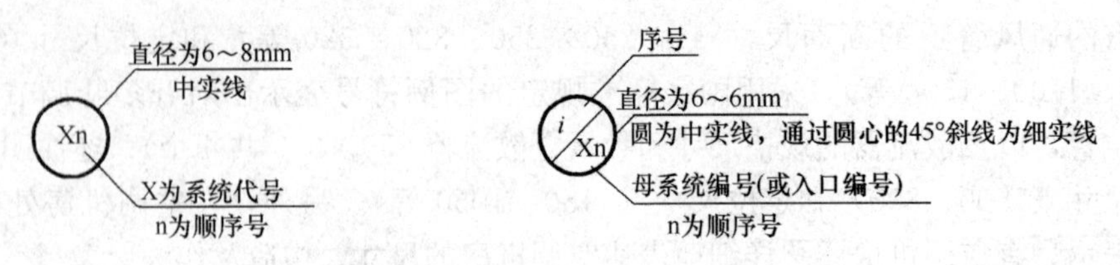

图 14-7　系统代号、编号的画法

（7）为方便读图，在底层平面图上，还应画出相应的图例符号、注写施工说明等。

2. 管道和设备布置平面图的绘图步骤

（1）用细实线绘出建筑轮廓线和与通风空调系统有关的门、窗、梁、柱、平台等建筑构配件，并应标注相应的定位轴线编号、房间名称、平面标高等。

（2）布置通风空调设备的位置。布置通风空调设备位置时，按其外轮廓线绘出。

（3）绘制管道系统。绘制管道系统时，先绘主管，后绘支管，最后绘风口。

（4）管道和设备布置平面图上应标注尺寸与编号。标注建筑定位轴线编号及轴线间距、外墙长宽总尺寸、墙厚、地面标高、主要通风空调设备的轮廓尺寸、风道及风口尺寸、通风空调设备和管道与建筑定位（轴线、墙边、柱边、柱中）线间的关系。

二、剖面图

通风空调剖面图主要表明通风管道、通风设备及部件在竖直方向的连接情况，管道设备与土建结构的相互位置及高度方向的尺寸关系。

1. 剖面图的表达方法

（1）通风空调系统剖面图应在其平面图上选择能反映系统全貌的部位垂直剖切，其画法与通风平面图基本一样。剖面图应画出建筑剖面轮廓线，标出定位轴线编号，以及与通风空调系统有关的梁、柱、平台、门、窗等建筑构配件，见图 14-8。

（2）剖面图中应对应于平面图画出风道、设备、零部件和有关工艺设备。

（3）剖面图中应标注出风道、设备、零部件的位置尺寸和有关工艺设备的位置尺寸；注明风道直径（或截面尺寸）和风管标高；注明送、排风口的形式、尺寸、标高和空气流动方向；注明设备中心标高；注明风管穿出屋面的高度和风帽标高（风管穿出屋面超过 1.5mm 时，还应表明风管的高度尺寸）。风管截面尺寸、标高尺寸的标注同平面图。

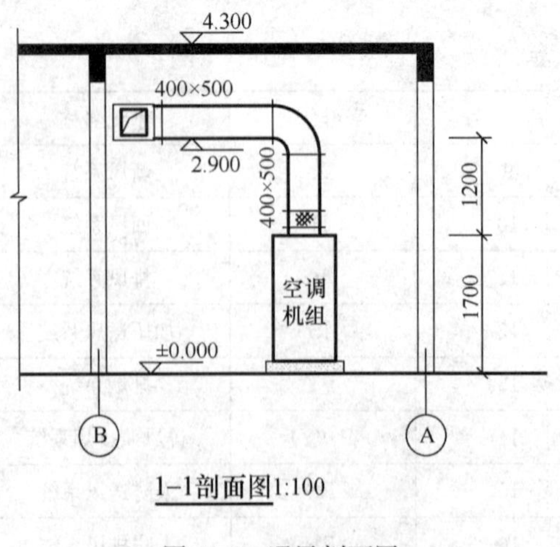

图 14-8　通风剖面图

（4）索引符号、管道的类别代号和管道系统编号的标注方法同平面图。

图 14-8 为某研究所通风剖面图，图中表明了通风系统高度方向的尺寸。新风入口的高度为 2.900m，新风管与空调机组相接的高度 1.200m；空调机组的高度为 1.700m；送风管底面标高 2.900m 等。此外与图 14-4 通风平面图对应画出了空调机组、风道、风口、防火阀、对开多叶调节阀、过滤器等通风空调设备的投影。

2. 剖面图的绘图步骤

（1）画出房屋建筑剖面图的主要轮廓线。

其步骤是先绘出地面线（建筑物相对标高±0.000线），再画定位轴线，然后画墙身、楼面、屋面、梁、柱，最后画楼梯、门窗等。除地面线用粗实线外，其他部分均用细实线绘制。

（2）绘制通风空调系统的各种设备、部件和管线（双线），采用的线型与平面图相同。

（3）标注必要的尺寸、标高。

三、管道系统图

通风空调管道系统图是把通风空调系统的全部管道、设备和部件用平行斜投影的方法绘制的立体图（即轴测图），以表明通风管道、设备和部件在空间的连接及纵横交错、高低变化等情况。

1. 管道系统图的表达方法

（1）管道系统图宜采用与相应平面图相同的比例，按正等轴测或正面斜二轴测的投影规则绘制。在不致引起误解时，管道系统图可不按轴测投影法绘制。通风与空调系统图一般用单线绘制。

（2）断开画法。系统图中的管线重叠、密集处，可采用断开画法。断开处宜以相同的小写拉丁字母表示，也可用细虚线连接，见图14-9。

（3）管道系统图应按比例绘制包括设备、管道及三通、弯头、变径管等配件；与管线连接处的法兰盘等内容。

（4）系统图必须标注详尽齐全。主要设备、部件应注明编号，以便与平面、剖面图及设备表对照；还应注明管径、截面尺寸、标高、坡度（标注方法与平面图相同），管道标高一般应标注中心标高。如所注标高不是中心标高，则必须在标高字符下用文字加以说明。

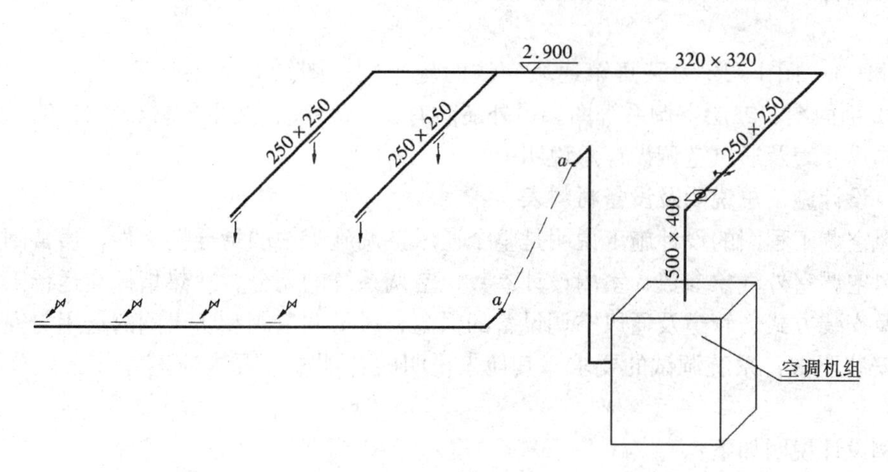

图14-9　通风系统图

2. 管道系统图的绘图步骤

（1）确定轴测轴方向。

（2）画出风道干管和主要通风空调设备的轴测图。

（3）画出支管、部件和配件等。

（4）进行编号和标注尺寸。

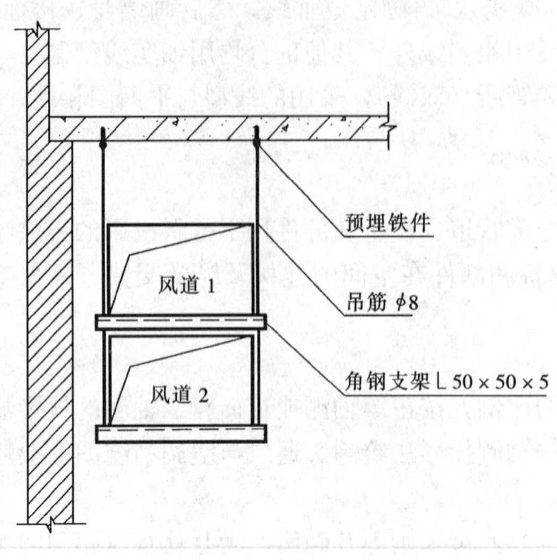

图14-10 管道支架详图

四、详图

通风空调工程图详图包括构、配件的安装详图和加工详图，主要反映局部管件和设备的详细结构及尺寸。如空调器、过滤器、除尘器、通风机等设备的安装详图；各种阀门、检查孔、测定孔、消声器等设备部件的加工制作详图；风管与设备保温详图等。各种详图大多有标准图可供选用。绘制详图的比例常用1∶5、1∶10、1∶20等。

图14-10为悬吊管道的安装详图，从图中可以看出，在楼板上设有2个预埋铁件，风道1和风道2安装在角钢支架上，角钢的规格尺寸为50×50×5。角钢支架是通过直径为ϕ8的吊筋与预埋铁件连接。

第三节 通风与空调工程图的识读

读图时应先看图纸目录，设计施工总说明、材料设备表（表14-4）等，了解工程性质、图纸种类与数量、设备部件的名称、规格、材料等；然后对照平面图、剖面图、系统图、详图查找各设备、管道的对应关系，空间走向，尺寸标注，按介质（空气或水）的流动方向逐段识读。

图14-11～图14-13为某宾馆通风空调的施工图。图纸有二层空调平面图、1—1剖面图、2—2剖面图、二层空调系统图。另外还附有表14-4设备及主要材料统计表、表14-5为预留孔洞尺寸表及通风空调设计总说明。

一、设计施工总说明及设备材料表

通风空调工程图的设计施工说明是整个通风空调施工中的指导性文件，通常阐述以下内容：通风空调室外气象参数、室内设计参数；空调系统的划分、冷热指标与运行工况；管道的材料及安装方式、管道及通风空调设备的保温、风量调节阀和防火阀的选用与安装；空调机组的安装要求；系统调试的要求；其他未说明的各项施工要求应遵守什么规范的有关规定等。

本例设计说明如下：

通风空调工程图设计施工总说明

一、主要设计参数

1. 空调室外计算温度：冬季－26℃，夏季应逐时（从0～23）计算。

2. 空调室内计算温度：冬季18～22℃，夏季24～28℃。

3. 室内相对湿度：冬季为50%±10%，夏季为60%±10%。

4. 室内风速：冬季≤0.2m/s，夏季≤0.3m/s。

5. 本项目空调总面积为233.3m²，冬季设计热负荷为100W/m²，夏季设计冷负荷为150W/m²。

二、通风管道施工说明

1. 本设计的空气调节形式为集中式、全空气、一次回风系统。

2. 通风管道标高均以米计，其他尺寸以毫米计，管道标高均为通风管道管底标高。

3. 管道安装及验收应严格执行《GBJ 235—1988 工业管道工程施工及验收规范》。

4. 风管材料采用优质镀锌钢板制作，厚度及加工方法按GB 50243—1997规范的规定确定。

5. 风管与设备、风口间的相接处，应设置L=100～200mm的无纺布软管连接；软接的接口应牢固，严密，且光面朝内，管道法兰连接处，采用闭孔海绵橡胶板，厚度5mm。

6. 水平或垂直的风管，须设置吊架，其构造形式由安装单位在保证牢固，可靠的原则下根据现场实际情况选定，详见T616。

7. 风管吊架应设置于保温层的外部，并在其间镶以垫木。应避免在法兰、测孔、风阀等处设置支吊托架。风管法兰、吊架应刷防锈漆两遍。

8. 安装风阀等配件时，注意将操作手柄配置在便于操作的地方。

9. 防火阀的安装方向应正确，同时应事先检验其外观质量动作灵活可靠之后方可安装。防火阀须单独配置支吊托架。

三、机组安装说明

1. 安装前应检查其功能是否与设计相符，内部的部件应保证完好，对有损伤的部位应予以修复，各阀门启动灵活。

2. 机组安装完毕后，清除内外杂物，检查其密闭性，各阀门调节机构的灵活性，各固定部件的紧固程度。

四、施工需遵守以下规范

1.《通风与空调工程施工及验收规范》(GBJ 243—1982)。

2.《工业管道工程施工及验收规范》(GBJ 235—1982)。

3.《现场设备、工业管道焊接工程施工及验收规范》(GBJ 236—1982)。

五、其他

1. 设计尺寸若与现场不符，请根据实际情况协商解决。

2. 施工中请注意与其他专业间的密切配合。

3. 设备及主要材料表。

材料表主要表示通风与空调工程图中各种通风空调设备、元件的名称、规格型号及数量等数据和资料。

表14-4　　**设备及主要材料表**

序号	名称	型号及技术性能	单位	数量	备注
1	空调机组	LFD15HP 制冷量 42-DW	台	1	K-1
2	矩形防火阀	FFH-1　800×400	个	1	
3	矩形防火阀	FFH-1　500×400	个	1	
4	对开多叶风量调节阀	FT-19#　500×400	个	1	

续表

序号	名称	型号及技术性能		单位	数量	备注
5	对开多叶风量调节阀	FT-6#	200×200	个	3	
6	对开多叶风量调节阀	FT-11#	200×320	个	1	
7	防水百叶风口	FK-54	500×400	个	1	
8	矩形散流器		360×480	个	5	
9	单层百叶风口		500×400	个	4	
10	单层百叶风口		200×200	个	3	
11	单层百叶风口		320×200	个	1	
13	单层百叶风口		400×200	个	2	
14	风口调节阀	FK-11	360×480	个	4	
15	消声弯头	VKW-118#	800×400	个	1	

二、通风空调平面图

识读通风空调平面图时，需要将平面图、剖面图对应分析，综合识读。读图的顺序可按气流方向进行。

（1）了解建筑物的土建情况。从图14-11所示的某宾馆二层空调平面图中可以看出，空调机房设在建筑物的西北角，此层建筑平面有1个休息大厅、1个活动室和3个包房均设有空调设备。

（2）空调机房的管道和设备。该空调系统采用集中式空调，空调机组集中安置在空调机房内。新风由空调机房的防水百叶风口7、对开多叶风量调节阀4，自北向南敷设一段距离后折向下再向东将新风送入空调机组1。新风管的截面尺寸为500mm×400mm，定位尺寸距①轴400mm，与空调机组相接的风管截面尺寸为500mm×1636mm（见2-2剖面图）。空气在空调机内经过过滤、加湿、加热、冷却等处理后，由机组上方出口与送风管道相连，然后送至各空调房间。

（3）送风管道的敷设及送风口的配置。在送风管道始端装有防火阀2，自西向东敷设的送风管道，截面尺寸为1250mm×250mm，距Ⓒ轴线为1700mm，送风管道在休息大厅内的管段装有4个矩形散流器，散流器间距2300mm；送风管进入包房走廊前管径变小，截面尺寸630mm×250mm，管中心距Ⓔ的定位尺寸900mm。在该管段上接有3个截面为200mm×200mm和1个200mm×320mm支风管，支风管的定位尺寸已在平面图上标出，在3个200mm×200mm的支风管上各装有对开多叶风量调节阀5和单层百叶风口10，分别向3个包房送入空调机组处理后的空气，通向活动室的支风管管径为200mm×320mm，并装有对开多叶风量调节阀6和单层百叶风口11。

（4）回风管道的附设及回风口的配置。在休息大厅的南侧，设有回风管道，截面尺寸为800mm×250mm，该管道从⑤轴西侧Ⓓ轴处由北向南敷设，距⑤轴尺寸为900mm，后沿Ⓐ轴由东向西敷设，距Ⓐ轴尺寸为700mm。回风管下设4个截面尺寸为500mm×400mm（见2—2剖面图）的竖管，竖管上装有单层百叶风口9，其作用是将休息大厅和包房与活动室内排出浊气吸入回风管，回风管的截面尺寸在进入空调机房后变径为500mm×400mm，并设矩形防火阀3。

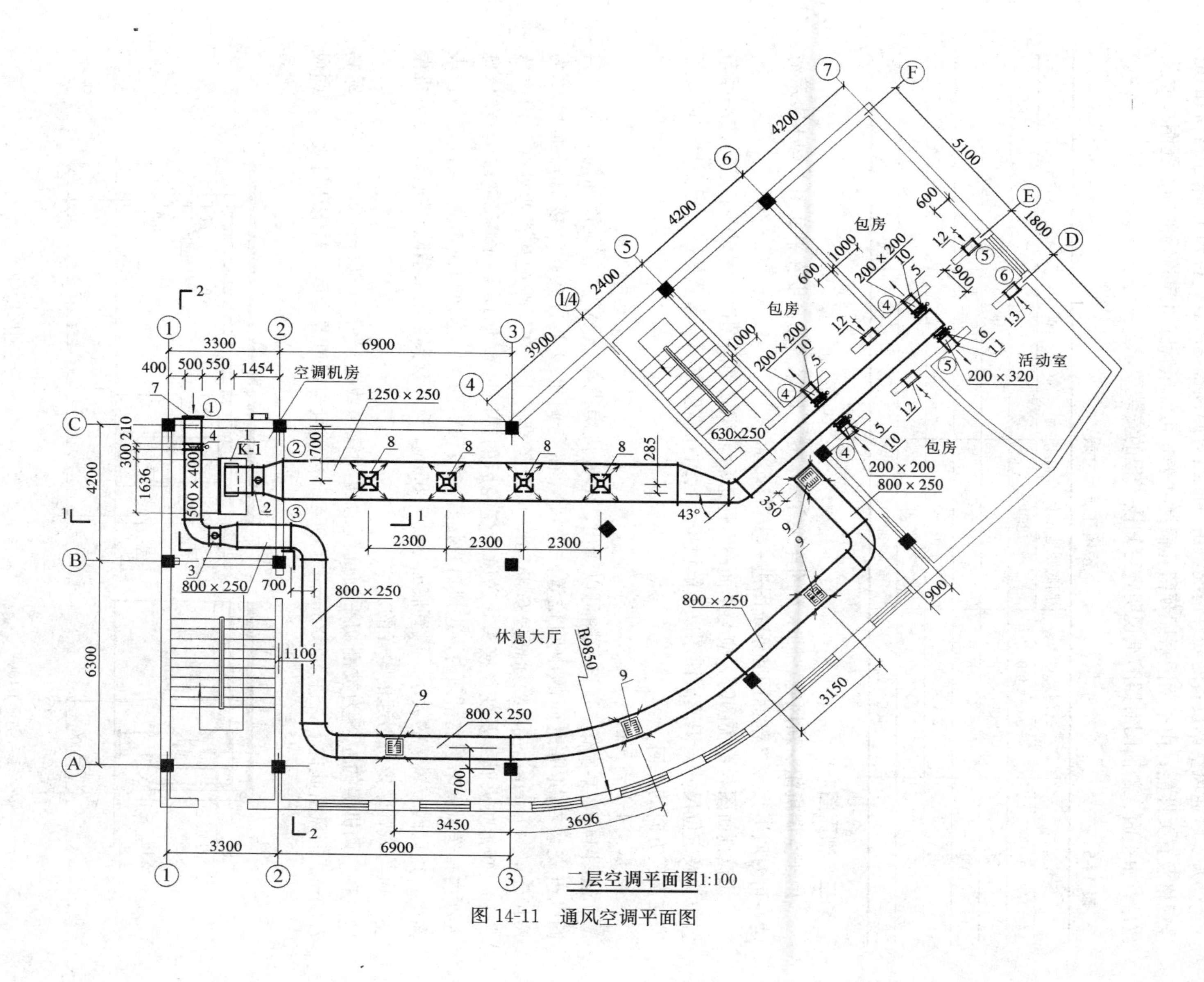

二层空调平面图1:100

图 14-11　通风空调平面图

包房与活动室墙上设置的单层百叶风口 11，12 的作用是将室内的部分空气排至走廊内。

（5）了解通风空调设备的安装情况。由平面图对照设备材料表，可知主要设备材料的型号规格及有关性能；由平面图对照预留孔洞尺寸表，可知风管穿过建筑物的预留孔洞尺寸及数量；由平面、剖面图对照图纸说明，可知该工程的安装要求。

表 14-5　　预留孔洞尺寸表

编　号	孔洞尺寸	洞底距地高度（mm）	数　量	备　注
①	500×400	7850	1	
②	1350×350	8500	1	
③	900×350	8500	1	
④	200×200	8000	3	
⑤	320×200	8000	4	
⑥	400×200	8000	1	

三、剖面图

由于空调机组、新风管、回水管的连接方式，送、回风管的高度在平面图中均未表示清楚，可对照 1-1、2-2 剖面图和系统图进一步识读。

识读剖面图与系统图时，应与平面图对照进行。识读平面图以了解设备、管道的平面布置位置及定位尺寸；识读剖面图以了解设备、管道在高度方向的布置情况、标高尺寸以及管道在高度方向的走向。

1. 识读 1-1 剖面图

从图 14-12 某宾馆 1-1 剖面图可以看出，空调机房设在二楼，二楼地面标高 4.5m。空调机组安装在机房地面的中间位置，送风管在空调机组上方接出，接口截面尺寸为 1040mm×404mm，接口处标高为 6.385m。该管竖直向上，在风管向东折弯处接一消生弯头 15、矩形防火阀 2 及变径接头，送风管变径后的截面尺寸为 1250mm×250mm，在休息大厅内，送风管暗装在吊顶内，送风口直接装在吊顶表面上，送风口调节阀 14 设在吊顶表面上，用以调节风量的大小。风管底面标高 7.85m。消声弯头是用来消除和减弱由于风机振动、风与风管摩擦所引起的噪音的。

在空调机房的左侧为被剖切平面剖到的回风管，截面尺寸为 500mm×400mm，标高 7.85m。回风由此向下，进入 500mm×1636mm 风管且与新风混合后，被空调机吸入。回风

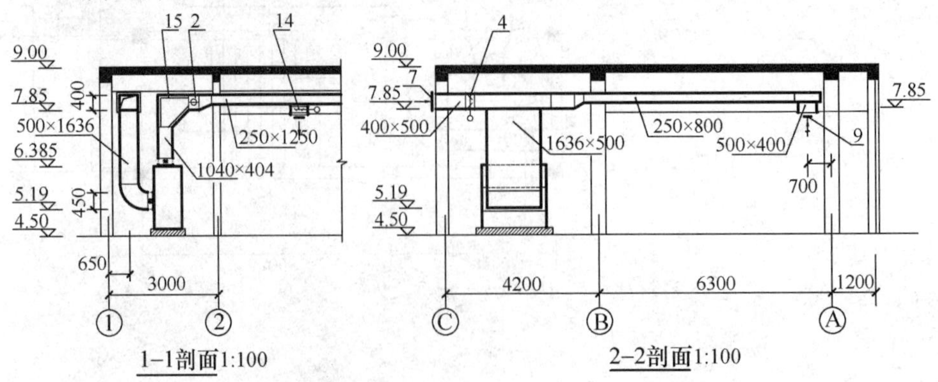

图 14-12　通风空调剖面图

管与空调机组接口的截面尺寸为450mm×1636mm接口底面标高为5.19m。

2. 识读2-2剖面图

2-2剖面图主要反映空调机组与新风管、回风管，在竖直方向的连接关系，进风口接口处的尺寸1636×500mm，接口处标高5.19m，以及回风管管径在高度方向上的变化情况等。

四、系统图

通风空调系统图主要表明空调管道在空间的曲折、交叉和走向以及部件的相对位置。识读系统图时应注意，通风空调平面图、剖面图中的风管是用双线表示的，而系统图中的风管则是按单线绘制的。识读时应查明系统的编号；各设备型号规格及相对位置。

图14-13是空调系统图，采用斜等轴测按1∶100比例绘制，图中风管用单线绘制，设备部件用图例表示。

读图时，首先从送风系统开始，从图14-13中可以看到，送风管从空调机组的上方垂直向上接出，管径为1040×404，然后通过消声弯头15接一水平干管，在干管的始端接有防火阀2和变径管，水平干管上装有4个散流器，每个散流器上方均设有电动对开多叶风量调节阀1个。水平干管由西向东敷设一段距离后，接一变径管，在此处干管折向东北方向，在该斜管上设有4个分支管，每各分支管上各装有1个电动对开多叶风量调节阀和单层百叶送

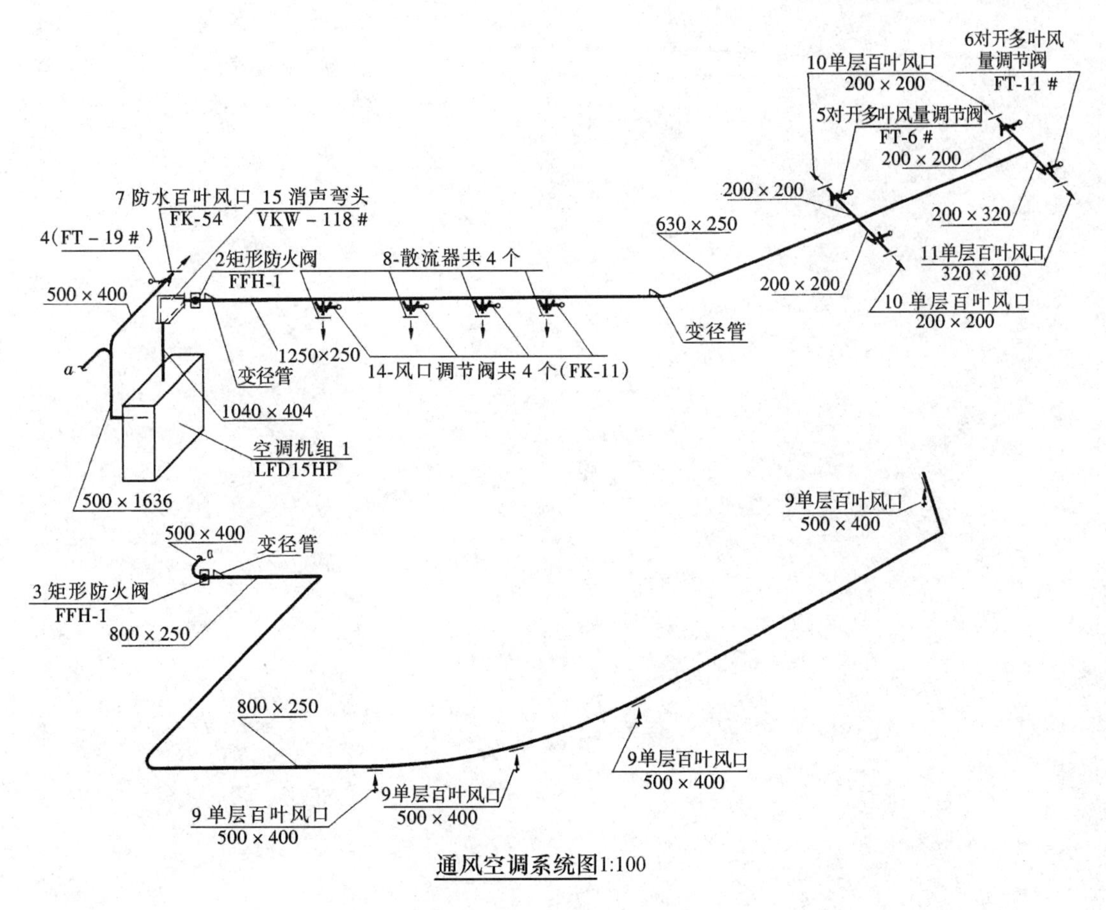

图14-13　通风空调系统图

风口。

回风管道是从空调机组的西边中间部位接出的，由于受图纸幅面限制，回风系统采用了断开移出画法，并用连接符号 a 示意连接关系。在回风管道上靠近空调机组的位置装有防火阀 3 和变径管，回风管道在系统图中为一组折线，表明回风管道在建筑物内沿墙敷设布置的情况，在回风干管上共设有 4 个单层百叶回风口。

在空调系统图中还反映了下列内容；注明空调机组型号；其他主要设备、部件的编号（编号与通风空调系统平面图、剖面图一致）、名称及型号规格；注明风管截面尺寸、标高等；注明风口、调节阀、防火阀以及各部件的相对位置。

第十五章 电 气 工 程 图

第一节 概　述

建筑电气设备是建筑物不可缺少的组成部分，建筑电气工程包括建筑物内照明灯具、电源插座、有线电视、电话、消防控制、防雷工程及各种工业与民用的动力装置等。建筑电气工程图是用来表明建筑电气工程的构成和功能、描述电气装置的工作原理、提供安装技术数据的重要技术文件，也是编制电气工程预算、组织施工方案、指导设备安装的主要依据。

一、电气工程图的组成及其分类

电气工程图主要是用来表示供电、配电线路的规格与敷设方式；各种电气设备及配件的选型、规格及安装方式。主要包括：

1. 首页图

设计图的首页，包括电气工程图图纸目录、电气设备型号及材料规格和设计施工总说明等。

2. 供电总平面图

供电总平面图是指在一个建筑小区的总平面图中，标有变（配）电所的容量、位置及通向各用电建筑物的供电线路的走向，线型与数量、敷设方法，电线杆、路灯、接地等位置及做法的图样。

3. 变（配）电室的电气平面图

变（配）电室的电气平面图中，用与建筑物同一比例，给出高低压开关柜、变压器、控制盘等设备的平面排列布置图。

4. 室内电气平面图

表明在一幢建筑的平面图中，各种电气工程中的电气设备、装置和线路的平面布置。

5. 室内电气系统图

主要用图例和文字符号表示整幢建筑的供电方式和电能分配输送及控制的关系。

本章主要介绍室内电气平面图和系统图的图示内容及阅读方法。

二、电气施工图的特点

（1）电气施工图中常采用图形符号、文字符号加连接线来表示电气设备的规格、型号、电气参数、安装方式、安装位置等信息以及系统中各组成部分之间的相互关系，其中图形符号应按我国现行《建筑电气制图标准》（GB/T 50786—2010）绘制。

（2）由于电气线路在建筑物内总是纵横交错地敷设着，在平面图上较难表明它们的空间走向。但是，对于每个系统的电气施工图总是有一定的来源按一定的方向，通过干管(干线)、支管(支线)，最后与具体设备相连接。如：对一个由低压供电的建筑工程，其供电系统包括如下内容：

进户线→总配电盘→干线→分配电盘→支线→用电设备。

因此，为了更好地表达设计意图和施工要求，不仅要有平面图，还要有系统图等。

（3）由于电气管线的敷设或一些插座的安装位置，不是要求十分精确，一般按照图上所画的位置施工，并允许有一定的误差。如果对线路、插座、灯具、出线口等的位置有比较准确的尺寸要求时，应在图上注明尺寸。

(4) 电气工程往往与土建工程及其他安装工程相互配合进行。例如，电气设备的布置与土建平面布置、立面布置有关；线路走向与建筑物结构的梁、柱、门窗、楼板的位置走向有关，还与管道的规格、用途、走向有关；安装方法与墙体结构有关；特别是一些暗敷设线路、电气设备基础及各种电气预埋件更与土建工程密切相关。因此，绘制和阅读电气工程图时应首先查阅有关的土建工程图。

三、电气制图的一般规定

1. 绘图比例

电气总平面图、电气平面图，宜采用与相应建筑平面图相同的比例。

总平面图常用的比例：1∶2000、1∶1000、1∶500。

电气平面图常用的比例：1∶150、1∶100、1∶50。

电气详图常用的比例：1∶20、1∶10、1∶5、1∶2、1∶1、2∶1、5∶1、10∶1等。

2. 图线及其应用

电气工程图中，采用的各种线型应符合《建筑电气制图标准》(GB/T 50786—2012) 中的规定，见表15-1。

表15-1　　图线及其应用

<table>
<tr><th>名称</th><th>线型</th><th>线宽</th><th>一般用途</th></tr>
<tr><td>粗实线</td><td></td><td>b</td><td rowspan="2">本专业设备之间的通路连线，本专业设备可见轮廓线，图形符号轮廓线</td></tr>
<tr><td rowspan="2">中粗实线</td><td rowspan="2"></td><td>0.7b</td></tr>
<tr><td>0.7b</td><td rowspan="2">本专业设备可见轮廓线、图形符号轮廓线、方框线、建筑物可见轮廓线</td></tr>
<tr><td>中实线</td><td></td><td>0.5b</td></tr>
<tr><td>细实线</td><td></td><td>0.25b</td><td>非本专业设备可见轮廓线、建筑物可见轮廓线、制图中的各标注线</td></tr>
<tr><td>粗虚线</td><td></td><td>b</td><td rowspan="2">本专业之间电气通路不可见连接线、线路改造中原有线路</td></tr>
<tr><td rowspan="2">中粗虚线</td><td rowspan="2"></td><td>0.7b</td></tr>
<tr><td>0.7b</td><td rowspan="2">本专业设备不可见轮廓线、地下电缆沟、排管区、隧道、屏蔽线、连锁线</td></tr>
<tr><td>中虚线</td><td></td><td>0.5b</td></tr>
<tr><td>细虚线</td><td></td><td>0.25b</td><td>非本专业设备不可见轮廓线及地下管沟、建筑的不可见轮廓线</td></tr>
<tr><td>粗波浪线</td><td></td><td>b</td><td rowspan="2">本专业软管、软护套保护的电气通路连接线、蛇形敷设线缆</td></tr>
<tr><td>中粗波浪线</td><td></td><td>0.7b</td></tr>
<tr><td>单点长画线</td><td></td><td>0.25b</td><td>定位轴线、中心线、对称线，结构、功能、单元相同的围框线</td></tr>
<tr><td>双点长画线</td><td></td><td>0.25b</td><td>辅助围框线、假想或工艺设备轮廓线</td></tr>
<tr><td>折断线</td><td></td><td>0.25b</td><td>断开界线</td></tr>
</table>

3. 电气图形符号和文字符号

建筑电气工程图中，在一般情况下都是借用图形符号、文字符号来表达各种元件、设备、装置、线路及其安装方法等，了解和熟悉有关的符号、内容、含义以及它们之间的关系，是阅读建筑电气施工图的一项重要内容。

(1) 电气工程图中常用的电气图形符号。表 15-2 列出了《电气简图用图形符号》GB/T4728中规定的一部分常用电气工程图形符号。

(2) 电气工程图中的文字符号。图形符号提供了一类设备或元件的共同符号，为了明确地区分不同的设备、元件，尤其是区分同类设备或元件中不同功能的设备或元件，还必须在图形符号旁标注相应的文字符号，文字符号主要用来表明电气设备和元件的种类、规格型号、安装地点、敷设方式等信息。

表 15-2　常用的电气图形符号

图形符号	说明	图形符号	说明
	进户线		灯或信号灯的一般符号
	向上配线		防水防尘灯
	向下配线		花灯
3	三根导线		荧光灯的一般符号
	断路器		双管荧光灯
	单极开关		屏、台、箱柜一般符号
	单极拉线开关		动力或照明配电箱
	暗装单极开关		自动开关箱
	暗装双极开关	Wh	电度表（瓦时计）
	暗装单相三孔插座	TP	电话插座
	密闭（防水）单相三孔插座	TV	电视插座

文字符号通常由基本符号、辅助符号和数字组成。基本文字符号用以表示电气设备、装置和元件以及线路的基本名称、特性。辅助文字符号用以表示电气设备、装置和元件以及线路的功能、状态和特征。

1）动力及照明线路的导线标注方法

$$a-b(c\times d)e-f$$

式中 a——线路编号或线路用途的符号；

b——导线型号，见表 15-3；

c——导线根数；

d——导线截面尺寸，mm^2；

e——敷设方式符号及穿管径，见表 15-3；

f——线路敷设部位符号，见表 15-3。

表 15-3　　常见动力及照明设备的文字符号表

名称	符号	说明
导线型号表	RVB	铜芯聚氯乙烯绝缘平型软线
	BLV	铝芯聚氯乙烯绝缘电线
	BV	铜芯聚氯乙烯绝缘电线
	VV	PVC 绝缘 PVC 护套电力电缆
	VV_{22}	铜芯聚氯乙烯绝缘聚氯乙烯护套钢带铠装电力电缆
导线敷设方式	SC	穿焊接钢管敷设
	MT	穿电线管敷设
	PC	穿硬塑料管敷设
	PR	塑料线槽敷设
	PVC	穿阻燃塑料管敷设
	FPV	穿聚氯乙烯半硬质管敷设
导线敷设部位	WS	沿墙面敷设
	WC	暗敷在墙内
	SCE	吊顶内敷设
	CE	沿天棚或顶板面敷设
	CC	暗敷在顶板内
	FC	暗敷在地面内

图 15-1 是某住宅室内照明供电系统组成示意图，从图中可以看出，电源进户后首先进入总配电箱，经过总配电箱内的控制开关引出干线进入计量箱，再经计量表进入用户配电箱，线路最后通至各电器照明设备。

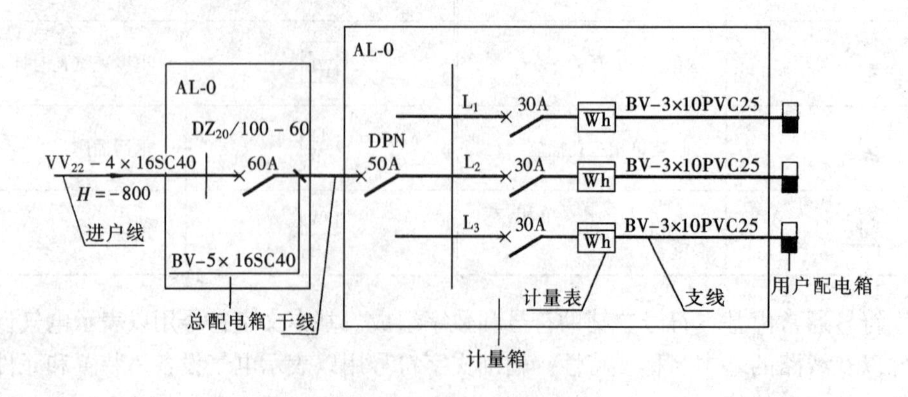

图 15-1　照明配电系统图

图中标注 $VV_{22}4\times16SC40$ 各字符的意义如下：VV_{22} 表示该线路采用铜芯聚氯乙烯绝缘

聚氯乙烯护套钢带铠装电力电缆；4×16 表示电缆内有 4 根铜芯，导线截面为 $16mm^2$；SC40 表示穿焊接钢管敷设，钢管的管径 40mm。（$H=-800$ 表示埋地深度）。BV—3×10PVC25 表示铜芯聚氯乙烯绝缘电线，导线为 3 根，导线截面为 $10mm^2$，穿阻燃塑料管敷设，管径 25mm。DZ_{20}/100-60 为断路器型号。

2）照明灯具的一般标注方法

$$a-b\frac{c\times d\times L}{e}f$$

式中 a——灯具数量；

b——灯具类型代号，可以查阅施工图册或产品样本；

c——每盏照明灯具的灯泡数；

d——每个灯泡或灯管的功率，单位为 W（瓦）；

e——灯泡安装高度，单位为 m（米）；

f——安装方式代号，见表 15-4；

L——光源种类，见表 15-4。

表 15-4　灯具安装方式的文字符号及电源种类表

名　称	符　号	说　明	名　称	符　号	说　明
灯具安装方式	CS	链吊式	光源种类	IN	白炽灯
	DS	管吊式		FL	荧光灯
	W	壁装式		Hg	汞灯
	C	吸顶式		I	碘灯

图 15-2 是某办公室局部电气照明平面的示意图（图中没有画出土建图部分）。一般灯具标注，常不写型号，如图中 $4\frac{100}{-}C$，表示 4 个灯具，每盏灯具为 1 个灯泡或 1 个灯管，容量为 100W，吸顶安装。有特殊要求时，也可标明灯具型号，如图中 $8-YG_2\frac{2\times40\times FL}{2.7}$表示 8 盏型号为 YG_2 型荧光灯，每盏灯有 2 个 40W 的灯管，安装高度 2.7m，FL 表示采用链吊式安装。

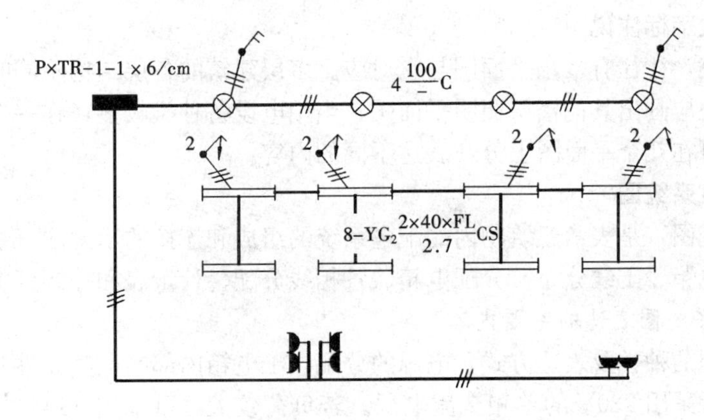

图 15-2　照明平面图局部

在平面图上电气线路多用单线表示，即每一回路的线路无论是几条导线都只画一条线，实际的导线根数可在单线上画短斜线表示。例如 3 根导线的表示方法“—///—”；也可用一根短斜线并标注阿拉伯数字的方法表示多根导线，如“—/5—”，表示 5 根导线。

第二节　室内电气施工图

室内电气施工图主要包括室内电气平面图、室内电气系统图、设计说明、材料表等。

一、室内电气平面图

室内电气平面图是表示建筑物内配电设备、动力、照明设备等的平面布置、线路走向的图纸。在平面图中主要表示动力及照明线路的位置、导线的规格型号、导线根数、敷设方式、穿管管径等，同时还标出了各种用电设备（如照明灯、电动机、电风扇、插座、电话、有线电视等）及配电设备（配电箱，控制开关）的数量、型号和相对位置。

1. 室内电气平面图表达的主要内容

（1）电源进户线和电源总配电箱及各分配电箱的形式、安装位置，以及电源配电箱内的电气系统。

（2）照明线路中导线的根数、线路走向、型号、规格、敷设位置、配线方式和导线的连接方式等。为了便于读图，对于支线的相关参数在平面图中一般不加标注，而是在设计说明里加以注明。这是因为支线条数多，如一一标注，图面拥挤，不易识别，反易出错。

（3）照明灯具、照明开关、插座等设备的安装位置，灯具的型号、数量、安装容量、安装方式、悬挂高度及接线等，如图 15-2 所示。

（4）电气工程中都是根据图纸进行电气施工预算和备料的，因此，在电气平面图上要注明建筑的尺寸及标高。另外，由于在电气工程图中所采用的设备的安装和导线施工方法与建筑施工密切相关，因此有时还需根据设备的安装和导线的敷设要求，说明土建的一些施工方法。

2. 室内电气平面图的画图方法

绘图时先用细实线画出建筑物的平面轮廓、墙柱的厚度、门窗位置；再用中实线以图形符号的形式绘制有关设备（如灯具、插座、配电箱、开关等）；最后用粗实线画出进户线及连接导线，并加文字标注说明。

对于一个系统，往往有多张平面图与它对应。多层建筑的各层结构不同时，除画底层照明平面图之外，还应画出其他楼层照明平面图。当用电设备种类较多，在一个平面图上不易表达清楚时，也可在几个平面图上分开表达不同的内容。

二、室内电气系统图

室内电气系统图，是表示建筑物内的配电系统的组成和连接的示意图。主要表示电源的引进设置、总配电箱、干线分布，分配电箱、各相线分配、计量表和控制开关等。

1. 室内电气系统图表达的主要内容

（1）供电电源的种类及表达方式，电源的分配，配电箱内部的电气元件及相互连接关系等。建筑照明通常采用 220V 的单相交流电源。若负荷较大，可采用 380/220V 的三相四线制电源供电。

（2）导线的型号、截面、敷设方式、敷设部位及穿管直径和管材种类。导线分为进户线、干线和支线，如图15-1所示。导线的型号、截面尺寸、敷设方式、敷设部位、穿管材料及管径等均需在图中用文字符号注明。

(3) 配电箱、控制、保护和计量装置等的型号、规格。配电箱较多时，应进行编号，且编号顺序应与平面图一致。

(4) 建筑电气工程中的设备容量、电气线路的计算功率、计算电流、计算时取用的系数等均应标注在系统图上。

2. 室内电气系统图的画图步骤

由于系统图是表明供电系统特性的一种简图。因此，一般不按比例绘制，也不反映电气设备在建筑中的具体安装位置。系统图中用单线表示配电线路所用导线；用图形符号表示电气设备；用文字符号表示设备的规格、型号、电气参数等。

第三节 建筑电气工程图的识读

识读电气工程图的顺序是：首先识读设计施工总说明，然后按电源入户方向，即按进户线→配电箱→支路→支路上的用电设备的顺序阅读。读图时，要将电气平面图对照配电系统图交叉反复阅读。

现以某四层住宅室内电气工程图为例，说明其识读方法。图15-3～图15-6分别为住宅底层插座平面图，底层照明平面图，底层电视、电话平面图，其绘图比例1∶100。图15-7为该住宅电气系统图，另外还附有电气设计施工总说明和电气设计图例供读图时参考。

一、电气设计说明及材料表

1. 电气设计施工总说明

电气工程设计施工总说明主要阐述电气工程的设计依据，基本指导思想及原则，图纸未能表明的工程特点、安装方法和基本要求。例：进户线距地面高度，配电盘的安装高度，灯具开关和插座的安装高度，进户线重复接地的做法等。另外还应说明特殊设备的安装使用说明，有关的注意事项等。

本例的电气说明如下：

电气设计施工总说明

一、基本概况：

本工程为住宅楼，四层，建筑高度11.5m，建筑面积69.12m。

设计范围：本工程设计内容包括照明、电视、电话系统。

二、建筑构造概况：

本工程结构形式为砖混结构，除楼梯间、卫生间、厨房楼板为现浇外，其余为预制板。

三、用电负荷等级：

本工程三级负荷。

四、供电方式：

本建筑供电采用TN-C-S系统，供电电压为380/220V。

进户电缆采用铜芯聚氯乙烯绝缘聚氯乙烯护套钢带铠装电力电缆直埋引入。

五、配线方式：

室内配线为 BV-500V 塑料绝缘铜线，穿阻燃管，沿墙、板缝、板孔和现浇板内暗敷设。图中未注明的管线均(2～3)×2.5-FPC15，(4～6)×2.5-FPC20。

所有插座回路均为 BV-500V-3×4-FPC20-CC。

未标注的电视管线为 SYV-75-5-FPC20。

未标注的电话管线为(1～2)RVB-2×0.2-FPC15。

六、所有配电箱、开关、灯具、插座等设备型号及安装高度详见《图例》。

七、接地装置：利用混凝土基础内钢筋作为接地极。

采用综合接地，故其接地阻值 $R<1$ 欧姆，进出建筑物的金属管道，应在进出口处就近与接地装置相连。

八、本工程采用的国家标准图集

99D562 建筑物、构筑物防雷设施安装

86D563 接地装置安装

九、本工程均应严格按有关施工规范和验收规范施工。

2. 材料表

材料表主要表示施工图中各种电气设备、元件的图例、名称、规格型号及数量等数据和资料，见表 15-5。

表 15-5 电气设计材料表

序号	图 例	名 称	型 号	容量及安装高度	安 装 场 所
1	▬	照明配电箱	甲方自选	底距地 1.5m	楼梯间、客厅
2	▭	电视前端箱	甲方自选	底距地 0.5m	楼梯间
3	⧓	电话交接箱	甲方自选	底距地 0.5m	楼梯间
4	├─┤	单管日光灯	甲方自选	$\frac{1\times40W}{-}S$	居室
5	⊗	防水灯头	甲方自选	$\frac{1\times60W}{-}S$	卫生间、厨房、后阳台
6	⊗	圆形荧光灯	甲方自选	$\frac{1\times40W}{-}S$	客厅、前阳台、前室
7	⊖	花灯	甲方自选	$\frac{6\times60W}{-}S$	客厅
8	×	声控灯头	甲方自选	$\frac{1\times100W}{-}S$	楼梯间
9	⊗	换气扇	甲方自选	$\frac{1\times60W}{2.4}S$	卫生间
10	↗	单联单控板式暗开关	甲方自选	距地 1.4m	
11	↗	四联单控板式暗开关	甲方自选	距地 1.4m	
12	▼	单相五孔暗插座	甲方自选	距地 1.8m	居室、厨房、阳台
13	▽	单相五孔防溅暗插座	甲方自选	距地 1.8m	卫生间
14	TP	电话暗插座	甲方自选	距地 0.3m	客厅、居室
15	TV	电视暗插座	甲方自选	距地 0.3m	客厅、居室

二、识读室内电气平面图

阅读电气平面图时，按下述步骤进行。

(1) 了解建筑物的土建情况，从建筑平面图的角度读图。图中用细实线给出了建筑物的平面图，该单元户型为一梯两户，西侧用户的户型为两室、一厅、一厕、一厨、南北各有阳台一个；东侧用户的户型为三室、一厅、一厕、一厨、南北阳台各一个。建筑物总长为18740mm，总宽为10220mm，建筑物用地面积为187.4m^2。

(2) 识读底层插座平面图（图15-3），从图中可以看出，该系统进户线共有三根，分别为照明用进户线、有线电视进户线、电话进户线。

照明用进户线采用铜芯聚氯乙烯绝缘聚氯乙烯护套钢带铠装电力电缆直埋引入，电缆额定电压1000V，内有4根铜芯，导线截面为50mm^2，穿钢管埋地敷设，钢管管径50mm，埋置深度 $H=-800$mm。

电源线进户后首先进入编号为“AL-1”总配电箱，后从该配电箱引出2条线路，分别接入编号为AL_1、AL_2两个用户配电箱内（总配电箱与用户配电箱的连接关系见图15-4）。旁边带有黑圆点的箭头表示引向上层配电箱的引通干线，导线类型为铜芯聚氯乙烯绝缘电线，额定电压500V，内有5根铜芯，导线截面为70mm^2，穿钢管敷设，钢管管径50mm，暗敷在墙内。

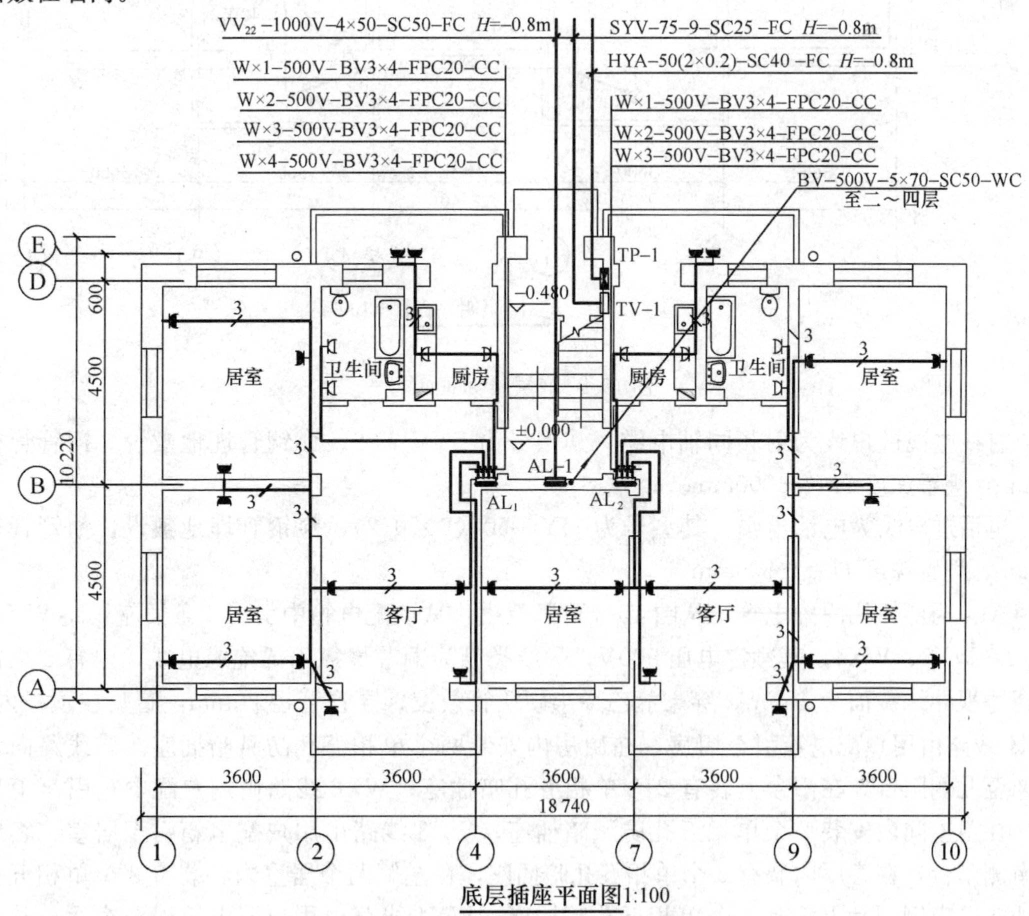

图15-3 底层插座平面图

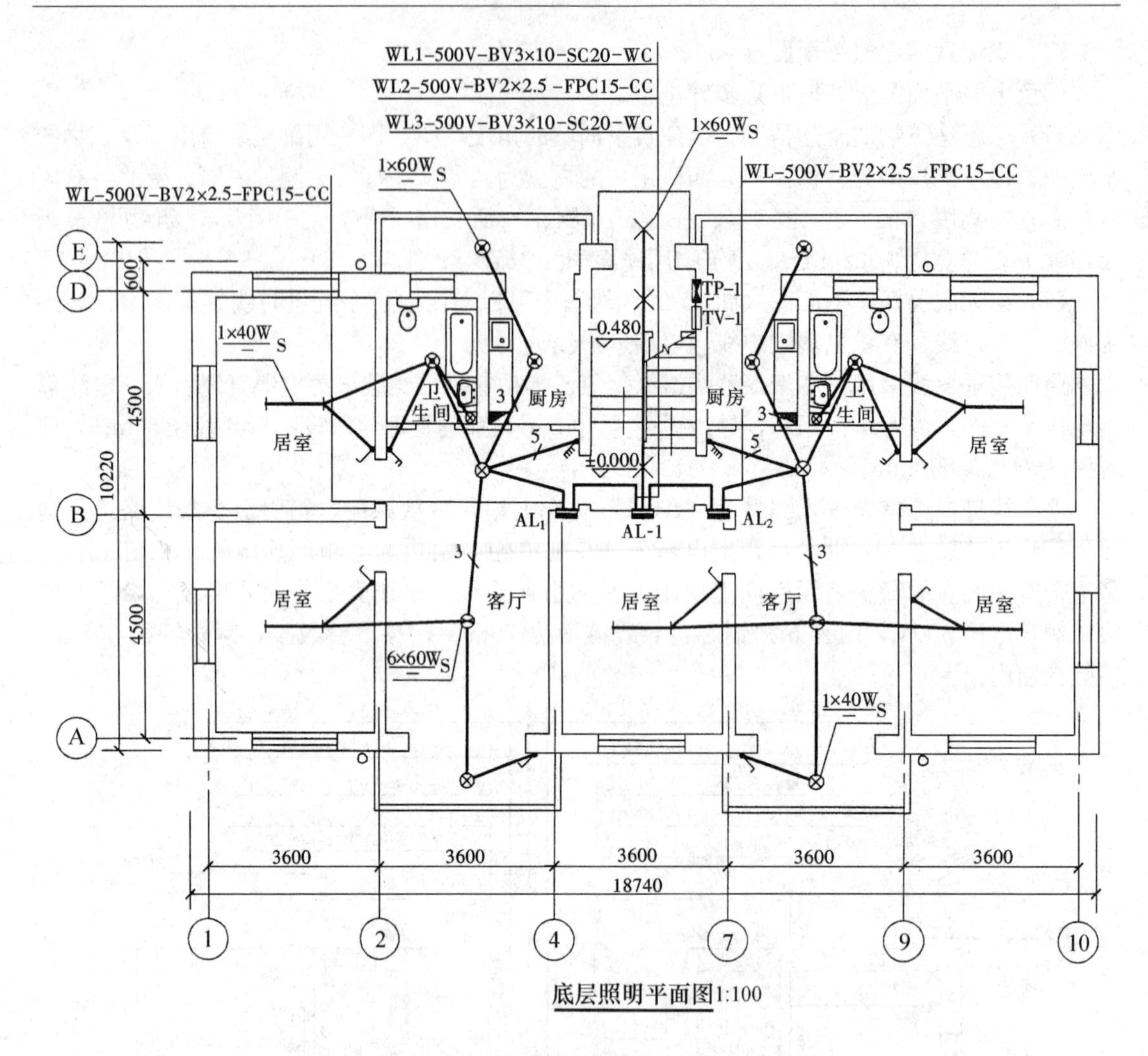

图 15-4　底层照明平面图

有线电视进户线为射频同轴电缆，其型号为 SYV-75-9，穿钢管埋地敷设，钢管管径 25mm，埋置深度 $H=-800$mm。

电话进户线为电话电缆，其型号为 HYA-50（2×0.2），穿钢管埋地敷设，钢管管径 40mm，埋置深度 $H=-800$mm。

AL_1 为西侧用户配电箱，从图 15-3 可以看出，从该配电箱中引出 4 条插座线路 WX1、WX2、WX3、WX4，其额定电压 500V，导线类型为铜芯聚氯乙烯绝缘电线，内有 3 根铜芯，每根导线截面为 $4mm^2$，穿聚氯乙烯半硬质管敷设，穿管管径 20mm，暗敷在顶板内。WX1 线路由用户配电箱引至厨房，在厨房内安装两个单相五孔防溅暗插座。该线路向北延伸至北侧阳台，在阳台上装有 2 个单相五孔暗插座；WX2 线路由用户配电箱引至卫生间，在卫生间内安装 2 个单相五孔防溅暗插座；WX3 线路由用户配电箱引至居室、客厅和南侧阳台，在客厅内装有 2 个单相五孔暗插座，在左侧两个居室内各装有 3 个单相五孔暗插座，南侧阳台上装有 1 个单相五孔暗插座。WX4 线路由用户配电箱引至客厅，其上装有的 1 个单相五孔暗插座。西侧住户共装有 12 个单相五孔暗插座，4 个单相五孔防溅暗插座。

从电气设计施工总说明可知，所有插座回路均为 BV-500V-3×4-FPC20，即导线类型为铜芯聚氯乙烯绝缘电线，额定电压 500V，内有 3 根铜芯，导线截面为 $4mm^2$，穿聚氯乙烯半硬质管暗敷在墙内，穿管管径 20mm。从电气设计图例中可知，单相五孔插座的安装高度为距地 1.8m，单相五孔防溅暗插座的安装高度为 1.8m。

AL_2 为东侧用户配电箱，其插座配置与西侧用户基本相同。

其他各层与底层类同，本例均省略未画。

(3) 图 15-4 为底层照明平面图，从图中可以看出，由单元配电箱 AL-1 接出 3 条线路，其中线路编号分别为 WL1、WL3 的两条线路，向两侧用户配电箱 AL_1、AL_2 供电，其导线类型为铜芯聚氯乙烯绝缘电线，额定电压 500V，内有 3 根铜芯，导线截面为 $10mm^2$，穿钢管暗敷在墙内，钢管管径 20mm。

编号为 WL2 是楼梯间公共照明线路，导线类型为铜芯聚氯乙烯绝缘电线，额定电压 500V，内有 2 根铜芯，导线截面尺寸为 $2.5mm^2$，穿聚氯乙烯半硬质管暗敷在顶板内，穿管管径 15mm。在 WL2 线路上装有 3 盏声控灯，分别安装室外在入室门门口、楼梯间入口和底层两住户入户门中间顶棚处，安装方式均为吸顶安装。

从图中可以看出，由 AL_1 配电箱接出照明线路引至西侧用户。西侧用户的户型为两室、一厅、一厕、一厨、南北阳台各一个，室内安装灯具共 8 盏灯。所有的灯具均采用吸顶安装，其中 2 居室内各装有一盏单管荧光灯，客厅棚顶装有花灯，门厅处和南侧阳台安装圆形荧光灯，卫生间和厨房安装防水圆球灯。在卫生间内还安装有换气扇，参照电气设计图例中可知，换气扇的安装高度为 2.4m。

照明灯具控制开关的安装方式如下：

客厅、门厅、厨房和北侧阳台灯具采用一个四极开关；卫生间灯具和卫生间内换气扇用一个双极开关；两居室和南侧阳台灯具各用一个单极开关控制。

由 AL_2 配电箱接出照明线路引至东侧住户，读图时，其照明灯具和开关的配置情况可参照西侧住户。

其他各层与底层类同，本例均省略未画。

(4) 图 15-5 为底层电话、电视平面图，图中 TP-1 和 TV-1 分别为电话交接箱和有线电视系统的前端设备箱。

在 TP-1 的旁边带有黑圆点的箭头表示电话线引至上层交接箱，导线型号为 HYA-30 (2×0.2)，是双股多芯塑料绝缘铜线。每股导线总截面积为 $0.2mm^2$，穿钢管暗敷在墙内，钢管管径 25mm。

由 TP-1 电话交接箱内引出的 2 根导线，分别接入东西两侧用户。导线类型为铜芯聚氯乙烯绝缘平型软线，穿聚氯乙烯半硬质管暗敷在地面内，穿管管径 15mm。西侧用户室内共设 3 个电话插座，分别安装在 2 个居室和客厅内。东侧用户室内设有 4 个电话插座，安装在 3 个居室和客厅内。电话插座的安装高度均为 0.3m。

在 TV-1 旁边带有黑圆点的箭头表示电视线向上的引通干线，其型号为 SYVA-75-9，为射频同轴电缆。穿聚氯乙烯半硬质管暗敷在墙内，穿管管径 20mm。

由 TV-1 电视系统的前端设备箱内引出的 2 根导线，分别接入东西两侧用户。其型号为 SYVA-75-5，为射频同轴电缆。穿聚氯乙烯半硬质管暗敷在墙内，穿管管径 20mm。在西侧用户客厅和居室内各安装 1 个电视插座；东侧用户共安装 2 个电视插座，分别设置在客厅和左侧居室内，电视插座的安装高度为 0.3m。

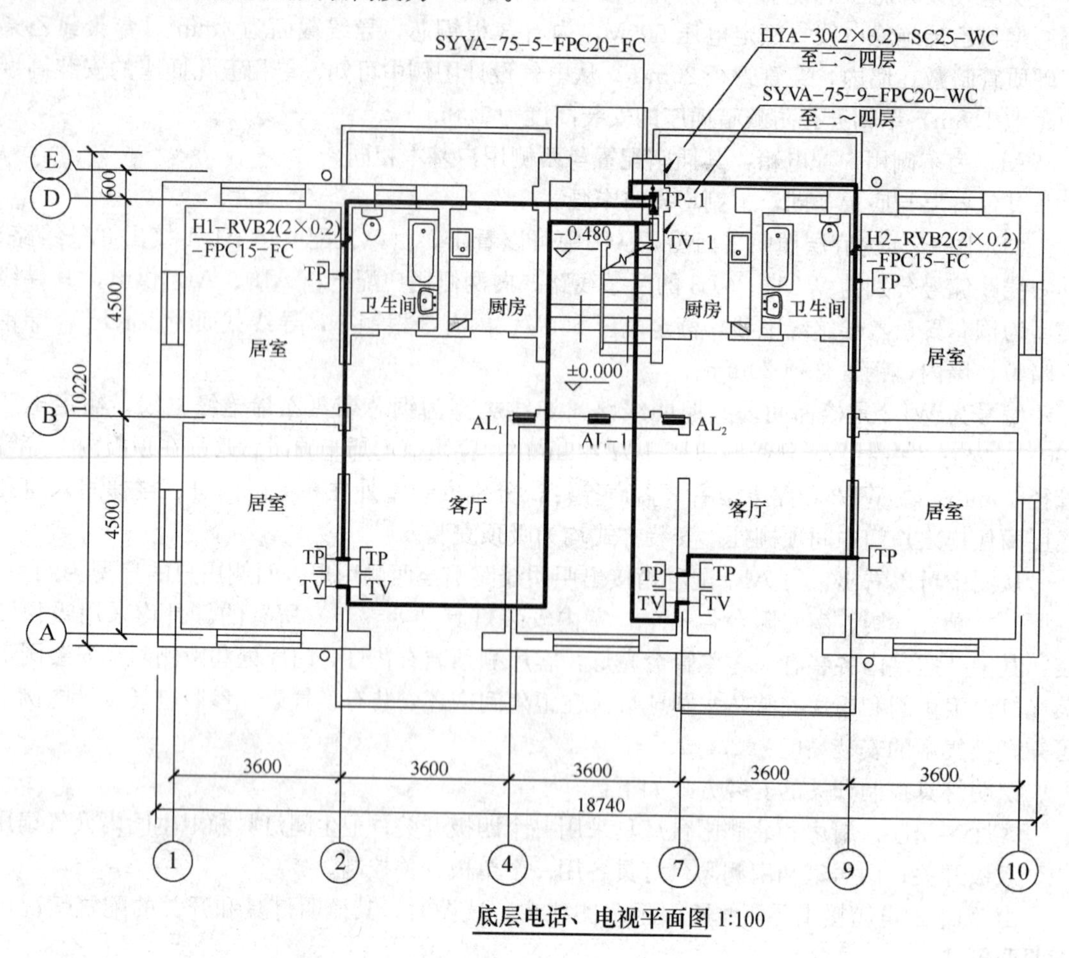

图 15-5　底层电话、电视平面图

三、识读室内电气系统图

图 15-6 为电气系统图，现对照图 15-3～图 15-4 电气平面图进行阅读。

（1）从图 15-6 电气系统图可以看出，进户电源采用铜芯聚氯乙烯绝缘聚氯乙烯护套钢带铠装电力电缆直埋引入，在进户线上设有型号为 SIS-125/R 100-3P 的三相自动空气控制开关，开关的额定电流为 100A。

进户线进入建筑物后，向上引出干线，分别接入一～四层编号为 AL-1～AL-4 的单元配电箱内，底层单元配电箱的额定功率为 11.48kW；二～四层单元配电箱的额定功率为 11.0kW，配电箱的外形尺寸为 600mm×400mm×200mm。

底层单元配电箱经空气自动总开关（S252S-C40）引出 3 条线路，其中的 2 条线路通过分路开关（S252S-C20），进入底层用户配电箱 AL_1、AL_2。另外 1 条线路通过分路开关（S252S-C10），与底层公共照明线路相接，功率为 0.48kW，向底层楼梯间内 3 盏声控灯供电。

二～四层单元配电箱经空气自动总开关（S252S-C40）各引出 2 条线路，通过分路开关

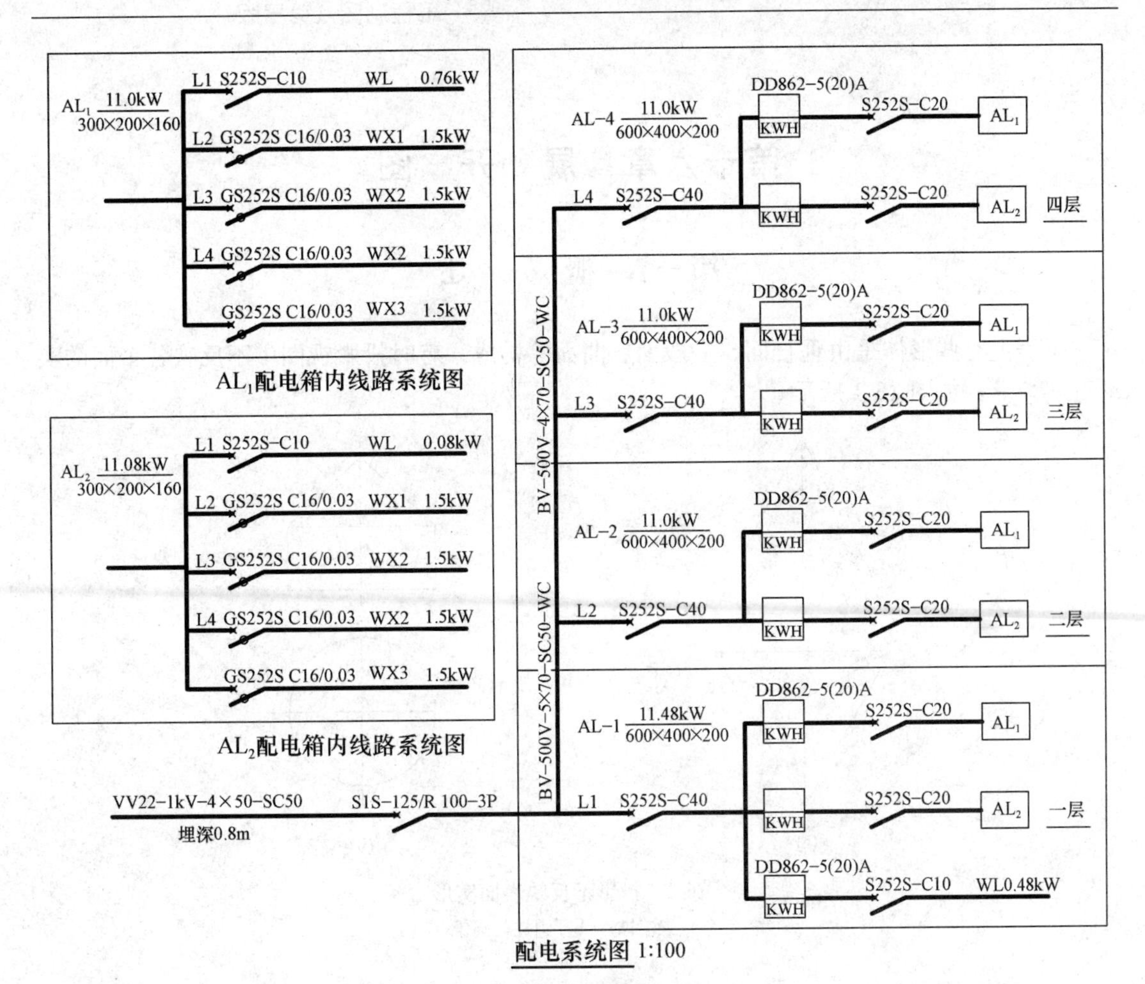

图 15-6　配电系统图

(S252S-C20)，进入各楼层用户配电箱 AL_1、AL_2。

(2) 对照图 15-3 底层插座平面图、图 15-4 底层照明平面图可知，配电箱 AL_1 为西侧用户配电箱。在 AL_1 配电箱内，设有计量表（KWH），总开关 S252S-C20。由 AL_1 用户配电箱中接出 5 条支路给西侧住户房间各部分供电。5 条分支路中，1 条照明支路，额定功率为 0.76kW，照明支路上装有自动空气开关（S252S-C10）；其余 4 条分支路均为插座支路，其额定功率为 1.5kW，插座支路上装有具有漏电保护功能的自动空气开关（GS252S-C16/0.03）。

配电箱 AL_2 为东侧用户配电箱，其中线路和控制开关的配置与 AL_1 配电箱内基本相同。但由于东侧住户比西侧住户照明设备多，故由配电箱接出的照明分支路的额定功率为 0.80kW；比 AL_1 配电箱接出的照明分支路的额定功率（0.76kW）大。

(3) 在图 15-6 中标注出各进户线、干线、支线的规格型号、敷设方式和部位、导线根数、截面积等，该内容在电气平面图中已详尽说明。

第十六章 展 开 图

第一节 概 述

工程上有些形体是由垂直面、一般面、曲面等构成。有时投影视图中不反映各个面的实形、实长等，如图 16-1 所示。

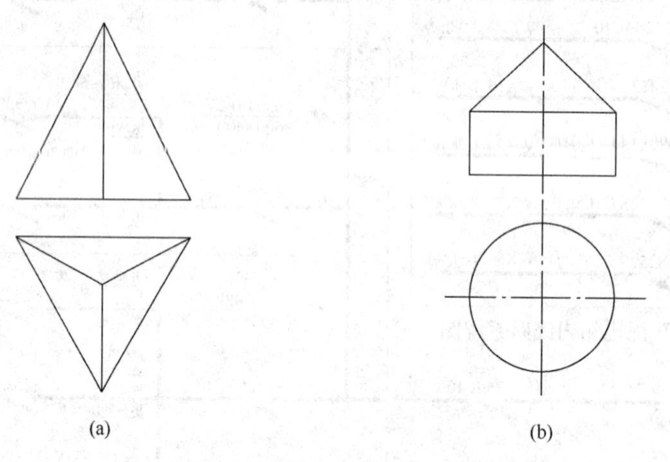

图 16-1 投影不反映表面实形
(a) 三棱锥；(b) 圆柱与圆锥

把围成立体表面的各个面，依次摊平在一个平面上，称为立体表面的展开。立体表面展开后所绘的平面图形称展开图，如图 16-2 所示。

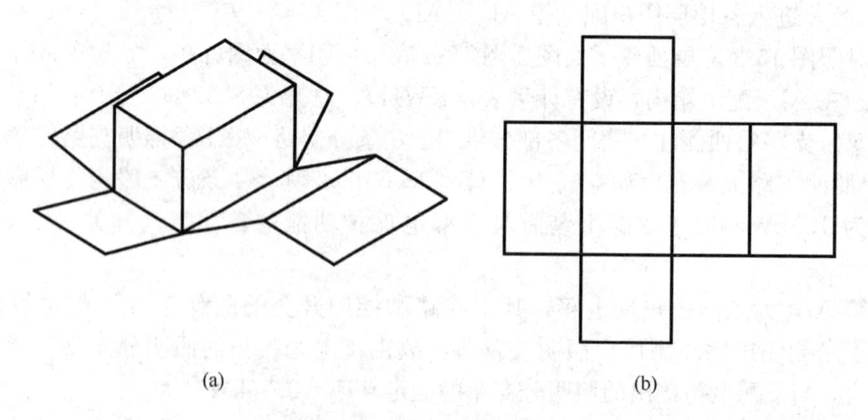

图 16-2 立体表面的展开
(a) 展开过程；(b) 展开图

立体的表面，有些可以无折皱地摊平在一个平面上，称为可展面，平面立体均为可展面。相邻两素线是平行或相交的曲面立体也为可展开面，如圆柱、圆锥等。有些立体表面只能近似的“摊平”在一个平面上，称为不可展面，如球、环、双曲抛物面等。

画展开图实质上是求立体表面的实形问题。对于工程实际形体表面展开后，还要留连接口，连系相邻部分。接口形式可用铆接、焊接、咬口等方式，画展开图需要根据接口的不同形式留有余量，详见有关钣金工手册，这里不作详细的介绍，本章只讲述形体各表面的展开方法。

第二节　平面立体的展开

一、棱柱表面的展开

棱柱面的表面有矩形、平行四边形、梯形、三角形等。棱柱各面在投影中有实形或实长、实高，可采用翻滚法依次画出即可。但实际工程中需注意由哪个棱边展开，以确定接口位置及形式。

翻滚法就是将棱柱体在 H 面上依次翻转，并画出各面实形，如图 16-3 所示。翻滚一周后完成展开。对于棱柱体，一般展开图垂直于棱柱的棱线绘制较方便。

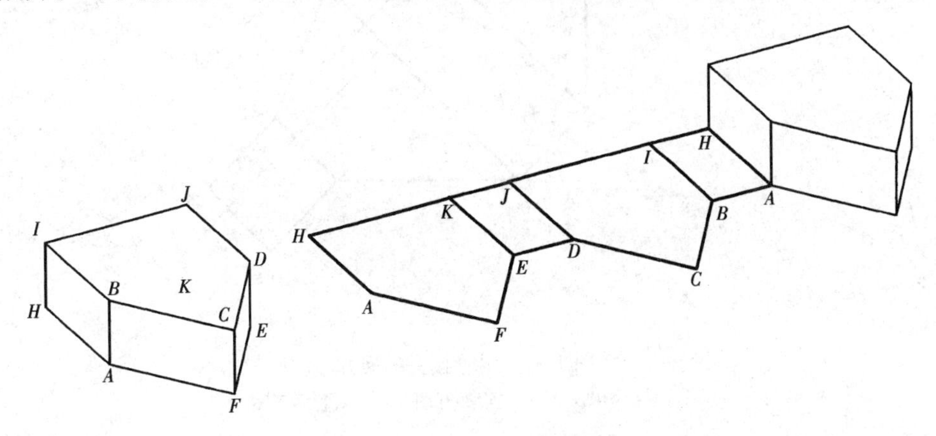

图 16-3　立体表面的翻滚展开

【例 16-1】　作图 16-4（a）所示斜管接头的展开图。

从图中可知立管上部是矩形，反映实形，各棱边同样反映实长；下部斜管的正截面同立管，尺寸相同，各棱边反映实长。

1. 立管的展开

（1）选择某棱线作为翻滚展开的起始边，本例选 FB 边，上部截口在同一水平线上；

（2）向右侧翻滚依次按 m、n 宽度画出 B、C、D、A、B 各点；

（3）过各点作垂线为棱线；

（4）依次截各棱线 BF、CG……，长度如图示；

（5）连接各点完成展开图，如图 16-4（b）所示。

2. 下部斜管的展开

（1）作一垂直棱线的截面 P_V，截口交线为矩形，展开在 P_V 面上按 m、n 宽度求出棱线交点；

（2）过各点作直线垂直断面展开线；

（3）依次截各棱线长度；

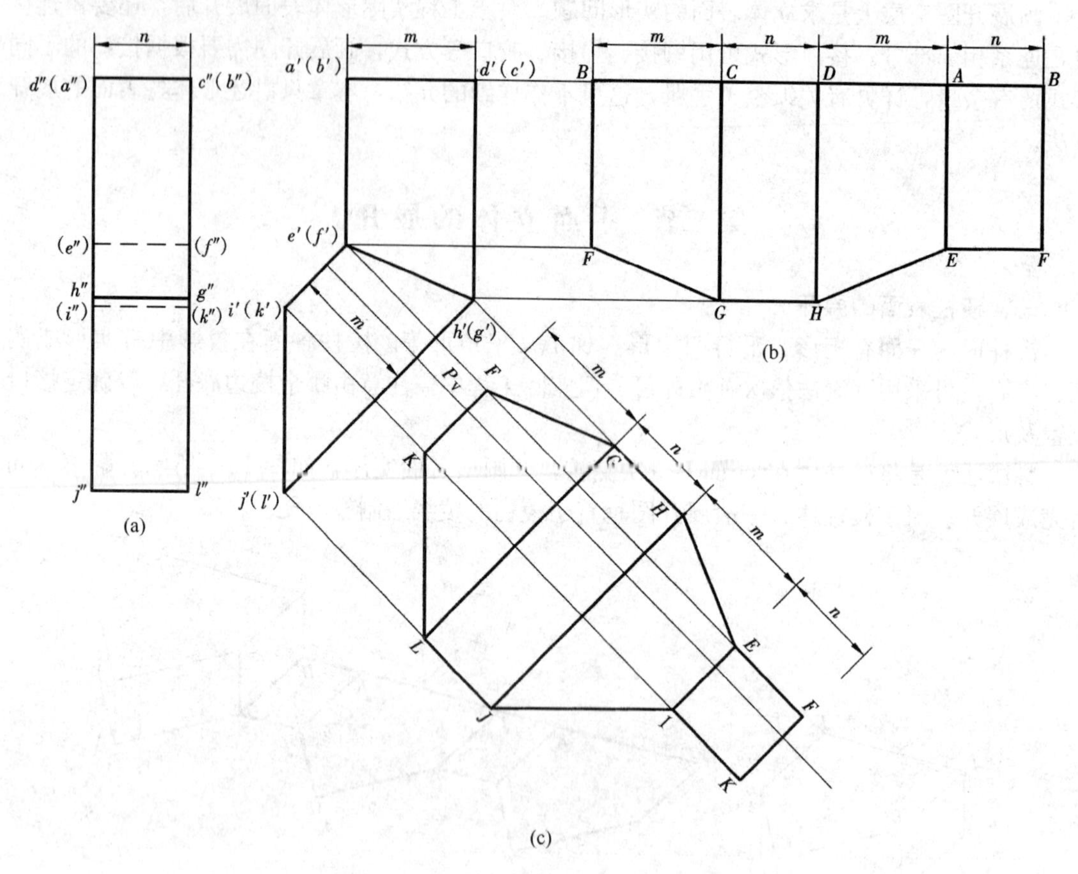

图 16-4　斜管接头的展开

（a）投影图；（b）立管展开图；（c）斜管展开图

（4）连接各点完成展开图，如图 16-4（c）所示。

此类形体也可将展开图拼接到一起下料时较节省。

二、棱锥表面的展开

棱锥体的表面是三角形，有些棱线投影不反映实长，需求出实长再求实形。

【例 16-2】　作图 16-5（a）所示三棱锥的展开图。

从图中知该三棱锥为一斜锥，投影中锥底反映实形，其余各斜棱线投影不反映实长，需求出实长。

1. 用直角三角形法求实长。如图 16-5（b）所示，以 AS 两点到 H 面的距离差 SD 为直角边；水平投影 as 为另一直角边，作直角三角形，斜边即为实长，如图所示 SA，同理可求得实长 SC、SB。

2. 作底边实形 ABC 的底边展开图；

3. 求侧面展开，分别以 B、C 为圆心，BS、CS 为半径画弧交于 S 点，连 BS、CS 为后面展开；

4. 同理作另外两侧面展开如图 16-5（c）所示；（本例以 BC 为展开边，同样也可以 AB 为展开边作图）。

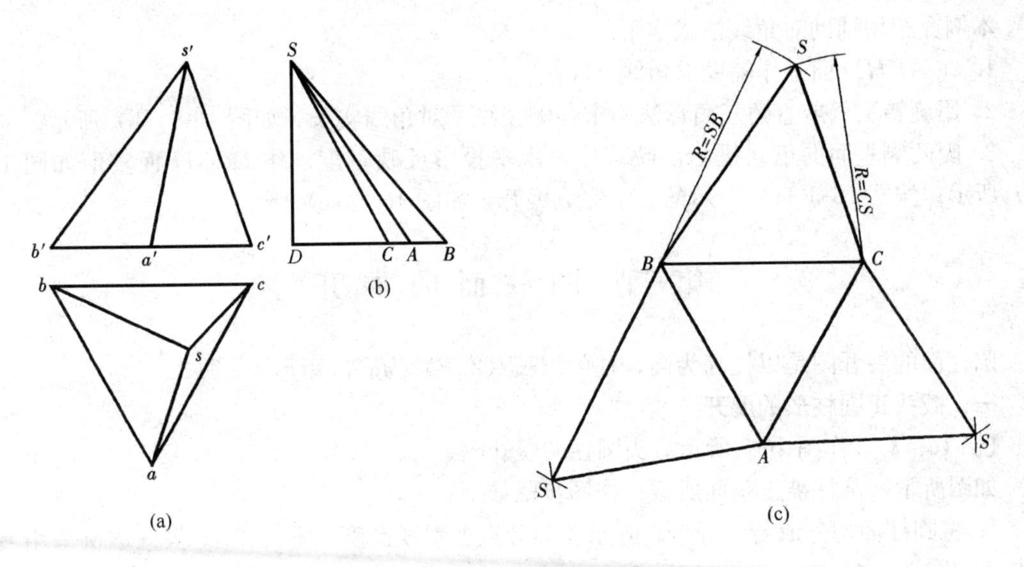

图 16-5　三棱锥的展开

(a) 投影图；(b) 求棱线实长；(c) 展开图

三、棱台表面的展开

棱台的表面同棱锥一样，有时需要求出棱台的侧棱线实长和实高，再进行展开。

【例 16-3】　作图 16-6（a）所示的棱台的展开图。

如图 16-6 (a)所示，该正棱台棱线不反映实长，可用图 16-5（b）的方法补出顶点 S，求 AE、BF、CG、DH 四条棱线的长度，再作展开图。参见例 16-2 作法。

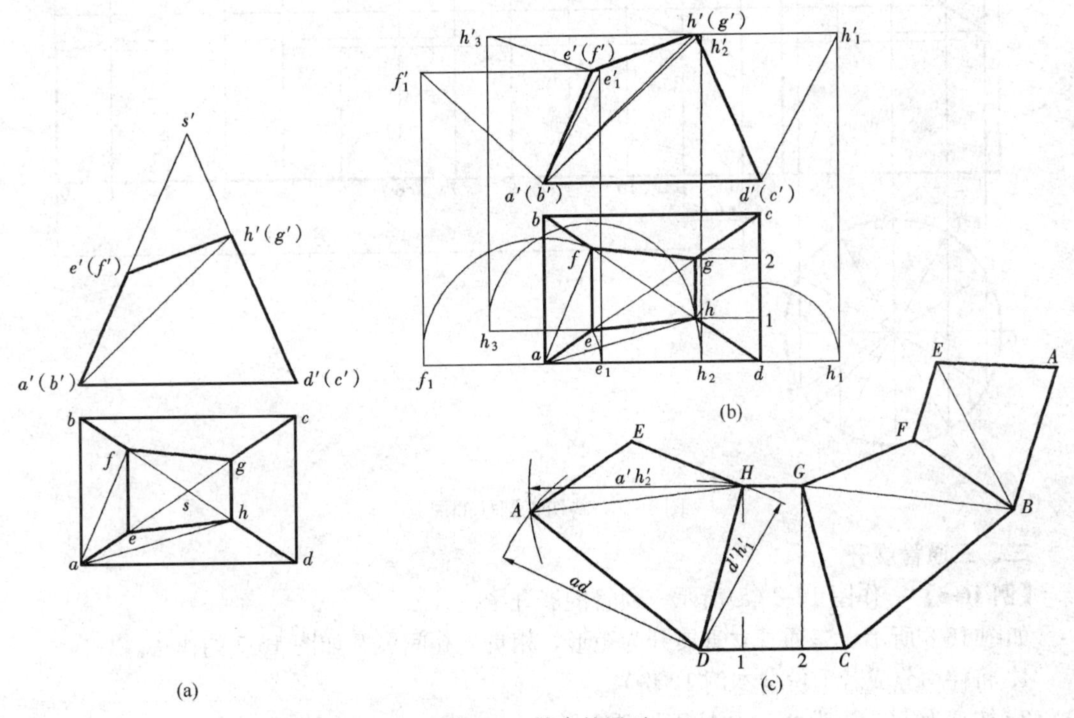

图 16-6　棱台的展开

(a) 投影图；(b) 旋转法求实长；(c) 展开图

本例介绍用辅助对角线法求实形。

1. 在 $AEHD$ 面上作辅助对角线 AH；

2. 用旋转法（或直角三角形法）求各侧棱线及对角线实长，如图 16-6（b）所示；

3. 因两侧垂面的正立投影反映高度，水平投影反映宽度，作 $DCGH$ 面实形如图 16-6（c）所示；按图 16-5（c）所示的方法完成展开，如图 16-6（c）所示。

第三节 圆柱面的展开

圆柱面的展开图是以柱高为高，柱的周长（$2\pi R$）为底的矩形。

一、截头正圆柱形的展开

【例 16-4】 作图 16-7 所示截头圆柱的展开图。

如图所示，圆柱被正垂面所截，作图步骤如下：

1. 将圆柱面均分成若干等份，并求各等分点上素线高度 $1'b'$、$2'c'$等（本例采用习惯分成 12 份）；

2. 作水平直线（本例对应柱底），在该线上量取圆周各等分点长度，作出素线；

3. 根据正立投影作出对应的素线高度 H；

4. 圆滑的连接各端点，完成作图如图 16-7 所示。

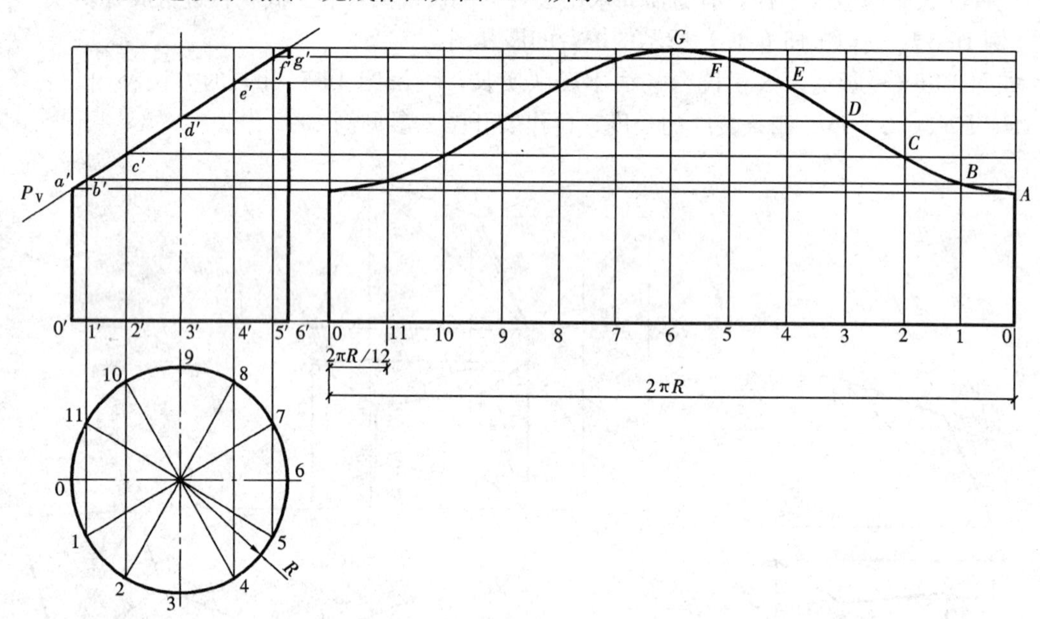

图 16-7 斜切正圆柱的展开

二、三通管展开

【例 16-5】 作图 16-8 (a)所示三通管的展开图。

如图 16-8 所示，三通管立管展开为矩形，相贯处孔间展开如图 16-7 的作法。

1. 将柱均分成若干份（本例 12 份）；

2. 按高为 H，长为 $2\pi R$ 作柱面展开矩形；

3. 在矩形上求相贯孔间处各对应点高度位置和宽度位置；

4. 圆滑的连线完成作图如图 16-8 所示。

水平横管展开方法相同，请读者自己完成，不再详述。

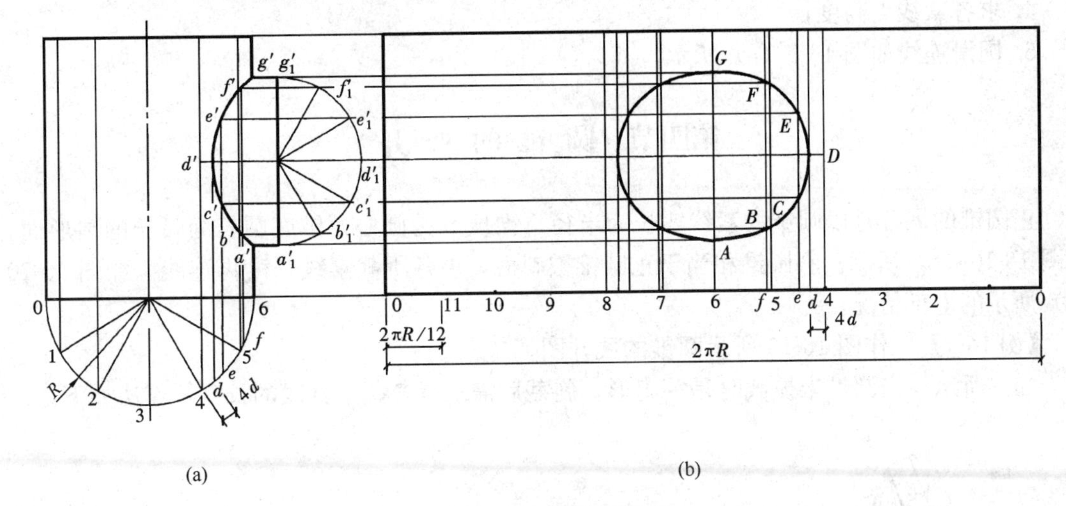

图 16-8　三通管的展开

(a) 投影图；(b) 展开图

三、四节圆柱弯管的展开

多节弯管常用于通风、给排水、热力等管道上。一般等径、均匀分成 n 节且截面通过曲率中心，俗称虾米弯管，如图 16-9（a）所示。

【例 16-6】　作图 16-9（a）所示等直径弯管展开图。

从图中知，该弯管由相同正交的四节管构成，中间两节相同，端部两节是中间节的1/2，一端为平头管。

为作图方便和节省材料，可将中间管旋转 90°成一直管型，如图 16-9（b）所示。

1. 采用［例 16-4］的方法将圆管分成若干份；

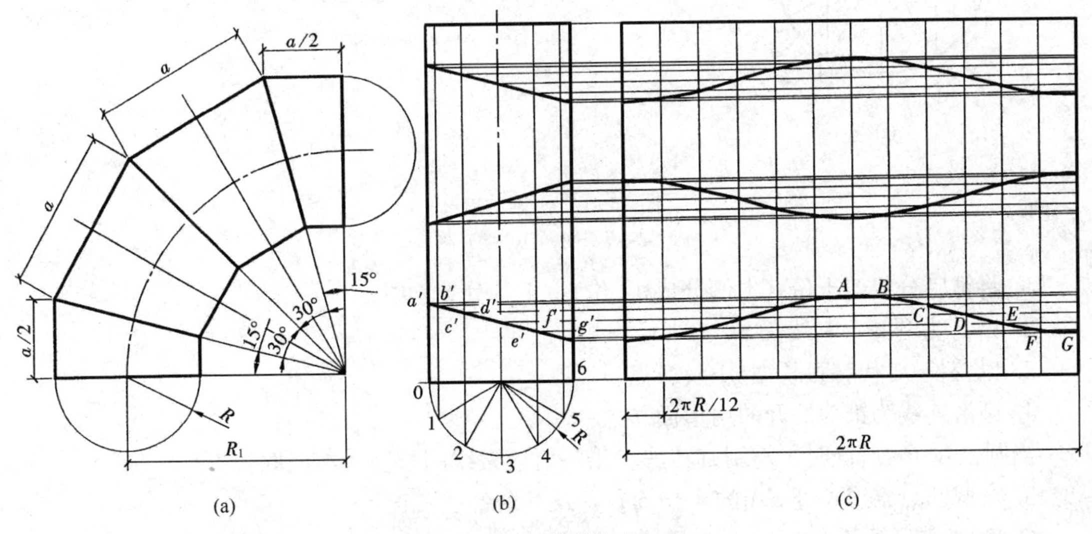

图 16-9　四节弯管的展开

(a) 投影图；(b) 直管投影图；(c) 展开图

2. 作直线求弧长各点；
3. 过各点作直线的垂线为素线；
4. 求各素线点高度；
5. 圆滑连线如图 16-9（c）所示。

第四节　圆锥的展开

正圆锥的展开是以圆锥的素线实长为半径，锥顶 S 为圆心，锥底圆长为弧长的扇形面。如图 16-10（b）所示。斜圆锥相当于正圆锥被斜截，求各所截素线长度再连线。如图 16-10（b）所示的上部情况。

【例 16-7】　作图 16-10 所示圆锥的展开图。

如图所示，当圆锥未被截时是一扇形，斜截后需求得各截割素线的长度，作法如下：

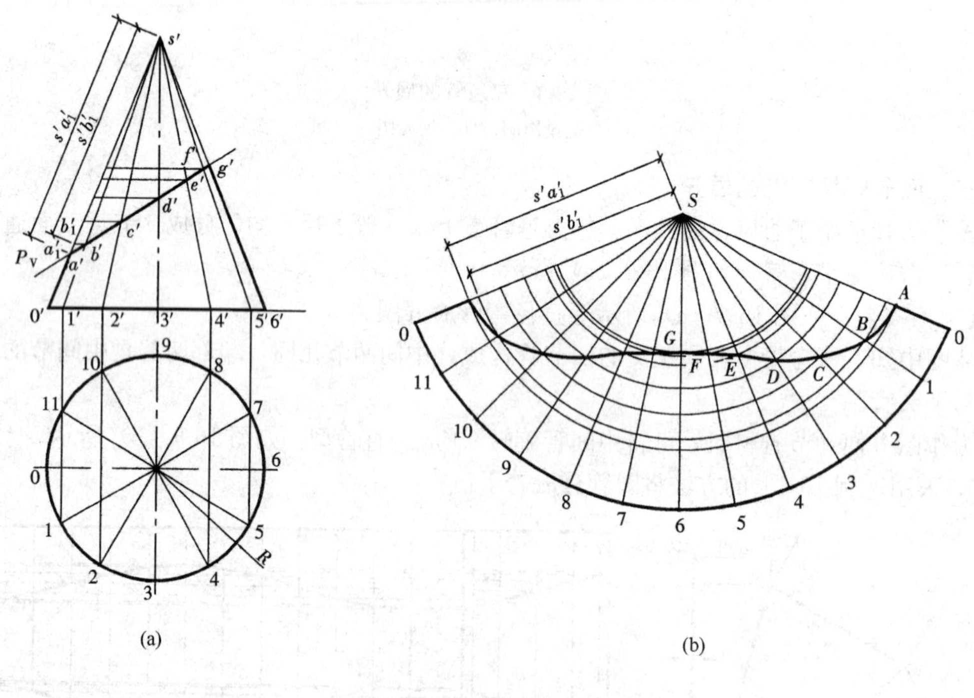

图 16-10　圆锥的展开
（a）投影图；（b）展开图

1. 将锥底分成若干份（本例分成 12 份），求各分点素线；
2. 以 S 为圆心，素线长 $S0$ 为半径作弧；
3. 以弦长 01 代替弧长截 01 及各点；
4. 圆滑连线为锥面展开的扇形面。

当圆锥被 P_V 所截时，需用旋转法求出各对应素线的长度，再截取各点。

5. 求截断点素线长度 SA 的实长 SA_1，及其余各线实长；
6. 截取 SA_1 等各点；
7. 圆滑的连线如图 16-10（b）所示的展开图。

第五节 球面的近似展开

球面属不可展开面，只能用近似的方法展开。常用方法有柳叶法和锥面法等。下面介绍柳叶展开法。

假设通过球的铅垂旋转轴将球面切成若干等份，则每份球面均成柳叶状。把各个叶片从球面上剥离下来，近似的摊在一个平面上，连接起来成球面的展开图。

【例 16-8】 作图 16-11 所示的球体的展开图。

1. 将球的水平投影过回转中心分成若干等份（本例 12 份），则每一份就是一片柳叶；

2. 将球的正立投影同样分成若干等份（本例 12 份），求各份的水平投影则得各柳叶对应点宽度 $a-a$，$b-b$ 等；

3. 作柳叶展开的对称线，截取长度为球最大周长的一半即 $2\pi R/2$；

4. 按对应分割点截取长度（如 $2\pi R/12$ 为一分割点），$a-a$ 对应 $1'$；$c-c$ 对应 $3'$等；

5. 依次连接各点完成展开图如图 16-11（b）所示。

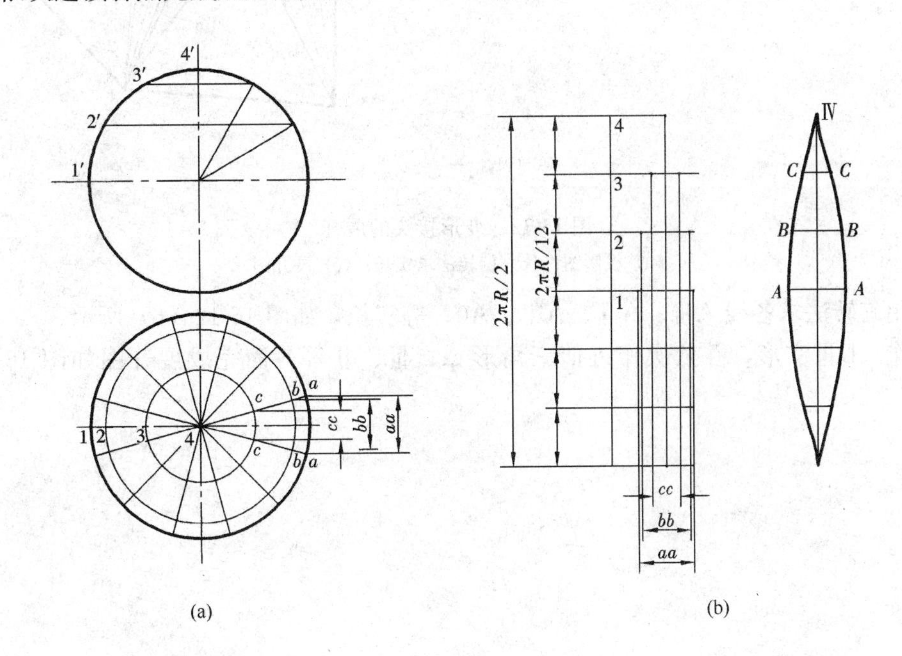

图 16-11 球面的展开

（a）投影图；（b）展开图

第六节 变形接头的展开

变形接头是指接头的两端形状不同，常用的是图 16-12（a）所示的变形接头，俗称天圆地方。它的展开是将形体假设分成平面等腰三角形部分和锥面扇形部分进行展开作图。

【例 16-9】 作图 16-12（a）所示的变形接头的展开图。

1. 如图所示将形体分成平面三角形 A、Ⅲ、D 部分和锥面 0、Ⅰ、Ⅱ、Ⅲ等部分。

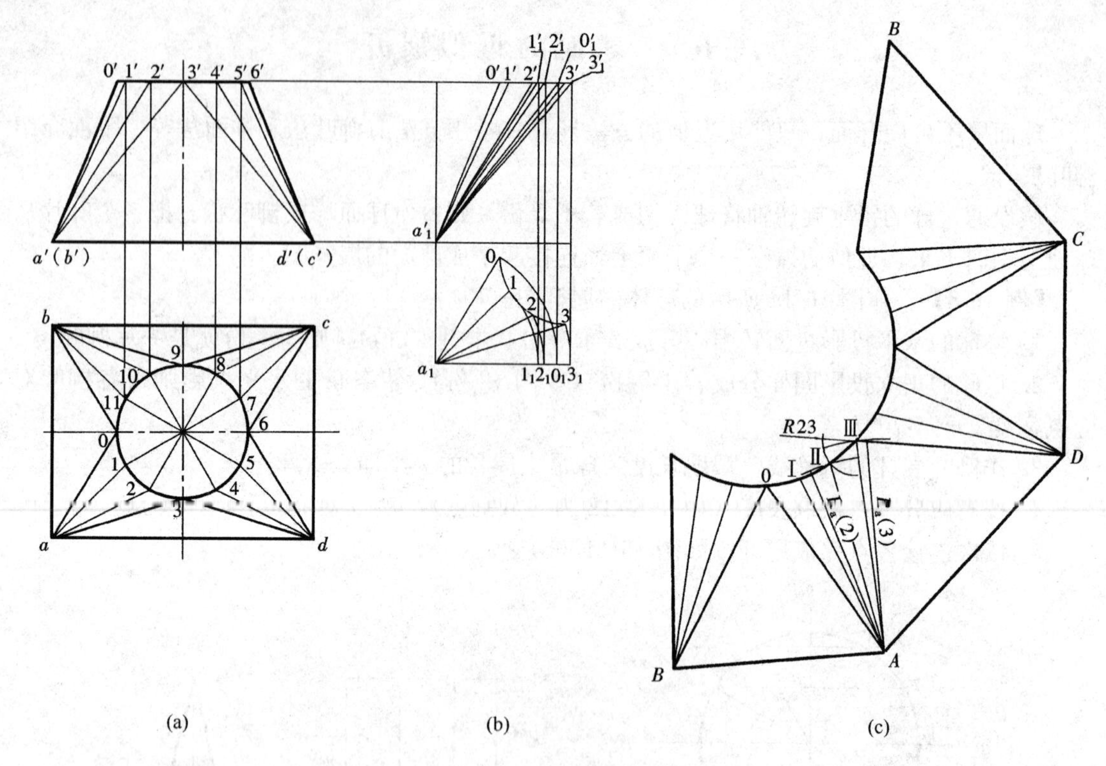

图 16-12　变形接头的展开

(a) 投影图；(b) 旋转法求实长；(c) 展开图

2. 用旋转法求各线 AⅢ、AⅡ、AⅠ、A0；等实长，如图 16-12（b）所示。

3. 作 ADⅢ实形，并依次作近似三角形 A、Ⅲ、Ⅱ等各面完成展开图如图 16-12（c）所示。

第十七章　焊接图与钢结构图

第一节　常用焊缝形式及标注符号

在建筑安装工程和钢结构工程及管道工程中，经常采用焊接的方法将各种金属件连接起来。焊接就是利用局部加热并填充熔化金属（或加压）的方法将需要连接的金属件融合在一起。它是一种固定的不可拆的连接形式。

一、常用焊接接头和焊缝形式

金属件的焊接接头形式有对接接头、带垫板接头、搭接接头、T形接头、角接接头等。如图17-1所示。

焊缝的形式有对接焊缝、角焊缝和点焊缝等，如图17-1所示。

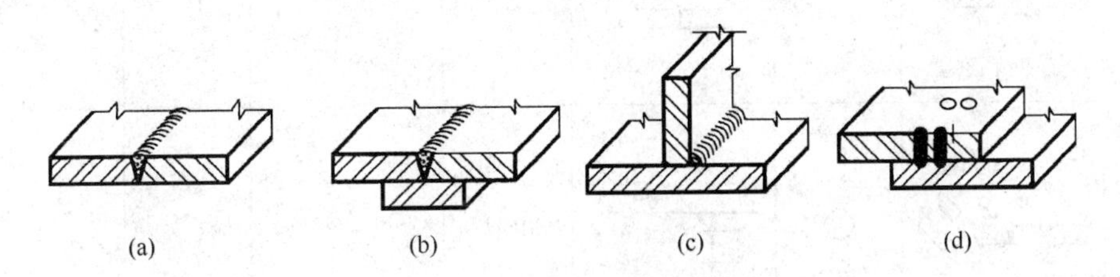

图17-1　常用焊接接头和焊缝形式

(a) 对接焊缝；(b) 带垫板对接焊缝；(c) T形焊缝；(d) 搭接点焊缝

二、焊缝代号

1. 焊缝代号

由于设计对焊接连接的要求不同，所以焊缝的形式、要求也不同。因此，设计图样中必须把焊缝的形式、位置和尺寸标注清楚。焊缝要按《焊缝符号表示法》（GB 324—1988）和《建筑结构制图标准》（GB/T 50105—2010）的规定，采用“焊缝代号”标注，焊缝代号如图17-2所示。其中：

引出线——表示焊缝位置；

补充符号——焊缝特征的辅助要求；

图形符号——焊缝断面的基本形式；

焊缝尺寸——焊缝的高度尺寸等。

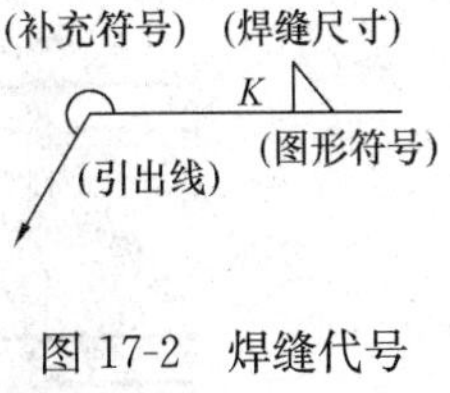

(补充符号)　(焊缝尺寸)
K
(图形符号)
(引出线)

图17-2　焊缝代号

2. 焊缝的图形符号和辅助符号

几种常用焊缝的图形符号和补充符号见表17-1。

（1）在同一图形上，当焊缝各种要求均相同时，可只选择一处标注焊缝符号和尺寸，并加注“相同焊缝符号”。

（2）同一图形上有数种相同焊缝时，可分类编号为A、B、C……，选择一处标注焊缝符号和尺寸，并在相同焊缝符号尾部注明。

表 17-1　　　　　　　　　　图形符号和补充符号

焊缝名称	示意图	图形符号	标注方法	符号名称	示意图	辅助符号	标注方法
V 形焊缝				周围焊			
角焊缝				三面焊			
带垫板 V 形焊缝				现场焊			
点焊缝				相同焊			

三、焊缝的标注

在施工图中须对焊缝进行标注，以供施工时按图施工。常用的标注方法如下：

1. 单面焊缝标注

（1）当箭头指向焊缝所在面时，应将图形符号和尺寸标注在基准线的上方，如图 17-3（a）所示；当箭头指向焊缝所在另一面时，应将图形符号和尺寸标注在横线的下方，如图 17-3（b）所示。

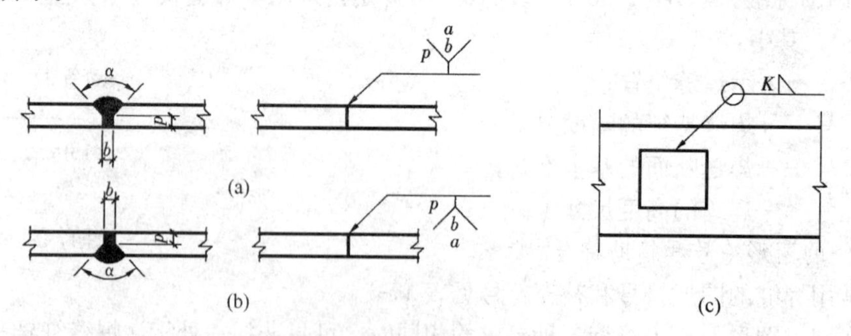

图 17-3　单面焊缝的标注方法

（2）当焊缝为周边焊缝时，其围焊焊缝符号为圆圈，绘在引出线转折处，并标注焊角尺寸 K，如图 17-4（c）所示。

2. 双面焊缝标注

（1）当双面焊缝不同时，应在焊缝的上、下都标注符号和尺寸。上方表示箭头一面的符号和尺寸，下方表示另一面的符号和尺寸，如图 17-4（a）所示。

（2）当两面的焊缝相同时，只需在横线上方标注焊缝的符号和尺寸，如图 17-4（b）所示。

（3）当两个焊件搭接焊时，标注方法如图 17-4（c）所示。

（4）当两个焊件垂直焊时，标注方法如图 17-4（d）所示。

3. 三个和三个以上的焊件相互焊接时的焊缝标注

三个和三个以上的焊件相互焊接时的焊缝，不得作为双面焊缝标注。其焊缝符号和尺寸应分别标注，如图 17-5 所示。

4. 单坡口焊缝的标注

相互焊接的两个焊件中，当只有一个焊件带坡口时，引出线箭头必须指向带坡口的焊件，如图 17-6 所示。

5. 不规则焊缝的标注

当焊缝分布不规则时，在标注焊缝符号的同时，宜在焊缝处加中实线表示可见焊缝，或加细栅线表示不可见焊缝。如图 17-7 所示。

四、焊接图实例

焊接图是金属焊接加工时所用的图样。除需要把金属连接件本身的形状、尺寸、材料和要求表达清楚外，还必须表达清楚有关焊接内容和技术要求，尤其焊缝的作法及要求。焊缝可用符号表示，复杂时也可用图样表达。

图 17-8 所示弯头为管道工程中常用的一个焊接件。它除了按相关机械制图标准要求表达清楚各个连接件外，还标注了焊缝的作法及要求。从图中知，该弯头由两个法兰盘和四节钢管焊接而成。

由钢管间焊缝所注符号可知：钢管连接为三条相同的 V 形坡口焊缝；坡口角度为 60°；根部间隙为零；环绕工件一周焊接；焊缝表面未作要求。

由钢管与法兰盘连接焊缝所注符号可知：焊缝为 2 条相同的角焊缝；焊角尺寸高 8mm；环绕工件一周焊接；焊缝表面未作要求。

图中还注明了全部焊缝为手工焊缝。

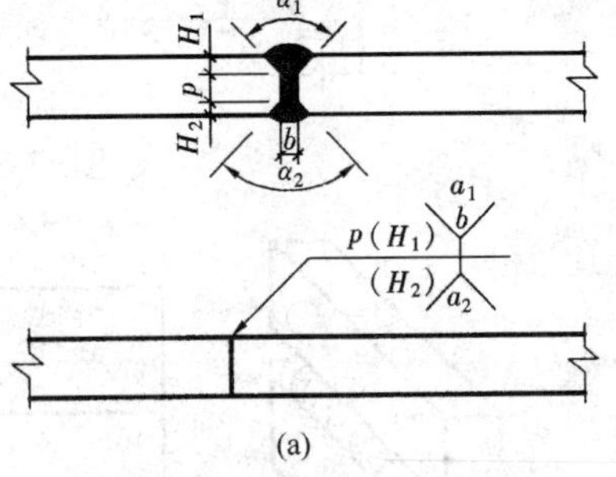

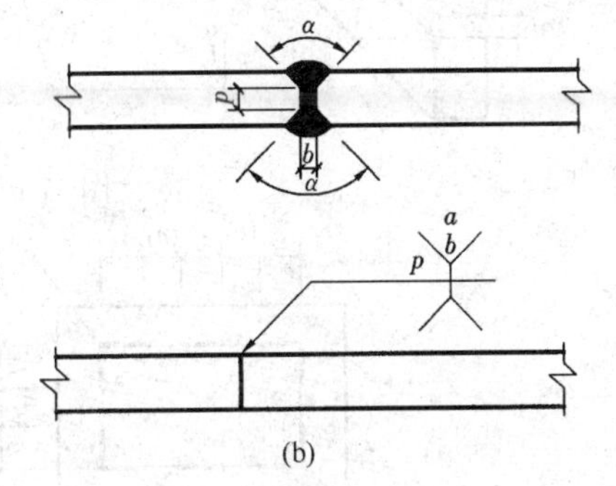

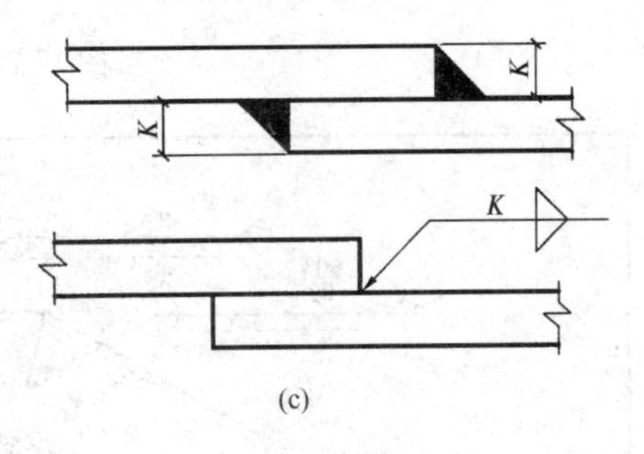

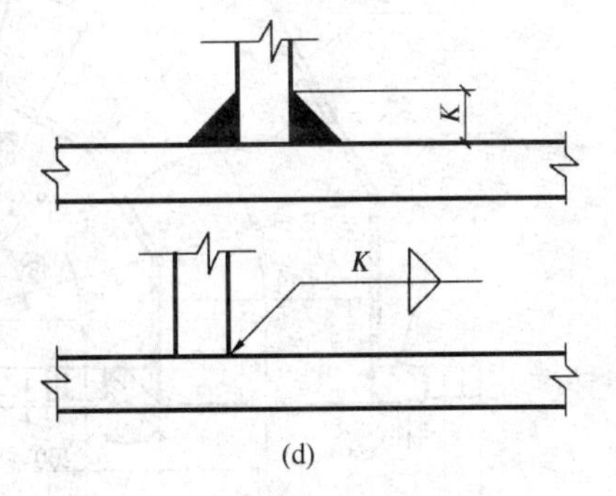

图 17-4　双面焊缝的标注方法

（a）两侧焊缝不同；（b）两侧焊缝相同；（c）焊接搭接；（d）垂直焊

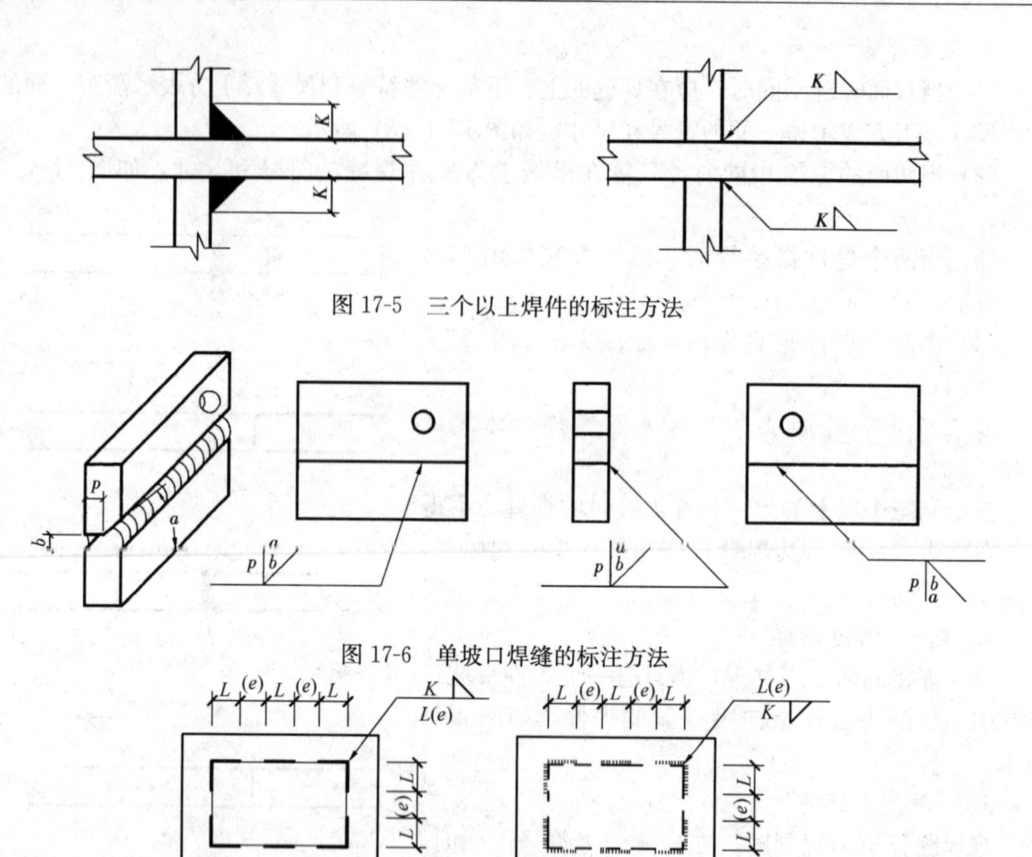

图 17-5　三个以上焊件的标注方法

图 17-6　单坡口焊缝的标注方法

图 17-7　不规则焊缝的标注方法

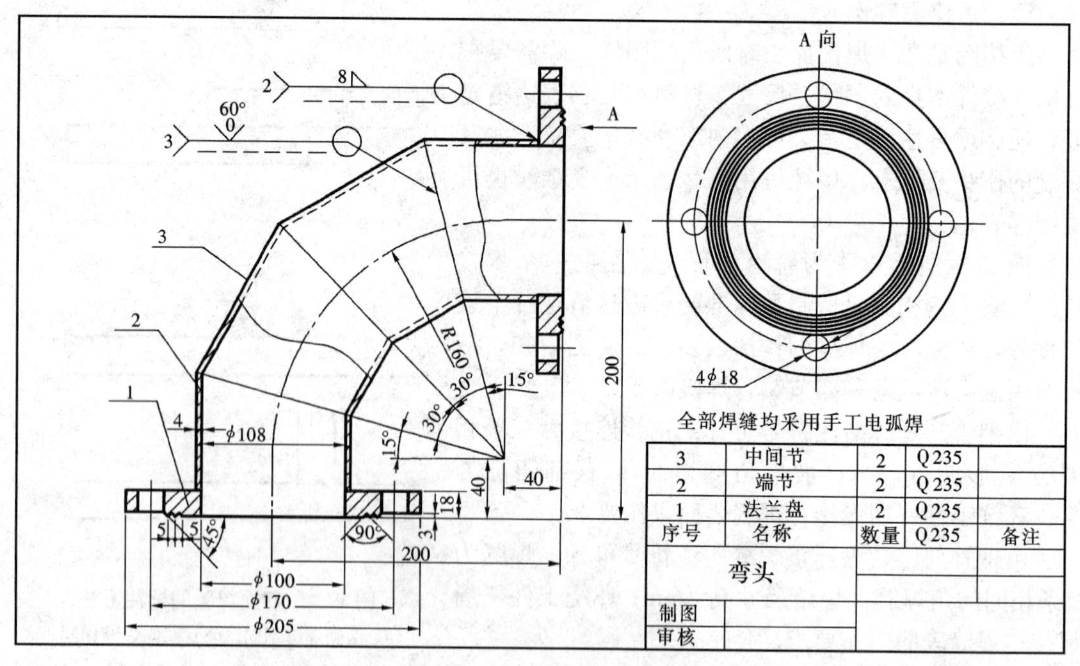

图 17-8　弯头焊接图

第二节　钢结构图

钢结构（简称“S”结构）是由各种型钢钢板等组合连接而成的结构物。常被用于桥梁、大跨度建筑、厂房屋架和一些轻型结构等。

一、型钢及其连接

型钢是钢结构的主用钢材，由轧钢厂按规格标准轧制而成。详见表11-1所示。

钢结构的常用连接方式有焊接、螺栓连接、铆接等。

1. 焊接

钢结构焊接符号及标注同前一节所述。

2. 螺栓连接、铆接

螺栓、孔、电焊铆钉的表示方法：国标规定了螺栓、孔、电焊铆钉的表示方法及标注方法见表17-2。

表17-2　螺栓、孔、电焊铆钉的表示方法

名称	图例	名称	图例
永久螺栓	ϕ	膨胀螺栓	ϕ
高强螺栓	M ϕ	圆形螺栓孔	d
安装螺栓	M ϕ	电焊铆钉	M ϕ
说明	1. 细“十”线表示定位轴线； 2. M表示螺栓型号； 3. ϕ表示螺栓孔直径； 4. d表示膨胀螺栓、电焊铆钉直径； 5. 采用引出线标注螺栓时，横线上标注螺栓规格，横线下标注螺栓孔直径		

二、尺寸标注

钢结构杆件的加工和安装要求较高，因此标注尺寸时应达到准确、清楚、完整。常用的标注方法如下：

1. 切割板材尺寸的标注

切割板材应标注各线段的长度及位置，如图17-9所示。

2. 重心线不重合的表示方法

两构件重心线很近且又不重合时，应在交汇处将其各自相外错开，如图 17-10 所示。

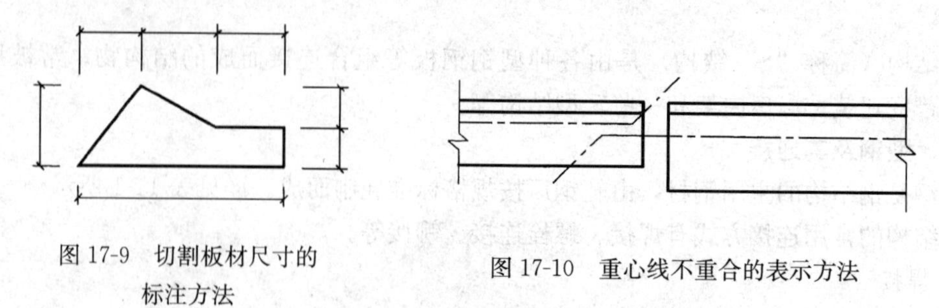

图 17-9 切割板材尺寸的标注方法

图 17-10 重心线不重合的表示方法

3. 节点尺寸的标注

节点尺寸，应注明节点板的尺寸和各杆件螺栓孔中心或中心距，以及杆件端部至几何中心线交点的距离，如图 17-11 所示。

对于非焊接的节点板，应注明节点板尺寸和螺栓孔中心与几何中心线交点的距离。

4. 材料型号的标注

不等边角钢的构件，必须标注出角钢各肢的尺寸，如图 17-12 所示。

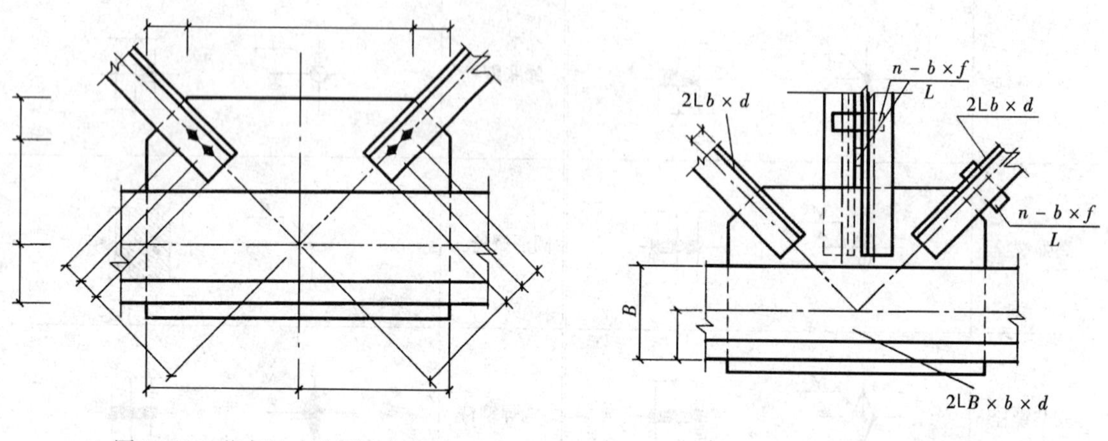

图 17-11 节点尺寸的标注方法

图 17-12 材料型号的标注方法

双型钢组合截面的构件，应注明缀板的数量和尺寸，引出线上方标注数量及宽度、厚度，引出线下方标注长度尺寸，如图 17-12 所示。

三、钢屋架结构图实例

钢屋架结构图是表示钢屋架形式、大小、型钢的规格、杆件的组合关系、连接情况的图样。主要内容有屋架简图、屋架详图（包括节点图）、杆件详图、连接板详图、节点详图及钢材用量表等。

1. 屋架简图

屋架简图是用单线的形式表示屋架节点间的几何尺寸和总尺寸、屋架结构形式的图样，作为施工放样的依据。

在简图中，屋架各杆件用中实线绘制，比例可用 1∶100 或 1∶200 等。习惯绘在图纸左上角或右上角。图中要注明屋架的跨度、高度、节点间的杆件长度尺寸等。如图 17-13 所示。

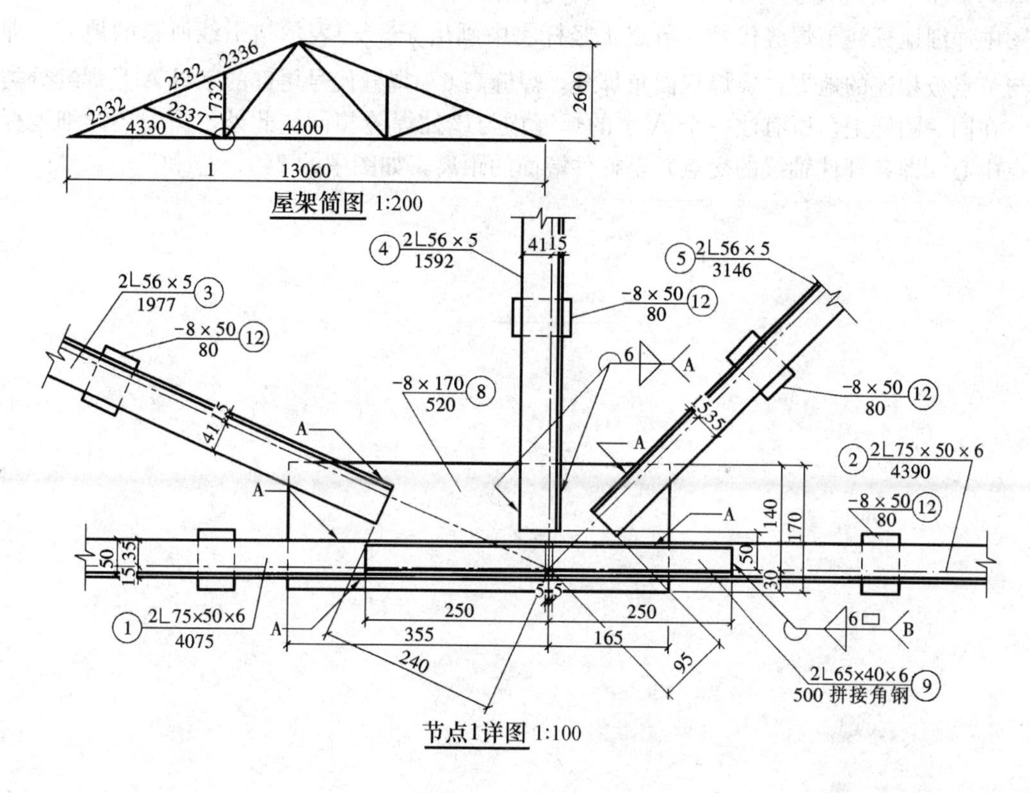

图 17-13 节点 1 详图

2. 屋架详图

屋架详图是用较大比例绘制出屋架立面图、节点图、杆件详图、连接板详图等。

(1) 屋架立面图可根据对称情况只画一半，但要把对称轴线上的节点全部画出。图中详细的画出各杆件的长度、数量、型钢型号、组合关系、各节点的构造和连接情况。参见图 17-13 所示。

(2) 杆件详图

组成屋架的杆件要求复杂时，可单绘杆件详图以表示特殊要求。参见图 17-13 所示。

(3) 连接板详图

连接板详图表明规格、尺寸等，参见图 17-13。

3. 节点详图

节点详图用较大比例绘制。详细表达节点处各杆件的组合、连接方式。杆件的几何尺寸，规格型号等。如图 17-13 所示。

四、钢屋架结构图阅读

从图 17-13 知该节点为 1 号节点，比例为 1∶10，杆件几何位置尺寸如屋架简图所示。从简图知 1 号节点为下弦杆中间点，由连接板焊接连接三个腹杆。下弦杆①由两根双肢不等边角钢 L75×50×6 组合，左右两侧下弦杆通过长 500 的 L65×40×6 角钢⑨焊接。竖杆④是由两根等边角钢 L 56×5 组成，左斜杆③和右斜杆⑤也是由两根等边角钢 L56×5 组成。这些杆件的组合方式都是背向背，通过规格尺寸为 520×170×8 的连接板焊接，同时为保证两角钢连成整体，增加刚度，中间夹有缀板⑫，尺寸 8×50×80，如图 17-13 所示。

图中详细地标注了焊缝代号。节点 1 竖杆④中画出 6 A 表示指引线所指的地方，即竖杆与节点板相连的地方，要焊双面角焊缝，焊缝高 6。焊缝代号尾部的字母 A 是焊缝分类编号。在同一图样上，所有注一个 A 字的焊缝均与该处焊缝相同。此外，图中还详细地标注节点中心（即各杆件轴线的交点）至杆件端面的距离，如图中的 240、95 和 50。

第十八章 计算机绘图基础

第一节 计算机绘图软件 AutoCAD 简介及基本操作

一、AutoCAD 简介

AutoCAD 是美国 Autodesk 公司于 1982 年 10 月首次推出的一个交互式绘图软件包，是目前世界上应用最广泛的 CAD（Computer Aided Design）软件之一。目前，AutoCAD 已在机械、电子、造船、汽车、建筑、测绘、航天、兵器、轻工、纺织等领域中得到了广泛的应用。

1. AutoCAD 启动与退出

安装好 AutoCAD 2014 后，可以通过以下两种方法启动 AutoCAD 2014 应用程序。

（1）通过双击桌面快捷图标来启动。

（2）通过 Windows 的【开始】/【程序】/【Autodesk】列表中选择【AutoCAD 2014-简体中文】来启动。

在完成 AutoCAD 2014 应用程序的使用后，可以通过以下三种方式退出程序。

1）单击程序图标，然后在弹出的菜单中选择【退出 Autodesk AutoCAD 2014】。

2）单击程序窗口右上角的按钮。

3）命令行输入 EXIT 或 QUIT 后按 Enter 键。

退出命令执行后，如果对所绘图形没有做保存操作，此时系统会提示是否对所绘图形或改动过的图形进行保存，然后退出。

2. AutoCAD 的工作空间

AutoCAD2014 提供了【草图与注释】、【三维基础】、【三维建模】和【AutoCAD 经典】四种工作空间模式。

在默认状态下，初次启动 AutoCAD2014 时的工作空间便是【草图与注释】空间，而【AutoCAD 经典】空间适用于习惯 AutoCAD 传统界面的用户，用户可以使用如下两种方法切换工作空间。

（1）在【快速访问】工具栏中单击【工作空间】下拉列表框，然后在弹出的下拉列表中切换工作空间，如图 18-1 所示。

（2）在状态栏中单击【切换工作空间】按钮，然后在弹出的列表中切换工作空间，如图 18-2 所示。

3. AutoCAD 的工作界面

【AutoCAD 经典】工作空间几乎包含了 AutoCAD 的所有功能，下面以【AutoCAD 经典】工作空间为基础介绍其工作界面，如图 18-3 所示。

（1）标题栏。标题栏位于程序窗口上方，用于说明当前程序及图形文件的状态，包括程序图标、名称、自定义快速访问工具栏，以及图形文件的文件名和窗口的控制按钮等。

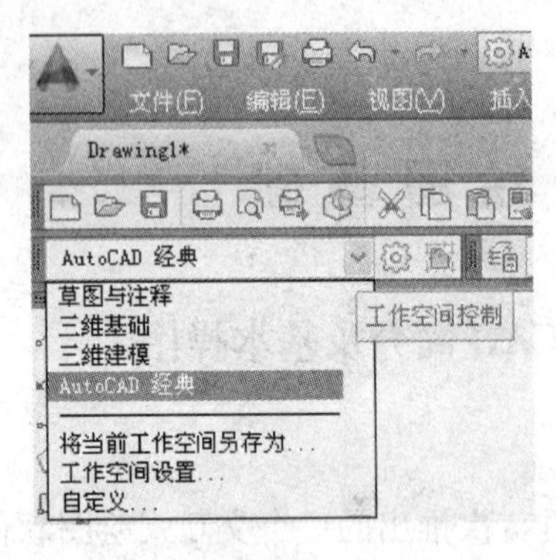

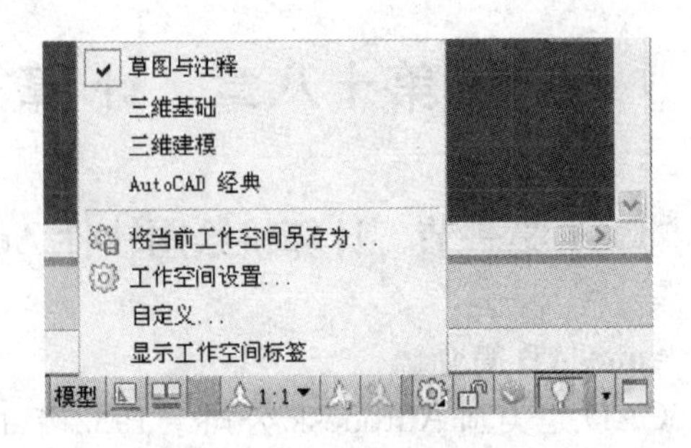

图 18-1　在工具栏切换工作空间　　　图 18-2　在状态栏切换工作空间

（2）菜单栏。菜单栏位于标题栏下方，下拉菜单用于发出命令或打开对话框。AutoCAD 提供的标准菜单栏包括：【文件】、【编辑】、【视图】、【插入】、【格式】、【工具】、【绘图】、【标注】、【修改】等下拉菜单项，每个主菜单下又包含数目不同的子菜单。下拉菜单可以通过鼠标点取或通过 Alt＋热键字母打开。

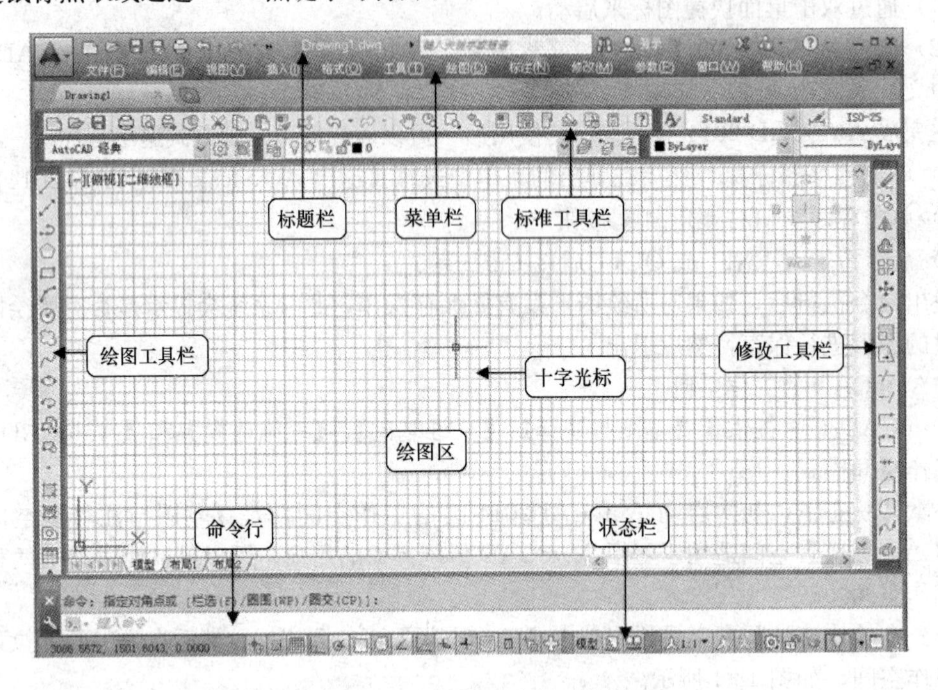

图 18-3　AutoCAD 2014 的工作界面

（3）工具栏。工具栏由图标型工具按钮组成，是一种执行 AutoCAD 命令的快捷方式。默认情况下屏幕将显示常用几个工具栏，位于菜单栏下方的有【标准】、【样式】、【工作空间】、【图层】、【特性】工具栏，位于屏幕左侧的是【绘图】工具栏，位于屏幕右侧的是【修改】工具栏。

如果要显示隐藏的工具栏，可将光标放在任何一个工具栏上，单击鼠标右键，则打开工具栏菜单，选择其中某一菜单项，即可将这一工具栏打开并显示在屏幕上。一般只需打开与当前操作有关的几个工具栏即可，要关闭某一工具栏，应首先将工具栏拖拽到屏幕中间，然后单击该工具栏右上角的关闭按钮。AutoCAD 界面中的工具栏均大小可变，并可用鼠标拖动至屏幕任何位置。

(4) 绘图区。绘图区是用于显示所绘图形的矩形区域，它位于屏幕的中间，是一个独立的 Windows 窗口。在绘图区的下方还有一个【模型】选项卡和两个【布局】选项卡，分别用于显示图形的模型空间和图纸空间。位于绘图区左下角的是坐标系图标。

(5) 十字光标。十字光标是 AutoCAD 绘图时所使用的光标，可以用来定位点、选择和绘制对象。

(6) 命令行。命令行位于绘图区的下方，主要用于输入命令和显示正在执行的命令及相关信息。执行命令时，在命令行中输入相应操作的命令，按 Enter 键或空格键后系统即执行该命令，在命令执行过程中，按 Esc 键可取消命令的执行，按 Enter 键确定参数的输入。

在命令行输入命令与点取工具按钮或选择下拉菜单命令具有同样的结果。

(7) 状态栏。状态栏位于 AutoCAD 工作界面的最底部，用于显示当前绘图文件的工作状态。状态栏左边显示光标在绘图区中的坐标，可以随时了解当前光标在绘图区中的位置；中间包括多个 AutoCAD 绘图辅助功能按钮，如【捕捉模式】、【栅格显示】、【正交模式】、【极轴追踪】、【对象捕捉】、【对象捕捉追踪】、【允许/禁止动态】、【动态输入】、【显示/隐藏线宽】、【模型或图纸空间】、【注释比例】、【切换工作空间】等，单击相应的按钮，可以控制这些开关的打开与关闭。

二、AutoCAD 命令操作

执行 AutoCAD 命令是绘制图形的重要环节，AutoCAD 命令操作包括命令的输入方法，以及重复执行命令或取消已执行的命令。

1. AutoCAD 命令的输入方法

AutoCAD 中常用的命令输入方法是鼠标选取和键盘输入，一般在绘图时是两者结合进行的，用键盘输入命令和参数，用鼠标绘图和执行工具栏中的命令。

AutoCAD 命令的输入方式主要有三种，菜单方式、工具栏中图标按钮方式、命令行中键盘输入方式。

(1) 以菜单方式执行命令。菜单栏包括一系列的命令。将光标移至菜单栏，左右移动光标选择所需要的菜单项，单击该菜单项，在出现的下拉菜单中上下移动光标，选择所需条目，以启动该命令。

例如，执行【直线】命令，其方法是选择【绘图】/【直线】命令。

(2) 单击工具栏上按钮执行命令。AutoCAD 的工具栏都是由各种图标按钮组成的，将鼠标移动到某一按钮上停留片刻，即提示该按钮的名称和作用。单击工具栏上的按钮即可执行所代表的命令。

例如，执行【矩形】命令，即在【绘图】工具栏中单击【矩形】按钮□，便可执行【矩形】命令。

(3) 命令行中键盘输入方式执行命令。在命令行通过键盘输入 AutoCAD 命令语句或简化命令语句，然后按 Enter 键，即可运行该命令。

例如，执行【圆】命令，在命令行中输入 Circle 或 C，按 Enter 键，即可执行【圆】命令。

2. 重复执行命令

(1) 重复最后一条命令。无论以上述哪种方式执行的最后一条命令，都可以按 Enter 键或空格键重复该命令。

（2）重复前面执行过的命令。按下键盘上【↑】方向键，可依次向上翻阅前面执行过的命令，出现需要重复的命令后按 Enter 键即可执行该命令，也可以点击命令行左端的 按钮，选择所需命令。

3. 命令的中止、撤销和重做

（1）退出正在执行的命令。在执行 AutoCAD 命令的过程中，按下 ESC 键，可中止该命令的执行。

（2）放弃已执行的命令。使用 AutoCAD 进行图形的绘制及编辑，难免会出现错误，要放弃已执行的命令，可在命令行输入“Undo（或 U）”命令并按 Enter 键，或单击【标准】工具栏中的 按钮撤销前一次或前几次执行的命令。

（3）重做上一次放弃的命令。当取消了已执行的命令之后，又想恢复上一个已撤销的操作，可在命令行输入“Redo”命令并按 Enter 键，或单击【标准】工具栏中的 按钮恢复已撤销的上一步操作。

三、AutoCAD 文件操作

AutoCAD 图形文件的基本操作主要包括创建新文件、打开已有文件、保存文件、创建个人图形样板文件等内容。

1. 新建文件

绘制一幅新图形时，首先要创建新的图形文件并做好绘图前的准备工作，可以通过以下三种方式调用新建文件命令：

◇ 下拉菜单：【文件】/【新建】。

◇ 工具栏：【标准】工具栏中的 按钮。

◇ 命令行：NEW↙。

命令执行后弹出【选择样板】对话框，如图 18-4 所示。在其中可以选择基于何种样板来创建新图形。选择好样板后，单击 打开(O) 按钮，系统将打开一个基于样板的新文件。如果

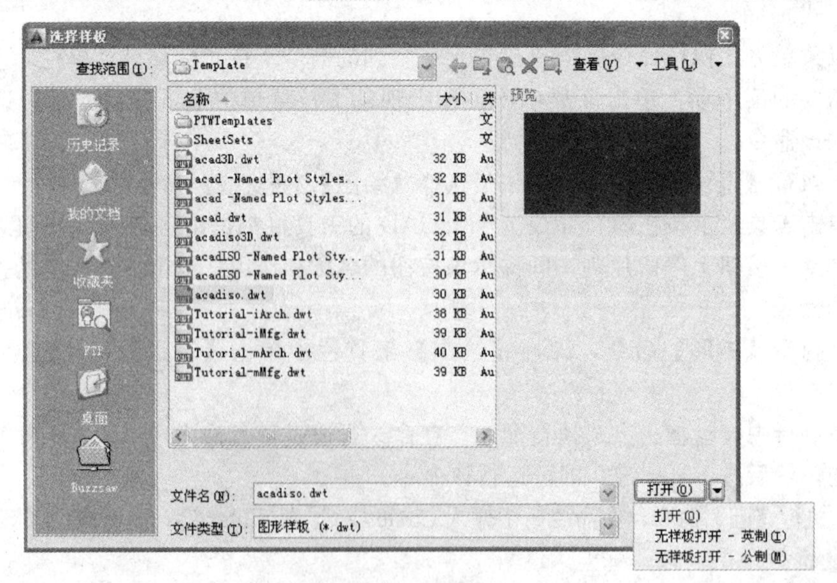

图 18-4 【选择样板】对话框

用户不希望基于任何样板创建新图形而准备从空白开始，可以单击[打开(O)]按钮右侧的下三角图标打开其下拉菜单，然后选择英制或公制无样板打开。

每次启动 AutoCAD 2014 后，系统将自动建立一个文件名为“Drawing1. dwg”的图形文件。

2. 打开已有文件

要对已经存在的图形文件进行操作，必须先打开该文件。在 AutoCAD 中，可以通过以下三种方式调用打开命令：

◇ 下拉菜单：【文件】/【打开】。

◇ 工具栏：【标准】工具栏中的按钮。

◇ 命令行：OPEN↙。

命令执行后弹出【选择文件】对话框，如图 18-5 所示。选择一个或多个图形文件，然后单击[打开(O)]按钮即可打开所选文件。

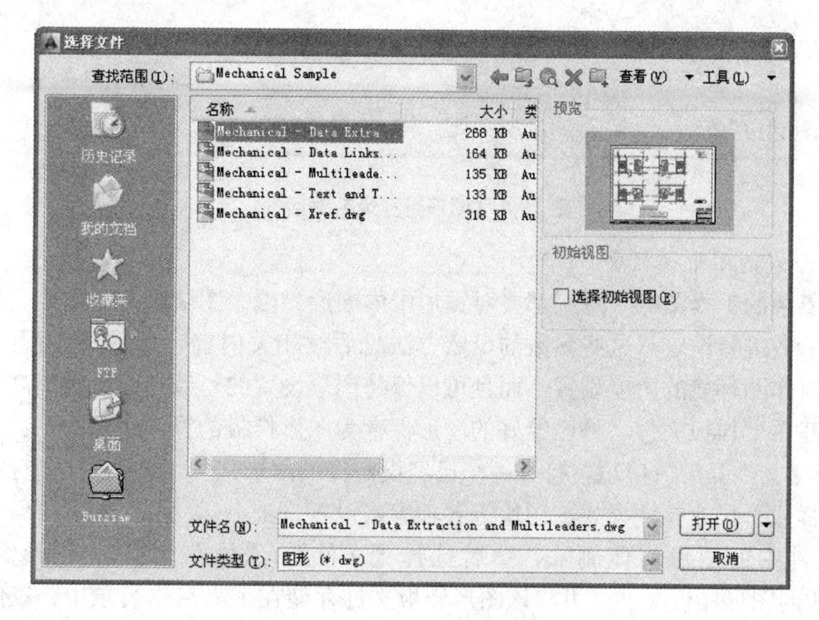

图 18-5 【选择文件】对话框

3. 保存文件

在绘图过程中要注意经常保存图形文件，以免由于程序异常中断或者断电等意外状况造成数据丢失。可以通过以下三种方式调用保存命令：

◇ 下拉菜单：【文件】/【保存】。

◇ 工具栏：【标准】工具栏中的按钮。

◇ 命令行：SAVE↙。

命令执行后，如果以前保存并命名了该文件，则 AutoCAD 自动按照以前定义好的路径和文件名保存所做的修改；如果是第一次保存图形，则弹出【图形另存为】对话框，如图 18-6 所示。在【保存于】下拉列表中为图形文件选择保存路径，在【文件名】文本框中为图形文件命名，单击[保存(S)]按钮，完成图形文件的保存。

如果需要对修改后的文件进行重新命名，或修改文件的保存位置，则需要选择【文件】/【另存为】命令，在打开的【图形另存为】对话框中重新设置文件的保存路径、文件名或保存类型进行保存。

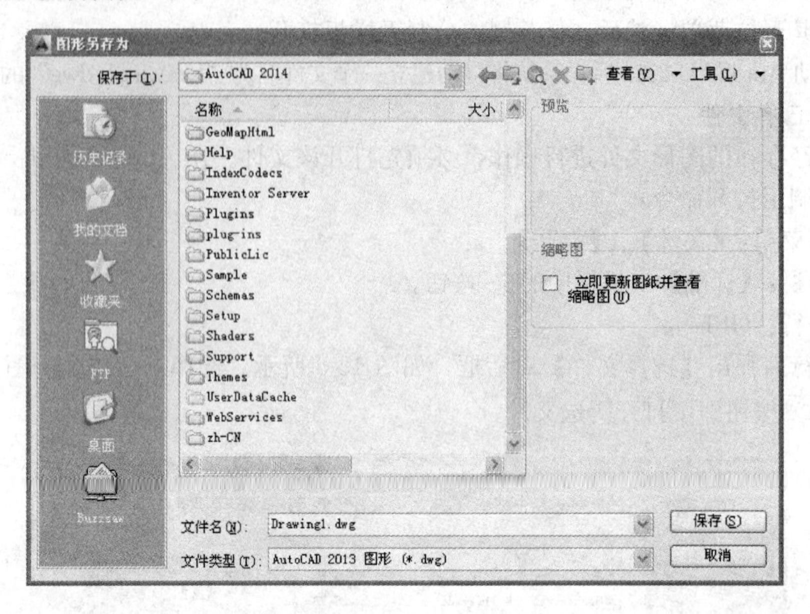

图 18-6 【图形另存为】对话框

4. 创建个人的图形样板文件

在绘制复杂的工程图时，每次都要对图形中的图形界限、图层、文字样式、尺寸标注样式、图块等参数进行设定（这些参数的设定方法见后续相关内容），如果使用图形样板，不仅可以减少对作图环境的重复设置，而且可以保持图形设置的一致性，大大提高工作效率。

(1) 创建图形样板文件。将已绘好的图形保存为图形样板的操作步骤如下：

① 选择【文件】/【打开】，打开一个已经设定好的图形文件，该文件中包括图形界限、图层、文字样式、尺寸标注样式、图块等各项参数设置。

② 将文件中的图形实体删除，然后选择【文件】/【另存为】，将图形文件保存为“.dwt”格式的图形样板文件，可将该图形样板文件存储在个人工作目录中，以便以后绘图时调用。

(2) 调用图形样板文件。在建立了图形样板文件后，可以直接调用图形样板文件，主要有以下几种方法：

① 使用【新建】命令。

选择【文件】/【新建】，弹出【选择样板】对话框，在个人工作目录中调出需要的样板文件。

② 使用【打开】命令。

选择【文件】/【打开】，弹出【选择文件】对话框，在【文件类型】选项的下拉列表中选择“图形样板（*.dwt)”格式，文件列表将自动转换到图形样板文件夹中，在个人工作目录中调出需要的样板文件。

四、AutoCAD 坐标

AutoCAD 的对象定位主要是由坐标系进行确定。使用 AutoCAD 坐标系，需要了解 AutoCAD 坐标系概念和坐标输入方法。

1. 世界坐标系（WCS）和用户坐标系（UCS）

AutoCAD有两个坐标系统：一个是固定坐标系，称为世界坐标系（WCS）；另一个是可移动坐标系，称为用户坐标系（UCS）。

在二维平面绘制和编辑图形时，只需输入 x 轴和 y 轴坐标，而 z 轴坐标可省略不输，由AutoCAD自动赋值为0。

2. 坐标输入方法

在绘图过程中，AutoCAD经常会要求用户输入点来确定所绘对象的位置、大小和方向。在要求输入点时，一种方法是通过单击鼠标拾取光标中心作为一个点的数据输入，另外一种方法是输入坐标值。

要使用AutoCAD坐标来定位点，则在命令提示输入点时，在命令行中输入坐标值，如果启用了状态栏中的【动态输入】，则在光标附近的工具栏提示中输入坐标值。常用坐标输入方法包括绝对坐标和相对坐标，坐标的格式有直角坐标和极坐标。

使用直角坐标和极坐标，均可以基于原点（0，0）输入绝对坐标，或基于上一指定点输入相对坐标。

（1）绝对坐标。绝对坐标是相对于坐标系原点（0，0）为基点定位所有的点。输入绝对坐标时，需在坐标前面添加一个“#”符号，直角坐标为（# x，y），极坐标为（#距离＜角度）。

（2）相对坐标。相对坐标是基于上一输入点的坐标而言，要指定相对坐标，需在坐标前面添加一个“@”符号，指定与上一个点的偏移量。相对直角坐标的格式为（@Δx，Δy），相对极坐标的格式为（@与上一点距离＜角度）。

直角坐标示例，如图18-7所示。坐标原点 O（0,0），A 点绝对坐标为（30,30），B 点绝对坐标为（90,30），C 点绝对坐标为（90,90），D 点绝对坐标为（30,90）；相对于 O 点而言，A 点的相对坐标为（@30,30），如果以 A 点为基点，则 B 点的相对坐标为（@60,0），C 点的相对坐标为（@60,60），D 点的相对坐标为（@0,60）。

极坐标示例，如图18-8所示。A 点距离 O 点的长度为50，角度为30°，则输入 A 点的绝对极坐标为（50＜30）。而 B 点相对于 A 点的极坐标为（@40＜0），C 点相对于 B 点的极坐标为（@30＜90）。

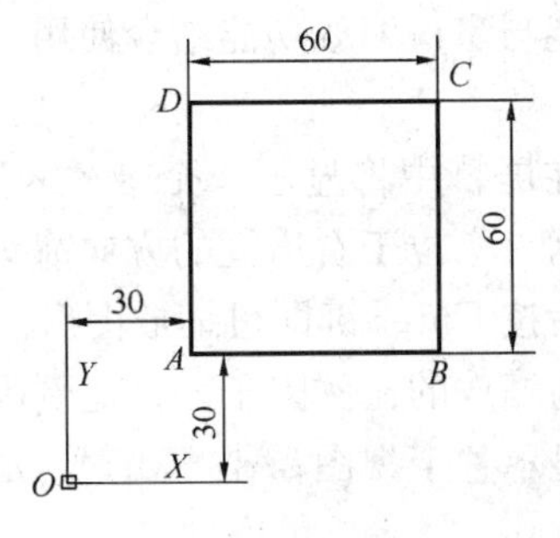

图18-7 直角坐标示例

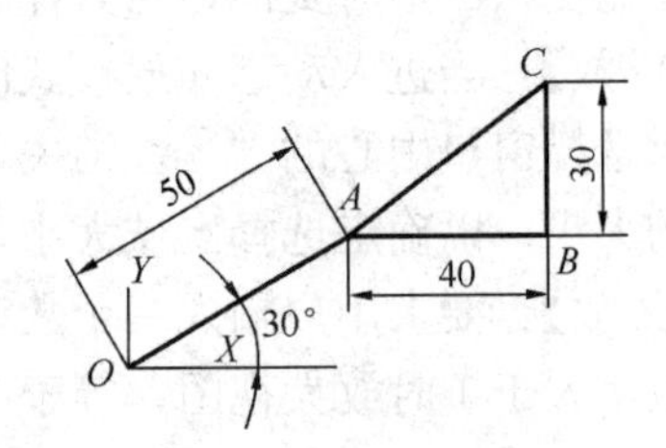

图18-8 极坐标示例

在AutoCAD2014中，用户在动态输入状态中直接输入坐标值时，系统将自动将其转换成相对坐标，因此在输入相对坐标时，可以省略“@”符号，如果要使用绝对坐标，则需要在坐标前添加“#”符号。

（3）直接距离输入法。输入相对坐标的另一种方法是：通过移动光标指定方向，然后直接输入距离，此方法称为直接距离输入法（或导向距离输入）。如在绘制图 18-8 所示直线 *OA* 时，先由点 *O* 移动光标使直线方向为 30°，然后在命令行输入“50”后按 Enter 键，得到同样结果。

五、图形的显示控制

计算机显示屏幕的大小是有限的，为了灵活地观察到图形的整体效果或局部细节，AutoCAD 提供缩放视图和平移视图的功能。

1. 显示控制命令

缩放视图可以增大或减小图形对象的屏幕显示尺寸，而对象的真实尺寸保持不变。通过改变显示区域的大小，用户可以更准确地观察与绘图。标准工具栏中提供了最为常用的显示控制命令：【实时平移】、【实时缩放】、【窗口缩放】和【缩放上一个】。在【缩放】工具栏中也提供了显示缩放工具，如图 18-9 所示。

图 18-9　缩放工具栏

执行视图缩放命令常用的方法还有：

◇【视图】/【缩放】下拉菜单。

◇ 命令行输入 ZOOM↙。

执行 ZOOM 命令，系统将提示：“全部（A）/中心（C）/动态（D）/范围（E）/上一个（P）/比例（S）/窗口（W）/对象（O）＜实时＞”，然后在该提示后输入相应的字母，回车确认即可进行相应的操作。

通常，在绘制图形的局部细节时，需要使用缩放工具放大该绘图区域。等绘制完成后，再使用缩放工具缩小图形，以观察图形的整体效果。缩放工具中各选项的意义如下：

（1）【实时平移】：在该模式下，光标变为手状。使用平移视图命令，可以重新定位图形，以便看清图形的其他部分。

（2）【实时缩放】：在该模式下，光标变为带有加减号的放大镜符号。此时按住鼠标左键向上拖动光标可放大整个图形；向下拖动光标可缩小整个图形。要退出实时缩放时，可按 Enter 键或 Esc 键。

（3）【窗口缩放】：是常用的显示控制工具。通过在屏幕上拾取两个对角点来拖出一个矩形窗口，系统将矩形范围内的图形放大至整个屏幕。

（4）【缩放上一个】：显示前一个视图。此功能与窗口缩放功能结合使用，可以提高显示速度，尤其在绘制复杂图形时更能显示其优越性。

（5）【动态缩放】：当进入动态缩放模式时，在屏幕中将显示一个带“×”的矩形方框，单击鼠标，此时选择窗口中心的“×”消失，显示一个位于右边框的方向箭头，拖动鼠标可改变选择窗口的大小，以确定选择区域大小，最后按 Enter 键即可缩放图形。

（6）【比例缩放】：要求用户输入一个数字作为缩放的比例因子，该比例因子适用于整个图形。输入的数字大于 1 时放大视图；等于 1 时显示整个视图；小于 1 时（必须大于 0）缩小视图。

（7）【中心缩放】：该操作要在图形中指定一点，然后指定一个缩放比例因子或者指定高度值来显示一个新视图，而选择的点将作为该新视图的缩放中心点。

（8）【缩放对象】：可以用来显示图形文件中的某一个部分，选择该模式后，单击图形中的某个部分，该部分将显示在整个图形窗口中。

(9)【放大】或【缩小】：选择该模式一次，系统将整个视图放大 1 倍（或缩小 1 倍），即默认比例因子为 2（或 0.5）。

(10)【全部缩放】：是一种使用比较频繁的显示方式，在视图中显示整个文件中的所有图形。

(11)【范围缩放】：可以在屏幕上尽可能大地显示文件中的所有图形对象。与全部缩放模式不同的是，范围缩放使用的显示边界是图形范围而不是图形界限。

2. 重画与重生成

在绘图和编辑的过程中，屏幕上常常留下对象的拾取标记，这时可使用系统提供的重画与重生成图形功能清除这些标记。

(1) 重画图形。使用【重画】命令可以重新显示当前视图中的图形，消除残留的标记，使图形变得清晰。调用【重画】命令有以下两种方式：

◇ 下拉菜单：【视图】/【重画】。

◇ 命令行：REDRAWALL↙。

(2) 重生成图形。重生成和重画在本质上是不同的，利用【重生成】命令不仅刷新显示，而且系统要从磁盘中调用当前图形的数据并重新计算。调用【重生成】命令有以下三种形式：

◇ 下拉菜单：【视图】/【重生成】。

◇ 下拉菜单：【视图】/【全部重生成】。

◇ 命令行：REGEN↙。

说明：①在 AutoCAD 中，某些操作只有在使用【重生成】命令之后才有效，如改变点的大小、打开/关闭【填充】模式等。

②在绘图过程中，对于某些图形对象，如圆、圆弧等，在屏幕上以折线形式显示，如图 18-10（a）所示。利用【重生成】操作则可以使其按实际形状显示，如图 18-10（b）所示。

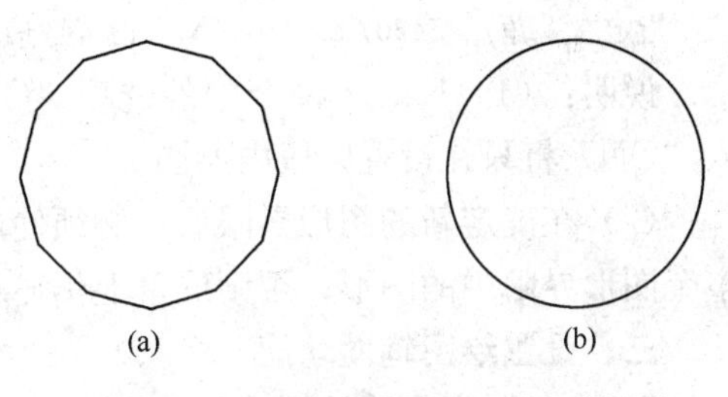

图 18-10 窗口缩放图形后，重生成图形

(a) 重生成前；(b) 重生成后

3. 全屏显示视图

选择【视图】/【全屏显示】命令，或单击状态栏右下角的全屏显示按钮，屏幕上将清除工具栏和可固定窗口（命令行除外）屏幕，仅显示菜单栏、【模型】选项卡、【布局】选项卡、状态栏和命令行。再次执行该命令，又将返回到原来的窗口状态。全屏显示通常适合绘制复杂图形并需要足够的屏幕空间时使用。

第二节 设置绘图环境

使用 AutoCAD 进行绘图，应首先设置绘图环境，例如设置图形单位、图形界限、图层管理等参数。这个过程称为设置绘图环境。

一、设置图形单位

开始绘图前，必须基于要绘制的图形确定一个图形单位代表的实际大小，然后据此测量所有图形对象。该命令的调用方法如下：

◇ 下拉菜单：【格式】/【单位】。

◇ 命令行：UNITS↙。

命令执行后，弹出【图形单位】对话框来设置图形单位，如图 18-11 所示。

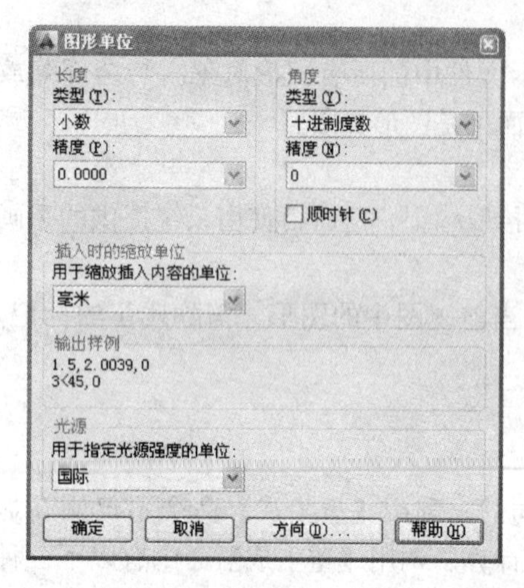

图 18-11 【图形单位】对话框

在【长度】选项组中，用户可以设置长度单位的类型和精度。在一般的工程制图中，最好将精度调整为 0。在【角度】选项组中，用户可以设置测量角度的类型、精度及方向。在【插入时的缩放单位】选项组中，用户可以设置缩放插入内容的单位。单击【方向】按钮，可设置角度测量的起始方向。

二、设置图形界限

设置图形界限就是设置图纸的大小，它由绘图区左下角和右上角的坐标值而定。该命令的调用方法如下：

◇ 下拉菜单：【格式】/【图形界限】。

◇ 命令行：LIMITS↙。

该命令的操作步骤如下：

命令：_limits

重新设置模型空间界限：

指定左下角点或[开(ON)/关(OFF)]<0，0>：↙

指定右上角点<420，297>：(输入设置数值)

说明：(1) Limits 命令中的选项“ON/OFF”用于在绘图时是否进行边界检查，若输入“ON”将只在设置区域内绘图。

(2) 在确定新的图形界限后，必须使用【视图】/【缩放】/【全部】方式后才能显示和观察整个图形界限中的图形，否则屏幕上仍显示当前的视图。

三、设置绘图辅助功能

AutoCAD 提供了辅助绘图功能，可以利用栅格、捕捉、正交、追踪等功能精确地定位点。对绘图辅助功能进行适当的设置，可以提高用户制图的效率和绘图准确性。

1. 栅格和捕捉

捕捉是使光标按照设置的间距移动。一般来说，栅格与捕捉的间距和角度都设置为相同的数值，打开捕捉功能之后，光标只能在栅格间距上精确移动，从而准确定位点。

可以通过以下三种方式打开【草图设置】对话框，对栅格与捕捉功能进行设置：

◇ 下拉菜单：【工具】/【绘图设置】。

◇ 状态栏：右键单击【栅格】或【捕捉】按钮，在弹出的快捷菜单中选择【设置】。

◇ 命令行：DSETTINGS↙。

这时弹出【草图设置】对话框，如图 18-12 所示。该对话框的【捕捉和栅格】选项卡用来设置栅格和捕捉的类型与参数。选中【启用捕捉】复选框，将启用捕捉功能，选中【启用栅格】复选框，将启用栅格功能，在图形窗口中将显示栅格对象，并可在其中设置捕捉和栅格间距。

如果选择【栅格捕捉】，则有【矩形捕捉】和【等轴测捕捉】之分，后者用于绘制正等轴测图。

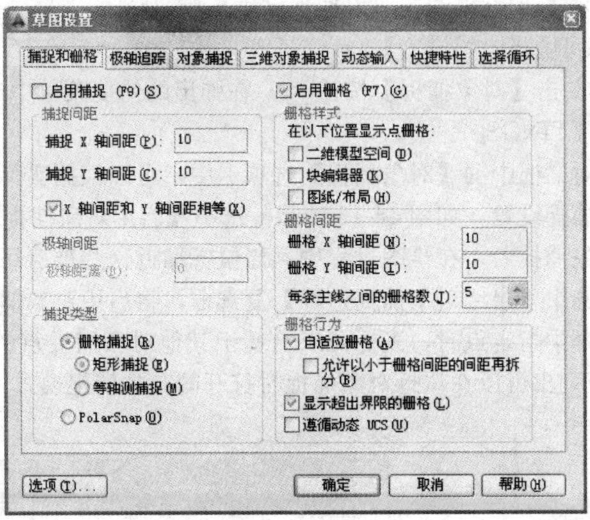

图 18-12 【草图设置】对话框

单击状态栏上的【捕捉模式】按钮，或者按下 F9 键，可以在打开/关闭捕捉功能之间进行切换；单击状态栏上的【栅格显示】按钮，或者按下 F7 键，可以在打开/关闭栅格模式之间进行切换。

2. 正交

当需要将绘制的线条限制在水平和垂直两个方向时，可以启用【正交】功能。要启用正交功能，只需单击状态栏上的【正交模式】按钮，或直接按下 F8 键就可以激活正交功能。

3. 对象捕捉

对象捕捉是 AutoCAD 中进行精确绘图的工具之一，利用对象捕捉功能，可以十分方便地使用鼠标在屏幕上准确拾取所需的一些特征点（如端点、交点、中点、圆心等），精确绘制出所需图形。

在绘图过程中可以用两种方式设置对象捕捉，即临时捕捉和自动捕捉。临时捕捉方式的设置，只能对当前进行的绘图步骤起作用；而自动捕捉方式在设定对象的捕捉方式后，可以一直保持这种目标捕捉状态，直至取消这种捕捉方式。

（1）临时捕捉。临时捕捉是在指定点的过程中选择一个特定的捕捉点。该命令可通过以下两种方法调用。

① 在【对象捕捉】工具栏上选择对应的捕捉类型，如图 18-13 所示。

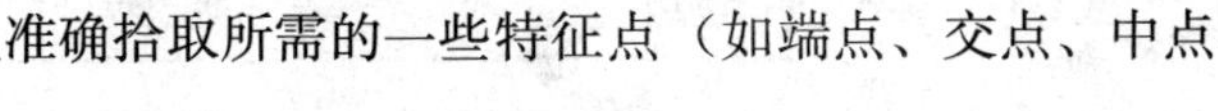

图 18-13 【对象捕捉】工具栏

② 使用快捷菜单。执行命令过程中，可按住 Shift 键或 Ctrl 键单击鼠标右键，可以随时调出对象捕捉右键菜单，如图 18-14 所示。

（2）自动捕捉。用户可以一次选择多种捕捉方式，在命令操作中只要对象捕捉打开，捕捉方式即可生效。

用户可以在【草图设置】对话框中的【对象捕捉】选项卡进行对象捕捉的设置。

◇ 单击【对象捕捉】工具栏的【对象捕捉设置】按钮。

◇ 下拉菜单：【工具】/【绘图设置】。

◇ 状态栏：右键单击【对象捕捉】按钮，在弹出的快捷菜单中选择【设置】。

◇ 命令行：DSETTINGS↙。

在【草图设置】对话框中的【对象捕捉】选项卡中，可以根据实际需要选择相应的捕捉选项，进行特征点的捕捉设置，如图 18-15 所示。选中【启用对象捕捉】复选框，将启用对象捕捉功能。启用对象捕捉后，在绘图过程中，当鼠标靠近这些被启用的捕捉特殊点时，将自动对其进行捕捉。选中【启用对象捕捉追踪】复选框，将启用对象捕捉追踪功能。使用对象捕捉追踪，即在命令中指定点时，光标可以沿基于其他对象捕捉点的对齐路径进行追踪。【对象捕捉模式】区域列出可以在执行对象捕捉时打开的对象捕捉模式。

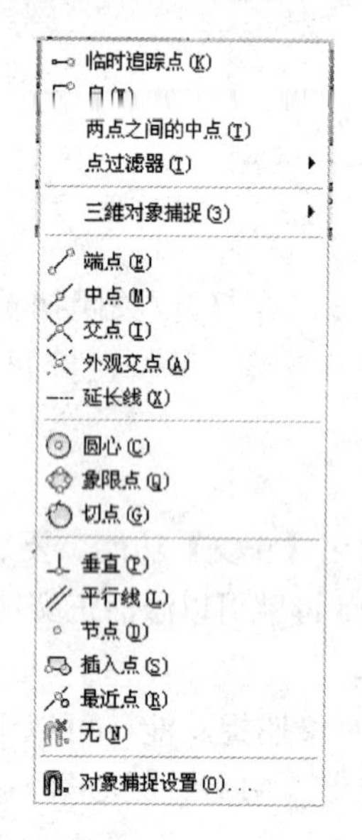

图 18-14 【对象捕捉】快捷菜单

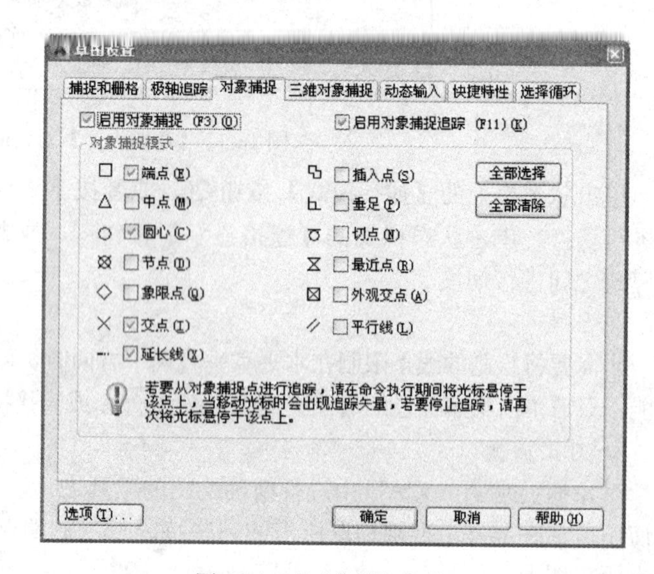

图 18-15 【对象捕捉】设置

用户使用鼠标右击状态栏中的【对象捕捉】按钮时，将弹出对象捕捉的各个工具按钮，在这里也可以进行对象捕捉的设置。

单击状态栏上的【对象捕捉】按钮，或者按下 F3 键，可以在打开/关闭对象捕捉功能之间进行切换。

自动捕捉对象类型，除了常用功能（如端点、交点、圆心等），不宜选择太多，以免使用时相互干扰。不常用的捕捉类型，可以使用临时捕捉作为补充。

【例 18-1】 如图 18-16（a）所示，利用对象捕捉完成皮带轮的绘制。

操作步骤如下：

命令：_line

指定第一个点：_tan 到（使用临时捕捉切点到 A 点位置）

指定下一点或［放弃(U)］：_tan 到（使用临时捕捉切点到 B 点位置）

指定下一点或［放弃(U)］：↙

回车重复执行 LINE 命令，绘制出 *CD* 两点间的切线，完成皮带轮的绘制，如图 18-16

（b）所示。

在两个圆（或椭圆）之间作切线，因为切点不固定，故而称为递延切点。

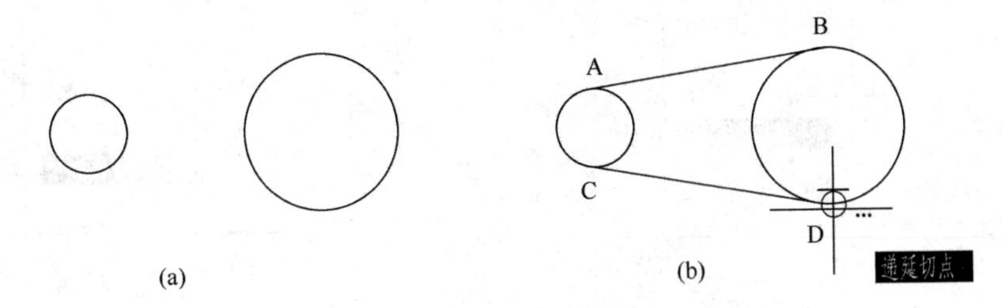

图 18-16 利用对象捕捉工具绘制图形

（a）原始图形；（b）绘制切线

4. 对象捕捉追踪

对于无法使用对象捕捉直接捕捉到的点，利用对象捕捉追踪可以快捷地定义这些点的位置。对象捕捉追踪可以根据现有对象的特征点定义新的坐标点。

单击状态栏上的【对象捕捉追踪】按钮∠，或者按下 F11 键，可以在打开/关闭对象捕捉追踪功能之间进行切换。

【例 18-2】 如图 18-17（a）所示，在 100×70 的矩形中心绘制半径为 20 的圆。

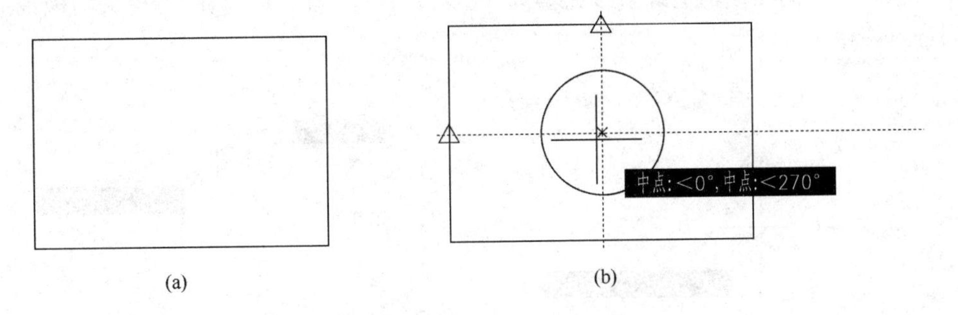

图 18-17 利用对象捕捉追踪工具绘制图形

（a）原始图形；（b）绘制圆

操作步骤如下：

（1）设置自动对象捕捉的中点捕捉方式，并打开【对象捕捉】功能；

（2）打开状态栏上的【对象捕捉追踪】；

（3）输入 CIRCLE 命令；

（4）光标在矩形上端水平线中点处停留，出现三角标记并向下拖出对象追踪线；

（5）光标在矩形左侧垂直线中点处停留，出现三角标记并向右拖出对象追踪线；

（6）屏幕上出现两条相交的虚线，交点即为创建圆的圆心，单击鼠标左键确认后指定圆的半径 20 回车，绘图结果如图 18-17（b）所示。

对象追踪必须配合自动对象捕捉完成，即使用对象追踪必须同时打开对象捕捉，并且设置相应的捕捉类型。

使用对象捕捉追踪还可以设置临时追踪点。在提示输入点时，输入“tt”，如图 18-18（a）所示，然后指定一个临时追踪点，该点上将出现一个小的加号“+”，如图 18-18（b）

所示。移动光标时，将相对于这个临时点显示自动追踪对齐路径。

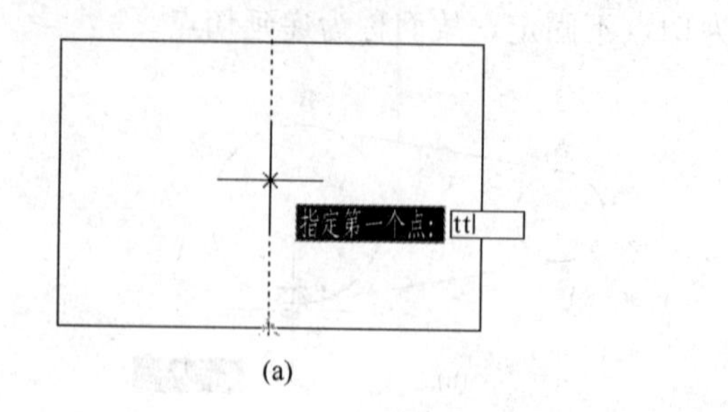

(a)

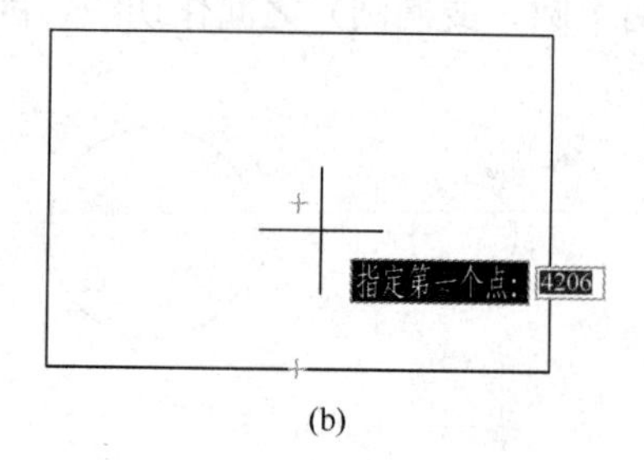

(b)

图 18-18 使用临时追踪点

（a）设置临时追踪点；（b）追踪路径

5. 极轴追踪

极轴追踪是指按照事先指定的角度增量和极轴距离进行追踪。极轴追踪是以极轴坐标为基础，显示由指定的极轴角度所定义的临时对齐路径，然后按照指定的距离进行捕捉，如图 18-19 所示。

用户可以利用【草图设置】对话框中的【极轴追踪】选项卡对极轴追踪的参数进行设置。

单击状态栏上的【极轴追踪】按钮，或者按下 F10 键，可以在打开/关闭极轴追踪功能之间进行切换。

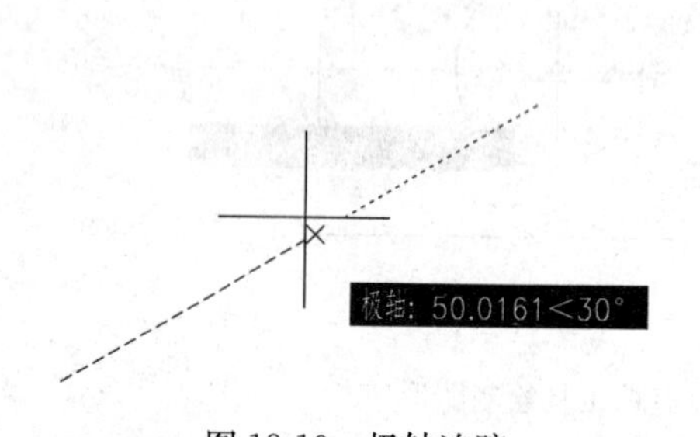

图 18-19 极轴追踪

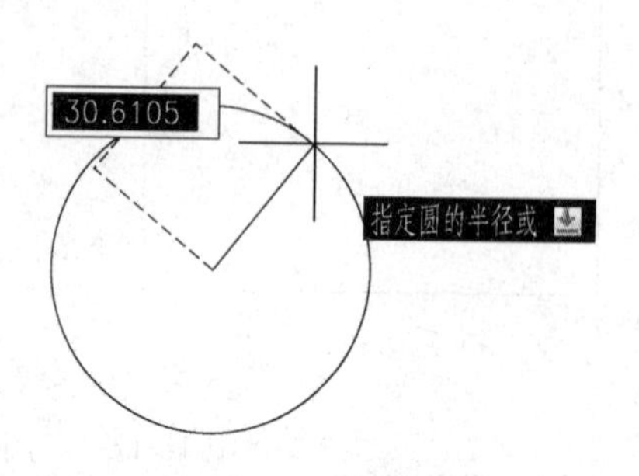

图 18-20 动态输入

6. 动态输入

动态输入在光标附近提供了一个命令界面，以帮助用户专注于绘图区域来输入数据，如图 18-20 所示。单击状态栏上的【动态输入】按钮，或者按下 F12 键，即可在打开/关闭动态输入功能之间进行切换。

在【动态输入】按钮上单击鼠标右键，选择【设置】菜单项，可以在【草图设置】对话框中的【动态输入】选项卡对参数进行设置。

四、图形特性与图层管理

在制图过程中，将不同特性的实体建立在不同的图层上，可以方便管理图形对象。使用图层功能对图形进行分层管理，让图形变得井井有条，从而更快、更方便地绘制和修改复杂图形。

1. 设置图形特性

在制图过程中，图形的基本特性可以通过图层指定给对象，也可以为图形对象单独赋予需要的特性，设置图形特性通常包括对象的线型、线宽及颜色等图元特性。

（1）应用【特性】工具栏。在【特性】工具栏中可以修改对象的特性，包括对象颜色、线型、线宽等。选择要修改的对象，单击【特性】工具栏相应的工具按钮，然后在弹出的列表中选择需要的特性，即可修改对象的特性，如图 18-21 所示。

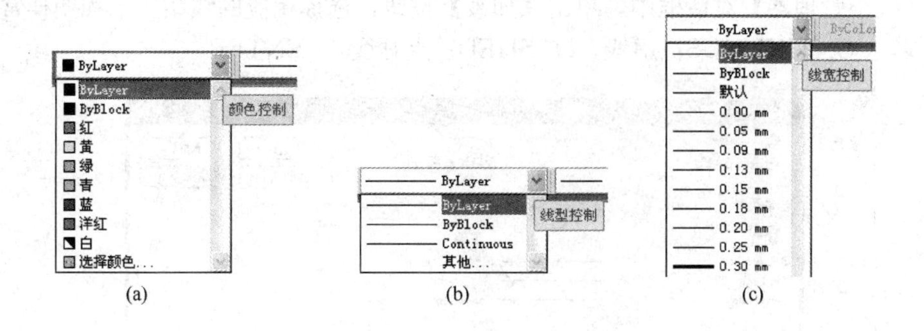

图 18-21　应用【特性】工具栏修改对象的颜色、线型、线宽

(a)【颜色控制】下拉列表；(b)【线型控制】下拉列表；(c)【线宽控制】下拉列表

这里，如果将特性设置为值 BYLAYER，则将为对象指定与其所在图层相同的值；如果将特性设置为一个特定值，则该值将替代为图层设置的值。

（2）应用【特性】选项板。选择下拉菜单【修改】/【特性】命令，打开【特性】选项板，在该选项板中可以修改选定对象的特性，如图 18-22 所示。如果在绘图区选择了多个对象，【特性】选项板中将显示这些对象的共同特性。

（3）复制图形特性。选择下拉菜单【修改】/【特性匹配】命令，或单击【标准】工具栏上的按钮，或命令行输入 MATCHPROP 并按 Enter 键，可以将一个对象所具有的特性复制给其他对象。

执行 MATCHPROP 命令后，系统将提示“选择源对象:”，此时需要用户选择已具有所需要特性的对象，选择源对象后，系统将提示“选择目标对象或［设置（S）］:”，此时选择应用源对象特性的目标对象即可，如果在此提示下输入“S”并按 Enter 键进行确定，将打开【特性设置】对话框，用户在该对话框中可以设置复制所需要的特性，如图 18-23 所示。

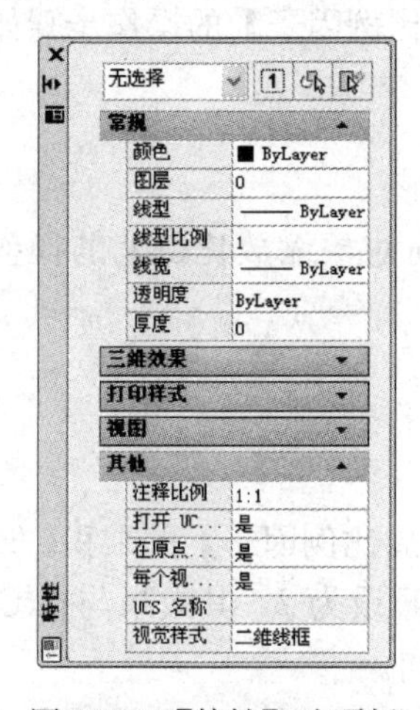

图 18-22 【特性】选项板

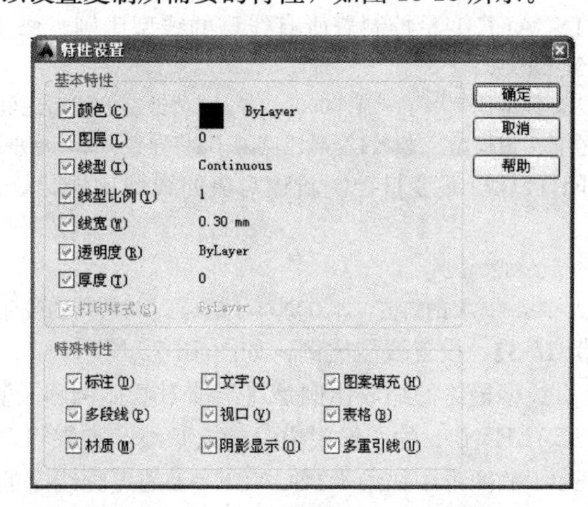

图 18-23 【特性设置】对话框

（4）设置线型比例。绘图过程中，用户常常会使用不同的线型来绘制图形。开始绘制新图时，在图 18-21（b）所示的【线型控制】下拉列表中只提供“Continuous”一种线型，如需设置其他线型，可点取【其他…】选项打开【线型管理器】对话框进行加载，也可以通过下拉菜单【格式】/【线型】命令，打开该对话框，如图 18-24 所示。

在【线型管理器】对话框中，单击【加载】按钮，选择相应的线型。工程图样常用线型有：实线，CONTINUOUS；虚线，DASHED；点画线，CENTER。

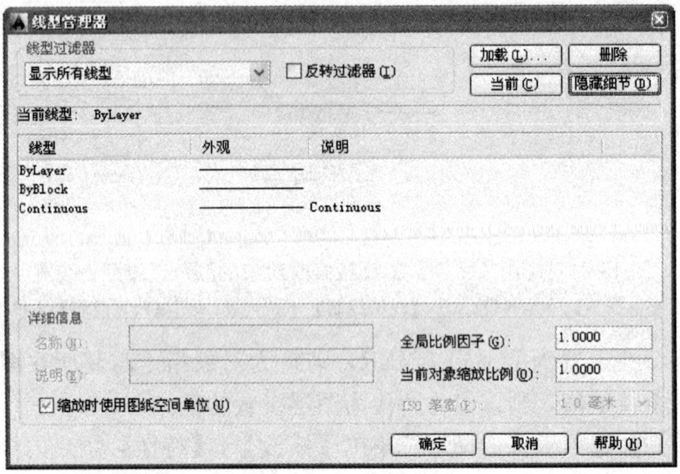

图 18-24 【线型管理器】对话框

在【线型管理器】对话框中，单击【显示细节】按钮，显示详细信息，然后可以设置全局比例因子和当前对象缩放比例。

用 AutoCAD 绘图时，可能会遇到这种情况，明明是点画线或虚线，在屏幕上却显示的是连续线型，这说明线型比例与当前图形不匹配，需要调整线型比例因子。

线型比例有【全局比例因子】和【当前对象缩放比例】。【全局比例因子】控制所有对象的线型比例。【当前对象缩放比例】控制新建对象的线型比例。

通过修改系统变量的值也可改变线型比例。

LTSCALE 变量控制着所有线型的线型比例，修改【全局比例因子】的操作步骤如下：

命令：LTSCALE↙

输入新线型比例因子 <1.0000>：2↙（修改新的线型比例为 2）

正在重生成模型。（修改【全局比例因子】将导致 windows 重新刷新图形）

CELTSCALE 变量控制新建对象的线型比例，修改【当前对象缩放比例】的操作步骤如下：

命令：CELTSCALE ↙

输入 CELTSCALE 的新值 <1.0000>：0.5↙（修改新的线型比例为 2）

【例 18-3】 设置线型比例，如图 18-25 所示。

所有线型最终的缩放比例是【当前对象比例因子】与【全局比例因子】的乘积，所以在 CELTSCALE=0.5 的图形中描绘的点画线，如果将 LTSCALE 设为 2，其效果与在 CELTSCALE=1 的图形中描绘 LTSCALE=1 的点画线时的效果相同。

（5）控制线宽显示。在 AutoCAD 中，可以在图形中打开或关闭线宽。默认情况下系统并不显示线宽的实际设置效果。如果需要在绘图区显示线宽，可以使用如下两种方法。

1）单击状态栏中的【显示/隐藏线宽】按钮十，可以打开/关闭线宽的显示。

2）选择下拉菜单【格式】/【线宽】命令，在打开如图18-26所示的【线宽设置】对话框中选择【显示线宽】复选框。

图18-25 设置线型比例示例

在【线宽设置】对话框中，可以修改线宽的默认值及调整显示比例。另外，在状态栏中的【显示/隐藏线宽】按钮上单击鼠标右键选择【设置】选项，同样可以打开【线宽设置】对话框。

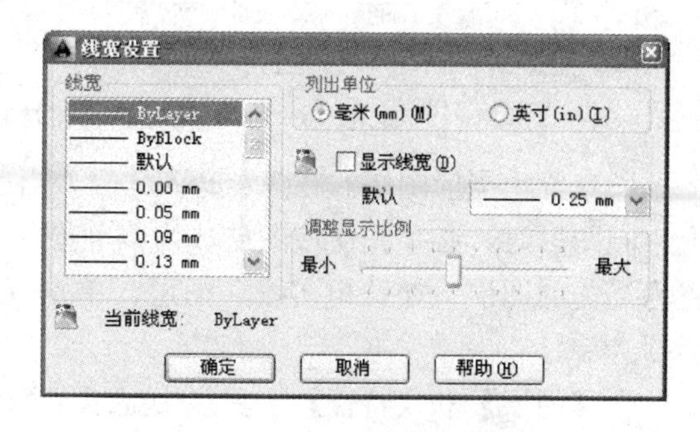

图18-26【线宽设置】对话框

2. 管理图层

在用AutoCAD绘图时，可以将特性相似的对象绘制在同一图层上，这样便于用户管理、修改图形。通常要设置若干层，而每一层上只允许用一种特定的颜色、线型、线宽绘制图形，这样可以在不同的层上绘制同一幅图的不同部分，如轮廓线、中心线、尺寸线等，并使这些层具有相同的坐标对应关系，最后将这些层叠加在一起就显示出了一幅完整的图形。

激活图层命令有以下三种方式：

◇ 下拉菜单：【格式】/【图层】。

◇ 图标按钮：【图层】工具栏种的【图层特性管理器】按钮。

◇ 命令行：LAYER↙。

命令执行后，将打开【图层特性管理器】对话框。对图层的管理、设置工作，大部分是在【图层特性管理器】对话框中完成的。

（1）创建新图层。在同一工程图中，需建立多个图层，创建新图层操作步骤如下：

1）打开【图层特性管理器】对话框，如图18-27所示。

2）在【图层特性管理器】对话框中单击【新建图层】按钮，系统自动在图层列表框中建立一个新图层。用户可以定义图层名，如果不定义图层名，则系统自动对图层名命名为“图层1”、“图层2”……用户可以根据作图需要建立多个图层。为便于管理图层，建议用户以图层的功能为依据对图层进行命名，如“粗实线”、“点画线”、“虚线”，也可以根据专业图的需要进行命名，如建筑专业以“墙线”、“轴线”等命名。

（2）删除图层。在AutoCAD中，为了减少图形所占空间，可以删除不使用的图层。在图层列表中选择要删除的图层，如“图层3”，单击【删除图层】按钮，即可将其删除。

删除图层操作中，0图层、当前图层、有图元的图层和依赖外部参照的图层都不能被删除。

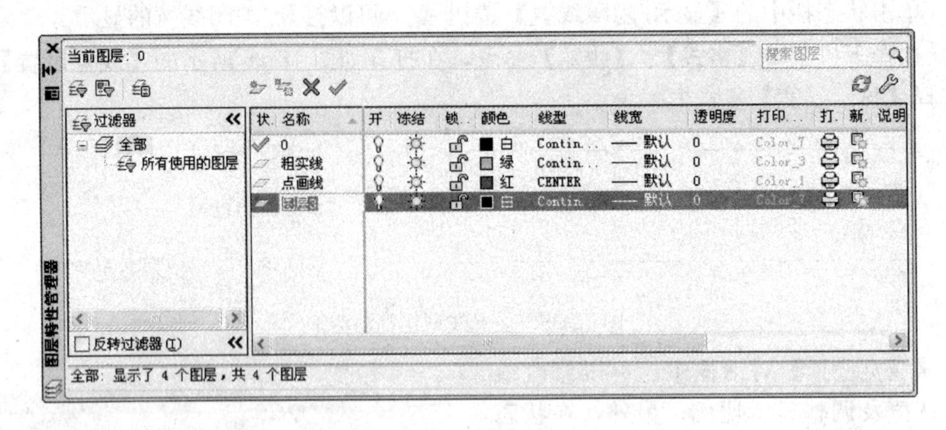

图 18-27 利用【图层特性管理器】对话框创建新图层

(3) 置为当前图层。在 AutoCAD 中，当前层是指正在使用的图层。当需要在某个图层上绘制图形时，必须先使该图层成为当前层，系统默认 0 层为当前层。在图层列表中单击要置为当前的图层，如“粗实线”图层，单击【置为当前】按钮✔，则粗实线图层的状态图标变为✔。

在【图层】和【特性】工具栏中显示了当前层的状态信息。

(4) 设置图层的颜色、线型、线宽。

1) 颜色。为了区分不同的图层，通常给图层赋予不同的颜色。颜色可以使用户在绘图过程中比较直观地区分各元素的性质，也便于检查、修改。

在【图层特性管理器】对话框中，单击图层名称后对应的【颜色】名称，弹出【选择颜色】对话框，在其中选择合适的颜色，此时，【颜色】文本框将显示选中颜色的名称。

2) 线型。绘图过程中，用户常常要使用不同的线型，AutoCAD 允许用户为每个图层分配一种线型。默认情况下，线型为 continuous（实线），用户可以根据需要重新设置图层的线型。

在【图层特性管理器】对话框中，单击图层名称后对应的【线型】名称，弹出【选择线型】对话框，在其中加载所需线型并进行选择，此时，【线型】文本框将显示选中线型的名称。

3) 线宽。默认情况下，新建图层的线宽为默认值。改变图层的线宽，可单击【图层特性管理器】对话框中该图层对应的线宽值，如“默认”，则弹出【线宽】对话框，从中选择所需的线宽。

(5) 转换图层。转换图层是指将一个图层中的图形转换到另一个图层中。转换图层时，先在绘图区中选择需要转换图层的图形，然后单击【图层】工具栏中的【图层控制】下拉按钮，在弹出的列表中选择要将对象转换到指定的图层即可。

(6) 控制图层显示状态。在绘制过于复杂的图形时，可以通过设置图层的状态参数将需要操作的图层显示出来，将暂时不用的图层进行关闭或冻结等处理，从而降低图形视觉上的复杂程度并提高显示性能。也可以锁定图层，防止意外修改该图层上的对象。图层主要有以下几种状态。

1）打开/关闭图层。处于打开状态的图层是可见的，而处于关闭状态的图层是不可见的，也不能被编辑或打印。当图形重新生成时，被关闭的图层将一起被生成。默认情况下，0 图层和创建的图层都处于打开状态。

在【图层特性管理器】对话框中，图层列表上端的【开】项，控制图层的开/关。单击灯泡图标，图标表示开，图标表示关。也可通过【图层】工具栏中单击【图层控制】下拉列表中的【开/关图层】图标控制图层的开和关。

2）冻结/解冻图层。处于冻结状态图层上的图形对象将不被显示、打印或重生成，冻结图层可以减少复杂图形重新生成时的显示时间，并且可以加快一些绘图、缩放、编辑等命令的执行速度。默认情况下，0 图层和创建的图层都处于解冻状态。

在【图层特性管理器】对话框中，图层列表上端的【冻结】项，控制图层的冻结/解冻。图标表示解冻，图标表示冻结。也可通过【图层】工具栏中单击【图层控制】下拉列表中的【在所有视口中冻结/解冻图层】图标控制图层的冻结和解冻。

3）锁定/解锁图层。通过锁定图层，使图层中的对象不能被选择和编辑。但被锁定的图层是可见的，并且可以查看、捕捉此图层上的对象，还可在此图层上绘制新的图形对象。解锁图层是将图层恢复为可编辑和选择的状态。默认情况下，0 图层和创建的图层都处于解锁状态。

在【图层特性管理器】对话框中，图层列表上端的【锁定】项，设定图层的加锁和解锁。图标表示锁定，图标表示解锁。也可通过【图层】工具栏中单击【图层控制】下拉列表中的【锁定/解锁图层】图标控制图层的锁定和解锁。

上述图层的三项状态在设置绘图环境时一般采用默认项，即图层为打开、解冻、解锁状态，而只在进行图形绘制和编辑等操作时根据需要进行改变。

第三节 绘制二维图形

AutoCAD 的图形由对象组成。通常情况下，对象是通过使用定点设备指定点的位置或在命令提示下输入坐标值来绘制的。

一、基本绘图命令

基本绘图命令包括直线、圆、椭圆、多边形及点的绘制。

1. 绘制直线

直线是构成图形的最基本要素。LINE 命令用于连续绘制一系列直线段，该命令有以下三种调用方法：

◇ 下拉菜单：【绘图】/【直线】。

◇ 工具栏：【绘图】工具栏中的按钮。

◇ 命令行：LINE↙。

启动该命令后，命令行提示如下：

命令：_line

指定第一点：（指定一点作为直线的起点）

指定下一点或[放弃(U)]：（指定直线的另一端点）

指定下一点或[放弃(U)]：(指定直线的另一端点)

指定下一点或[闭合(C)/放弃(U)]：(指定直线的另一端点或封闭图形)

说明：(1) 可以直接用鼠标拾取点，也可以在命令行输入坐标值来确定点的位置。

(2)“闭合（C)”选项，用于将连续绘制的一系列直线段（两条以上）首尾闭合。

(3)“放弃（U)”选项，用于撤除直线序列中最新绘制的线段，多次输入“U”，按绘制次序的逆序逐个撤除线段。

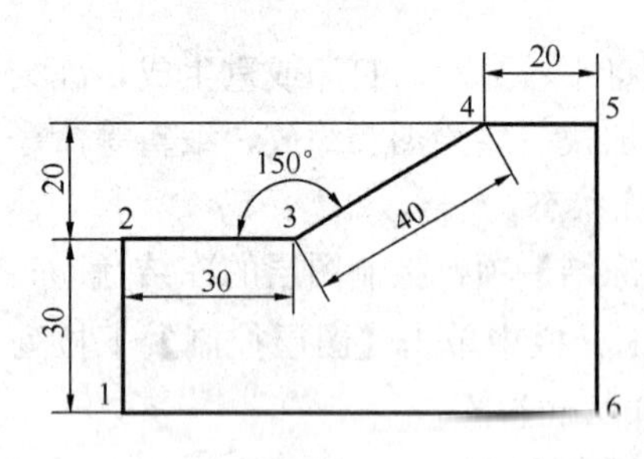

图 18-28 用直线命令绘制图形

(4) 如果要以最近绘制的直线的端点为起点绘制新的直线，可以再次启用 LINE 命令，然后在出现“指定第一点：”提示后按 Enter 键。

【例 18-4】用 LINE 命令绘制如图 18-28 所示图形。

操作步骤如下：

命令：_line

指定第一点：(在屏幕上任意指定一点作为图形的 1 点)

指定下一点或[放弃(U)]：＜正交 开＞ 30↙（打开【正交模式】，向上移动光标输入 30，确定 2 点）

指定下一点或[放弃(U)]：30↙（向右移动光标输入 30，确定 3 点）

指定下一点或[闭合(C)/放弃(U)]：@40＜30↙（输入 4 点的相对极坐标）

指定下一点或[闭合(C)/放弃(U)]：20↙（向右移动光标，输入 20，确定 5 点）

指定下一点或[闭合(C)/放弃(U)]：50↙（向下移动光标输入 50，确定 6 点）

指定下一点或[闭合(C)/放弃(U)]：c↙（封闭图形，结束绘图）

2. 绘制圆和圆弧

圆与圆弧在工程图中是常见的曲线图形，AutoCAD 提供了多种绘制圆和圆弧的方法。

(1) 绘制圆。该命令有以下三种调用方法：

◇ 下拉菜单：【绘图】/【圆】。

◇ 工具栏：【绘图】工具栏中的⊙按钮。

◇ 命令行：CIRCLE↙。

启动该命令后，命令行提示如下：

命令：_circle

指定圆的圆心或[三点(3P)/两点(2P)/相切、相切、半径(T)]：(指定一点作为圆心或输入选项)

AutoCAD 提供了六种画圆的方式，可根据已知条件选用，如图 18-29 所示。

说明：

1) 使用【相切、相切、半径】方式绘制圆，在工程图中常用来作圆弧连接，相切的对象可以是直线、圆弧、圆。在拾取相切对象时，所拾取的位置不同，所绘制圆的位置可能是不同的，如图 18-30 所示。因此，在选择拾取点时尽可能靠近切点。

2) 使用【相切、相切、相切】方式时，AutoCAD 自动计算圆的圆心位置来绘制圆。

(2) 绘制圆弧。该命令有以下三种调用方法：

◇ 下拉菜单：【绘图】/【圆弧】。

◇ 工具栏：【绘图】工具栏中的⌒按钮。

◇ 命令行：ARC↙。

AutoCAD 提供了 11 种绘制圆弧的方法，通过下拉菜单【绘图】/【圆弧】命令，下拉

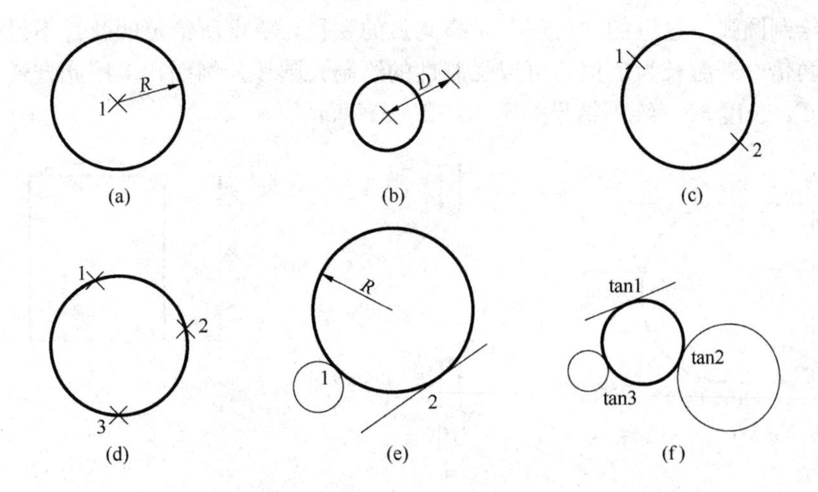

图 18-29 圆的六种绘制方法示例

(a) 圆心和半径；(b) 圆心和直径；(c) 两点 (2P)；(d) 三点 (3P)；
(e) 相切、相切、半径；(f) 相切、相切、相切

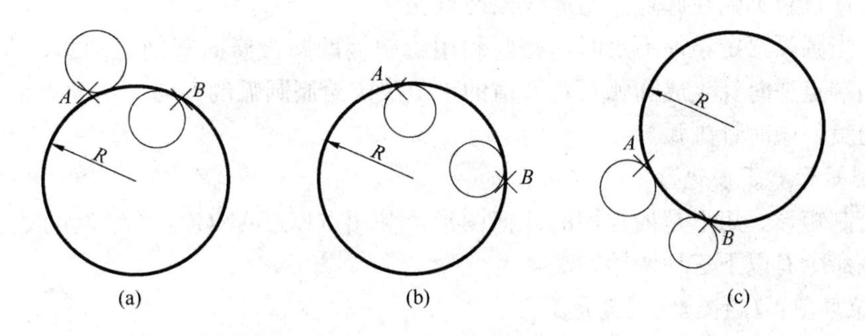

图 18-30 用【相切、相切、半径】方式绘图的不同效果

(a) 内外切；(b) 内切；(c) 外切

列表显示如图 18-31 所示。

1）以【三点】方式绘制圆弧。通过指定圆弧上的三个点可以绘制一条圆弧，例如，分别选择正方形边的中点 A、B、C 三点绘制的圆弧，如图 18-32（a）所示。

2）以【起点、圆心、端点】或【圆心、起点、端点】方式绘制圆弧。如果已知中心点、起点和端点，可以首先指定中心点或起点来绘制圆弧。例如，在工程图中绘制门的开启线时，可分别选择圆心 A、起点 B 和端点 C，绘制结果如图 18-32（b）所示。

3）以【起点、圆心、角度】或【圆心、起点、角度】方式绘制圆弧。如果在已有的图形中可以捕捉到起点和圆心，并且已知包含角度，则可以使用这两种方式绘制圆弧。对于图 18-32（b），若采用该方式绘制，可以分别选择起点 B、圆心 A 和角度 45 °或起点 C、圆心 A 和角度－45 °来完成。

图 18-31 11 种画圆弧方式

4）以【起点、圆心、长度】或【圆心、起点、

长度】方式绘制圆弧。这里的“长度”是指圆弧的弦长，要求所给定的弦长不得超过起点到圆心距离的两倍。若弦长为负值，可以强制性的绘制大圆弧。例如，采用此方式分别选择起点 A、圆心 C、长度 15，绘制结果如图 18-32（c）所示。

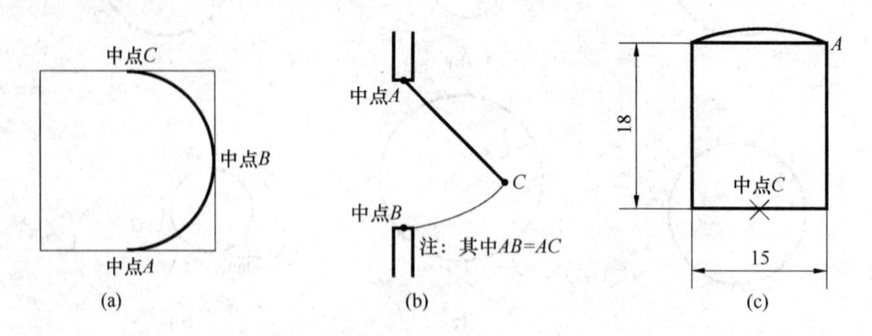

图 18-32　绘制圆弧

（a）三点方式；（b）圆心、起点、端点方式；（c）起点、圆心、长度方式

5）以【继续】方式绘制圆弧。以最后一次绘制的线段（直线或圆弧）终点为起点，继续绘制圆弧，且新圆弧在起点处与原线段终点相切。

说明：当圆弧给定条件不足时，最好利用绘制辅助圆再修剪来创建圆弧；AutoCAD 默认从起点到端点逆时针生成圆弧；角度值的正负决定绘制圆弧的方向，角度为正，逆时针画弧；角度为负，顺时针画弧。

3. 绘制矩形和正多边形

（1）绘制矩形。矩形是最常用的几何图形，利用 RECTANG 命令绘制的矩形是一个独立对象。该命令有以下三种调用方法：

◇ 下拉菜单：【绘图】/【矩形】。

◇ 工具栏：【绘图】工具栏中的□按钮。

◇ 命令行：RECTANG↙。

命令执行后，命令行提示如下：

命令：_ rectang

指定第一个角点或［倒角(C)/标高(E)/圆角(F)/厚度(T)/宽度(W)］：(指定一点作为矩形的第一个角点或输入选项)

各选项说明如下：

1）默认情况下，通过指定两个对角点来绘制矩形。当指定了矩形的第一个角点后，命令行提示：“指定另一个角点或［面积（A）/尺寸（D）/旋转（R）］:”，此时可直接指定另一个角点来绘制矩形。选择“面积（A）”选项，可通过指定矩形的面积和长度（或宽度）绘制矩形；选择“尺寸（D）”选项，可通过指定矩形的长度、宽度和另一角点的方向绘制矩形；选择“旋转（R）”选项，可通过指定旋转的角度和拾取两个参考点绘制矩形。

2）选择“倒角（C）”选项，可以绘制一个带倒角的矩形。此时需要指定两个倒角距离；选择“圆角（F）”选项，可以绘制一个带圆角的矩形，此时需要指定圆角半径。

3）“标高（E）”和“厚度（T）”选项一般用于三维绘图。

4）“宽度（W）”选项用于设置矩形的线条粗细。

【例 18-5】 分别绘制长 30、宽 20，线宽为 0.5 的普通矩形；半径为 5 的圆角矩形以及两倒角距离均为 5 的倒角矩形。

操作过程简述如下：

选择【矩形】命令后，输入“W”↙，设定矩形的线宽为“0.5”，在屏幕上任意点击一点作为矩形的第一角点，然后输入另一角点坐标“@30，20”↙，即完成普通矩形的绘制，如图 18-33（a）所示。接下来直接回车，重复【矩形】命令，输入“F”↙，设定矩形的圆角半径为 5，同样任意点击一点，再输入“@30，20”↙，完成圆角矩形的绘制，如图 18-33（b）所示。再重复【矩形】命令，输入“C”↙，设定矩形的两个倒角距离均为 5，同样可以绘制出倒角矩形，如图 18-33（c）所示。

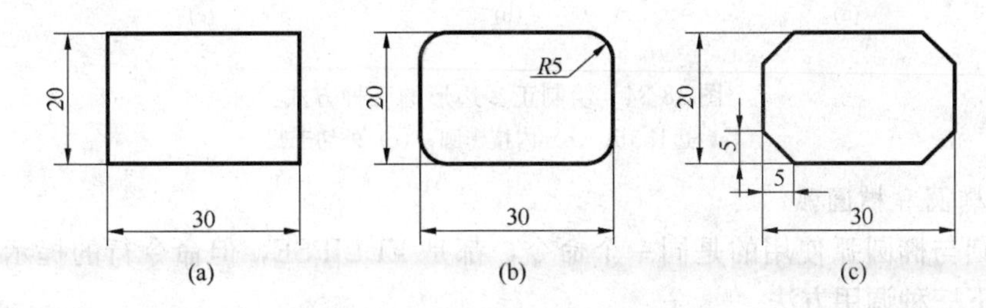

图 18-33 矩形的各种样式

（a）普通矩形；（b）圆角矩形；（c）倒角矩形

（2）绘制正多边形。AutoCAD 可以创建边数为 3～1024 的正多边形，且正多边形是一个独立的对象。该命令有以下三种调用方法：

◇ 下拉菜单：【绘图】/【正多边形】。

◇ 工具栏：【绘图】工具栏中的⬠按钮。

◇ 命令行：POLYGON↙。

命令执行后，命令行提示如下：

命令：_ polygon

输入侧面数 <4>：（指定正多边形的边数）

指定正多边形的中心点或 [边(E)]：（指定一点或输入选项）

各选项说明如下：

① 当指定多边形的中心点后，命令行显示“输入选项 [内接于圆(I)/外切于圆(C)] <I>：”提示信息。选择“内接于圆（I）”选项，是指绘制的多边形内接于假想圆；选择“外切于圆（C）”选项，是指绘制的多边形外切于假想圆。

② 选择“边（E）”选项，以指定的两个点作为多边形的一条边来绘制正多边形。但须注意，指定边的起点和终点的顺序决定多边形的位置和方向。

【例 18-6】 分别绘制边长为 15、内接于半径为 15 的圆，以及外切于半径为 15 的圆的正五边形。

操作过程简述如下：

选择【正多边形】命令后，输入多边形的边数“5”↙，接着输入“E”↙，指定用边长方式绘制正五边形，在屏幕上任意点击一点作为五边形边的第一个端点，再水平向右移动光标，输入“15”↙，即完成边长为 15 的五边形绘制。回车重复【正多边形】命令，输入边数“5”↙，捕捉假想圆的圆心作为正五边形的中心，接下来分别输入“I”↙或“C”↙，输入半径“15”↙，即完成两五边形的绘制，如图 18-34 所示。

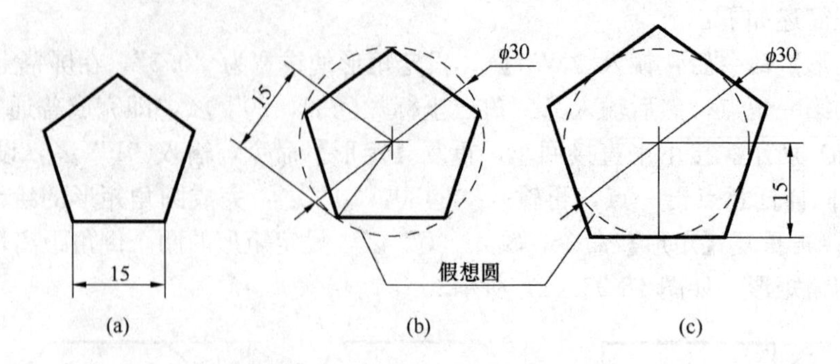

图 18-34 绘制正多边形的三种方式

(a) 边长 15；(b) 内接于圆；(c) 外切于圆

4. 绘制椭圆和椭圆弧

绘制椭圆与椭圆弧使用的是同一个命令，都是 ELLIPSE，但命令行的提示有所不同。该命令有以下三种调用方法：

◇ 下拉菜单：【绘图】/【椭圆】。

◇ 工具栏：【绘图】工具栏中的和按钮。

◇ 命令行：ELLIPSE↙。

命令执行后，命令行的提示如下：

命令：_ ellipse

指定椭圆的轴端点或［圆弧(A)/中心点(C)］：(指定一点或输入选项)

各选项说明如下：

（1）指定椭圆的轴端点：此项要求指定椭圆一个轴的两个端点和另一个轴的半轴长度绘制椭圆。在屏幕上拾取一点后，命令行继续提示：

指定轴的另一个端点：(指定椭圆一个轴的另一个端点)

指定另一条半轴长度或［旋转(R)］：(指定椭圆另一个轴的端点位置或输入“R”)

若输入 R，此时提示：“指定绕长轴旋转的角度：”，输入值越大，椭圆的离心率就越大，输入 0 将定义圆。

（2）圆弧（A）：该项是绘制椭圆弧，也可以通过选择【绘图】工具栏中的按钮直接调用。与圆弧一样，椭圆弧也可以通过绘制椭圆，利用【修剪】命令来创建。

（3）中心点（C）：此项要求指定椭圆的中心和两个半轴长度来绘制椭圆。

5. 绘制点及等分对象

（1）绘制点。

1）设置点样式。在 AutoCAD 中，可以创建单独的点对象作为绘图的参考点。为了便于观察，用户需要设置点的样式和大小。该命令有以下两种调用方法：

◇ 下拉菜单：【格式】/【点样式】。

◇ 命令行：DDPTYPE↙。

命令执行后，系统弹出【点样式】对话框，如图 18-35 所示。

该对话框列出了点的多种显示样式。在绘图过程中，可以根据需要选择点的样式。

其中【点大小】用于设置点的显示大小；【相对于屏幕设置大小】用于按屏幕尺寸的百

分比设置点的显示大小，当进行显示比例缩放时，点的显示大小并不改变；【按绝对单位设置大小】是使用实际单位设置点的大小，当进行显示比例缩放时，点的大小随之改变。

2）绘制单点和多点。该命令有以下三种调用方法：

◇ 下拉菜单：【绘图】/【点】。

◇ 工具栏：【绘图】工具栏中的 按钮。

◇ 命令行：POINT↙。

（2）等分对象。

1）定数等分。定数等分是按指定的等分数等分一个选定的对象，并在等分点处设置点标记或图块，利用定数等分绘制的等分点可以作为绘图的辅助点。命令的调用方法有以下两种：

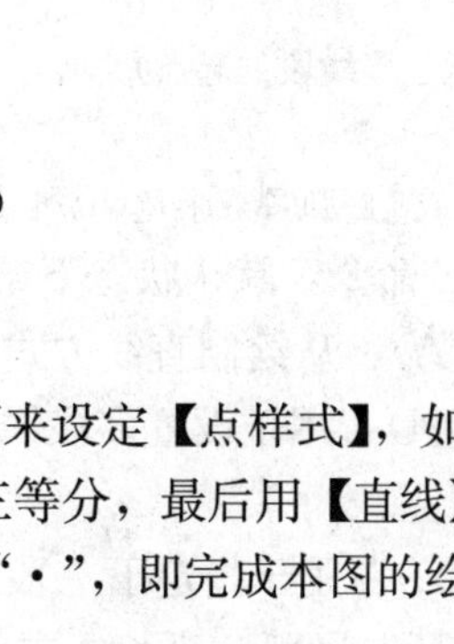

图 18-35 【点样式】对话框

◇ 下拉菜单：【绘图】/【点】/【定数等分】。

◇ 命令行：DIVIDE↙。

启动该命令后，命令行提示如下：

命令：_divide

选择要定数等分的对象：(选择要等分的对象)

输入线段数目或[块(B)]：(输入定数等分的数目或输入“B”)

【例 18-7】 绘制如图 18-36 所示的梯形屋架。

操作过程简述如下：

首先用【直线】命令绘制屋架外框 *ABCDE*，接下来设定【点样式】，如“×”，然后用【定数等分】命令分别将直线 *AB* 四等分，*CD* 和 *DE* 三等分，最后用【直线】命令将各个节点连接起来，并删除所有节点或将【点样式】设定为“·”，即完成本图的绘制。

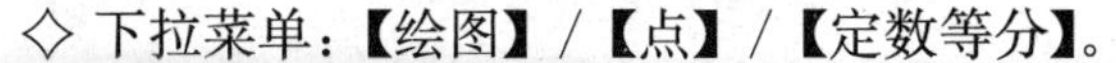

图 18-36　定数等分对象

2）定距等分。定距等分是指按指定的长度等分一个选定的对象，等分点处设置点标记或图块。该命令有以下两种调用方法：

◇ 下拉菜单：【绘图】/【点】/【定距等分】。

◇ 命令行：MEASURE↙。

【例 18-8】 将图 18-37 所示长 90 的直线按指定距离 20 进行等分。

操作步骤如下：

命令：_measure

选择要定距等分的对象：(靠近直线左端选取直线)

指定线段长度或［块(B)］：20↙（输入指定距离）

使用等分命令时，一次只能选择一个对象。为直线等分时，是从距离选择对象时所拾取

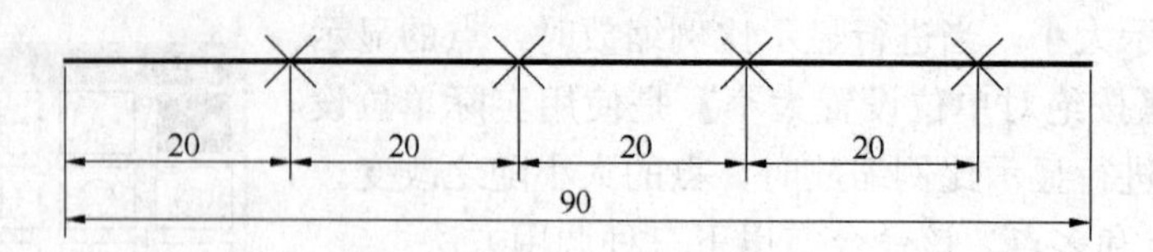

图 18-37 定距等分对象

的点较近端开始等分；为矩形等分时，等分点为绘制矩形时的起点，方向为顺时针。

二、绘制多段线

多段线是由直线段和圆弧构成的连续线条，是一个单独图形对象。在绘制过程中，可以设置不同的线宽。

绘制多段线命令有以下三种调用方法：

◇ 下拉菜单：【绘图】/【多段线】。

◇ 工具栏：【绘图】工具栏中的按钮。

◇ 命令行：PLINE↙。

启动该命令后，命令行提示如下：

命令：_pline

指定起点：(指定多线段的起点)

当前线宽为 0

指定下一个点或[圆弧(A)/半宽(H)/长度(L)/放弃(U)/宽度(W)]：(指定直线的下一点或者输入选项)

执行 PLINE 命令，默认状态下绘制的线条为直线，各选项说明如下：

(1) 圆弧（A）：从绘制直线方式切换到圆弧方式。

(2) 半宽（H）：用于设置多段线的半宽值，AutoCAD 将提示用户输入多段线的起点半宽值与终点半宽值。

(3) 长度（L）：用于指定下一段多段线的长度。如果前一段是直线，延长方向与该线相同；如果前一段是圆弧，延长方向为圆弧端点处的切线方向。

(4) 放弃（U）：取消最近一次绘制的一段多段线，可按绘制次序的逆序逐个撤除线段。

(5) 宽度（W）：指定下一段多段线的宽度。若起点与终点宽度值相等，则绘制等宽的多段线；若起点与终点宽度值不相等，则绘制出锥形线。

(6) 闭合（C）：封闭多段线并结束命令，该选项从指定第三点时才开始出现。

当输入“A”切换到圆弧方式后，命令行提示：

指定圆弧的端点或

[角度(A)/圆心(CE)/闭合(CL)/方向(D)/半宽(H)/直线(L)/半径(R)/第二个点(S)/放弃(U)/宽度(W)]：

各选项说明如下：

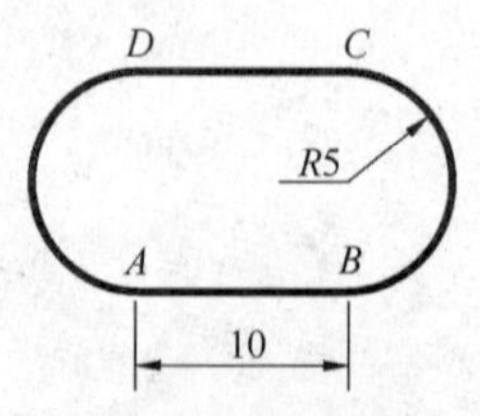

图 18-38 直线和圆弧组合的多段线

(1) 指定圆弧的端点：根据两点绘制与直线段相切的圆弧段。

(2) 闭合(CL)：用于设置用弧线段将多段线闭合，并结束命令。

(3) 直线（L）：切换回直线绘制方式。

(4) 角度（A）、圆心（CE）、方向（D）、半径（R）、第二个点（S）与绘制圆弧（ARC）的方法类似，在此不再赘述。

【例 18-9】 用【多段线】命令绘制如图 18-38 所示跑道，线宽为 1。

操作过程简述如下：

启动【多段线】命令后，任意拾取一点 A 作为起点，输入“W”，设定起点宽度和终点宽度均为“1”，水平向右移动鼠标（【正交】模式开）输入“10”确定 B 点，输入“A”切换到画弧方式，使用默认方式（指定圆弧的端点），竖直向上移动光标，输入“10”确定 C 点，再输入“L”切换到直线方式，水平向左移动鼠标输入“10”确定 D 点，再输入“A”切换到画弧方式，输入“CL”，用圆弧闭合多段线并结束命令。

三、多线的绘制与编辑

多线是指由多条相互平行的直线组成的组合对象。多线的数量、颜色、线型及平行线间的距离等是可以调整的，常用于绘制建筑图中的墙体、电子线路图等。

1. 设置多线样式

该命令有以下两种调用方法：

◇ 下拉菜单：【格式】/【多线样式】。

◇ 命令行：MLSTYLE↙。

启动该命令后，弹出【多线样式】对话框，此时可以创建、修改、保存和加载多线样式。单击【新建】按钮，在弹出的【创建新的多线样式】对话框中输入新样式名，单击【继续】按钮，弹出【新建多线样式】对话框，如图 18-39 所示。通过该对话框可设置多线样式的封口、填充、图元等内容。

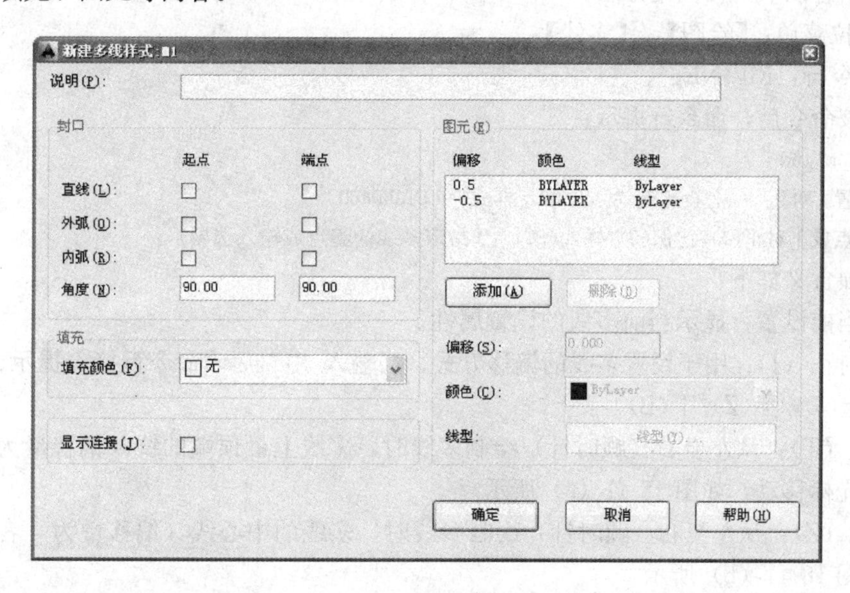

图 18-39 【新建多线样式】对话框

各选项说明如下：

(1)【说明】文本框：可以添加说明文字，对创建的多线样式进行描述。

(2)【封口】选项区：可以设置多线起点和端点处的封口形式，如图 18-40(a)～(d) 所示。

(3)【填充】列表框：用于设置多线的填充背景色，如图 18-40 (e) 所示。

(4)【显示连接】复选框：用于选择是否在多线的拐角处显示连接线，如图 18-40 (f) 所示。

（5）【图元】选项区：在列表框中显示每条多线相对于多线中心线的偏移量、颜色和线型。

如果要增加多线中线条的数目，则单击【添加】按钮，此时在【图元】列表中将加入一个偏移量为 0 的新线条元素，然后在【偏移】、【颜色】、【线型】中分别设置线条元素的偏移量、颜色、线型。如要绘制 370 厚的墙，轴线距墙内缘为 120，设轴线的位置相当于多线中心线，则两条多线的偏移量可分别设置为 250 和－120。

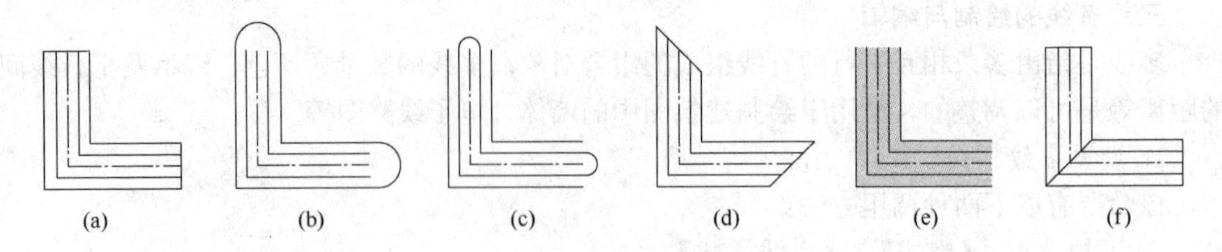

图 18-40 多线的封口形式、角度、填充和连接

（a）直线封口；（b）外弧封口；（c）内弧封口；

（d）起点与端点角度为 45°；（e）填充颜色；（f）显示连接

2. 绘制多线

该命令有以下两种调用方法：

◇ 下拉菜单：【绘图】/【多线】。

◇ 命令行：MLINE↙。

启动该命令后，命令行提示：

```
命令：_ mline
当前设置：对正 = 上，比例 = 20.00，样式 = STANDARD
指定起点或[对正(J)/比例(S)/样式(ST)]：(指定多线的起点或输入选项)
```

各选项含义如下：

（1）当前设置：显示当前多线的设置属性。

（2）对正（J）：用于设置多线的偏移方式。当输入“J”后，命令行接着提示：“输入对正类型［上(T)/无(Z)/下(B)］<上>：”。

1）上（T）：从左至右（顺时针）绘制多线时，多线上最顶端的线（偏移量为正值中最大者）随光标移动，如图 18-41（a）所示。

2）无（Z）：从左至右（顺时针）绘制多线时，多线的中心线（偏移量为 0 者）随光标移动，如图 18-41（b）所示。

3）下（B）：从左至右（顺时针）绘制多线时，多线上最底端的线（偏移量为负值中最小者）随光标移动，如图 18-41（c）所示。

例如：设置多线由 3 条平行线组成，其中一条线型为 Continuous，偏移量为 2；一条线型为 Center，偏移量为 0；另一条线型为 Continuous，偏移量为－1。当用不同【对正】方式从左至右绘图时，结果如图 18-41 所示。

（3）比例（S）：用于指定多线宽度相对于多线样式中定义宽度的比例因子。例如，绘制 370 的墙，【多线样式】中定义的两条平行线的偏移量分别为 250 和－120，则绘制多线时，【比例】设置为 1；若定义的两条平行线的偏移量分别为 25 和－12，则【比例】应设置

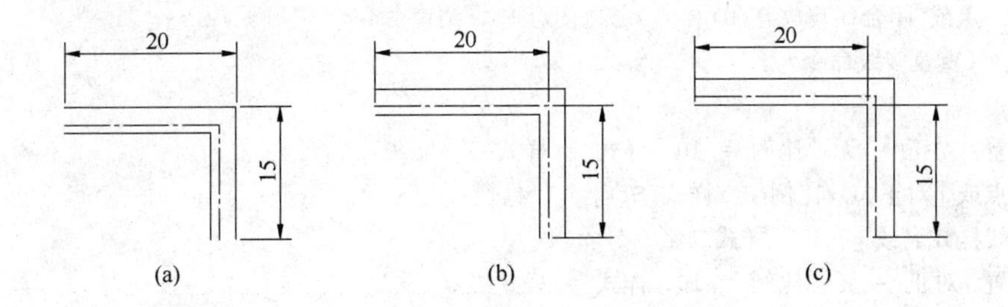

图 18-41 多线【对正】方式

(a) 上偏移，比例为 1；(b) 无偏移，比例为 1；(c) 下偏移，比例为 1

为 10。

(4) 样式 (ST)：用于选择多线的样式，系统缺省的多线样式为“STANDARD”。

【例 18-10】使用【多线】命令绘制如图 18-42 所示墙体，其中外墙厚 370，内墙厚 240。

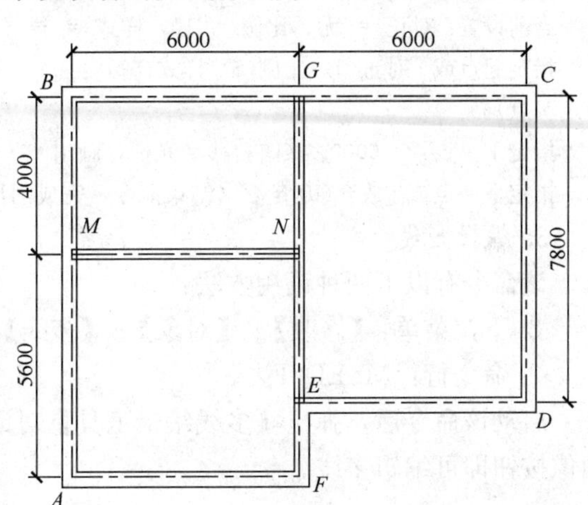

图 18-42 【多线】命令绘制墙体

操作过程简述如下：

(1) 设置【多线样式】。

1) 样式一：由 3 条线组成，其中一条线型为 Continuous，偏移量为 25；一条线型为 Center，偏移量为 0；另一条线型为 Continuous，偏移量为−12。

2) 样式二：由 3 条线组成，其中一条线型为 Continuous，偏移量为 12，一条线型为 Center，偏移量为 0；另一条线型为 Continuous，偏移量为−12。

(2) 绘制墙体。

命令：_ mline

当前设置：对正 = 上，比例 = 20.00，样式 = STANDARD

指定起点或[对正(J)/比例(S)/样式(ST)]： j↙

输入对正类型[上(T)/无(Z)/下(B)]<上>： z↙

指定起点或[对正(J)/比例(S)/样式(ST)]： st↙

输入多线样式名或[?]： 样式一↙

指定起点或[对正(J)/比例(S)/样式(ST)]：s↙

输入多比例<20.00>：10↙

当前设置：对正 = 无，比例 = 10，样式 = 样式一

指定起点或[对正(J)/比例(S)/样式(ST)]：(在屏幕上指定一点为 A)

指定下一点： <正交 开> 9600↙ (打开正交模式，向上移动光标，画出 AB)

指定下一点或[放弃(U)]： 12000↙ (向右移动光标，画出 BC)

指定下一点或[闭合(C)/放弃(U)]： 7800↙ (向下移动光标，画出 CD)

指定下一点或[闭合(C)/放弃(U)]： 6000↙ (向左移动光标，画出 DE)

指定下一点或[闭合(C)/放弃(U)]： 1800↙ (向下移动光标，画出 EF)

指定下一点或[闭合(C)/放弃(U)]： c↙（闭合 FA，结束命令）

命令：↙（重复多线命令）

MLINE

当前设置：对正 = 无，比例 = 10，样式 = 样式一

指定起点或［对正(J)/比例(S)/样式(ST)]： st↙

输入多线样式名或［?]： 样式二↙

当前设置：对正 = 无，比例 = 10，样式 = 样式二

指定起点或［对正(J)/比例(S)/样式(ST)]：（捕捉 E 点）

指定下一点： 7800↙（向上移动光标，画出 EG）

指定下一点或［放弃(U)]：↙（结束命令）

命令：↙（重复多线命令）

MLINE

当前设置：对正 = 无，比例 = 10，样式 = 样式二

指定起点或［对正(J)/比例(S)/样式(ST)]： <对象捕捉追踪 开> 4000↙（由 B 点向下追踪 4000，确定 M 点）

指定下一点： 6000↙（向右移动光标，画出 MN）

指定下一点或［放弃(U)]：↙（结束命令，完成图形）

3. 编辑多线

该命令有以下两种调用方法：

◇ 下拉菜单：【修改】/【对象】/【多线】。

◇ 命令行：MLEDIT↙。

启动该命令后，弹出【多线编辑工具】对话框，如图 18-43 所示，从中选择相应的样例图像按钮即可编辑多线。

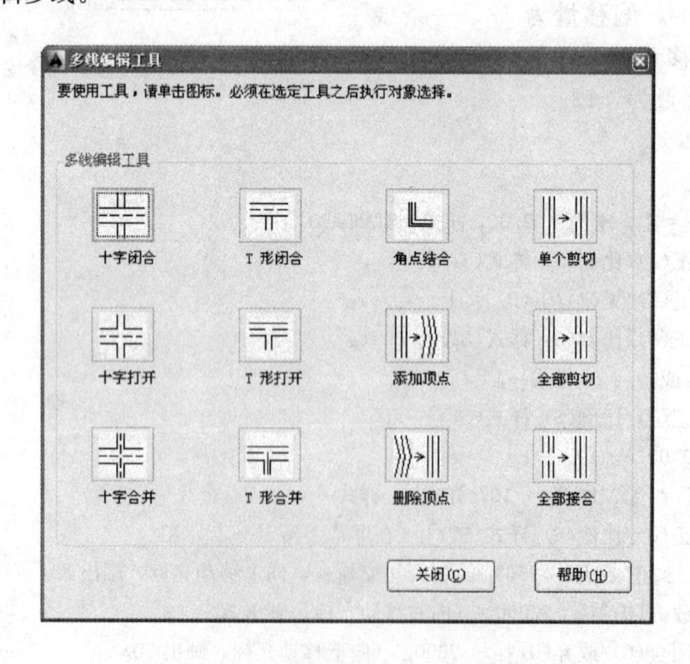

图 18-43 【多线编辑工具】对话框

使用十字形工具可以消除各种相交线，如图 18-44 所示。当选择十字形中的某种工具

后，还需要选取两条多线，AutoCAD总是切断所选的第一条多线，并根据所选工具切断第二条多线。在使用【十字合并】工具时可以生成配对元素的直角，如果没有配对元素，则多线将不被切断。

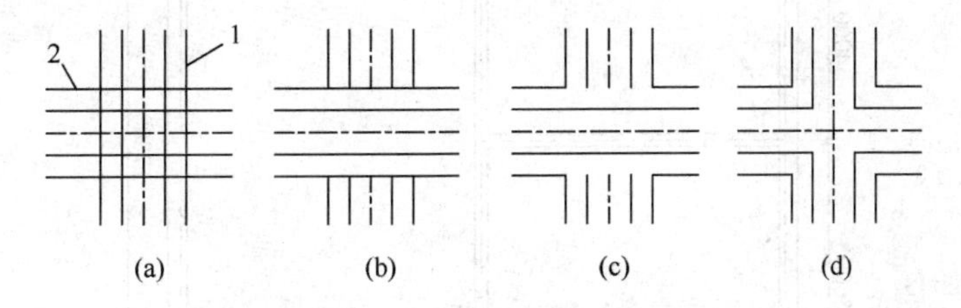

图 18-44 多线的十字形编辑效果

(a) 原始线条；(b) 十字闭合；(c) 十字打开；(d) 十字合并

使用T字形工具和角点结合工具也可以消除相交线，如图18-45所示。角点结合工具还可以消除多线一侧的延伸线，从而形成直角。使用该工具时，需要选取两条多线，只需在要保留的多线某部分上拾取点，AutoCAD就会将多线剪裁或延伸到它们的相交点。

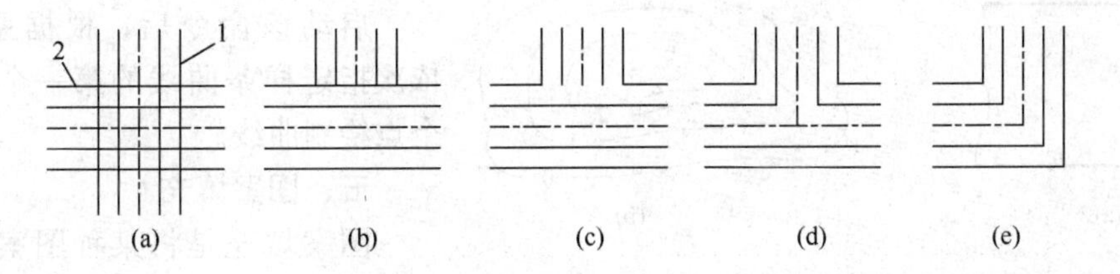

图 18-45 多线的T形及角点编辑效果

(a) 原始线条；(b) T形闭合；(c) T形打开；(d) T形合并；(e) 角点结合

使用添加顶点工具可以为多线增加若干顶点，使用删除顶点工具可以从包含三个或更多顶点的多线上删除顶点。

使用剪切工具可以切断多线。其中【单个剪切】工具用于切断多线中的一条，只需拾取要切断的多线某一元素的两点，则这两点中的连线即被删除（实际上是不显示）；【全部剪切】工具用于切断整条多线。

【全部接合】工具可以重新显示所选两点间的任何切断部分。

【例 18-11】对图18-42所示墙体的连接处进行修改，修改结果如图18-46所示。

操作步骤如下：

(1) 使用MLEDIT命令。

(2) 在【多线编辑工具】对话框中选择【T形合并】选项，这时AutoCAD将切换到图形界面，分别选择 M、N、E、G 点处两条多线，完成图形的修改。

四、绘制样条曲线

样条曲线是通过拟合一系列离散的点而生成的光滑曲线，它用于创建形状不规则的曲线，如波浪线、地形等高线等，如图18-47所示。

该命令有以下三种调用方法：

◇ 下拉菜单：【绘图】/【样条曲线】。

◇ 工具栏：【绘图】工具栏中的～按钮。

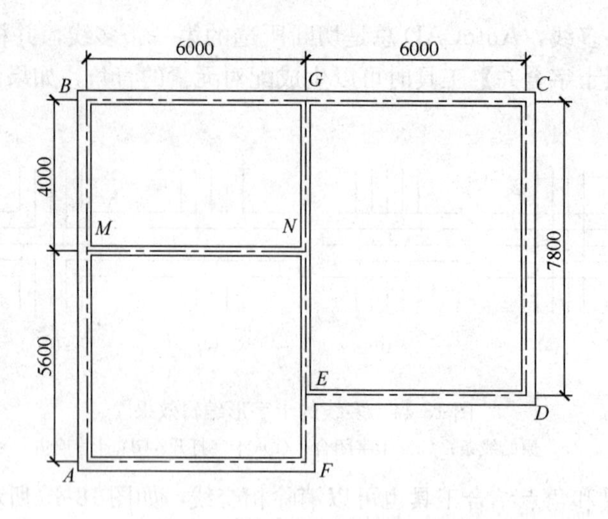

图 18-46 用【多线编辑工具】修改墙体连接处

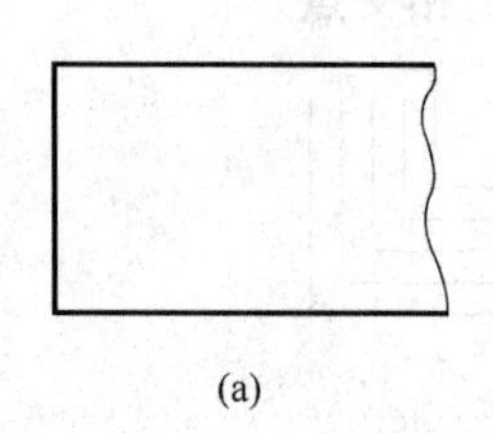

(a)

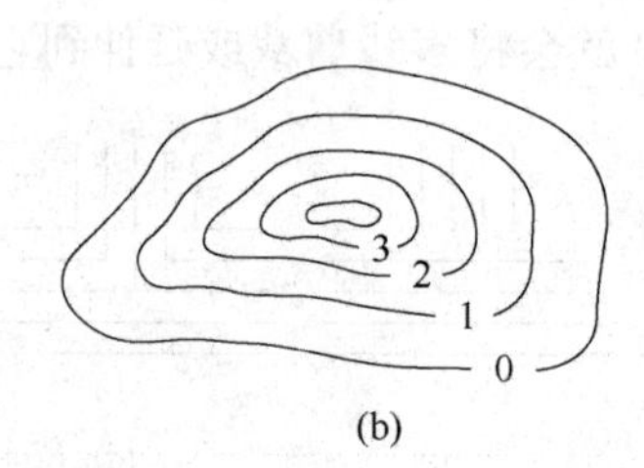

(b)

图 18-47 样条曲线的应用
(a) 波浪线；(b) 地形等高线

◇ 命令行：SPLINE↙。

启动该命令后，根据系统提示，依次指定样条曲线的第一个点和下一个点绘制曲线。

五、图案填充

图案填充是将某种图案充满图形中的指定封闭区域，以表示构成这类物体的材料或区分它的各个组成部分。在工程图中，图案填充用于表达建筑形体和机械零件的剖切区域，即绘制断面材料图例和剖面线。

1. 设置图案填充

该命令有以下三种调用方法：

◇ 下拉菜单：【绘图】/【图案填充】。

◇ 工具栏：【绘图】工具栏中的▧按钮。

◇ 命令行：HATCH↙。

启动该命令后，弹出【图案填充和渐变色】对话框，单击对话框右下方的【更多选项】按钮⊙，将展开【孤岛】、【边界保留】等更多选项组的选项，如图 18-48 所示。

各选项说明如下：

(1)【类型和图案】选项组用于设置图案填充时的类型和图案。

1)【类型】下拉列表框：用于设置图案的填充类型，其中“预定义”是使用 AutoCAD 已定义在 ACAD. PAT 文件中的图案；“用户定义”可使用基于当前线型定义的图案，此图案是由不同角度和比例控制的一组平行线或相互垂直的两组平行线组成；“自定义”是使用用户事先已定义好，存放在其他 PAT（非 ACAD. PAT）文件中的图案。

2)【图案】下拉列表框：只有将【类型】设置为“预定义”时，该【图案】选项才可用。单击下拉箭头，根据图案名称选择图案，也可单击其后的…按钮，在打开的【填充图

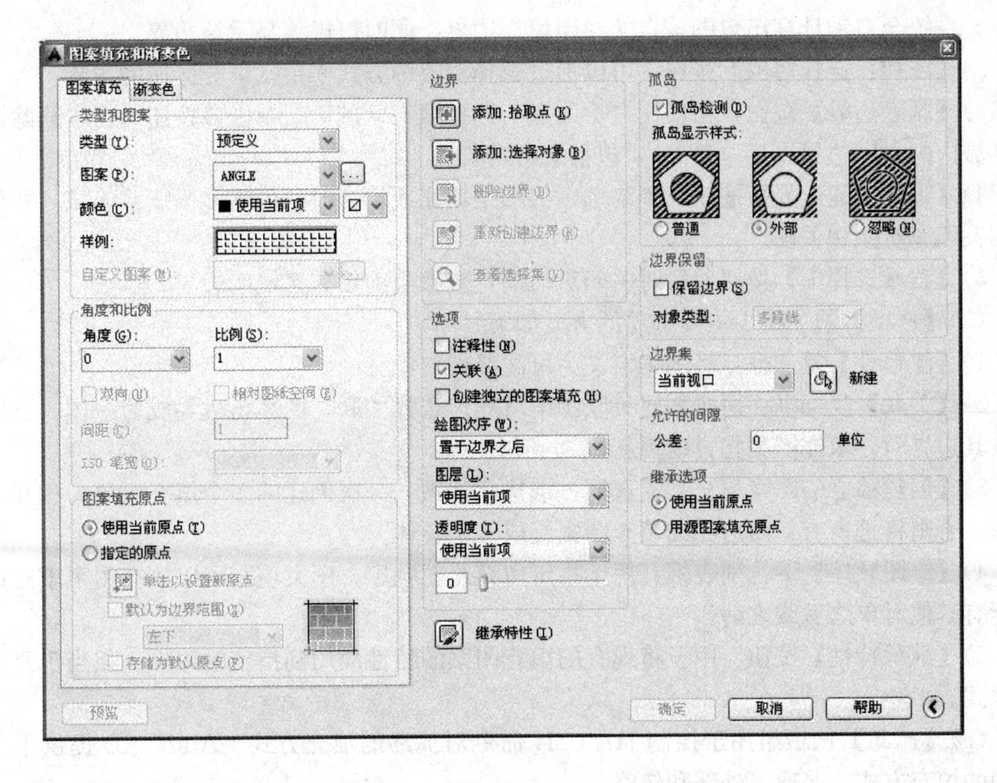

图 18-48 【图案填充和渐变色】/【图案填充】选项卡

案选项板】对话框中进行选择。

3）【样例】预览窗口：显示选定图案的预览图像，也可单击所选的样例图案，打开【填充图案选项板】对话框选择图案。

4）【自定义图案】下拉列表框：只有在【类型】设置为“自定义”时，该选项才可用。

（2）【角度和比例】选项组用于指定图案填充的角度和比例。

1）【角度】下拉列表框：用于设置填充图案的角度，每种图案默认的旋转角度都为 0。

2）【比例】下拉列表框：用于设置预定义或自定义图案填充时的比例值。每种图案在定义时的初始比例为 1，用户可以根据需要放大或缩小。

3）【双向】复选框：只有在选择“用户定义”图案填充类型时才可用。选中该复选框，可以使用方向相反并相互垂直的两组填充图形。

4）【间距】文本框：指定“用户定义”图案中的直线间距。

5）【相对图纸空间】复选框：该选项仅适用于布局，以适合于布局的比例显示填充图案。

（3）【图案填充原点】选项组用于设置图案填充原点的初始位置。一些类似于砖形的图案，需要与填充边界上的一点对齐，此时可能需要调整原点的位置。默认情况下，所有图案的原点与当前 UCS 坐标系一致。

（4）【边界】选项组用于选择图案填充边界的方式。

1）【添加：拾取点】按钮：单击该按钮切换到绘图窗口，在需要填充的区域内任意指定一点，系统会自动计算出包围该点的封闭填充边界，同时以虚线显示该边界。

2)【添加：选择对象】按钮：可以通过选择对象的方式来定义填充区域的边界。

3)【删除边界】按钮：在使用“拾取点”选择填充区域后，单击该按钮，可以删除该填充区域内的封闭边界（又称孤岛），包括文字对象。

4)【重新创建边界】按钮：围绕选定的图案填充或填充对象创建多段线或面域，并使其与图案填充对象相关联。

5)【查看选择集】按钮：暂时关闭对话框，查看当前填充区域的边界。

(5)【选项】选项组中主要选项的含义如下。

1)【注释性】复选框：将图案定义为可注释性对象。

2)【关联】复选框：用于创建关联图案填充。选择关联，图案与边界成为一体，当用户修改其边界时，填充图案将自动更新。

3)【创建独立的图案填充】复选框：选择此选项，一次创建的多个填充对象为相互独立对象，否则将把所有封闭边界的填充图案当成一个整体。

4)【绘图顺序】下拉列表框：用于指定填充绘图顺序，图案填充可以放在图案填充边界及所有其他对象之后或之前。

5)【继承特性】按钮：用于将现有的填充图案的特性应用到指定的边界，相当于复制填充样式。

(6)【孤岛】选项组用于控制 HATCH 命令对孤岛的填充方式。AutoCAD 提供了三种不同的填充方式：普通、外部和忽略。

(7)【边界保留】选项组可指定是否将边界保留为对象，并确定应用于这些对象的对象类型。

(8)【边界集】选项组用于设置通过“添加：拾取点”定义图案填充区域时，HATCH 命令是在所有图形元素上查找边界，还是在选定的图形元素上查找边界。

(9)【允许的间隙】选项组用于设置将对象用作图案填充边界时可以忽略的最大间隙。默认值为 0。

在图案填充的操作中，除了通过对话框设置外，有部分功能还可以在确定填充边界后，在右击弹出的快捷菜单中选择相应的选项来完成。

【例 18-12】 按图 18-49 所示进行图案填充练习。

操作过程简述如下：

填充前图形如图 18-49（a）所示。启动【图案填充】命令，打开【图案填充和渐变色】对话框。选择“预定义”图案类型中的“AR-B816”进行填充。【图案填充原点】设置为【使用当前原点】，单击【边界】选项区中【添加：拾取点】按钮，在矩形内部单击一点 A，填充结果如图 18-49（b）所示；【图案填充原点】设置为【指定的原点】，即矩形边界的左下角点 B，同样在矩形内部单击一点 A，填充结果如图 18-49（c）所示；重复图 18-49（b）的绘图步骤，返回【图案填充和渐变色】对话框后，单击【删除边界】按钮，选择图中“孤岛”二字后填充结果如图 18-49（d）所示；【图案填充原点】设置为【指定的原点】，即矩形边界的左下角点 B，单击【边界】选项区中【添加：选择对象】按钮，分别单击矩形 C 和圆 D 边界，填充结果如图 18-49（e）所示；图案填充设置为【关联】，图形变形后结果如图 18-49（f）所示。

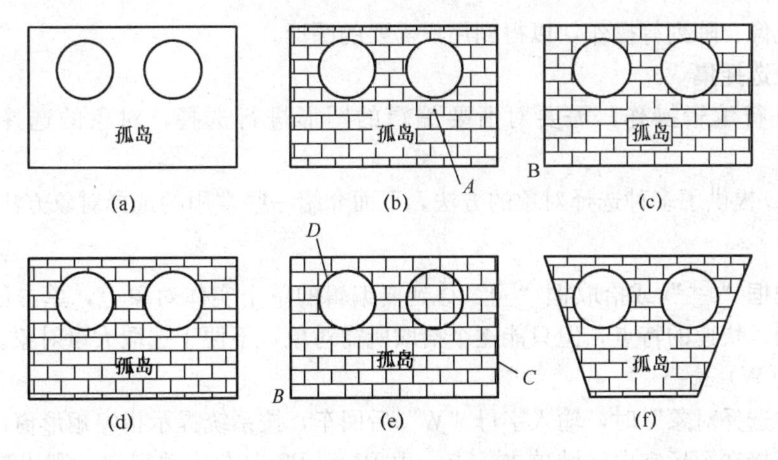

图 18-49　图案填充示例

【例 18-13】 绘制钢筋混凝土的材料图例。

操作过程简述如下：

钢筋混凝土的材料图例，如图 18-50（a）所示，在预设的图案中无法找到，但它是由已有的两个图案“ANSI31”［如图 18-50(b)所示］和“AR-CONC”［如图 18-50(c)所示］组成的。因此，可用两次填充的方法分别填充这两种图案，从而得到钢筋混凝土的材料图例。

注意，填充时应分别调整图案的比例值，图案比例的大小可由观察确定。

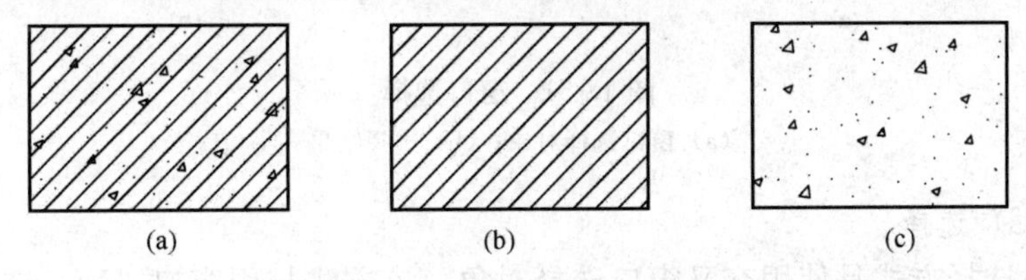

图 18-50　填充钢筋混凝土材料图例

（a）钢筋混凝土材料图例；（b）填充 ANSI31 图案；（c）填充 AR-CONC 图案

2. 编辑填充图案

该命令有以下四种调用方法：

☆ 下拉菜单：【修改】/【对象】/【图案填充】。

☆ 工具栏：“修改Ⅱ”工具栏中的按钮。

☆ 命令行：HATCHEDIT↙。

☆ 快捷菜单：选定图案填充对象后，从右击快捷菜单中选择【编辑图案填充】选项。

命令执行后，需要选择图案对象，打开【图案填充编辑】对话框，【图案填充编辑】对话框与【图案填充和渐变色】对话框的内容相同，仅是有些选项不可用。通过该对话框，可以重新设置填充图案的相关参数。

FILL 命令可以控制填充图案的可见性。

第四节　编辑二维图形

AutoCAD 提供一组实用的编辑命令，可对已绘制的图形进行擦除、移动、拉伸、裁剪、复制、镜像、阵列等操作，以得到用户需要的图形。

一、建立选择集

对图形进行编辑操作，需要对所要编辑的图形进行选择，对象的选择称为构造选择集。

AutoCAD 提供了多种选择对象的方法，下面介绍一些常用的选择对象方法。

1. 点选

直接将靶框“⌖”或拾取框“□”移到要编辑的单个实体对象上，单击鼠标左键。该方法具有准确、快速的特点，但只能逐个拾取所需对象，不便于选取大量对象。

2. 窗口（W）选择

在提示“选择对象”时，输入字母“W”后回车，按系统提示指定矩形窗口的两个对角点，也可以直接在图形空白区域单击一点，由 P1 到 P2 向右拖动窗口，则出现一个边线为实线的矩形选择窗口。此时，只有完全包含在窗口内的对象才能被选中，如图 18-51 所示。

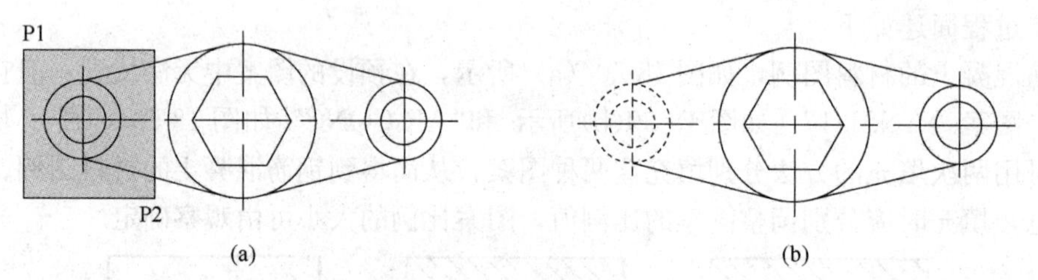

图 18-51 窗口选择

（a）窗口选择对象；（b）选择结果

3. 窗交（C）选择

窗交（C）选择方式是使用交叉窗口选择对象，该方法与用窗口（W）选择对象的方法类似。在提示“选择对象”时，输入字母“C”后回车，指定矩形窗口的两个对角点，或直接在图形空白区域单击一点，由 P1 到 P2 向左拖动窗口，则出现一个边线为虚线的矩形选择窗口。此时，不仅完全包含在窗口内的对象被选中，与窗口相交的对象也被选中，如图 18-52 所示。

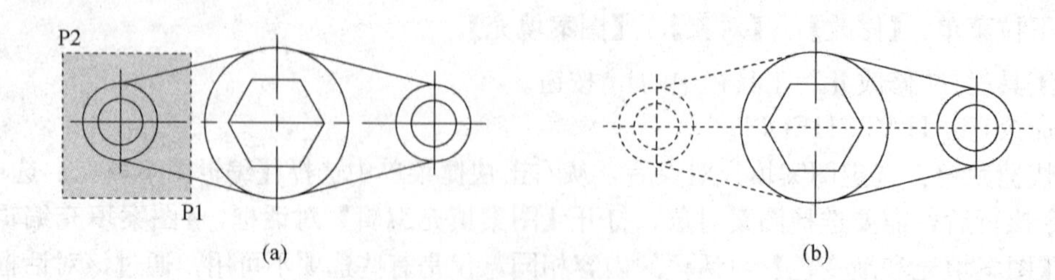

图 18-52 窗交选择

（a）交叉窗口选择对象；（b）选择结果

4. 全部（A）选择

在提示“选择对象”时，输入字母“ALL”后回车，则可以选择除锁定层和冻结层以外的所有对象。

5. 删除（R）

要从已经选择的对象中删除对象，可以在提示“选择对象”时，输入“R”后回车，或者按住 Shift 键，单击要从选择集中移出的对象即可。按下 ESC 键可以取消全部被选中的对象。

6. 前一选择集（P）

在“选择对象：”提示下，键入“P”后回车，就进入该方式。它将最后一次用过的选择集作为当前选择集。

7. 快速选择

AutoCAD 还提供了快速选择功能，执行快速选择命令的常用方法有三种：

☆ 下拉菜单：【工具】/【快速选择】。

☆ 快捷菜单：单击鼠标右键，在弹出的快捷菜单中选择【快速选择】命令。

☆ 命令行：QSELECT↙。

执行该命令后，将打开【快速选择】对话框，如图 18-53 所示，用户可以根据需要从中选择目标的属性，一次性选择绘图区具有该属性的所有实体。

当需要选择大量特性相同的图形对象时，可以使用快速选择。

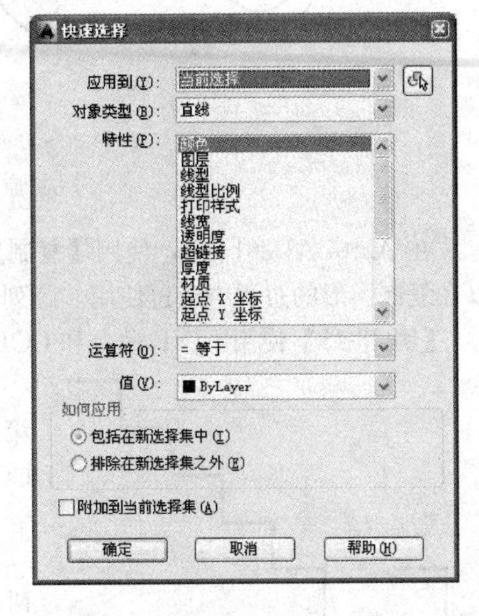

图 18-53 【快速选择】对话框

二、删除对象

【删除】命令用于删除图中不需要的对象。该命令有以下三种调用方式：

☆ 下拉菜单：【修改】/【删除】。

☆ 工具栏：【修改】工具栏中的按钮。

☆ 命令行：ERASE↙。

该命令执行后，命令行提示如下：

命令：_ erase

选择对象：

用户可以利用上面介绍的选择对象方法来选择要删除的对象，然后按 Enter 键或空格键，即可删除所选择的对象。也可在命令状态下直接选择要删除的对象，按 Delete 键或【删除】按钮删除对象。

三、复制、镜像、偏移、阵列对象

有时为了提高绘图效率，可以在原有图形对象的基础上，进行复制、镜像、偏移、阵列操作，从而起到事半功倍的作用。

1. 复制对象

【复制】命令就是将已有的对象复制出一个或多个副本，并放置到指定的位置。该命令有以下三种调用方式：

☆ 下拉菜单：【修改】/【复制】。

☆ 工具栏：【修改】工具栏中的按钮。

☆ 命令行：COPY↙。

【例 18-14】 如图 18-54（a）所示，将图形左侧两个同心圆复制到图形的右侧，其圆心

为两点画线交点 A。

操作步骤如下：

命令：_ copy

选择对象：(选择同心圆)

选择对象：↙

当前设置：　复制模式 = 多个

指定基点或［位移（D）/模式（O）］＜位移＞：(指定两圆的圆心为基点)

指定第二个点或［阵列（A）］＜使用第一个点作为位移＞：(点取点 A)

指定第二个点或［阵列（A）/退出（E）/放弃（U）］＜退出＞：↙

结果如图 18-54（b）所示。

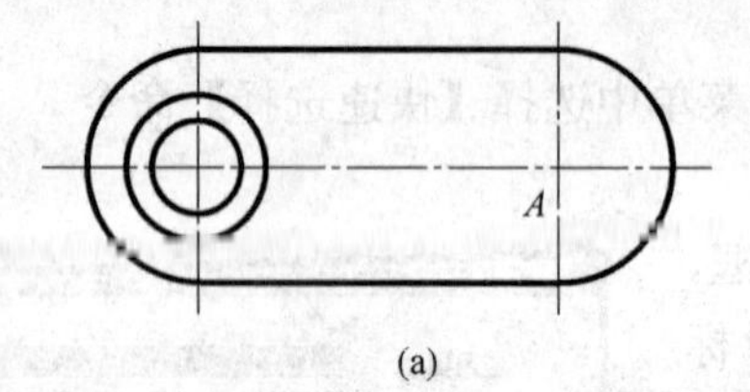

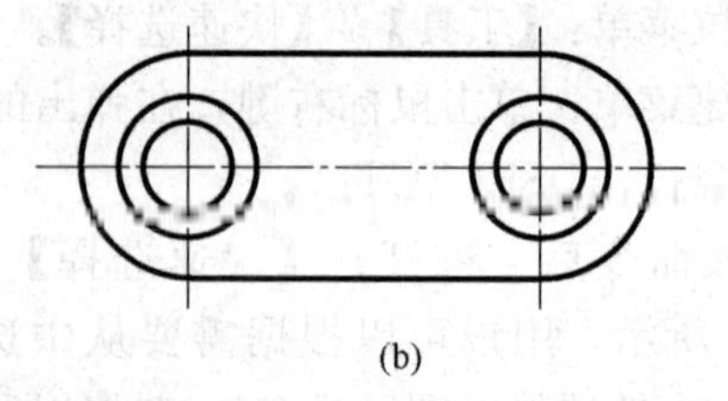

图 18-54　复制对象

（a）原始图形；（b）复制后对象

在 AutoCAD2014 中，使用【复制】命令除了可以对图形进行常规的复制操作外，还可以在复制图形的过程中通过使用“阵列（A）”命令选项，对图形进行阵列复制操作。

【例 18-15】使用 LINE 命令和 COPY 命令绘制楼梯的梯步形状，要求有 5 个梯步。

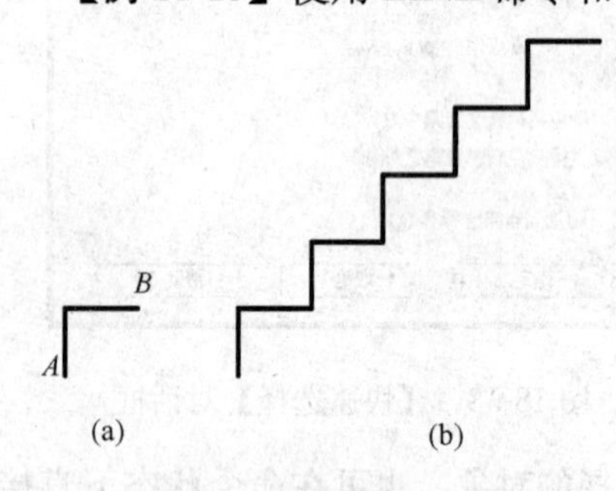

图 18-55　阵列复制对象

（a）源对象；（b）阵列复制结果

首先使用 LINE 命令绘制两条相互垂直的线段作为第一个梯步图形，如图 18-55（a）所示。然后执行 COPY 命令，操作步骤如下：

命令：_ copy

选择对象：指定对角点：找到 2 个［选择图 18-55（a）所示两条垂直线］

选择对象：↙

当前设置：　复制模式 = 多个

指定基点或［位移（D）/模式（O）］＜位移＞：［在图 18-55（a）中指定左下端点 A 为基点］

指定第二个点或［阵列（A）］＜使用第一个点作为位移＞：a↙（启用阵列功能）

输入要进行阵列的项目数：5↙（5 个梯步）

指定第二个点或［布满（F）］：［在图 18-55（a）中指定右上端点 B 为第二点］

指定第二个点或［阵列（A）/退出（E）/放弃（U）］＜退出＞：↙

结果如图 18-55（b）所示。

2. 镜像对象

通过【镜像】命令可以复制与原有对象对称的图形。该命令有以下三种调用方式：

☆ 下拉菜单：【修改】/【镜像】。

☆ 工具栏：【修改】工具栏中的 按钮。

☆ 命令行：MIRROR↙。

该命令执行后，命令行提示如下：

命令：_ mirror

选择对象：(选择要镜像的对象)

选择对象：↙

指定镜像线的第一点：(屏幕上指定一点)

指定镜像线的第二点：(屏幕上指定第二点)

要删除源对象吗？[是（Y）/否（N）]＜N＞：

说明：(1) 镜像以给定两点形成的镜像线为对称线，其长度和角度均可以是任意的。

(2) 文本镜像的结果由系统变量 MIRRTEXT 控制，若 MIRRTEXT=1，镜像显示文字，如图 18-56（b）所示。若 MIRRTEXT=0，保持文字方向，如图 18-56（c）所示。

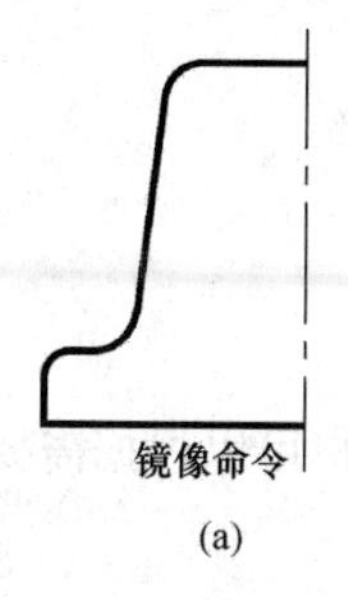

(a)

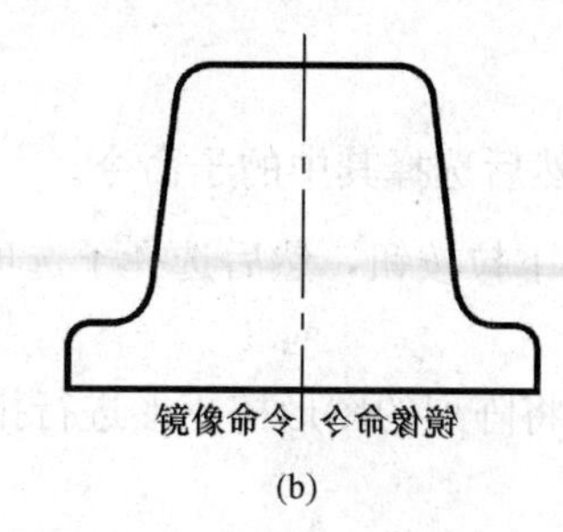

(b)

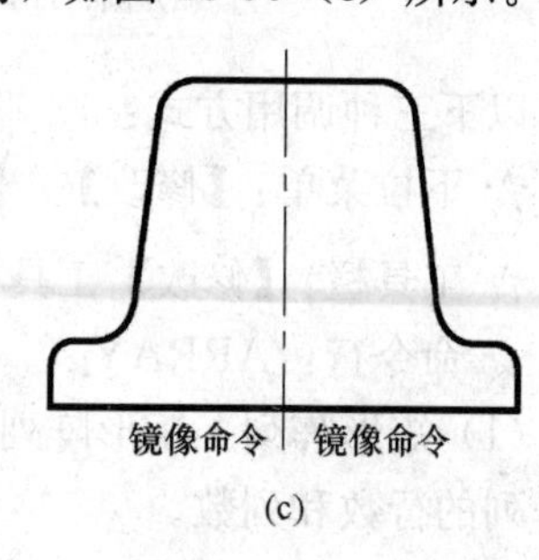

(c)

图 18-56 镜像对象

(a) 原始图形；(b) MIRRTEXT=1；(c) MIRRTEXT=0

3. 偏移对象

使用【偏移】命令可以通过指定点或指定距离将选定的图形对象单方向复制一次。该命令有以下三种调用方式：

☆ 下拉菜单：【修改】/【偏移】。

☆ 工具栏：【修改】工具栏中的 按钮。

☆ 命令行：OFFSET↙。

该命令执行后，命令行提示如下：

命令：_ offset

当前设置：删除源 = 否　图层 = 源　OFFSETGAPTYPE = 0

指定偏移距离或[通过（T）/删除（E）/图层（L）]＜通过＞：(给出偏移距离)

选择要偏移的对象，或[退出（E）/放弃（U）]＜退出＞：(选择要偏移的对象)

指定要偏移的那一侧上的点，或[退出（E）/多个（M）/放弃（U）]＜退出＞：(屏幕上指定方向)

选择要偏移的对象，或[退出（E）/放弃（U）]＜退出＞：

各选项说明如下：

(1) 通过（T）：当选择此项后，产生的新偏移对象将通过拾取点。

(2) 删除（E）：偏移后是否删除原有对象。

(3) 图层（L）：偏移后产生的新偏移对象位于当前层还是与源对象在同一图层中。

执行【偏移】命令，只能用拾取框点选目标对象，可以创建同心圆、平行线和等距曲线。对不同图形执行偏移命令，会产生不同的结果，如图 18-57 所示。

4. 阵列对象

利用【阵列】命令可以将选中的对象按矩形、路径或极轴的排列方式复制出一组。该命

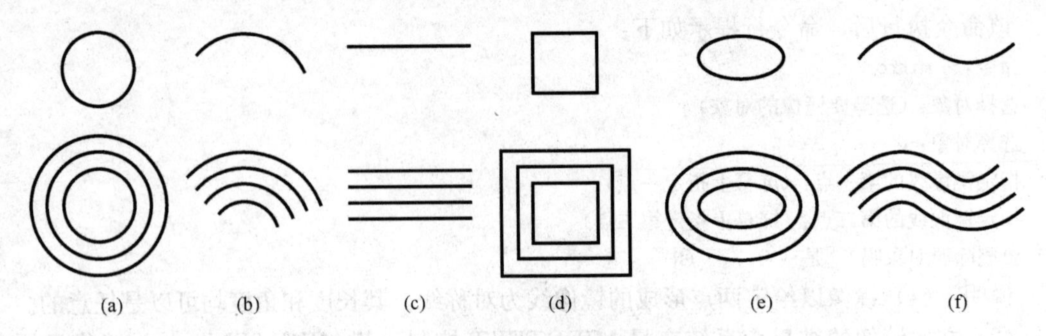

图 18-57 不同图形对象的偏移效果

(a) 圆；(b) 圆弧；(c) 直线；(d) 矩形；(e) 椭圆；(f) 样条曲线

令有以下三种调用方式：

☆ 下拉菜单：【修改】/【阵列】，然后选择其中的子命令。

☆ 工具栏：【修改】工具栏中的下拉按钮，然后选择子选项。

☆ 命令行：ARRAY↙。

(1) 矩形阵列。矩形阵列图形是指将阵列的图形按矩形进行排列，用户可以根据需要设置阵列的行数和列数。

执行 ARRAY 命令，命令行提示如下：

命令：_ ARRAY

选择对象：(选择要阵列的对象)

选择对象：↙

输入阵列类型 [矩形 (R) /路径 (PA) /极轴 (PO)] <矩形>：↙(选择矩形阵列方式)

类型 = 矩形 关联 = 是

选择夹点以编辑阵列或 [关联 (AS) /基点 (B) /计数 (COU) /间距 (S) /列数 (COL) /行数 (R) /层数 (L) /退出 (X)] <退出>：

各选项说明如下：

1) 关联 (AS)：指定阵列中的对象是关联的还是独立的。

2) 基点 (B)：指定用于在阵列中放置项目的基点。

3) 计数 (COU)：指定行数和列数并使用户在移动光标时可以动态观察结果。

4) 间距 (S)：指定行间距和列间距并使用户在移动光标时可以动态观察结果。

5) 列数 (COL)：编辑列数和列间距。

6) 行数 (R)：指定阵列中的行数、它们之间的距离及行之间的增量标高。

7) 层数 (L)：指定三维阵列的层数和层间距。

矩形阵列对象时，默认参数的行数为 3，列数为 4，对象间的距离为源对象尺寸的 1.5 倍，如果阵列结果正好符合默认参数，可以在选择对象后直接按 Enter 键或空格键进行确认，完成矩形阵列操作。

【例 18-16】 将图 18-58 (a) 所示菱形，阵列出 4 行 5 列，行间距 12，列间距 7。

操作步骤如下：

命令：_ arrayrect

选择对象：指定对角点：找到 4 个 [窗选图 18-58 (a) 中菱形]

选择对象：↙

类型 = 矩形　关联 = 是

选择夹点以编辑阵列或 [关联 (AS) /基点 (B) /计数 (COU) /间距 (S) /列数 (COL) /行数 (R) /层数 (L) /退出 (X)] <退出>：cou↙ (选择计数选项)

输入列数数或 [表达式 (E)] <4>：5↙ (5 列)

输入行数数或 [表达式 (E)] <3>：4↙ (4 行)

选择夹点以编辑阵列或 [关联 (AS) /基点 (B) /计数 (COU) /间距 (S) /列数 (COL) /行数 (R) /层数 (L) /退出 (X)] <退出>：s↙ (选择间距选项)

指定列之间的距离或 [单位单元 (U)] <7.5>：7↙ (列间距 7)

指定行之间的距离 <15>：12↙ (行间距 12)

选择夹点以编辑阵列或 [关联 (AS) /基点 (B) /计数 (COU) /间距 (S) /列数 (COL) /行数 (R) /层数 (L) /退出 (X)] <退出>：↙

结果如图 18-58 (b) 所示。

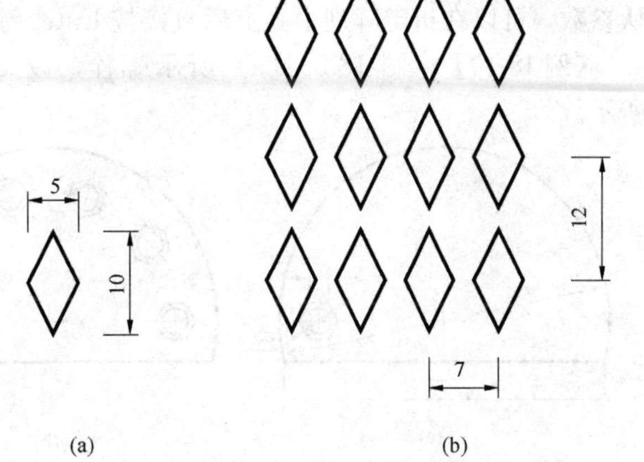

图 18-58　矩形阵列复制对象

(a) 原始图形；(b) 阵列后

(2) 路径阵列。路径阵列图形是指将阵列的图形按指定的路径进行排列，用户可以根据需要设置阵列的总数和间距。

执行 ARRAY 命令，命令行提示如下：

命令：ARRAY↙

选择对象：(选择要阵列的对象)

选择对象：↙

输入阵列类型 [矩形 (R) /路径 (PA) /极轴 (PO)] <矩形>：pa↙ (选择路径阵列方式)

类型 = 路径　关联 = 是

选择路径曲线：(选择路径)

选择夹点以编辑阵列或 [关联 (AS) /方法 (M) /基点 (B) /切向 (T) /项目 (I) /行 (R) /层 (L) /对齐项目 (A) /Z 方向 (Z) /退出 (X)] <退出>：

不同于矩形阵列的各选项说明如下：

1) 路径曲线：指定用于阵列路径的对象。路径可以是直线、多段线、样条曲线、螺旋、圆弧、圆或椭圆。

2) 方法 (M)：控制如何沿路径分布项目。将指定数量的项目沿路径的长度均匀分布，也可以以指定的间隔沿路径分布。

3) 切向 (T)：指定阵列中的项目如何相对于路径的起始方向对齐。

4) 项目 (I)：根据“方法”设置的分布方式，指定项目数或项目之间的距离。

5) 对齐项目 (A)：指定是否对齐每个项目以与路径的方向相切。

(3) 极轴阵列。极轴阵列 (即环形阵列) 图形是指将阵列的图形按环形进行排列，用户可以根据需要设置阵列的总数和填充的角度。

执行 ARRAY 命令，命令行提示如下：

命令：ARRAY↙

选择对象：(选择要阵列的对象)

选择对象：↙

输入阵列类型［矩形（R）/路径（PA）/极轴（PO）］＜矩形＞：pO↙（选择极轴阵列方式）↙

类型 = 极轴　关联 = 是

指定阵列的中心点或［基点（B）/旋转轴（A）］：（指定阵列中心）

选择夹点以编辑阵列或［关联（AS）/基点（B）/项目（I）/项目间角度（A）/填充角度（F）/行（ROW）/层（L）/旋转项目（ROT）/退出（X）］＜退出＞：

不同于矩形和路径阵列的各选项说明如下：

1）阵列的中心：指定分布阵列项目所围绕的点。

2）项目间角度（A）：阵列中的项目之间的角度。

3）填充角度（F）：阵列中第一个和最后一个项目之间的角度。

4）旋转项目（ROT）：控制在排列项目时是否旋转项目。

极轴阵列对象时，默认参数的阵列总数为 6，填充角度 360°，如果阵列结果正好符合默认参数，可以在指定阵列中心点后直接按 Enter 键或空格键进行确认，完成极轴阵列操作。

【例 18-17】将图 18-59（a）所示螺栓，以 180°填充角度环形阵列，如图 18-59（b）所示。

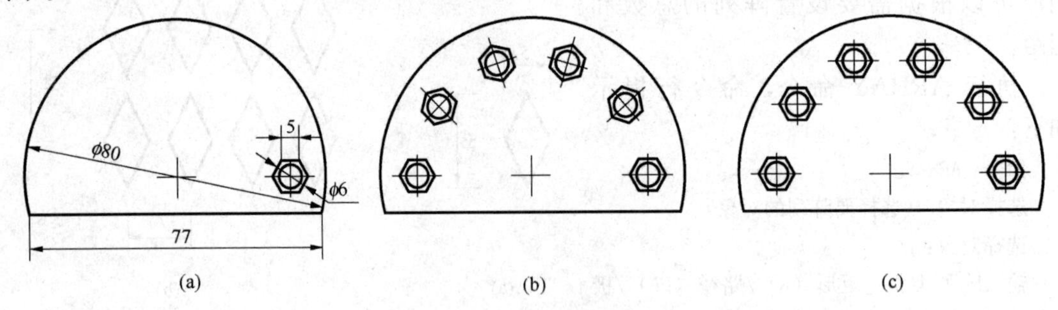

图 18-59　环形阵列复制对象

（a）阵列前；（b）复制时旋转项目；（c）复制时不旋转项目

操作步骤如下：

命令：_ arraypolar↙

选择对象：指定对角点：找到 4 个［窗选图 18-59（a）所示螺栓］

选择对象：↙

类型 = 极轴　关联 = 是

指定阵列的中心点或［基点（B）/旋转轴（A）］：［选择图 18-59（a）中大圆圆心作为环形阵列的中心］

选择夹点以编辑阵列或［关联（AS）/基点（B）/项目（I）/项目间角度（A）/填充角度（F）/行（ROW）/层（L）/旋转项目（ROT）/退出（X）］＜退出＞：i↙（选择项目选项）

输入阵列中的项目数或［表达式（E）］＜6＞：↙（默认阵列项目总数为 6）

选择夹点以编辑阵列或［关联（AS）/基点（B）/项目（I）/项目间角度（A）/填充角度（F）/行（ROW）/层（L）/旋转项目（ROT）/退出（X）］＜退出＞：f↙（选择填充角度选项）

指定填充角度（+ = 逆时针、- = 顺时针）或［表达式（EX）］＜360＞：180↙（指定填充角度 180°）

选择夹点以编辑阵列或［关联（AS）/基点（B）/项目（I）/项目间角度（A）/填充角度（F）/行（ROW）/层（L）/旋转项目（ROT）/退出（X）］＜退出＞：↙

结果如图 18-59（b）所示。当选项“旋转项目（ROT）”选择为不旋转时，阵列结果如图 18-59（c）所示。

默认情况下，阵列的对象为一个整体对象，可以选择【修改】/【对象】/【阵列】命令，或者执行 ARRAYEDIT 命令，对关联阵列对象及其源对象进行编辑。

四、移动、旋转、缩放、拉伸对象

绘图过程中，有时需要对图形对象进行方位处理，改变其位置、形状和大小，如移动、旋转、缩放、拉伸操作。

1. 移动对象

【移动】命令是指在不改变图形对象的方向和大小的前提下，在指定方向上按指定距离移动对象。该命令有以下三种调用方式：

☆ 下拉菜单：【修改】/【移动】。

☆ 工具栏：【修改】工具栏中的按钮。

☆ 命令行：MOVE↙。

【例 18-18】将图 18-60（a）所示圆移动到矩形中心。

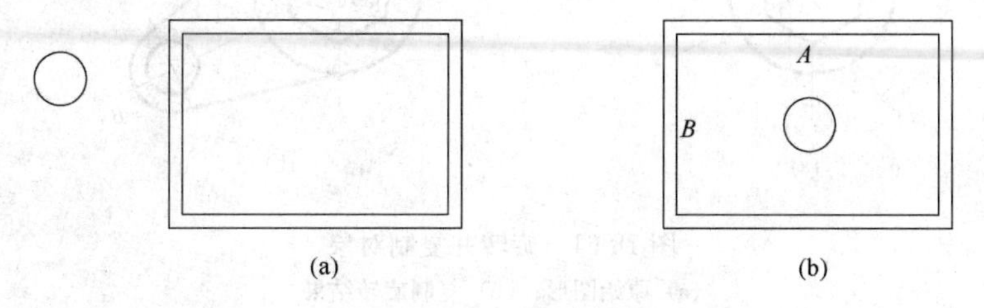

图 18-60 移动对象

（a）原始图形；（b）移动结果

操作步骤如下：

命令：_ move

选择对象：找到 1 个（选择圆对象）

选择对象：↙

指定基点或［位移（D）］＜位移＞：（捕捉圆心作为基点）

指定第二个点或＜使用第一个点作为位移＞：＜对象捕捉追踪 开＞（打开对象捕捉追踪，设定自动对象捕捉的中点方式，分别捕捉矩形两边中点 A 和 B）

结果如图 18-60（b）所示。

2. 旋转对象

【旋转】命令是指将图形对象绕某一指定基点旋转一定的角度，改变图形对象的方向。该命令有以下三种调用方式：

☆ 下拉菜单：【修改】/【旋转】。

☆ 工具栏：【修改】工具栏中的按钮。

☆ 命令行：ROTATE↙。

该命令执行后，命令行提示如下：

命令：_ rotate

UCS 当前的正角方向：ANGDIR = 逆时针 ANGBASE = 0

选择对象：（选择要旋转的对象）

选择对象：↙

指定基点：（在屏幕上指定基点）

指定旋转角度，或［复制（C）/参照（R）］<0>：

说明：（1）旋转角度：角度值为正，按逆时针旋转；角度值为负，按顺时针旋转。

（2）复制（C）：将对象旋转的同时进行复制。

（3）参照（R）：以参照方式旋转对象，需要依次指定参考方向的角度值和相对于参考方向的角度值，适用于旋转角度未知的情况。

【例 18-19】将图 18-61（a）所示对象，旋转复制到图 18-61（b）所示位置。

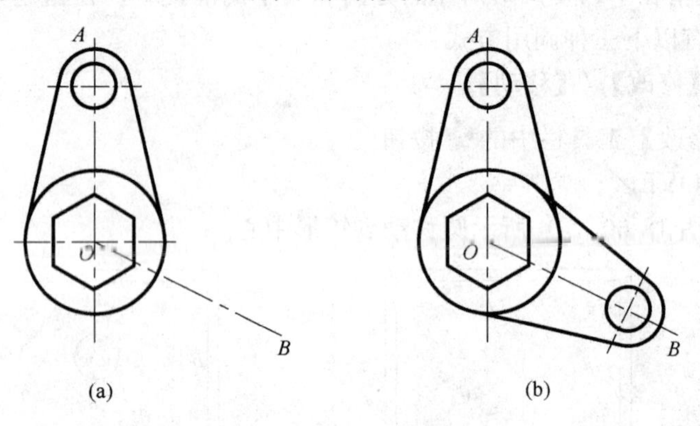

图 18-61 旋转并复制对象

（a）原始图形；（b）复制旋转结果

操作步骤如下：

命令：_ rotate

UCS 当前的正角方向： ANGDIR = 逆时针 ANGBASE = 0

选择对象：指定对角点：找到 6 个［使用交叉窗口选择图 18-61（a）上部对象］

选择对象：找到 1 个，删除 1 个，总计 5 个（按住 Shift 键移出中心线 *OA*）

选择对象：↙（按 Enter 键结束选择）

指定基点：（选择圆心 *O*）

指定旋转角度，或［复制（C）/参照（R）］<90>：C↙（选择复制选项）

旋转一组选定对象。

指定旋转角度，或［复制（C）/参照（R）］<90>：R↙

指定参照角 <0>：90↙

指定新角度或［点（P）］<0>：（直接捕捉端点 *B*）

结果如图 18-61（b）所示。

如果不能确定旋转的角度时，可以采用参照旋转方式。

3. 缩放对象

【缩放】命令是指在不改变图形宽高比的前提下，将图形按需要的比例放大或缩小。该命令有以下三种调用方式：

☆ 下拉菜单：【修改】/【缩放】。

☆ 工具栏：【修改】工具栏中的▢按钮。

☆ 命令行：SCALE↙。

【例 18-20】将图 18-62（a）所示正五边形复制缩放为圆内接正五边形。

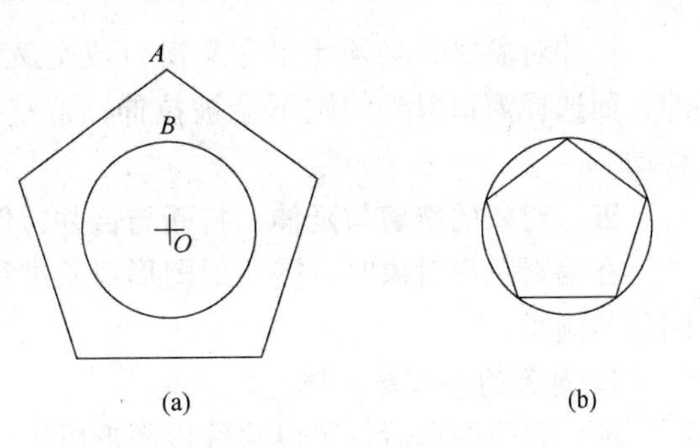

图 18-62 缩放对象

(a) 原始图形；(b) 缩放后结果

操作步骤如下：

命令：_ scale

选择对象：找到 1 个（选择正五边形）

选择对象：↙

指定基点：（捕捉圆心 O）

指定比例因子或［复制（C）/参照（R）］<1>：r↙

指定参照长度 <1>：（捕捉圆心 O）

指定第二点：（捕捉角点 A）

指定新的长度或［点（P）］<1>：（捕捉圆的象限点 B）

结果如图 18-62（b）所示。

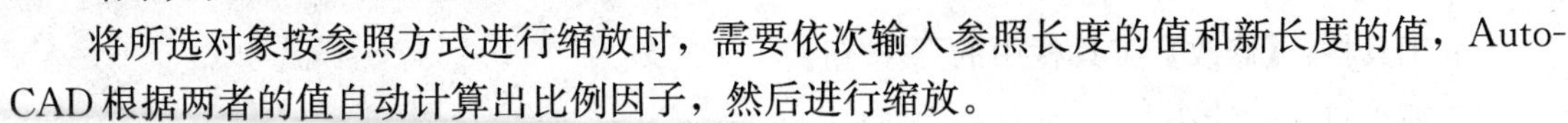

将所选对象按参照方式进行缩放时，需要依次输入参照长度的值和新长度的值，AutoCAD 根据两者的值自动计算出比例因子，然后进行缩放。

注意，SCALE 命令是对象缩放命令，可以改变实体的尺寸大小，而 ZOOM 命令是视图缩放命令，是对视图进行整体缩放，不会改变实体的尺寸值。

4. 拉伸对象

【拉伸】命令是指在一个方向上按用户指定的距离拉伸、压缩或移动对象。该命令有以下三种调用方式：

☆ 下拉菜单：【修改】/【拉伸】。

☆ 工具栏：【修改】工具栏中的按钮。

☆ 命令行：STRETCH↙。

【例 18-21】 将图 18-63（a）所示窗口向左侧拉伸 10。

操作步骤如下：

命令：_ stretch

以交叉窗口或交叉多边形选择要拉伸的对象...

选择对象：（分别点取 A、B 两点）

选择对象：↙

指定基点或［位移（D）］<位移>：（在屏幕上指定一点）

指定第二个点或 <使用第一个点作为位移>：10↙（光标水平向左给出方向）

结果如图 18-63（b）所示。

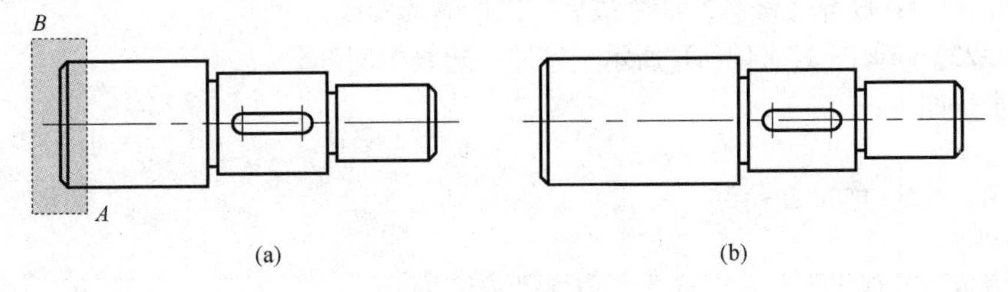

图 18-63 拉伸图形

(a) 用交叉窗口选择拉伸对象；(b) 拉伸结果

拉伸对象时，必须使用交叉窗口或交叉多边形方式选择对象，选择窗口内的对象被拉伸，而选择窗口以外的则不会被拉伸；若整个图形对象均在窗口内，则执行的结果是对其移动。

五、对象的修剪与延伸、打断与合并、倒角与倒圆

在编辑图形对象时，需要对图形对象进行修改，比如对象的修剪与延伸、打断与合并、倒角与倒圆。

1. 对象的修剪与延伸

编辑修改图形时，可以将线段图形以指定边界进行修剪或延伸。

（1）修剪对象。【修剪】命令可以以一个或多个对象为剪切边界，修剪其他对象。该命令有以下三种调用方式：

☆ 下拉菜单：【修改】/【修剪】。

☆ 工具栏：【修改】工具栏中的 -/-- 按钮。

☆ 命令行：TRIM↙。

该命令执行后，命令行提示如下：

命令：_trim
当前设置：投影 = UCS，边 = 无
选择剪切边...
选择对象或 <全部选择>：（选择修剪边界，直接回车可选择图中全部对象作为剪切边）
选择对象：↙
选择要修剪的对象，或按住 Shift 键选择要延伸的对象，或
[栏选（F）/窗交（C）/投影（P）/边（E）/删除（R）/放弃（U）]：

各选项说明如下：

①选择要修剪的对象：一定选择要修剪对象的被剪掉部分，可点选、窗选或栏选等。

②投影（P）：主要应用于三维空间中两个对象的修剪，可将对象投影到某一平面上执行修剪操作。

③边（E）：确定修剪边的方式。执行该选项将提示“输入隐含边延伸模式［延伸（E）/不延伸（N）］<不延伸>：”，延伸（E）是指，如果剪切边与被修剪对象不相交，可延伸修剪边进行修剪；不延伸（N）是指只有当剪切边与被修剪对象真正相交时，才能进行修剪。

④删除（R）：删除选择的对象。

⑤放弃（U）：放弃【修剪】命令最后一次所做的修改。

【例 18-22】 修剪图 18-64（a）所示十字路口边线中间部分。

操作步骤如下：

命令：_trim
当前设置：投影 = UCS，边 = 无
选择剪切边...
选择对象或 <全部选择>：↙（选择全部对象为剪切边）
选择要修剪的对象，或按住 Shift 键选择要延伸的对象，或
[栏选（F）/窗交（C）/投影（P）/边（E）/删除（R）/放弃（U）]：［分别点取 1、2、3、4 点，如图 18-64（b）所示］

选择要修剪的对象，或按住 Shift 键选择要延伸的对象，或

[栏选（F）/窗交（C）/投影（P）/边（E）/删除（R）/放弃（U）]：↙

结果如图 18-64（c）所示。

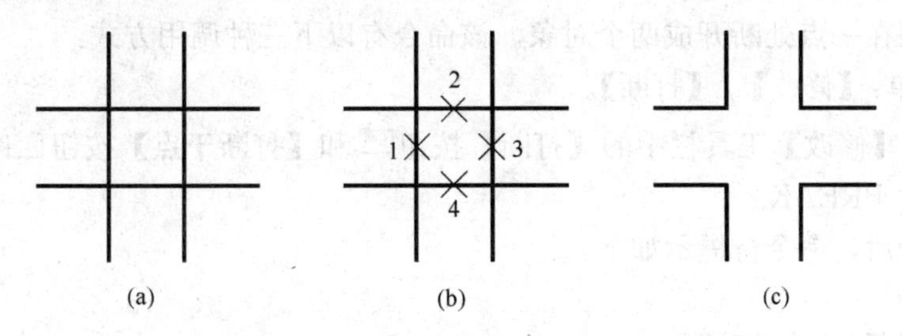

图 18-64　修剪对象

（a）原始图形；（b）选择被剪切的位置；（c）修剪结果

（2）延伸对象。【延伸】命令与【修剪】命令的作用正好相反，可以延长指定的对象，使之与另一对象相交或外观相交。该命令有以下三种调用方式：

☆ 下拉菜单：【修改】/【延伸】。

☆ 工具栏：【修改】工具栏中的--/按钮。

☆ 命令行：EXTEND↙。

【例 18-23】将图 18-65（a）所示圆弧进行延伸，延伸结果如图 18-65（c）所示。

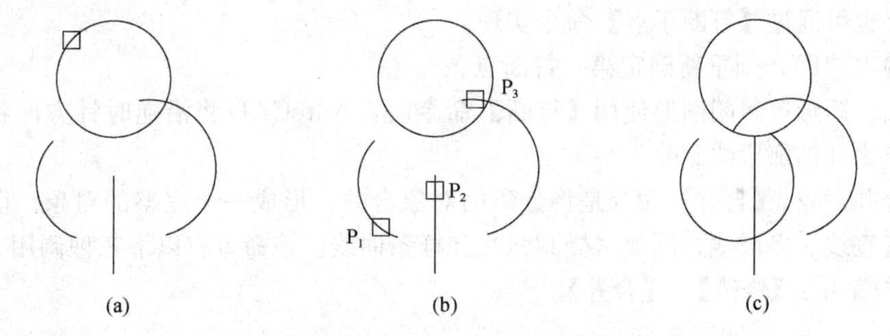

图 18-65　延伸对象

（a）选择延伸边界；（b）选择要延伸的对象；（c）延伸的结果

操作步骤如下：

命令：_ extend

当前设置：投影 = UCS，边 = 无

选择边界的边 ...

选择对象或 <全部选择>：[点选图 18-65（a）所示圆作为延伸边界]

选择对象：↙

选择要延伸的对象，或按住 Shift 键选择要修剪的对象，或

[栏选（F）/窗交（C）/投影（P）/边（E）/放弃（U）]：[按图 18-65（b）所示位置点取 P_1、P_2、P_3 点]

选择要延伸的对象，或按住 Shift 键选择要修剪的对象，或

[栏选（F）/窗交（C）/投影（P）/边（E）/放弃（U）]：↙

结果如图 18-65（c）所示。

选择要延伸的对象时，选择框应靠近要延伸的那一端。

2. 对象的打断与合并

在 AutoCAD 中，可以将图形打断，也可以将相似的图形连接在一起。

（1）打断对象。【打断】命令可以将对象指定两点间的部分删除，还可以使用【打断于点】命令将对象在一点处断开成两个对象。该命令有以下三种调用方式：

☆ 下拉菜单：【修改】/【打断】。

☆ 工具栏：【修改】工具栏中的【打断】按钮和【打断于点】按钮。

☆ 命令行：BREAK↙。

该命令执行后，命令行提示如下：

命令：_ break

选择对象：（选择要打断的对象）

指定第二个打断点 或［第一点（F）］：

各选项说明如下：

默认情况下，以选择对象时的拾取点作为第一个打断点，第二打断点的选取有以下几种方式：

①直接点取对象上的另一点，则两点之间的部分被切断并删除。

②若在对象外拾取一点，AutoCAD 会从对象中选取与之距离最近的点作为第二打断点。因此，如果将第二点指定在要删除部分的端点之外，可以将该部分全部删除。

③如输入"@"，则将对象在选择对象时的拾取点处一分为二，而不删除其中的任何部分。该结果也可通过【打断于点】命令实现。

④若输入"F"，则重新确定第一打断点。

对于圆、矩形等封闭图形使用【打断】命令时，AutoCAD 将沿逆时针方向将第一断点到第二断点之间的那段线删除。

（2）合并对象。【合并】命令是将分离的对象合并，形成一个完整的对象。能够进行合并的对象有直线、多段线、圆弧（椭圆弧）和样条曲线。该命令有以下三种调用方式：

☆ 下拉菜单：【修改】/【合并】。

☆ 工具栏：【修改】工具栏中的按钮。

☆ 命令行：JOIN↙。

该命令执行后，命令行提示如下：

命令：_ join

选择源对象：（选择要合并的对象，选择的源对象不同，提示有所不同，要求也不同，如图 18-66 所示）

说明：①与直线合并的对象要求必须共线，它们之间可以有间隙，如图 18-66（a）所示。

②与多段线合并的对象可以是直线、多段线或圆弧，对象之间不能有间隙和重叠，应首尾相接，如图 18-66（b）所示。

③与圆弧（椭圆弧）合并的对象必须位于同一假想的圆（椭圆）上，它们之间可以有间隙，且从源对象开始按逆时针方向合并圆弧，如图 18-66（c）所示。

3. 对象的倒角与圆角

在编辑图形对象时，可以对图形进行倒角或圆角操作。

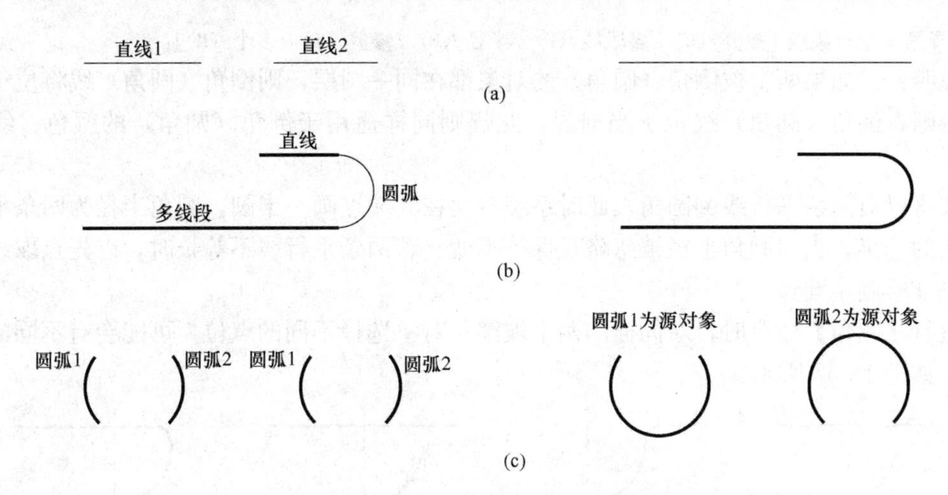

图 18-66 合并对象

(a) 直线与直线合并；(b) 多段线与直线、圆弧合并；(c) 圆弧与圆弧合并

(1) 对象倒角。【倒角】命令是连接两个非平行的对象，通过自动修剪或延伸使之相交或用斜线连接。该命令有以下三种调用方式：

☆ 下拉菜单：【修改】/【倒角】。

☆ 工具栏：【修改】工具栏中的按钮。

☆ 命令行：CHAMFER↙。

该命令执行后，命令行提示如下：

命令：_ chamfer

（“修剪”模式）当前倒角距离 1 = 0.0000，距离 2 = 0.0000

选择第一条直线或 [放弃 (U) /多段线 (P) /距离 (D) /角度 (A) /修剪 (T) /方式 (E) /多个 (M)]：

各选项说明如下：

①多段线（P)：以当前设定的倒角距离对多段线的各顶点（交角）修倒角。

②距离（D)：设置倒角距离尺寸。如果两个倒角距离都为 0，则倒角操作将延伸或修剪这两个对象使之相交，不产生倒角。

③角度（A)：根据第一个倒角距离和角度来设置倒角尺寸。

④修剪（T)：用于设置倒角后是否自动修剪原拐角边，默认为修剪。

⑤方式（E)：用于设定按距离方式还是按角度方式进行倒角。

⑥多个（M)：用于在一次倒角命令执行过程中，为多个对象绘制倒角。

(2) 对象圆角。【圆角】命令与【倒角】命令类似，只是用圆弧代替了倒角线。此外，还可以对相互平行的直线进行圆角。该命令有以下三种调用方式：

☆ 下拉菜单：【修改】/【圆角】。

☆ 工具栏：【修改】工具栏中的按钮。

☆ 命令行：FILLET↙。

该命令执行后，命令行提示如下：

命令：_ fillet

当前设置：模式 = 修剪，半径 = 0

选择第一个对象或[放弃（U）/多段线（P）/半径（R）/修剪（T）/多个（M）]：

说明：①如果两个被倒角（圆角）的对象都在同一图层，则倒角（圆角）线将位于该图层。否则，倒角（圆角）线位于当前层。此规则同样适用于倒角（圆角）的颜色、线型和线宽。

②可以对两条平行线倒圆角，此时系统自动在其端点画一半圆，圆角半径为两条平行线间距离的一半，当前圆角半径被忽略且保持不变。若两条平行线不等长时，以先点取线的端点为基准绘制半圆弧。

进行【圆角】命令时，对同样的两个被圆角对象选择不同的点位，可能会有不同的圆角结果，如图 18-67 所示。

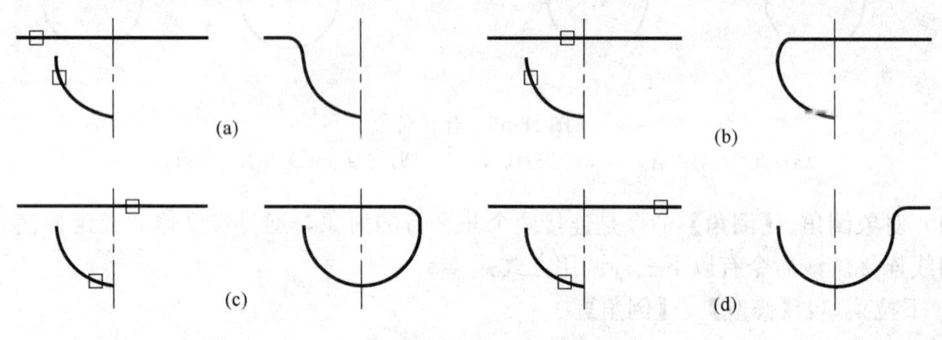

图 18-67　【圆角】示例

六、分解对象

【分解】命令可以将组合对象分解成多个可编辑的单一对象。该命令有以下三种调用方式：

☆ 下拉菜单：【修改】/【分解】。

☆ 工具栏：【修改】工具栏中的按钮。

☆ 命令行：EXPLODE↙。

该命令执行后，命令行提示如下：

命令：_ explode

选择对象：(选取要分解的对象)

选择对象：↙

说明：使用 EXPLODE 命令可分解的组合对象有矩形、多边形、多线、多段线、圆环、图案填充、图块、多行文字、尺寸标注等。分解带属性的图块后，属性值将消失，并被还原为属性定义的选项。具有一定宽度的多段线被分解后，系统将放弃多段线的任何宽度和切线信息，分解后的多段线的宽度、线型、颜色将变为当前图层的属性。

七、使用夹点编辑对象

夹点就是对象上的控制点，在调用命令之前直接选择对象时，在对象上将显示若干小方框，这些小方框就是用来标记被选中对象的夹点，不同对象上夹点的位置和数量各不相同，如图 18-68 所示。

对象的夹点编辑功能及夹点的显示外观，可以通过下拉菜单【工具】/【选项】，在【选择集】选项卡进行设置。

在编辑图形操作中，可以通过拖动夹点的方式，改变图形的形状和大小。

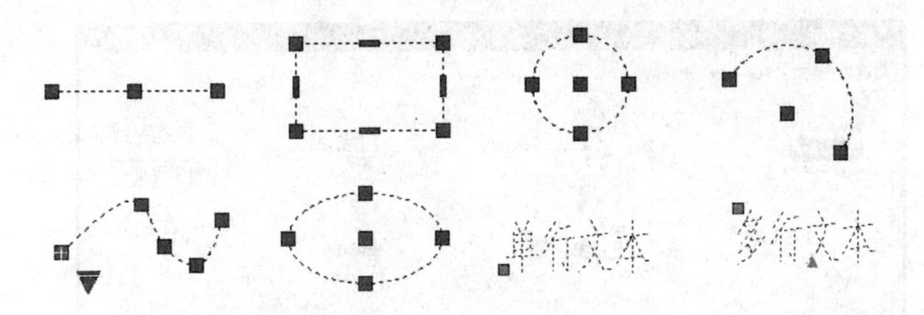

图 18-68 常用实体对象上的夹点

要使用夹点功能编辑对象，首先选择要修改的对象，以显示对象的夹点。图形对象被选择后，其夹点会以小方框显示，默认情况下为蓝色。此时，如果拾取其中的某一夹点，该夹点就会以鲜艳的颜色（红色）被激活，并作为一种编辑模式的基点。此时右击鼠标，将弹出夹点快捷菜单，供用户从中选择所需的选项进行操作，同时命令行有如下提示：

＊＊ 拉伸 ＊＊

指定拉伸点或［基点（B）/复制（C）/放弃（U）/退出（X）］：

此时用户可通过输入不同的选项或按回车键在各编辑模式之间循环。

利用夹点对图形的自动编辑按照 STRETCH（拉伸）→MOVE（移动）→ROTATE（旋转）→SCALE（比例缩放）→MIRROR（镜像）五种不同的编辑命令顺序，自动地在命令行给出提示由用户选用。如果想跳过前面某几项编辑，用户只需用回车响应，直到合适的命令出现为止。

按下 Esc 键，可撤销激活点的显示；双击 Esc 键，可撤销夹点的显示。

第五节 文 字 注 释

在 AutoCAD 中，文字是重要的内容之一。在各种绘图设计中，常常需要为图形提供如注释说明、技术要求等信息。

一、设置文字样式

文字样式设置了文字的外观特性，如字体、字型、字高和其他的文字效果。

启用【文字样式】命令有三种方法：

☆ 下拉菜单：【格式】/【文字样式】。

☆ 工具栏：【样式】或【文字】工具栏中 A 按钮。

☆ 命令行：STYLE↙。

执行该命令后，弹出【文字样式】对话框，如图 18-69 所示。利用该对话框可以修改或创建文字样式，其选项及操作说明如下：

(1)【样式】列表：列出了当前可以使用的文字样式，系统默认的文字样式为“Standard”。

(2)【新建】按钮：单击该按钮，弹出【新建文字样式】对话框，并自动建立名为“样式 n”的样式名。用户可以输入自己定义的新样式名，如“汉字”、“数字和字母”等。

(3)【删除】按钮：删除不需要的文字样式，但无法删除已使用的文字样式、当前文字样式和默认的“Standard”文字样式。

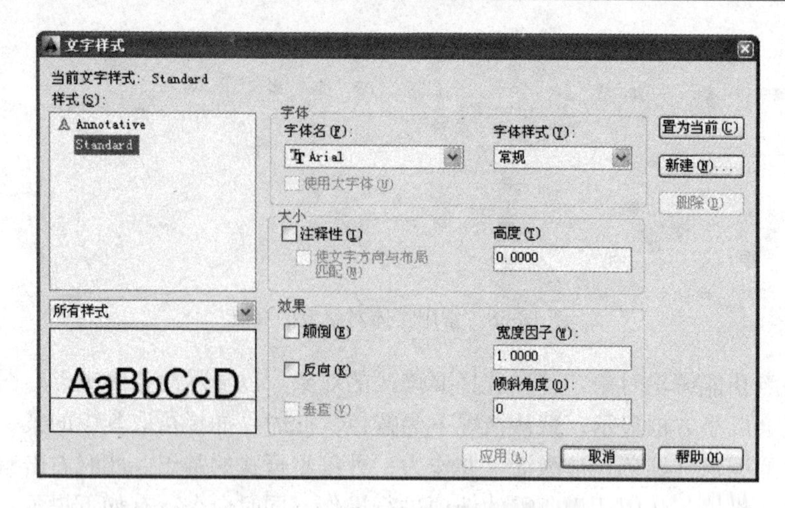

图 18-69　【文字样式】对话框

(4)【字体】选项区：用于设置文字的不同书写形式。

1)【字体名】下拉列表框：列表框中列出所有注册的"TrueType"字体和Fonts文件夹中编译的形（.shx）字体。在工程图中，汉字常采用"长仿宋_GB2312"，数字和字母采用"gbeitc.shx"。

2)【使用大字体】复选框：指定亚洲语言的大字体文件，主要指汉字。只有在【字体名】中选择".shx"文件，该复选框才有效。此时可创建支持汉字等大字体的文字样式。

3)【字体样式】下拉列表框：用于指定大字体的格式，比如斜体、粗体或者常规字体。常用字体为"gbcbig.shx"。

(5)【大小】选项区：用于将文字指定为注释性对象及指定文字的高度。

1)【注释性】复选框：在图形中将注释性文字用于节点或标签。

2)【使文字方向与布局匹配】复选框：指定图纸空间视口中的文字方向与布局方向匹配。

3)【高度】文本框：用于设置输入文字时文字的高度。在工程图中通常采用20、14、10、7、5、3.5、2.5七种字号。

注意，文字高度应设置为"0"，在书写文字时可任意给定高度，以满足不同需要；否则，使用该文字样式每次只能写固定高度的字。

(6)【效果】选项区：用于设置文字的书写效果，如上下颠倒、左右反向、纵向垂直、宽度因子和倾斜角度。其中倾斜角度的范围在±85°之间，向右倾斜为正，向左倾斜为负。制图国家标准规定：工程图样中的汉字应采用直体长仿宋字，其宽度因子为0.7；数字和字母可选用直体或斜体（15°）。

将对话框中所做的样式更改完成后，单击【应用】按钮保存，再单击【关闭】按钮退出【文字样式】对话框。

注意，更改文字样式中的"颠倒"、"反向"特性后，使用该文字样式创建的文本都会相应改变，但是宽度因子、倾斜角度的设置只会影响其后新输入的文字。

二、文字输入

在AutoCAD中，文字的输入有两种方式：一种是单行文字输入，另一种是多行文字输入。

1. 单行文字输入

单行文字是指 AutoCAD 将输入的每行文字作为一个对象，可以单独编辑和修改。一般用于只有一种字体和文字样式，且内容较短的文字对象，如图名、标签、编号等。

启用【单行文字】命令有以下三种方法：

☆ 下拉菜单：【绘图】/【文字】/【单行文字】。

☆ 工具栏：【文字】工具栏中 按钮。

☆ 命令行：TEXT↙或 DTEXT↙。

执行该命令后，命令行提示：

命令：DTEXT↙

当前文字样式： “Standard” 文字高度：2.5000 注释性： 否 对正： 左

指定文字的起点或[对正（J）/样式（S）]：(在屏幕上指定一点或输入选项)

各选项含义如下：

(1) 指定文字的起点：在屏幕上选取一点作为单行文字基线的起点，以系统默认的左对齐方式定位。拾取该点后，命令行继续提示：

指定高度 ＜2.5000＞：(输入高度值或用鼠标在屏幕上指定高度)

指定文字的旋转角度 ＜0＞：(输入文字行的旋转角度)

(光标闪烁，输入文字的内容)

(2) 对正（J）：用于控制文字的对齐方式。

(3) 样式（S）：设置文字的样式名。

说明：(1) 在输入文字的过程中，可以随时改变文字的位置，将光标移动到新位置并按拾取键，可再次继续输入文字。

(2) 在输入文字时，不论采用哪种对正方式，在屏幕上都是临时按“左对齐”方式排列，只有在命令结束后，才按指定的方式重新排列。

(3) 如果上次使用的是 TEXT 或 DTEXT 命令，再次使用该命令时，按 Enter 键响应“指定文字的起点”，AutoCAD 将跳过指定高度和旋转角度的提示，输入的文本将直接放置在前一行文字的下方。

(4) 如果已在所使用的文字样式中将文字高度设置成固定值，则执行文本输入命令时，系统将不再提示指定文字高度。

(5)“旋转角度”是指文字行基线相对 X 轴的旋转角度；而“倾斜角度”是指文字字符本身相对 Y 轴正方向的倾斜角度。

2. 多行文字输入

多行文字又称段落文字，是由任意数目的文字行或段落组成的。多行文字输入的所有文本作为一个对象，不同的文字可以采用不同的字体、字高和文字样式等。与单行文字相比，多行文字在设置上更灵活，它适用于创建较长且较为复杂的文字说明，如图样的技术要求等。

启用【多行文字】命令有以下三种方法：

☆ 下拉菜单：【绘图】/【文字】/【多行文字】。

☆ 工具栏：【绘图】或【文字】工具栏中 按钮。

☆ 命令行：MTEXT↙。

执行该命令后，命令行提示：

命令：_ mtext

当前文字样式：" Standard"　文字高度：10　注释性：否

指定第一角点：(在屏幕上拾取一点)

指定对角点或［高度（H）/对正（J）/行距（L）/旋转（R）/样式（S）/宽度（W）/栏（C)］：

几种常用选项的含义如下：

(1) 指定对角点：该项为默认选项，AutoCAD 将两个对角点形成的矩形区域作为文本注释区。指定文本框的另一个对角点后，系统自动弹出如图 18-70 所示的在位文字编辑器，它包括【文字格式】工具栏和顶部带有标尺的【文本输入】窗口两部分。在【文字格式】工具栏中，将鼠标移动到某一按钮上停留片刻，即提示该按钮的名称或作用，在这里可以设置文字的样式、字体、高度和颜色等参数。

图 18-70　在位文字编辑器

(2)【堆叠】按钮：如果选定文字中包含堆叠字符“/”、“#”、“^”，单击该按钮，可以创建堆叠文字，堆叠字符左侧的文字将堆叠在字符右侧的文字之上。默认情况下，“/”字符堆叠成居中对齐的分数形式；“#”字符堆叠成由斜线分开的分数形式；“^”字符堆叠成左对齐、上下排列的公差形式，如图 18-71 所示。选择堆叠文字，然后单击鼠标右键，弹出快捷菜单，在其中选择“堆叠特性”，弹出【堆叠特性】对话框，如图 18-72 所示。

I /2:1 = $\frac{\text{I}}{2:1}$

40H8#f7=40$^{H8}/_{f7}$

Ø36+0.027^-0.002=Ø36$^{+0.027}_{-0.002}$

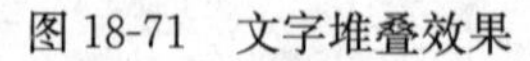

图 18-71　文字堆叠效果

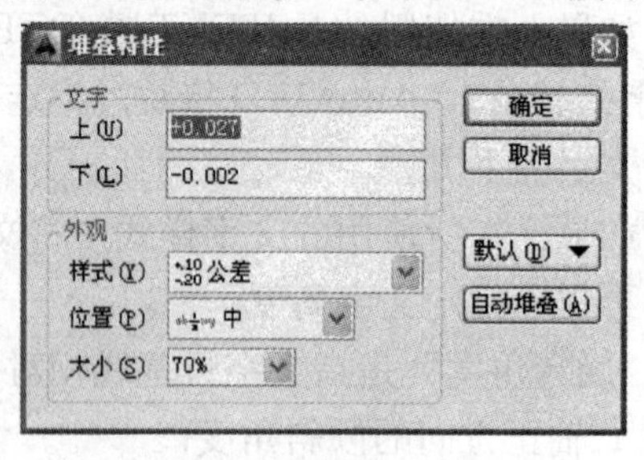

图 18-72　【堆叠特性】对话框

(3)【选项】按钮：单击该按钮弹出多行文字选项菜单，用于控制【文字格式】工具栏的显示并提供其他编辑选项。

(4)【栏数】按钮：可以将多行文字对象的格式设置为多栏。

(5)【行距】按钮或行距（L)：用于设置多行文字的行间距。

(6)【追踪】文字框 a-b 1.0000：设定选定字符之间的间距。

(7)【输入文字】选项：在多行文字选项菜单中单击该选项，系统将显示【选择文件】

对话框，可选择 TXT 格式或 RTF 格式的文件进行文字输入。

说明：多行文字可用 EXPLODE 命令进行分解，分解后，每一行作为一个独立的对象。

3. 特殊字符的输入

在工程图中，经常要标注一些特殊字符，这些字符无法通过键盘直接输入。用户可使用某些替代形式输入这些符号。

(1) 单行文字输入特殊字符的方法。在使用单行文字输入特殊字符时，可直接输入特定的控制代码来创建特殊字符。表 18-1 列出了部分特殊字符及其控制代码。例如，要输入"Φ 10±0.02"，可由键盘输入"%%c10%%p0.02"。

在输入上（下）画线符号时，第一次出现控制代码表示上（下）画线开始，第二次出现控制代码表示上（下）画线结束。

(2) 多行文字输入特殊字符的方法。多行文字比单行文字具有更大的灵活性，因为它本身就具有一些格式化选项。用户可直接借助【文字格式】工具栏中【符号】按钮 @▾，可直接输入"°"、"Φ"等。

表 18-1　特殊字符及其控制代码

特殊字符	控制代码	特殊字符	控制代码
度符号（°）	%%d	公差符号（±）	%%p
直径符号（Φ）	%%c	百分号（%）	%%%
上划线（‾‾‾）	%%o	下划线（___）	%%u

三、编辑文字

一般来说，编辑文字涉及两个方面，即修改文字内容和文字特性。单行文本字体的修改则通过修改文本样式来进行。

1. 使用 DDEDIT 命令修改文本

启用文字编辑命令有以下四种方法：

☆ 下拉菜单：【修改】/【对象】/【文字】/【编辑】。

☆ 工具栏：【文字】工具栏中 按钮。

☆ 命令行：DDEDIT↙。

☆ 其他方式：直接双击文字，或选择文字对象单击右键，在快捷菜单中选择【编辑】选项。

执行该命令后，命令行提示：

命令：_ddedit

选择注释对象或［放弃（U）］：（选择要修改的文本对象）

当用户选择的是使用 TEXT 或 DTEXT 命令创建的单行文字，如果系统变量 DTEXTED 设置为 1，AutoCAD 将弹出【编辑文字】对话框，如图 18-73（a）所示；设置为 2，将显示在位文字编辑器，如图 18-73（b）所示。在此可修改文字对

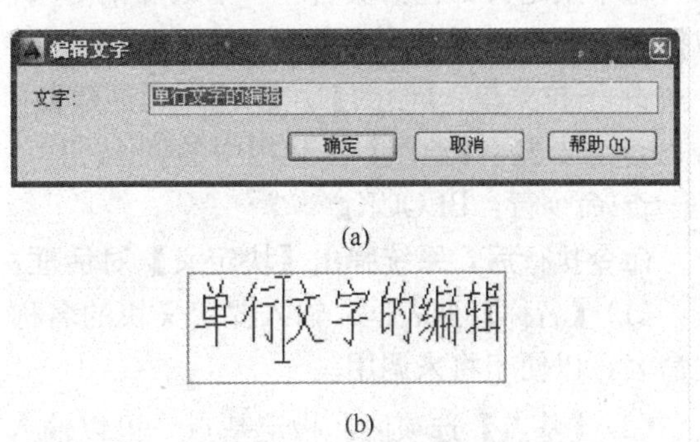

(a)

(b)

图 18-73　修改单行文字的内容
(a)【编辑文字】对话框；(b) 在位编辑器

象的内容。

当用户选择的是使用 MTEXT 命令创建的多行文字时，AutoCAD 将弹出与输入多行文字相同的在位文字编辑器，在此编辑器的【文本输入】窗口及【文字格式】工具栏，用户不仅可以修改文本内容，还可以修改文本特性。

DDEDIT 命令不能修改单行文字的特性，单行文字的特性需要在【特性】选项板中进行修改。

2. 使用【特性】选项板修改文本

所有对象的修改都可使用【特性】选项板，这一工具同样适用于文本。执行 PROPERTIES 命令，或选择文字对象单击右键，在快捷菜单中选择【特性】选项，打开【特性】选项板。用户可在窗口特性列表中编辑文字对象的内容及各种特性，也可通过自动弹出的【快捷特性】选项板进行修改。

3. 查找和替换文字

在 AutoCAD 中，可以对文本内容进行查找和替换操作。

执行【查找】命令有如下两种常用方法：

☆ 下拉菜单：【编辑】/【查找】。

☆ 命令行：FIND↙。

执行该命令后，打开【查找和替换】对话框，在【查找内容】文本框中输入要查找的文字，在【替换为】文本框中输入要替换的文字，利用【查找】和【替换】按钮，进行文字的查找和替换操作。

第六节 图块及其属性

在绘制工程图时，有大量相同或相似的内容，用户可以将一些相对固定而又经常使用的图形制作成块，存储在计算机中，需要时可将图块按指定的缩放比例和旋转角度反复地插入到当前图形的任意位置。

一、创建和使用图块

块是一组图形对象的总称，是多个不同图形特性的对象的组合。

1. 创建图块

每个块定义都包括块名、一个或多个对象、用于插入块的基点坐标值和所有相关的属性数据。可通过以下方式来调用创建块命令：

☆ 下拉菜单：【绘图】/【块】/【创建】。

☆ 工具栏：【绘图】工具栏中的按钮。

☆ 命令行：BLOCK↙。

命令执行后，系统弹出【块定义】对话框，如图 18-74 所示。其中各选项的意义如下：

(1)【名称】列表框：输入要定义块的名称，在定义图块名称时，应充分考虑对象的用途命名，以便于将来调用。

(2)【基点】选项区：指定基点。可以输入基点的坐标，也可以单击【拾取点】按钮回到图形窗口，在图上直接拾取。创建块时的基准点将成为以后插入块时的插入点，同时它也是块被插入时旋转或缩放的基准点。一般情况下，应选用图形上的特征点作为基点。

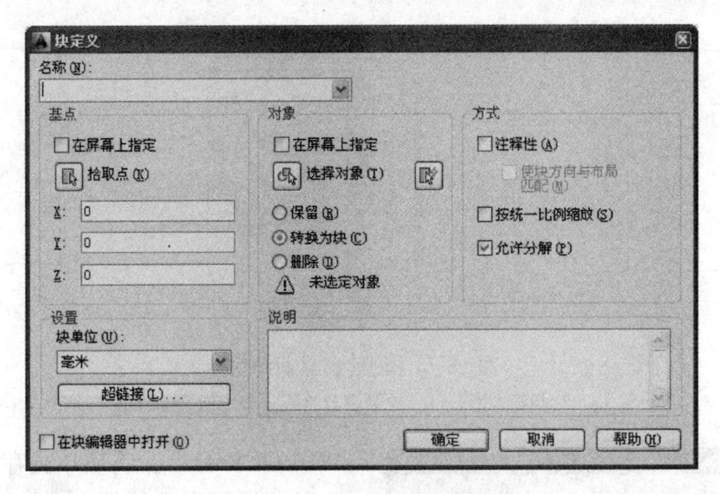

图 18-74 【块定义】对话框

(3)【对象】选项区：用于确定如何定义块中的对象。其中【选择对象】按钮供用户选择组成块的对象。单击【快速选择】按钮，可以定义选择集。选中【保留】单选按钮，表示创建块以后，将选定的对象保留在图形中；选中【转换为块】单选按钮，表示创建块以后，将选定的对象转换为块；选中【删除】单选按钮，表示创建块以后，从图形中删除选定的对象。

(4)【方式】选项区：【注释性】通常用于向图形中添加信息，可置空；【按统一比例缩放】复选框用于指定是否阻止块参照不按统一比例缩放；【允许分解】复选框用于指定块参照是否可以被分解。

(5)【设置】选项区：【块单位】下拉列表用于选择插入块时的缩放单位，一般选“毫米”；【超链接】按钮，可以将某个超链接与块定义相关联。

(6)【在块编辑器中打开】复选框：如果选中该复选框，则单击【确定】按钮后，可以在块编辑器中打开当前的块定义。

【例 18-24】 创建窗立面图块。

操作步骤如下：

(1) 利用绘矩形命令绘制边长为 100 的正方形，如图 18-75 (a) 所示。

(2) 利用等分和直线命令绘制窗分格线，如图 18-75 (b) 所示。

(3) 调用 BLOCK 命令，在弹出的【块定义】对话框中，输入图块的名称为“窗”；单击【选择对象】按钮，在绘图窗口中选择窗图形，按 Enter 键确认，返回【块定义】对话框，选择【转换为块】选项；单击【拾取点】按钮，在绘图窗口中选择 A 点作为图块的插入点，如图 18-75 (c) 所示；单击【确定】按钮，即完成窗图块的创建。

2. 重新定义块

【块定义】对话框中，如果给出块的名称在当前图形中已经存在，AutoCAD 会询问是否重新定义块。如果重新定义块，则与该块重名的块将被重新定义，且图形中所有使用该名称的块都将被这个新定义的块替换。如果不重新定义块，那么 AutoCAD 将取消块定义。

3. 利用【写块】命令创建块

用户使用 BLOCK 命令定义的图块称为内部块，一般只在当前图形中使用。利用

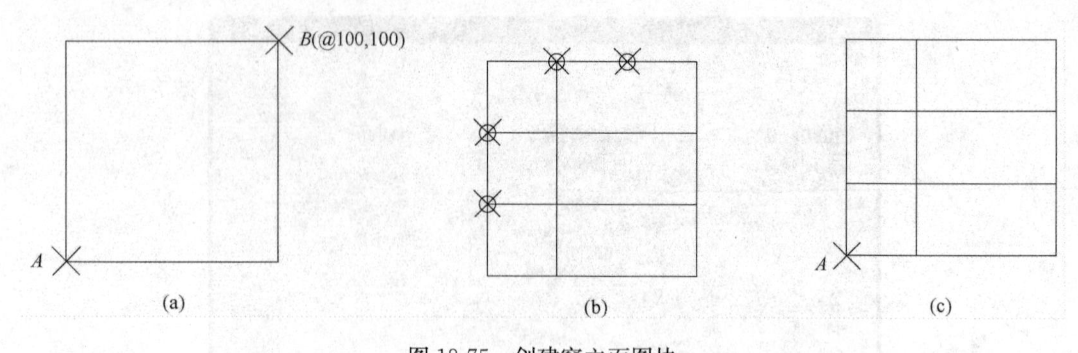

图 18-75　创建窗立面图块

(a) 绘制正方形；(b) 绘制窗分格线；(c) 创建窗图块

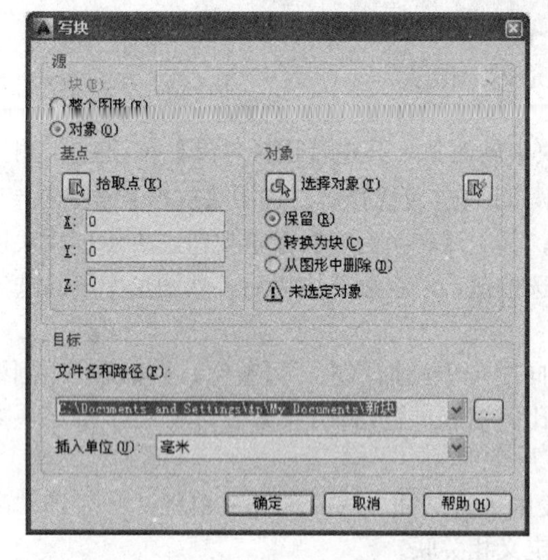

图 18-76　【写块】对话框

WBLOCK 命令，将块单独存储为一个 DWG 文件，该图形文件作为“外部块”可方便被其他图形文件引用。

WBLOCK 命令可通过在命令行输入“WBLOCK↙”或“W↙”来调用，命令执行后，系统将弹出【写块】对话框，如图 18-76 所示。其中各选项的含义如下：

(1)【源】选项区：用户可选择写到图形文件的内容。选中【块】按钮，指明要存入图形文件的是块，此时用户可从列表中选择已定义的块的名称。选中【整个图形】按钮，将当前图形文件看作一个块存储；选中【对象】按钮，将选定对象存入文件，此时系统要求指定块的基点，并选择块所包含的对象。

(2)【目标】选项区：用来定义存储“外部块”的文件名、路径及插入块时所用的测量单位。

其他操作与 BLOCK 命令相同。

在绘制工程图时，常将一些常用而又相对独立的图形元素预先定义成块（如机械图中的表面粗糙度符号，建筑图中的门、窗图例，标高符号，轴线编号等），存储为“外部块”，需要时插入到图形中，这样可以减少重复绘制，提高绘图效率。

4. 设置当前图形的插入基点（BASE）

所有的 DWG 图形文件都可以视为外部块插入到其他的图形文件中，不同的是，使用 WBLOCK 命令定义的外部块文件的插入基点是用户设置好的，而用 NEW 命令创建的图形文件，在插入其他图形中时将以坐标原点作为其插入点。BASE 命令通过改变系统变量 INSBASE 的值，改变当前图形的插入基点。

BASE 命令通过以下方式来调用：

☆ 下拉菜单：【绘图】/【块】/【基点】。

☆ 命令行：BASE↙。

可以输入基点的坐标值或在屏幕上用鼠标指定基点。向其他图形插入当前图形或将当前图形作为其他图形的外部参照时，此基点将被用作插入基点。

5. 在图形中使用块

在使用块或图形文件过程中，这些块或图形文件均是作为单个的对象放置在图形中。

(1) 插入单个块（INSERT）。用户可以通过以下方式来调用插入单个块命令：

☆ 下拉菜单：【插入】/【块】。

☆ 工具栏：【绘图】工具栏中的按钮。

☆ 命令行：INSERT↙。

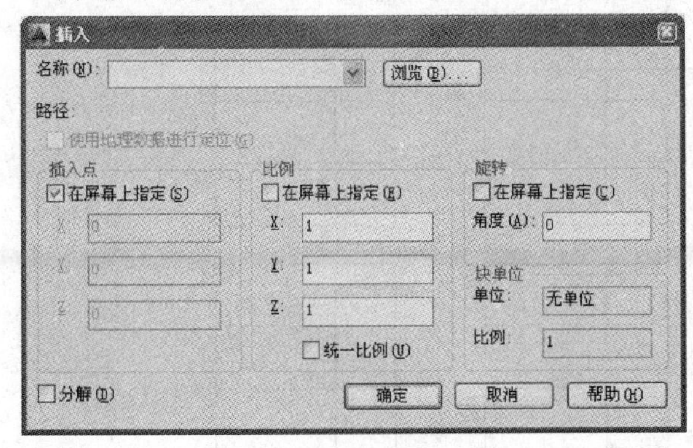

图 18-77 【插入】对话框

命令执行后，系统将弹出【插入】对话框，如图 18-77 所示。其中各选项的含义如下：

①【名称】列表框：指定要插入块的名称，或指定要作为块插入的图形文件名。从下拉列表中可选用当前图形文件中已定义的块名；单击【浏览】按钮可选择作为“外部块”插入的图形文件名。

②【插入点】选项区：用于指定插入点的位置。选中【在屏幕上指定】复选框，可直接在屏幕上用鼠标指定插入点；否则需输入插入点坐标。

③【比例】选项区：指定块在插入时 X、Y、Z 方向的缩放比例，可在屏幕上使用鼠标指定或直接输入缩放比例；选中【统一比例】复选框，可等比缩放，即 X、Y、Z 三个方向上的比例因子相同。

④【旋转】选项区：可在屏幕上指定块的旋转角度或直接输入块的旋转角度。

⑤【块单位】选项区：显示有关块单位的信息。

⑥【分解】复选框：决定插入块时是作为单个对象还是分成若干对象。如勾选该复选框，只能指定统一比例因子，插入图块会自动分解成单个对象，其特性也将恢复为生成块之前对象具有的特性。

【例 18-25】 将窗图块以不同的缩放比例和旋转角度插入图形中，如图 18-78 所示。

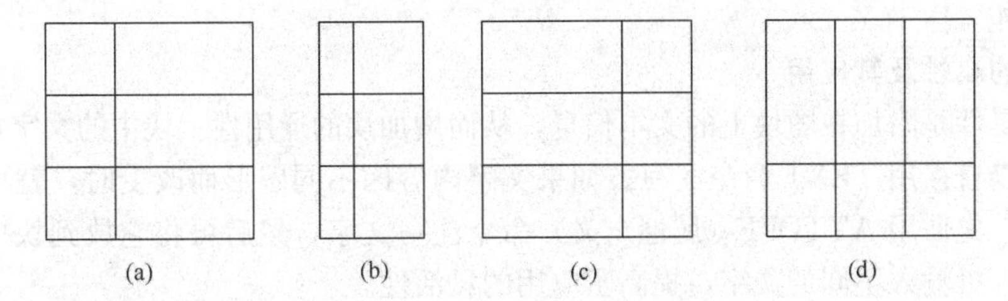

图 18-78 以不同的缩放比例和旋转角度插入图块

插入时，参数设置如下：

(1) x 方向比例为 1，y 方向比例为 1，旋转角度为 0°，如图 18-78（a）所示；

（2）x 方向比例为 0.5，y 方向比例为 1，旋转角度为 0°，如图 18-78（b）所示；

（3）x 方向比例为 −1，y 方向比例为 1，旋转角度为 0°，如图 18-78（c）所示；

（4）x 方向比例为 1，y 方向比例为 1，旋转角度为 90°，如图 18-78（d）所示；

（2）多重插入块（MINSERT）。在 AutoCAD 中，可以用 MINSERT 命令插入块，该命令类似于将阵列命令 ARRAY 和块插入命令 INSERT 组合起来，操作过程也类似这两个命令。在建筑设计中常用此命令插入室内柱子和灯具等对象。

【例 18-26】 多重插入图块“窗”，如图 18-79 所示。

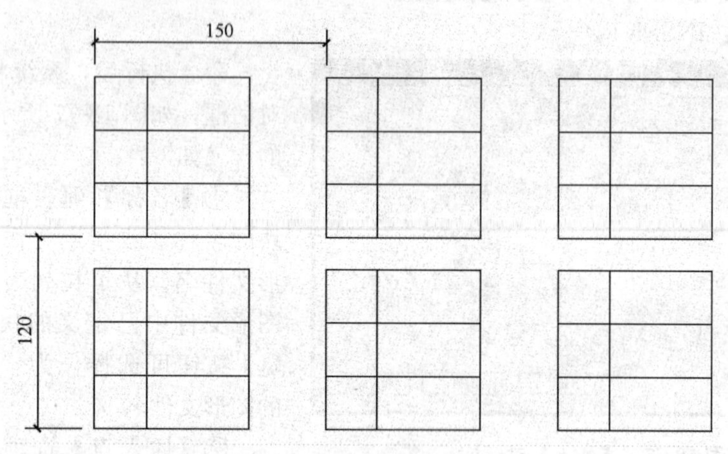

图 18-79 多重插入图块

操作步骤如下：

命令：MINSERT↙

输入块名或［?］<窗>：↙

单位：毫米 转换： 1

指定插入点或［基点（B）/比例（S）/X/Y/Z/旋转（R）］：（在屏幕上指定点）

输入 X 比例因子，指定对角点，或［角点（C）/XYZ（XYZ）］<1>：↙

输入 Y 比例因子或<使用 X 比例因子>：↙

指定旋转角度<0>：↙

输入行数（－－－）<1>：2↙

输入列数（|||）<1>：3↙

输入行间距或指定单位单元（－－－）：120↙

指定列间距（|||）：150↙

二、块的属性及其应用

图块的属性是附加在图块上的文本信息，从而增加块的通用性。块中的文字如果内容固定不变，可以直接用 TEXT 命令注写；如果文字内容因不同图形而改变时，就可以定义为图块的属性。先使用 ATTDEF（属性定义）命令注写文字，然后再将它放到块中。这样每次插入块时，可输入不同的文字，提高了应用的灵活性。

1. 定义块属性（ATTDEF）

定义块属性的命令可以通过以下方式来调用：

☆ 下拉菜单：【绘图】/【块】/【定义属性】。

☆ 命令行：ATTDEF↙。

命令执行后，系统将弹出【属性定义】对话框，如图 18-80 所示。其中各选项的意义如下：

(1)【模式】选项区：【不可见】复选框确定在插入块时，属性值是否可见；【固定】复选框，确定在插入块时是否提示并改变属性值；【验证】复选框，确定插入块时检验输入的属性值；【预设】复选框，确定是否将定义属性时指定的默认值自动赋予该属性；【锁定位置】复选框：确定属性是否可以相对于块的其余部分移动；【多行】选项区：确定属性是单线属性还是多线属性。

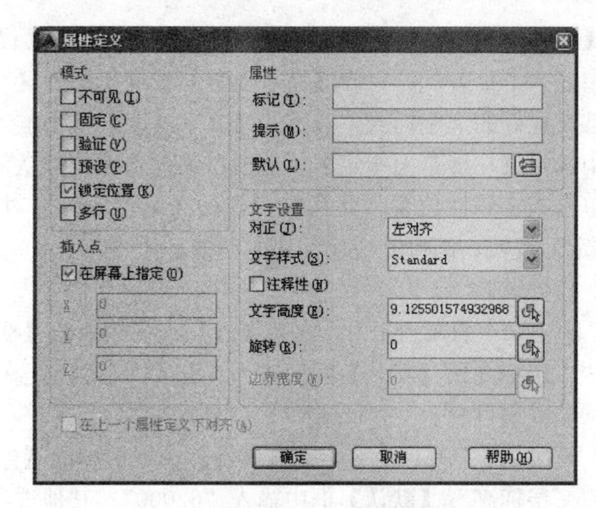

图 18-80 【属性定义】对话框

(2)【属性】选项区：【标记】编辑框用于给出属性的标识符；【提示】编辑框用于在插入一个带有属性定义的块参照时显示的提示信息；【默认】编辑框用于给出属性缺省值，可置空。

(3)【插入点】选项区：用于给出属性的插入点。

(4)【文字设置】选项区：用于设置属性文本的对齐、文字样式、字高及旋转角度。

(5)【在上一个属性定义下对齐】复选框：如果选中该复选框，则允许将属性标识直接置于上一个属性的下面。

要建立带有属性的块，应先绘制作为块元素的图形，然后定义块的属性，最后同时选中图形及属性，使用 BLOCK 或 WBLOCK 命令将其统一定义为块或保存为块文件。

【例 18-27】创建如图 18-81 所示的具有多个属性的标高图块。

(1) 绘制如图 18-82 (a) 所示标高符号，尺寸如图 18-82 (b) 所示。绘制该图形可采用极轴捕捉模式，设置极轴增量角为 45°。

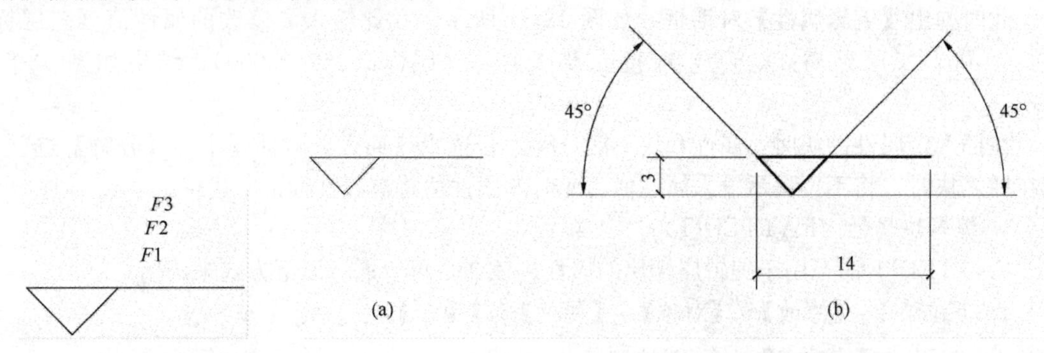

图 18-81 定义标高局性块

图 18-82 绘制标高符号

(2) 定义属性。

建立属性一：

调用 ATTDEF 命令打开【属性定义】对话框，在【模式】选项组选中【验证】选项；

在【属性】选项组中的【标记】框中输入“F1”，【提示】框中输入“一层标高”，【默认】框中输入“±0.000”；在【文字设置】选项组中的【对正】框中选择【左】，【文字样式】选择已设置好的文字样式“数字”，【文字高度】框中输入文字高度为 2.5；在【插入点】选项组中选择【在屏幕上指定】复选框；其他选项取默认值。单击【确定】按钮，在标高符号上面单击指定属性位置，然后在打开的【编辑属性】对话框中对属性进行编辑，或直接单击【确定】按钮，即可完成属性块的创建。

建立属性二：

重复 ATTDEF 命令，在【属性】选项组中的【标记】框中输入“F2”，【提示】框中输入“二层标高”，【默认】框中输入“3.000”；其他选项同属性一。

建立属性三：

重复 ATTDEF 命令，在【属性】选项组中的【标记】框中输入“F3”，【提示】框中输入“三层标高”，【默认】框中输入“6.000”；其他选项同属性一。

完成图形如图 18-81 所示。

（3）创建属性块。调用 BLOCK 命令打开【块定义】对话框。输入块名“标高”，【选择对象】选取图 18-81 所示标高符号及三个属性标记，指定标高符号下面交点作为图块的插入点，即完成属性块的创建。

2. 插入带属性的块

用 INSERT 命令插入带属性的块或图形文件时，其提示和插入一个不带属性的块相似，只是在指定插入点后，会弹出【编辑属性】对话框，用户可在此输入属性值或接受默认值。

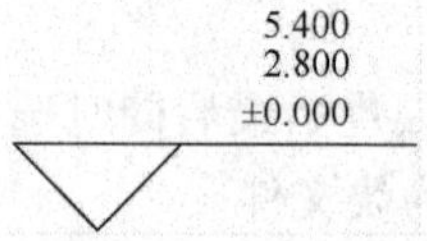

5.400
2.800
±0.000

图 18-83 插入标高符号

【例 18-28】插入上例中定义的标高块，如图 18-83 所示。

操作步骤如下：

调用 INSERT 命令，在【插入】对话框中，选择块名“标高”，单击【确定】按钮，命令行提示：

命令：_insert

指定插入点或[基点（B）/比例（S）/X/Y/Z/旋转（R）]：（在屏幕上指定一点）

此时弹出【编辑属性】对话框，如图 18-84 所示，在此输入要修改的属性值（三层标高：5.400，二层标高：2.800）或接受默认值（一层标高：±0.000），结果如图 18-83 所示。

在插入带属性的块时，属性和块不能分解。若选中【插入】对话框中的【分解】选项，则在插入块时，将不再提示输入属性值。此时的属性值将被属性标记所代替。

3. 编辑块属性（EATTEDIT）

EATTEDIT 命令用于编辑属性块的属性。该命令可以通过以下方式来调用：

☆ 下拉菜单：【修改】/【对象】/【属性】/【单个】。

☆ 工具栏：【修改 II】中的按钮。

☆ 命令行：EATTEDIT↙。

命令执行后，命令行提示选择对象，用鼠标选取要编辑的属性块后回车，系统将弹出【增强属性编辑器】对话框，如图 18-85 所示。在此可以修改块的属性值、文字选项、属性所在图层及属性的颜色、线型和线宽等特性。

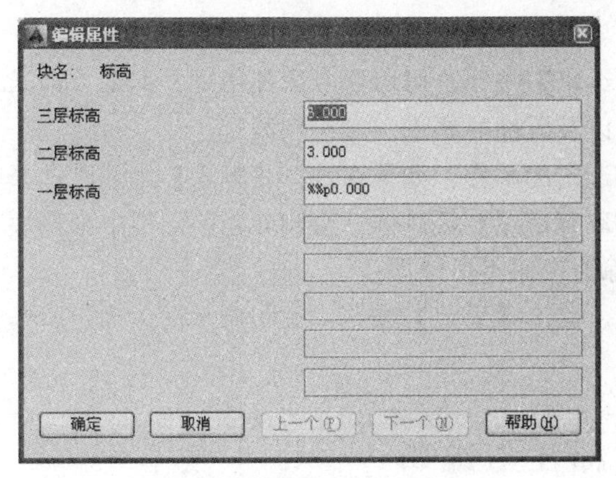

图 18-84　【编辑属性】对话框

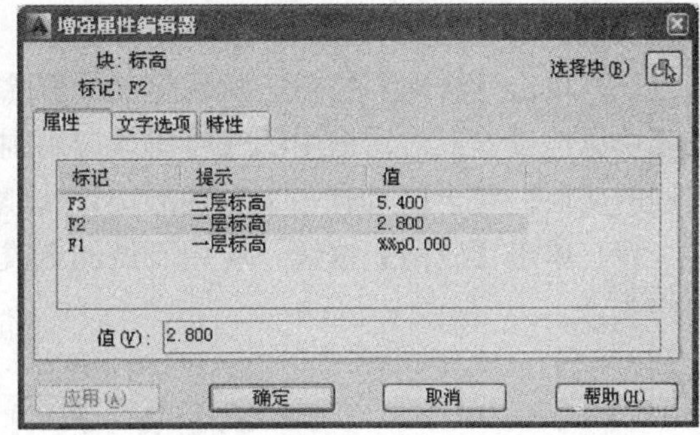

图 18-85　【增强属性编辑器】对话框

4. 编辑块属性的值（ATTEDIT）

ATTEDIT 命令用于编辑插入到图形中特定块的属性值。该命令可以通过以下方式来调用：

☆ 下拉菜单：【修改】/【对象】/【属性】/【全局】。

☆ 命令行：－ATTEDIT↙。

该命令可以修改块的属性值、文字选项、属性所在图层及属性的颜色、线型和线宽等特性。

5. 块属性管理器（BATTMAN）

块属性管理器用于管理当前图形中块的属性定义。可以在块中编辑属性定义、从块中删除属性，以及更改插入块时系统提示用户输入属性值的顺序。可以通过以下方式打开【块属性管理器】对话框：

☆ 下拉菜单：【修改】/【对象】/【属性】/【块属性管理器】。

☆ 工具栏：【修改Ⅱ】工具栏中的按钮。

☆ 命令行：BATTMAN↙。

命令执行后，系统将弹出【块属性管理器】对话框，如图 18-86 所示。在属性列表中显示所选块中每个属性的特性，并提示在当前图形中选定块的实例数及在当前空间（模型空间或布局）中选定块的实例数。其中各选项的意义如下：

（1）单击【设置】按钮，打开【块属性设置】对话框，从中可以自定义【块属性管理器】中属性信息的列出方式。

（2）利用【块】下拉列表可以选择要编辑的块。

（3）单击【同步】按钮，更新具有当前定义的属性特性的选定块的全部实例。此操作不会影响每个块中赋给属性的值。

（4）在属性列表中选择属性后，单击【上移】或【下移】按钮，可以移动

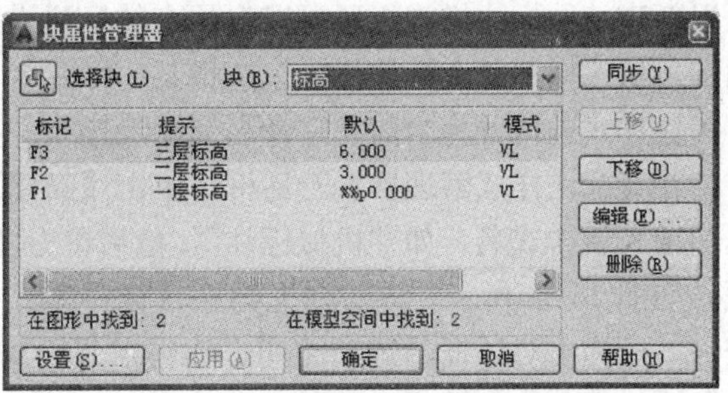

图 18-86　【块属性管理器】对话框

属性在列表中的位置。

(5) 在属性列表中选择某属性后，单击【编辑】按钮，可以修改属性模式、标记、提示与默认值，属性的文字选项、属性所在图层，以及属性的线型、颜色和线宽。

(6) 单击【删除】按钮，从块定义中删除选定的属性。如果在选择【删除】之前已选择了【块属性设置】对话框中的【将修改应用到现有参照】复选框，将删除当前图形中全部块实例的属性。对于仅具有一个属性的块，【删除】按钮不可使用。

(7) 单击【应用】按钮，应用所做的更改。单击【确定】按钮，关闭对话框，确定所作的修改。

第七节 尺寸标注与编辑

尺寸标注是工程图样中的一项重要内容，它是建筑施工、零件制造及零部件装配的重要依据。AutoCAD提供了一套完整、灵活的尺寸标注系统，系统按照图形的测量值和相应的标注样式对各类对象进行标注，同时还提供了功能强大的尺寸编辑功能。

一、创建尺寸标注样式

尺寸标注样式决定着尺寸各组成部分的外观形式。

1. 创建尺寸标注的步骤

一般情况下，在对所绘制的图形进行尺寸标注之前，应进行如下操作：

(1) 创建独立的尺寸标注图层，以便于控制尺寸标注对象的显示与隐藏。

(2) 建立用于尺寸标注的文字样式。

(3) 创建尺寸标注样式。

(4) 使用【对象捕捉】和【标注】等功能进行尺寸标注。

2. 创建尺寸标注样式

标注样式控制标注的格式和外观，缺省情况下，AutoCAD提供的标注样式有“ISO-25”和“Standard”，用户可以根据需要创建新的尺寸标注样式。【标注样式】命令的调用方式有以下三种：

☆ 下拉菜单：【格式】/【标注样式】或【标注】/【标注样式】。

☆ 工具栏：【样式】或【标注】工具栏中的【标注样式管理器】按钮。

☆ 命令行：DIMSTYLE↙。

该命令执行后，系统弹出【标注样式管理器】对话框，如图18-87所示。在该对话框中可以新建一种标注样式，还可以对原有的标注样式进行修改。在【样式】选项区中显示当前图形可供选择的所有标注样式。选择某一样式名，单击鼠标右键，在弹出的快捷菜单中可以对标注样式进行置为当前、重命名和删除操作。

在【标注样式管理器】对话框中单击【新建】按钮，在弹出的【创建新标注样式】对话框中输入新样式名，如“机械标注”，然后单击【继续】按钮，弹出【新建标注样式】对话框，如图18-88所示。该对话框与在【标注样式管理器】对话框中单击【修改】或【替代】按钮，所弹出对话框的选项相同，均包括【线】、【符号和箭头】、【文字】、【调整】、【主单位】、【换算单位】及【公差】七个选项卡。

下面以【新建标注样式：机械标注】对话框为例，对各选项卡常用选项分别进行介绍。

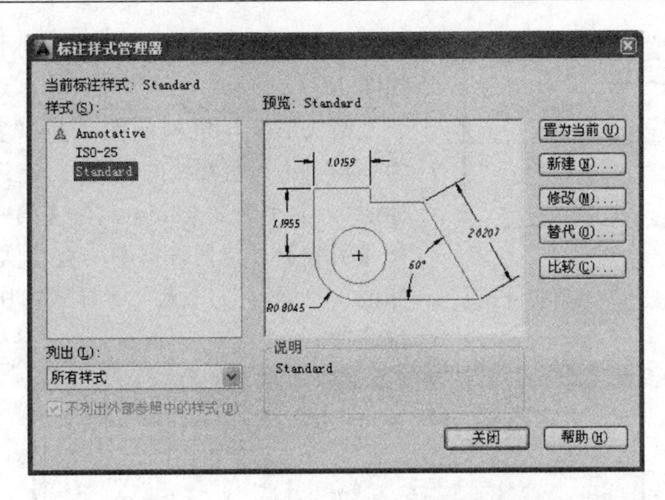

图 18-87 【标注样式管理器】对话框

(1)【线】选项卡。用于设置尺寸线和尺寸界线的格式和位置，如图 18-88 所示。

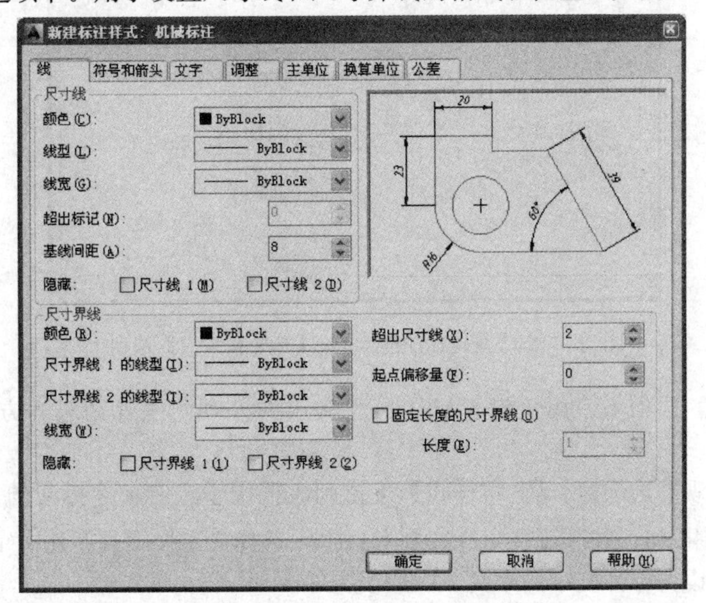

图 18-88 【新建标注样式】/【线】选项卡

①【尺寸线】选项区。【超出标记】文本框用于设置尺寸线超出尺寸界线的长度。【基线间距】文本框用来指定基线标注时，相邻两条平行尺寸线之间的距离，一般为 7～10mm。【隐藏】选项用来确定【尺寸线 1】和【尺寸线 2】的开关，常用于半剖和局部剖视图的标注，如图 18-89 所示。

②【尺寸界线】选项区。【超出尺寸线】文本框用来指定尺寸界线超出尺寸线的长度，一般设为 2～3mm。【起点偏移量】文本框用来指定尺寸界线相对于起点的偏移量，机械图样的偏移量为 0，建筑图样的偏移量不小于 2mm。【隐藏】选项用来确定【尺寸界线 1】和【尺寸界线 2】的开关，如图 18-89 所示。

(2)【符号和箭头】选项卡。用于设置各专业图尺寸起止符号的种类和大小、圆心标记

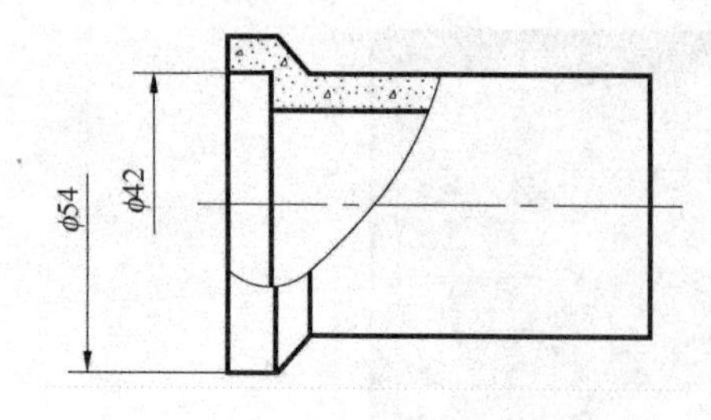

图 18-89　隐藏尺寸界线和尺寸线

的类型和大小、弧长符号相对标注文字的位置等，如图 18-90 所示。

箭头形式，机械制图采用“实心闭合”，大小为≈$4d$（d 为粗实线的宽度）；建筑制图采用“建筑标记”，大小为 2～3mm。在【第一个】、【第二个】和【引线】下拉列表框中均有“实心闭合”、“建筑标记”、“倾斜”、“无”等样式，用户可根据需要进行选择。

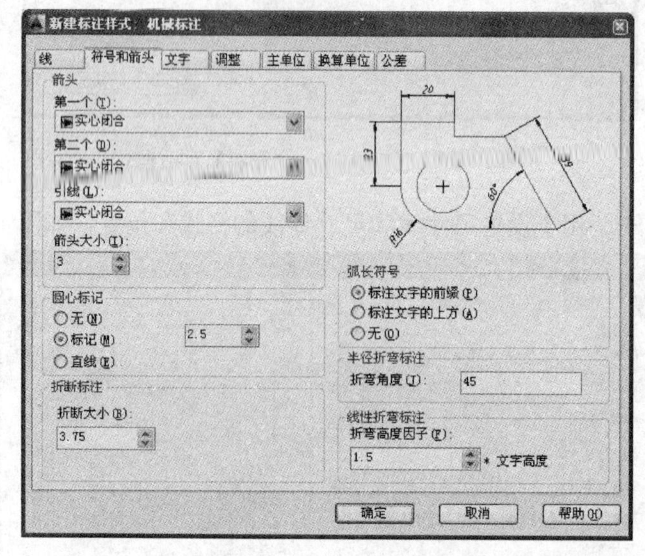

图 18-90　【新建标注样式】/【符号和箭头】选项卡

（3）【文字】选项卡。用于设置标注尺寸文字的外观、位置和对齐方式，如图 18-91 所示。

①【文字外观】选项区。【文字样式】下拉列表框用于选定尺寸标注的文字样式，也可以单击其后的…按钮，打开【文字样式】对话框，选择文字样式或新建文字样式。【文字高度】编辑框用于设置标注文字的字高，一般设为 2.5～3.5。

②【文字位置】选项区。【垂直】下拉列表框用于控制标注文字相对于尺寸线的垂直位置，一般选“上方”。【水平】下拉列表框用于控制标注文字在尺寸线方向上相对于尺寸界线的水平位置，一般选“居中”。【从尺寸线偏移】项用于设置标注文本与尺寸线之间的距离。当标注文字位于尺寸线上方时，文字间距表示尺寸文本底线与尺寸线之间的距离，一般为 1mm。

③【文字对齐】选项区。【水平】单选按钮选中时，标注文字字头朝上，常用于角度标注。【与尺寸线对齐】单选按钮选中时，标注文字字头方向与尺寸线方向一致。【ISO 标准】单选按钮指当文字在尺寸界线内时，文字与尺寸线对齐；当文字在尺寸界线外时，文字水平排列。

（4）【调整】选项卡。控制标注文字、箭头、引线和尺寸线的位置，如图 18-92 所示。

①【调整选项】选项区。用来根据尺寸界线之间的空间大小调整标注文字和箭头的放置

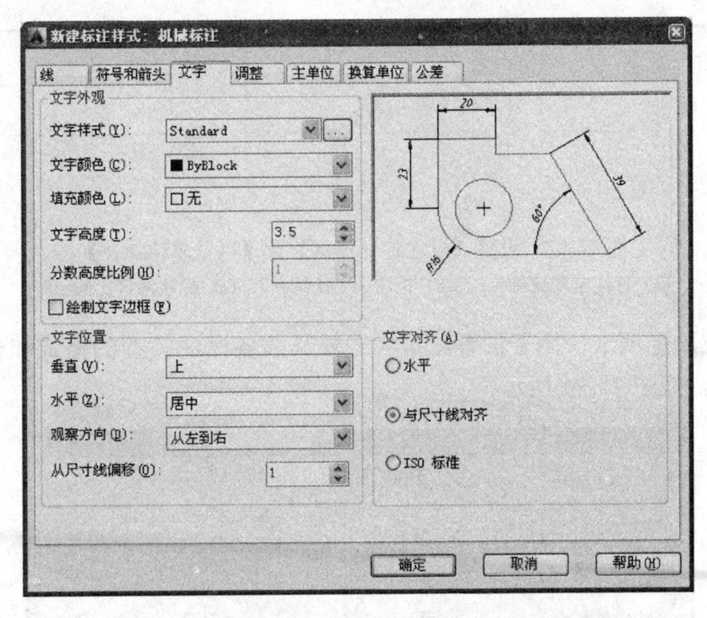

图 18-91　【新建标注样式】/【文字】选项卡

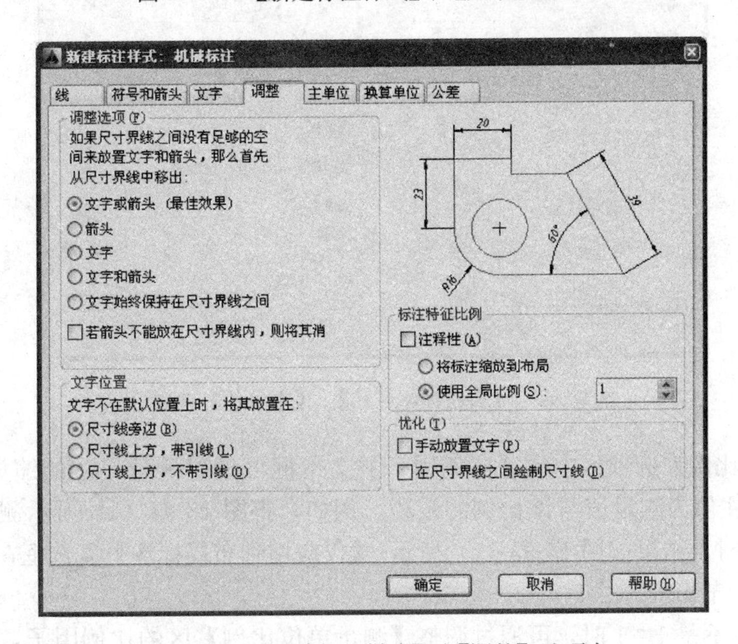

图 18-92　【新建标注样式】/【调整】选项卡

位置。

②【文字位置】选项区。用于设置当文字不在默认位置时的位置。

③【标注特征比例】选项区。用于设置全局标注比例或图纸空间比例。选中【将标注缩放到布局】单选按钮，系统将自动根据当前模型空间视口和图纸空间之间的比例设置比例因子。【使用全局比例】单选按钮，用于设置全部尺寸标注设置的缩放比例，该比例不改变尺寸的测量值。例如，将图 18-93（a）所示标注全局比例由“1”改为“2”时，结果如图 18-93（b）所示。

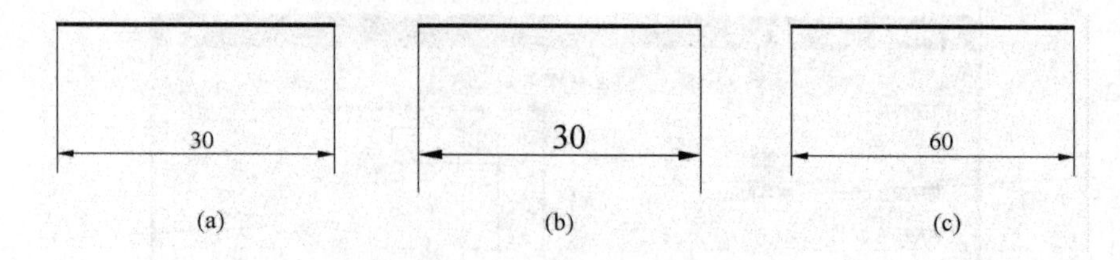

图 18-93 设置【标注特征比例】及【测量单位比例】

（a）标注全局比例＝1；（b）标注全局比例＝2；（c）标注测量比例＝2

（5）【主单位】选项卡。用于设置除角度之外其余各标注类型的格式和精度、标注文字的前缀和后缀等，如图 18-94 所示。

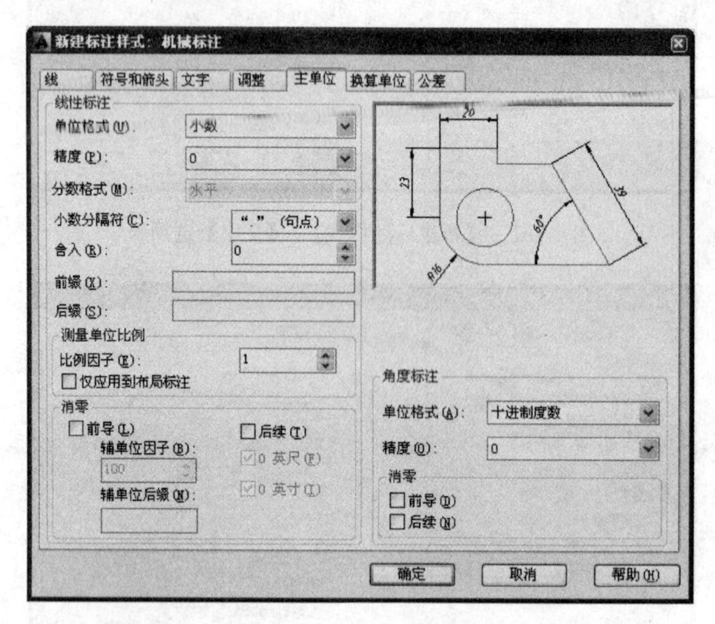

图 18-94 【新建标注样式】/【主单位】选项卡

【测量单位比例】选项区中的【比例因子】文本框可设置测量尺寸的缩放比例，AutoCAD 的实际标注值为测量值与该比例的乘积。例如，将图 18-93（a）所示测量单位比例由“1”改为“2”时，结果如图 18-93（c）所示。【仅应用到布局标注】复选框，可以设置该比例关系仅适用于布局。

当绘图比例不是 1∶1 时，可通过调整【测量单位比例】区的比例因子，使比例因子为绘图比例的倒数，这样使自动测量值满足要求。

（6）【换算单位】选项卡。用于转换用不同测量单位制的标注。只有当选中【显示换算单位】复选框后，对话框的其他选项才可用。

（7）【公差】选项卡。该选项卡用于控制标注文字中公差的格式，主要用于机械制图的公差标注。

完成各选项的设置，单击【确定】按钮，确认对标注样式的创建操作，系统返回到【标注样式管理器】对话框。此时在【样式】选项区增加了新的样式“机械标注”。单击【置为当前】按钮，然后单击【关闭】按钮，返回到作图状态。此时，当前的标注样式为列表框中被选中的样式。

如果当前的标注样式不理想，在【标注样式管理器】对话框中，单击【修改】按钮打开【修改标注样式】对话框修改已有的设置。也可以单击【替代】按钮打开【替代标注样式】对话框，设置标注样式的临时替代。

二、尺寸标注方法

AutoCAD提供了一套完整的尺寸标注命令，针对不同的图形，可以使用不同的标注命令。下面以前面设置的“机械标注”为当前标注样式，分别介绍这些命令。

1. 线性标注

【线性】标注命令一般用于标注水平或垂直方向的线性尺寸。调用【线性】标注命令有以下三种方式：

☆ 下拉菜单：【标注】/【线性】。

☆ 工具栏：【标注】工具栏中的按钮。

☆ 命令行：DIMLINEAR↙。

该命令执行后，命令行提示如下：

命令：_ dimlinear

指定第一条尺寸界线原点或 <选择对象>：(指定一点)

指定第二条尺寸界线原点：(指定第二点)

指定尺寸线位置或

[多行文字 (M) /文字 (T) /角度 (A) /水平 (H) /垂直 (V) /旋转 (R)]：(屏幕上指定尺寸线的位置)

各选项说明如下：

(1) 多行文字 (M) / 文字 (T)：可以修改系统自动测量的尺寸数字。

(2) 角度 (A)：指定文字的旋转角度。

(3) 水平 (H)：用于绘制水平方向的尺寸标注。

(4) 垂直 (V)：用于绘制垂直方向的尺寸标注。

(5) 旋转 (R)：可以修改尺寸线的旋转角度。

2. 对齐标注

【对齐】标注命令用于标注倾斜的线性尺寸。调用【对齐】标注命令有以下三种方式：

☆ 下拉菜单：【标注】/【对齐】。

☆ 工具栏：【标注】工具栏中的按钮。

☆ 命令行：DIMALIGNED↙。

3. 弧长标注

【弧长】标注命令主要用于标注圆弧或多段线圆弧的弧线长度。调用【弧长】标注命令有以下三种方式：

☆ 下拉菜单：【标注】/【弧长】。

☆ 工具栏：【标注】工具栏中的按钮。

☆ 命令行：DIMARC↙。

该命令执行后，命令行提示如下：

命令：_ dimarc

选择弧线段或多段线弧线段：(选择图例圆弧)

指定弧长标注位置或［多行文字（M）/文字（T）/角度（A）/部分（P）/引线（L）］：

各选项说明如下：

（1）多行文字（M）/文字（T）：可以修改系统自动测量的尺寸数字。

（2）角度（A）：指定标注文字的旋转角度。

（3）部分（P）：缩短弧长标注的长度，进行部分标注。

（4）引线（L）：添加引线对象。仅当圆弧（或弧线段）大于90°时才会显示此选项。引线是按径向绘制的，指向所标注圆弧的圆心。

弧长标注中，弧长符号的位置是由【标注样式管理器】/【修改】/【符号和箭头】选项卡的【弧长符号】选项组设定的。

4. 半径标注

【半径】标注命令用于创建圆和圆弧的半径标注。调用【半径】标注命令有以下三种方式：

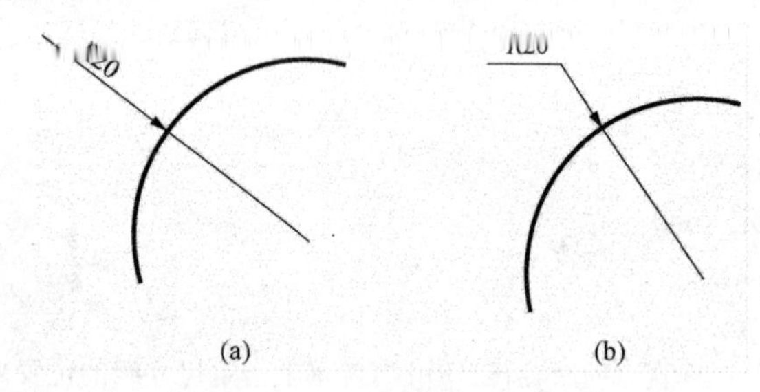

图 18-95 半径标注示例

（a）文字与尺寸线对齐；（b）文字水平

☆ 下拉菜单：【标注】/【半径】。

☆ 工具栏：【标注】工具栏中的按钮。

☆ 命令行：DIMRADIUS↙。

【例 18-29】完成如图 18-95 所示图形的尺寸标注。

操作步骤如下：

命令：_ dimradius

选择圆弧或圆：（选择圆弧）

标注文字 = 20（系统自动标注测量值）

指定尺寸线位置或［多行文字（M）/文字（T）/角度（A）］：（确定标注位置）

【标注样式管理器】/【修改】/【文字】选项卡中的【文字对齐】选项不同，半径标注形式不同，图 18-95（a）选择【与尺寸线对齐】，图 18-95（b）选择【水平】。

5. 直径标注

【直径】标注命令用于创建圆和圆弧的直径标注。调用直径标注命令有以下三种方式：

☆ 下拉菜单：【标注】/【直径】。

☆ 工具栏：【标注】工具栏中的按钮。

☆ 命令行：DIMDIAMETER↙。

【例 18-30】完成如图 18-96 所示图形的尺寸标注。

操作步骤如下：

命令：_ dimdiameter（调用直径标注命令）

选择圆弧或圆：［选择图 18-96（a）所示小圆弧］

标注文字 = 10（系统自动标注测量值）

指定尺寸线位置或［多行文字（M）/文字（T）/角度（A）］：（指定尺寸线位置）

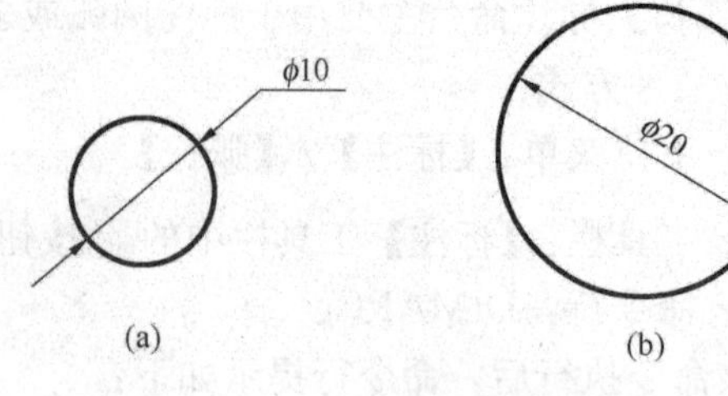

图 18-96 直径标注示例

（a）文字水平；（b）文字与尺寸线对齐

改变尺寸标注样式：

命令：_ dimdiameter（调用直径标注命令）

选择圆弧或圆：[选择图 18-96（b）所示大圆弧]
标注文字 = 40（系统自动标注测量值）
指定尺寸线位置或[多行文字（M）/文字（T）/角度（A）]：（指定尺寸线位置）

说明：标注形式与【标注样式管理器】中设置有关。【文字】选项卡中【文字对齐】区，图 18-96（a）选择【水平】，图 18-96（b）选择【与尺寸线对齐】；【调整】选项卡中【调整选项】区，图 18-96（a）选择【文字或箭头（最佳效果）】，图 18-96（b）选择【文字和箭头】。

6. 角度标注

【角度】标注命令主要用于标注圆弧的圆心角及两条直线的角度。调用【角度】标注命令有以下三种方式：

☆ 下拉菜单：【标注】/【角度】。

☆ 工具栏：【标注】工具栏中的按钮。

☆ 命令行：DIMANGULAR↙。

该命令执行后，命令行提示如下：

命令：_ dimangular
选择圆弧、圆、直线或 <指定顶点>：

说明：对于角度标注，尺寸标注样式【文字】选项卡中的【文字对齐】方式选【水平】。

7. 基线标注

【基线】标注命令用来快速标注具有一个共同标注基准点的若干个相互平行的线性尺寸或角度尺寸。调用【基线】标注命令有以下三种方式：

☆ 下拉菜单：【标注】/【基线】。

☆ 工具栏：【标注】工具栏中的按钮。

☆ 命令行：DIMBASELINE↙。

该命令执行后，命令行提示如下：

命令：_ dimbaseline
选择基准标注：（选择已有的尺寸标注）
指定第二条尺寸界线原点或[放弃（U）/选择（S）]<选择>：

说明：（1）在进行基线标注之前，首先要创建一个线性尺寸或角度尺寸作为基准。

（2）基线标注中，两条平行尺寸线间的距离由【标注样式管理器】/【修改】/【线】选项卡中【尺寸线】选项区的【基线间距】项设定。

（3）当命令行提示："指定第二条尺寸界线原点或[放弃（U）/选择（S）]<选择>："时，直接回车或键入"S↙"，可以选择新的基准进行标注。

8. 连续标注

【连续】标注命令用于快速标注尺寸线首尾相连的线性尺寸或角度尺寸。调用【连续】标注命令有以下三种方式：

☆ 下拉菜单：【标注】/【连续】。

☆ 工具栏：【标注】工具栏中的按钮。

☆ 命令行：DIMCONTINUE↙。

该命令执行后，命令行提示如下：

命令：_ dimcontinue

选择连续标注：(选择已有的尺寸标注)

指定第二条尺寸界线原点或［放弃（U）/选择（S）］<选择>：

说明：(1) 在进行连续标注之前，首先要创建一个线性尺寸或角度尺寸作为基准。

(2) 当命令行提示："指定第二条尺寸界线原点或［放弃（U）/选择（S）］<选择>："时，直接回车或键入"S↙"，可以选择新的基准进行标注。

9. 快速标注

快速标注用于快速创建标注，其中包含了创建基线标注、连续标注、半径标注和直径标注等。可以通过以下三种方式调用【快速标注】命令：

☆ 下拉菜单：【标注】/【快速标注】。

☆ 工具栏：【标注】工具栏中的按钮。

☆ 命令行：QDIM↙。

该命令执行后，命令行提示如下：

命令：_ qdim

关联标注优先级 = 端点

选择要标注的几何图形：(选择要标注的图样)

选择要标注的几何图形：↙

指定尺寸线位置或［连续（C）/并列（S）/基线（B）/坐标（O）/半径（R）/直径（D）/基准点（P）/编辑（E）/设置（T）］<连续>：

其中，各选项说明如下：

(1) 连续（C）/并列（S）/基线（B）/坐标（O）/半径（R）/直径（D）：分别用于创建相应的标注。

(2) 基准点（P）：确定用基线、坐标方式标注时的基点。

(3) 编辑（E）：启动尺寸标注的编辑命令，用于增加或减少尺寸标注中尺寸界线的端点数。

(4) 设置（T）：为指定尺寸界线起点（交点或端点）设置对象捕捉优先级。

10. 多重引线标注

多重引线标注方式使引线与说明的文字一起标注，常用于标注装配图的零件序号或零件的技术要求。引线是由样条曲线或直线段连着箭头组成的对象，通常由一条水平基线将文字和特征控制框连接到引线上。

(1) 设置多重引线样式。缺省情况下，在 AutoCAD 中多重引线标注使用的样式是"Standard"，用户可以根据需要创建一种新的多重引线标注样式。调用【多重引线样式】标注命令有以下三种方法：

☆ 下拉菜单：【格式】/【多重引线样式】。

☆ 工具栏：【多重引线】工具栏中按钮。

☆ 命令行：MLEADERSTYLE↙。

设置多重引线样式的步骤如下：

①调用 MLEADERSTYLE 命令，打开【多重引线样式管理器】对话框。

②在【多重引线样式管理器】中，单击【新建】按钮，打开【创建新多重引线样式】对话框，输入新多重引线样式的名称，如“箭头引线”。

③单击【继续】按钮，打开【修改多重引线样式】对话框，如图 18-97 所示。该对话框有【引线格式】、【引线结构】、【内容】三个选项卡，分别对三个选项进行设置。

【引线格式】选项卡，各选项区含义、设置同尺寸标注样式。

【引线结构】选项卡，如图 18-97 所示。【约束】选项区设置多重引线的点的最大数目及各段引线的角度。【基线设置】选项区，【自动包含基线】表示多重引线包含水平基线；【设置基线距离】指如果多重引线包含水平基线，确定该基线的长度。

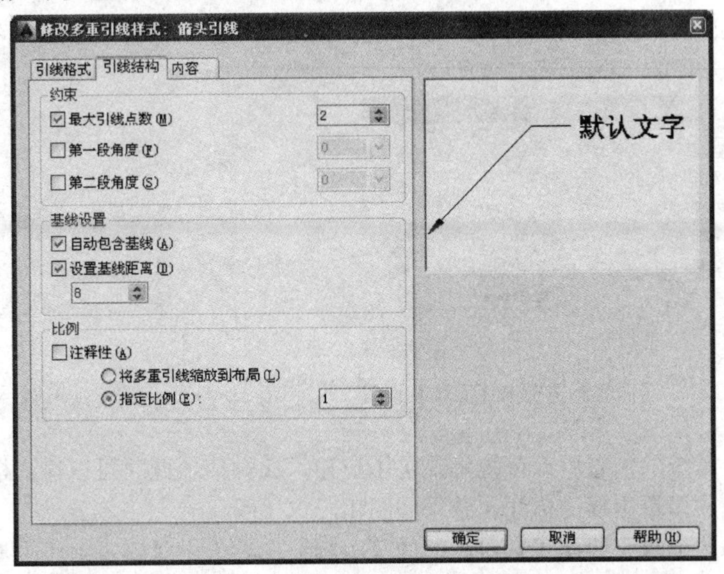

图 18-97 【修改多重引线样式】对话框

【内容】选项卡，如图 18-98 所示。【多重引线类型】选项区有“多行文字”、“块”、“无”三个选项。当【多重引线类型】为“多行文字”时，设置【文字选项】如图 18-98 所

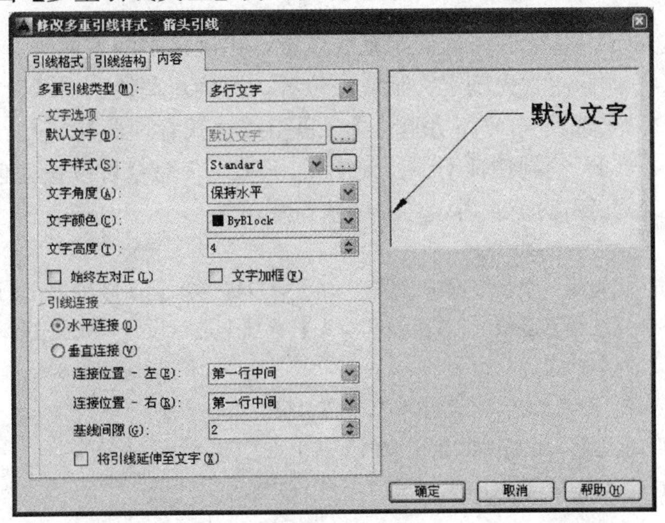

图 18-98 【修改多重引线样式】/【内容】选项卡

示；当【多重引线类型】为“块”时，从【块选项】中【源块】的下拉列表中可以选择块的形式，如图 18-99 所示，将【源块】设置为“圆”。

（2）多重引线标注。调用【多重引线】标注命令有以下三种方式：

☆ 下拉菜单：【标注】/【多重引线】。

☆ 工具栏：【多重引线】工具栏中按钮。

☆ 命令行：MLEADER↙。

该命令执行后，命令行提示如下：

命令：_ mleader

指定引线箭头的位置或［引线基线优先（L）/内容优先（C）/选项（O）］＜选项＞：（指定箭头的位置）

指定引线基线的位置：（指定基线的位置）

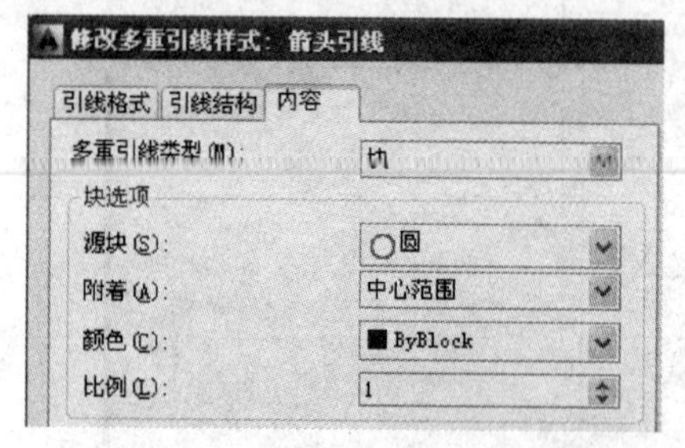

图 18-99 【内容】选项卡【源块】设置

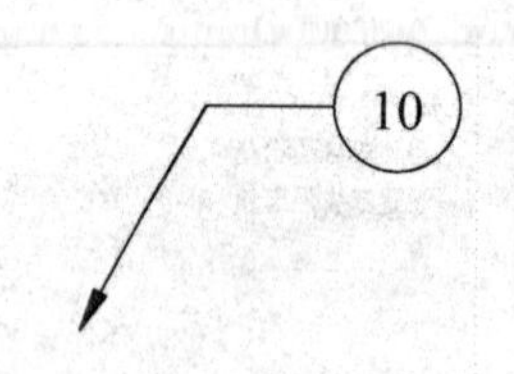

图 18-100 引线标注示例

在指定引线基线的位置后，系统将要求用户输入属性值，此时可以输入标记编号“10”，单击【确定】完成多重引线的标注。结果如图 18-100 所示。

如果在【修改多重引线样式】对话框的【内容】选项卡中【多重引线类型】为“多行文字”时，则会要求用户输入引线的文字内容。

各选项说明如下：

①指定引线箭头的位置：多种引线默认设置，即标注时先确定箭头位置，再确定引线、基线、文字或块。

②引线基线优先（L）：标注时先确定基线位置，再确定引线、箭头、文字或块。

③内容优先（C）：标注时先确定文字或块位置，再确定基线、引线、箭头。

④选项（O）：功能同【多重引线样式管理器】。

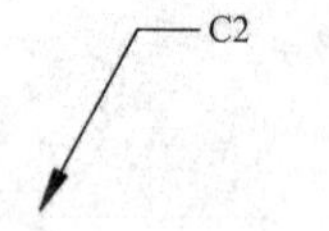

图 18-101 快速引线标注示例

（3）绘制快速引线。使用 QLEADER 命令可以快速创建引线和引线注释，如图 18-101 所示。命令执行如下：

命令：QLEADER↙

指定第一个引线点或［设置（S）］＜设置＞：s↙（打开【引线设置】对话框，分别选择【注释】选项卡、【引线和箭头】选项卡进行设置，如图 18-102、图 18-103 所示。单击【确定】按钮关闭对话框）

指定第一个引线点或［设置（S）］＜设置＞：（指定引线的第一个点）

指定下一点：（向右上方移动鼠标，指定引线的下一个点）

指定下一点：（向右侧移动鼠标，指定引线的下一个点）

指定文字宽度 ＜0＞：

输入注释文字的第一行 ＜多行文字（M）＞：C2↙（输入快速引线的文字内容）

输入注释文字的下一行：↙

结果如图 18-101 所示。

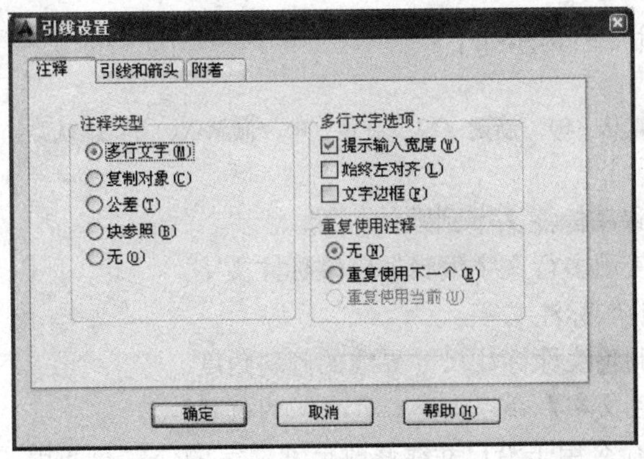

图 18-102　【引线设置】/【注释】选项卡

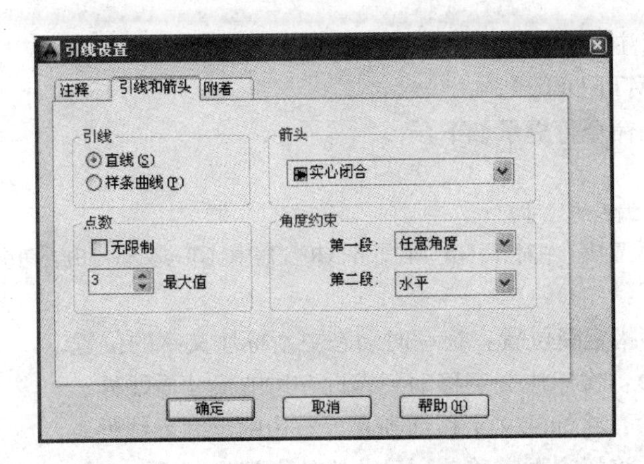

图 18-103　【引线设置】/【引线和箭头】选项卡

三、尺寸标注的编辑

AutoCAD 提供两种方式，可以对已有的尺寸标注进行编辑、修改，一种是通过修改标注样式对所有应用此样式的标注进行修改；另外一种是通过尺寸标注编辑命令单独修改某一处尺寸标注。

1. 修改标注样式

在进行尺寸标注的过程中，可以先设置好尺寸标注的样式，也可以在创建好标注后，对标注的样式进行修改，以适合标注的图形。

选择【标注】/【标注样式】命令，在打开的【标注样式管理器】对话框中选中需要修改的样式，单击【修改】按钮，打开【修改标注样式】对话框，根据需要对标注的各部分样式进行修改。

2. 利用【编辑标注】命令编辑尺寸文字和尺寸界线

【编辑标注】命令用于修改一个或多个标注对象上的文字标注和尺寸界线。调用【编辑标注】命令有以下三种方法：

☆ 菜单栏：【标注】/【倾斜】。

☆ 工具栏：【标注】工具栏中的按钮。

☆ 命令行：DIMEDIT↙。

该命令执行后，命令行提示如下：

命令：_ dimedit

输入标注编辑类型［默认（H）/新建（N）/旋转（R）/倾斜（O）］<默认>：

各选项说明如下：

（1）默认（H）：移动标注文字到默认位置。

（2）新建（N）：使用多行文字编辑器修改标注文字。

（3）旋转（R）：旋转标注文字。

（4）倾斜（O）：调整线性标注尺寸界线的倾斜角度。

3. 利用【编辑标注文字】命令调整标注文本的位置

【编辑标注文字】命令用于沿尺寸线修改尺寸文字的位置。调用【编辑标注文字】命令有以下两种方式：

☆ 工具栏：【标注】工具栏中的按钮。

☆ 命令行：DIMTEDIT↙。

该命令执行后，命令行提示如下：

命令：_ dimtedit

选择标注：（选择要编辑的尺寸）

为标注文字指定新位置或［左对齐（L）/右对齐（R）/居中（C）/默认（H）/角度（A）］：（指定新位置）

各选项说明如下：

（1）为标注文字指定新位置：拖动时动态更新标注文字的位置。

（2）左对齐（L）：将标注文字移动到靠近左边的尺寸界线处。

（3）右对齐（R）：将标注文字移动到靠近右边的尺寸界线处。

（4）居中（C）：将标注文字移动到尺寸线的中间。

（5）默认（H）：将标注文字移至默认位置。

（6）角度（A）：将标注文字旋转至用户指定的角度。

4. 利用【标注间距】命令调整尺寸线之间的距离

【标注间距】命令用于调整图形中的重叠或间距不等的线性标注或角度标注尺寸线之间的距离。调用【标注间距】命令有以下三种方式：

☆ 下拉菜单：【标注】/【标注间距】。

☆ 工具栏：【标注】工具栏中的按钮。

☆ 命令行：DIMSPACE↙。

【例 18-31】 修改如图 18-104（a）所示尺寸标注中尺寸线的位置，使尺寸 6 与尺寸 15 串行，尺寸 41 与尺寸 6 并行，间距 10，结果如图 18-104（b）所示。

操作步骤如下：

命令：_ DIMSPACE

选择基准标注：（选择尺寸标注 15）

选择要产生间距的标注：（选择尺寸标注 6）

选择要产生间距的标注：↙

输入值或［自动（A）］<自动>：0↙（间距0，则成串行尺寸）
命令：↙（重复【标注间距】命令）
DIMSPACE
选择基准标注：（选择尺寸标注6）
选择要产生间距的标注：（选择尺寸标注41）
选择要产生间距的标注：↙
输入值或［自动（A）］<自动>：10↙（输入尺寸线间距为10）

结果如图18-104（b）所示。

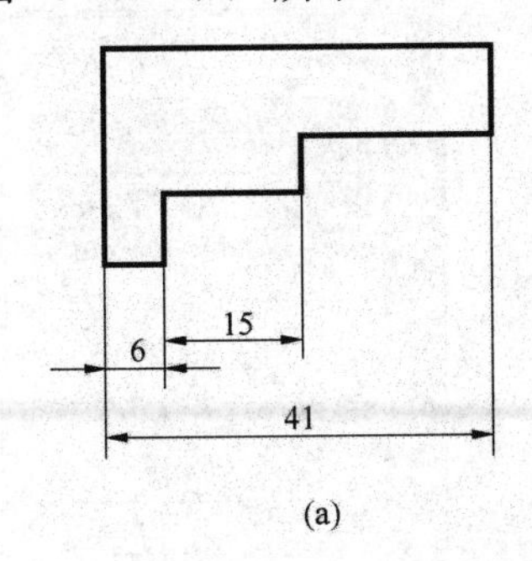

(a)

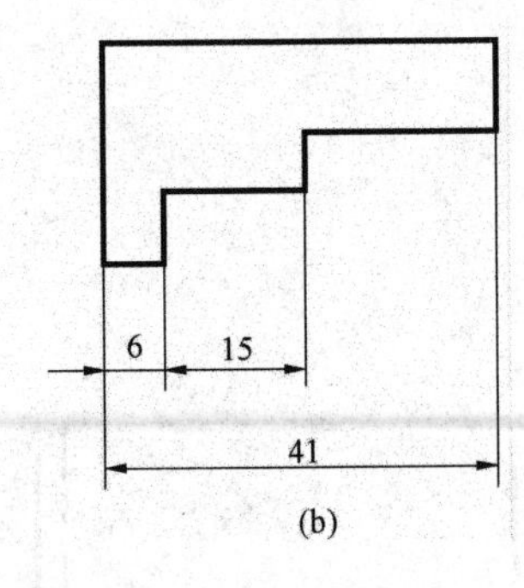

(b)

图18-104 标注间距应用示例
（a）原始图形；（b）尺寸编辑后图形

5. 利用【折弯线性】命令添加或删除折弯尺寸线

【折弯线性】用于在线性标注或对齐标注中添加或删除折弯线。调用【折弯线性】命令有以下三种方式：

☆ 下拉菜单：【标注】/【折弯线性】。

☆ 工具栏：【标注】工具栏中的按钮。

☆ 命令行：DIMJOGLINE↙。

【例18-32】 折弯标注如图18-105（a）所示的尺寸线。

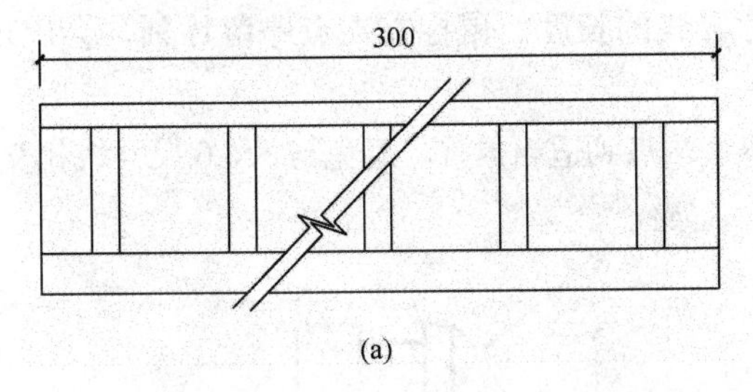

(a)

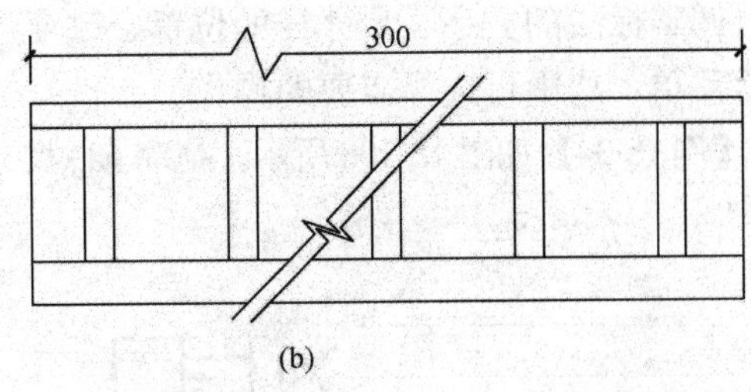

(b)

图18-105 折弯标注应用示例
（a）原始图形；（b）尺寸编辑后图形

操作步骤如下：
命令：_DIMJOGLINE
选择要添加折弯的标注或［删除（R）］：（选择图中尺寸标注300）
指定折弯位置（或按ENTER键）：（在尺寸数字300左侧单击一点指定折弯位置）

结果如图18-105（b）所示。

按Enter键可在标注文字与第一条尺寸界线之间的中点处放置折弯；“删除（R）”选项

指定要从中删除折弯的线性标注或对齐标注。

6. 利用【特性】选项板修改属性

使用【特性】选项板，可以编辑尺寸标注各部分属性。

【例 18-33】 如图 18-106 所示，将圆柱尺寸 30 改为 ϕ30。

操作步骤：选择该标注单击右键，点选弹出的下拉菜单【特性】选项，出现【特性】选项卡，如图 18-107 所示。该选项卡显示所选标注的属性信息，可以拖动左侧滑块到需要编辑的对象，激活相应的选项进行修改，修改后按 Enter 键确认即可。

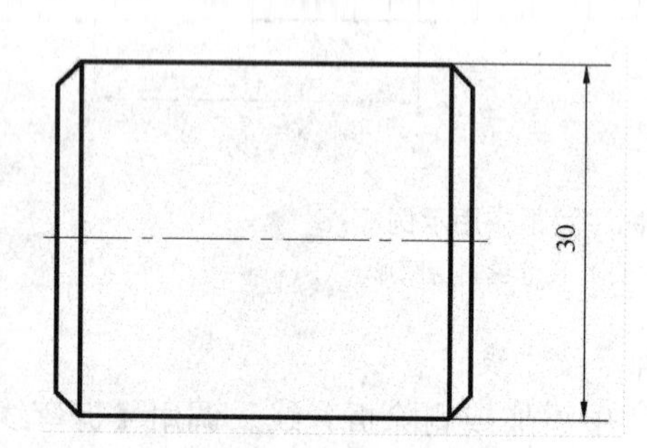

图 18-106 编辑对象特性应用示例

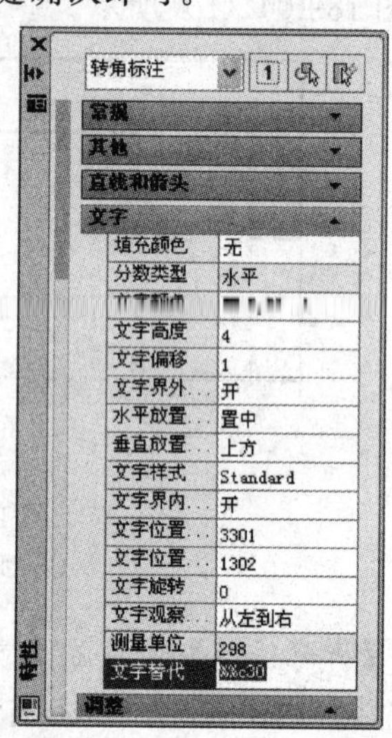

图18-107 【特性】选项卡

同样，也可通过【快捷特性】选项卡对尺寸标注进行修改。

7. 利用夹点编辑命令修改对象属性

利用夹点调整标注的位置，适合于移动标注的尺寸线和标注文字。通过移动选中的夹点，调整标注的文字、尺寸线的位置，改变尺寸界线的长度。鼠标在夹点停留片刻，会出现提示菜单，从中可选择需要的操作。

【例 18-34】 如图 18-108 所示，拖动 ϕ39 尺寸界线端点到适当位置，避免与 *SR*26 尺寸线相交。

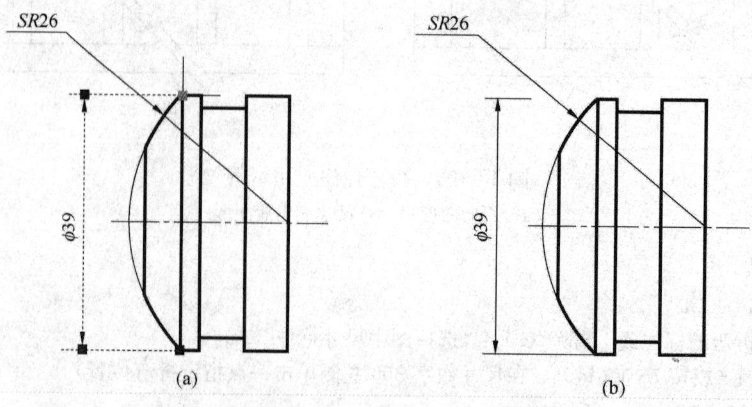

图 18-108 夹点编辑示例

（a）编辑前；（b）编辑后

第八节　图形的布局与输出

在 AutoCAD 中完成图形的绘制之后，可以通过打印机将图形打印出图。在打印出图之前，要对图形的布局进行适当的调整，对打印样式和打印设备进行相应的设置，从而使输出的图形更加清晰、美观。

一、布局

在工程制图中，图纸上通常包括图形和一些其他的附加信息（如图纸边框、标题栏等）。打印的图形经常包含一个以上的图形，且各个图形可能按相同的比例打印出图的，也可能按不同的比例打印出图。为了按照用户所希望的方式打印输出图纸，可以利用 AutoCAD 提供的图纸空间，根据打印输出的需要布置图纸。

1. 模型空间和图纸空间

AutoCAD 有两种绘图空间：模型空间（Model Space）和图纸空间（Paper Space）。大多数的绘图和设计工作都是在模型空间中进行的；图纸空间主要用于完成打印或绘图输出的图纸最终布局。用户在模型空间工作时可以始终按照 1：1 比例绘图，而在输出时在图纸空间可以方便地插入图框及标题栏、设定不同的绘图比例、随意调整各视图的位置等。

（1）模型空间。模型空间是用户创建和编辑图形的工作空间，大部分的设计和绘图工作都是在模型空间完成的。模型空间为用户提供了一个广阔的绘图区域，在该空间中，只须考虑所绘制的图形是否正确，而不必担心绘图空间是否不足。

（2）图纸空间。在 AutoCAD 中，图纸空间是以布局的形式来使用的。一个图形文件可包含多个布局，每个布局代表一张单独的打印输出图纸。在图纸空间中，窗口最外侧轮廓线表示当前配置的图纸边界，虚线表示图纸可打印区域的边界，中间矩形表示浮动视口边界，如图 18-109 所示。视口显示图形的模型空间对象。每个视口都能以指定比例显示模型空间对象。可以创建多个布局以显示不同视图，每个布局可以包含不同的打印设置和图纸尺寸。

在绘图区域底部状态条中选择【布局 1】或【布局 2】选项卡，就可以进入相应的图纸空间环境；在图纸空间中，用户可随时选择【模型】选项卡或在命令行输入“MODEL↙”来返回模型空间。

（3）浮动模型空间。可以在当前布局中创建浮动视口来访问模型空间，浮动视口相当于模型空间中的视图对象，用户可以在浮动视口中处理模型空间对象。在模型空间中的所有修改都将反映到所有图纸空间视口中。

浮动视口的边界是实体，可删除、移动、缩放和拉伸等。在图纸空间中，浮动视口的边界为细实线。用户可在布局中通过双击浮动视口或在命令行输入“MS↙”进入浮动模型空间，进入某一浮动模型空间后，其边界线变为粗实线；要从浮动模型空间切换到图纸空间，可在浮动视口外任意点双击或在命令行输入“PS↙”。此外，单击状态栏中的【图纸/模型】按钮，也可以在图纸空间与浮动模型空间之间切换。用户既可以观察图纸的整体布局，又可以对浮动视口中的图形进行编辑。

2. 创建打印布局

用户可以创建多个布局来显示不同的视图，每个视图可包含不同的绘图样式。创建布局有多种方式，下面介绍常用的三种方式。

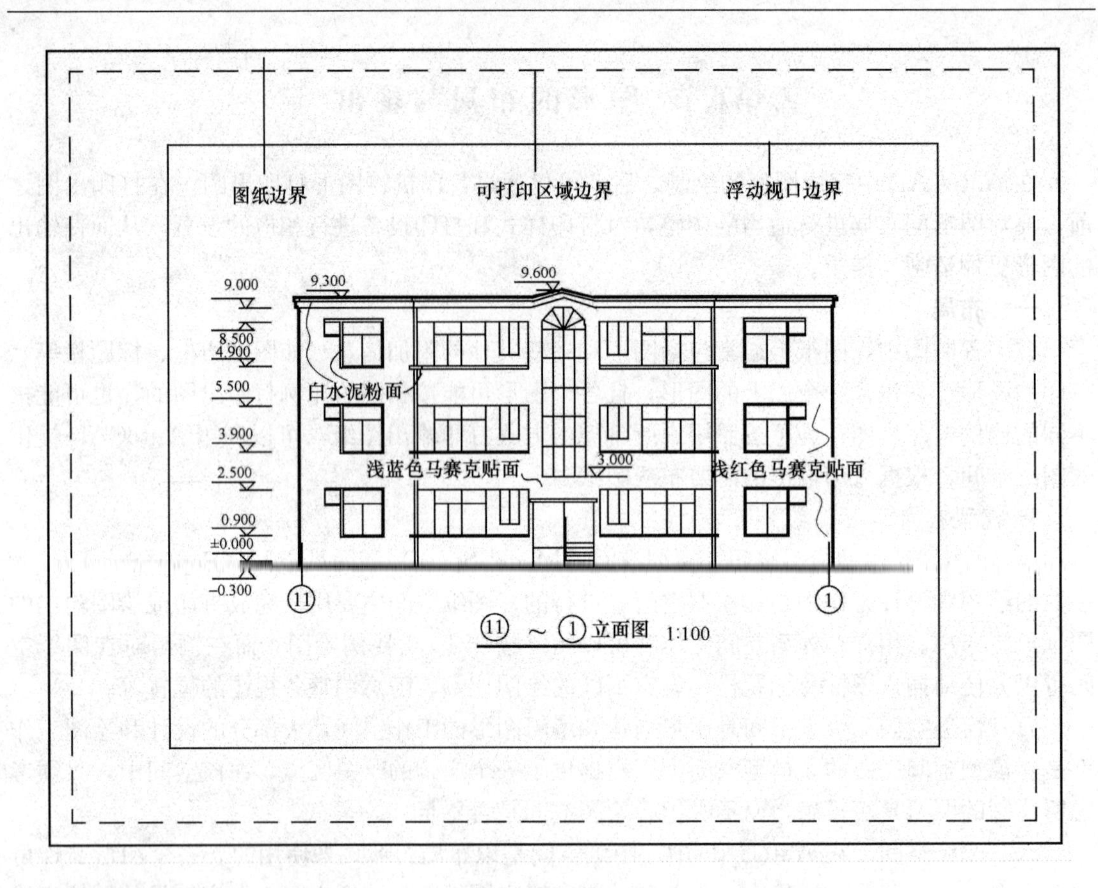

图 18-109 图纸空间

(1) 使用【页面设置】对话框。打开【页面设置】对话框有以下三种方法：

☆ 下拉菜单：【文件】/【页面设置管理器】。

☆ 工具栏：【布局】工具栏中按钮。

☆ 命令行：PAGESETUP↙。

启动该命令后，打开【页面设置管理器】对话框，然后单击【修改】按钮，打开【页面设置—布局 n】对话框，如图 18-110 所示，在该对话框中可以选择相应的【打印机/绘图仪】、【图纸尺寸】、【打印区域】、【打印比例】等。

各项说明如下：

①【打印机/绘图仪】设置区：指定打印或发布布局或图纸时使用的已配置的打印设备。

②【图纸尺寸】设置区：显示所选打印设备可用的标准图纸尺寸。

③【打印区域】设置区：指定要打印的区域。在【打印范围】下，可以选择要打印的图形区域。

【布局】：打印布局时，将打印指定图纸尺寸的可打印区域内的所有内容，其原点从布局中的（0，0）点计算得出。从【模型】选项卡打印时，将打印栅格界限定义的整个图形区域。

【窗口】：打印指定的图形部分。单击【窗口】按钮，将返回绘图区域以使用定点设备指定要打印区域的两个角点，或输入坐标值。

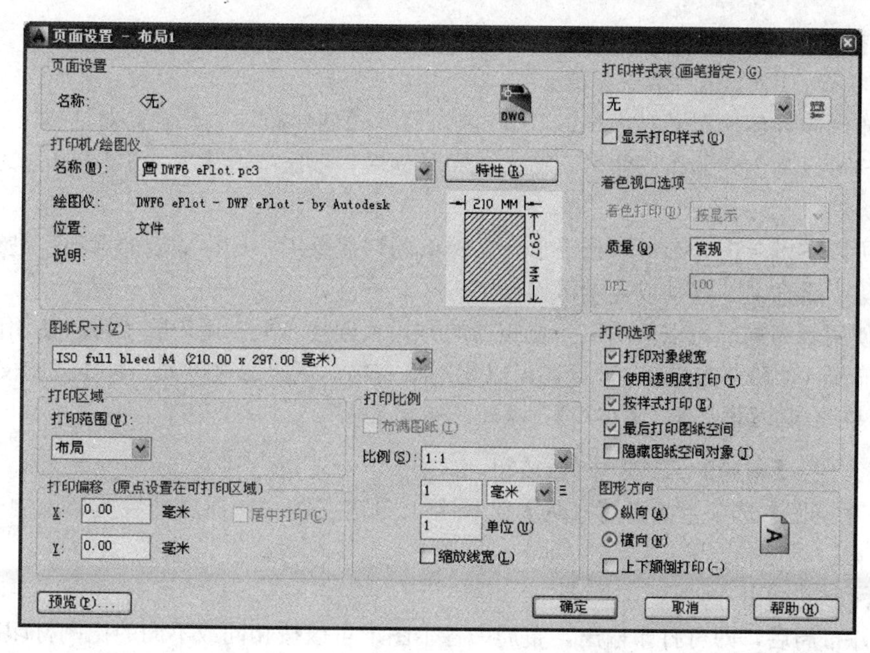

图 18-110　【页面设置—布局 n】对话框

【范围】：打印当前空间中包含对象的图形部分。当前空间内的所有几何图形都将被打印。

【显示】：打印【模型】选项卡当前视口的视图或【布局】选项卡上当前图纸空间中的视图。

【视图】：打印以前使用 View 命令保存的视图。

④【打印偏移】设置区：通过在【X:】和【Y:】文本框中输入正值或负值，可以偏移图纸上的几何图形。勾选【居中打印】则自动计算 X 偏移值和 Y 偏移值，在图纸上居中打印。

⑤【打印比例】设置区：控制图形单位与打印单位之间的相对尺寸。打印布局时，默认缩放比例设置为 1∶1。从【模型】选项卡打印时，默认设置为【布满图纸】。

⑥【打印样式表（画笔指定)】设置区：设置、编辑打印样式表，或者创建新的打印样式表。

⑦【着色视口选项】设置区：指定着色和渲染视口的打印方式，并确定它们的分辨率级别和每英寸点数（DPI）。

⑧【打印选项】设置区：指定线宽、打印样式、着色打印和对象的打印次序等选项。

⑨【图形方向】设置区：为支持纵向或横向的绘图仪指定图形在图纸上的打印方向。

⑩【预览】：按执行【打印预览】（Preview）命令时在图纸上打印的方式显示图形。要退出打印预览并返回到【页面设置】对话框，按 Esc 键，或单击鼠标右键，在弹出的快捷菜单上单击【退出】。

(2) 使用布局向导。布局向导可以引导用户一步一步地创建布局并进行页面设置，可以通过以下三种方法调用布局向导：

☆ 下拉菜单：【插入】/【布局】/【创建布局向导】。

☆ 下拉菜单：【工具】/【向导】/【创建布局】。

☆ 命令行：LAYOUTWIZARD↙。

调用布局向导创建布局时，AutoCAD首先显示【创建布局—开始】对话框。在该对话框中，用户可以为创建的布局命名，输入布局名称后，依次单击【下一步】按钮，完成布局创建。

用户可以右键单击【布局】选项卡，在弹出的快捷菜单中选择适当的选项，进行布局的创建、删除、重命名、移动或复制等操作。

（3）使用新布局。可以使用一个新布局的方式来创建布局。用户除了可以使用两个默认的布局"布局1"和"布局2"外，还可以使用新布局。可以通过下列三种方式定义新布局：

☆ 下拉菜单：【插入】/【布局】/【新建布局】。

☆ 工具栏：【布局】工具栏中按钮。

☆ 在【模型】选项卡或者【布局】选项卡上单击右键，在弹出的快捷菜单中选择【新建布局】项。

二、图形的输出

创建好布局后，即可打印输出，布局中各个图形可以按相同或不同的比例打印出图。

1. 一幅图中只有一种比例

（1）直接在模型空间输出。一般在模型空间按照1∶1绘制图形，完成标注之后按要求比例打印输出。图18-111所示按实际尺寸绘制的涵洞三视图，要求采用A3图幅1∶10打印。打开【打印—模型】对话框，如图18-112所示。设置打印机的型号、图纸尺寸"ISO full bleed A3（420×297毫米）"、打印比例"1∶10"、打印范围"窗口"、图纸方向"横向"，点击【预览】直接输出即可。

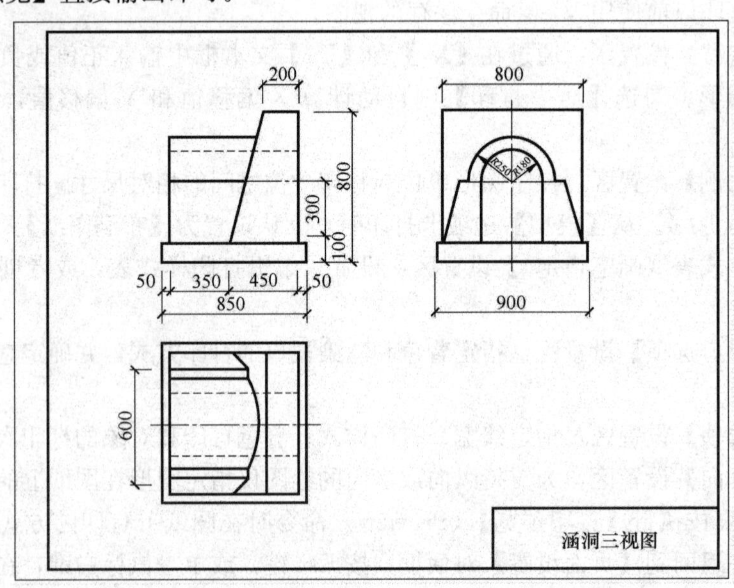

图18-111　涵洞三视图

（2）在图纸空间输出。单击状态条中的【布局1】，使用前面介绍的方法进行页面设置，创建打印布局，默认一个视口。其中，图纸尺寸"ISO full bleed A3（420×297毫米）"、打

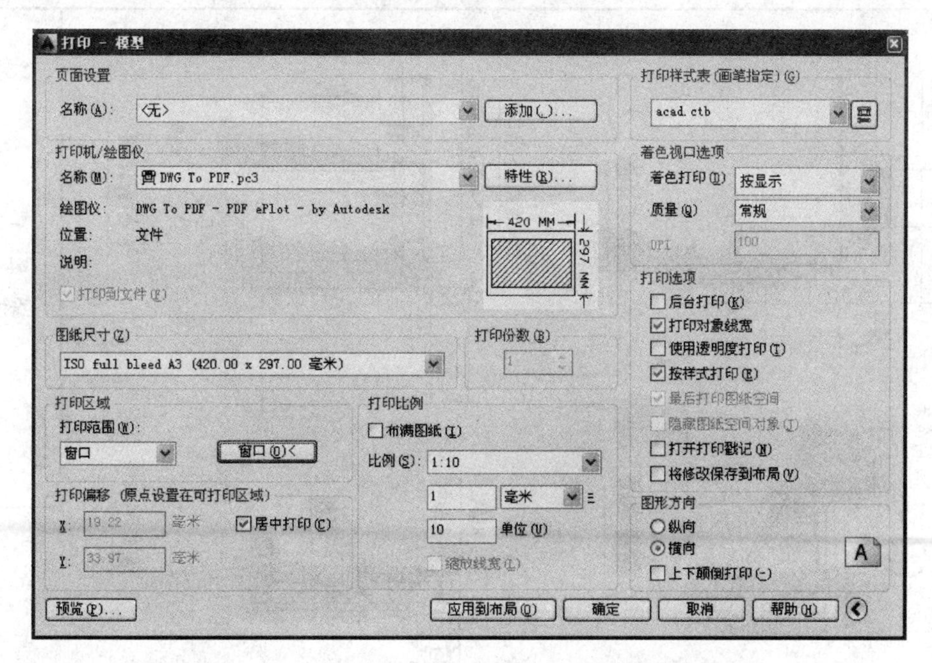

图 18-112 【打印—模型】对话框的设置

印比例“1∶1”、打印范围“布局”。选中视口或在浮动视口内侧双击激活视口，并在【视口】工具栏的文本下拉框中设置视口比例“1∶10”，然后通过夹点调整浮动视口的大小，使其与图纸的外框一致。注意应调整线型比例，使其与窗口显示一致，直接打印即可。

2. 一幅图中多种比例

当一幅图中存在有多种输出比例时，有以下三种处理方法：

(1) 在模型空间按 1∶1 实际尺寸绘制图形部分，然后用【缩放】(SCALE) 命令对图形缩放相应的比例，布置在标准图纸幅面上，再进行线型设置、图案填充、尺寸标注（注意【主单位】选项卡中【比例因子】的设置）及注写文字等。最后在图纸空间根据不同比例布置视口，按 1∶1 比例输出图形。

(2) 在模型空间按 1∶1 实际尺寸绘制图形（包括线型设置、图案填充）部分，然后根据绘图比例设置多种标注样式进行尺寸标注（注意【调整】选项卡中【使用全局比例】的设置)，注写文字等，最后在图纸空间根据不同比例布置视口，按 1∶1 比例输出图形。

(3) 在模型空间按 1∶1 实际尺寸绘制图形部分，然后在图纸空间进行布置，再设置线型比例、填充图案、注写文字等，最后在选定的标注样式中，在【调整】选项卡中选择【将标注缩放到布局】，进行尺寸标注。完成后，在图纸空间按 1∶1 比例输出图形。

下面以楼梯剖面图，比例 1∶50；踏步详图、扶手详图和栏板详图，比例 1∶10；防滑条详图，比例 1∶2 为例，如图 18-113 所示，按照上述第 (3) 种方法，来介绍图形在图纸空间的输出。

①在模型空间，按照实际尺寸绘制楼梯剖面图及四个详图。

②单击状态条中的【布局 1】，进行页面设置。

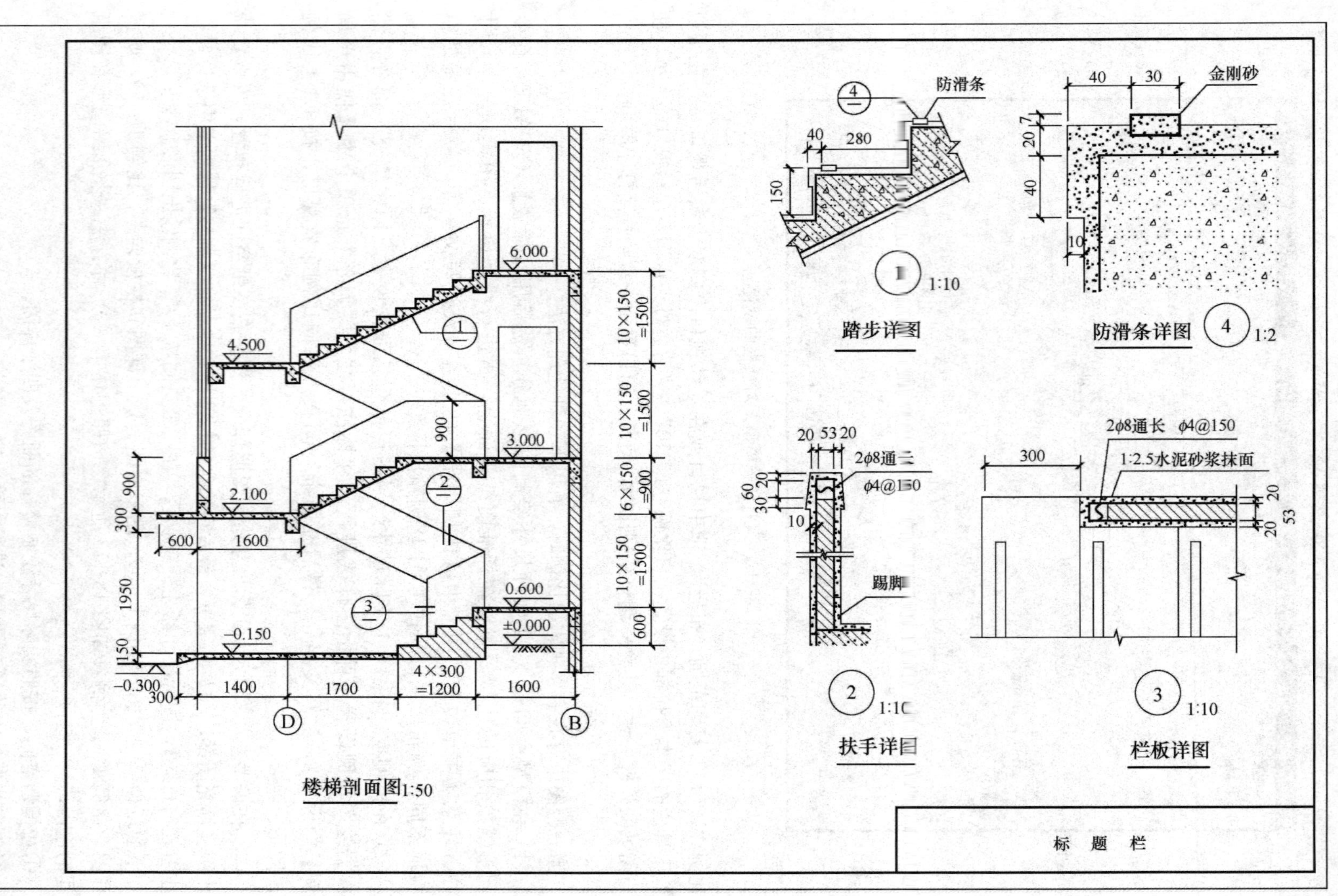

图 18-113 楼梯剖面图及节点详图

③使用 VPORTS 命令，新建视口，通过指定视口的两个对角点，分别设置如图 18-114 所示的 5 个矩形视口。

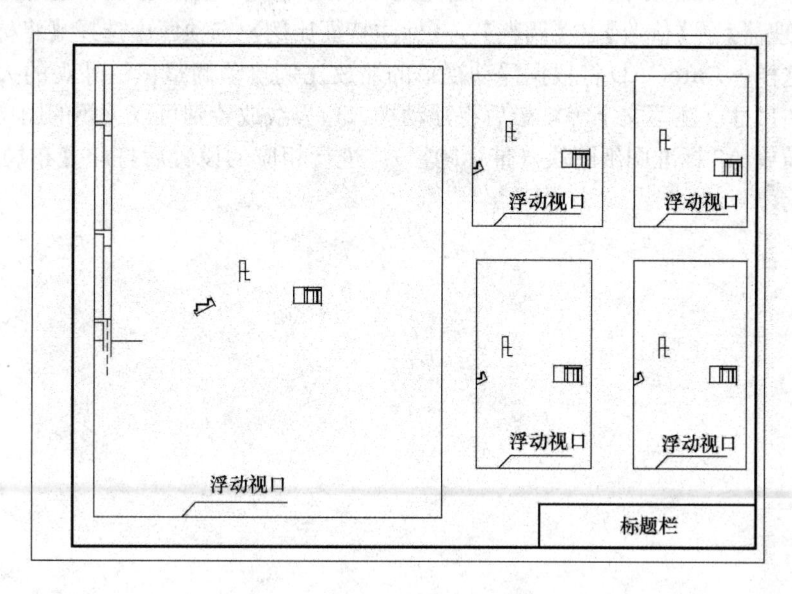

图 18-114　在图纸空间绘制各视口

④通过【视口】工具栏，激活各视口，调整各视口的比例、大小及位置，如图 18-115 所示。

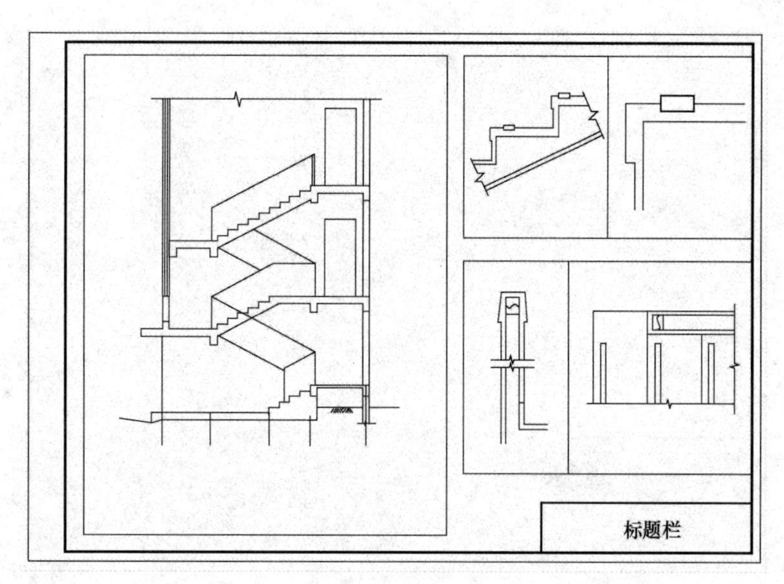

图 18-115　视口比例设置及调整

⑤通过 LTSCALE 命令设置全局线型比例，调整图案类型及比例，在【浮动模型空间】填充图案（也可直接在模型空间完成）。

⑥在图纸空间标注尺寸。在图纸空间标注尺寸时，若各个视口的缩放比例不一样，将造成各视口中标注外观的大小不一致。为避免这个问题，用户应在创建尺寸标注样式时，在【标注样式管理器】/【修改】/【调整】/【标注特征比例】选项区中选择【将标注缩放到布局】选项，这样，AutoCAD将根据浮动视口的缩放比例自动调整标注外观的大小。然后在图纸空间标注尺寸、注写文字等，最后将浮动视口边界线放置到可以关闭的图层。

⑦插入横放A3标准图纸图块（带标题栏）。进行相应的设置后打印【布局1】，结果如图18-113所示。

附　录

一、常用螺纹与螺纹紧固件

1. 普通螺纹（摘自 GB/T 193—2003、GB/T 196—2003）

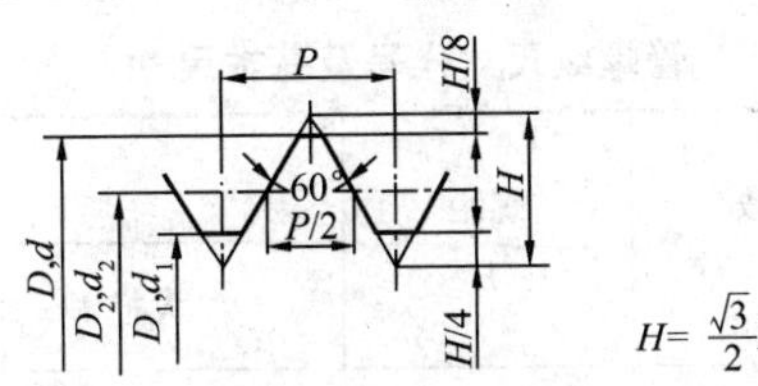

附表 1-1　**直径与螺距标准组合系列**　mm

公称直径 D、d		螺距 P		粗牙小径 D_1、d_1
第一系列	第二系列	粗牙	细牙	
3		0.5	0.35	2.459
	3.5	(0.6)		2.850
4		0.7	0.5	3.242
	4.5	(0.75)		3.688
5		0.8		4.134
6		1	0.75,(0.5)	4.917
8		1.25	1,0.75,(0.5)	6.647
10		1.5	1.25,1,0.75,(0.5)	8.376
12		1.75	1.5,1.25,1,(0.75),(0.5)	10.106
	14	2	1.5,(1.25),1,(0.75),(0.5)	11.835
16		2	1.5,1,(0.75),(0.5)	13.835
	18	2.5	2,1.5,1,(0.75),(0.5)	15.294
20		2.5		17.294

公称直径 D、d		螺距 P		粗牙小径 D_1、d_1
第一系列	第二系列	粗牙	细牙	
	22	2.5	2,1.5,1,(0.75),(0.5)	19.294
24		3	2,1.5,1,(0.75)	20.752
	27	3	2,1.5,1,(0.75)	23.752
30		3.5	(3),2,1.5,1,(0.75)	26.211
	33	3.5	(3),2,1.5,(1),(0.75)	29.211
36		4	3,2,1.5,(1)	31.670
	39	4		34.670
42		4.5	(4),3,2,1.5,(1)	37.129
	45	4.5		40.129
48		5		42.87
	52	5		46.587
56		5.5	4,3,2,1.5,(1)	50.046

注　1. 优先选用第一系列，括号内尺寸尽可能不用。第三系列未列入。

2. 中径 D_2、d_2 未列入。

附表 1-2　**细牙普通螺纹螺距与小径的关系**　mm

螺距 P	小径 D_1、d_1	螺距 P	小径 D_1、d_1	螺距 P	小径 D_1、d_1
0.35	$d-1+0.621$	1	$d-2+0.918$	2	$d-3+0.835$
0.5	$d-1+0.459$	1.25	$d-2+0.647$	3	$d-4+0.752$
0.75	$d-1+0.188$	1.5	$d-2+0.376$	4	$d-5+0.670$

注　表中的小径按 $D_1=d_1=d-2\times\frac{5}{8}H$，$H=\frac{\sqrt{3}}{2}P$ 计算得出。

2. 非螺纹密封的管螺纹（摘自 GB/T 7307—2001）

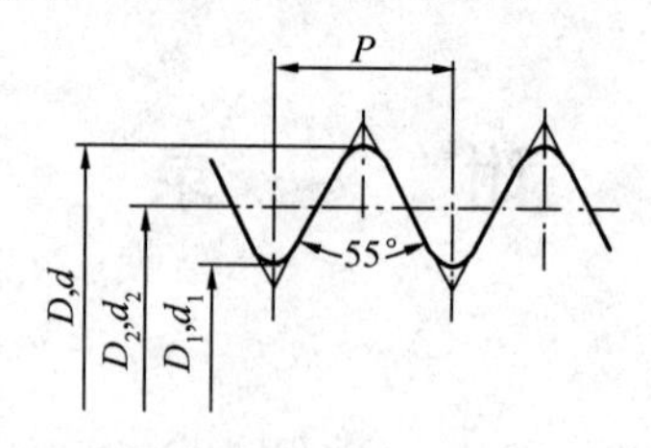

附表 1-3 管螺纹尺寸代号及基本尺寸 mm

尺寸代号	每 25.4mm 内的牙数 n	螺距 P	基本直径	
			大径 D、d	小径 D_1、d_1
1/8	28	0.907	9.728	8.566
1/4	19	1.337	13.157	11.445
3/8	19	1.337	16.662	14.950
1/2	14	1.814	20.955	18.631
5/8	14	1.814	22.911	20.587
3/4	14	1.814	26.441	24.117
7/8	14	1.814	30.201	27.877
1	11	2.309	33.249	30.291
$1\frac{1}{8}$	11	2.309	37.897	34.939
$1\frac{1}{4}$	11	2.309	41.910	38.952
$1\frac{1}{2}$	11	2.309	47.803	44.845
$1\frac{3}{4}$	11	2.309	53.746	50.788
2	11	2.309	59.614	56.656
$2\frac{1}{4}$	11	2.309	65.710	62.752
$2\frac{1}{2}$	11	2.309	75.184	72.226
$2\frac{3}{4}$	11	2.309	81.534	78.576
3	11	2.309	87.884	84.926

二、螺纹紧固件

1. 六角头螺栓

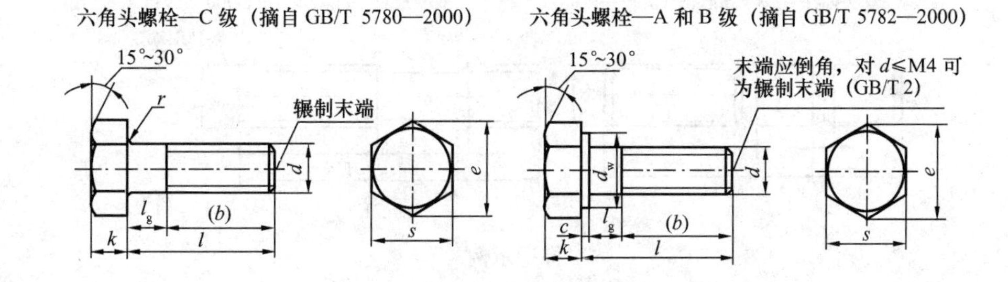

标记示例

螺纹规格 d＝M12、公称长度 l＝80mm、性能等级为 8.8 级，表面氧化、A 级的六角头螺栓，其标记为：

螺栓　GB/T 5782　M12×80

附表 2-1　　六角头螺栓各部分尺寸　　mm

螺纹规格 d			M3	M4	M5	M6	M8	M10	M12	M16	M20	M24	M30	M36	M42
b 参考	l≤125		12	14	16	18	22	26	30	38	46	54	66	—	—
	125＜l≤200		18	20	22	24	28	32	36	44	52	60	72	84	96
	l＞200		31	33	35	37	41	45	49	57	65	73	85	97	109
c			0.4	0.4	0.5	0.5	0.6	0.6	0.6	0.8	0.8	0.8	0.8	0.8	1
d_w	产品等级	A	4.57	5.88	6.88	8.88	11.63	14.63	16.63	22.49	28.19	33.61	—	—	—
		A、B	4.45	5.74	6.74	8.74	11.47	14.47	16.47	22	27.7	33.25	42.75	51.11	59.95
e	产品等级	A	6.01	7.66	8.79	11.05	14.38	17.77	20.03	26.75	33.53	39.98	—	—	—
		B、C	5.88	7.50	8.63	10.89	14.20	17.59	19.85	26.17	32.95	39.55	50.85	60.79	72.02
k　公称			2	2.8	3.5	4	5.3	6.4	7.5	10	12.5	15	18.7	22.5	26
r			0.1	0.2	0.2	0.25	0.4	0.4	0.6	0.6	0.8	0.8	1	1	1.2
s　公称			5.5	7	8	10	13	16	18	24	30	36	46	55	65
l（商品规格范围）			20～30	25～40	25～50	30～60	40～80	45～100	50～120	65～160	80～200	90～240	110～300	140～360	160～440
l 系列			12，16，20，25，30，35，40，45，50，55，60，65，70，80，90，100，110，120，130，140，150，160，180，200，220，240，260，280，300，320，340，360，380，400，420，440，460，480，500												

注　1. A 级用于 d≤24 和 l≤10d 或≤150 的螺栓；

B 级用于 d＞24 和 l＞10d 或＞150 的螺栓。

2. 螺纹规格 d 范围：GB/T 5780 为 M5～M64；GB/T 5782 为 M1.6～M64。

3. 公称长度范围：GB/T 5780 为 25～500；GB/T 5782 为 12～500。

2. 双头螺柱

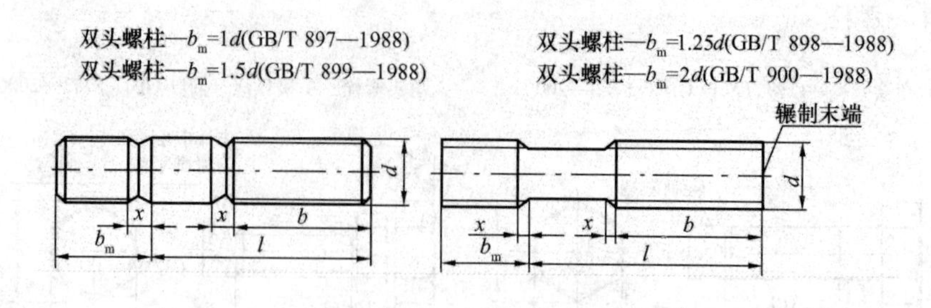

标记示例

两端均为粗牙普通螺纹、d=10、l=50、性能等级为4.8级、B型、b_m=1d的双头螺柱，其标记为：

螺栓 GB/T 897 M10×50

旋入机体一端为粗牙普通螺纹、旋螺母一端为螺距1的细牙普通螺纹、d=10、l=50、性能等级为4.8级、A型、b_m=1d的双头螺柱，其标记为：螺柱 GB/T 897 AM10—M10×1×50

附表 2-2 **双头螺柱各部分尺寸** mm

螺纹规格		M5	M6	M8	M10	M12	M16	M20	M24	M30	M36	M42
b_m（公称）	GB/T 897	5	6	8	10	12	16	20	24	30	36	42
	GB/T 898	6	8	10	12	15	20	25	30	38	45	52
	GB/T 899	8	10	12	15	18	24	30	36	45	54	65
	GB/T 900	10	12	16	20	24	32	40	48	60	72	84
d_s(max)		5	6	8	10	12	16	20	24	30	36	42
x(max)		2.5P										
$\frac{l}{b}$		$\frac{16\sim22}{10}$	$\frac{20\sim22}{10}$	$\frac{20\sim22}{12}$	$\frac{25\sim28}{14}$	$\frac{25\sim30}{16}$	$\frac{30\sim38}{20}$	$\frac{35\sim40}{25}$	$\frac{45\sim50}{30}$	$\frac{60\sim65}{40}$	$\frac{65\sim75}{45}$	$\frac{65\sim80}{50}$
		$\frac{25\sim50}{16}$	$\frac{25\sim30}{14}$	$\frac{25\sim30}{16}$	$\frac{30\sim38}{16}$	$\frac{32\sim40}{20}$	$\frac{40\sim55}{30}$	$\frac{45\sim65}{35}$	$\frac{55\sim75}{45}$	$\frac{70\sim90}{50}$	$\frac{80\sim110}{60}$	$\frac{85\sim110}{70}$
			$\frac{32\sim75}{18}$	$\frac{32\sim90}{22}$	$\frac{40\sim120}{26}$	$\frac{45\sim120}{30}$	$\frac{60\sim120}{38}$	$\frac{70\sim120}{46}$	$\frac{80\sim120}{54}$	$\frac{95\sim120}{60}$	$\frac{120}{78}$	$\frac{120}{90}$
					$\frac{130}{32}$	$\frac{130\sim180}{36}$	$\frac{130\sim200}{44}$	$\frac{130\sim200}{52}$	$\frac{130\sim200}{60}$	$\frac{130\sim200}{72}$	$\frac{130\sim200}{84}$	$\frac{130\sim200}{96}$
										$\frac{210\sim250}{85}$	$\frac{210\sim300}{91}$	$\frac{210\sim300}{109}$
l系列		16，(18)，20，(22)，25，(28)，30，(32)，35，(38)，40，45，50，(55)，60，(65)，70，(75)，80，(85)，90，(95)，100，110，120，130，140，150，160，170，180，190，200，210，220，230，240，250，260，280，300										

注 P是粗牙螺纹的螺距。

3. 开槽沉头螺钉(摘自 GB/T 68—2000)

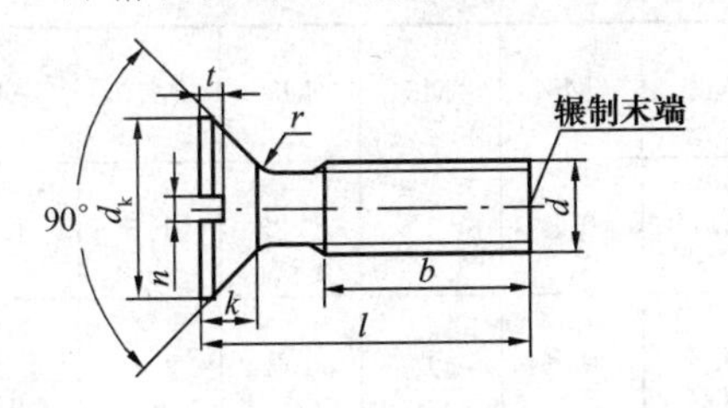

标记示例

螺纹规格 d=M5、公称长度 l=20、性能等级为 4.8 级、不经表面处理的 A 级开槽沉头螺钉，其标记为：

螺钉　GB/T 68　M5×20

附表 2-3　**开槽沉头螺钉各部分尺寸**　mm

螺纹规格 d	M1.6	M2	M2.5	M3	M4	M5	M6	M8	M10
P(螺距)	0.35	0.4	0.45	0.5	0.7	0.8	1	1.25	1.5
b	25	25	25	25	38	38	38	38	38
d_k	3.6	4.4	5.5	6.3	9.4	10.4	12.6	17.3	20
k	1	1.2	1.5	1.65	2.7	2.7	3.3	4.65	5
n	0.4	0.5	0.6	0.8	1.2	1.2	1.6	2	2.5
r	0.4	0.5	0.6	0.8	1	1.3	1.5	2	2.5
t	0.5	0.6	0.75	0.85	1.3	1.4	1.6	2.3	2.6
公称长度 l	2.5～16	3～20	4～25	5～30	6～40	8～50	8～60	10～80	12～80
l 系列	2.5，3，4，5，6，8，10，12，(14)，16，20，25，30，35，40，45，50，(55)，60，(65)，70，(75)，80								

注　1. 括号内的规格尽可能不采用。

2. M1.6～M3 的螺钉、公称长度 $l\leqslant30$ 的，制出全螺纹；M4～M10 的螺钉、公称长度 $l\leqslant45$ 的，制出全螺纹。

4. 紧定螺钉

开槽锥端紧定螺钉
GB/T 71—1985

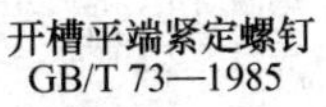
开槽平端紧定螺钉
GB/T 73—1985

开槽长圆柱紧定螺钉
GB/T 75—1985

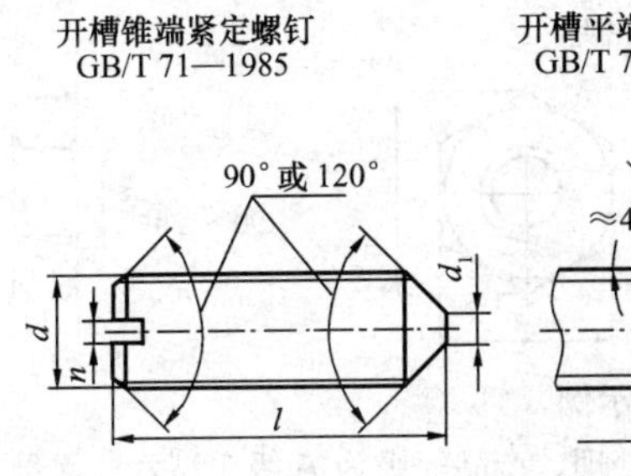

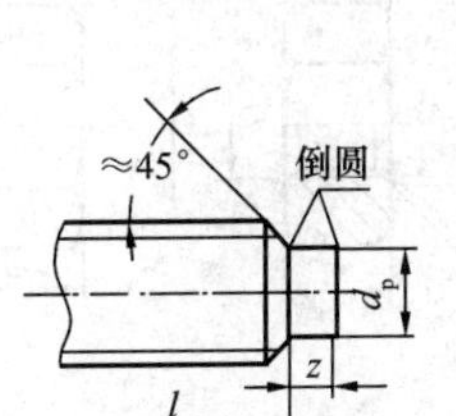

标记示例

螺纹规格 d=M5、公称长度 l=12、性能等级为 14H 级、表面氧经的开槽长圆柱端紧定螺钉，其标记为：

螺钉　GB/T 75　M5×12

附表 2-4 **紧定螺钉各部分尺寸** mm

螺纹规格 d		M1.6	M2	M2.5	M3	M4	M5	M6	M8	M10	M12
P（螺距）		0.35	0.4	0.45	0.5	0.7	0.8	1	1.25	1.5	1.75
n		0.25	0.25	0.4	0.4	0.6	0.8	1	1.2	1.6	2
t		0.74	0.84	0.95	1.05	1.42	1.63	2	2.5	3	3.6
d_t		0.16	0.2	0.25	0.3	0.4	0.5	1.5	2	2.5	3
d_p		0.8	1	1.5	2	2.5	3.5	4	5.5	7	8.5
z		1.05	1.25	1.5	1.75	2.25	2.75	3.25	4.3	5.3	6.3
l	GB/T 71—1985	2～8	3～10	3～12	4～16	6～20	8～25	8～30	10～40	12～50	14～60
	GB/T 73—1985	2～8	2～10	2.5～12	3～16	4～20	5～25	5～30	8～40	10～50	12～60
	GB/T 75—1985	2.5～8	3～10	4～12	5～16	6～20	8～25	10～30	10～40	12～50	14～60
l系列		2，2.5，3，4，5，6，8，10，12，(14)，16，20，25，30，35，40，45，50，(55)，60									

注 1. l为公称长度。

2. 括号内的规格尽可能不采用。

5. 螺母

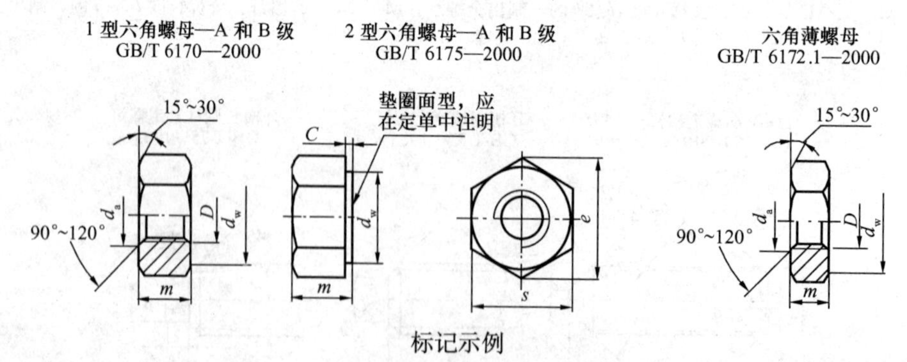

标记示例

螺纹规格 D＝M12、性能等级为8级、不经表面处理、产品等级为A级1型六角螺母，其标记为：

螺栓 GB/T 6170 M12

螺纹规格 D＝M12、性能等级为9级、表面氧化的2型六角螺母，其标记为：螺母 GB/T 6175 M12

螺纹规格 D＝M12、性能等级为04级、不经表面处理的六角薄螺母，其标记为：螺母 GB/T 6172.1 M12

附表 2-5　　螺母各部分尺寸　　mm

螺纹规格 D		M3	M4	M5	M6	M8	M10	M12	M16	M20	M24	M30	M36
e	min	6.01	7.66	8.63	10.89	14.20	17.59	19.85	26.17	32.95	39.55	50.85	60.79
s	max	5.5	7	8	10	13	16	18	24	30	36	46	55
	min	5.5	7	8	10	13	16	18	24	30	36	46	55
c	max	0.4	0.4	0.5	0.5	0.6	0.6	0.6	0.8	0.8	0.8	0.8	0.8
d_w	min	4.6	5.9	6.9	8.9	11.6	14.6	16.6	22.5	27.7	33.2	42.8	51.1
d_a	max	3.45	4.6	5.75	6.75	8.75	10.8	13	17.3	21.6	25.9	32.4	38.9
GB/T 61770—2000 m	max	2.4	3.2	4.7	5.2	6.8	8.4	10.8	14.8	18	21.5	25.6	31
	min	2.15	2.9	4.4	4.9	6.44	8.04	10.37	14.1	16.9	20.2	24.3	29.4
GB/T 6172.1—2000 m	max	1.8	2.2	2.7	3.2	4	5	6	8	10	12	15	18
	min	1.55	1.95	2.45	2.9	3.7	4.7	5.7	7.42	9.10	10.9	13.9	16.9
GB/T 6175—2000 m	max	—	—	5.1	5.7	7.5	9.3	12	16.4	20.3	23.9	28.6	34.7
	min	—	—	4.8	5.4	7.14	8.94	11.57	15.7	19	22.6	27.3	33.1

注　A 级用于 $D\leqslant16$；B 级用于 $D>16$。

6. 垫圈

小垫圈—A 级(GB/T 848—2002)

平垫圈—A 级(GB/T 97.1—2002)

平垫圈　倒角型—A 级(GB/T 97.2—2000)

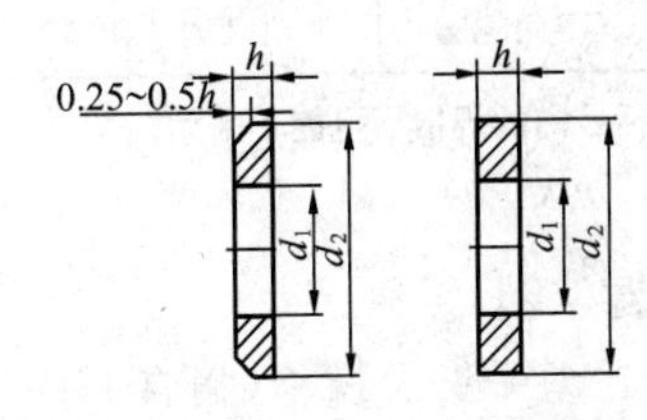

标记示例

标准系列、规格 8、性能等级为 140HV 级、不级表面处理的平垫圈，其标记为：垫圈 GB/T 97.1　8

附表 2-6　　垫圈各部分尺寸　　mm

公称尺寸 (螺纹规格 d)		1.6	2	2.5	3	4	5	6	8	10	12	14	16	20	24	30	36
d_1	GB/T 848	1.7	2.2	2.7	3.2	4.3	5.3	6.4	8.4	10.5	13	15	17	21	25	31	37
	GB/T 97.1	1.7	2.2	2.7	3.2	4.3	5.3	6.4	8.4	10.5	13	15	17	21	25	31	37
	GB/T 97.2						5.3	6.4	8.4	10.5	13	15	17	21	25	31	37
d_2	GB/T 848	3.5	4.5	5	6	8	9	11	15	18	20	24	28	34	39	50	60
	GB/T 97.1	4	5	6	7	9	10	12	16	20	24	28	30	37	44	56	66
	GB/T 97.2						10	12	16	20	24	28	30	37	44	56	66
h	GB/T 848	0.3	0.3	0.5	0.5	0.5	1	1.6	1.6	1.6	2	2.5	2.5	3	4	4	5
	GB/T 97.1	0.3	0.3	0.5	0.5	0.5	1	1.6	1.6	1.6	2	2.5	2.5	3	4	4	5
	GB/T 97.2						1	1.6	1.6	1.6	2	2.5	2.5	3	4	4	5

7. 标准型弹簧垫圈（摘自 GB/T 93—1987）

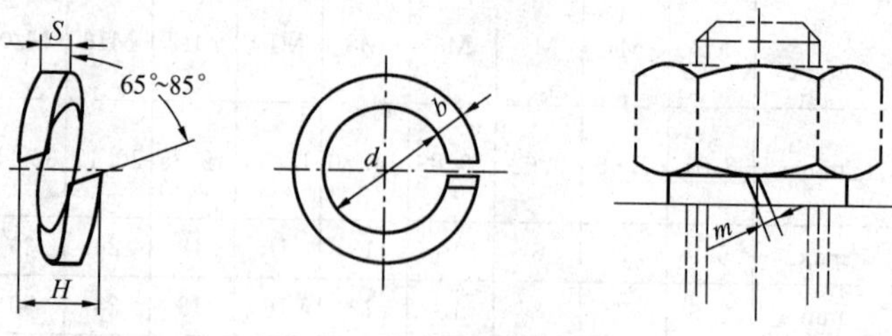

标记示例

规格 16、材料为 65Mn、表面氧化的标准型弹簧垫圈，其标记为：垫圈 GB/T 93　16

附表 2-7　　**标准型弹簧垫圈各尺寸**　　mm

规格（螺纹大径）		3	4	5	6	9	10	12	（14）	16	（18）	20	（22）	24	（27）	30
d		3.1	4.1	5.1	6.1	8.1	10.2	12.2	14.2	16.2	18.2	20.2	22.5	24.5	27.5	30.5
H	GB/T 93	1.6	2.2	2.6	3.2	4.2	5.2	6.2	7.2	8.2	9	10	11	12	13.6	15
	GB/T 859	1.2	1.6	2.2	2.6	3.2	4	5	6	6.4	7.2	8	9	10	11	12
$S(b)$	GB/T 93	0.8	1.1	1.3	1.6	2.1	2.6	3.1	3.6	4.1	4.5	5	5.5	6	6.8	7.5
S	GB/T 859	0.6	0.8	1.1	1.3	1.6	2	2.5	3	3.2	3.6	4	4.5	5	5.5	6
$m\leqslant$	GB/T 93	0.4	0.55	0.65	0.8	1.05	1.3	1.55	1.8	2.05	2.25	2.5	2.75	3	3.4	3.75
	GB/T 859	0.3	0.4	0.55	0.65	0.8	1	1.25	1.5	1.6	1.8	2	2.25	2.5	2.75	3
b	GB/T 859	1	1.2	1.5	2	2.5	3	3.5	4	4.5	5	5.5	6	7	8	9

注　1. 括号内的规格尽可能不采用。

2. m 应大于零。

三、键、销

1. 普通型平键及键槽（摘自 GB/T 1096—2003 及 GB/T 1095—2003）

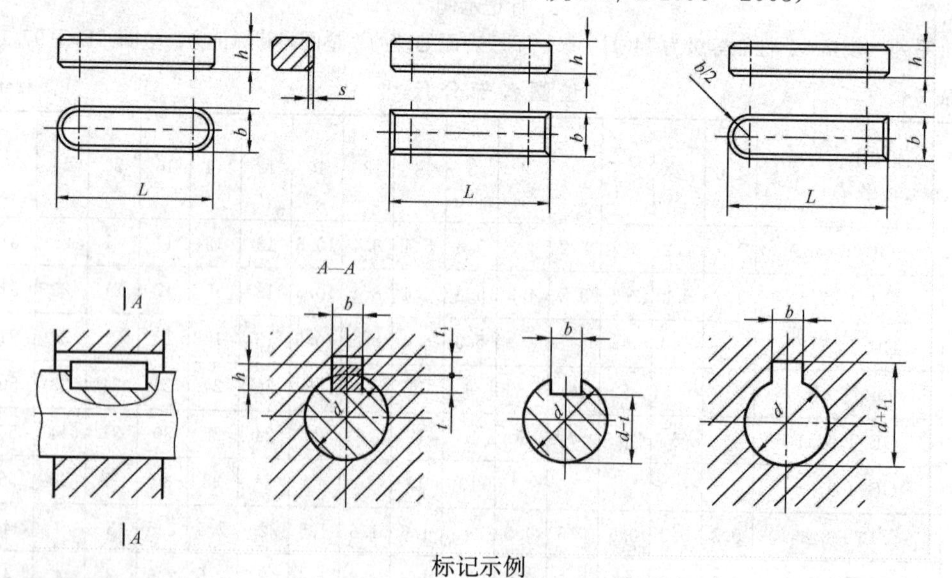

标记示例

圆头普通型平键（A 型），b=18mm，h=11mm，L=100mm GB/T 1096　　键　18×11×100

圆头普通型平键（B 型），b=18mm，h=11mm，L=100mm GB/T 1096　　键 B　18×11×100

附表 3-1　　**普通平键及键槽各部分尺寸**　　mm

轴径 d	键的公称尺寸			键槽深		r 小于
				轴	轮毂	
	b	h	L	t	t_1	
自 6～8	2	2	6～20	1.2	1.0	
>8～19	3	3	6～36	1.8	1.4	0.16
>10～12	4	4	8～45	2.5	1.8	
>12～17	5	5	10～56	3.0	2.3	
>17～22	6	6	14～70	3.5	2.8	0.25
>22～30	8	7	18～90	4.0	3.3	
>30～38	10	8	22～110	5.0	3.3	
>38～44	12	8	28～140	5.0	3.3	
>44～50	14	9	36～160	5.5	3.8	0.40
>50～58	16	10	45～180	6.0	4.3	
>58～65	18	11	50～200	7.0	4.4	
>65～75	20	12	56～220	7.5	4.9	
>75～85	22	14	63～250	9.0	5.4	
>85～95	25	14	70～280	9.0	5.4	0.60
>95～100	28	16	80～320	10.0	6.4	
>110～130	32	18	90～360	11.0	7.4	
>130～150	36	20	100～400	12.0	8.4	
>150～170	40	22	100～400	13.0	9.4	1.00
>170～200	45	25	110～450	15.0	10.4	
>200～230	50	28	125～500	17.0	11.4	
>230～260	56	30	140～500	20.0	12.4	
>260～290	63	32	160～500	20.0	12.4	1.60
>290～300	70	36	180～500	22.0	12.4	
>330～380	80	40	200～500	25.0	15.4	
>380～440	90	45	220～500	28.0	17.4	2.50
>440～500	100	50	250～500	31.0	19.5	
L 的系列	6，8，10，12，14，16，18，20，22，25，28，32，36，40，45，50，56，63，70，80，90，100，110，125，140，160，180，200，220，250					

注　1. 在工作图中轴槽深用 t 标注，轮毂槽深用 t_1 标注。

2. 对于空心轴、阶梯轴、传递较低扭矩及定位等特殊情况，允许大直径的轴选用较小剖面尺寸的键。

3. 轴径 d 是 GB/T 1095—2003 中的数值，供选用键时参考，本标准中取消了该列。

2. 销

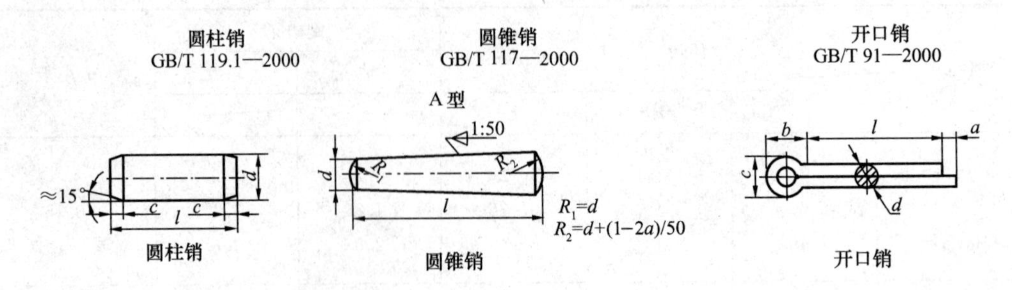

标记示例

公称直径 10mm、长 50mm 的 A 型圆柱销，其标记为：销 GB/T 119.1—2000　6m10×50

公称直径 10mm、长 60mm 的 A 型圆锥销，其标记为：销 GB/T 117—2000　10×60

公称直径 5mm、长 60mm 的开口销，其标记为：销 GB/T 91—2000　10×50

附表 3-2　　**销各部分尺寸**　　mm

名称	公称直径 d	1	1.2	1.5	2	2.5	3	4	5	6	8	10	12
圆柱销（GB/T 119.1—2000）	$n\approx$	0.12	0.16	0.20	0.25	0.30	0.40	0.50	0.63	0.80	10	1.2	1.6
	$c\approx$	0.20	0.25	0.30	0.35	0.40	0.50	0.63	0.80	1.2	1.6	2	2.5
圆锥销（GB/T 117—2000）	$a\approx$	0.12	0.16	0.20	0.25	0.30	0.40	0.50	0.63	0.80	1	1.2	1.6
开口销（GB/T 91—2000）	d(公称)	0.6	0.8	1	1.2	1.6	2	2.5	3.2	4	5	6.3	8
	c	1	1.4	1.8	2	2.8	3.6	4.6	5.8	7.4	9.2	11.8	15
	$b\approx$	2	2.4	3	3	3.2	4	5	6.4	8	10	12.6	16
	a	1.6	1.6	1.6	2.5	2.5	2.5	2.5	4	4	4	4	4
	l(商品规格范围公称长度)	4~12	5~16	6~0	8~6	8~2	10~40	12~50	14~65	18~80	22~100	30~120	40~160
l系列	2，3，4，5，6，8，10，12，14，16，18，20，22，24，26，28，30，32，35，40，45，50，55，60，65，70，75，80，85，90，95，100，120												

四、常用滚动轴承

深沟球轴承(GB/T 276—2013)

6000 型

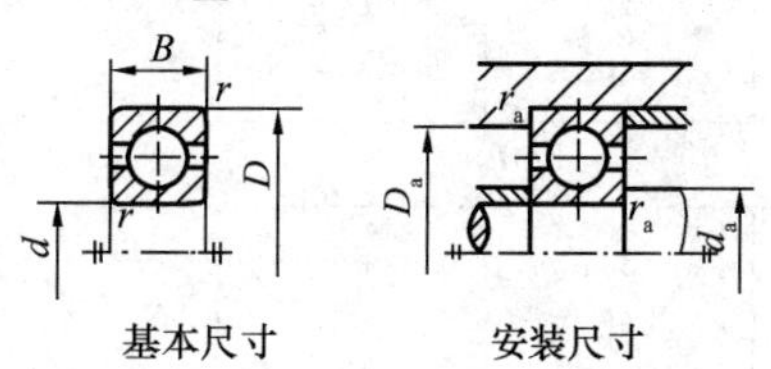

基本尺寸　　安装尺寸

标记示例

内径 d=20 的 60000 型深钩球轴承，尺寸系列为(0)2，组合代号为 62，其标记为：

滚动轴承　6204　GB/T 276—2013

附表 4-1　　深沟球轴承各部分尺寸

轴承代号	基本尺寸(mm)				安装尺寸(mm)		
	d	D	B	r_s min	d_a min	D_a max	r_{as} max
(1)0 尺寸系列							
6000	10	26	8	0.3	12.4	23.6	0.3
6001	12	28	8	0.3	14.4	25.6	0.3
6002	15	32	9	0.3	17.4	29.6	0.3
6003	17	35	10	0.3	19.4	32.6	0.3
6004	20	42	12	0.6	25	37	0.6
6005	25	47	12	0.6	30	42	0.6
6006	30	55	13	1	36	49	1
6007	35	62	14	1	41	56	1
6008	40	68	15	1	46	62	1
6009	45	75	16	1	51	69	1
6010	50	80	16	1	56	74	1
6011	55	90	18	1.1	62	83	1
6012	60	95	18	1.1	67	88	1
6013	65	100	18	1.1	72	93	1
6014	70	110	20	1.1	77	103	1
6015	75	115	20	1.1	82	108	1
6016	80	125	22	1.1	87	118	1
6017	85	130	22	1.1	92	123	1
6018	90	140	24	1.5	99	131	1.5
6019	95	145	24	1.5	104	136	1.5
6020	100	150	24	1.5	109	141	1.5
(0)2 尺寸系列							
6200	10	30	9	0.6	15	25	0.6
6201	12	32	10	0.6	17	27	0.6
6202	15	35	11	0.6	20	30	0.6
6203	17	40	12	0.6	22	35	0.6
6204	20	47	14	1	26	41	1
6205	25	52	15	1	31	46	1

续表

轴承代号	基本尺寸(mm)				安装尺寸(mm)		
	d	D	B	r_s min	d_a min	D_a max	r_{as} max
(0)2 尺寸系列							
6206	30	62	16	1	36	56	1
6207	35	72	17	1.1	42	65	1
6208	40	80	18	1.1	47	73	1
6209	45	85	19	1.1	52	78	1
6210	50	90	20	1.1	57	83	1
6211	55	100	21	1.5	64	91	1.5
6212	60	110	22	1.5	69	101	1.5
6213	65	120	23	1.5	74	111	1.5
6214	70	125	24	1.5	79	116	1.5
6215	75	130	25	1.5	84	121	1.5
6216	80	140	26	2	90	130	2
6217	85	150	28	2	95	140	2
6218	90	160	30	2	100	150	2
6219	95	170	32	2.1	107	158	2.1
6220	100	180	34	2.1	112	168	2.1
(0)3 尺寸系列							
6300	10	35	11	0.6	15	30	0.6
6301	12	37	12	1	18	31	1
6302	15	42	13	1	21	36	1
6303	17	47	14	1	23	41	1
6304	20	52	15	1.1	27	45	1
6305	25	62	17	1.1	32	55	1
6306	30	72	19	1.1	37	65	1
6307	35	80	21	1.5	44	71	1.5
6308	40	90	23	1.5	49	81	1.5
6309	45	100	25	1.5	54	91	1.5
6310	50	110	27	2	60	100	2
6311	55	120	29	2	65	110	2
6312	60	130	31	2.1	72	118	2.1
6313	65	140	33	2.1	77	128	2.1
6314	70	150	35	2.1	82	138	2.1
6315	75	160	37	2.1	87	148	2.1
6316	80	170	39	2.1	92	158	2.1
6317	85	180	41	3	99	166	2.5
6318	90	190	43	3	104	176	2.5
6319	95	200	45	3	109	186	2.5
6320	100	215	47	3	114	201	2.5

续表

轴承代号	基本尺寸(mm)				安装尺寸(mm)		
	d	D	B	r_s min	d_a min	D_a max	r_{as} max
(0)4 尺寸系列							
6403	17	62	17	1.1	24	55	1
6404	20	72	19	1.1	27	65	1
6405	25	80	21	1.5	34	71	1.5
6406	30	90	23	1.5	39	81	1.5
6407	35	100	25	1.5	44	91	1.5
6408	40	110	27	2	50	100	2
6409	45	120	29	2	55	110	2
6410	50	130	31	2.1	62	118	2.1
6411	55	140	33	2.1	67	128	2.1
6412	60	150	35	2.1	72	138	2.1
6413	65	160	37	2.1	77	148	2.1
6414	70	180	42	3	84	166	2.5
6415	75	190	45	3	89	176	2.5
6416	80	200	48	3	94	186	2.5
6417	85	210	52	4	103	192	3
6418	90	225	54	4	108	207	3
6420	100	250	58	4	118	232	3

注　r_{amin}为r的单向最小倒角尺寸；r_{asmax}为r_{as}的单向最大倒角尺寸。

五、极限与配合

附表 5-1　　**基本尺寸小于 500mm 的标准公差**(摘自 GB/T 1800.1—2009)

基本尺寸 mm		公差等级																			
		IT01	IT0	IT1	IT2	IT3	IT4	IT5	IT6	IT7	IT8	IT9	IT10	IT11	IT12	IT13	IT14	IT15	IT16	IT17	IT18
大于	至	μm													mm						
—	3	0.3	0.5	0.8	1.2	2	3	4	6	10	14	25	40	60	0.10	0.14	0.25	0.40	0.60	1.0	1.4
3	6	0.4	0.6	1	1.5	2.5	4	5	8	12	18	30	48	75	0.12	0.18	0.30	0.48	0.75	1.2	1.8
6	10	0.4	0.6	1	1.5	2.5	4	6	9	15	22	36	58	90	0.15	0.22	0.36	0.58	0.90	1.5	2.2
10	18	0.5	0.8	1.2	2	3	5	8	11	18	27	43	70	110	0.18	0.27	0.43	0.70	1.10	1.8	2.7
18	30	0.6	1	1.5	2.5	4	6	9	13	21	33	52	84	130	0.21	0.33	0.52	0.84	1.30	2.1	3.3
30	50	0.7	1	1.5	2.5	4	7	11	16	25	39	62	100	160	0.25	0.39	0.62	1.00	1.60	2.5	3.9
50	80	0.8	1.2	2	3	5	8	13	19	30	46	74	120	190	0.30	0.46	0.74	1.20	1.90	3.0	4.6
80	120	1	1.5	2.5	4	6	10	15	22	35	54	87	140	220	0.35	0.54	0.87	1.40	2.20	3.5	5.4
120	180	1.2	2	3.5	5	8	12	18	25	40	63	100	160	250	0.40	0.63	1.00	1.60	2.50	4.0	6.3
180	250	2	3	4.5	7	10	14	20	29	46	72	115	185	290	0.46	0.72	1.15	1.85	2.90	4.6	7.2
250	315	2.5	4	6	8	12	16	23	32	52	81	130	210	320	0.52	0.81	1.30	2.10	3.20	5.2	8.1
315	400	3	5	7	9	13	18	25	36	57	89	140	230	360	0.57	0.89	1.40	2.30	3.60	5.7	8.9
400	500	4	6	8	10	15	20	27	40	63	97	155	250	400	0.63	0.97	1.55	2.50	4.00	6.3	9.7

附表 5-2　优先配合中轴的极限偏差数值表（摘自 GB/T 1008.2—2009）

代号		f					g			h							
公称尺寸(mm)		公差等级															
大于	至	5	6	⑦	8	9	5	⑥	7	5	⑥	⑦	8	⑨	10	⑪	12
—	3	-6 -10	-6 -12	-6 -16	-6 -20	-6 -31	-2 -6	-2 -8	-2 -12	0 -4	0 -6	0 -10	0 -14	0 -25	0 -40	0 -60	0 -100
3	6	-10 -15	-10 -18	-10 -22	-10 -28	-10 -40	-4 -9	-4 -12	-4 -16	0 -5	0 -8	0 -12	0 -18	0 -30	0 -48	0 -75	0 -120
6	10	-13 -19	-13 -22	-13 -28	-13 -35	-13 -49	-5 -11	-5 -14	-5 -20	0 -6	0 -9	0 -15	0 -22	0 -36	0 -58	0 -90	0 -150
10 14	14 18	-16 -24	-16 -27	-16 -34	-16 -43	-16 -59	-6 -14	-6 -17	-6 -24	0 -8	0 -11	0 -18	0 -27	0 -43	0 -70	0 -110	0 -180
18 24	24 30	-20 -29	-20 -33	-20 -41	-20 -53	-20 -72	-7 -16	-7 -20	-7 -28	0 -9	0 -13	0 -21	0 -33	0 -52	0 -84	0 -130	0 -210
30 40	40 50	-25 -36	-25 -41	-25 -50	-25 -64	-25 -87	-9 -20	-9 -25	-9 -34	0 -11	0 -16	0 -25	0 -39	0 -62	0 -100	0 -160	0 -250
50 65	65 80	-30 -43	-30 -49	-30 -60	-30 -76	-30 -104	-10 -23	-10 -29	-10 -40	0 -13	0 -19	0 -30	0 -46	0 -74	0 -120	0 -190	0 -300
80 100	100 120	-36 -51	-36 -58	-36 -71	-36 -90	-36 -123	-12 -27	-12 -34	-12 -47	0 -15	0 -22	0 -35	0 -54	0 -87	0 -140	0 -220	0 -350

代号		js			k			m			n			p		
公称尺寸(mm)		公差等级														
大于	至	5	⑥	7	5	⑥	7	5	6	7	5	⑥	7	5	⑥	7
—	3	±2	±3	±5	+4 0	+6 0	+10 0	+6 +2	+8 +2	+12 +2	+8 +4	+10 +4	+14 +4	+10 +6	+12 +6	+16 +6
3	6	±2.5	±4	±6	+6 +1	+9 +1	+13 +1	+9 +4	+12 +4	+16 +4	+13 +8	+16 +8	+20 +8	+17 +12	+20 +12	+24 +12
6	10	±3	±4.5	±7	+7 +1	+10 +1	+16 +1	+12 +6	+15 +6	+21 +6	+16 +10	+19 +10	+25 +10	+21 +15	+24 +15	+30 +15
10 14	14 18	±4	±5.5	±9	+9 +1	+12 +1	+19 +1	+15 +7	+18 +7	+25 +7	+20 +12	+23 +12	+30 +12	+26 +18	+29 +18	+36 +18
18 24	24 30	±4.5	±6.5	±10	+11 +2	+15 +2	+23 +2	+17 +8	+21 +8	+29 +8	+24 +15	+28 +15	+36 +15	+31 +22	+35 +22	+43 +22
30 40	40 50	±5.5	±8	±12	+13 +2	+18 +2	+27 +2	+20 +9	+25 +9	+34 +9	+28 +17	+33 +17	+42 +17	+37 +26	+42 +26	+51 +26
50 65	65 80	±6.5	±9.5	±15	+15 +2	+21 +2	+32 +2	+24 +11	+30 +11	+41 +11	+33 +20	+39 +20	+50 +20	+45 +32	+51 +32	+62 +32
80 100	100 120	±7.5	±11	±17	+18 +3	+25 +3	+38 +3	+28 +13	+35 +13	+48 +13	+38 +23	+45 +23	+58 +23	+52 +37	+59 +37	+72 +37

附表 5-3　　优先配合中孔的极限偏差数值表(摘自 GB/T 1800.2—2009)

代号		E		F				G		H						
公称尺寸(mm)		公差等级														
大于	至	8	9	6	7	⑧	9	6	⑦	6	⑦	⑧	⑨	10	⑪	12
—	3	+28 +14	+39 +14	+12 +6	+16 +6	+20 +6	+31 +6	+8 +2	+12 +2	+6 0	+10 0	+14 0	+25 0	+40 0	+60 0	+100 0
3	6	+38 +20	+50 +20	+18 +10	+22 +10	+28 +10	+40 +10	+12 +4	+16 +4	+8 0	+12 0	+18 0	+30 0	+48 0	+75 0	+120 0
6	10	+47 +25	+61 +25	+22 +13	+28 +13	+35 +13	+49 +13	+14 +5	+20 +5	+9 0	+15 0	+22 0	+36 0	+58 0	+90 0	+150 0
10 14	14 18	+59 +32	+75 +32	+27 +16	+34 +16	+43 +16	+59 +16	+17 +6	+24 +6	+11 0	+18 0	+27 0	+43 0	+70 0	+110 0	+180 0
18 24	24 30	+73 +40	+92 +40	+33 +20	+41 +20	+53 +20	+72 +20	+20 +7	+28 +7	+13 0	+21 0	+33 0	+52 0	+84 0	+130 0	+210 0
30 40	40 50	+89 +50	+112 +50	+41 +25	+50 +25	+64 +25	+87 +25	+25 +9	+34 +9	+16 0	+25 0	+39 0	+62 0	+100 0	+160 0	+250 0
50 65	65 80	+106 +6	+134 +80	+49 +30	+60 +30	+76 +30	+104 +30	+29 +10	+40 +10	+19 0	+30 0	+46 0	+74 0	+120 0	+190 0	+300 0
80 100	100 120	+126 +72	+159 +72	+58 +36	+71 +36	+90 +36	+123 +36	+34 +12	+47 +12	+22 0	+35 0	+54 0	+87 0	+140 0	+220 0	+350 0

代号		Js			K			M			N			P	
公称尺寸(mm)		公差等级													
大于	至	6	7	8	6	⑦	8	6	7	8	6	⑦	8	6	⑦
—	3	±3	±5	±7	0 −6	0 −10	0 −14	−2 −8	−2 −12	−2 −16	−4 −10	−4 −14	−4 −18	−6 −12	−6 −16
3	6	±4	±6	±9	+2 −6	+3 −9	+5 −13	−1 −9	0 −12	+2 −16	−5 −13	−4 −16	−2 −20	−9 −17	−8 −20
6	10	±4.5	±7	±11	+2 −7	+5 −10	+6 −16	−3 −12	0 −15	+1 −21	−7 −16	−4 −19	−3 −25	−12 −21	−9 −24
10 14	14 18	±5.5	±9	±13	+2 −9	+6 −12	+8 −19	−4 −15	0 −18	+2 −25	9 −20	+5 −23	−3 −30	−15 −26	−11 −29
18 24	24 30	±6.5	±10	±16	+2 −11	+6 −15	+10 −23	−4 −17	0 −21	+4 −29	−11 −24	−7 −28	−3 −36	−18 −31	−14 −35
30 40	40 50	±8	±12	±19	+3 −13	+7 −18	+12 −27	−4 −20	0 −25	+5 −34	−12 −28	−8 −33	−3 −42	−21 −37	−17 −42
50 65	65 80	±9.5	±15	±23	+4 −15	+9 −21	+14 −32	−5 −24	0 −30	+5 −41	−14 −33	−9 −39	−4 −50	−26 −45	−21 −51
80 100	100 120	±11	±17	±27	+4 −18	+10 −25	+16 −38	−6 −28	0 −35	+6 −48	−16 −38	−10 −45	−4 −58	−30 −52	−24 −59

参 考 文 献

[1] 丁宇明. 土建工程制图. 3版. 北京：高等教育出版社，2012.
[2] 武华. 工程制图. 2版. 北京：机械工业出版社，2010.
[3] 杜廷娜. 土木工程制图. 北京：机械工业出版社，2009.
[4] 刘小年. 工程制图. 2版. 北京：高等教育出版社，2013.